T0224682

Theoretische Informatik

Lutz Priese · Katrin Erk

Theoretische Informatik

Eine umfassende Einführung

4., aktualisierte und erweiterte Auflage

 Springer Vieweg

Lutz Priese
Universität Koblenz-Landau FB 4 Informatik
Koblenz, Deutschland

Katrin Erk
Department of Linguistics
University of Texas, Austin College of Liberal Arts
Austin, USA

ISBN 978-3-662-57408-9   ISBN 978-3-662-57409-6   (eBook)
https://doi.org/10.1007/978-3-662-57409-6

Die Deutsche Nationalbibliothek verzeichnet diese Publikation in der Deutschen Nationalbibliografie; detail-
lierte bibliografische Daten sind im Internet über http://dnb.d-nb.de abrufbar.

Springer Vieweg
© Springer-Verlag GmbH Deutschland, ein Teil von Springer Nature 2000, 2002, 2008, 2018

Springer Vieweg ist ein Imprint der eingetragenen Gesellschaft Springer-Verlag GmbH, DE und ist ein Teil von
Springer Nature
Die Anschrift der Gesellschaft ist: Heidelberger Platz 3, 14197 Berlin, Germany

Vorwort zur 1. Auflage

Dieses Buch umfasst den Inhalt der Theoretischen Informatik, wie er in etwa an der Universität Koblenz-Landau im Grundstudium des Diplomstudienganges Informatik gelehrt wird. Es ist aus verschiedenen Vorlesungen von Lutz Priese und zwei Skripten von Sven Hartrumpf und Katrin Erk entstanden. Zum Zeitpunkt der Erstellung dieses Buches war Frau Erk noch Studentin.

Das Buch ist das Ergebnis eines Ringens beider Autoren aus zwei unterschiedlichen Warten: Die professorale Sichtweise von Priese auf formale Korrektheit und die studentische Sichtweise von Erk auf Klarheit und Vermittelbarkeit der Inhalte sind hier eine Symbiose eingegangen. Das Resultat ist ein (hoffentlich) formal korrektes und doch relativ leicht lesbares Buch, in dem der gesamte relevante Stoff der Grundstudiumsvorlesungen mit allen Beweisen dargestellt ist. Wir haben nicht den leichten (modernen?) Weg beschritten, Beweise überall dort, wo sie anspruchsvoll werden, zu übergehen oder nur noch zu skizzieren. Im Gegenteil, je anspruchsvoller der Beweis, um so mehr Details haben wir zu übermitteln versucht, um Studenten zu helfen, sich die Beweise zu erarbeiten. Wir glauben, dass gerade eine vollständige Beweisführung an allen Stellen das Verstehen des Buches erleichtert und nicht etwa erschwert. So werden z.B. die Existenz der Greibach-Normalform in kontextfreien Grammatiken, die Gleichwertigkeit von μ-rekursiven und Turing-berechenbaren Funktionen, die Existenz universeller Maschinen, der Abschluss kontextsensitiver Sprachen unter Komplementbildung etc. im Detail bewiesen.

Danksagen möchten wir zahlreichen Studenten, deren Kommentare und Fragen zu Skript-Vorläufern sehr hilfreich waren. Besonderer Dank gilt Sven Hartrumpf für eine sehr schöne erste Skriptversion zum Teil „Berechenbarkeit" (einschließlich des Kapitels „Turing-Maschinen") sowie Mark Eggenstein, Christoph Gilles, Harro Wimmel und Jörg Zeppen für das Korrekturlesen des Textes. Vielen Dank schließlich auch an den Springer-Verlag für die gute Zusammenarbeit.

Koblenz, im Januar 2000   *Lutz Priese, Katrin Erk*

Vorwort zur 2. Auflage

Wir haben den Text der ersten Auflage unverändert gelassen, bis auf die Verbesserung einiger weniger Schreibfehler. Neu ist ein Abschnitt zu reversiblen Rechnungen (14.8) im Kapitel „Alternative Berechnungsmodelle". Mit reversiblen Rechnungen kann man einige interessante Rechenmodelle abstrakt beschreiben: In der Chemie werden nahe dem thermodynamischen Gleichgewicht Prozesse umkehrbar. In der Physik sind reversible Prozesse ohne Informationsverlust wichtig in der Quantenmechanik. Sie spielen eine grundlegende Rolle für Quantenrechner, ein aktuelles Forschungsgebiet. Wir stellen reversiblen Rechnungen als eine unkonventionelle Grundlage für weitere alternative Rechenmodelle recht ausführlich auf 33 neuen Seiten vor.

Koblenz, im August 2001   *Lutz Priese, Katrin Erk*

Vorwort zur 3. Auflage

Der Text der zweiten Auflage wurde für die dritte Auflage um einen Abschnitt über formale Splicing-Systeme im Kapitel über alternative Berechnungsmodelle ergänzt, und es wurden die Beweise zweier Sätze neu geführt. Einige wenige Schreibfehler wurden korrigiert und eine Umstellung auf eine entschärfte Version der neuen deutschen Rechtschreibung durchgeführt.

In den letzten Jahrzehnten haben biologisch motivierte Rechenkonzepte einen starken Auftrieb erhalten. Hierzu zählen ältere Konzepte wie Genetische Algorithmen und Neuronale Netze, die in der Praktischen Informatik einen festen Platz gefunden haben. Aus dem Bereich des DNA Computing wurden diverse Varianten von formalen Splicing-Regeln in die Theoretische Informatik aufgenommen. Wir stellen davon H-Syteme und Test-tube-Systeme vor. In dem neuen Abschnitt zeigen wir detailliert, dass endliche H-Syteme nur reguläre Sprachen generieren können, während man mit sehr einfachen Test-tube-Systemen die Rechnung beliebiger Turing-Maschinen nachspielen kann.

Satz 14.8.19 in der zweiten Auflage erwies sich leider als inkorrekt. In diesem Satz wurde im Wesentlichen gesagt, dass zu jeder Grammatik $G = (V, T, R, S)$ über einem Alphabet Σ mit der erzeugten Sprache $L(G) = \{w \in \Sigma^* | S \Longrightarrow_G^* w\}$ eine chemisch reversible Grammatik $G' = (V', T, R', S')$ und ein Sondersymbol $\omega \notin \Sigma$ existieren mit $L(G) = \{w \in T^* | S' \Longrightarrow_{G'}^* w\,\omega\}$. Dies ist aber nicht richtig, vielmehr benötigt man für die chemisch reversible Grammatik G' zwei Sondersymbole, α als Startmarker und ω als Endmarker, und es gilt dann $L(G) = \{w \in T^* | S' \Longrightarrow_{G'}^* \alpha\, w\, \omega\}$.

Ferner wurden wir dankenswerterweise von Herrn Immanuel Stampfli aus Bern auf einen recht versteckten Fehler im Beweis von Lemma 13.6.12 hingewiesen. Dieses Lemma besagte, dass jede Rechnung eines Postschen Normalsystems in einem geeignetem Postschen Korrespondenzsystem nachgespielt werden kann, und wurde im Satz 13.6.9 zum Beweis der Unentscheidbarkeit des Postschen Korrespondenzproblems benötigt. Klassischerweise simuliert man mit Postschen Korrespondenzsystemen die Arbeit von Turing-Maschinen oder Grammatiken und nicht von Postschen Normalsystemen, wie wir es versucht hatten. Da sich der Fehler nicht einfach beheben ließ, folgen wir in dieser dritten Auflage dem üblichen Weg und simulieren im neuen Lemma 13.6.12 mit Postschen Korrespondenzsystemen die Arbeit von speziellen Grammatiken, nämlich Semi-Thue-Systemen.

Koblenz, im September 2007   *Lutz Priese*

Vorwort zur 4. Auflage

In dieser Auflage werden reversible Systeme vertieft. Dazu wurde erstens der Abschnitt 14.8.7 zu physikalisch reversiblen Turing-Maschinen leicht überarbeitet und hoffentlich etwas klarer dargestellt. Zweitens wurde auch ein neuer Abschnitt 14.8.5 zu zweidimensionalen chemisch reversiblen Thue-Systemen hinzugefügt. Wir geben zwei zweidimensionale endlich berechnungsuniverselle Thue-Systeme an, die jeden endlichen Mealy-Automaten simulieren können. Ebenso zwei berechnungsuniverselle Thue-Systeme, die jede Registermaschine simulieren können. Diese Thue-Systeme sind sehr einfach und besitzen nur wenige und auch kleine Regeln. Überraschend ist, dass der kombinatorische Prozess „Herausnehmen gewisser Teilwörter, Umdrehen und Wiedereinfügen an der alten Stelle" bereits berechnungsuniversell ist und damit ein unentscheidbares Wortproblem besitzt. Ferner können zweidimensionale Thue-Systeme mit nur zwei Regeln bereits berechnungsuniversell sein. Diese Frage ist für eindimensionale Thue-Systeme seit ca. 100 Jahren offen.

Diese zweidimensionalen Thue-Systeme sind deutlich einfacher als die in Paragraph 14.8.4 bereits vorgestellten eindimensionalen. Die Situation ist ähnlich wie im Abschnitt 14.7. Die hier vorgestelle berechnungsuniverselle Turing-Maschine ist zweidimensional und deutlich einfacher als alle bekannten universellen eindimensionalen. Dies dürfte daran liegen, dass zweidimensionale Turing-Maschinen und Thue-Systeme Rödding-Netze simulieren können, was mit eindimensionalen so nicht möglich ist. Diese Technik über Rödding-Netze ermöglicht es uns erst, solch extrem kleine und universelle Systeme zu konstruieren.

Koblenz, im Januar 2017   *Lutz Priese*

Inhaltsverzeichnis

1. Einleitung

Die Theoretische Informatik untersucht grundlegende Konzepte, Modelle und Vorgehensweisen, die allen Bereichen der Informatik zugrunde liegen. Sie liegt nahe bei der Mathematik: Ihre Gegenstände werden formal definiert, und es werden viele Beweise geführt. Damit liefert sie eine formale Ausdrucksweise, die überall in der Informatik dann verwendet wird, wenn man etwas exakt beschreiben will. Die Theoretische Informatik ist aber anschaulicher als die Mathematik, weil immer wieder die praktischen Probleme durchscheinen, die modelliert werden, und sie ist auch algorithmischer, und gerade in dieser Schwellenposition zwischen Theorie und Praxis liegt ihr Reiz.

Es geht in diesem Buch um zwei große Themengebiete:

- Mit *formalen Sprachen* untersucht man den Aufbau von Sprachen und teilt Sprachphänomene in verschiedene Grade von Strukturkomplexität auf. Formale Sprachen werden im Compilerbau einerseits beim Entwurf von Programmiersprachen benutzt – sie helfen, unnötig komplizierte Konstrukte zu vermeiden – und andererseits bei der Analyse von Programmen. Ihren Ursprung haben die formalen Sprachen allerdings in der Beschreibung und Verarbeitung natürlicher Sprachen.
- In der *Theorie der Berechenbarkeit* betrachtet man kleine, abstrakte Modelle eines Computers, die viel einfacher gebaut sind als ein konkreter Computer, aber genauso mächtig sind. Mit diesen Modellen kann man z.B. untersuchen, welche Probleme überhaupt von einem Computer lösbar sind. Wir betrachten zum einen Modelle, die Verwandtschaft zu üblichen Konzepten aus der Praktischen Informatik haben, zum anderen aber auch ganz andere, exotische Modelle, die eine Vorstellung davon geben, welch vielfältige Formen eine „Berechnung" annehmen kann.

Interessant ist bei lösbaren Problemen die Frage nach der *Komplexität*, der Rechenzeit, die man aufwenden muss, um sie zu lösen. Man kann Berechnungsverfahren in verschiedene Klassen einteilen, je nachdem, wie schwierig sie sind bzw. welche Laufzeit sie brauchen.

© Springer-Verlag GmbH Deutschland, ein Teil von Springer Nature 2018
L. Priese und K. Erk, *Theoretische Informatik*,
https://doi.org/10.1007/978-3-662-57409-6_1

2. Begriffe und Notationen

In diesem und dem nächsten Kapitel versuchen wir, alle mathematischen Konzepte, die in diesem Buch benutzt werden, kurz vorzustellen. Tatsächlich kann eine Einführung in die Theoretische Informatik mit erstaunlich wenigen mathematischen Sachverhalten auskommen. Trotzdem können wir in diesem Kapitel nicht über eine knappe Beschreibung hinausgehen. Insofern ist natürlich ein vertrauterer Umgang mit der Mathematik hilfreich für das Verständnis dieses Buches.

2.1 Logische Formeln und Konnektoren

Aussagen sind hier Sätze, von denen man sinnvollerweise sagen kann, dass sie wahr oder falsch sind (ohne dass konkret bekannt sein muss, ob sie wahr sind). Wahre Aussagen sind zum Beispiel

> „Das Wort `Opossum` hat 7 Buchstaben" und
> „5 ist eine natürliche Zahl."

Eine falsche Aussage ist dagegen

> „5 ist eine gerade Zahl."

Auch der Satz

> „Es gibt unendlich viele ‚Primzahlzwillinge', d.h. Paare p_1, p_2 von Primzahlen, für die $p_2 - p_1 = 2$ gilt."

ist eine Aussage – nur weiß man bis heute nicht, ob sie wahr oder falsch ist. Um allgemein über eine Aussage sprechen zu können, gibt man ihr einen Namen. So kann zum Beispiel der Name x stehen für „5 ist eine gerade Zahl", und wir können dann sagen, dass x eine falsche Aussage ist. Für eine Aussage x sagt man statt „x ist wahr" auch „x gilt" oder einfach „x". Der Name x steht für die Aussage in derselben Weise, wie ein Funktionsname f für eine Funktion steht: Über die tatsächliche Berechnungsvorschrift sagt der Name f nichts aus, es kann dahinter eine simple Addition stehen oder eine beliebig aufwendige Funktion. Genauso sagt auch der Name x nichts über den Inhalt, die Bedeutung der Aussage aus.

Einzelne Aussagen lassen sich verknüpfen zu komplexeren Aussagen. Betrachten wir zum Beispiel den Satz

© Springer-Verlag GmbH Deutschland, ein Teil von Springer Nature 2018
L. Priese und K. Erk, *Theoretische Informatik*,
https://doi.org/10.1007/978-3-662-57409-6_2

„Das Wort `funkelnagelneu` ist ein Substantiv, und `Reliefpfeiler` ist ein Palindrom."

Dieser Satz ist eine zusammengesetzte Aussage, und die Teilaussagen sind mit „und" verknüpft. Ist die Aussage wahr oder falsch? Die erste Teilaussage ist falsch, die zweite ist wahr. Die Teilaussagen sind mit „und" verbunden, und intuitiv würde man sagen, dass die Behauptung, es gelte etwas Falsches *und* etwas Wahres, falsch ist. So ist es auch in der Logik: Die obige Aussage ist falsch. Allgemein gilt: Ob eine zusammengesetzte Aussage wahr oder falsch ist, hängt davon ab, ob ihre Teilaussagen wahr oder falsch sind, und davon, wie die Teilaussagen verknüpft sind.

Wenn nun der Name x für den ersten Teil der obigen Aussage steht und y für den zweiten, dann lässt sich die gesamte Aussage schreiben als „x und y" oder, in Symbolen, als „$x \wedge y$". Wenn man so von den Inhalten der Aussagen abstrahiert hat und nur noch Aussagennamen und verknüpfende Symbole vor sich hat, spricht man statt von einer Aussage oft von einer *Formel*.

Insgesamt wollen wir die folgenden *Konnektoren* (logischen Symbole für Verknüpfungen) verwenden:

$F \wedge G$ steht für „F **und** G". Eine „und"-Aussage ist wahr, falls *beide* Teilaussagen wahr sind. Zum Beispiel ist

„Das Wort `Opossum` hat 8 Buchstaben, und es enthält genau 2 ‚o'."

eine falsche Aussage – die erste Teilaussage ist falsch.

$F \vee G$ steht für „F **oder** G". Eine „oder"-Aussage ist wahr, falls *mindestens eine* Teilaussage wahr ist. Das „oder" ist hier also nicht exklusiv, im Sinne eines „entweder-oder", gemeint. Eine wahre Aussage ist zum Beispiel

„5 ist eine gerade Zahl, oder 8 ist durch 2 teilbar."

$\neg F$ steht für „**nicht** F". Die Negation einer Aussage ist wahr genau dann, wenn die Aussage falsch ist. Eine wahre Aussage ist zum Beispiel

„Es ist nicht der Fall, dass 4 eine Primzahl ist."

$F \Longrightarrow G$ steht für „**wenn** F, **dann** G" oder „**aus** F **folgt** G". Die „wenn-dann"-Aussage $F \Longrightarrow G$ ist wahr, falls entweder F und G beide wahr sind, oder falls F falsch ist. Aus einer falschen Voraussetzung kann man also alles Beliebige schließen. Zum Beispiel ist

„Wenn $3! = 6$ ist, dann ist $4! = 24$"

eine wahre Aussage, genau wie

„Wenn $3! = 5$ ist, dann ist $4! = 2$."

Dagegen ist

„Wenn 6 durch 3 teilbar ist, dann ist 6 eine Primzahl"

offenbar eine falsche Aussage.

In $F \Longrightarrow G$ heißt F auch die **Prämisse**, G die **Konklusion** der Folgerung.

$F \Longleftrightarrow G$ steht für „F **genau dann, wenn** G". Eine solche Aussage ist wahr, wenn entweder beide Teilaussagen wahr oder beide falsch sind. Eine wahre Aussage ist zum Beispiel

„Die Zahl 234978 ist durch 3 teilbar genau dann, wenn die Quersumme von 234978 durch 3 teilbar ist."

Im Fließtext schreiben wir statt $\Longleftrightarrow$ auch *gdw*. Wenn das „genau dann, wenn" in Definitionen verwendet wird, etwa in der Form „Eine natürliche Zahl heißt *ungerade* genau dann, wenn sie nicht durch 2 teilbar ist", verwenden wir das Zeichen „$:\Longleftrightarrow$" in Analogie zu „$:=$".

Bisher haben wir nur Aussagen über *einzelne* Objekte betrachtet, etwa die Zahl 5 oder das Wort `Opossum`. Oft geht es uns aber um *Mengen* von Objekten, von denen manche eine bestimmte Eigenschaft haben, andere nicht. Zum Beispiel haben manche Elemente der Menge der natürlichen Zahlen die Eigenschaft, gerade zu sein, und andere Elemente haben diese Eigenschaft nicht. Im Gegensatz zu den oben betrachteten Aussagen der Art „8 ist eine gerade Zahl" enthält eine Eigenschaft eine (oder mehr) Variablen, wie in „n ist eine gerade Zahl". Eine solche Eigenschaft, ein sogenanntes *Prädikat*, kann je nach den Werten, die für die Variablen eingesetzt werden, wahr oder falsch werden. Zum Beispiel lässt sich der gerade genannte Satz, „n ist eine gerade Zahl", auffassen als ein Prädikat mit der Variablen n, $P(n)$. Für $n = 2$ ist dies Prädikat wahr, für $n = 3$ ist es falsch. Für den Umgang mit Prädikaten übernehmen wir zwei weitere Symbole aus der Logik:

$\forall x\ P(x)$ steht für „**für alle** x **gilt** $P(x)$". Zum Beispiel kann man die Tatsache, dass durch 6 teilbare Zahlen auch durch 3 teilbar sind, ausdrücken als $\forall x \in \mathrm{N}\ (x \bmod 6 = 0 \Longrightarrow x \bmod 3 = 0)$.

$\forall$ heißt auch **Allquantor**.

$\exists x\ P(x)$ steht für „**es gibt (mindestens) ein** x**, so dass** $P(x)$". Ein Beispiel dafür wäre etwa „Es gibt mindestens ein Wort der deutschen Sprache, das genau 5 ‚e' und keine anderen Vokale enthält" oder in Zeichen $\exists x\ (D(x) \wedge E(x))$, falls $D(x)$ heißt „x ist ein Wort der deutschen Sprache" und $E(x)$ steht für „x enthält genau 5 ‚e' und keine anderen Vokale".

$\exists$ heißt auch **Existenzquantor**.

$\exists! x\ P(x)$ steht für „**es gibt genau ein** x**, so dass** $P(x)$". Es kann als Abkürzung gesehen werden für $\exists x\ \big(P(x)\ \wedge\ \forall y\ (P(y) \Longleftrightarrow y = x)\big)$.

Dazu sollte man noch anmerken:

- „$\forall x \in A\ P(x)$" steht für $\forall x\ (x \in A \Longrightarrow P(x))$, und
- „$\exists x \in A\ P(x)$" steht für $\exists x\ (x \in A \wedge P(x))$.
- Als eine weitere Abkürzung schreiben wir „$\exists x \in A, y \in B\ P(x, y)$" für $\exists x \in A\ \big(\exists y \in B\ P(x, y)\big)$.

Beispiel 2.1.1.

$$\forall \varepsilon > 0 \ \exists \delta > 0 \ \forall x \ \big(|x - x_0| < \delta \Longrightarrow |f(x) - f(x_0)| < \varepsilon\big)$$

heißt: Für alle ε, die größer als 0 sind, gibt es ein δ größer 0, so dass für jedes beliebige x gilt: Wenn $|x - x_0| < \delta$ ist, dann ist auch $|f(x) - f(x_0)| < \varepsilon$. Das ist gerade die bekannte Definition dafür, dass die Funktion f an der Stelle x_0 stetig ist. (x, x_0, ε und δ sind in diesem Kontext Variablen für reelle Zahlen.) Hier kann man sich auch gut klarmachen, dass es der Intuition entspricht, „$\forall x \in A \ \ P(x)$" auf eine Implikation $\forall x \big(x \in A \Longrightarrow P(x)\big)$ zurückzuführen, und nicht auf ein $\wedge$ wie $\exists$-Ausdrücke. Für alle ε gilt: *Falls* ε größer 0 ist, *dann* gibt es ein zugehöriges δ, so dass ...

Generell benutzen wir x, y, z, x_1, x_2 etc. für Variablen über unterschiedliche Wertebereiche. Für welche Arten von Objekten (z.B. reelle Zahlen, natürliche Zahlen, deutsche Wörter, Formeln etc.) x, y, z gerade stehen, wird jeweils aus dem Zusammenhang klar. n, m, n_i etc. benutzen wir meist als Variablen für natürliche Zahlen, f, g, h etc. für Funktionen, und F, G, H etc. für Formeln. Letztlich werden wir den Gebrauch von Bezeichnungen für Variablen sehr liberal handhaben, wie in der Informatik üblich.

Neben den Konnektoren, die wir gerade eingeführt haben, benutzen wir auch die anderen üblichen mathematischen Abkürzungen, wie o.E. (ohne Einschränkung) oder o.B.d.A. (ohne Beschränkung der Allgemeinheit).

Die Operatoren, die wir bislang eingeführt haben, binden unterschiedlich stark, nämlich – in fallender Bindungspriorität aufgeführt –

1. $\neg, \forall, \exists$ 2. $\wedge, \vee$ 3. $\Longrightarrow, \Longleftarrow$

Um andere Bindungen auszudrücken, verwendet man Klammern, wie es auch oben im Beispiel zum „$\forall$" geschehen ist: Ohne die Klammerung hätte das „$\forall x$", das stärker bindet als das „$\Longrightarrow$", sich nur auf „$x \bmod 6 = 0$" bezogen.

Beispiel 2.1.2. Ein Beweisverfahren, das wir in diesem Buch immer wieder verwenden, ist das der *Induktion*: Wenn man per Induktion beweisen will, dass alle Zahlen $n \in \mathbb{N}$ eine Eigenschaft $P(n)$ haben, dann reicht es, zweierlei zu zeigen: Erstens, dass die Zahl 0 die Eigenschaft P besitzt; zweitens, dass, falls eine Zahl n die Eigenschaft P hat, auch $n+1$ diese Eigenschaft hat. Damit gilt dann schon, dass alle natürlichen Zahlen die Eigenschaft P haben.

Das Prinzip der Induktion kann man mit einer kurzen logischen Formel beschreiben: Ist $P(n)$ eine Eigenschaft, dann gilt:

$$P(0) \wedge \forall n \big(P(n) \Longrightarrow P(n+1)\big) \Longrightarrow \forall n P(n)$$

2.2 Grundkonzepte aus der Mengenlehre

Was sind die typischen Eigenschaften einer Menge? Eine Menge enthält jedes Objekt nur einmal, und die Objekte sind ohne eine vorgegebene Ordnung zusammengefasst – die Menge $\{2,1\}$ ist identisch mit $\{1,2\}$. Nach Cantor ist eine Menge „eine Zusammenfassung von bestimmten wohlunterschiedenen Objekten unserer Anschauung oder unseres Denkens zu einem Ganzen". Ein Beispiel einer Menge, die in diesem Buch häufig verwendet wird, ist die der natürlichen Zahlen.

Die Objekte, die in einer Menge zusammengefasst sind, heißen auch die **Elemente** der Menge. Die Aussage „x ist ein Element der Menge M" schreiben wir in Zeichen als „$x \in M$". Es gibt mehrere Möglichkeiten, eine Menge anzugeben. Eine ist die explizite Angabe aller Elemente in geschweiften Klammern; oben haben wir diese Schreibweise für die Menge $\{1,2\}$ schon verwendet. Sie kann natürlich nur für *endliche* Mengen angewendet werden. Eine unendliche Menge kann man, ein wenig informell, in der „Pünktchen-Schreibweise" beschreiben, zum Beispiel die Menge der natürlichen Zahlen als $\{0,1,2,3,4\ldots\}$. Formal exakt ist dagegen die Beschreibung einer Menge über eine Eigenschaft: Ist P eine Eigenschaft, dann ist $\{x \mid P(x)\}$ die Menge aller Objekte, die die Eigenschaft P besitzen. So könnte man zum Beispiel die Menge aller geraden natürlichen Zahlen beschreiben als $\{x \in N \mid x \bmod 2 = 0\}$ oder als $\{x \mid \exists n \in N \ \ x = 2n\}$.

Definition 2.2.1. *Einige häufig gebrauchte Mengen tragen die folgenden Bezeichnungen:*

- N *ist die Menge der* natürlichen Zahlen *einschließlich der* 0, *also die Menge* $\{0,1,2,3,\ldots\}$,
- N_+ *ist die Menge der natürlichen Zahlen ausschließlich der* 0, *also die Menge* $\{1,2,3,4,\ldots\}$,
- Z *ist die Menge der* ganzen Zahlen, $\{0,1,-1,2,-2,\ldots\}$,
- Q *ist die Menge der* rationalen Zahlen,
- R *ist die Menge der* reellen Zahlen,
- R_+ *ist die Menge der positiven reellen Zahlen,* $R_+ = \{x \in R \mid x > 0\}$.
- $[a,b] := \{x \in R \mid a \leq x \leq b\}$ *ist das* abgeschlossenen reelle Intervall *von* a *bis* b,
- $(a,b) := \{x \in R \mid a < x < b\}$ *ist das* offene reelle Intervall *von* a *bis* b , *und* $(a,b]$, $[a,b)$ *sind analog definiert.*
- $\emptyset$ *ist die leere Menge.*

Es gibt viele Notationen und Operationen im Zusammenhang mit Mengen. Die für unsere Zwecke wichtigsten sind in der folgenden Definition zusammengefasst.

Definition 2.2.2. *Seien M und N Mengen.*

- $|M|$ *ist die Anzahl der Elemente in M.* $|M| = \infty$ *bedeutet, dass M unendlich viele Elemente enthält.*
- $M \cup N := \{x \mid x \in M \ \vee \ x \in N\}$ *ist die* **Vereinigung** *von M und N.*
- $M \cap N := \{x \mid x \in M \ \wedge \ x \in N\}$ *ist der* **Durchschnitt** *von M und N.*

- $M - N := \{x \in M \mid x \notin N\}$ *ist die Menge „M ohne N".*
- $M \subseteq N :\Longleftrightarrow \forall x \; (x \in M \Longrightarrow x \in N)$ *– M ist eine* **Teilmenge** *von N.*
- $M = N :\Longleftrightarrow M \subseteq N \; \wedge \; N \subseteq M$ *– die Mengen M und N sind gleich.*
- $M \subset N :\Longleftrightarrow M \subseteq N \; \wedge \; M \neq N$ *– M ist eine* **echte Teilmenge** *von N.*
- $2^M := \{\, N \mid N \subseteq M \,\}$ *ist die* **Potenzmenge** *von M, die Menge aller Teilmengen von M.*
- $M_1 \times \ldots \times M_n := \{\, (a_1, \ldots, a_n) \mid a_1 \in M_1, \ldots, a_n \in M_n \,\}$ *ist das* **Kreuzprodukt** *von n Mengen. Das Ergebnis ist eine Menge von n-Tupel, die alle möglichen Kombinationen von n Elementen enthält, so dass das erste Element aus M_1 ist, das zweite aus M_2 etc.*

Für $\neg(x \in M), \neg(M \subseteq N)$ u.ä. schreiben wir auch $x \notin M, M \not\subseteq N$ usw.

Beispiel 2.2.3. Die letzten zwei Konzepte verdeutlichen wir durch ein kurzes Beispiel.

- Für die Menge $M = \{1, 2, 3\}$ ist die Potenzmenge

$$2^M = \Big\{\emptyset, \{1\}, \{2\}, \{3\}, \{1,2\}, \{1,3\}, \{2,3\}, \{1,2,3\}\Big\}.$$

- Für die zwei Mengen $M_1 = \{\, a, b \,\}$ und $M_2 = \{\, x, y \,\}$ ist das Kreuzprodukt

$$M_1 \times M_2 = \{\, (a,x), (a,y), (b,x), (b,y) \,\}.$$

Wenn man die Vereinigung, den Durchschnitt oder das Kreuzprodukt von mehr als zwei Mengen bilden will, kann man eine „vergrößerte Variante" der betreffenden Symbole verwenden.

Definition 2.2.4. *Sei A irgendeine Menge, und zu jedem $a \in A$ sei eine weitere Menge M_a gegeben. Dann ist*

$$\bigcup\nolimits_{a \in A} M_a := \{x \mid \exists a \in A \;\; x \in M_a\}$$

$$\bigcap\nolimits_{a \in A} M_a := \{x \mid \forall a \in A \;\; x \in M_a\}$$

Konkret könnte das so aussehen:

Beispiel 2.2.5. Wir betrachten die Menge $A = \{2, 3, 4\}$ und dazu die Mengen $M_a = \{x \mid \exists n \in \mathrm{N} \;\; x = n^a\}$ für $a \in A$. Dann ist $\bigcup_{a \in A} M_a$ die Menge all derer natürlichen Zahlen x, die sich als n^2 oder n^3 oder n^4 schreiben lassen für irgendein $n \in \mathrm{N}$. $\bigcap_{a \in A} M_a$ sind gerade die natürlichen Zahlen, deren zweite, dritte und vierte Wurzel in N liegt.

Falls sich die Menge A wie in diesem Beispiel schreiben lässt als $A = \{i \in \mathrm{N} \mid k \leq i \leq \ell\}$, bezeichnen wir die Vereinigungsmenge auch kürzer als

$$\bigcup_{k \leq i \leq \ell} M_i \quad \text{oder} \quad \bigcup_{i=k}^{\ell} M_i.$$

Analog kann man für $\bigcap$ vorgehen. In gleicher Weise wie Vereinigung und Durchschnitt beschreiben wir auch das Kreuzprodukt: $\mathrm{X}_{i=k}^{\ell} M_i$ ist eine Abkürzung für $M_k \times \ldots \times M_\ell$. Formal lässt sich das per Induktion so definieren:

Definition 2.2.6. *Das Kreuzprodukt* X *ist definiert durch*

- $\mathop{\mathrm{X}}\limits_{i=k}^{\ell} M_i := \emptyset$ *für* $\ell < k$,
- $\mathop{\mathrm{X}}\limits_{i=k}^{k} M_i := M_k$, *und*
- $\mathop{\mathrm{X}}\limits_{i=k}^{k+\ell+1} M_i := \left(\mathop{\mathrm{X}}\limits_{i=k}^{k+\ell} M_i \right) \times M_{k+\ell+1}$.

Das n-fache Kreuzprodukt einer Menge M, $\mathop{\mathrm{X}}\limits_{i=1}^{n} M$, kürzt man auch ab als M^n. In $\mathop{\mathrm{X}}\limits_{i+1}^{3} M_i$ haben wir genaugenommen eine Rechtsklammerung, das heißt, Elemente aus dieser Menge haben die Form $((a,b),c)$. Diese Objekte identifizieren wir aber mit (a,b,c), so dass $\mathop{\mathrm{X}}\limits_{i=1}^{3} M_i = M_1 \times M_2 \times M_3$ gilt.

2.2.1 Relationen

Eine *Relation* setzt Elemente mehrerer Mengen zueinander in Beziehung. Zum Beispiel könnte man die Tatsache, dass nach der gebräuchlichen Anordnung der Buchstaben im Alphabet a der erste, b der zweite Buchstabe ist und so weiter, ausdrücken in einer Relation, die jeden Buchstaben in Zusammenhang setzt mit seiner Ordnungsnummer. Formal könnte man diese Relation beschreiben als eine Menge, nämlich die Menge

$$\{(a,1),(b,2),(c,3),\dots,(z,26)\}$$

In diesem Beispiel ist jedem Buchstaben genau eine Zahl zugeordnet. Aber es geht auch anders. Wir könnten die Anordnung der Buchstaben auch durch eine Relation $<$ beschreiben mit $a < b, a < c, \dots, a < z, b < c, b < d, b < e, \dots, y < z$. $<$ ist damit einfach eine Teilmenge von $\{a,b,c,\dots,y\} \times \{b,c,d,\dots,z\}$. Ein weiteres Beispiel einer Relation, hier einer zwischen $\{a,b\}$ und $\{1,2,3\}$, ist

$$(a,1),(a,2),(b,2),(b,3)$$

Man könnte sie graphisch so verdeutlichen:

Wir haben die drei konkreten Relationen, die wir bisher kennengelernt haben, als Mengen beschrieben, und zwar als Teilmengen des Kreuzprodukts. Im ersten Fall ging es z.B. um eine Teilmenge des Kreuzprodukts der Mengen $\{a,\dots,z\}$ und $\{1,\dots,26\}$. Halten wir das formal fest (dabei verallgemeinern wir auch von einem Kreuzprodukt von zwei Mengen auf eines von n Mengen):

Definition 2.2.7 (Relation). *Eine n-stellige* **Relation** *R über den Mengen $M_1,\dots,M_n$ ist eine Menge $R \subseteq \mathop{\mathrm{X}}\limits_{i=1}^{n} M_i$.*

Betrachten wir ein weiteres Beispiel einer Relation, diesmal einer Relation nicht zwischen unterschiedlichen Mengen, sondern zwischen Elementen derselben Menge N:

Beispiel 2.2.8. Man kann die $\leq$-Beziehung zwischen natürlichen Zahlen auffassen als zweistellige Relation $\leq\ =\{(a,b)\in N\times N\mid \exists c\in N\ \ a+c=b\}$. Statt $(a,b)\in\ \leq$ schreibt man natürlich üblicherweise $a\leq b$.

Eine Relation wie $\leq$ ist eine *Ordnungsrelation.* Sie beschreibt eine Anordnung der Elemente in N. Sie hat spezielle Eigenschaften: Zum Beispiel folgt aus $a\leq b$ und $b\leq c$ schon $a\leq c$. Weitere wichtige Eigenschaften solcher und anderer Relationen beschreibt die nächste Definition.

Definition 2.2.9. *Eine zweistellige Relation $\tau\subseteq A\times A$ heißt*

reflexiv gdw. $\forall a\in A\ \ a\ \tau\ a$,
irreflexiv gdw. $\forall a\in A\ \ \neg(a\ \tau\ a)$,
symmetrisch gdw. $\forall a,b\in A\ \ (a\ \tau\ b\Longrightarrow b\ \tau\ a)$,
antisymmetrisch gdw. $\forall a,b\in A\ \ (a\ \tau\ b\ \wedge\ b\ \tau\ a\Longrightarrow a=b)$,
asymmetrisch gdw. $\forall a,b\in A\ \ \big(a\ \tau\ b\Longrightarrow\neg(b\ \tau\ a)\big)$
transitiv gdw. $\forall a,b,c\in A\ \ (a\ \tau\ b\ \wedge\ b\ \tau\ c\Longrightarrow a\ \tau\ c)$.
Äquivalenzrelation gdw. *sie reflexiv, symmetrisch und transitiv ist.*
Ordnungsrelation *(vom Typ $\leq$)* gdw. *sie reflexiv, antisymmetrisch und transitiv ist.*
Ordnungsrelation *(vom Typ $<$)* gdw. *sie irreflexiv, asymmetrisch und transitiv ist.*

Eine Äquivalenzrelation $\tau\subseteq A\times A$ partitioniert die Menge A in Teilmengen, in denen alle Elemente zueinander äquivalent sind. Das ergibt sich aus ihren Eigenschaften der Reflexivität, Symmetrie und Transitivität, die in der letzten Definition beschrieben sind. Zum Beispiel partitioniert die Äquivalenzrelation

$$\tau=\{(x,y)\in N\times N\mid x\ mod\ 2=y\ mod\ 2\}$$

die Menge N in zwei Teilmengen: die der geraden und die der ungeraden Zahlen. Solche Teilmengen heißen *Äquivalenzklassen.*

Definition 2.2.10 (Äquivalenzklasse). *Sei $\tau\subseteq A\times A$ eine Äquivalenzrelation. Dann heißen für $a\in A$ die Mengen*

$$[a]_\tau:=\{b\in A\mid a\ \tau\ b\}$$

Äquivalenzklassen *von τ. Für die Teilmenge $[a]_\tau$ heißt a* **Repräsentant**.

Die Menge aller Äquivalenzklassen heißt **Partitionierung** *von A und wird mit $A/_\tau$ bezeichnet:*

$$A/_\tau:=\{[a]_\tau\mid a\in A\}.$$

$|A/_\tau|$, *die Anzahl der Äquivalenzklassen von A, heißt der* **Index** *von τ.*

Die Äquivalenzklassen einer Äquivalenzrelation τ haben folgende Eigenschaften:

- $a\ \tau\ b \iff [a]_\tau = [b]_\tau$ – zwei Elemente stehen dann und nur dann in der Relation τ, wenn sie in derselben Äquivalenzklasse liegen.
- $\forall a, b \in A\ \big([a]_\tau = [b]_\tau \lor [a]_\tau \cap [b]_\tau = \emptyset\big)$ – verschiedene Äquivalenzklassen sind disjunkt.
- A ist die disjunkte Vereinigung aller Äquivalenzklassen $[a]_\tau$ mit $a \in A$.

Die Elemente ein und derselben Äquivalenzklasse werden üblicherweise als gleich hinsichtlich τ angesehen. Man fasst alle gleichen Elemente in einer Menge $[a]_\tau$ zusammen, die man als eine Art „Makro-Element" von A ansehen kann. Wenn wir noch einmal auf unser obiges Beispiel einer Äquivalenzrelation τ zurückgreifen, die N in die geraden und die ungeraden Zahlen partitioniert, so hat die Menge $\mathrm{N}/_\tau$, bei der alle „gleichen" Zahlen zusammengefasst sind, zwei Elemente.

2.2.2 Funktionen

Den Begriff einer *Funktion* kann man nun aufbauend auf dem Begriff der Relation definieren: Eine Funktion $f : A \to B$, ist eine Relation, bei der jedem Element aus A *genau ein* Wert aus B zugeordnet wird (und eine partielle Funktion ist eine Relation, bei der jedem Element aus A *höchstens* ein Funktionswert zugeordnet ist). Damit ist eine Funktion f natürlich auch eine spezielle Menge und zugleich eine Relation: f ist eine Teilmenge des Kreuzproduktes $A \times B$, die zusätzlich die gerade genannten Bedingungen erfüllt.

Definition 2.2.11 (Funktion). *Eine* **Funktion** *(oder* **Abbildung***)* $f :$ $A \to B$ *für Mengen A und B ist eine Relation $f \subseteq A \times B$, für die zusätzlich gilt:*

1. $\forall a \in A\ \forall b_1, b_2 \in B\ \big((a, b_1) \in f \land (a, b_2) \in f \implies b_1 = b_2\big)$ *– jedem Wert aus A wird höchstens ein Wert aus B zugeordnet, der* **Funktionswert von f für Argument a** *–, und*
2. $\forall a \in A\ \exists b \in B\ (a, b) \in f$ *– jedem Wert aus A muss ein Funktionswert zugeordnet werden.*

Eine **partielle Funktion** $f : A \to B$ *ist eine Relation $f \subseteq A \times B$, die Punkt 1 der Funktionsdefinition erfüllt.*

Bei einer partiellen Funktion muss nicht jedem Wert aus A ein Funktionswert zugeordnet werden, f darf für Argumente $a \in A$ auch **undefiniert** sein. Wir verwenden im folgenden für Funktionen immer die gewohnte Funktionsschreibweise, nicht die Relationsschreibweise, die wir gerade verwendet haben: Wir schreiben

$$f(a) = b :\iff a \in A \land b \in B \land (a, b) \in f.$$

Ist eine partielle Funktion f für $a \in A$ undefiniert, so schreibt man dafür das Zeichen „$\perp$":

$$f(a) = \perp :\Longleftrightarrow a \in A \ \wedge \ \neg(\exists b \in B \ \ f(a) = b).$$

Wenn dem Wert $a \in A$ dagegen ein Funktionswert zugeordnet ist, heißt f auf a **definiert**.

Zwei Funktionen sind gleich, falls beide für jeden Wert aus A jeweils denselben Funktionswert liefern. Bei partiellen Funktionen müssen darüber hinaus die undefinierten Stellen übereinstimmen:

Definition 2.2.12. *Zwei (partielle) Funktionen $f, g : A \to B$ heißen* **gleich**, *falls gilt:*

$$\forall a \in A \ \Big(\big(f(a) = \perp \Longleftrightarrow g(a) = \perp \big) \ \wedge \ \big(f(a) \neq \perp \Longrightarrow f(a) = g(a) \big) \Big).$$

Eine partielle Funktion $f : A \to B$ heißt **total**, falls sie nirgends undefiniert ist, d.h. falls $f(a) \neq \perp$ gilt für alle $a \in A$. Eine solche partielle Funktion erfüllt also auch Punkt 2 der Funktionsdefinition. Statt als eine totale partielle Funktion könnte man f natürlich auch einfach als Funktion bezeichnen, aber manchmal ist es hilfreich, explizit von *totalen* Funktionen zu sprechen in Abgrenzung zu partiellen Funktionen.

In den nächsten Kapiteln sind im Allgemeinen alle Funktionen total; partielle Funktionen kommen erst wieder in Teil 2 dieses Buches vor.

Manchmal möchte man den Definitionsbereich einer Funktion begrenzen. Dazu verwendet man den Operator $|$:

Definition 2.2.13 (Einschränkung). *Ist $f : A \to B$ eine Abbildung und $A' \subseteq A$, dann ist $f|_{A'} : A' \to B$, die* **Einschränkung** *von f auf A', definiert als $f|_{A'}(x) := f(x)$ für alle $x \in A'$.*

Wie bei Relationen gibt es auch bei Funktionen eine Liste von möglichen Eigenschaften, die wir im weiteren immer wieder brauchen.

Definition 2.2.14. *Eine Funktion $f : A \to B$ heißt*

injektiv, *falls für alle $a_1, a_2 \in A$ gilt: $f(a_1) = f(a_2) \Longrightarrow a_1 = a_2$ – keinen zwei Werten aus A ist derselbe Funktionswert zugeordnet.*
surjektiv, *falls gilt: $\forall b \in B \ \exists a \in A \ \ f(a) = b$ – jeder Wert aus B kommt (mindestens) einmal als Funktionswert vor.*
bijektiv, *falls f injektiv und surjektiv ist.*

Zu jeder bijektiven Funktion $f : A \to B$ ist die **Umkehrfunktion** *$f^{-1} : B \to A$ definiert durch*

$$(b, a) \in f^{-1} :\Longleftrightarrow (a, b) \in f.$$

Ist f eine bijektive Funktion, dann ist f^{-1} eine Funktion – sie erfüllt beide Bedingungen aus Def. 2.2.11. Für nicht-bijektive Funktionen muss das nicht unbedingt der Fall sein. Betrachten wir zum Beispiel eine nicht-injektive Funktion g: Wenn $g(a) = g(b) = c$ ist für $a \neq b$, dann ordnet g^{-1} dem Wert c sowohl a als auch b zu – g^{-1} ist zwar eine Relation, aber keine Funktion. Für eine bijektive Funktion f ist f^{-1} übrigens nicht nur eine Funktion, sondern sogar selbst eine bijektive Funktion.

Hier ist jedoch eine gewisse Vorsicht geboten: Für eine beliebige Funktion $f : A \to B$ kann mit f^{-1} auch manchmal die „Urbild-Abbildung" $f^{-1} : B \to 2^A$ mit $f^{-1}(b) := \{a \in A \mid f(a) = b\}$ gemeint sein, also eine Funktion, die jedem Element des Wertebereichs von f die *Menge* aller seiner Urbilder zuordnet. Aus dem Kontext sollte aber stets klar sein, welche Funktion mit f^{-1} gerade gemeint ist.

2.2.3 Isomorphie, Abzählbarkeit

Die gerade definierten Konzepte von *surjektiven* und *bijektiven Funktionen* verwenden wir jetzt, um die Größe von Mengen zu vergleichen, auch von unendlichen Mengen.

Definition 2.2.15 (Größenvergleich von Mengen). *Seien A, B Mengen (eventuell unendlich), $A, B \neq \emptyset$.*

A heißt **mindestens genauso mächtig** *wie B, in Zeichen*

$A \geq B$ *oder* $B \leq A$,

falls es eine surjektive Abbildung $f : A \to B$ gibt.

A heißt **mächtiger** *als B, falls $B \leq A$ und $A \not\leq B$ gilt.*

Die Bedeutung dieser Definition kann man sich so intuitiv klarmachen: Eine surjektive Abbildung $f : A \to B$ ist eine Relation, die jedem $a \in A$ genau ein $b \in B$ zuordnet, es kann ein $b \in B$ auch zwei verschiedenen Elementen aus A zugeordnet sein, aber jedes $b \in B$ ist mindestens einem $a \in A$ zugeordnet. Also muss es intuitiv mindestens so viele Elemente in A geben wie in B.

Wenn es zwischen zwei Mengen A und B nicht nur eine surjektive, sondern sogar eine bijektive Abbildung gibt, dann sind sie „gleichförmig", griechisch *isomorph*.

Definition 2.2.16 (isomorph). *Zwei Mengen A und B heißen* **isomorph**, *falls eine bijektive Abbildung $f : A \to B$ existiert.*

Ist A eine endliche Menge mit $|A| = n$ Elementen, so ist A genau dann zu einer Menge B isomorph, wenn B auch endlich ist und ebenfalls n Elemente besitzt. Das lässt sich leicht einsehen:

- Gilt $|A| = n$, $|B| = m$, und $n \neq m$, sagen wir ohne Einschränkung $n < m$, dann kann es keine *surjektive* Funktion $f : A \to B$ geben.

- Ist dagegen $|A| = |B|$, dann kann man eine bijektive Funktion $f : A \to B$ konstruieren mit folgendem Algorithmus (der induktiv über die Größe n der Menge A vorgeht):

  $n = 1$: Wähle irgendein a aus A und irgendein b aus B. Setze $f(a) := b$. Setze $A' := A - \{a\}, B' := B - \{b\}$.

  $n \to n + 1$: Ist $n = |A| \ (= |B|)$, so höre auf. Ist aber $n < |A|$, so wähle irgendein a aus A' und irgendein b aus B'. Setze $f(a) := b$, $A' := A' - \{a\}$, und $B' := B' - \{b\}$.

Wie steht es aber mit *unendlichen* Mengen A und B: Wann enthalten unendliche Mengen „gleichviel Elemente"? Wie wir gleich sehen werden, gibt es isomorphe unendliche Mengen, von denen man intuitiv annehmen würde, dass sie unterschiedlich viele Elemente enthalten. Zum Beispiel ist die Menge der geraden natürlichen Zahlen $N_g := \{n \in N \mid n \bmod 2 = 0\}$ isomorph zu N, der Menge aller natürlichen Zahlen. Um das zu sehen, betrachten wir die Funktion $f : N \to N_g$, die jeder natürlichen Zahl eine gerade Zahl zuordnet durch

$$f(n) := 2 \cdot n.$$

f ist injektiv und surjektiv, also bijektiv.

Ebenso sind N und $N \times N$ isomorph. Um das zu zeigen, könnte man eine bijektive Abbildung von $N \times N$ nach N direkt konstruieren. Leichter wird der Beweis aber, wenn wir vorher den Begriff des „Aufzählbaren" einführen. Dabei nutzen wir dieselbe Idee wie oben beim allgemeinen Größenvergleich von Mengen (Def. 2.2.15).

Definition 2.2.17 (aufzählbar/abzählbar). *Eine Menge A heißt* **auf-zählbar** *oder* **abzählbar***, falls*

- *entweder A leer ist*
- *oder es eine surjektive Funktion $f : N \to A$ gibt.*

Ist $A \neq \emptyset$ und gibt es keine surjektive Funktion $f : N \to A$, so heißt A **überabzählbar**.

Wenn eine Menge A aufzählbar ist, so heißt das, man kann die Elemente von A aufzählen als $f(0), f(1), f(2)$ etc. In dieser Aufzählung kommt jedes Element von A mindestens einmal vor, es kann allerdings auch ein Element mehrfach als Funktionswert auftreten.

Jede endliche Menge $A = \{a_1, \ldots, a_n\}$ ist abzählbar: Entweder ist A leer, dann ist sie per definitionem abzählbar, andernfalls kann man sehr leicht eine surjektive Funktion $f : N \to A$ aufstellen: Man setzt

$$f(i) := \begin{cases} a_i & \text{für } 1 \leq i \leq n \\ a_1 & \text{für } i > n. \end{cases}$$

Für unendliche Mengen gilt folgender wichtiger Zusammenhang:

Satz 2.2.18. *Wenn eine Menge A unendlich und abzählbar ist, dann ist sie auch zu* N *isomorph.*

Beweis: Sei A abzählbar und nichtleer. Dann gibt es nach der Definition eine surjektive Funktion $f : N \to A$. Wir ändern f zu einer Funktion $f' : N \to A$ ab, die nicht nur surjektiv, sondern auch injektiv ist, denn Isomorphie zwischen A und N bedeutet ja die Existenz einer bijektiven Funktion von N nach A (oder umgekehrt). Bei der Konstruktion von f' nutzen wir aus, dass A unendlich ist. Induktiv lässt sich die Funktion f' so beschreiben:

$n = 0$: $f'(0) = f(0)$.

$n \to n + 1$: $f'(n + 1) = f(m)$, wobei m die kleinste natürliche Zahl ist, so dass $f(m) \notin \bigcup_{1 \leq i \leq n} f'(i)$ ist. Da A unendlich ist und $f(N) = A$ gilt, gibt es immer ein solches m.

Werte aus A, die für eine kleinere Zahl aus N schon als Funktionswert vorgekommen sind, werden also übersprungen, und es wird der nächste noch nicht dagewesene Funktionswert „vorgezogen". f' zählt alle Elemente aus A auf *ohne Wiederholung*, d.h. $f' : N \to A$ ist surjektiv und injektiv. ∎

Kommen wir auf unser Problem von oben zurück – es ging darum zu zeigen, dass N isomorph ist zu $N \times N$.

Satz 2.2.19. N *ist isomorph zu* $N \times N$.

Beweis: Um diesen Satz zu beweisen, müssen wir nach der obigen Überlegung nur zeigen, dass $N \times N$ aufzählbar ist. Das heißt, wir müssen eine surjektive Abbildung $f : N \to N \times N$ konstruieren. Zum Beispiel können wir folgende Funktion verwenden:

$f(n) = (a, b) :\Longleftrightarrow$ In der Primfaktorzerlegung von n kommt die Primzahl 2 genau a-mal und die Primzahl 3 genau b-mal vor.

$f(n)$ ist für jedes $n \in N$ definiert – wenn 2 als Faktor von n nicht vorkommt, so ist $a = 0$, und kommt 3 nicht vor, so ist $b = 0$ –, und jedes (a, b) ist Funktionswert für irgendein $n \in N$, zum Beispiel für $n = 2^a \cdot 3^b$ oder für $n = 2^a \cdot 3^b \cdot 5$; f ist also surjektiv. ∎

N ist nicht nur isomorph zu $N \times N = N^2$, sondern zu jedem N^n für $n \geq 1$.

Satz 2.2.20. N *ist isomorph zu* N^n *für alle* $n \in N_+$.

Beweis: Wir beweisen den Satz durch Induktion über n.

$n = 1$: N ist natürlich isomorph zu N. Eine bijektive Funktion von N nach N ist zum Beispiel die Identitätsfunktion $id : N \to N$ mit $id(n) := n$ $\forall n \in$ N.

$n \to n+1$: Per Induktionsvoraussetzung sei schon gezeigt, dass N isomorph ist zu N^n. Das heißt, dass es eine bijektive Funktion $g : N^n \to N$ gibt. Wir verwenden wieder die surjektive Funktion $f : N \to N \times N$ aus dem letzten Satz und konstruieren aus ihr und aus g eine neue Funktion $h : N \to N^{n+1}$ $(= N^n \times N)$ als

$$h(x) = (a_1, \ldots, a_n, a_{n+1}) :\Longleftrightarrow \exists m \ \big(g(a_1, \ldots, a_n) = m$$
$$\wedge \ f(x) = (m, a_{n+1})\big).$$

h ist surjektiv; damit ist N^{n+1} aufzählbar, also nach Satz 2.2.18 isomorph zu N. ■

Es ist nun aber durchaus nicht so, dass alle unendlichen Mengen schon isomorph zu N wären. Einer der schönsten Beweise der Mathematik ist der der Aussage, dass die reellen Zahlen nicht abzählbar sind. Trotz seiner Einfachheit wurde er von Cantor erst zu Ende des 19. Jahrhunderts gefunden und stellte den Beginn der modernen Mengenlehre dar. Da wir die zugrundeliegende Beweisidee, den **Diagonalschluss**, in diesem Buch häufiger brauchen werden, stellen wir den Beweis hier vor. Dazu betrachten wir das abgeschlossene reelle Intervall von 0 bis 1, $[0,1] = \{x \in R \mid 0 \le x \le 1\}$.

Satz 2.2.21 (von Cantor). $[0,1]$ *ist nicht abzählbar.*

Beweis: Nehmen wir an, $[0,1]$ sei abzählbar. Dann muss es nach der Definition von Abzählbarkeit eine surjektive Funktion $f : N \to [0,1]$ geben. Jede reelle Zahl in $[0,1]$ kommt also (mindestens einmal) als ein Funktionswert $f(i)$ vor.

Jede reelle Zahl im Intervall $[0,1]$ können wir als Dezimalzahl der Form $0, d_0 d_1 d_2 \ldots d_n \ldots$ schreiben mit $d_n \in \{0, \ldots, 9\}$. (Auch die Zahl 1 kann man so darstellen, es ist ja $1 = 0,\bar{9}$.) Wenn wir uns auf den Funktionswert an der Stelle i beziehen, auf $f(i)$, verwenden wir die Darstellung $f(i) = 0, d_0^i d_1^i d_2^i \ldots d_n^i \ldots \in [0,1]$. $d_n^i \in \{0, \ldots, 9\}$ ist also die $(n+1)$-te Dezimalstelle des Funktionswertes von f an der Stelle i. Insbesondere interessieren wir uns nun für die Dezimalstellen d_n^n, also die jeweils $(n+1)$-te Dezimalstelle der n-ten Zahl. Aus allen d_n^n für $n \in N$ konstruieren wir eine neue reelle Zahl d als

$$d := 0, \bar{d}_0 \bar{d}_1 \bar{d}_2 \ldots \bar{d}_3 \ldots \text{ mit}$$

$$\bar{d}_n := (d_n^n + 1) \bmod 10, \text{ d.h. } \bar{d}_n = \begin{cases} d_n^n + 1, & \text{falls } d_n^n + 1 \le 9 \\ 0, & \text{sonst} \end{cases}$$

d ist eine reelle Zahl aus dem Intervall $[0,1]$, und zwar eine, die sich in ihrer $(i+1)$-ten Dezimalstelle von $f(i)$ unterscheidet für alle $i \in N$. Damit können wir nun einen Widerspruch konstruieren: Die Funktion $f : N \to [0,1]$ ist nach unserer obigen Annahme surjektiv, damit ist auch die Zahl d Funktionswert von f für (mindestens) ein $j \in N$, d.h. $f(j) = d$. Nun lässt sich

die Zahl $f(j) = d$ wie oben festgelegt schreiben als $f(j) = 0, d_0^j d_1^j d_2^j \ldots d_j^j \ldots$. Andererseits ist aber $d_j^j \neq \bar{d}_j$ nach der Konstruktion von d, also ist $f(j) \neq d$.
∎

Das Verfahren der *Diagonalisierung*, das wir in diesem Satz angewendet haben, wird häufiger angewendet, um zu zeigen, dass eine Menge nicht abzählbar ist, oder um zu beweisen, dass eine bestimmte Funktion nicht Element einer abzählbaren Menge sein kann. Woher das Verfahren seinen Namen hat, macht man sich am besten an einem Bild klar. Im letzten Satz haben wir angenommen, die reellen Zahlen ließen sich durchzählen als die nullte, erste, zweite ... Wenn man sich eine unendlich große Tabelle vorstellt, in der horizontal aufgetragen ist, um die wievielte reelle Zahl es geht, und vertikal die 0., 1., 2., 3., ... Dezimalstelle, dann geht es bei der Diagonalisierung gerade um die Zahlen, die in der Diagonalen liegen, wie Abbildung 2.1 verdeutlicht.

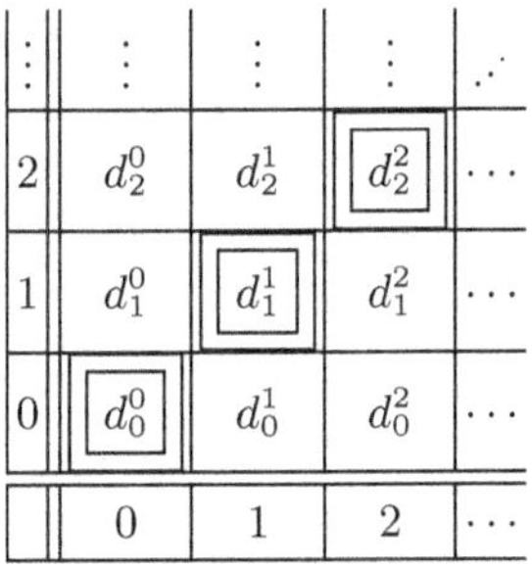

Abb. 2.1. Eine Veranschaulichung der Diagonalisierung

Eine genauere, allgemeinere Beschreibung des Verfahrens einschließlich der Voraussetzungen, die gegeben sein müssen, damit es anwendbar ist, geben wir auf S. 205, wo wir das Verfahren das nächste Mal gebrauchen.

2.3 Grundbegriffe aus der Algebra

Wenn man auf Elemente einer Menge M, zum Beispiel N, eine Operation anwendet, zum Beispiel $+$, dann ist es oft entscheidend, dass das Ergebnis auch auf jeden Fall in M ist. Wenn man auf zwei Elemente $n, m \in$ N die Operation $+$ anwendet, ist das Ergebnis $n + m$ auf jeden Fall wieder eine natürliche Zahl. Man sagt, N ist *abgeschlossen gegen* Addition. Bei der Subtraktion ist das anders, zum Beispiel ist $2 - 3 = -1$ keine natürliche Zahl; N ist also nicht abgeschlossen gegen Subtraktion. Allgemein sagt man, eine Menge M ist abgeschlossen gegen eine Operation Op, wenn das Ergebnis einer Anwendung von Op auf Elemente von M auf jeden Fall wieder in M ist.

Definition 2.3.1 (Abgeschlossenheit). *Sei M eine Menge und Op_n ein n-stelliger Operator. M heißt* **abgeschlossen** *gegen Op_n, falls $\forall e_1, \ldots, e_n \in M$ $Op_n(e_1, \ldots, e_n) \in M$ gilt.*

Wenn M abgeschlossen ist gegen einen n-stelligen Operator Op_n, dann heißt das einfach, dass Op_n eine totale Funktion $Op_n : M^n \to M$ ist.

N ist nicht abgeschlossen gegen Subtraktion, die Menge Z der ganzen Zahlen dagegen schon. Man kann sogar noch mehr sagen: Z ist die Menge, die entsteht, wenn man zu N alle die Zahlen z dazunimmt, die durch Subtraktion zweier natürlicher Zahlen entstehen können (d.h. Z = $\{ z \mid \exists m, n \in N\ z = m - n \}$); entfernt man aus Z irgendeine Zahl, so ist die Ergebnismenge nicht mehr abgeschlossen gegen Subtraktion. Man sagt: Z ist die kleinste Menge, die N enthält und abgeschlossen ist gegen Subtraktion.

Wenn man nun eine Menge M zusammenfaßt mit einem oder mehreren Operatoren, gegen die M abgeschlossen ist, erhält man eine *algebraische Struktur*.

Definition 2.3.2 (algebraische Struktur). *Eine* **algebraische Struktur** *$\mathcal{A}$ vom Typ $(n_1, \ldots, n_k)$ ist ein $(k+1)$-Tupel $\mathcal{A} = (M, Op_{n_1}^1, \ldots, Op_{n_k}^k)$ von einer Menge M und k Operatoren $Op_{n_i}^i$ der Stelligkeit n_i auf M, für $1 \le i \le k$, so dass M gegen jeden dieser k Operatoren abgeschlossen ist. M heißt auch* **Trägermenge** *von $\mathcal{A}$.*

Beispiel 2.3.3. $(N, +, \cdot, 0, 1)$ ist eine algebraische Struktur vom Typ $(2, 2, 0, 0)$: N ist abgeschlossen gegen die zweistelligen Operationen der Addition und Multiplikation, und N ist auch abgeschlossen gegen die nullstelligen Operatoren 0 und 1. Man kann nämlich die Konstanten 0 und 1 als nullstellige Operatoren

$$0 \colon N^0 \to N \text{ mit } 0() := 0,$$
$$1 \colon N^0 \to N \text{ mit } 1() := 1$$

auffassen. Generell kann man mit diesem Trick immer irgendwelche fest ausgewählten Element der Trägermenge, die man als Konstanten der algebraischen Struktur hinzufügen möchte, als nullstellige Operatoren auf der Trägermenge beschreiben.

$(N, +, -)$ ist keine algebraische Struktur, da N gegen die Subtraktion nicht abgeschlossen ist.

Wenn man nun zwei Mengen M und N hat, die Trägermengen zweier algebraischer Strukturen $(M, Op_{m_1}^1, \ldots, Op_{m_k}^k)$ und $(N, \bar{Op}_{n_1}^1, \ldots, \bar{Op}_{n_\ell}^\ell)$ sind, und Abbildungen von M nach N betrachtet, dann interessiert man sich häufig für solche Abbildungen, die mit den Operatoren der algebraischen Strukturen verträglich sind. Was das heißt, macht man sich am besten an Beispielen klar. Zuerst ein relativ allgemeines: Gegeben seien zwei algebraische Strukturen (M, g_M) und (N, g_N) für Operatoren $g_M : M \times M \to M$

und $g_N : N \times N \to N$. Wenn wir fordern, dass die Abbildung $h : M \to N$ verträglich sein soll mit g_M und g_N, dann heißt das: Gegeben zwei Elemente a und b aus M, dann ist es gleichgültig,

- ob man zuerst innerhalb von M bleibt und $g_M(a, b)$ bildet und diesen Wert dann nach N in $h\big(g_M(a, b)\big)$ abbildet
- oder ob man zunächst a und b nach N überträgt in $h(a)$ und $h(b)$ und dann innerhalb von N g_N anwendet zu $g_N\big(h(a), h(b)\big)$ –

es ergibt sich in beiden Fällen dasselbe Ergebnis. Noch eine weitere Voraussetzung gibt es, damit eine Abbildung mit zwei Operatoren verträglich sein kann: Die zwei Operatoren müssen dieselbe Stelligkeit besitzen.

Sehen wir uns das Ganze noch an einem konkreteren Beispiel an: Wir betrachten die algebraischen Strukturen $(R_+, \cdot)$ und $(R, +)$. $\log : R_+ \to R$ ist verträglich mit $\cdot$ auf R_+ und $+$ auf R. Es ist gleichgültig,

- ob man zunächst innerhalb von R_+ bleibt und $a \cdot b$ bildet und diesen Wert danach auf $\log(a \cdot b) \in R$ abbildet
- oder ob man zunächst a und b nach R überträgt in $\log(a)$ und $\log(b)$ und dann innerhalb von $R + $ anwendet zu $\log(a) + \log(b)$ –

es ist ja $\log(a \cdot b) = \log a + \log b$. Tatsächlich wurden früher Logarithmustabellen verwendet, um die Multiplikation großer Zahlen auf eine einfachere Addition zurückzuführen.

Dies Kriterium der „Verträglichkeit" beschreibt man formal mit dem Begriff des *Homomorphismus*.

Definition 2.3.4 (Homo-, Isomorphismus). *Ein* **Homomorphismus** $h : \mathcal{A}_1 \to \mathcal{A}_2$ *von einer algebraischen Struktur* $\mathcal{A}_1 = \big(M, Op^1_{m_1}, \dots, Op^k_{m_k}\big)$ *vom Typ* $(n_1, \dots, n_k)$ *in eine algebraische Struktur* $\mathcal{A}_2 = \big(N, \overline{Op}^1_{m_1}, \dots,$ $\overline{Op}^k_{m_k}\big)$ *vom gleichen Typ ist eine Funktion* $h : M \to N$, *die mit allen Operatoren verträglich ist, für die also für* $1 \le i \le k$ *und alle* $a_1, \dots, a_{n_i} \in M$ *gilt:*

$$h\big(Op^i_{n_i}(a_1, \dots, a_{n_i})\big) = \overline{Op}^i_{n_i}\big(h(a_1), \dots, h(a_{n_i})\big).$$

Ein **Isomorphismus** *von* $\mathcal{A}_1 = (M, Op^1_{m_1}, \dots, Op^k_{m_k})$ *nach* $\mathcal{A}_2 = (N, \overline{Op}^1_{m_1},$ $\dots, \overline{Op}^k_{m_k})$ *ist ein Homomorphismus* $h : \mathcal{A}_1 \to \mathcal{A}_2$, *für den zusätzlich gilt, dass die Funktion* $h : M \to N$ *bijektiv ist.*

Zum Beispiel ist $\log$ ein Homomorphismus von der algebraischen Struktur $(R_+, \cdot)$ nach $(R, +)$.

Auch bei algebraischen Strukturen interessieren wir uns besonders für einige Exemplare mit speziellen Eigenschaften, zum Beispiel für Halbgruppen:

Definition 2.3.5 (Halbgruppe, assoziativ, kommutativ). *Eine* **Halb-gruppe** *H ist ein Paar $H = (M, \circ)$ von einer Menge M und einer zweistelligen Funktion (Verknüpfung) $\circ : M \times M \to M$, die* **assoziativ** *ist, d.h. für alle $a, b, c \in M$ gilt:*

$$(a \circ b) \circ c = a \circ (b \circ c)$$

H heißt **kommutativ***, falls für alle $a, b \in M$ gilt: $a \circ b = b \circ a$.*

$\circ$ ist ein zweistelliger Operator, H ist also eine algebraische Struktur vom Typ (2). Allerdings spricht man bei Halbgruppen eher von der „Verknüpfung" $\circ$ als von einem Operator oder einer Funktion, was alles ebenfalls korrekt wäre. Zu der Eigenschaft der Assoziativität können noch weitere interessante Eigenschaften hinzutreten.

Definition 2.3.6 (Nullelement, Einselement). *Sei $\mathcal{A} = (M, \circ)$ eine algebraische Struktur vom Typ (2). Ein Element b von M heißt*

- **Nullelement** *von $\mathcal{A}$, falls für alle $a \in M$ gilt: $a \circ b = b \circ a = b$;*
- **Einselement** *von $\mathcal{A}$, falls für alle $a \in M$ gilt: $a \circ b = b \circ a = a$.*

Wenn $\mathcal{A}$ Nullelemente oder Einselemente besitzt, dann sind sie eindeutig. Das heißt, wenn b_1 und b_2 zwei Nullelemente (bzw. Einselemente) von $\mathcal{A}$ sind, dann ist $b_1 = b_2$, wie sich leicht zeigen lässt:

- Sind b_1 und b_2 Nullelemente, dann gilt nach der letzten Definition $b_1 = b_1 \circ b_2 = b_2 \circ b_1 = b_2$.
- Sind b_1 und b_2 Einselemente, dann gilt nach der letzten Definition $b_1 = b_1 \circ b_2 = b_2 \circ b_1 = b_2$.

Wir bezeichnen im folgenden häufig das einzige Nullelement von $\mathcal{A}$ mit $0_{\mathcal{A}}$ und das einzige Einselement mit $1_{\mathcal{A}}$, falls sie denn existieren. Das muss nicht immer der Fall sein.

Beispiel 2.3.7. Sehen wir uns dazu ein paar Beispiele an.

- Für die Halbgruppe $H = (\mathrm{N}, \cdot)$ ist $0_H = 0$ und $1_H = 1$.
- Die Halbgruppe $H = (\mathrm{N}, +)$ hat dagegen kein Nullelement. Ihr Einselement ist $1_H = 0$.
- Bezeichnen wir mit $\mathcal{F}_{\mathrm{N}}^{(part)}$ die Menge aller (partiellen) Funktionen von N nach N, und $\circ : \mathcal{F}_{\mathrm{N}}^{part} \times \mathcal{F}_{\mathrm{N}}^{part} \to \mathcal{F}_{\mathrm{N}}^{part}$ sei die Komposition von Funktionen, d.h.

$$f \circ g\,(n) := \begin{cases} g\big(f(n)\big), & \text{falls } f(n) \text{ definiert ist} \\ \bot, & \text{sonst} \end{cases}$$

Dann ist $H = (\mathcal{F}_{\mathrm{N}}^{part}, \circ)$ eine Halbgruppe mit Einselement $1_H = id$ und Nullelement $0_H = \bot$. Die Identitätsfunktion id haben wir oben schon kennengelernt, und $\bot : \mathrm{N} \to \mathrm{N}$ ist die überall undefinierte Funktion mit $\bot\,(n) := \bot \quad \forall n \in \mathrm{N}$.

- Betrachtet man in $\mathcal{F}_N$ nur die totalen Funktionen von N nach N, so hat man mit $H = (\mathcal{F}_N, \circ)$ auch eine Halbgruppe. Ihr Einselement ist dasselbe wie das der letzten Halbgruppe, es ist $1_H = id$, aber diese Halbgruppe besitzt kein Nullelement.
- Verbindet man die totalen Funktionen mit einem anderen Operator, dann kann sich ein ganz anderes Bild ergeben: Wir verwenden als Operator $*$, die Multiplikation von Funktionen, mit $f * g(n) := f(n) * g(n)$ und bilden damit die Halbgruppe $H = (\mathcal{F}_N, *)$. Sie hat als Einselement die überall konstante Funktion $1_H = 1$ mit $1(n) := 1$ $\forall n$, und als Nullelement die überall konstante Funktion $0_H = 0$ mit $0(n) = 0$ $\forall n$.
- Eine Menge ist eine triviale algebraische Struktur ohne jegliche Operatoren, also vom leeren Typ. Damit sind Def. 2.2.16 und 2.3.4 verträglich: Zur Isomorphie zweier Mengen A, B reicht die Existenz einer Bijektion von A nach B.

Eine Halbgruppe mit Einselement heißt auch **Monoid**.

Definition 2.3.8 (Monoid). *Ein* **Monoid** *H ist ein Tripel $H = (M, \circ, 1_H)$ von einer Halbgruppe $(M, \circ)$ und einem Einselement 1_H.*

Als algebraische Struktur hat ein Monoid den Typ $(2, 0)$. Zwei Elemente der Trägermenge eines Monoids a und b heißen *invers* zueinander, wenn sie, verknüpft miteinander, das Einselement ergeben.

Definition 2.3.9 (Inverses, Gruppe). *Ist $(M, \circ, 1_M)$ ein Monoid mit $a, b \in M$, so heißt a* **Inverses** *von b, falls*

$$a \circ b = b \circ a = 1_M$$

gilt.

Eine **Gruppe** *G ist ein Monoid $G = (M, \circ, 1_G)$, in der jedes Element aus M auch ein Inverses in M besitzt.*

Wenn $a \in M$ Inverses von b ist, dann ist auch b Inverses von a. In einer Gruppe hat jedes Element nicht nur mindestens, sondern auch höchstens ein Inverses. Das lässt sich relativ leicht zeigen. Angenommen, b_1 und b_2 sind beide Inverses von a, so ist a Inverses von b_1 und b_2, und wir können wie folgt auf $b_1 = b_2$ schließen:

$$b_1 = b_1 \circ 1_M = b_1 \circ (a \circ b_2) = (b_1 \circ a) \circ b_2 = 1_M \circ b_2 = b_2.$$

Beispiel 2.3.10. $(Z, +), (Q, +), (Q - \{0\}, \cdot), (R - \{0\}, \cdot)$ sind Gruppen, aber nicht $(Z, \cdot)$ oder $(R, \cdot)$. Denn ganze Zahlen haben kein Inverses bezüglich der Multiplikation, außer für die 1, und in R besitzt die 0 kein Inverses bezüglich der Multiplikation.

Wenden wir nun das Konzept des *Homomorphismus*, das wir oben eingeführt haben, auf die speziellen algebraischen Strukturen an, mit denen wir

uns seitdem beschäftigt haben: Ein **Halbgruppen-Homomorphismus** ist
ein Homomorphismus zwischen zwei Halbgruppen, ein **Monoid-Homomorphismus** betrifft zwei Monoide, ein **Gruppen-Homomorphismus** zwei
Gruppen. Machen wir uns klar, was Verträglichkeit hier bedeutet. Ist h zum
Beispiel ein Monoid-Homomorphismus von $(M, \circ_M, 1_M)$ nach $(N, \circ_N, 1_N)$,
dann muss für h gelten:

- $h(a \circ_M b) = h(a) \circ_N h(b) \quad \forall a, b \in M$
- $h(1_M) = 1_N$.

Beispiel 2.3.11. Der Logarithmus (zu einer beliebigen Basis > 0) ist ein
Monoid-Isomorphismus von $(\mathrm{R}_+, \cdot, 1)$ nach $(\mathrm{R}, +, 0)$:

- $\log(a \cdot b) = \log(a) + \log(b)$, wie wir oben schon erwähnt haben, und
- $\log(1) = 0$ – Einselement wird auf Einselement abgebildet.

Oben haben wir Funktionen zwischen Trägermengen von algebraischen
Strukturen betrachtet. Neben Funktionen kann man auch für Relationen definieren, was Verträglichkeit heißt. So werden wir später noch Äquivalenzrelationen verwenden, die mit der Verknüpfung einer Halbgruppe verträglich
sind. Betrachtet man eine Halbgruppe $(M, \circ)$, dann heißt hier Verträglichkeit
folgendes: Wenn zwei Elemente a und b von M zueinander in Relation stehen
und man nun beide Elemente a und b mit demselben Element c verknüpft,
dann stehen auch $a \circ c$ und $b \circ c$ zueinander in Relation.

Definition 2.3.12 (Rechtskongruenz). *Eine **Rechtskongruenz** (oder
einfach nur **Kongruenz**) $\tau \subseteq M \times M$ auf einer Halbgruppe $(M, \circ)$ ist eine
Äquivalenzrelation auf M, für die zusätzlich gilt:*

$$\forall a, b, c \in M \quad \Big(a \, \tau \, b \Longrightarrow (a \circ c) \, \tau \, (b \circ c) \Big).$$

2.4 Grundbegriffe aus der Graphentheorie

Ein *Graph* ist eine abstrakte Form, die sehr vieles darstellen kann – ein Straßennetz, mögliche Spielzüge in einem Schachspiel, eine Relation (wie in dem
Beispiel auf S. 9), und noch beliebig vieles andere.

Definition 2.4.1 (Graph). *Ein **Graph** $G = (V, E)$ besteht aus*

- V, *einer Menge von **Knoten** (vertices), und*
- $E \subseteq V \times V$, *einer Menge von **Kanten** (edges).*

*G heißt **ungerichtet**, falls für alle Knoten $a, b \in V$ gilt: $(a, b) \in E \Longrightarrow (b, a) \in
E$. Ansonsten heißt G **gerichtet**.*

Graphen stellt man zeichnerisch dar, indem die Knoten als Kreise und die
Kanten als Pfeile zwischen den Kreisen wiedergegeben werden. Bei ungerichteten Graphen lässt man die Pfeilspitzen weg und zeichnet die gegenläufigen
Kanten nur einfach.

Beispiel 2.4.2. Abbildung 2.2 zeigt einen gerichteten und einen ungerichteten Graphen.

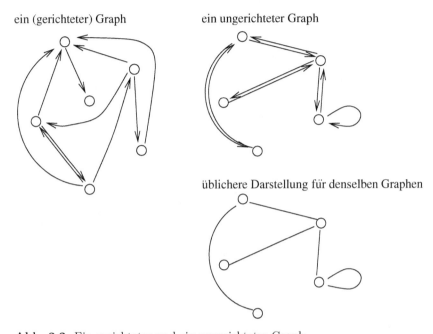

ein (gerichteter) Graph   ein ungerichteter Graph

üblichere Darstellung für denselben Graphen

Abb. 2.2. Ein gerichteter und ein ungerichteter Graph

In unserer Definition von Graphen sind Kanten einfach eine Menge von Knotenpaaren. Das heißt natürlich, dass es von einem Knoten v zu einem Knoten v' entweder keine oder genau eine Kante gibt. Man kann Graphen aber auch so definieren, dass Mehrfachkanten zugelassen sind, dass es also mehrere Kanten von einem Knoten v zu einem Knoten v' geben kann. Das ist besonders bei kantengewichteten Graphen interessant.

Definition 2.4.3. *Wenn wir über Graphen sprechen, verwenden wir folgende Begriffe:*

- *Wenn $(v, v') \in E$ ist, schreibt man dafür auch $v \to v'$. v heißt* **Vater** *von v' und v' umgekehrt* **Sohn** *von v.*
- *Ein nicht-leeres Wort $W = v_1 \ldots v_n$ heißt* **Weg** *(der Länge $n - 1$) von v_1 nach v_n gdw. $\forall i < n \; v_i \to v_{i+1}$ eine Kante ist.*
- *v heißt* **Vorfahre** *von v' gdw. es einen Weg von v nach v' gibt. v' heißt dann* **Nachkomme** *von v.*
- *v_1 und v_2 sind* **Brüder** *gdw. es einen Knoten v gibt, so dass v Vater von v_1 und Vater von v_2 ist.*
- *Ein Weg $v_1, \ldots, v_n$ mit $n > 1$ heißt* **Kreis**, *falls $v_1 = v_n$ gilt.*

Man beachte, dass nach dieser Definition ein Kreis auch durchaus z.B. die Form einer Acht haben kann. Ein Kreis ist hier einfach ein Weg, der am Ende zu seinem Anfangspunkt zurückkehrt. Ob und wie oft dabei ein Knoten mehrfach betreten wird, ist gleichgültig.

Definition 2.4.4 (Baum). *Ein* **Baum** $B = (V, E, v_0)$ *ist ein gerichteter Graph* (V, E) *mit einem ausgezeichneten Knoten* v_0, *der* **Wurzel** *von* B. *Dabei muss noch gelten:*

- v_0 *ist Vorfahre aller anderer Knoten, es gibt also einen Weg von* v_0 *zu jedem Knoten* $v \in V$.
- B *enthält keine Kreise, d.h. es gibt für keinen Knoten* $v \in V$ *einen Weg einer Länge* > 0 *von* v *nach* v.
- *Kein Knoten hat mehr als einen Vater.*

Beispiel 2.4.5. Abbildung 2.3 zeigt ein Beispiel für einen Baum. Man zeichnet einen Baum für gewöhnlich, der Natur nicht ganz entsprechend, mit der Wurzel nach oben. Meist werden in Bäumen allerdings die Pfeilspitzen weggelassen (vergleiche z.B. Abb. 2.4), obwohl Bäume gerichtete Graphen sind: Die Kanten führen stets „von der Wurzel weg".

ein Baum

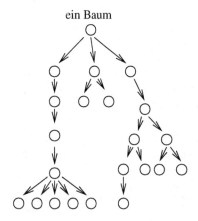

Abb. 2.3. Ein Baum

Definition 2.4.6. *Sei* $B = (V, E, v_0)$ *ein Baum.*

- *Ein* **innerer Knoten** *ist ein Knoten mit mindestens einem Sohn.*
- *Ein* **Blatt** *ist ein Knoten ohne Söhne.*
- *Ein* **Ast** *ist ein Weg von einem Knoten zu einem Blatt.*
- *Die* **Tiefe** *von* B *ist die maximale Länge eines Weges in* B *(dieser Weg verläuft von der Wurzel zu einem Blatt).*
- *Ein* **Unterbaum** B' *von* B *ist ein Baum* $B' = (V', E', v_0')$, *wobei*

   – $V' \subseteq V$ *und*

   – $E' = E \cap (V' \times V')$ *ist, wir wählen also eine Menge von Knoten und nehmen dann als neue Kantenmenge die Kanten, die sich innerhalb der neuen Knotenmenge erstrecken.*

- *Ein* **vollständiger Unterbaum** $B' = (\,V', E', v'_0\,)$ *von B ist ein Unterbaum, in dem für alle Knoten $v \in V$ gilt: Ist v Nachkomme von v'_0 in B, so ist $v \in V'$.*

- *Ein* **angeordneter Baum** *ist ein Baum, in dem für jeden inneren Knoten v eine Ordnung $s_1 < \ldots < s_n$ seiner Söhne $\{s_1, \ldots, s_n\}$ festgelegt ist. s_1 heißt dann der* **linkeste Sohn** *von v.*

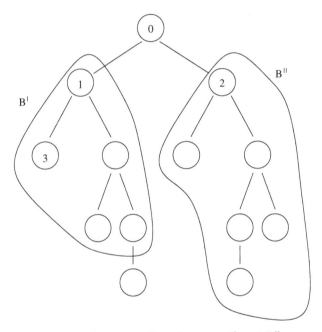

Abb. 2.4. Ein Baum mit Unterbäumen B' und B''

In Abb. 2.4 ist der mit 0 bezeichnete Knoten die Wurzel, 0, 1 und 2 sind innere Knoten, und 3 ist ein Blatt. 1 ist die Wurzel des unvollständigen Unterbaums B', und 2 ist die Wurzel des vollständigen Unterbaums B''.

Bei einem Graphen, der ein Straßennetz darstellt, könnte man die Kanten mit der jeweiligen Länge der Straße annotieren, um so für einen Weg durch den Graphen feststellen zu können, wie lang er in realiter ist. Bei einem Graphen, der mögliche Spielzüge in einem Schachspiel darstellt, könnte man die Knoten mit der „Güte" des jeweiligen Zuges annotieren, um jeweils feststellen zu können, wie sinnvoll ein Zug ist. Beides lässt sich realisieren mit einer *Gewichtsfunktion*, die jedem Knoten oder jeder Kante einen Wert zuordnet.

Definition 2.4.7 (gewichteter Graph). *Eine* **Gewichtsfunktion** *für einen Graphen* (V, E) *ist eine Abbildung* $f : V \to A$ *(für Knotengewichte) oder* $f : E \to A$ *(für Kantengewichte), die Knoten und Kanten mit Werten aus einer Menge A markiert. Graphen mit (Knoten-, Kanten-) Gewichten heißen auch* **(knoten-, kanten-) gewichtet**.

Ein Begriff, den man häufig braucht, ist der des *Grades*: Er beschreibt, wie viele Kanten in einem Knoten enden und wie viele von ihm ausgehen.

Definition 2.4.8 (Grad). *Der* **In-Degree** *oder* **In-Grad** *eines Knotens* v *eines Graphen* $G = (V, E)$ *ist die Anzahl von Kanten, die in* v *enden, also die Zahl* $|\{(v', v) \in E \mid v' \in V\}|$. *Der* **Out-Degree** *oder* **Out-Grad** *von* v *ist die Anzahl von Kanten, die in* v *beginnen, also die Zahl* $|\{(v, v') \in E \mid v' \in V\}|$. *Der* **Grad** *von* v *ist die Summe von In- und Out-Degree.*

Der (In-, Out-) Degree von G *ist der maximale (In-, Out-) Degree unter den Knoten in* V.

In einem Baum ist mit „Grad" stets der Out-Degree gemeint, da der In-Degree schon per Definition immer 1 ist.

Eine wichtige Beziehung zwischen Graden, Knotenanzahl und Tiefe von Bäumen liefert der folgende Satz.

Satz 2.4.9. *Sei* $B = (V, E, v_0)$ *ein Baum vom Grad* $d > 1$, *dessen Tiefe* t *ist und der* b *viele Blätter hat. Dann gilt:*

1. $b \leq d^t$,
2. $|V| \leq 2 \cdot d^t$, *und*
3. $t \geq \log_d b$.

Beweis: Wir führen den Beweis per Induktion über t.

$t = 0$: In einem Baum der Tiefe 0 ist $V = \{v_0\}$. Damit gilt $|V| = 1 = b \leq d^0 \leq 2 \cdot d^0$, und $0 = \log_d b$.

$t \to t + 1$: $G = (V, E)$ sei ein Baum der Tiefe $t + 1$. Wenn man von G gerade diejenigen Blätter weglässt, die auf Tiefe $t + 1$ liegen, erhält man einen Baum G' der Tiefe t, für den nach der Induktionsvoraussetzung gilt: G' hat höchstens d^t Blätter und $2d^t$ Knoten.

1. Jedes Blatt von G auf Tiefe $t + 1$ hat ein Blatt von G' als Vater. Da der Grad von G d ist, können zu jedem Blatt von G' höchstens d neue Blätter dazukommen. Also ist die Anzahl von Blättern in G $\leq \big(d$ mal die Anzahl der Blätter in $G'\big)$, lässt sich also nach oben abschätzen durch $d \cdot d^t = d^{t+1}$.

2. Die Anzahl der Knoten in G ist gleich der Anzahl von Knoten in G' – also $\leq 2 \cdot d^t$ nach der Induktionsvoraussetzung – zuzüglich der Anzahl von Blättern von G auf Tiefe $t + 1$. Die Anzahl der Blätter auf Tiefe $t + 1$ ist höchstens so groß wie die Anzahl von Blättern in G insgesamt, also $\leq d^{t+1}$. Somit ist die Anzahl der Knoten in G $|V| \leq 2d^t + d^{t+1} \leq d^{t+1} + d^{t+1} = 2d^{t+1}$.

3. Aus $b \leq d^t$ folgt, dass $\log_d b \leq t$ ist.   ∎

2.5 Grundbegriffe aus der Informatik

Wir werden uns im weiteren intensiv mit einer besonderen Art von Mengen beschäftigen, mit *Sprachen*. Eine Sprache ist eine Menge von *Wörtern*, wobei die Wörter zusammengesetzt sind aus *Buchstaben* irgendeines *Alphabets* (man spricht von einer Sprache *über* einem Alphabet). Zum Beispiel könnte man über dem Alphabet $\Sigma_1 = \{ \bigtriangledown, \otimes \}$ eine Sprache $L_1 = \{ \bigtriangledown, \otimes\bigtriangledown, \bigtriangledown \bigtriangledown \otimes, \otimes \bigtriangledown \otimes \}$ definieren. L_1 hat offenbar endlich viele *Wörter*, nämlich genau 4. Es sind aber auch Sprachen mit unendlich vielen Wörtern möglich, zum Beispiel die Sprache aller beliebig langen Buchstabenketten über dem Alphabet $\Sigma = \{a, \ldots, z\}$. Diese Sprache enthält zum Beispiel als Wörter alle deutschsprachigen Texte, die je geschrieben wurden und je geschrieben werden, wenn man von Wortzwischenräumen, Satzzeichen und Ähnlichem absieht.

Definition 2.5.1 (Alphabet, Wort). *Ein **Alphabet** Σ ist eine endliche, nicht-leere Menge. Die Elemente eines Alphabets nennen wir **Buchstaben**.*

*Ein **Wort** w über Σ ist eine endliche, eventuell leere Folge von Buchstaben. Für $w = (a_1, \ldots, a_n)$ schreibt man auch $w = a_1 \ldots a_n$. Das **leere Wort**, das Wort mit 0 Buchstaben, schreibt man als ε. $|w|$ bezeichnet die **Länge** des Wortes w, d.h. die Anzahl von Buchstaben von w.*

Mit dem Operator $\circ$ kann man zwei Wörter *konkatenieren* (verknüpfen, verketten). Auch *, der Kleene-Stern, ist ein Verkettungsoperator, allerdings wird er auf eine Menge (von Buchstaben oder von Wörtern) angewandt: Wenn Σ ein Alphabet ist, dann ist Σ^* eine Sprache, und zwar die Sprache aller Wörter über Buchstaben aus Σ. Zum Beispiel ist $\{a, b\}^* = \{\varepsilon, a, b, aa, ab, ba, bb, aaa, aab, aba, abb, \ldots\}$. Allgemein ist L^* (der *-Operator angewandt auf eine Menge L von Buchstaben oder Wörtern) die Menge all derer Buchstabenketten, die sich durch Konkatenation von 0 oder mehr Elementen von L bilden lassen. Ist zum Beispiel $L = \{ab, ccc\}$, dann ist $L^* = \{\varepsilon, ab, ccc, abccc, cccab, ababab, ababccc, abcccab, abcccccc, cccabab, ccccccab, cccabccc, cccccccccc, \ldots\}$.

Neben dem Kleene-Stern * gibt es noch $^+$. L^+ ist die Konkatenation von einem oder mehr Elementen von L. Der Unterschied zwischen Σ^* und Σ^+ ist also, dass in Σ^* das leere Wort ε enthalten ist.

Definition 2.5.2 (Konkatenation, Σ^*). *Die **Konkatenation** $\circ$ zweier Wörter $v = a_1 \ldots a_n$ und $w = b_1 \ldots b_m$ ist $v \circ w := a_1 \ldots a_n b_1 \ldots b_m$, auch geschrieben als vw.*

Σ^* bezeichnet die Menge aller Wörter über Σ. Anders ausgedrückt: Σ^* ist die kleinste Menge von Wörtern, die Σ enthält und abgeschlossen ist gegen Konkatenation.

Mit Hilfe der Konkatenation kann man nun beschreiben, was Präfix, Infix und Suffix eines Wortes sind (nämlich, der Intuition entsprechend, ein beliebig langes Anfangs-, Mittel- und Endstück eines Wortes):

Definition 2.5.3 (Präfix, Infix, Suffix). *u heißt* **Präfix** *eines Wortes w* $:\Longleftrightarrow \exists r \in \Sigma^*\ ur = w.$

u heißt **Infix** *eines Wortes w* $:\Longleftrightarrow \exists r, s \in \Sigma^*\ rus = w.$

u heißt **Suffix** *eines Wortes w* $:\Longleftrightarrow \exists r \in \Sigma^*\ ru = w.$

Zum Beispiel sind $\varepsilon, a, aa, aab, ab, b$ alle Infixe von $w = aab$. aab, ab, b und ε sind alle Suffixe von w.

w^i, die Iteration eines Wortes w, ist w i-mal hintereinander konkateniert, und w^R, das Reverse von w, ist w rückwärts notiert. Beide Konzepte kann man auch per Induktion definieren, und zwar mit verschiedenen Varianten der Induktion: Die Iteration w^i wird definiert durch Induktion über N, das Reverse eines Wortes durch Induktion nicht über Zahlen, sondern (als sogenannte *strukturelle Induktion*) über den Aufbau eines Wortes $w \in \Sigma^*$.

Definition 2.5.4 (Iteration, Reverses). *Die Iteration w^i eines Wortes $w \in \Sigma^*$ lässt sich induktiv definieren über die Anzahl i der Iterationen:*

Induktionsanfang: $w^0 := \varepsilon.$

Induktionsschritt: $w^{n+1} := ww^n$

Das Reverse w^R eines Wortes $w \in \Sigma^*$ lässt sich definieren durch Induktion über den Aufbau von w.

Induktionsanfang: *Für $w = \varepsilon$ ist $w^R = \varepsilon^R := \varepsilon$.*

Induktionsschritt: *Für $w = va$ mit $v \in \Sigma^*, a \in \Sigma$ ist $(va)^R := a(v^R)$.*

Das Reverse eines Wortes haben wir über *strukturelle Induktion* definiert. Das heißt, wir haben eine Induktion geführt über alle Arten, wie ein Wort w aufgebaut sein kann: Es kann das leere Wort ε sein, oder es kann aus einem Wort v und einem Buchstaben a durch Konkatenation entstanden sein als $w = va$. Das sind schon alle Möglichkeiten, wie ein Wort w aufgebaut sein kann.

Genaugenommen haben wir die Menge Σ^* aller Wörter über einem Alphabet Σ auch strukturell definiert: Σ^* ist die kleinste Menge aller Wörter, die

- (Induktionsbeginn) ε enthält und
- (Induktionsschritt) abgeschlossen ist gegen Konkatenation: Ist schon $w \in \Sigma^*$ und ist $a \in \Sigma$, so ist auch wa in Σ^*.

Später werden wir Strukturen kennenlernen, die sehr viel mehr und komplexere Bildungsregeln besitzen als Wörter. Für sie umfasst eine strukturelle

Induktion sehr viel mehr Fälle als nur die zwei, mit denen wir für Wörter auskommen.

Definition 2.5.5 (Sprache, Operationen auf Sprachen). *Eine Sprache L über Σ ist eine Menge von Wörtern über Σ, d.h. $L \subseteq \Sigma^*$. Dabei ist übrigens die **leere Sprache** $L_\emptyset = \emptyset$ ungleich der Sprache $L = \{\varepsilon\}$, die nur das leere Wort enthält.*

*Die **Konkatenation** zweier Sprachen L_1 und L_2 über Σ ist definiert als*

$$L_1 \circ L_2 := \{ uv \mid u \in L_1, v \in L_2 \}.$$

*Für $L_1 \circ L_2$ schreiben wir auch kurz $L_1 L_2$. L^i, die **Iteration** einer Sprache L, ist induktiv definiert als*

$$L^0 := \{\varepsilon\}, L^{n+1} := LL^n.$$

*Der **Kleene-*-Abschluss** einer Sprache L ist $L^* := \bigcup_{i \geq 0} L^i$. Der **Kleene-+-Abschluss** von L ist $L^+ := \bigcup_{i \geq 1} L^i$.*

Die Menge aller Sprachen über Σ und die Konkatenation, $(2^{\Sigma^*}, \circ)$, bilden eine Halbgruppe mit dem Einselement $\{\varepsilon\}$ und dem Nullelement $\emptyset$:

- Die Konkatenation ist assoziativ, das heißt, es ist
  $(L_1 \circ L_2) \circ L_3 = L_1 \circ (L_2 \circ L_3)$.
- $L \circ \emptyset = \emptyset = \emptyset \circ L$ für alle Sprachen L, und
- $L \circ \{\varepsilon\} = L = \{\varepsilon\} \circ L$ für alle Sprachen L.

Auch im Zusammenhang mit Sprachen gibt es den Begriff des *Homomorphismus*, den wir oben in Def. 2.3.4 im Zusammenhang mit algebraischen Strukturen definiert haben. Wenn man hier von einem Homomorphismus spricht, dann meint man eine Funktion, die jeweils einen Buchstaben aus einem Alphabet Σ auf ein (evtl. leeres) Wort aus Γ^* (für ein weiteres Alphabet Γ) abbildet. h wird erweitert zu einer Funktion $h : \Sigma^* \to \Gamma^*$, die ein ganzes Wort aus Σ^* auf ein Wort aus Γ^* abbildet, indem sie jeden einzelnen Buchstaben abbildet und die Ergebnisse zusammensetzt.

Formal ausgedrückt: $h : \Sigma^* \to \Gamma^*$ ist ein Monoid-Homomorphismus vom Monoid $(\Sigma^*, \circ, \varepsilon)$ in $(\Gamma^*, \circ, \varepsilon)$ – $\circ$ ist hier die Konkatenation. Das heißt, es müssen, wie oben allgemein beschrieben, zwei Bedingungen gelten für h:

- $h(u \circ v) = h(u) \circ h(v) \quad \forall u, v \in \Sigma^*$, und
- $h(\varepsilon) = \varepsilon$.

Man kann nun zeigen (per Induktion), dass aus diesen Eigenschaften schon für ein beliebiges Wort $w = a_1 \ldots a_n \in \Sigma^*$ mit $a_i \in \Sigma$ folgt, dass $h(w) = h(a_1) \ldots h(a_n)$ sein muss. Das heißt, wenn man den Wert von h nur für die einzelnen Buchstaben aus Σ angibt, so ist h damit schon eindeutig für alle $w \in \Sigma^*$ definiert.

Beispiel 2.5.6. Ist $\Sigma = \{a, b\}$ und $\Gamma = \{0, 1\}$, dann kann man zum Beispiel einen Homomorphismus h definieren durch

- $h(a) = 01$
- h(b) = 011

Dieser Homomorphismus bildet beispielsweise das Wort aab ab auf $h(aab) =$ 0101011.

Zu Homomorphismen und Sprachen gibt es noch einige weitere wichtige Begriffe, die wir in der folgenden Definition zusammenfassen.

Definition 2.5.7 (inverser, ε-freier Homomorphismus). *Ist $h : \Sigma^* \to \Gamma^*$ ein Homomorphismus, so heißt $h^{-1} : \Gamma^* \to 2^{\Sigma^*}$ ein* **inverser Homomorphismus (inverse hom)**. *Hier ist h^{-1} die Urbild-Abbildung mit $h^{-1}(u) = \{w \in \Sigma^* \mid h(w) = u\}$ für alle $u \in \Gamma^*$.*

*Ein Homomorphismus $h : \Sigma^* \to \Gamma^*$ heißt ε-**frei**, falls $h(a) \neq \varepsilon\ \forall a \in \Sigma$.*

Ein inverser Homomorphismus bildet jeweils ein Wort w aus Γ^* auf eine Menge von Wörtern über Σ^* ab, nämlich auf die Menge all derer Wörter, die Urbilder von w sind. Sehen wir uns dazu ein Beispiel an.

Beispiel 2.5.8. Sei $\Sigma = \{a, b\}$ und sei der Homomorphismus h definiert durch $h(a) = ab$ und $h(b) = b$. Dann ist z.B. $h(aba) = abbab$.

Berechnen wir einmal $h^{-1}(L)$ für dies h und die Beispielsprache $L = \{aba\}^*\{b\}$. $h^{-1}(L)$ ist die Menge all der Wörter über $\{a, b\}$, deren h-Abbild ein Wort aus L ist.

Betrachten wir die Wörter aus L der Reihe nach. Das kürzeste Wort in L ist $(aba)^0 b = b$. Sein Urbild ist $h^{-1}(b) = \{b\}$. Für das zweite Wort $(aba)^1 b = abab$ gibt es auch ein Urbild, nämlich $h^{-1}(abab) = \{aa\}$. Aber schon beim dritten Wort aus L gibt es Probleme: Wie müsste ein Wort aussehen, dessen h-Abbild $(aba)^2 b = abaabab$ wäre? Es müsste auf jeden Fall mit a anfangen, denn $h(a) = ab$. Aber die nächsten Buchstaben von $abaabab$ sind aa, und es gibt kein Wort, dessen h-Abbild die Buchstabenfolge aa enthält. Also hat $abaabab$ kein Urbild. Dasselbe gilt für $(aba)^3 b$ und alle weiteren Wörter in L. Also haben nur die ersten beiden Wörter ein Urbild, und es ist $h^{-1}(L) = \{b, aa\}$.

Es fällt auf, dass nicht unbedingt $h\big(h^{-1}(L)\big) = L$ ist. In diesem Fall ist $h\big(h^{-1}(L)\big) = h(\{b, aa\}) = \{b, abab\} \neq L$.

Sei ℓ eine Sprachklasse. (Das ist einfach eine Menge von Sprachen.) Dann gilt mit unseren Abmachungen also, dass ℓ abgeschlossen gegen *hom* ist, falls für alle Homomorphismen h gilt, dass $L \in \ell \Longrightarrow h(L) \in \ell$. Eine Sprachklasse ℓ ist abgeschlossen gegen inverse *hom*, falls $L \in \ell \Longrightarrow h^{-1}(L) \in \ell$ für alle Homomorphismen h.

Im folgenden nutzen wir häufig eine wichtige Eigenschaft von Σ^*:

Satz 2.5.9. *Für jedes beliebige Alphabet Σ ist Σ^* isomorph zu* N.

Beweis: Die Menge Σ^* enthält auf jeden Fall unendlich viele Elemente. Also müssen wir, um den Satz zu beweisen, nur noch zeigen, dass Σ^* abzählbar ist. Das heißt, wir müssen die Wörter aus Σ^* in einer festen Reihenfolge aufzählen. Dazu bietet sich etwa die *lexikographische Ordnung* an: In Lexika sortiert man Wörter über dem Alphabet $\{a, \ldots, z\}$ üblicherweise so, dass die Wörter, die mit einem weiter vorn im Alphabet stehenden Buchstaben beginnen, vor denen angeführt sind, die mit einem weiter hinten stehenden Buchstaben anfangen. Wörter mit einem gleichen Präfix werden nach dem ersten Buchstaben sortiert, in dem sie sich unterscheiden. Diesen Ansatz verallgemeinern wir, mit dem Unterschied zur Wortsortierung in Lexika, dass wir kürzere Wörter grundsätzlich vor längeren anordnen, unabhängig von ihrem Anfangsbuchstaben.

Wir legen zunächst eine beliebige Ordnung für die Buchstaben aus Σ fest: Σ ist per Definition eine nicht-leere, endliche Menge, sagen wir von n Elementen. Dann seien die Buchstaben von Σ irgendwie als $\{a_1, a_2, \ldots, a_n\}$ angeordnet. Auf dieser Ordnung aufbauend, definieren wir für $w_1, w_2 \in \Sigma^*$, unter welchen Bedingungen w_1 vor w_2 aufgezählt werden soll:

$$w_1 <_\ell w_2 :\Longleftrightarrow |w_1| < |w_2| \text{ oder}$$
$$\Big(|w_1| = |w_2| \;\wedge\; \exists a_j, a_k \in \Sigma, u, w_1', w_2' \in \Sigma^*$$
$$\big(w_1 = u a_j w_1' \;\wedge\; w_2 = u a_k w_2' \;\wedge\; j < k\big)\Big)$$

Für zwei Wörter $w_1 \neq w_2$ gilt damit auf jeden Fall entweder $w_1 <_\ell w_2$ oder $w_2 <_\ell w_1$. Nun zählen wir die Wörter aus Σ^* in der Reihenfolge auf, die $<_\ell$ vorgibt: Wir fangen an mit dem kleinsten Wort bezüglich $<_\ell$, das ist das leere Wort ε, und fahren fort mit dem nächstgrößeren. Formal kann man diese Aufzählungsreihenfolge durch eine surjektive Funktion $f : \mathrm{N} \to \Sigma^*$ beschreiben:

$$f(n) := \begin{cases} \varepsilon, \text{ falls } n = 0 \\ w, \text{ falls es genau } n - 1 \text{ Wörter in } \Sigma^* \text{ gibt, die} \\ \quad \text{bzgl. } <_\ell \text{ kleiner sind als } w. \end{cases}$$

∎

Dieser Satz hat eine ganz interessante Konsequenz: Wenn A eine beliebige abzählbare Menge ist, dann kann man die Elemente von A statt über Nummern aus N auch über Wörter aus Σ^* identifizieren für jedes beliebige Alphabet Σ. Anders ausgedrückt: Zu jeder nichtleeren abzählbaren Menge A und jedem Alphabet Σ gibt es eine surjektive Funktion $f : \Sigma^* \to A$. Das heißt, zu jedem Element a von A gibt es mindestens einen Bezeichner $w \in \Sigma^*$, so dass $f(w) = a$ ist.

Wie findet man nun diese surjektive Funktion $f : \Sigma^* \to A$? Da A nichtleer und abzählbar ist, gibt es schon eine surjektive Funktion $g : \mathrm{N} \to A$

entsprechend der Definition von Abzählbarkeit. Nun haben wir im letzten
Satz gezeigt, dass N isomorph ist zu Σ^*, und das wiederum heißt, dass es
eine bijektive Funktion $h : \Sigma^* \to$ N gibt. Damit haben wir schon die gesuchte
surjektive Funktion f: Es ist $f = h \circ g$.

Wenn A unendlich ist, gibt es sogar eine bijektive Funktion $f : \Sigma^* \to A$.
Jede unendliche abzählbare Menge, und damit auch A, ist ja isomorph zu N,
also gibt es auch eine bijektive Funktion $g :$ N $\to A$.

2.6 Probleme und Algorithmen

Als nächstes wollen wir den Begriff eines *Problems* einführen. Ein Problem
ist eine Fragestellung wie „Gegeben ein Prolog-Programm, ist es syntaktisch
korrekt?" oder „Gegeben ein C-Programm, terminiert es bei Eingabe ‚Hal-
lo'?" Für ein konkretes (C- oder Prolog-) Programm ist die Antwort auf eine
solche Frage immer „Ja" oder „Nein" (auch wenn es sein kann, dass man
nicht in der Lage ist, diese Antwort zu berechnen).

Informelle Definition eines Problems: Ein **Problem** P ist die Frage, ob
eine bestimmte Eigenschaft auf ein Objekt o zutrifft. Betrachtet werden dabei
Objekte aus einer bekannten Grundmenge O, so dass für jedes Objekt $o \in O$
die Frage, ob P auf o zutrifft, mit *Ja* oder *Nein* zu beantworten ist. Für ein
gegebenes konkretes Objekt o heißt die Frage, ob P auf dies o zutrifft, eine
Instanz des Problems. Ein Problem heißt **abzählbar**, falls die Grundmenge
O abzählbar ist.

Ein Problem ist z.B. „Gegeben eine natürliche Zahl n, ist sie eine Primzahl?" In diesem Fall ist die Grundmenge $O =$ N, und eine Instanz des
Problems ist z.B. „Ist die Zahl 734587631 eine Primzahl?"

Man kann P auch als ein Prädikat ansehen mit o als Variablen. Dann
ist $P(o)$ wahr *gdw.* die Antwort auf die Frage, ob P für o gilt, *Ja* ist. Auch
zwischen dem Begriff eines Problems und Sprachen gibt es eine Verbindung:
Man kann ein abzählbares Problem P ansehen als eine Sprache. Σ^* bezeichnet
dann die Grundmenge O, die Objekte werden durch Wörter $w \in \Sigma^*$ repräsentiert, und das Problem entspricht der Sprache $L_P = \{ w \in \Sigma^* \mid P(w) \}$.

Wir haben oben gesagt, dass für jedes Objekt $o \in O$ die Frage, ob $P(o)$
gilt, mit *Ja* oder *Nein* zu beantworten ist. Das heißt aber nicht, dass man
auch in der Lage sein muss, für jedes o die richtige Antwort *Ja* oder *Nein*
zu geben. Es kann also auch sein, dass es für die Beantwortung der Frage
„Gegeben $o \in O$, gilt $P(o)$?" überhaupt keinen Algorithmus gibt. Da wir
im folgenden für viele Probleme zeigen wollen, dass sie berechnet werden
können, müssen wir als nächstes (informell) festlegen, was wir unter einem
Algorithmus verstehen.

Informelle Definition eines Algorithmus: Ein **Algorithmus** für ein
Problem P über einer abzählbaren Grundmenge O ist ein Programm einer höheren Programmiersprache, das bei Eingabe eines beliebigen Objekts

$o \in O$ auf einem Rechner mit beliebig großen Speicherplatz nach beliebig langer, aber endlicher Rechenzeit terminiert, und zwar mit der Antwort *Ja*, falls $P(o)$ gilt, ansonsten mit der Antwort *Nein*.

Entscheidend ist hierbei, dass ein und derselbe Algorithmus die Frage, ob $P(o)$ gilt, für *alle* $o \in O$ lösen muss. Wenn man für jede Instanz einen anderen Algorithmus angeben könnte, so käme man mit zwei Algorithmen aus: einem, der grundsätzlich immer *Ja* antwortet, und einem, der immer *Nein* antwortet; für jede Instanz o gibt schließlich einer von beiden die richtige Antwort.

Entscheidbare Probleme: Ein Problem heißt **entscheidbar**, wenn es dafür einen Algorithmus gibt.

Definition 2.6.1 (Charakteristische Funktion). *Die charakteristische Funktion g_L einer Sprache L über Σ ist die Abbildung $g_L : \Sigma^* \to \{0,1\}$ mit*

$$g_L(w) := \begin{cases} 1, \text{ falls } w \in L \text{ ist} \\ 0, \text{ sonst.} \end{cases}$$

Manchmal wählt man als Wertemenge von g_L auch $\{Y, N\}$ oder $\{true, false\}$, mit $g_L(w) = Y$ (bzw. *true*) gdw. $w \in L$ ist.

Eine Sprache L (bzw. ein Problem L) ist genau dann algorithmisch entscheidbar, wenn es einen Algorithmus gibt, der die charakteristische Funktion g_L von L berechnet.

2.7 Zusammenfassung

In diesem Kapitel haben wir verschiedene Begriffe und Notationen teils neu eingeführt, teils wiederholt:

- Wir haben zwei Arten von logischen Formeln vorgestellt, Formeln, die immer nur einzelne Objekte betreffen können, und *Prädikate*, die Variablen enthalten und deshalb Eigenschaften von Objektmengen beschreiben können. Die logischen Operatoren (Konnektoren) $\neg$ (nicht), $\wedge$ (und), $\vee$ (oder), $\Longrightarrow$ (folgt) und $\Longleftrightarrow$ (genau dann, wenn) können in Formeln mit oder ohne Variablen verwendet werden. Die Operatoren $\forall$ (Allquantor) und $\exists$ (Existenzquantor) werden nur in Prädikaten verwendet.
- Wir haben verschiedene Notationen für Mengen, Funktionen und Relationen wiederholt.
- Bei dem Konzept der Abgeschlossenheit geht es um die Frage, ob ein Operator, angewandt auf Elemente einer Menge M, auf jeden Fall wieder ein Element aus M als Ergebnis liefert.
- Eine Sprache ist eine Menge von Wörtern, und ein Wort ist eine Kette von Buchstaben aus einem Alphabet Σ. Σ^* ist die Menge aller Wörter über dem Alphabet Σ.

- Ein Problem ist eine Frage, die sich auf eine Menge O von Objekten bezieht und für jedes o mit *Ja* oder *Nein* beantwortet werden kann. Ein entscheidbares Problem ist eines, für das ein Algorithmus existiert, also ein Programm, das die Frage für jedes Objekt aus O in endlicher Zeit beantwortet.

3. Eine kurze Einführung in die Aussagenlogik

Im letzten Kapitel haben wir zwei Arten von Aussagen unterschieden, Aussagen ohne Quantoren über einzelne Objekte (wie die Zahl 5) und Aussagen mit Quantoren über Mengen von Objekten (wie die Menge der natürlichen Zahlen). In diesem Kapitel soll es um Formeln gehen, die Aussagen der ersteren Art beschreiben, sogenannte *aussagenlogische Formeln*.

Informell haben wir bereits die Elemente eingeführt, die in aussagenlogischen Formeln vorkommen können. Es sind

- zum einen Namen wie x für nicht-zusammengesetzte Aussagen (im weiteren werden wir solche Namen als *atomare Formeln* oder *Atome* bezeichnen)
- und zum anderen die Verknüpfungsoperatoren (Konnektoren) $\neg, \wedge, \vee, \Longrightarrow, \Longleftrightarrow$, mit denen man aus einfachen Formeln komplexere zusammensetzen kann.

Jetzt wollen wir zur Aussagenlogik einen formalen Kalkül[1] vorstellen. Dabei werden wir unter anderem untersuchen,

- wie die Symbole $\neg, \wedge, \vee, \Longrightarrow$ und $\Longleftrightarrow$ zusammenhängen,
- wie man komplexe Formeln auswertet, d.h. wie man feststellt, ob sie insgesamt wahr oder falsch sind, und
- wie man Formeln umformt, um sie in bestimmte einfachere Formen, sogenannte *Normalformen*, zu bringen.

3.1 Syntax der Aussagenlogik

Zunächst wollen wir definieren, was wir unter einer Formel (der Aussagenlogik) verstehen: eine einfache oder mit den schon bekannten Konnektoren zusammengesetzte Aussage.

Definition 3.1.1 (Formel, $\mathcal{F}_{AL}$). *Gegeben sei eine nichtleere, abzählbare Menge* Var *von* **atomaren Formeln** *(auch* **Atome** *oder manchmal auch*

---

[1] Ein Kalkül ist eine Menge von Regeln, die nur auf der Form operieren, hier also auf der Form von aussagenlogischen Formeln; im Gegensatz zu einem Algorithmus ist bei einem Kalkül nicht vorgeschrieben, in welcher Reihenfolge Regeln anzuwenden sind.

© Springer-Verlag GmbH Deutschland, ein Teil von Springer Nature 2018
L. Priese und K. Erk, *Theoretische Informatik*,
https://doi.org/10.1007/978-3-662-57409-6_3

Variablen *genannt), deren Elemente wir üblicherweise mit* x, y, z, x_i, y_j, z_k
o.ä. bezeichnen. Eine **Formel** *der Aussagenlogik (AL) (über* Var*) ist induktiv
wie folgt definiert:*

- Induktionsanfang: *Jede atomare Formel aus* Var *ist eine Formel.*
- Induktionsschritt: *Sind* F *und* G *bereits Formeln der AL, so sind auch*

$\neg F$,

$(F \wedge G)$ *und*

$(F \vee G)$

*Formeln der AL. Formeln der AL bezeichnen wir üblicherweise mit den
Buchstaben* F, G, H, F_i *o.ä.*

Dabei verwenden wir folgende Bezeichnungen:

- $\neg F$ *heißt auch* **Negation,**
- $(F \wedge G)$ *heißt auch* **Konjunktion,** *und*
- $(F \vee G)$ *heißt auch* **Disjunktion.**
- *Ein* **Literal** *ist eine atomare Formel oder die Negation einer atomaren
  Formel.*

$\mathcal{F}_{\mathbf{AL}}$ *ist die Menge aller aussagenlogischen Formeln.*

$\mathbf{Var(F)}$ *ist die Menge aller der atomaren Formeln, die in der Formel* F
vorkommen.

Die Symbole $\Longrightarrow$ und $\Longleftrightarrow$, die wir in Abschn. 2.1 informell eingeführt
haben, kommen in der obigen Definition von AL-Formeln nicht vor, sie lassen
sich aber mit Hilfe von $\neg, \wedge$ und $\vee$ ausdrücken. Wir verwenden die folgenden
Schreibabkürzungen und abgeleiteten Formeln:

- $(F \Longrightarrow G)$ für[2] $(\neg F \vee G)$
- $(F \Longleftrightarrow G)$ für $((F \Longrightarrow G) \wedge (G \Longrightarrow F))$
- $F_1 \wedge F_2 \wedge \ldots \wedge F_n$ für $\left((\ldots (F_1 \wedge F_2) \wedge \ldots) \wedge F_n \right)$
- $F_1 \vee F_2 \vee \ldots \vee F_n$ für $\left((\ldots (F_1 \vee F_2) \vee \ldots) \vee F_n \right)$

Die Formeln $F_1 \wedge F_2 \wedge \ldots \wedge F_n$ und $F_1 \vee F_2 \vee \ldots \vee F_n$ lassen sich noch weiter
abkürzen als $\bigwedge_{i=1}^{n} F_i$ bzw. $\bigvee_{i=1}^{n} F_i$. Diese Schreibweisen kann man sogar dann
verwenden, wenn $n = 1$ ist. Dann gilt einfach $\bigwedge_{i=1}^{1} F_i = \bigvee_{i=1}^{1} F_i = F_1$.

Für die Konnektoren gelten die Bindungsprioritäten, die wir schon im
vorigen Kapitel genannt haben: Es bindet $\neg$ stärker als $\wedge$ und $\vee$, und $\wedge$ und
$\vee$ stärker als $\Longrightarrow$ und $\Longleftrightarrow$. $\wedge$ und $\vee$ sind gleichberechtigt, ebenso $\Longrightarrow$ und

---

[2] Das kann man sich so verdeutlichen: Entweder es gilt $\neg F$, und aus einer falschen
Prämisse kann man sowieso alles schließen, oder es gilt F, dann muss auch G
gelten, vgl. die Erläuterungen zu $\Longrightarrow$ in Kap. 2.

$\Longleftrightarrow$. Es gilt die übliche Klammerersparnisregel: Klammern dürfen weggelassen werden, solange die ursprüngliche Formel eindeutig rekonstruierbar
bleibt.

Beispiel 3.1.2. Die Formel $x \wedge (y \vee z) \Longrightarrow x$ ist eine eindeutige Abkürzung für

$$\Big((x \wedge (y \vee z)) \Longrightarrow x \Big),$$

was wiederum eine eindeutige Abkürzung ist für

$$\Big(\neg (x \wedge (y \vee z)) \vee x \Big).$$

Die Formel $F \wedge G \wedge H \Longleftrightarrow I$ ist eine eindeutige Abkürzung für

$$\Big(((F \wedge G) \wedge H) \Longleftrightarrow I \Big)$$

beziehungsweise

$$\Big(\Big(\neg((F \wedge G) \wedge H) \vee I \Big) \wedge \Big(\neg I \vee ((F \wedge G) \wedge H) \Big) \Big).$$

Eine Konstruktion wie $F \vee G \wedge H$ ist nicht erlaubt: Man kann hier nicht
eindeutig rekonstruieren, ob $(F \vee G) \wedge H$ gemeint ist oder $F \vee (G \wedge H)$.

3.2 Semantik der Aussagenlogik

Die *Semantik* der Aussagenlogik festzulegen heißt anzugeben, was eine Formel
bedeutet. Genauer gesagt geht es darum, zu definieren, wann eine AL-Formel
wahr oder falsch ist.

„Wahr" und „falsch" (oder *true* und *false*, diese Bezeichnungen werden
wir im weiteren verwenden) heißen *Wahrheitswerte*. Wir setzen voraus, dass
jede atomare Formel entweder den Wahrheitswert *true* oder *false* annimmt,
das heißt, wir arbeiten mit einer *zweiwertigen* Logik.[3]

Eine atomare Formel x steht für irgendeine Aussage, vielleicht für „Das
Wort `Opossum` enthält genau soviel ‚o‘ wie ‚p‘" oder für „Das Wort `Lemur` hat
genau halb so viele Buchstaben wie das Wort `Gürteltier`." Ob x wahr ist
oder falsch, hängt davon ab, für welche Aussage x steht.

Auch eine zusammengesetzte Formel steht für viele verschiedene Aussagen, manche davon wahr, andere falsch, je nachdem, wofür die atomaren
Formeln stehen. Für zusammengesetzte Formeln kann man aber mehr sagen:
Schon in Abschn. 2.1 haben wir z.B. die Konjunktion dadurch beschrieben,
dass wir sagten: $F \wedge G$ ist wahr genau dann, wenn sowohl F als auch G

---

[3] Es gibt auch andere Logiken, zum Beispiel die dreiwertige, die mit den Wahrheitswerten *true*, *false* und ‚?‘ arbeitet (der dritte steht für „unbestimmt"),
oder die Fuzzy Logic, bei der die Variablen Werte aus dem Kontinuum $[0, 1]$
annehmen. Je näher an 1 der Wert einer Formel ist, umso „wahrer" ist sie.

wahr sind. Man kann also von der Bedeutung einer Formel abstrahieren und ihren Wahrheitswert angeben in Abhängigkeit von den Wahrheitswerten der Teilformeln. Da man das auch für Teilformeln wieder tun kann bis hinunter auf die Ebene der Atome, kann man insgesamt den Wahrheitswert einer Formel angeben in Abhängigkeit von den Wahrheitswerten der Atome, die darin vorkommen. Wenn wir jeder atomaren Formel einen (beliebigen, aber festen) Wahrheitswert zuweisen, so heißt das eine *Belegung*.

Definition 3.2.1 (Semantik der AL). *Ein* **Wahrheitswert** *ist ein Wert aus der Menge* $\{true, false\}$. *Eine* **Belegung** *ist eine Abbildung* $\mathcal{A} : Var \to \{true, false\}$, *die jeder atomaren Formel einen Wahrheitswert zuweist.*

Wir erweitern $\mathcal{A}$ *auf eine Abbildung* $\mathcal{A} : \mathcal{F}_{AL} \to \{true, false\}$, *die jeder AL-Formel einen Wahrheitswert zuweist wie folgt:*

$$\mathcal{A}(\neg F) \quad = true \text{ gdw. } \mathcal{A}(F) = false$$

$$\mathcal{A}(F \wedge G) = true \text{ gdw. } \mathcal{A}(F) = true \text{ und } \mathcal{A}(G) = true$$

$$\mathcal{A}(F \vee G) = true \text{ gdw. } \mathcal{A}(F) = true \text{ oder } \mathcal{A}(G) = true$$

Für die abgeleiteten Formeln $(F \Longrightarrow G)$ und $(F \Longleftrightarrow G)$ gilt mit dieser Definition:

$$\mathcal{A}(F \Longrightarrow G) \quad = true \ gdw. \quad \mathcal{A}(F) = false \text{ oder } \mathcal{A}(G) = true$$

$$gdw. \quad (\mathcal{A}(F) = true \Longrightarrow \mathcal{A}(G) = true)$$

$$\mathcal{A}(F \Longleftrightarrow G) = true \ gdw. \quad \mathcal{A}(F) = \mathcal{A}(G)$$

$$gdw. \quad (\mathcal{A}(F) = true \Longleftrightarrow \mathcal{A}(G) = true)$$

Anmerkung: Wir benutzen hier die Zeichen „$\Longrightarrow$" und „$\Longleftrightarrow$" in zwei unterschiedlichen Bedeutungen. In „$\mathcal{A}(F \Longrightarrow G)$" ist „$\Longrightarrow$" eine Abkürzung für „$\mathcal{A}(\neg F \vee G)$" im Kalkül der Aussagenlogik. In „$\mathcal{A}(F) = true \Longrightarrow \mathcal{A}(G) = true$" ist „$\Longrightarrow$" eine abkürzende Schreibweise für „impliziert" in der üblichen Sprache des mathematischen Schließens. Will man exakt zwischen beiden Lesarten unterscheiden, so wählt man als Abkürzung für das „impliziert" in Beweisen häufig das Symbol „$\vdash$". Wir unterscheiden in diesem Buch aber nicht so streng zwischen den Symbolen in einem Kalkül und den metasprachlichen Zeichen, die wir zu Schlüssen *über* die Kalküle verwenden.

Definition 3.2.2 (Modell). *Ein* **Modell** *für eine Formel F ist eine wahrmachende Belegung, also eine Belegung* $\mathcal{A}$ *mit* $\mathcal{A}(F) = true$.

Beispiel 3.2.3. Ein Modell für die Formel $\big(x \Longrightarrow (y \vee \neg z)\big)$ ist z.B. die Belegung $\mathcal{A}_1$ mit

$$\mathcal{A}_1(x) = true, \mathcal{A}_1(y) = false \text{ und } \mathcal{A}_1(z) = false.$$

Aber auch die folgende Belegung $\mathcal{A}_2$ ist ein Modell:

$$\mathcal{A}_2(x) = false, \mathcal{A}_2(y) = false \text{ und } \mathcal{A}_2(z) = true$$

Definition 3.2.4 (erfüllbar, unerfüllbar, Tautologie). *Eine Formel F heißt* **erfüllbar**, *falls sie mindestens ein Modell besitzt, ansonsten heißt sie* **unerfüllbar**. *Wenn F von* jeder *Belegung erfüllt wird, heißt F* **Tautologie** *oder* **gültig**.

Beispiel 3.2.5. $(x \vee y)$ ist erfüllbar, $(x \wedge \neg x)$ ist unerfüllbar, und $(x \vee \neg x)$ ist eine Tautologie.

Eine etwas weniger triviale Tautologie ist $\big((x \Longrightarrow y) \iff (\neg y \Longrightarrow \neg x)\big)$. Diese Äquivalenz werden wir im folgenden als Beweistechnik verwenden: Oft ist für irgendwelche Formeln F, G zu zeigen, dass $F \Longrightarrow G$ gültig ist. Diesen Beweis kann man dadurch führen, dass man $\neg G$ annimmt und zeigt, dass dann auch $\neg F$ gilt.

Offensichtlich ist jede Tautologie erfüllbar. Man kann aber auch zwischen Tautologien und unerfüllbaren Formeln eine Beziehung aufstellen:

Satz 3.2.6. *Eine Formel F ist eine Tautologie genau dann, wenn $\neg F$ unerfüllbar ist.*

Beweis: Es gilt für jede AL-Formel F und jede Belegung $\mathcal{A}$, dass $\mathcal{A}(F) = false$ gdw. $\mathcal{A}(\neg F) = true$. Sei nun F eine Tautologie, dann gilt für alle Belegungen $\mathcal{A}$, dass $\mathcal{A}(F) = true$ und somit $\mathcal{A}(\neg F) = false$. ∎

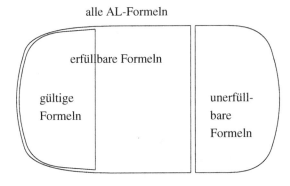

Abb. 3.1. Verhältnis von gültigen, erfüllbaren und unerfüllbaren Formeln

Insgesamt verhalten sich also erfüllbare, unerfüllbare und gültige AL-Formeln zueinander wie in Bild 3.1 dargestellt.

Oben haben wir eine Belegung definiert als eine Funktion $\mathcal{A}$, die *jeder* der unendlich vielen existierenden atomaren Formeln einen Wahrheitswert zuordnet. Jetzt wollen wir $\mathcal{A}$ beschränken auf eine Funktion, die nur die Atome abbildet, die tatsächlich in einer Formel F vorkommen:

Definition 3.2.7 (Belegung für F). *Eine* **Belegung $\mathcal{A}$ für eine Formel F** *ist eine endliche Abbildung*

$$\mathcal{A} : \mathcal{V}ar(F) \to \{true, false\}.$$

3.3 Wahrheitstafeln

Um zu überprüfen, ob eine Formel F erfüllbar, unerfüllbar oder Tautologie
ist, muss man nur alle Belegungen für F betrachten. Es gilt offensichtlich für
beliebige Belegungen $\mathcal{A}_1, \mathcal{A}_2 : \mathcal{V}ar \to \{true, false\}$, dass [4]

$$\mathcal{A}_1|_{\mathcal{V}ar(F)} = \mathcal{A}_2|_{\mathcal{V}ar(F)} \Longrightarrow \mathcal{A}_1(F) = \mathcal{A}_2(F)$$

Es gibt aber nur endlich viele verschiedene Belegungen für F: Jedem
Atom, das in F vorkommt, wird entweder der Wert $true$ oder den Wert
$false$ zugewiesen, also gibt es für $|\,\mathcal{V}ar(F)\,| = n$ verschiedene Atome 2^n
verschiedene Belegungen. Man kann also alle Modelle einer Formel F finden,
indem man systematisch alle Belegungen $\mathcal{A}$ für F aufschreibt und jeweils
nachprüft, ob $\mathcal{A}(F) = true$ ist. Ein einfaches Verfahren, das genau das tut,
ist das Verfahren der *Wahrheitstafeln*.

Eine Wahrheitstafel für die Formel F ist eine Tabelle, die für jede atomare
Formel aus $\mathcal{V}ar(F)$ eine Spalte enthält sowie eine Spalte für die Formel F. Als
„Nebenrechnung" kann die Wahrheitstafel noch Spalten für die Teilformeln
von F enthalten. In die Zeilen der Tabelle werden *alle* möglichen Belegungen
für F eingetragen. In der Zeile, die die Belegung $\mathcal{A}$ darstellt, enthält dann

- die Spalte für eine atomare Formel x den Wahrheitswert $\mathcal{A}(x)$,
- die Spalte für eine Teilformel F' den Wahrheitswert $\mathcal{A}(F')$,
- und die Spalte der Gesamtformel F enthält den Wahrheitswert $\mathcal{A}(F)$.

Wenn in der Zeile für die Belegung $\mathcal{A}$ die Spalte für die Gesamtformel F den
Wert $true$ enthält, dann ist $\mathcal{A}$ ein Modell für F.

Beispiel 3.3.1. Betrachten wir zunächst die Wahrheitstafeln für die einfachs-
ten zusammengesetzten Formeln $\neg x$, $x \wedge y$ und $x \vee y$ und die abgeleiteten
Formeln $(x \Longrightarrow y)$ und $(x \Longleftrightarrow y)$:

x	$\neg x$	x	y	$x \wedge y$	x	y	$x \vee y$
$false$	$true$	$false$	$false$	$false$	$false$	$false$	$false$
$true$	$false$	$false$	$true$	$false$	$false$	$true$	$true$
		$true$	$false$	$false$	$true$	$false$	$true$
		$true$	$true$	$true$	$true$	$true$	$true$

---

[4] Wie in Abschn. 2.2.2 erwähnt, ist $\mathcal{A}|_{\mathcal{V}ar(F)}$ die Einschränkung der Belegung $\mathcal{A}$
auf den Definitionsbereich $\mathcal{V}ar(F)$.

x	y	$x \Longrightarrow y$	x	y	$x \Longleftrightarrow y$
false	false	true	false	false	true
false	true	true	false	true	false
truc	false	false	true	false	false
true	true	true	true	true	true

Für die Formel $(x \Longrightarrow \neg x)$ ergeben sich dieselben Werte in der Wahrheitstafel wie für $\neg x$:

x	$x \Longrightarrow \neg x$
true	false
false	true

Schon für eine Formel mit 3 Atomen wie $\neg\big((x \vee y) \Longrightarrow z\big)$ wird die Wahrheitstafel recht groß:

x	y	z	$x \vee y$	$(x \vee y) \Longrightarrow z$	$\neg\big((x \vee y) \Longrightarrow z\big)$
false	false	false	false	true	false
false	false	true	false	true	false
false	true	false	true	false	true
false	true	true	true	true	false
true	false	false	true	false	true
true	false	true	true	true	false
true	true	false	true	false	true
true	true	true	true	true	false

3.4 SAT und TAUT

Definition 3.4.1 (SAT, TAUT).

$$SAT \;\; := \; \{\, F \in \mathcal{F}_{AL} \mid F \text{ ist erfüllbar} \,\}$$

$$TAUT := \; \{\, F \in \mathcal{F}_{AL} \mid F \text{ ist Tautologie} \,\}$$

SAT und TAUT bezeichnen Sprachen, die Sprache der erfüllbaren („saturierbaren") bzw. der gültigen AL-Formeln, und die Wörter dieser Sprachen sind AL-Formeln. SAT und TAUT bezeichnen aber auch Probleme, nämlich die Fragen „Ist $F \in$ SAT?" und „Ist $F \in$ TAUT?" Beide Probleme sind entscheidbar; man kann einen Algorithmus angeben, der für jede AL-Formel F

in endlicher Zeit entscheidet, ob F erfüllbar bzw. gültig ist: das Verfahren der Wahrheitstafeln. Enthält die Wahrheitstafel zur Formel F in der Spalte für die Gesamtformel F nur *true*-Einträge, so ist F eine Tautologie. Enthält die F-Spalte mindestens einen *true*-Eintrag, so ist F erfüllbar, sonst unerfüllbar. Da es zu jeder AL-Formel nur endlich viele Belegungen gibt, kann ein Algorithmus einfach alle Belegungen $\mathcal{A}$ für F aufzählen und jeweils prüfen, ob $\mathcal{A}$ ein Modell für F ist. Damit ergibt folgender Satz:

Satz 3.4.2. *SAT und TAUT sind entscheidbar.*

3.5 Äquivalenz von Formeln

Wir haben im letzten Beispiel schon gesehen, dass $\neg x$ dieselben Modelle besitzt wie $(x \Longrightarrow \neg x)$, was auch nicht weiter überrascht: Allgemein ist $(F \Longrightarrow G)$ ja eine Abkürzung für $(\neg F \vee G)$, somit ist $(x \Longrightarrow \neg x)$ eine Abkürzung für $(\neg x \vee \neg x)$.

Oft interessiert uns an einer Formel nicht, welche Symbole in ihr an welchen Stellen auftreten, sondern wann sie wahr wird. Jede Belegung $\mathcal{A}$, bei der $\mathcal{A}(x) = false$ ist, macht sowohl $\neg x$ als auch $(x \Longrightarrow \neg x)$ wahr, und jede Belegung, die x den Wert *true* zuweist, macht beide Formeln falsch. In diesem Sinne ist $(x \Longrightarrow \neg x)$ nur eine kompliziertere Schreibweise für denselben Sachverhalt – die beiden Formeln sind *äquivalent*. Allgemein nennt man zwei Formeln dann äquivalent, wenn sie unter allen Belegungen denselben Wahrheitswert annehmen. Äquivalenz von Formeln ist vor allem deshalb interessant, weil man Regeln angeben kann, mit denen kompliziert aufgebaute Formeln zu einfacheren, äquivalenten Formeln umgeformt werden können, mit denen es sich leichter arbeiten lässt.

Definition 3.5.1 (Äquivalenz von AL-Formeln). *Zwei AL-Formeln F und G heißen* **äquivalent**, *in Zeichen $F \sim G$, falls für alle Belegungen $\mathcal{A}$ gilt: $\mathcal{A}(F) = true \iff \mathcal{A}(G) = true$.*

Man sieht hier unmittelbar, dass $F \sim G$ gilt *gdw.* $F \iff G$ eine Tautologie ist. $F \sim G$ kann auch gelten, wenn F und G verschiedene Atome enthalten, z.B. ist $((x_1 \Longrightarrow x_2) \vee x_3) \sim ((x_1 \Longrightarrow x_2) \vee x_3) \wedge (x_4 \vee \neg x_4)$ (was daran liegt, dass $x_4 \vee \neg x_4$ immer wahr ist). Außerdem sind zwei Formeln F, G immer äquivalent, wenn beide Tautologien oder beide unerfüllbar sind.

Als nächstes stellen wir einige „berühmte" Äquivalenzen vor, deren Korrektheit man leicht mittels Wahrheitstafeln nachprüfen kann.

Idempotenzen:

$$F \wedge F \sim F$$
$$F \vee F \sim F$$

Kommutativität:

$$F \wedge G \sim G \wedge F$$
$$F \vee G \sim G \vee F$$

Null- / Einselement: Sei $True := x \vee \neg x$ und $False := x \wedge \neg x$ für irgendein x. Dann gilt
- für alle Tautologien F: $F \sim True$
- für alle unerfüllbaren Formeln F: $F \sim False$
- für alle AL-Formeln F:

$$F \wedge True \sim F \qquad F \vee True \sim True$$
$$F \vee False \sim F \qquad F \wedge False \sim False$$

Assoziativität:

$$(F \wedge G) \wedge H \sim F \wedge (G \wedge H)$$
$$(F \vee G) \vee H \sim F \vee (G \vee H)$$

Absorption:

$$F \wedge (F \vee G) \sim F$$
$$F \vee (F \wedge G) \sim F$$

Distributivität:

$$F \wedge (G \vee H) \sim (F \wedge G) \vee (F \wedge H)$$
$$F \vee (G \wedge H) \sim (F \vee G) \wedge (F \vee H)$$

de Morgan:

$$\neg(F \wedge G) \sim \neg F \vee \neg G$$
$$\neg(F \vee G) \sim \neg F \wedge \neg G$$

Doppelte Negation hebt sich auf: $\neg\neg F \sim F$

Beispiel 3.5.2. Für die Formel $\neg((x \vee y) \Longrightarrow z)$ hatten wir schon eine Wahrheitstafel aufgestellt. Wenn man die Formel aber umformt, kann man leichter sehen, welche Modelle sie hat:

$$\neg((x \vee y) \Longrightarrow z)$$

$\sim \neg\big(\neg(x \vee y) \vee z\big)$ Auflösung des abkürzenden Symbols „ $\Longrightarrow$ "

$\sim \neg\neg(x \vee y) \wedge \neg z$ de Morgan

$\sim (x \vee y) \wedge \neg z$ doppelte Negation

Beispiel 3.5.3.

$$\neg\big(x \vee (\neg y \wedge x)\big) \wedge \neg x$$

$\sim \neg\big(x \vee (x \wedge \neg y)\big) \wedge \neg x$ Kommutativität

$\sim \neg x \wedge \neg x$ \qquad\qquad Absorption

$\sim \neg x$ \qquad\qquad Idempotenz

Beispiel 3.5.4.

$$\neg\big((\neg x \vee y) \wedge (\neg x \vee \neg z)\big) \wedge \neg x$$

$\sim \neg\big(\neg x \vee (y \wedge \neg z)\big) \wedge \neg x$ \qquad Distributivität

$\sim \neg\neg x \wedge \neg(y \wedge \neg z) \wedge \neg x$ \qquad de Morgan

$\sim x \wedge \neg(y \wedge \neg z) \wedge \neg x$ \qquad doppelte Negation

$\sim x \wedge \neg x \wedge \neg(y \wedge \neg z)$ \qquad Kommutativität

$\sim False \wedge \neg(y \wedge \neg z)$ \qquad $x \wedge \neg x = False$, das Nullelement

$\sim \neg(y \wedge \neg z) \wedge False$ \qquad Kommutativität

$\sim False$ \qquad $F \wedge False \sim False$

Diese Formel ist also unerfüllbar.

Die Äquivalenzregeln *Distributivität* und *de Morgan* haben wir bisher nur für jeweils zwei beteiligte Teilformeln beschrieben. Sie lassen sich aber einfach verallgemeinern.

Satz 3.5.5. *Die Regel von de Morgan lässt sich verallgemeinern wie folgt:*

1. $\neg(F_1 \wedge \ldots \wedge F_n) \sim \neg F_1 \vee \ldots \vee \neg F_n$
2. $\neg(F_1 \vee \ldots \vee F_n) \sim \neg F_1 \wedge \ldots \wedge \neg F_n$

Die Distributivität lässt sich verallgemeinern wie folgt:

3. $(F_1 \vee \ldots \vee F_n) \wedge (G_1 \vee \ldots \vee G_m) \sim$

$(F_1 \wedge G_1) \vee \ldots \vee (F_1 \wedge G_m) \vee (F_2 \wedge G_1) \vee \ldots \vee (F_n \wedge G_m)$

4. $(F_1 \wedge \ldots \wedge F_n) \vee (G_1 \wedge \ldots \wedge G_m) \sim$

$(F_1 \vee G_1) \wedge \ldots \wedge (F_1 \vee G_m) \wedge (F_2 \vee G_1) \wedge \ldots \wedge (F_n \vee G_m)$

Beweis:

1. Wir beweisen die erweiterte de Morgan-Regel für $\wedge$ durch Induktion über n.
   - $n = 1$: $\neg F_1 \sim \neg F_1$

- $n \to n+1$:

$$\neg(F_1 \wedge \ldots \wedge F_{n+1})$$

$\sim \neg\big((F_1 \wedge \ldots \wedge F_n) \wedge F_{n+1}\big)$ Schreibabkürzung S. 36

$\sim \neg(F_1 \wedge \ldots \wedge F_n) \vee \neg F_{n+1}$ de Morgan

$\sim (\neg F_1 \vee \ldots \vee \neg F_n) \vee \neg F_{n+1}$ nach der I.V.

$\sim \neg F_1 \vee \ldots \vee \neg F_{n+1}$ Schreibabkürzung S. 36

2. analog zu 1.
3. Wir beweisen die Aussage durch „doppelte Induktion" über n und m.
   - *Induktionsanfang:* $n = 1$, m beliebig: Wir zeigen durch Induktion über m, dass $F_1 \wedge (G_1 \vee \ldots \vee G_m) \sim (F_1 \wedge G_1) \vee \ldots \vee (F_1 \wedge G_m)$ ist.
     – *Induktionsanfang:* $m = 1$: $F_1 \wedge G_1 \sim F_1 \wedge G_1$
     – *Induktionsschritt:* $m \to m+1$:

     $$F_1 \wedge (G_1 \vee \ldots \vee G_{m+1})$$

     $\sim F_1 \wedge \big((G_1 \vee \ldots \vee G_m) \vee G_{m+1}\big)$

     $\sim \big(F_1 \wedge (G_1 \vee \ldots \vee G_m)\big) \vee (F_1 \wedge G_{m+1})$

     $\sim \big((F_1 \wedge G_1) \vee \ldots \vee (F_1 \wedge G_m)\big) \vee (F_1 \wedge G_{m+1})$ I.V.

     $\sim (F_1 \wedge G_1) \vee \ldots \vee (F_1 \wedge G_{m+1})$

     Damit ist die Behauptung für $n = 1$ gezeigt.
   - *Induktionsschritt:* $n \to n+1$, m beliebig:

     $$(F_1 \vee \ldots \vee F_{n+1}) \wedge (G_1 \vee \ldots \vee G_m)$$

     $\sim \big((F_1 \vee \ldots \vee F_n) \vee F_{n+1}\big) \wedge (G_1 \vee \ldots \vee G_m)$

     $\sim \big((F_1 \vee \ldots \vee F_n) \wedge (G_1 \vee \ldots \vee G_m)\big) \vee \big(F_{n+1} \wedge (G_1 \vee \ldots \vee G_m)\big)$
     (Distributivität)

     $\sim \big((F_1 \wedge G_1) \vee \ldots \vee (F_n \wedge G_m)\big) \vee \big((F_{n+1} \wedge G_1) \vee \ldots \vee (F_{n+1} \wedge G_m)\big)$ nach der I.V. für n

     $\sim (F_1 \wedge G_1) \vee \ldots \vee (F_1 \wedge G_m) \vee \ldots \vee (F_{n+1} \wedge G_1) \vee \ldots \vee (F_{n+1} \wedge G_m)$

4. analog zu 3.   ∎

3.6 Konjunktive und disjunktive Normalform

An den obigen Beispielen haben wir gesehen, dass es vorteilhaft ist, Formeln durch Umformungen zu vereinfachen: man kann dann leichter mit ihnen arbeiten und u.U. die Modelle direkt ablesen. Wir werden jetzt zwei *Normalformen* für AL-Formeln vorstellen. Normalformen sind Einschränkungen auf der Syntax der AL, aber so, dass man jede beliebige Formel umformen kann in eine *äquivalente* Formel in Normalform. Normalformen sind auch wichtig für die maschinelle Verarbeitung von logischen Formeln (und es gibt inzwischen sehr viele Algorithmen, die AL-Formeln verarbeiten und dadurch logische Schlüsse ziehen): Wenn alle Formeln nur noch eine eingeschränkte Syntax haben, dann muss ein Algorithmus nicht so viele mögliche Formel-Formen berücksichtigen.

Wir werden im weiteren zwei Normalformen vorstellen, die *konjunktive* und die *disjunktive*. In beiden Normalformen beziehen sich Negationen immer nur auf atomare, nie auf komplexe Formeln. Ansonsten sind die zwei Normalformen invers zueinander:

Definition 3.6.1 (KNF, DNF). *Eine Formel F ist in* **konjunktiver Normalform (KNF)** *genau dann, wenn F eine Konjunktion von Disjunktionen von Literalen ist.*

Eine Formel F ist in **disjunktiver Normalform (DNF)** *genau dann, wenn F eine Disjunktion von Konjunktionen von Literalen ist.*

Anders ausgedrückt:

- Eine Formel in KNF hat die Form $\bigwedge_{i=1}^{n} \bigvee_{j=1}^{m_i} L_{ij}$, und
- eine Formel in DNF hat die Form $\bigvee_{i=1}^{n} \bigwedge_{j=1}^{m_i} L_{ij}$,

wobei $n \geq 1$ und $\forall i \ m_i \geq 1$ gilt und die L_{ij} Literale sind. Da n und auch die m_i gleich 1 sein können, sind Formeln der Art

$$L_1, \qquad L_1 \wedge \ldots \wedge L_n, \qquad L_1 \vee \ldots \vee L_n$$

sowohl in KNF als auch in DNF, wenn alle L_i Literale sind.

Beispiel 3.6.2. Die Formel $F = \neg\big(x \vee \big(\neg(y \vee z) \wedge w\big)\big)$ ist in keiner Normalform. Die Formel $F' = (\neg x \wedge y) \vee (\neg x \wedge z) \vee (\neg x \wedge \neg w)$ ist zu F äquivalent und in DNF. Die Formel $F'' = \neg x \wedge (y \vee z \vee \neg w)$ ist zu F äquivalent und in KNF. Das kann man entweder anhand der Wahrheitstafeln feststellen oder durch die oben vorgestellten Äquivalenzumformungen.

Als nächstes zeigen wir, dass es zu jeder AL-Formel F eine äquivalente Formel F' in DNF und eine äquivalente Formel F'' in KNF gibt. Diese Normalformen kann man einfach bestimmen, man kann sie nämlich von der Wahrheitstafel zu F ablesen. Betrachten wir dazu zunächst ein Beispiel, das zeigt, wie man zu einer konkreten Formel eine DNF bildet.

Beispiel 3.6.3. Die Formel $F = x \Longleftrightarrow y$ hat folgende Wahrheitstafel:

x	y	$x \Longleftrightarrow y$
false	*false*	*true*
false	*true*	*false*
true	*false*	*false*
true	*true*	*true*

F wird unter einer Belegung $\mathcal{A}$ also wahr, falls

- $\mathcal{A}(x) = false$ und $\mathcal{A}(y) = false$
- oder $\mathcal{A}(x) = true$ und $\mathcal{A}(y) = true$ ist.

F ist also äquivalent zu der DNF-Formel $F' = (\neg x \wedge \neg y) \vee (x \wedge y)$.

Wie kann man nun allgemein zu einer Formel F eine äquivalente DNF-Formel F' ermitteln? Angenommen, F enthält m verschiedene atomare Formeln $x_1, \ldots, x_m$. Dann gibt es drei mögliche Fälle:

- Wenn die letzte Spalte, die für die Gesamtformel F, in keiner Zeile den Wert $true$ enthält, dann ist F unerfüllbar und äquivalent zu $False$.
- Wenn die letzte Spalte in jeder Zeile den Wert $true$ enthält, dann ist F eine Tautologie und äquivalent zu $True$.
- Ansonsten ist F erfüllbar, aber nicht gültig. Dann gibt es einige Zeilen, sagen wir n viele, in denen die letzte Spalte der Wahrheitstafel den Wert $true$ enthält. F hat also genau n Modelle $\mathcal{A}_1, \ldots, \mathcal{A}_n$. Damit gilt: F wird wahr, falls (die Variablen entsprechend $\mathcal{A}_1$ belegt sind) *oder* (die Variablen entsprechend $\mathcal{A}_2$ belegt sind) *oder* ... *oder* (die Variablen entsprechend $\mathcal{A}_n$ belegt sind). Das ist schon die Disjunktion, die wir erhalten wollen.

Wir bilden also eine DNF F' zu F mit n Konjunktionen, einer für jedes Modell : $F' = K_1 \vee \ldots \vee K_n$. In jeder Konjunktion kommt jedes der Atome $x_1, \ldots, x_m$ vor: Die Konjunktion K_i zum Modell $\mathcal{A}_i$ enthält das Atom x_j positiv, falls $\mathcal{A}_i(x_j) = true$ und negiert sonst. K_i wird also *nur* unter der Belegung $\mathcal{A}_i$ wahr; also wird die Disjunktion $F' = K_1 \vee \ldots \vee K_n$ genau unter den Belegungen $\mathcal{A}_1, \ldots, \mathcal{A}_n$ wahr.

Diese zu F äquivalente DNF-Formel lässt sich formal ausdrücken als

$$F' = \bigvee_{i=1}^{n} \bigwedge_{j=1}^{m} L_{ij} \text{ mit } L_{ij} = \begin{cases} x_j & \text{falls } \mathcal{A}_i(x_j) = true \\ \neg x_j & \text{falls } \mathcal{A}_i(x_j) = false. \end{cases}$$

Mit Hilfe der Wahrheitstafeln und der de Morgan-Regel kann man zu jeder Formel F auch eine äquivalente KNF-Formel F'' bestimmen:

- Zuerst stellt man die Wahrheitstafel zu $\neg F$ auf und liest davon eine DNF-Formel $F'_\neg \sim \neg F$ ab. $F'_\neg$ hat die Form $F'_\neg = K_1 \vee \ldots \vee K_n$ für irgendein n.
- Es gilt $\neg F'_\neg \sim F$, aber $\neg F'_\neg$ ist noch nicht in KNF.
- Wenn man nun aber mit der erweiterten de Morgan-Regel die Negation ganz „nach innen zieht", ergibt sich eine KNF-Formel $F'' \sim F$:
  Es ist $\neg F'_\neg = \neg(K_1 \vee \ldots \vee K_n) \sim \neg K_1 \wedge \ldots \wedge \neg K_n \sim D_1 \wedge \ldots \wedge D_n = F''$, wobei aus $K_i = L_{i1} \wedge \ldots \wedge L_{im}$ durch Negation die Disjunktion $D_i = \neg L_{i1} \vee \ldots \vee \neg L_{im}$ wird.

Insgesamt haben wir damit gezeigt:

Lemma 3.6.4. *Zu jeder AL-Formel F existiert eine äquivalente AL-Formel F' in DNF und eine äquivalente AL-Formel F'' in KNF.*

Beispiel 3.6.5. Wir wollen für die Formel $F = (x \lor y) \land \neg z \Longrightarrow y \lor z$ eine äquivalente DNF- und KNF-Formel finden. Wir stellen zunächst die Wahrheitstafel auf, wobei wir neben F auch gleich eine Zeile für $\neg F$ eintragen, die für die KNF gebraucht wird:

x	y	z	$x \lor y$	$(x \lor y) \land \neg z$	$y \lor z$	F	$\neg F$
false	false	false	false	false	false	true	false
false	false	true	false	false	true	true	false
false	true	false	true	true	true	true	false
false	true	true	true	false	true	true	false
true	false	false	true	true	false	false	true
true	false	true	true	false	true	true	false
true	true	false	true	true	true	true	false
true	true	true	true	false	true	true	false

Damit ist F äquivalent zu der DNF-Formel

$$F' = (\neg x \land \neg y \land \neg z) \lor (\neg x \land \neg y \land z) \lor (\neg x \land y \land \neg z)$$
$$\lor (\neg x \land y \land z) \lor (x \land \neg y \land z) \lor (x \land y \land \neg z) \lor (x \land y \land z)$$

Die Formel $\neg F$ ist nach der Wahrheitstafel äquivalent zu der DNF-Formel $x \land \neg y \land \neg z$. Daraus ergibt sich $F \sim \neg (x \land \neg y \land \neg z)$, also ist F äquivalent zu der KNF-Formel $F'' = \neg x \lor y \lor z$.

Offenbar ist F'' gleichzeitig in DNF. Das verdeutlicht erstens, dass es zu jeder Formel mehrere äquivalente Formeln in DNF (und ebenso natürlich mehrere äquivalente Formeln in KNF) gibt, und zweitens, dass das Wahrheitstafel-Verfahren nicht unbedingt die kleinstmögliche DNF und KNF liefert.

3.7 Zusammenfassung

In diesem Kapitel haben wir die Aussagenlogik, die bereits im Abschn. 2.1 informell vorgestellt worden ist, formaler gefasst. Wir haben die Syntax von AL-Formeln, also ihren Aufbau, induktiv definiert. Die Elemente, die wir dabei verwendet haben, sind atomare Formeln (Atome) und die Konnektoren $\neg$, $\land$ und $\lor$. Die Konnektoren $\Longrightarrow$ und $\Longleftrightarrow$ sind Schreibabkürzungen, und zwar $F \Longrightarrow G$ für $\neg F \lor G$, und $F \Longleftrightarrow G$ für $(F \Longrightarrow G) \land (G \Longrightarrow F)$.

Bei der Semantik geht es darum, welcher Wahrheitswert einer AL-Formel zugewiesen wird. Eine solche Funktion $\mathcal{A}$, die jeder atomaren Formel den Wert *true* oder *false* zuweist, heißt Belegung. Eine Belegung weist aber nicht nur Atomen Wahrheitswerte zu, sondern auch zusammengesetzten Formeln. Wir haben induktiv definiert, welchen Wahrheitswert eine Formel hat, abhängig vom Wahrheitswert der Atome, die in ihr vorkommen, und von den Konnektoren, die die Atome verbinden. Wichtige Begriffe sind in diesem Kontext die folgenden:

- Eine Belegung, die einer Formel F den Wert *true* zuweist, heißt Modell.
- Eine Formel, die mindestens ein Modell besitzt, heißt erfüllbar.
- Eine Formel, die kein Modell besitzt, heißt unerfüllbar.
- Eine Formel, die von jeder Belegung wahrgemacht wird, heißt Tautologie. Wenn F eine Tautologie ist, dann ist $\neg F$ unerfüllbar.
- SAT ist die Menge aller erfüllbaren AL-Formeln.
- TAUT ist die Menge aller tautologischen (d.h. gültigen) AL-Formeln.

Eine Wahrheitstafel für eine Formel F ist eine Tabelle mit je einer Spalte für jede atomare Formel in F und für jede Teilformel von F und einer Spalte für F. In diese Tabelle werden alle möglichen Belegungen für F eingetragen. Dann kann man leicht alle Modelle von F ablesen und auch erkennen, ob F erfüllbar, unerfüllbar oder tautologisch ist.

Zwei Formeln heißen äquivalent, falls sie unter allen Belegungen denselben Wahrheitswert annehmen. Wir haben eine Reihe von Umformungen kennengelernt, die eine Formel in eine äquivalente Formel überführen. Zwei besondere Formen, in die man eine Formel oft überführen muss, sind die Normalformen,

- die konjunktive Normalform (KNF) der Bauart $\bigwedge_{i=1}^{n} \bigvee_{j=1}^{m_i} L_{ij}$ und

- die disjunktive Normalform (DNF), die die Form $\bigvee_{i=1}^{n} \bigwedge_{j=1}^{m_i} L_{ij}$ hat.

Zu jeder AL-Formel gibt es eine äquivalente DNF und eine äquivalente KNF. Die DNF einer Formel F kann man direkt von der Wahrheitstafel ablesen, genauer gesagt von den Zeilen, die Modelle von F darstellen. Die KNF kann man feststellen mit Hilfe der Wahrheitstafel von $\neg F$.

Teil I

Formale Sprachen

4. Grammatiken und formale Sprachen

4.1 Grammatiken

Angenommen, wir wollen ein Programm schreiben, das C-Programme darauf testet, ob sie syntaktisch korrekt sind. Dann muss unser Programm folgendes leisten:

1. Es muss erst einmal erkennen, wo ein Wort der Programmiersprache anfängt und wo es aufhört. Außerdem muss es Schlüsselwörter der Sprache, wie z.B. „if" oder „while", von Variablennamen unterscheiden.
2. Dann muss es feststellen, welche Sprachkonstrukte vorliegen – eine if-Anweisung, eine Variablendeklaration, eine Funktionsdefinition – und ob diese Sprachkonstrukte syntaktisch korrekt sind oder ob der if-Anweisung ein ‚)' fehlt.
3. Schließlich sollte unser Programm noch darauf achten, dass nicht versucht wird, z.B. einer Integer-Variablen einen String zuzuweisen.

Das sind drei verschiedene Probleme von wachsendem Schwierigkeitsgrad, und wie sich herausstellen wird, kann man das erste Problem mit einem einfacheren Algorithmus lösen als das zweite und das dritte.

Um zu beschreiben, worin sich die drei obigen Probleme unterscheiden, kann man *Sprachen* benutzen. Sprachen haben gegenüber beliebigen Mengen den „Vorteil", dass ihre Elemente, die Wörter, nicht atomar sind, sondern aus Buchstabenketten bestehen. Damit kann man den Aufbau der Wörter einer Sprache untersuchen und hat insbesondere auch die Möglichkeit, Sprachen danach zu klassifizieren, wie kompliziert der Aufbau ihrer Wörter ist. Um zu beschreiben, wie die Wörter einer Sprache aufgebaut sind, kann man unter anderem *Grammatiken* verwenden.

Natürliche Sprachen werden oft mit Hilfe von Grammatiken beschrieben. Für eine natürliche Sprache könnte man die Regel „Ein Satz S kann bestehen aus einem Hauptsatz H und danach einem Nebensatz N" kürzer notieren als $S \to H\ N$. Anstatt zur Sprachbeschreibung kann man diese Kurzschreibweise aber auch zur Erzeugung eines Satzes verwenden: Man startet bei der Variablen S, die für den ganzen Satz steht, und *ersetzt* sie durch die rechte Seite der Regel, $H\ N$. Sowohl H als auch N müssen mit Hilfe weiterer Regeln immer weiter ersetzt werden, bis man einen Satz aus konkreten Wörtern der natürlichen Sprache erhält.

© Springer-Verlag GmbH Deutschland, ein Teil von Springer Nature 2018
L. Priese und K. Erk, *Theoretische Informatik*,
https://doi.org/10.1007/978-3-662-57409-6_4

Auch viele Sprachen im Sinne der theoretischen Informatik werden mit Grammatiken beschrieben; eine solche Grammatik ist zu sehen als eine Menge von Umformungsregeln, um eine Sprache zu *erzeugen*. Am Anfang steht dabei immer ein *Startsymbol*, eine Variable, die oft S heißt. Diese Variable wird, entsprechend den Regeln der Grammatik, durch ein Wort ersetzt. Dies Wort kann *Variablen* enthalten, die dann weiter ersetzt werden, und *Terminale*, Zeichen aus dem Alphabet der Sprache. Terminale werden in der Regel nicht weiter ersetzt, und das Umformen endet, sobald man ein Wort erhält, die nur aus Terminalen besteht.

Eine Regel einer Grammatik sagt aus, dass die linke Regelseite durch die rechte ersetzt werden darf, so wie oben S durch $H\,N$. Da eine Grammatik *alle* Wörter einer Sprache erzeugen muss, können die Regeln Auswahlmöglichkeiten enthalten, z.B. besagen die zwei Regeln $S \to H\,N, S \to H$, dass S *entweder* durch $H\,N$ *oder* durch H ersetzt werden kann.

Die Sprache, die von einer Grammatik erzeugt wird, ist also

- die Menge all der terminalen Wörter,
- die aus dem Startsymbol erzeugt werden können
- durch Anwendung der Umformungsregeln der Grammatik.

Es lassen sich nicht alle Sprachen mit Grammatiken beschreiben: Es gibt Sprachen, die so kompliziert aufgebaut sind, dass man dafür keine Grammatik aufstellen kann. Diejenigen Sprachen, die sich über Grammatiken beschreiben lassen, heißen *formale Sprachen*.

Als nächstes wollen wir den Begriff der Grammatik mathematisch definieren, indem wir alle Elemente, die nötig sind, um eine Grammatik komplett zu beschreiben, zu einem Tupel zusammenfassen.

Definition 4.1.1 (Grammatik). *Eine* **Grammatik** *G ist ein Tupel $G = (V, T, R, S)$. Dabei ist*

- *V eine endliche Menge von Variablen;*
- *T eine endliche Menge von Terminalen; es gilt $V \cap T = \emptyset$;*
- *R eine endliche Menge von Regeln. Eine Regel ist ein Element (P, Q) aus $\left((V \cup T)^* \, V \, (V \cup T)^*\right) \times (V \cup T)^*$. Das heißt, P ist ein Wort über $(V \cup T)$, das mindestens eine Variable aus V enthält, während Q ein beliebiges Wort über $(V \cup T)$ ist. P heißt auch* **Prämisse** *und Q* **Konklusion** *der Regel.*

    Für eine Regel $(P, Q) \in R$ schreibt man üblicherweise auch $P \to_G Q$ oder nur $P \to Q$.
- *S das Startsymbol, $S \in V$.*

Variablen werden i.allg. als Großbuchstaben geschrieben, Terminale i.allg. als Kleinbuchstaben. Wenn es mehrere Regeln mit derselben Prämisse gibt, also z.B. $P \to Q_1$, $P \to Q_2$, $P \to Q_3$, so schreibt man dafür auch kurz $P \to Q_1 \mid Q_2 \mid Q_3$. Eine Regel überführt ein Wort in ein anderes. Eine Regel $P \to Q$ besagt, dass die Zeichenkette P, die Variablen und Terminale enthalten darf, aber mindestens eine Variable enthalten muss, durch die Zeichenkette Q ersetzt werden darf.

Auf ein Wort $w \in (V \cup T)^+$ ist eine Regel $P \to Q \in R$ anwendbar genau dann, wenn P in w vorkommt. Das Ergebnis der Regelanwendung beschreibt die nächste Definition formal:

Definition 4.1.2 (Ableitung, Rechnung). *Sei $G = (V, T, R, S)$ eine Grammatik, und seien w, w' Wörter aus $(V \cup T)^*$, so gilt* **w $\Longrightarrow$ w'**, *in Worten* **w geht über in w'**, *falls gilt:*

$$\exists u, v \in (V \cup T)^* \; \exists P \to Q \in R \quad (w = uPv \text{ und } w' = uQv).$$

Um auszudrücken, dass w in w' übergeht mit der Grammatik G bzw. durch die Regel $P \to Q$, so schreibt man auch $w \Longrightarrow_G w'$ oder $w \Longrightarrow_{P \to Q} w'$.

Falls es Wörter $w_0, \ldots, w_n \in (V \cup T)^*$ gibt mit $w = w_0$, $w_m = w'$ und $w_i \Longrightarrow_G w_{i+1}$ für $0 \le i < n$, so schreiben wir dafür auch $w \Longrightarrow_G^* w'$. $n = 0$ ist hierbei erlaubt, das heißt, $w \Longrightarrow_G^* w$ gilt stets. Die Folge $w_0, \ldots, w_n$ heißt **Ableitung** *oder* **Rechnung** *(von w_0 nach w_n in G) der Länge n.*

Die Erzeugung eines Wortes w' aus w mit einer Grammatik ist ein hochgradig indeterminierter Vorgang: In *einem* Schritt wird mit einer Regel $P \to Q$ jeweils nur *ein* (beliebiges) Vorkommen von P ersetzt. Es kann gut sein, dass auf ein Wort mehrere Regeln anwendbar sind, von denen dann eine beliebige ausgewählt wird. Es ist sogar möglich, dass es mehrere verschiedene Wege gibt, w' aus w zu erzeugen. Betrachten wir z.B. das Wort $w = aBBc$ und die Regeln $R_1 = B \to b$, $R_2 = B \to ba$ und $R_3 = BB \to bBa$. Hier sind drei verschiedene Möglichkeiten, von w zu $w' = abbac$ zu gelangen:

$$aBBc \Longrightarrow_{R_1} abBc \Longrightarrow_{R_2} abbac$$
$$aBBc \Longrightarrow_{R_2} aBbac \Longrightarrow_{R_1} abbac$$
$$aBBc \Longrightarrow_{R_3} abBac \Longrightarrow_{R_1} abbac$$

Beispiel 4.1.3. Wir betrachten die Grammatik $G_{ab} = (\{S\}, \{a, b\}, \{R_1, R_2\}, S)$ mit $R_1 = S \to aSb$, $R_2 = S \to \varepsilon$. Um ein Wort zu erzeugen, starten wir mit dem Startsymbol S:

$$S \Longrightarrow_{R_1} aSb \Longrightarrow_{R_1} aaSbb \Longrightarrow_{R_1} aaaSbbb \Longrightarrow_{R_2} aaabbb$$

Damit haben wir mit G_{ab} das Wort $a^3 b^3$ erzeugt. Es lassen sich durch mehr oder weniger Anwendungen von R_1 auch andere Wörter hervorbringen.

Definition 4.1.4 (von einer Grammatik erzeugte Sprache, Äquivalenz). **Die von einer Grammatik G erzeugte Sprache $L(G)$** *ist die Menge aller terminalen Wörter, die durch G vom Startsymbol S aus erzeugt werden können:*

$$L(G) := \{w \in T^* \mid S \Longrightarrow_G^* w\}$$

Zwei Grammatiken G_1, G_2 heißen **äquivalent** *gdw. $L(G_1) = L(G_2)$.*

Beispiel 4.1.5. G_{ab}, die Grammatik aus Beispiel 4.1.3, erzeugt die Sprache $L(G_{ab}) = \{a^n b^n \mid n \in \mathbb{N}\}$.

Dass G_{ab} tatsächlich genau diese Sprache erzeugt, zeigen wir allgemein, indem wir alle möglichen Ableitungen von G_{ab} betrachten.

Beweis:

"$\subseteq$" zu zeigen: Jedes terminale Wort, das G_{ab} erzeugt, hat die Form $a^n b^n$.

    Wir zeigen für alle $w \in (V \cup T)^*$: Falls $S \Longrightarrow^*_{G_{ab}} w$, dann gilt entweder $w = a^n S b^n$ oder $w = a^n b^n$ für ein $n \in \mathbb{N}$. Dazu verwenden wir eine Induktion über die Länge einer Ableitung von S nach w.

Induktionsanfang: $w = S = a^0 S b^0$

Induktionsschritt: Es gelte $S \Longrightarrow^*_{G_{ab}} w \Longrightarrow_{G_{ab}} w'$, und für w gelte nach der Induktionsvoraussetzung bereits $w = a^n b^n$ oder $w = a^n S b^n$. Außerdem sei $w \Longrightarrow_{G_{ab}} w'$ eine Ableitung in einem Schritt. Nun ist zu zeigen: $w' = a^m b^m$ oder $w' = a^m S b^m$ für irgendein m.

Fall 1: $w = a^n b^n$. Dann konnte keine Regel angewandt werden, da w schon terminal ist, also tritt dieser Fall nie auf.

Fall 2: $w = a^n S b^n$. Dann wurde von w nach w' entweder Regel R_1 oder R_2 angewandt.

    Falls R_1 angewandt wurde, dann gilt $w = a^n S b^n \Longrightarrow_{R_1} a^n a S b b^n = a^{n+1} S b^{n+1} = w'$.

    Falls R_2 angewandt wurde, dann gilt $w = a^n S b^n \Longrightarrow_{R_2} a^n \varepsilon b^n = w'$. Dies Wort ist terminal und hat die geforderte Form $a^n b^n$.

"$\supseteq$" zu zeigen: Für alle n kann $a^n b^n$ von G_{ab} erzeugt werden: $S \Longrightarrow^*_{G_{ab}} a^n b^n$ $\forall n \in \mathbb{N}$.

    Um $a^n b^n$ zu erzeugen, wende man auf S n-mal die Regel R_1 und dann einmal die Regel R_2 an.   ■

4.2 Die Sprachklassen der Chomsky-Hierarchie

Für eine Grammatik im allgemeinen gibt es nur 2 Einschränkungen: Sie darf nur endlich viele Regeln haben, und jede Regelprämisse muss mindestens eine Variable enthalten. Das Wort kann im Lauf der Ableitung beliebig wachsen und wieder schrumpfen. Wenn man die Form, die die Regeln einer Grammatik annehmen können, beschränkt, erhält man Grammatiktypen und damit auch Sprachtypen von verschiedenen Schwierigkeitsgraden.

Definition 4.2.1 (Sprachklassen). *Eine Grammatik $G = (V, T, R, S)$ heißt*

rechtslinear gdw. $\forall P \to Q \in R \left(P \in V \text{ und } Q \in T^* \cup T^+ V \right)$.

> *Es wird eine einzelne Variable ersetzt. Mit einer Regelanwendung wird jeweils höchstens eine Variable erzeugt, die, wenn sie auftritt, ganz rechts im Wort steht.*

kontextfrei (cf) gdw. $\forall P \to Q \in R \left(P \in V \text{ und } Q \in (V \cup T)^* \right)$.

> *Es wird eine einzelne Variable ersetzt. Das Wort in der Konklusion kann Variablen und Terminale in beliebiger Mischung enthalten.*

kontextsensitiv (cs) gdw. $\forall P \to Q \in R \left(\exists u, v, \alpha \in (V \cup T)^* \; \exists A \in V \right.$
$\left. \left(P = uAv \text{ und } Q = u\alpha v \text{ mit } |\alpha| \geq 1 \right) \right)$.

> *Es wird eine Variable A in eine Zeichenkette α mit einer Länge von mindestens 1 überführt (d.h. das Wort wird durch die Regelanwendung nicht wieder kürzer). Diese Ersetzung von A durch α findet aber nur statt, wenn der in der Regel geforderte Kontext, links u und rechts v, im Wort vorhanden ist.*

beschränkt gdw. $\forall P \to Q \in R \left(|P| \leq |Q| \right)$.

> *Die Konklusion jeder Regel ist mindestens so lang wie die Prämisse, d.h. das Wort kann im Lauf der Ableitung nur wachsen, nie kürzer werden.*

Die Definitionen von „beschränkt" und „kontextsensitiv" sind nur vorläufig. Sie werden später noch abgeändert werden müssen: So wie die Definitionen momentan sind, kann man das leere Wort ε mit keiner kontextsensitiven oder beschränkten Grammatik erzeugen, weil die Regelconclusion nicht leer sein darf.

Aufbauend auf die oben genannten Grammatiktypen kann man nun Sprachklassen definieren:

Definition 4.2.2.

Sprach-klasse	definiert als	Eine Sprache aus dieser Sprachklasse heißt
$\mathcal{L}_3$, REG	$\{L(G) \mid G \text{ ist rechtslinear}\}$	regulär, Typ 3
$\mathcal{L}_2$, CFL	$\{L(G) \mid G \text{ ist cf}\}$	kontextfrei, Typ 2
$\mathcal{L}_1$, CSL	$\{L(G) \mid G \text{ ist cs}\}$	kontextsensitiv, Typ 1
	$\{L(G) \mid G \text{ ist beschränkt}\}$	beschränkt
$\mathcal{L}_0$	$\{L(G) \mid G \text{ ist eine Grammatik}\}$	rekursiv aufzählbar[1], Typ 0
$\mathcal{L}$	$\{L \subseteq T^* \mid T \text{ ist ein Alphabet}\}$	Sprache

---

[1] Warum die Typ-0-Sprachen „rekursiv aufzählbar" heißen, wird in Teil 2 dieses Buches erklärt.

„CFL" bedeutet *context free language*, und „CSL" bedeutet *context sensitive language*.

Im weiteren Verlauf wird gezeigt werden, dass die **Chomsky-Hierarchie** gilt:

$$\mathcal{L}_3 \subset \mathcal{L}_2 \subset \mathcal{L}_1 \subset \mathcal{L}_0 \subset \mathcal{L}$$

Die beschränkten Grammatiken kommen in dieser Hierarchie nicht vor. Das liegt daran, dass, wie wir später zeigen werden, die beschränkten Grammatiken genau dieselbe Sprachklasse erzeugen wie die kontextsensitiven Grammatiken.

Hier sind für einige der Sprachklassen sehr einfache Beispiele, die aber schon dazu dienen können, die Sprachklassen gegeneinander abzugrenzen: L_{ab} ist nicht regulär, und L_{abc} ist nicht kontextfrei. (Die Beweise dazu führen wir später.)

Beispiel 4.2.3. Die Sprache $L_a = \{a^n \mid n \in \mathbb{N}\}$ ist eine reguläre Sprache. Sie wird erzeugt von der folgenden Grammatik:

$$G_a = (\{S\}, \{a\}, R, S) \text{ mit}$$

$$R = \{S \to aS \mid \varepsilon\}$$

Die Grammatik ist rechtslinear: In jeder Regel wird entweder mindestens ein Terminal erzeugt oder die Konklusion ist ε, und in jeder Konklusion kommt höchstens eine Variable vor, und zwar am Ende des Wortes.

Beispiel 4.2.4. Die Sprache $L_{ab} = \{a^n b^n \mid n \in \mathbb{N}\}$ ist eine kontextfreie Sprache. Sie wird erzeugt von der Grammatik aus Beispiel 4.1.3.

$$G_{ab} = (\{S\}, \{a, b\}, \{R_1, R_2\}, S) \text{ mit}$$

$$R_1 = S \to aSb, \ R_2 = S \to \varepsilon$$

Die Grammatik ist kontextfrei: Auf der linken Seite jeder Regel, sowohl von R_1 als auch von R_2, steht nur eine einzelne Variable.

Beispiel 4.2.5. Die Sprache $L_{abc} = \{a^n b^n c^n \mid n \in \mathbb{N}_+\}$ ist kontextsensitiv. Sie wird erzeugt von der folgenden *beschränkten* Grammatik:

$$G_{abc} = (\{S, X_1, X_2\}, \{a, b, c\}, \{R_1 \ldots R_7\}, S) \text{ mit}$$

$$R_1 = \quad S \to abc$$

$$R_2 = \quad S \to aX_1bc$$

$$R_3 = \quad X_1b \to bX_1$$

$$R_4 = \quad X_1c \to X_2bcc$$

$$R_5 = \quad bX_2 \to X_2b$$

$$R_6 = \quad aX_2 \to aa$$

$$R_7 = \quad aX_2 \to aaX_1$$

G_{abc} ist eine beschränkte Grammatik: Es gibt keine Regel, bei der die rechte Regelseite kürzer wäre als die linke. Die Grammatik ist nicht kontextsensitiv, weil die Regeln R_3 und R_5 den Kontext nicht unverändert stehenlassen, aber wie wir später zeigen werden, gibt es auch eine kontextsensitive Grammatik zu dieser Sprache.

In der Definition der Sprache L_{abc} ist übrigens $n \in \mathbb{N}_+$ und nicht in $\mathbb{N}$, weil wir mit unserer momentanen Definition der kontextsensitiven und beschränkten Sprachen kein leeres Wort erzeugen können. Das wollen wir jetzt ändern.

Mit unserer bisherigen Definition der kontextsensitiven und der beschränkten Sprachen gilt die Chomsky-Hierarchie nicht, da $\mathcal{L}_1 \supseteq \mathcal{L}_2$ nicht gilt: Kontextsensitive und beschränkte Grammatiken können das leere Wort nicht erzeugen. Es sind keine Regel-Konklusionen der Länge 0 erlaubt. Kontextfreie Sprachen können aber das leere Wort enthalten. Deshalb müssen wir die Definition der kontextsensitiven und beschränkten Grammatiken abändern.

Definition 4.2.6 (Änderung: kontextsensitive und beschränkte Grammatiken). *Eine Grammatik $G = (V, T, R, S)$ heißt*

- **kontextsensitiv (cs)** gdw. $\forall P \to Q \in R$ gilt:
  - *Entweder $\exists u, v, \alpha \in (V \cup T)^*$ $\exists A \in V$ $\left(P = uAv \text{ und } Q = u\alpha v \text{ mit } |\alpha| \geq 1 \right)$, oder die Regel hat die Form $S \to \varepsilon$.*
  - *S kommt in keiner Regelconclusion vor.*
- **beschränkt** gdw. $\forall P \to Q \in R$ gilt:
  - *entweder $|P| \leq |Q|$, oder die Regel hat die Form $S \to \varepsilon$.*
  - *S kommt in keiner Regelconclusion vor.*

Jede Grammatik G, die nach der alten Definition kontextsensitiv oder beschränkt war, kann man ganz einfach zu einer kontextsensitiven bzw. beschränkten Grammatik G' nach der neuen Definition machen. Das einzige, was behoben werden muss, ist, dass in G das Startsymbol in einer Regelconclusion vorkommen kann. Also führen wir eine neue Variable S_{neu} ein, das neue Startsymbol, und eine neue Regel $S_{neu} \to S$, ansonsten sieht G' aus wie G. Damit kommt das (neue) Startsymbol in keiner Regelconclusion vor.

Hier sind noch ein paar weitere Beispiele zu rechtslinearen und kontextfreien Grammatiken, etwas weniger trivial als die bisher vorgestellten und dafür etwas typischer für die jeweilige Sprachklasse.

Beispiel 4.2.7. Die Sprache $L = \{aa\}\{ab\}^*\{c\}$ ist regulär und wird erzeugt von der Grammatik $G = (\{S, A\}, \{a, b, c\}, R, S)$, wobei R aus folgenden Regeln besteht:

$$S \to aaA$$
$$A \to abA \mid c$$

Beispiel 4.2.8. Auch die Sprache aller durch 3 teilbaren Dezimalzahlen ist regulär mit der erzeugenden Grammatik $G = (\{S, S_0, S_1, S_2\}, \{0, \ldots, 9\}, R, S)$ mit der folgenden Regelmenge R:

$$S \;\rightarrow\; 3S_0 \mid 6S_0 \mid 9S_0 \mid 1S_1 \mid 4S_1 \mid 7S_1 \mid 2S_2 \mid 5S_2 \mid 8S_2 \mid 0$$

$$S_0 \;\rightarrow\; 0S_0 \mid 3S_0 \mid 6S_0 \mid 9S_0 \mid 1S_1 \mid 4S_1 \mid 7S_1 \mid 2S_2 \mid 5S_2 \mid 8S_2 \mid \varepsilon$$

$$S_1 \;\rightarrow\; 0S_1 \mid 3S_1 \mid 6S_1 \mid 9S_1 \mid 1S_2 \mid 4S_2 \mid 7S_2 \mid 2S_0 \mid 5S_0 \mid 8S_0$$

$$S_2 \;\rightarrow\; 0S_2 \mid 3S_2 \mid 6S_2 \mid 9S_2 \mid 1S_0 \mid 4S_0 \mid 7S_0 \mid 2S_1 \mid 5S_1 \mid 8S_1$$

Die Idee hinter dieser Grammatik ist, dass die Quersumme jeder durch 3 teilbaren Zahl auch durch 3 teilbar ist. Die Variable S_0 enthält die Information, dass die bisher erzeugte Zahl durch 3 teilbar ist, S_1 zeigt an, dass im Moment ein Rest von 1 besteht, und S_2 steht für einen Rest von 2.

Beispiel 4.2.9. Die Sprache $L = \{a^n w w^R a^m \mid n, m \in \mathbb{N}, w \in \{a, b\}^*\}$ ist kontextfrei, aber nicht regulär. Dabei ist w^R das oben definierte Reverse eines Wortes. Eine kontextfreie Grammatik für L ist $G = (\{S, T, A\}, \{a, b\}, R, S)$ mit folgender Regelmenge R:

$$S \;\rightarrow\; aS \mid TA$$

$$T \;\rightarrow\; aTa \mid bTb \mid \varepsilon$$

$$A \;\rightarrow\; aA \mid \varepsilon$$

4.3 Automaten

Im Umgang mit formalen Sprachen gibt es zwei spiegelbildliche Aufgabenstellungen: Synthese und Analyse, oder Generierung und Erkennung. Für die Generierung von Sprachen haben wir das Konzept der *Grammatik* eingeführt. Die umgekehrte Fragestellung, die der Analyse, ist diese: Gegeben eine Sprache L über Σ und ein Wort w aus Σ^*; ist w in der Sprache L? Diese Fragestellung ist auch bekannt als das *Wortproblem*.

Um dies Problem zu lösen, verwendet man *Automaten*, einfache Maschinen, die das Eingabewort w lesen, dabei interne Berechnungen durchführen und schließlich anzeigen, ob $w \in L$ ist. Man gibt i.allg. eine Maschine an, die für eine einzige Sprache L die Frage beantwortet, ob $w \in L$ gilt. Man spricht dabei auch vom *erkennenden Automaten* für L, oder einem Automaten, der L *akzeptiert*.

Für jede Sprachklasse der Chomsky-Hierarchie geben wir in den folgenden Kapiteln einen anderen Typen von Automaten an, die es gestatten, Sprachen dieser Klasse zu erkennen. Für Typ-3-Sprachen reichen sehr einfache Automaten aus, sogenannte „endliche Automaten", für Typ-0-Sprachen sind relativ komplexe Automaten nötig, die berühmten „Turing-Maschinen".

4.4 Zusammenfassung

Eine Grammatik ist ein Kalkül zur Erzeugung einer Sprache. Formal ist eine Grammatik ein Viertupel $G = (V, T, R, S)$ aus Variablenmenge, Terminalmenge, Regelmenge und Startsymbol. Jede Grammatikregel hat die Form $P \to Q$ für irgendeine linke Seite (Prämisse) P und rechte Seite (Konklusion) Q. P muss mindestens eine Variable enthalten, Q nicht. Eine solche Regel ist zu verstehen als Ersetzungsregel, die besagt, dass in einem Wort $\alpha P \beta$ das Teilwort P ersetzt werden darf durch Q.

Eine Grammatik erzeugt eine Sprache, sie dient also der Synthese. Das Gegenstück dazu ist der Automat, der Sprachen erkennt, er dient der Analyse. Er löst das Wortproblem: Gegeben eine Sprache L und ein Wort w, gilt $w \in L$?

Die Chomsky-Hierarchie unterteilt Grammatiken in verschiedene Schwierigkeitsklassen, und zwar anhand der Form der Grammatikregeln:

- $\mathcal{L}_3$ ist die Klasse der regulären Sprachen. Ihre Grammatiken heißen rechtslinear.
- $\mathcal{L}_2$ ist die Klasse der kontextfreien Sprachen.
- $\mathcal{L}_1$ ist die Klasse der kontextsensitiven Sprachen. Diese Klasse ist äquivalent zu der der beschränkten Sprachen.
- $\mathcal{L}_0$ sind die formalen Sprachen, die Sprachen, die sich durch eine Grammatik beschreiben lassen.
- $\mathcal{L}$ ist die Menge aller Sprachen.

In den folgenden Kapiteln stellen wir Automaten für die Sprachanalyse vor und beweisen, dass $\mathcal{L}_3 \subset \mathcal{L}_2 \subset \mathcal{L}_1 \subset \mathcal{L}_0 \subset \mathcal{L}$ gilt.

5. Reguläre Sprachen und endliche Automaten

Rechtslineare Grammatiken sind der einfachste Grammatiktypus, den wir kennengelernt haben. Sie erzeugen gerade die sogenannten Typ-3- oder regulären Sprachen. Bei jeder Regelanwendung entsteht höchstens eine Variable, und zwar am rechten Ende des Wortes. Bei der Erzeugung eines Wortes kann sich die Grammatik also nicht beliebig viel merken über das bisher erzeugte Wort: Alle verfügbare Information ist in der einen Variablen am Ende des Wortes enthalten, und eine Grammatik hat nur endlich viele verschiedene Variablen.

Trotzdem kann man schon mit regulären Sprachen eine Menge erreichen. Zum Beispiel sind alle endlichen Sprachen regulär: Sei L eine Sprache mit endlich vielen Wörtern, also $L = \{w_1, w_2, \ldots, w_n\}$, dann kann man leicht eine rechtslineare Grammatik G für diese Sprache angeben. Die Regeln dieser Grammatik sind $S \to w_1 \mid w_2 \mid \ldots \mid w_n$.

5.1 Verschiedene Automatentypen

5.1.1 Endliche Automaten

Ein endlicher Automat ist ein erkennender Automat für eine reguläre Sprache L über einem Alphabet Σ, d.h. gegeben ein Wort $w \in \Sigma^*$, stellt er fest, ob $w \in L$ gilt.

Ein endlicher Automat hat einen Lesekopf, um eine Eingabe zu lesen, und einen internen Zustand. Allerdings darf er das Eingabewort w nur einmal von links nach rechts lesen, und sein interner Zustand kann auch nur endlich viele verschiedene Werte $K = \{s_1, \ldots, s_n\}$ annehmen. Ein endlicher Automat kann sich also nicht beliebig viel merken über das Wortpräfix, das er bisher gelesen hat. Einige der Zustände aus K sind als *final* ausgezeichnet. Nach jedem gelesenen Buchstaben des Eingabewortes w kann der Automat seinen Zustand ändern. Wenn er nach dem Lesen des letzten Buchstaben von w in einem finalen Zustand ist, *akzeptiert* er w, d.h. er entscheidet, dass w in L liegt, ansonsten entscheidet er, dass dies Wort w nicht zu L gehört. Bei einem Eingabewort w stoppt der Automat auf jeden Fall nach $|w|$ (Lese-)Schritten und sagt dann „ja" (finaler Zustand) oder „nein" (nichtfinaler Zustand).

© Springer-Verlag GmbH Deutschland, ein Teil von Springer Nature 2018
L. Priese und K. Erk, *Theoretische Informatik*,
https://doi.org/10.1007/978-3-662-57409-6_5

Das typische Beispiel für einen endlichen Automaten im täglichen Leben ist der Getränkeautomat. In seinem Zustand muss er sich verschiedene Dinge merken, z.B. wieviel Geld die Kundin oder der Kunde schon eingeworfen hat, welche Tasten er oder sie am Automaten gedrückt hat und wieviel Flaschen welcher Getränkesorte noch im Automaten vorhanden sind. Ein endlicher Automat hat mit seinem Zustand einen endlich großen Speicher, dessen Größe zum Zeitpunkt der Konstruktion festgelegt wird. Ein konkreter Getränkeautomat kann mit so einem Speicher fester Größe auskommen, wenn man annimmt, dass nur eine endliche Menge von Flaschen in den Automaten passt und dass zuviel eingeworfene Münzen geeignet behandelt werden.

Definition 5.1.1 (endlicher Automat). *Ein* **endlicher Automat (e.a.)** *oder eine* **endliche sequentielle Maschine (finite sequential machine, fsm)** *ist ein Tupel $A = (K, \Sigma, \delta, s_0, F)$. Dabei ist*

- *K eine endliche Menge von Zuständen,*
- *Σ ein endliches Alphabet (aus dessen Buchstaben die Eingabewörter bestehen können),*
- *$\delta : K \times \Sigma \to K$ die (totale) Übergangsfunktion,*
- *$s_0 \in K$ der Startzustand, und*
- *$F \subseteq K$ die Menge der finalen Zustände.*

$\delta(q, a) = q'$ bedeutet: Der Automat liest im Zustand q ein a und geht in den Zustand q' über. Um mehrere Übergangsschritte auf einmal betrachten zu können, erweitern wir δ zu δ^*, einer Mehrfachanwendung der Übergangsfunktion. $\delta^* : K \times \Sigma^* \to K$ ist induktiv über Σ^* definiert wie folgt:

$$\delta^*(q, \varepsilon) := q$$
$$\delta^*(q, wa) := \delta(\delta^*(q, w), a)$$

Wenn klar ist, was gemeint ist, wird δ^* auch einfach als δ geschrieben.

Beispiel 5.1.2. Die Sprache $\{a^{2n} \mid n \in \mathbb{N}\}$ über dem Alphabet $\{a, b\}$ wird akzeptiert von dem endlichen Automaten $A = (\{s_0, s_1, s_2\}, \{a, b\}, \delta, s_0, \{s_0\})$ mit

$$\delta(s_0, a) = s_1 \qquad \delta(s_1, a) = s_0 \qquad \delta(s_2, a) = s_2$$
$$\delta(s_0, b) = s_2 \qquad \delta(s_1, b) = s_2 \qquad \delta(s_2, b) = s_2$$

Um das Konzept δ^* zu verdeutlichen, rechnen wir für diesen Automaten $\delta^*(s_0, aab)$ aus. Es ist nach der obigen Definition von δ^*

$$
\begin{aligned}
\delta^*(s_0, aab) &= \delta\big(\delta^*(s_0, aa), b\big) \\
&= \delta\big(\delta(\delta^*(s_0, a), a), b\big)
\end{aligned}
$$

$$= \delta\big(\delta\big(\delta(\delta^*(s_0, \varepsilon), a), a\big), b\big)$$
$$= \delta\big(\delta\big(\delta(s_0, a), a\big), b\big)$$
$$= \delta\big(\delta(s_1, a), b\big)$$
$$= \delta(s_0, b)$$
$$= s_2$$

δ^* formalisiert also gerade unsere Vorstellung davon, wie ein endlicher Automat arbeitet: Ein Wort – hier aab – wird von links nach rechts Buchstabe für Buchstabe gelesen, dabei wird entsprechend den δ-Regeln der Zustand geändert. $\delta^*(q, w) = p$ bedeutet also: Wenn der Automat im Zustand q ist und dann das Wort w komplett abarbeitet, so ist er danach im Zustand p.

Definition 5.1.3 (von einem e.a. akzeptierte Sprache, RAT). L(A), die von einem Automaten A akzeptierte Sprache, *ist definiert als*

$$L(A) := \{w \in \Sigma^* \mid \delta^*(s_0, w) \in F\}$$

Die Menge der von Automaten akzeptierten Sprachen ist

RAT $:= \{L \mid \exists$ *ein endlicher Automat A, so dass* $L = L(A)\}$

und heißt die Menge der **rationalen Sprachen***.*

Wie sich später herausstellen wird, ist RAT gerade die Menge der regulären Sprachen.

Endliche Automaten werden oft als knoten- und kantengewichtete gerichtete Graphen dargestellt, in denen mehrere Kanten von einem Knoten v zu einem Knoten v' führen dürfen. Die Knoten des Graphen sind annotiert mit Zuständen des Automaten. Die Kanten des Graphen sind markiert mit Buchstaben aus Σ. Wenn eine Kante mit der Markierung a vom Knoten q zum Knoten q' führt, heißt das, dass $\delta(q, a) = q'$ ist. Der Startknoten s_0 wird mit einem kleinen Pfeil > gekennzeichnet, finale Zustände werden mit einem Doppelkreis markiert. Damit ist ein Wort w in $L(A)$ genau dann, wenn es einen Weg im Graphen von A mit Beschriftung w gibt, der vom Startknoten zu einem finalen Zustand führt.

Beispiel 5.1.4. Der Automat A aus Bsp. 5.1.2 akzeptiert, wie gesagt, die Sprache $\{a^{2n} \mid n \in \mathbb{N}\}$ über dem Alphabet $\{a, b\}$. Abbildung 5.1 zeigt, wie A als Graph aussieht. Man beachte dabei den Knoten s_2: Von dort führt kein Pfeil mehr fort, insbesondere nicht zu irgendeinem finalen Zustand. s_2 ist also ein „Abseitszustand": Wenn der Automat einmal dorthin geraten ist, wird das Eingabewort auf keinen Fall mehr akzeptiert.

In Abb. 5.2 ist ein Automat A' dargestellt, der die gleiche Sprache wie A akzeptiert, aber ein kleineres Alphabet hat, nämlich $\Sigma' = \{a\}$.

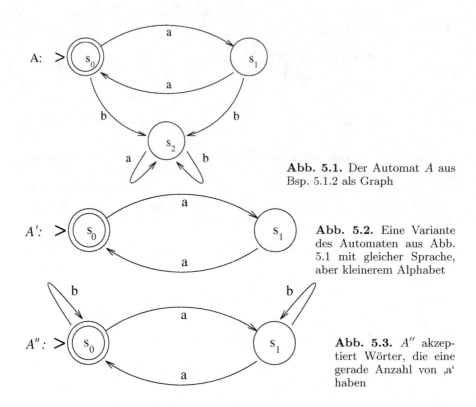

Abb. 5.1. Der Automat A aus Bsp. 5.1.2 als Graph

Abb. 5.2. Eine Variante des Automaten aus Abb. 5.1 mit gleicher Sprache, aber kleinerem Alphabet

Abb. 5.3. A'' akzeptiert Wörter, die eine gerade Anzahl von ‚a‘ haben

Beispiel 5.1.5. Der Automat A'' in Abb. 5.3 akzeptiert $L(A'') = \{w \in \{a,b\}^* \mid \exists n : \#_a(w) = 2n\}$. Dabei ist $\#_a(w)$ die Anzahl der ‚a‘ in w. Zum Beispiel würde A'' das Wort *bbaabaab* wie folgt akzeptieren:

$$s_0 \xrightarrow{b} s_0 \xrightarrow{b} s_0 \xrightarrow{a} s_1 \xrightarrow{a} s_0 \xrightarrow{b} s_0 \xrightarrow{a} s_1 \xrightarrow{a} s_0 \xrightarrow{b} s_0$$
$$\in F \quad \in F \quad \in F \qquad\quad \in F \quad \in F \qquad\quad \in F \quad \in F$$

Beispiel 5.1.6. Die Sprache $L = \{w \in \{0,1\}^* \mid w$ enthält genau zwei Einsen $\}$ wird akzeptiert von dem endlichen Automaten in Abb. 5.4.

Beispiel 5.1.7. Der endliche Automat in Abb. 5.5 akzeptiert die Sprache aus Beispiel 4.2.8, die Sprache aller durch 3 teilbaren Dezimalzahlen. Die Zustände s, s_0, s_1, s_2, s_3 des Automaten haben dieselbe Bedeutung wie die Variablen S, S_0, S_1, S_3 der Grammatik: erstes Zeichen der Zahl (s), bisherige Zahl durch 3 teilbar ohne Rest (s_0), mit Rest 1 (s_1) oder mit Rest 2 (s_2). Zustand s_{acc0} akzeptiert die 0, und Zustand s_{rej} ist ein „Abseitszustand" für Zahlen, die führende Nullen haben.

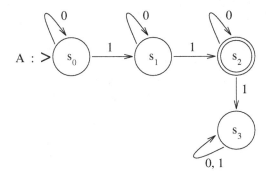

Abb. 5.4. Dieser Automat akzeptiert die Wörter über $\{0, 1\}$, die genau 2 Einsen enthalten

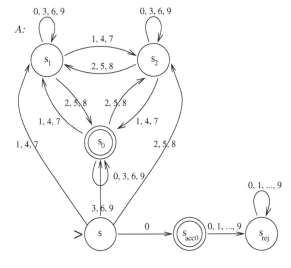

Abb. 5.5. Ein endlicher Automat für die Sprache aller durch 3 teilbaren Dezimalzahlen

5.1.2 Indeterminierte endliche Automaten

Die endlichen Automaten, die wir bisher kennengelernt haben, waren *determiniert*: Ein endlicher Automat, der im Zustand q ein a liest, hat genau einen nächsten Zustand q', festgelegt durch die Übergangsfunktion δ. Ein indeterminierter Automat kann zum Zustand q und dem gelesenen Zeichen a mehrere mögliche Folgezustände haben – oder gar keinen.

Definition 5.1.8 (indeterminierter endlicher Automat). *Ein* **indeterminierter endlicher Automat (nd e.a.)** *A ist ein Tupel $A = (K, \Sigma, \Delta, I, F)$. Dabei ist*

- K *eine endliche Menge von Zuständen,*
- Σ *ein endliches Alphabet,*
- $\Delta \subseteq (K \times \Sigma) \times K$ *eine Übergangsrelation,*
- $I \subseteq K$ *eine Menge von Startzuständen und*
- $F \subseteq K$ *eine Menge von finalen Zuständen.*

$\Delta^* \subseteq (K \times \Sigma^*) \times K$ *ist definiert wie folgt:*

$(q, \varepsilon) \quad \Delta^* \ q'$ gdw. $q' = q$

$(q, wa) \ \Delta^* \ q'$ gdw. $\exists q'' \in K \ \big((q, w) \ \Delta^* \ q'' \ und \ (q'', a) \ \Delta \ q'\big)$

Statt $(q, w) \ \Delta^* \ q'$ *schreibt man auch* $\big((q, w), q'\big) \in \Delta^*$ *oder* $q' \in \Delta^*(q, w)$. Δ^* *wird auch als* Δ *abgekürzt, wenn es im Kontext nicht zu Verwechslungen führt.*

Ein indeterminierter Automat A akzeptiert ein Wort w, wenn es zu w *mindestens einen* Weg mit der „Beschriftung" w durch A gibt, der in einem finalen Zustand endet. Neben diesem einen erfolgreichen Weg darf es noch beliebig viele Sackgassen geben. Man muss nur sicherstellen, dass der Automat auf keinen Fall nach dem Lesen eines Wortes w' in einem finalen Zustand ist, wenn w' nicht zur Sprache $L(A)$ gehört. Man kann indeterminierte Automaten auf zwei Weisen betrachten: Entweder man sagt, der Automat kann raten, welchen von mehreren möglichen Folgezuständen er wählt. Eine andere Sichtweise ist, dass er alle Wege mit „Beschriftung" w parallel durchläuft. Diese Sichtweise kann man einnehmen, da ja ein Wort w akzeptiert wird, wenn auch nur *einer* der möglichen Zustände nach Lesen von w ein finaler Zustand ist.

Wenn es in einem indeterminierten Automaten keinen möglichen Folgezustand gibt, so entspricht das einem „Abseitszustand" in einem determinierten endlichen Automaten, von dem aus kein Weg mehr zu einem finalen Zustand führt: Das Eingabewort wird nicht akzeptiert.

Die Definition von Δ^* legt fest, wie ein indeterminierter Automat ein Eingabewort abarbeitet, nämlich sequentiell, vom ersten Buchstaben des Wortes beginnend.

Definition 5.1.9 (von nd e.a. akzeptierte Sprache). *Die von einem indeterminierten endlichen Automaten A akzeptierte Sprache ist*

$$L(A) := \{w \in \Sigma^* \mid \exists s_0 \in I \ \exists q \in F \ (s_0, w)\Delta^* q\}$$

Ein indeterminierter endlicher Automat heißt *determiniert*, wenn er nie eine Auswahlmöglichkeit hat, und *vollständig*, wenn er zu jedem Zustand und jedem Buchstaben des Alphabets mindestens einen Folgezustand hat:

A heißt **determiniert** gdw. $\forall a \in \Sigma \ \forall q \in K \ |\Delta(q, a)| \leq 1$

A heißt **vollständig** gdw. $\forall a \in \Sigma \ \forall q \in K \ |\Delta(q, a)| \geq 1$

Rein formal können indeterminierte Automaten also auch determiniert sein – falls von der Wahlmöglichkeit nicht Gebrauch gemacht wird. Ein endlicher Automat ist ein vollständiger und determinierter indeterminierter endlicher Automat.

Beispiel 5.1.10. Indeterminierte endliche Automaten werden analog zu endlichen Automaten als Graphen dargestellt. Dabei kann der indeterminierte Automat manchmal erheblich einfacher aussehen, zum Beispiel in diesem Fall:

Die Sprache $L = \{ab, aba\}^*$ wird von dem determinierten Automaten A aus Abb. 5.6 akzeptiert. Der indeterminierte endliche Automat A' für dieselbe Sprache ist erheblich einfacher, wie Abb. 5.7 zeigt. Die Übergangsrelation für A' ist

$$\Delta(s_0, a) = \{s_1\}$$
$$\Delta(s_1, b) = \{s_0, s_2\}$$
$$\Delta(s_2, a) = \{s_0\}$$

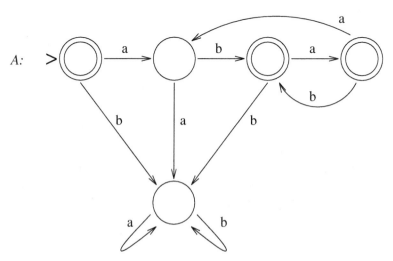

Abb. 5.6. Ein determinierter Automat für $L = \{ab, aba\}^*$

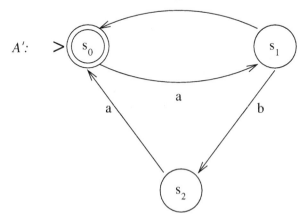

Abb. 5.7. Ein indeterminierter Automat für $L = \{ab, aba\}^*$

Beispiel 5.1.11. Die Sprache $L = \{a,b\}^*\{a\}\{a,b\}$ ist die Sprache aller Wörter über $\{a,b\}$, deren zweitletzter Buchstabe ein a ist. Auch für diese Sprache sollen jetzt ein determinierter und ein indeterminierter Automat verglichen werden. Der einfachste determinierte Automat für L ist in Abb. 5.8 dargestellt.

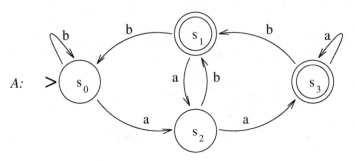

Abb. 5.8. Ein determinierter Automat für $L = \{a,b\}^*\{a\}\{a,b\}$

Dieser Automat merkt sich in seinem Zustand die jeweils letzten zwei Buchstaben des Eingabeworts. Sobald er den dritten Buchstaben gelesen hat, kann er den ersten wieder vergessen – der kann nun ja auf keinen Fall mehr der zweitletzte sein. Zustand s_0 zum Beispiel steht für ‚bb‘, und s_1 steht für ‚ab‘. Der Startzustand ist s_0: Es wurden noch keine Buchstaben gelesen, was in diesem Fall auf dasselbe hinausläuft wie der Fall, dass die letzten zwei Buchstaben beide kein ‚a‘ waren. Die Anzahl der Buchstaben, die „im Speicher gehalten“ werden müssen, steht von vornherein fest – es sind immer höchstens 2; deshalb kann ein endlicher Automat die Sprache L akzeptieren.

An dieser Sprache kann man auch sehen, wie stark der determinierte und der indeterminierte Automat sich in ihrer Zustandsanzahl unterscheiden können. Ein determinierter Automat für die Sprache derjenigen Wörter über $\{a,b\}$, deren vom Ende gezählt n-ter (also n-t-letzter) Buchstabe ein ‚a‘ ist, braucht 2^n Zustände, einen für jede Buchstabenkombination der Länge n. Ein indeterminierter Automat für dieselbe Sprache dagegen kommt mit $n+1$ Zuständen aus. Abbildung 5.9 zeigt einen indeterminierten Automaten für die Sprache der Wörter mit zweitletztem Buchstaben ‚a‘.

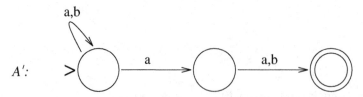

Abb. 5.9. Ein indeterminierter Automat für $L = \{a,b\}^*\{a\}\{a,b\}$

Ein endlicher Automat kann Zustände enthalten, die von keinem Start-zustand aus erreichbar sind, mit welchem Eingabewort auch immer. Solche Zustände tragen nichts zu der Sprache bei, die der Automat erkennt; sie werden ja nie benutzt.

Außerdem gibt es Zustände, von denen aus es nicht möglich ist, noch einen finalen Zustand zu erreichen, wie z.B. Zustand s_2 im Beispiel 5.1.4. In indeterminierten endlichen Automaten kann man solche Zustände weglassen.

Definition 5.1.12 (erreichbar, co-erreichbar, trim). *Sei $A = (K, \Sigma, \Delta, I, F)$ ein indeterminierter endlicher Automat. Ein Zustand $q \in K$ heißt*

- **erreichbar** $:\Longleftrightarrow \exists s \in I \; \exists w \in \Sigma^* \; (s, w)\Delta^* q$. *(Es gibt ein Wort, mit dem q vom Startzustand aus erreicht wird.)*
- **co-erreichbar** $:\Longleftrightarrow \exists w \in \Sigma^* \; \exists f \in F \; (q, w) \; \Delta^* f$. *(Es gibt ein Wort, mit dem von q aus ein finaler Zustand erreicht wird.)*
- **trim** $:\Longleftrightarrow q$ *ist erreichbar und co-erreichbar.*

*Analog heißt der Automat A **erreichbar**, falls alle $q \in K$ erreichbar sind. A heißt **co-erreichbar**, falls alle $q \in K$ co-erreichbar sind, und A heißt **trim**, falls alle $q \in K$ trim sind.*

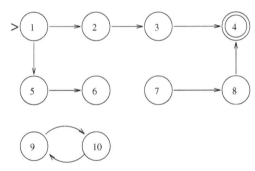

Abb. 5.10. In diesem Automaten sind die Zustände $1 - 6$ erreichbar, $1 - 4$, 7 und 8 co-erreichbar, und die Zustände $1 - 4$ sind trim

Beispiel 5.1.13. Der Automat in Abb. 5.10 verdeutlicht die Definitionen von „erreichbar", „co–erreichbar" und „trim".

Definition 5.1.14 (Teilautomaten). *Seien $A = (K_A, \Sigma_A, \Delta_A, I_A, F_A)$, $A' = (K_{A'}, \Sigma_{A'}, \Delta_{A'}, I_{A'}, F_{A'})$ Automaten. A' heißt **Teilautomat** von A gdw.*

$$K_{A'} \subseteq K_A, \quad \Sigma_{A'} \subseteq \Sigma_A, \quad \Delta_{A'} \subseteq \Delta_A, \quad I_{A'} \subseteq I_A, \quad F_{A'} \subseteq F_A$$

*A' heißt der **von K' erzeugte Teilautomat** von A gdw.*

- $K' \subseteq K_A$
- $A' = (K', \Sigma_A, \Delta_A \cap (K' \times \Sigma_A) \times K', I_A \cap K', F_A \cap K')$

In dem von K' erzeugten Teilautomaten A' sind die Mengen der Start-zustände und finalen Zustände auf die Teilmengen beschränkt, die auch in K' liegen. Außerdem ist die Übergangsrelation auf diejenigen Übergänge $(q,a)\Delta q'$ beschränkt, bei denen sowohl q als auch q' in K' liegen.

Definition 5.1.15 (A^{err}, A^{co-e}, A^{trim}).

A^{err} *ist der von den erreichbaren Zuständen von A erzeugte Teilautomat von*
   A.

A^{co-e} *ist der von den co-erreichbaren Zuständen von A erzeugte Teilautomat*
   von A.

A^{trim} *ist der von den trimmen Zuständen von A erzeugte Teilautomat von*
   A.

Es gilt $A^{trim} = (A^{err})^{co-e} = (A^{co-e})^{err}$.

Unerreichbare Zustände tragen, wie schon erwähnt, nichts zur Sprache bei. Wörter, bei deren Lesen der Automat in einen nicht co-erreichbaren Zustand gerät, können nicht in der Sprache des Automaten sein. Deshalb gilt

$$L(A) = L(A^{err}) = L(A^{co-e}) = L(A^{trim})$$

Beispiel 5.1.16. Der Automat aus Beispiel 5.1.13 akzeptiert also dieselbe Sprache wie der Automat

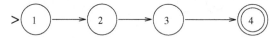

Satz 5.1.17 (det. e.a. gleich mächtig wie nd. e.a.). *Eine Sprache ist rational (wird von einem endlichen Automaten akzeptiert) gdw. sie von einem indeterminierten endlichen Automaten akzeptiert wird.*

Beweis:

"⇒" Sei L eine rationale Sprache. Dann gibt es laut Definition einen endli-chen Automaten A, so dass $L = L(A)$. Jeder endliche Automat ist aber schon ein (vollständiger und determinierter) indeterminierter endlicher Automat.

"⇐" Sei $A = (K, \Sigma, \Delta, I, F)$ ein indeterminierter endlicher Automat, der die Sprache $L(A)$ akzeptiert. Dann kann man aus A einen determinierten Automaten A' konstruieren mit $L(A) = L(A')$ mit Hilfe einer Potenz-mengenkonstruktion: In A kann es zu einem Zustand q und einem ge-lesenen Zeichen a mehrere mögliche Folgezustände geben, die alle quasi parallel beschritten werden. In einem determinierten endlichen Automa-ten ist das nicht der Fall. Deshalb konstruieren wir einen Zustand von A' als eine Menge von Zuständen von A: Gelangt man mit einem Einga-bewort w in A indeterminiert in einen der Zustände q_1 bis q_n, so gelangt man mit w in A' in einen Zustand $q' = \{q_1, \ldots, q_n\}$.

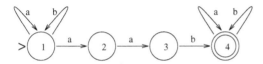

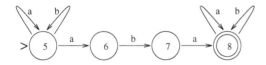

Abb. 5.11. Indeterminierter endlicher Automat für $L_{aab/aba}$

Betrachten wir dazu ein Beispiel. Die Sprache $L_{aab/aba} = \{w \in \{a,b\}^* \mid w$ enthält aab oder aba als Teilwort $\}$ wird akzeptiert von dem indeterminierten endlichen Automaten in Abb. 5.11.

Der endliche Automat A', den wir konstruieren wollen, darf, anders als A, nur einen Startzustand haben. Da die Zustände von A' Mengen von Zuständen von A sind, ist der Startzustand von A' einfach $\{1,5\}$, die Menge der Startzustände von A. Vom Zustand $\{1,5\}$ aus muss A' nun einen δ-Übergang haben für jeden Buchstaben des Alphabets $\{a,b\}$. Betrachten wir zunächst den Buchstaben a, und zwar für jeden Zustand aus $\{1,5\}$:

$$\Delta(1,a) = \{1,2\}$$

$$\Delta(5,a) = \{5,6\}$$

Damit haben wir einen neuen Zustand $\{1,2,5,6\}$ erzeugt, den man vom Startzustand aus erreicht durch $\delta_{A'}(\{1,5\},a) = \{1,2,5,6\}$.

Es zeigt sich, dass für den Eingabebuchstaben b der Automat A' im Startzustand bleibt:

$$\Delta(1,b) = \{1\}$$

$$\Delta(5,b) = \{5\}$$

Als nächstes betrachten wir den zweiten Zustand, den wir soeben erzeugt haben, den Zustand $\{1,2,5,6\}$. Auch hier müssen wir wieder für jeden Buchstaben des Alphabets den Folgezustand berechnen; wir wollen das hier nur noch einmal exemplarisch für den Buchstaben a zeigen, für den sich $\delta_{A'}(\{1,2,5,6\},a) - \{1,2,3,5,6\}$ ergibt.

$$\Delta(1,a) = \{1,2\}$$

$$\Delta(2,a) = \{3\}$$

$$\Delta(5,a) = \{5,6\}$$

$$\Delta(6,a) = \emptyset$$

Finale Zustände von A' sind die, die *mindestens einen* finalen Zustand von A enthalten. Wenn man mit dem Eingabewort w in einen Zustand von A' kommt, der einen finalen Zustand von A enthält, dann heißt das,

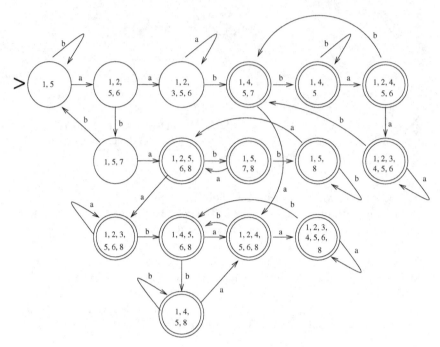

Abb. 5.12. Determinierter endlicher Automat für $L_{aab/aba}$

dass es in A eine Rechnung gibt, so dass mit w ein finaler Zustand erreicht wird, und damit ist $w \in L(A)$ nach der Definition der Sprache eines indeterminierten endlichen Automaten.

Wenn A' einen Zustand $\{q_1, \ldots, q_n\}$ enthält, so dass es in A für den Eingabebuchstaben a für keinen der Zustände q_1 - q_n einen Nachfolgezustand gibt, so heißt das, dass das Eingabewort von hier aus auf keinen Fall mehr akzeptiert wird. A' erhält in diesem Fall einen Zustand $\emptyset$, der sich verhält wie der „Abseitszustand" s_2 in Beispiel 5.1.4: Alle Übergänge von dort führen wieder in den Zustand $\emptyset$ zurück.

Wenn man für die Beispielsprache $L_{aab/aba} = \{w \in \{a,b\}^* \mid w$ enthält aab oder aba als Teilwort $\}$ die oben angefangene Konstruktion bis zum Ende durchführt, ergibt sich der in Bild 5.12 dargestellte endliche Automat, der die gleiche Sprache akzeptiert.

Diesen Automaten kann man von Hand noch sehr vereinfachen. Zum Beispiel führen alle Übergänge aller finalen Zustände nur zu anderen finalen Zuständen. Man könnte also die finalen Zustände zu einem zusammenfassen.

Nach diesem Beispiel beschreiben wir nun die Konstruktion des determinierten endlichen Automaten A' formal. Sei also $A = (K, \Sigma, \Delta, I, F)$ ein indeterminierter endlicher Automat, der eine Sprache $L(A)$ akzeptiert. Dann gibt es einen determinierten endlichen Automaten A', so dass $L(A) = L(A')$ ist. Da, wie oben beschrieben, die Zustände von A' Elemente von 2^K sein sollen, ist die Übergangsfunktion von A' eine Abbildung $\hat{\Delta} : 2^K \times \Sigma \to 2^K$ mit $\hat{\Delta}(M, a) := \bigcup_{q \in M} \Delta(q, a)$. $\hat{\Delta}^*$ sei als Erweiterung von $\hat{\Delta}$ auf mehrere Schritte definiert gemäß der allgemeinen Definition von δ^*.

Hilfsüberlegung: Es ist $\hat{\Delta}^*(M, w) = \bigcup_{q \in M} \Delta^*(q, w)$. Das beweisen wir durch Induktion über die Länge von w wie folgt:

Induktionsanfang: $\hat{\Delta}^*(M, \varepsilon) = M = \bigcup_{q \in M} \{q\} = \bigcup_{q \in M} \Delta^*(q, \varepsilon)$

Induktionsschritt:

$$\hat{\Delta}^*(M, wa)$$

$$= \hat{\Delta}(\hat{\Delta}^*(M, w), a) \qquad \text{allg. Def. von } \hat{\Delta}^* \text{ aus 5.1.1}$$

$$= \bigcup_{p \in \hat{\Delta}^*(M, w)} \Delta(p, a) \qquad \text{Definition von } \hat{\Delta}$$

$$= \bigcup_{p \in \bigcup_{q \in M} \Delta^*(q, w)} \Delta(p, a) \qquad \text{Ind.-Vor. für } \hat{\Delta}(M, w)$$

$$= \{q' \mid \exists q \in M \; \exists p \in \Delta^*(q, w) \; q' \in \Delta(p, a)\}$$

$$= \{r \mid \exists q \in M \; r \in \Delta^*(q, wa)\} \text{ allg. Def. von } \Delta^* \text{ aus 5.1.1}$$

$$= \bigcup_{q \in M} \Delta^*(q, wa)$$

Sei nun $A' = (K', \Sigma, \delta', s_0', F')$ mit
- $K' := 2^K$,
- $\delta' := \hat{\Delta}$,
- $s_0' := I$, und
- $F' := \{M \subseteq K \mid M \cap F \neq \emptyset\}$.

Dann gilt:

$w \in L(A')$
$\iff (\delta')^*(s_0', w) \in F'$ nach der Definition der Sprache eines Automaten
$\iff \hat{\Delta}^*(I, w) \in F'$ nach der Definition von δ' und da $s_0' = I$
$\iff \hat{\Delta}^*(I, w) \cap F \neq \emptyset$ nach der Definition von F'
$\iff \bigcup_{q \in I} \Delta^*(q, w) \cap F \neq \emptyset$ nach der Hilfsüberlegung
$\iff \exists q \in I \; \exists q' \in F \; \big(q' \in \Delta^*(q, w)\big)$
$\iff w \in L(A)$

Damit ist $L(A') = L(A)$. ∎

5.1.3 Automaten mit ε-Kanten

Ein Automat mit ε-Kanten (ε-nd e.a.) ist ein indeterminierter endlicher Automat, dessen Kanten mit ε, aber auch mit Wörtern, markiert sein dürfen. Er kann in einem Schritt ein ganzes Wort aus Σ^* verarbeiten, und er kann Zustandsübergänge machen, ohne dabei einen Eingabebuchstaben zu lesen.

Wir werden zeigen, dass Automaten mit ε-Kanten nicht mächtiger sind als einfache endliche Automaten.

Definition 5.1.18 (Automat mit ε-Kanten). *Ein* **Automat mit ε-Kanten** *(ε-nd e.a.) A ist ein Tupel $A = (K, \Sigma, \Delta, I, F)$. Dabei ist*

- *K eine endliche Menge von Zuständen,*
- *Σ ein endliches Alphabet,*
- *Δ eine endliche Teilmenge von $(K \times \Sigma^*) \times K$,*
- *$I \subseteq K$ die Menge von Startzuständen, und*
- *$F \subseteq K$ die Menge der finalen Zustände*

Wir erweitern wieder Δ zu Δ^*. $\Delta^* \subseteq (K \times \Sigma^*) \times K)$ ist definiert als

$$(q, \varepsilon)\, \Delta^*\, q' \quad :\Longleftrightarrow\quad q' = q \text{ oder } ((q, \varepsilon), q') \in \Delta$$

$$(q, w_1 w_2)\, \Delta^* q' \quad :\Longleftrightarrow\quad \exists q'' \in K \left(((q, w_1), q'') \in (\Delta \cup \Delta^*) \right.$$
$$\left. und\; ((q'', w_2), q') \in (\Delta \cup \Delta^*) \right)$$

Es gibt also bei einem Automaten mit ε-Kanten zwei Möglichkeiten, wie ein Wort $w \in \Sigma^*$ verarbeitet werden kann: in einem Schritt von Δ oder in mehreren Schritten von Δ^*. Statt Δ^* schreibt man auch kurz Δ.

Definition 5.1.19 (von einem ε-nd e.a. akzeptierte Sprache). *Die von einem Automaten mit ε-Kanten $A = (K, \Sigma, \Delta, I, F)$ akzeptierte Sprache ist*

$$L(A) := \{ w \in \Sigma^* \mid \exists s_0 \in I \; \exists q \in F \; ((s_0, w)\, \Delta^*\, q) \}$$

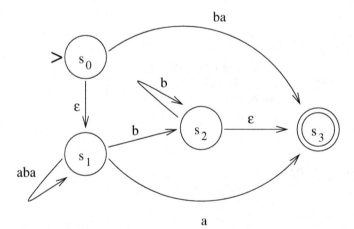

Abb. 5.13. Ein Automat mit ε–Kanten für $\{aba\}^* \{b\} \{b\}^* \ \cup \ \{aba\}^* \{a\} \ \cup \ \{ba\}$

Beispiel 5.1.20. Abbildung 5.13 zeigt einen Automaten mit ε-Kanten, der die Sprache

$$L = \{aba\}^*\{b\}\{b\}^* \ \cup \ \{aba\}^*\{a\} \ \cup \ \{ba\}$$

akzeptiert.

Satz 5.1.21 (ε-nd e.a. gleich mächtig wie nd e.a.). *Zu jedem Automaten mit ε-Kanten A existiert ein indeterminierter endlicher Automat A' mit $L(A) = L(A')$.*

Beweis: Übergänge in A, die nur mit einem Buchstaben markiert sind, werden beibehalten. Übergänge, die mit einer Buchstabenkette der Länge n markiert sind, werden ersetzt durch eine Reihe von n Übergängen, von denen jeder mit nur einem Buchstaben markiert ist. Wenn ein a-markierter Übergang von q nach q' führt und von dort ein ε-markierter nach q'', so ersetzen wir letzteren durch einen direkten a-markierten Übergang von q nach q''.

A' enthalte also die Zustände von A und

- für jeden Übergang $(q_1, a) \ \Delta_A \ q_2$ mit $a \in \Sigma$ den Übergang $(q_1, a) \ \Delta_{A'} \ q_2$,
- für jeden Übergang $(q_1, w) \ \Delta_A \ q_2$ für Wörter $w = a_1 \ldots a_n$ einer Länge $n \geq 2$ (wobei $a_i \in \Sigma$ gilt für $1 \leq i \leq n$) neue Zustände $p_{(w,1)}, \ldots, p_{(w,n-1)}$ und die Übergänge

$$(q_1, a_1) \ \Delta_{A'} \ p_{(w,1)}$$

$$(p_{(w,i)}, a_{i+1}) \ \Delta_{A'} \ p_{(w,i+1)} \text{ für alle } i < n-1$$

$$(p_{(w,n-1)}, a_n) \ \Delta_{A'} \ q_2$$

- für jeden Übergang $(q_1, \varepsilon) \ \Delta_A^* \ q_2$ im alten und jeden Übergang $(q_0, a) \ \Delta_{A'} \ q_1$ im neuen Automaten auch den Übergang $(q_0, a) \ \Delta_{A'} \ q_2$.

Es sei $F_{A'} := F_A$ und $I_{A'} := I_A \ \cup \ \{q \in K_A \mid \exists s \in I_A \ ((s, \varepsilon) \ \Delta_A^* \ q)\}$. ∎

Beispiel 5.1.22. Der indeterminierte endliche Automat in Abb. 5.14 akzeptiert die gleiche Sprache wie der Automat mit ε-Kanten aus Beispiel 5.1.20.

5.1.4 Endliche Automaten mit Ausgabe: gsm

Eine *generalisierte sequentielle Maschine (gsm)* ist ein indeterminierter endlicher Automat, der nicht nur das Eingabewort liest, sondern gleichzeitig ein Ausgabewort schreibt. Für jeden Buchstaben, den sie liest, kann die Maschine ein ganzes Wort schreiben.

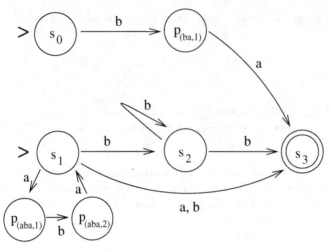

Abb. 5.14. Ein indeterminierter Automat, der die gleiche Sprache akzeptiert wie der aus Abb. 5.13

Definition 5.1.23 (Generalisierte sequentielle Maschine). *Eine ge-neralisierte sequentielle Maschine* (**gsm**) *ist ein Tupel* $M = (K, \Sigma, \Gamma, \Delta, I, F)$. *Dabei ist*

- K *eine endliche Menge von Zuständen,*
- Σ *das Alphabet von Eingabesymbolen,*
- Γ *das Alphabet von Ausgabesymbolen,*
- Δ *eine endliche Teilmenge von* $(K \times \Sigma) \times (K \times \Gamma^*)$,
- $I \subseteq K$ *die Menge der Startzustände, und*
- $F \subseteq K$ *die Menge der finalen Zustände.*

$(q, a) \, \Delta \, (p, w)$ bedeutet: „M kann im Zustand q mit aktuellem Inputzeichen a in den Zustand p gehen und das Wort $w \in \Gamma^*$ ausgeben". Wie üblich erweitern wir Δ zu $\Delta^* \subseteq (K \times \Sigma^*) \times (K \times \Gamma^*)$:

$$(q, \varepsilon) \, \Delta^* \, (p, w) \iff p = q \text{ und } w = \varepsilon$$

$$(q, ua) \, \Delta^* \, (p, w) \iff \exists w_1, w_2 \in \Gamma^*, q' \in K \Big(w = w_1 w_2 \text{ und}$$

$$(q, u) \, \Delta^* \, (q', w_1) \text{ und } (q', a) \, \Delta \, (p, w_2) \Big)$$

Man kann generalisierte sequentielle Maschinen graphisch darstellen wie endliche Automaten, notiert aber an den Zustandsübergangs-Pfeil nicht nur den Eingabebuchstaben, sondern auch das Ausgabewort. Für den Übergang $(q, a) \, \Delta \, (p, w)$ sieht das so aus:

Eine gsm ist ein um eine Ausgabe erweiterter endlicher Automat. Man kann sie aber auch sehen als Verkörperung einer Funktion, die ein Eingabewort in ein Ausgabewort überführt. In diesem Sinn kann man dann eine *gsm-Abbildung* definieren, die je ein Wort des Eingabealphabets in eine Menge von Wörtern (wegen des Nichtdeterminismus) des Ausgabealphabets überführt:

Definition 5.1.24 (gsm-Abbildung g_M). *Zu einer gegebenen gsm M definieren wir eine Abbildung $g_M : \Sigma^* \to 2^{\Gamma^*}$ als*

$$g_M(u) := \{w \in \Gamma^* \mid \exists q_i \in I \; \exists q_f \in F \; (q_i, u) \; \Delta^* \; (q_f, w)\}$$

Für Sprachen $L \subseteq \Sigma^*$ ist $g_M(L) := \bigcup_{u \in L} g_M(u)$.

g_M heißt auch **gsm-Abbildung.**

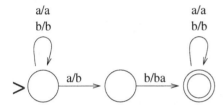

Abb. 5.15. Ein Beispiel einer gsm

Beispiel 5.1.25. Die gsm in Abb. 5.15 akzeptiert die Sprache $L = \{w \in \{a,b\}^* \mid w$ enthält ab als Teilwort $\}$ und überführt L gleichzeitig in $L' = \{w \in \{a,b\}^* \mid w$ enthält bba als Teilwort $\}$.

Beispiel 5.1.26. Man kann eine gsm sogar dazu benutzen, Binärzahlen zu addieren, wenn man ein geeignetes Eingabeformat wählt. Wenn die gsm zwei Binärzahlen a und b von *beliebiger* Länge addieren soll, kann man natürlich nicht die ganze Zahl a eingeben, bevor man b eingibt – ein endlicher Automat, auch eine gsm, kann sich ja nicht beliebig viel merken. Anders ist es, wenn man abwechselnd ein Bit der einen und ein Bit der anderen Zahl eingibt. Sei $a = a_n \ldots a_0$ und $b = b_n \ldots b_0$ (o.E. seien beide Zahlen gleichlang), dann kann man eine gsm angeben, die bei Eingabe $a_0 b_0 a_1 b_1 \ldots a_n b_n$ die Summe von a und b ausgibt (es werden also beide Zahlen von hinten nach vorn, beim kleinstwertigen Bit angefangen, eingegeben). Der Einfachheit halber wählen wir als Eingabealphabet nicht $\{0,1\}$, sondern $\{0,1\} \times \{0,1\}$ – wir geben ein Bit von a und ein Bit von b gleichzeitig ein, in der Form $\genfrac{}{}{0pt}{}{a_i}{b_i}$. In der gsm in Abb. 5.16 steht der Zustand s_0 für „kein Übertrag" und s_1 für „Übertrag 1". Zustände s_2 und s_3 sind dadurch bedingt, dass, wenn $a_n = b_n = 1$ ist, am Schluss zwei Bits gleichzeitig ausgegeben werden müssen.

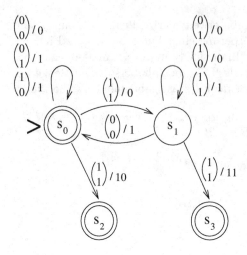

Abb. 5.16. gsm zur Addition
zweier Binärzahlen

In Kap. 2 haben wir den Begriff des Homomorphismus eingeführt. Ein Homomorphismus ist (im Zusammenhang mit formalen Sprachen) eine Abbildung $h : \Sigma^* \to \Gamma^*$, die je einen Buchstaben aus Σ auf ein Wort in Γ^* abbildet (und somit ein Wort aus Σ^* auf ein Wort aus Γ^*). Und eine gsm ist ein Automat, der für jeden gelesenen Buchstaben ein Ausgabewort liefert. Jeder Homomorphismus ist also gleichzeitig auch eine gsm-Abbildung. Sei $\Sigma = \{a_1, \ldots, a_n\}$ und h ein Homomorphismus $h : \Sigma^* \to \Gamma^*$ mit $h(a_i) = w_i, 1 \le i \le n$. Dann gibt es eine gsm M mit $h = g_M$, die aussieht wie in Abb. 5.17 gezeigt.

M :

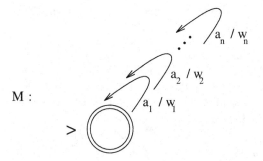

Abb. 5.17. gsm zu einem Homomorphismus h

gsm-Abbildungen haben gegenüber Homomorphismen die zusätzliche Einschränkung, dass die Maschine nach Abarbeitung des Eingabewortes in einem finalen Zustand sein muss.

5.2 Rationale Sprachen und $\mathcal{L}_3$

In diesem Abschnitt beweisen wir, dass endliche Automaten genau die Sprachklasse akzeptieren, die von rechtslinearen Grammatiken erzeugt werden.

Satz 5.2.1 (RAT $= \mathcal{L}_3$). *Eine Sprache L ist rational* gdw. $L \in \mathcal{L}_3$.

Beweis:

"$\Rightarrow$" Zu zeigen: Wenn eine Sprache L von einem endlichen Automaten A akzeptiert wird, ist sie regulär.

Sei also $L = L(A)$, A sei ein endlicher Automat mit $A = (K, \Sigma, \delta, s_0, F)$. Dazu konstruieren wir eine Grammatik. Bei Typ 3-Grammatiken darf ja eine Regel nur so aussehen, dass die Prämisse eine einzelne Variable und die Konklusion eine Kette von Terminalen mit oder ohne Variable am Ende ist. Wir machen nun aus einem Automaten, der im Zustand q ist, ein a *liest* und in den Zustand q' übergeht, diese Regel: Wenn die Endvariable des aktuellen Wortes q ist, wird ein a *geschrieben*, und die neue Endvariable ist q'.

Zu dem Automaten A konstruieren wir die Grammatik $G = (V, T, R, S)$ mit

$V := K,$

$T := \Sigma,$

$S := s_0,$ und

$q \to aq' \in R$ falls $\delta(q,a) = q',$

$q \to \varepsilon \in R$ falls $q \in F$

Mittels Induktion über die Länge eines Wortes w kann man nun zeigen, dass gilt: $S \Longrightarrow_G^* wq$ gdw. $\delta^*(s_0, w) = q.$

Daraus wiederum folgt

$$S \Longrightarrow_G^* w \text{ gdw. } \exists q \in F \left(S \Longrightarrow_G^* wq \Longrightarrow w \right)$$

$$\text{gdw. } \exists q \in F \left(\delta(s_0, w) = q \right)$$

$$\text{gdw. } w \in L(A)$$

"$\Leftarrow$" Zu zeigen: Wenn eine Sprache L regulär ist, dann gibt es einen endlichen Automaten, der sie akzeptiert.

Sei $G = (V, T, R, S)$ eine rechtslineare Grammatik, so dass $L = L(G)$, mit Regeln der Form $A \to uB$ oder $A \to u$ mit $A, B \in V$ und $u \in T^*$.

Dann kann man zu G einen Automaten mit ε-Kanten A konstruieren, der $L(G)$ akzeptiert, nämlich $A = (K, \Sigma, \Delta, I, F)$ mit

$$K \; := \; V \cup \{q_{stop}\}$$
$$I \; := \; \{S\}$$
$$\Sigma \; := \; T$$
$$F \; := \; \{q_{stop}\}$$

Dabei sei q_{stop} neu, d.h. $q_{stop} \notin V$.
Für Δ definieren wir
$$(A, u) \; \Delta \; A' \quad :\Longleftrightarrow \; A \rightarrow uA' \in R$$
$$(A, u) \; \Delta \; q_{stop} :\Longleftrightarrow \; A \rightarrow u \in R$$
mit $A, A' \in K$ und $u \in \Sigma^*$. Damit gilt:
$$\big(S \Longrightarrow_G^* w\big) \; \Longleftrightarrow \; \big((S, w) \; \Delta^* \; q_{stop}\big) \; \Longleftrightarrow \; \big(w \in L(A)\big).$$
Dass das so ist, kann man zeigen durch eine Induktion über die Länge einer Ableitung in G. Man sieht es aber auch leicht am folgenden Beispiel. ∎

Beispiel 5.2.2. Die Grammatik mit den Regeln $S \rightarrow abaS \mid aabS \mid \varepsilon$ wird zu dem Automaten mit ε-Kanten, der in Abb. 5.18 dargestellt ist.

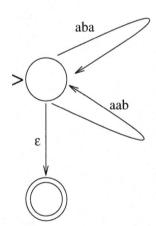

Abb. 5.18. Ein Automat mit ε–Kanten, erzeugt aus den Grammatikregeln $S \rightarrow abaS \mid aabS \mid \varepsilon$

5.3 Abschlusseigenschaften von $\mathcal{L}_3$

In Kap. 2 hatten wir allgemein definiert, wann eine Menge abgeschlossen ist gegen die Anwendung eines Operators, nämlich dann, wenn das Ergebnis der Operation auf jeden Fall auch aus der Menge ist.

Satz 5.3.1 (Abschlusseigenschaften von $\mathcal{L}_3$). *$\mathcal{L}_3$ ist abgeschlossen gegen*

¬ *Negation:* $\bar{L} = \Sigma^* - L$
∪ *Vereinigung:* $L_1 \cup L_2 = \{w \mid w \in L_1 \text{ oder } w \in L_2\}$
∩ *Durchschnitt:* $L_1 \cap L_2 = \{w \mid w \in L_1 \text{ und } w \in L_2\}$
∘ *Konkatenation:* $L_1 \circ L_2 = \{w_1 w_2 \mid w_1 \in L_1 \text{ und } w_2 \in L_2\}$
* *Kleene-Stern:* $L_1^* = \bigcup_{n \geq 0} L_1^n$

Beweis:

Zu ¬: Sei $L = L(A)$ mit $A = (K, \Sigma, \delta, s_0, F)$.
   Dann ist $\bar{L} = L(A_\neg)$ mit $A_\neg = (K, \Sigma, \delta, s_0, K - F)$.

Für die folgenden Teilbeweise verwenden wir indeterminierte endliche Automaten. Seien $L_1 = L(A_1)$ mit $A_1 = (K_1, \Sigma_1, \Delta_1, I_1, F_1)$ und $L_2 = L(A_2)$ mit $A_2 = (K_2, \Sigma_2, \Delta_2, I_2, F_2)$. Sei $\Sigma = \Sigma_1 \cup \Sigma_2$. Durch einfaches Umbenennen eventueller gleichnamiger Zustände können wir erreichen, dass K_1 und K_2 disjunkt sind.

Zu ∪: Der Automat $A_{L_1 \cup L_2} = (K_1 \cup K_2, \Sigma, \Delta_1 \cup \Delta_2, I_1 \cup I_2, F_1 \cup F_2)$ akzeptiert $L_1 \cup L_2$.

Zu ∘: Der Automat mit ε-Kanten $A_{L_1 \circ L_2} = (K_1 \cup K_2, \Sigma, \Delta_1 \cup \Delta_2 \cup (F_1 \times \{\varepsilon\}) \times I_2, I_1, F_2)$ akzeptiert $L_1 \circ L_2$. Er startet bei einem Zustand aus I_1, erzeugt ein Wort aus L_1 und gerät damit in einen Zustand aus F_1, macht dann einen ε-Übergang zu einem Zustand aus I_2 und erzeugt von da aus ein Wort aus L_2.

Zu *: Der Automat mit ε-Kanten $A_{L_1^*} = (K_1 \cup \{\varepsilon_{neu}\}, \Sigma_1, \Delta_1 \cup (F_1 \times \{\varepsilon\}) \times I_1, I_1 \cup \{\varepsilon_{neu}\}, F_1 \cup \{\varepsilon_{neu}\})$ akzeptiert L_1^*. ε_{neu} ist zugleich Startzustand und finaler Zustand (da ja $\varepsilon \in L_1^*$ ist). $A_{L_1^*}$ hat eine „Rückkopplung" von den finalen Zuständen auf die Startzustände.

Zu ∩: $L_1 \cap L_2 = \overline{\overline{L_1} \cup \overline{L_2}}$ ∎

5.4 Eine weitere Charakterisierung von $\mathcal{L}_3$: über reguläre Ausdrücke

Mit regulären Ausdrücken kann man Sprachen beschreiben. Dabei bedeutet

$(x + y)$ „Wort x oder Wort y",
(xy) „Wort x gefolgt von Wort y",
$(x)^*$ erwartungsgemäß „Wort x, 0 oder mehr Male wiederholt" (analog $(x)^+$).

Zum Beispiel könnte

$$(A + \ldots + Z)(A + \ldots + Z + 0 + \ldots + 9)^*$$

erlaubte Variablennamen in einer Programmiersprache beschreiben: Das erste Zeichen muss ein Buchstabe sein, danach kann eine beliebig lange Kombination von Buchstaben und Zahlen folgen.

Definition 5.4.1 (Reguläre Ausdrücke). *Sei Σ ein Alphabet. Dann ist Reg_Σ die Menge der regulären Ausdrücke über Σ, induktiv definiert wie folgt:*

$$\forall a \in \Sigma \qquad a \in Reg_\Sigma$$

$$0 \in Reg_\Sigma$$

$$\forall x, y \in Reg_\Sigma \; (x + y) \in Reg_\Sigma$$

$$(xy) \in Reg_\Sigma$$

$$(x)^* \in Reg_\Sigma$$

Jeder reguläre Ausdruck über Σ beschreibt eine Sprache über Σ. Die Funktion Φ, die wir als nächstes definieren, ordnet jedem regulären Ausdruck seine Sprache zu. $\mathfrak{Reg}$ ist die Menge all der Sprachen, die sich durch reguläre Ausdrücke beschreiben lassen.

Definition 5.4.2 (Φ, $\mathfrak{Reg}_\Sigma$, $\mathfrak{Reg}$). $\Phi : Reg_\Sigma \to 2^{\Sigma^*}$ *bildet jeden regulären Ausdruck auf eine Sprache über Σ ab und ist induktiv definiert wie folgt:*

$$\Phi(a) := \{a\}$$

$$\Phi(0) := \emptyset$$

$$\Phi(x + y) := \Phi(x) \cup \Phi(y)$$

$$\Phi(xy) := \Phi(x) \circ \Phi(y)$$

$$\Phi(x^*) := \big(\Phi(x)\big)^*$$

$x \in Reg_\Sigma$ *heißt ein* **regulärer Ausdruck**. $\Phi(x)$ *heißt eine* **reguläre Sprache**.

$\mathfrak{Reg}_\Sigma$ *ist die Klasse aller Sprachen (über Σ), die sich durch reguläre Ausdrücke beschreiben lassen:*

$$\mathfrak{Reg}_\Sigma := \Phi(Reg_\Sigma)$$

$$\mathfrak{Reg} := \bigcup_\Sigma \mathfrak{Reg}_\Sigma$$

Reg_Σ ist genaugenommen nur eine Menge von Zeichenreihen, den regulären Ausdrücken. Diesen Ausdrücken gibt Φ eine Bedeutung, eine Interpretation. Diese Bedeutung ist eine Sprache: $\Phi(x)$ ist die Sprache, die der reguläre Ausdruck x beschreibt.

Wir identifizieren im weiteren der Einfachheit halber reguläre Ausdrücke x mit ihren Sprachen $\Phi(x)$. Insbesondere schreiben wir $x = y$, falls $\Phi(x) = \Phi(y)$ gilt.

Häufig werden für reguläre Ausdrücke auch die Konstante 1 und die Operation $^+$ zugelassen. Wir können beide als Schreibabkürzung definieren, und zwar mit $1 := 0^*$ und $x^+ := xx^*$. Der $^+$-Operator ist schon vorgekommen, die 1 braucht noch etwas Erklärung. Es ist

$$\Phi(1) = \Phi(0^*) = \Phi(0)^* = \emptyset^* = \bigcup_{i \geq 0} \emptyset^i = \emptyset^0 \cup \bigcup_{i \geq 1} \emptyset^i = \{\varepsilon\} \cup \emptyset = \{\varepsilon\},$$

denn L^0 ist gleich $\{\varepsilon\}$ für beliebige Sprachen L, aber für alle $i \geq 1$ ist $\emptyset^i$ die leere Menge.

Für reguläre Ausdrücke gilt die Klammerersparnisregel, dass man alle Klammern weglassen darf, sofern man aus der „Klammer-reduzierten" Form einen eindeutigen, formal korrekten regulären Ausdruck machen kann, dessen Klammerung Def. 5.4.2 entspricht. Dabei bindet * stärker als die Hintereinanderschaltung, die ihrerseits stärker bindet als $+$. Zum Beispiel ist $(x + yx^*)(z + x)^*$ eine Abkürzung für $((x + (y(x^*)))((z + x))^*)$.

Mit den Schreibweisen, die wir jetzt eingeführt haben, kann man nun etwa die Gleichung aufstellen, dass $(a^*b^*)^* = (a + b)^*$ ist. Ein weiteres Beispiel: Die Sprache $L = \{aa\}\{ab\}^*\{c\}$ aus Beispiel 4.2.7 kann man kürzer notieren als $L = aa(ab)^*c$.

Man kann zeigen, dass die Klasse der Sprachen, die durch reguläre Ausdrücke beschrieben werden, genau die Sprachklasse ist, die von endlichen Automaten akzeptiert wird.

Satz 5.4.3 (Hauptsatz von Kleene: RAT = $\Re eg$). *Es gilt RAT = $\Re eg$.*

Beweis:

"$\supseteq$" Zu zeigen: Zu jeder Sprache, die durch einen regulären Ausdruck definiert ist, gibt es einen endlichen Automaten, der sie akzeptiert. Wir führen den Beweis durch eine strukturelle Induktion über den Aufbau regulärer Ausdrücke aus Reg_Σ.
Induktionsanfang:

akzeptiert $\emptyset$.

akzeptiert $\{a\}$.

Induktionsschritt: Seien A, B indeterminierte endliche Automaten, A akzeptiere $\Phi(x)$, B akzeptiere $\Phi(y)$. Dann gibt es wegen der Abschlusseigenschaften von $\mathcal{L}_3$ (Satz 5.3.1) auch indeterminierte endliche Automaten, die $\Phi(x + y)$, $\Phi(xy)$ und $\Phi(x^*)$ akzeptieren.

"$\subseteq$" Zu zeigen: Zu jeder Sprache, die von einem endlichen Automaten akzeptiert wird, gibt es einen regulären Ausdruck, der diese Sprache beschreibt. Dazu verwenden wir eine Induktion über die Zustände des endlichen Automaten. Sei also $L = L(A)$ mit $A = (K, \Sigma, \delta, s_0, F)$ und $K = \{q_1, \ldots, q_n\}$, $s_0 = q_1$.

Die Sprache L besteht ja aus Wörtern, zu denen es in A einen Weg von q_1 zu einem Zustand $q_f \in F$ gibt. Unsere Induktion läuft nun über die Kompliziertheit solcher Wege. Der einfachste Weg von q_1 zu q_f verwendet keine Zwischenzustände. Der nächstkomplizertere darf als Zwischenzustand q_2 nutzen, der danach nächstkomplizertere die Zwischenzustände q_2 und q_3 etc. Formal definieren wir das allgemein so:

$$R_{i,j}^k := \{w \in \Sigma^* \mid \delta^*(q_i, w) = q_j, \text{ und für alle Präfixe } u \text{ von } w$$
$$\text{mit } \varepsilon \neq u \neq w \text{ gilt } \delta^*(q_i, u) \in \{q_1, \ldots, q_k\}\}.$$

q_i und q_j müssen nicht aus der Menge $q_1, \ldots, q_k$ sein. Ein Wort, das von q_s nach q_f führt und als Zwischenzustände nur q_1 bis q_5 benutzen darf, wäre zum Beispiel in $R_{s,f}^5$. Es gilt also

$$L(A) = \bigcup_{q_f \in F} R_{1,f}^n.$$

Es bleibt nur zu zeigen, dass jede dieser Mengen $R_{1,f}^n$ in $\mathfrak{Reg}_\Sigma$ liegt, dann gilt das auch schon für $L(A)$: Wenn es m finale Zustände gibt mit zugehörigen Mengen $R_{1,f_1}^n, \ldots, R_{1,f_m}^n$ und wenn wir zeigen können, dass diese Mengen durch reguläre Ausdrücke $r_{1,f_1}^n, \ldots, r_{1,f_m}^n$ beschrieben werden, dann gibt es für $L(A)$ ebenfalls einen regulären Ausdruck, nämlich $r_{1,f_1}^n + \ldots + r_{1,f_m}^n$.

Wir zeigen noch etwas mehr als nur, dass die Mengen $R_{1,f}^n$ in $\mathfrak{Reg}_\Sigma$ liegen, und zwar zeigen wir, per Induktion über k, dass $R_{i,j}^k \in \mathfrak{Reg}_\Sigma$ ist für alle $i, j \leq n$.

$k = 0$:

$$R_{i,j}^0 = \begin{cases} \{a \in \Sigma \mid \delta(q_i, a) = q_j\} & \text{falls } i \neq j \\ \{\varepsilon\} \cup \{a \in \Sigma \mid \delta(q_i, a) = q_j\} & \text{falls } i = j \end{cases}$$

$R_{i,j}^0$ ist aus $\mathfrak{Reg}_\Sigma$: Für eine endliche Menge $\{a \in \Sigma \mid \delta(q_i, a) = q_j\} = \{a_{i_1}, \ldots, a_{i_t}\}$ steht der reguläre Ausdruck $a_{i_1} + \ldots + a_{i_t}$. Falls dagegen $\{a \in \Sigma \mid \delta(q_i, a) = q_j\} = \emptyset$ ist, gehört dazu der reguläre Ausdruck 0. Und ε wird beschrieben durch den regulären Ausdruck $1 = 0^*$.

$k \to k+1$: Sei entsprechend der Induktionsvoraussetzung $R_{i,j}^k \in \mathfrak{Reg}_\Sigma$ für alle $i, j \leq n$. $R_{i,j}^{k+1}$ lässt sich aus den Mengen der Stufe k aufbauen nur mit den Operationen $\cup$, Konkatenation und *, gegen die $\mathfrak{Reg}_\Sigma$ abgeschlossen ist, somit ist auch $R_{i,j}^{k+1} \in \mathfrak{Reg}_\Sigma$. Wir beschreiben den Aufbau von $R_{i,j}^{k+1}$ zuerst informell, dann formal.

Die Menge der Wege von q_i nach q_j mit Zwischenzuständen bis q_{k+1} enthält

- die Wege von q_i nach q_j, die mit Zwischenzuständen bis q_k auskommen,
- vereinigt mit Wegen von q_i nach q_j, die den Zwischenzustand q_{k+1} mindestens einmal benutzen.

Letztere lassen sich dann darstellen als Wege, die

- von q_i nach q_{k+1} gehen und dabei nur Zwischenzustände bis höchstens q_k benutzen,
- von q_{k+1} noch beliebig oft nach q_{k+1} zurückkehren, dabei aber wieder nur Zwischenzustände bis höchstens q_k benutzen

- und schließlich von q_{k+1} zu unserem Zielzustand q_j führen (und wieder dabei nicht über q_k hinausgehen).

Formal sieht das so aus:

$$R_{i,j}^{k+1} = R_{i,j}^k \cup R_{i,k+1}^k (R_{k+1,k+1}^k)^* R_{k+1,j}^k.$$

Da per Induktionsvoraussetzung alle rechts vorkommenden R-Mengen bereits in $\mathfrak{Reg}_\Sigma$ liegen, gilt das hiermit auch für $R_{i,j}^{k+1}$.   ∎

5.5 Eine weitere Charakterisierung von $\mathcal{L}_3$: über die Kongruenz $\sim_L$

In Def. 2.2.9 haben wir den Begriff der *Äquivalenzrelation* eingeführt. Dort haben wir auch gesehen, dass eine Äquivalenzrelation ihre Grundmenge in *Äquivalenzklassen* aufteilt, wobei die Elemente jeder Äquivalenzklasse untereinander äquivalent sind. Eine Menge $\{a, b, c, d\}$ wird zum Beispiel von einer Äquivalenzrelation $\sim$, bei der $a \sim b$, $c \sim b$, $a \sim c$ und $a \not\sim d$ gilt, in die Äquivalenzklassen $\{a, b, c\}$ und $\{d\}$ geteilt. Diese Äquivalenzrelation $\sim$ hat den *Index* 2 (nach Def. 2.2.10 ist der Index einer Äquivalenzrelation die Anzahl der Äquivalenzklassen, die sie bildet).

Da alle Elemente einer Klasse untereinander äquivalent sind, kann man eine Äquivalenzklasse durch einen Repräsentanten darstellen, im obigen Beispiel enthielte die Äquivalenzklasse $[a]$ die Elemente a, b, c.

Eine *Rechtskongruenz* über Wörtern ist nach Def. 2.3.12 eine gegen eine Operation $\circ$ abgeschlossene Äquivalenzrelation. (Bei Wörtern betrachten wir stets die Halbgruppe mit der Konkatenation als Verknüpfung $\circ$.) Eine Rechtskongruenz, die für die Charakterisierung regulärer Sprachen herangezogen werden kann, ist $\sim_L$:

Definition 5.5.1. *Die Relation $\sim_L \subseteq \Sigma^* \times \Sigma^*$ für $L \subseteq \Sigma^*$ ist definiert durch*

$$\forall v, x \in \Sigma^* \left(v \sim_L x \iff \left(\forall w \in \Sigma^* (vw \in L \iff xw \in L) \right) \right)$$

Zwei Wörter v und x sind also genau dann äquivalent bzgl. $\sim_L$, wenn gilt: Wenn man dasselbe Wort w an v und x anhängt, dann liegen entweder sowohl vw als auch xw in der Sprache L, oder sie tun es beide nicht.

Lemma 5.5.2. $\sim_L$ *ist eine Kongruenz.*

Beweis: Wir zeigen zunächst, dass $\sim_L$ eine Äquivalenzrelation ist, danach, dass $\sim_L$ abgeschlossen ist gegen Konkatenation (von rechts). Seien also $v, t, x \in \Sigma^*$.

Reflexivität: Es gilt $\forall w \in \Sigma^* (vw \in L \iff vw \in L)$, und damit gilt nach Def. von $\sim_L$, dass $v \sim_L v$.

Symmetrie:

$$t \sim_L v \Longleftrightarrow \forall w \in \Sigma^* \; (tw \in L \iff vw \in L)$$

$$\Longleftrightarrow \forall w \in \Sigma^* \; (vw \in L \iff tw \in L)$$

$$\Longleftrightarrow v \sim_L t$$

Transitivität:

$$t \sim_L v \; \wedge \; v \sim_L x \quad \Longleftrightarrow \quad \forall w_1 \in \Sigma^* \; (tw_1 \in L \iff vw_1 \in L) \text{ und}$$

$$\forall w_2 \in \Sigma^* \; (vw_2 \in L \iff xw_2 \in L)$$

$$\Longrightarrow \quad \forall w \in \Sigma^* \; (tw \in L \iff vw \in L \iff xw \in L)$$

$$\Longrightarrow \quad t \sim_L x$$

Kongruenz:

$$t \sim_L v \Longleftrightarrow \forall w \in \Sigma^* \; \big(tw \in L \iff vw \in L\big)$$

$$\Longleftrightarrow \forall y \in \Sigma^* \; \forall w \in \Sigma^* \; \big(t(wy) \in L \iff v(wy) \in L\big)$$

$$\Longleftrightarrow \forall w \in \Sigma^* \; \forall y \in \Sigma^* \; \big((tw)y \in L \iff (vw)y \in L\big)$$

$$\Longleftrightarrow \forall w \in \Sigma^* \; (tw \sim_L vw) \qquad\qquad \blacksquare$$

Beispiel 5.5.3. Sei $L = \{w \in \{a,b\}^* \mid \#_a(w) = 1 \; mod \; 3\}$. 1 *mod* 3 sind die Zahlen $n \in \mathrm{N}$, für die gilt, dass n bei Division durch 3 einen Rest von 1 lässt.

Zwei Wörter $v, x \in \{a,b\}^*$ sind allgemein in derselben Äquivalenzklasse bzgl. $\sim_L$, falls gilt $\forall w \in \{a,b\}^* \; \big(vw \in L \iff xw \in L\big)$. Ob ein Wort in L ist oder nicht, hängt in diesem Fall nur von der Anzahl der ‚a' ab, die darin vorkommen. Also ist ein Wort mit zwei ‚a' darin äquivalent zu einem mit 5 ‚a': Beide brauchen noch eine Suffix, in dem ‚a' genau 2 *mod* 3 mal vorkommt, um zu einem Wort in L zu werden.

$$aaa \sim_L b$$
$$a \sim_L a^4$$
$$a^5 \sim_L ba^5b$$

Außerdem: bb, aaa, ba^3b, $b^6 \in [\varepsilon]_{\sim_L}$

Es gibt 3 Äquivalenzklassen:

$$[\varepsilon]_{\sim_L} = \{w \in \{a,b\}^* \mid \#_a(w) = 0 \; mod \; 3\}$$
$$[a]_{\sim_L} = \{w \in \{a,b\}^* \mid \#_a(w) = 1 \; mod \; 3\}$$
$$[aa]_{\sim_L} = \{w \in \{a,b\}^* \mid \#_a(w) = 2 \; mod \; 3\}$$

Beobachtung 5.5.4. Sei $L \subseteq \Sigma^*$ eine Sprache. Sei $v \in L$ und $v \sim_L x$. Dann gilt $x \in L$. Eine Äquivalenzklasse von $\sim_L$ ist also jeweils ganz oder gar nicht in L.

Beweis: Es gilt $v \sim_L x \iff \forall w \in \Sigma^* \; (vw \in L \iff xw \in L)$. Nun wählen wir als unsere w einfach ε und bekommen $(x \in L \iff v \in L)$. ∎

Satz 5.5.5 (Myhill-Nerode). *Sei $L \subseteq \Sigma^*$ eine Sprache.*
   Die folgenden Aussagen sind äquivalent:

(i) *L ist rational.*
(ii) *L ist die Vereinigung einiger Äquivalenzklassen einer Kongruenz von endlichem Index über Σ^*.*
(iii) *$\sim_L$ hat endlichen Index.*

Beweis:

(i) $\Rightarrow$ (ii) Wenn L rational ist, gibt es laut Definition einen Automaten $A = (K, \Sigma, \delta, s_0, F)$, so dass $L = L(A)$. Wir definieren eine Kongruenz τ ausgehend von dem akzeptierenden Automaten A.

   Zum besseren Verständnis des folgenden formalen Beweises betrachten wir noch einmal den Automaten aus Abb. 5.2, der die Sprache $L(A) = \{a^{2n} \mid n \in \mathbb{N}\}$ akzeptiert: In diesem Automaten erreicht man mit dem Wort a den Zustand s_1, mit dem Wort aaa auch. Wenn man aber einmal im Zustand s_1 ist, ist es egal, welche Zustände auf dem Weg dorthin durchschritten worden sind – das merkt sich der Automat nicht. Wichtig ist nur, was an Buchstaben noch kommt. In diesem konkreten Fall muss an das Präfix a wie an das Präfix aaa noch ungerade viele ‚a‘ angehängt werden, wenn noch ein Wort aus $L(A)$ dabei herauskommen soll.

   Also definieren wir unsere Kongruenz τ allgemein so: Zwei Wörter v und x über Σ^* sollen äquivalent sein, wenn A nach Abarbeitung von v im gleichen Zustand ist wie nach Abarbeitung von x.

   Wenn der Zustand von A nach der Abarbeitung von v bzw. x ein finaler Zustand ist, ist ja sowohl v als auch $x \in L(A)$. Damit kann man sagen: L ist die Vereinigung derjenigen Äquivalenzklassen von τ, die zu finalen Zuständen gehören.

   Sei also τ wie folgt definiert:

$$\forall v, x \in \Sigma^* \; \big(v \, \tau \, x :\iff \delta(s_0, v) = \delta(s_0, x)\big)$$

Dann müssen wir noch zeigen:

- τ ist Äquivalenzrelation: Das ist klar nach der Definition von τ.
- τ ist Rechtskongruenz:
   Seien $v, w, x \in \Sigma^*$.

$$v \, \tau \, w \implies \delta(s_0, v) = \delta(s_0, w)$$
$$\implies \delta\big(\delta(s_0, v), x\big) = \delta\big(\delta(s_0, w), x\big)$$
$$\iff \delta(s_0, vx) = \delta(s_0, wx)$$
$$\iff vx \, \tau \, wx$$

- τ hat endlichen Index:
  Die Anzahl der Äquivalenzklassen muss kleiner oder gleich der Anzahl der Zustände in K sein, denn für jede Äquivalenzklasse $[w]$ gibt es einen Zustand $q \in K$ mit $[w] = \{v \in \Sigma^* \mid \delta(s_0, v) = \delta(s_0, w) = q\}$.
- L ist die Vereinigung einiger Äquivalenzklassen von τ:

$$L = \{w \in \Sigma^* \mid \delta(s_0, w) \in F\}$$
$$= \bigcup_{q \in F} \{w \in \Sigma^* \mid \delta(s_0, w) = q\}$$
$$= \bigcup_{q \in F} [w_q]_\Sigma \text{ mit } [w_q] = \{w \in \Sigma^* \mid \delta(s_0, w) = q\}$$

(ii) $\Rightarrow$ (iii) Sei ϱ eine Rechtskongruenz mit endlichem Index, so dass L die Vereinigung einiger Äquivalenzklassen von ϱ ist. Dann gibt es $w_1, \dots, w_r \in \Sigma^*$, so dass $L = \bigcup_{i=1}^{r} [w_i]_\varrho$ ist. Wir wollen zeigen, dass jede Äquivalenzklasse $[u]_\varrho$ in einer Äquivalenzklasse $[u]_{\sim_L}$ von $\sim_L$ enthalten ist.

Seien also $v, w \in \Sigma^*$ in derselben Äquivalenzklasse von ϱ.

$$v \varrho w$$

$$\Longrightarrow \forall x \in \Sigma^* \; (vx \varrho wx) \qquad\qquad \text{da } \varrho \text{ eine Rechtskongruenz ist.}$$

$$\Longleftrightarrow \forall x \in \Sigma^* \; ([vx]_\varrho = [wx]_\varrho)$$

$$\Longleftrightarrow \forall x \in \Sigma^* \; (vx \in L \iff wx \in L) \quad \text{da } L \text{ die Vereinigung von}$$
$$\text{Äquivalenzklassen von } \varrho \text{ ist}$$

$$\Longleftrightarrow v \sim_L w$$

Das heißt, dass $\forall u \in \Sigma^* \; ([u]_\varrho \subseteq [u]_{\sim_L})$ ist, und damit $\mathrm{Index}(\varrho) \geq \mathrm{Index}(\sim_L)$. Da ϱ einen endlichen Index hat, ist auch $\mathrm{Index}(\sim_L)$ endlich.

(iii) $\Rightarrow$ (i) Gegeben sei $\sim_L$ mit endlichem Index. Da wir zeigen wollen, dass dann L rational ist, definieren wir aus $\sim_L$ einen Automaten $A = (K, \Sigma, \delta, s_0, F)$, der L akzeptiert.

In Teil 1 des Beweises haben wir Äquivalenzklassen über Zustände eines Automaten definiert. Diesmal gehen wir umgekehrt vor: Wir verwenden die Äquivalenzklassen von $\sim_L$ als Zustände.

$\sim_L$ hat endlichen Index, also ist unsere Zustandsmenge vorschriftsgemäß endlich. In welchen Zustand geht aber unser Automat über, wenn er im Zustand $[w]$ ein a liest? Natürlich in den Zustand $[wa]$.

Es seien also

$$K := \{[w]_{\sim_L} \mid w \in \Sigma^*\} \quad \text{(endlich, da } \mathrm{Index}(\sim_L) \text{ endlich)}$$

$$s_0 := [\varepsilon]_{\sim_L}$$

$$F := \{[w]_{\sim_L} \mid w \in L\}$$

δ sei definiert durch $\delta([w]_{\sim_L}, a) := [wa]_{\sim_L} \; \forall a \in \Sigma$

Nun müssen wir noch zeigen, dass die Übergangsfunktion δ sinnvoll definiert ist und dass unser Automat A tatsächlich L akzeptiert.

δ ist wohldefiniert: Egal welchen Vertreter der Äquivalenzklasse man heranzieht, das Ergebnis des δ-Übergangs bleibt gleich. Dazu muss gelten, dass $[v]_{\sim_L} = [x]_{\sim_L} \Longrightarrow \delta([v]_{\sim_L}, a) = \delta([x]_{\sim_L}, a) \; \forall a$.

$$[v]_{\sim_L} = [x]_{\sim_L}$$

$$\Longleftrightarrow v \sim_L x$$

$$\Longrightarrow \forall a \in \Sigma \; (va \sim_L xa) \quad (\text{da } \sim_L \text{ eine Rechtskongruenz ist})$$

$$\Longrightarrow [va]_{\sim_L} = [xa]_{\sim_L}$$

Das heißt, dass $\delta([v]_{\sim_L}, a) = [va]_{\sim_L} = [xa]_{\sim_L} = \delta([x]_{\sim_L}, a)$. Also ist δ wohldefiniert.

A akzeptiert **L** : Wir zeigen zunächst induktiv, dass für alle $v, x \in \Sigma^*$ gilt: $\delta^*([v]_{\sim_L}, x) = [vx]_{\sim_L}$.

Induktionsanfang: Sei $x = \varepsilon$. Dann gilt: $\delta^*([v]_{\sim_L}, \varepsilon) = [v\varepsilon]_{\sim_L} = [v]_{\sim_L}$ nach der Definition von δ^*.

Induktionsschritt: Sei die Behauptung schon bewiesen für $x = w$. Dann gilt für $x = wa$:

$$
\begin{aligned}
\delta^*([v]_{\sim_L}, wa) &= \delta\big(\delta^*([v]_{\sim_L}, w), a\big) && \text{nach allg. Def. von } \delta^* \\
&= \delta([vw]_{\sim_L}, a) && \text{nach der Induktionsvoraussetzung} \\
&= [vwa]_{\sim_L} && \text{nach Definition von } \delta
\end{aligned}
$$

Damit können wir nun zeigen, dass der Automat A die Sprache L akzeptiert, dass also $L = L(A)$ ist.

$$
\begin{aligned}
L(A) &= \{w \in \Sigma^* \mid \delta(s_0, w) \in F\} \text{ nach Definition der von} \\
&\quad \text{einem Automaten akzeptierten Sprache} \\
&= \bigcup_{q \in F} \{w \in \Sigma^* \mid \delta^*(s_0, w) = q\} \\
&= \bigcup_{[v]_{\sim_L} \in F} \{w \in \Sigma^* \mid \delta^*([\varepsilon]_{\sim_L}, w) = [v]_{\sim_L}\} \text{ da die} \\
&\quad \text{Zustände von } A \text{ Äquivalenzklassen von } \sim_L \text{ sind und} \\
&\quad s_0 = [\varepsilon]_{\sim_L} \text{ gilt.} \\
&= \bigcup_{v \in L} \{w \in \Sigma^* \mid [w]_{\sim_L} = [v]_{\sim_L}\} \text{ nach der Definition} \\
&\quad \text{von } F \text{ und } \delta^* \\
&= \bigcup_{v \in L} [v]_{\sim_L} \\
&= L \hspace{6cm} \blacksquare
\end{aligned}
$$

Beispiel 5.5.6. In Beispiel 5.5.3 haben wir die Sprache $L_{mod} = \{w \in \{a, b\}^* \mid \#_a(w) = 1 \; mod \; 3\}$ betrachtet. Sie wird akzeptiert von dem Automaten in Abb. 5.19.

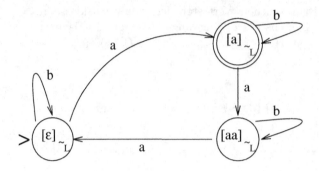

Abb. 5.19. Ein Automat zu der Sprache aus Beispiel 5.5.3

Beispiel 5.5.7. $L = L(G_{ab}) = \{w \in \{a,b\}^* \mid w = a^n b^n, n \geq 0\}$ ist die Sprache, die schon in Beispiel 4.1.3 vorgestellt wurde. L ist nicht rational, denn $\sim_L$ hat keinen endlichen Index.

$$[\varepsilon]_{\sim_L} \neq [a]_{\sim_L}, \quad \text{denn } \varepsilon \underline{ab} \in L, \text{ aber } a\underline{ab} \notin L$$

$$[a]_{\sim_L} \neq [aa]_{\sim_L}, \quad \text{denn } a\underline{b} \in L, \text{ aber } aa\underline{b} \notin L$$

$$[aa]_{\sim_L} \neq [a^3]_{\sim_L}, \quad \text{denn } aa\underline{bb} \in L, \text{ aber } a^3\underline{bb} \notin L, \text{ allgemein:}$$

$$[a^i]_{\sim_L} \neq [a^j]_{\sim_L} \quad \text{falls } i \neq j, \text{ denn } a^i b^i \in L, \text{ aber } a^j b^i \notin L$$

Man kann also den Satz von Myhill-Nerode auch verwenden, um zu beweisen, dass eine Sprache nicht rational ist.

5.6 Minimale Automaten

Es gibt für ein und dieselbe Sprache verschiedene akzeptierende Automaten mit mehr oder weniger Zuständen. Man kann aber für jede rationale Sprache *minimale* akzeptierende Automaten finden, d.h. Automaten mit einer minimalen Anzahl von Zuständen. Es wird sich herausstellen, dass der Automat mit Äquivalenzklassen von $\sim_L$ als Zuständen, den wir im Beweis zu Satz 5.5.5 konstruiert haben, minimal ist unter denen, die eine Sprache L akzeptieren.

Definition 5.6.1 (äquivalente Zustände/Automaten). *Es seien $A_i = (K_i, \Sigma, \delta_i, s_i, F_i)$, $i = 1, 2$ zwei endliche Automaten, $q \in K_1$, $q' \in K_2$.*
*q und q' heißen **äquivalent** ($q \sim q'$) gdw.*

$$\forall w \in \Sigma^* \left(\delta_1(q, w) \in F_1 \iff \delta_2(q', w) \in F_2 \right).$$

*A_1 und A_2 heißen **äquivalent** ($A_1 \sim A_2$) gdw. $L(A_1) = L(A_2)$.*

(Im Fall von $A_1 = A_2$ kann man natürlich auch die Äquivalenz von Zuständen innerhalb eines einzigen Automaten betrachten.)

Zwei Zustände q und q' heißen also äquivalent, wenn von q aus genau dieselben Wörter akzeptiert werden wie von q' und wenn von beiden aus dieselben Wörter zurückgewiesen werden. Wenn aber nun zwei Zustände q und q' innerhalb eines einzigen Automaten äquivalent sind, dann könnte man sie auch zu einem Zustand verschmelzen, da der Automat von q aus genau dasselbe Verhalten zeigt wie von q' aus.

Definition 5.6.2 (reduzierte, minimale Automaten). *Ein Automat $A = (K, \Sigma, \delta, s_0, F)$ heißt*

- **reduziert** gdw. $\forall q, q' \in K$ gilt: $(q \sim q' \implies q = q')$
- **minimal** gdw. $\forall A'$ e.a. gilt: $(A' \sim A \implies |K_A| \leq |K_{A'}|)$

Ein Automat A heißt also minimal, wenn es keinen endlichen Automaten mit weniger Zuständen gibt, der $L(A)$ akzeptiert. Hier ist noch anzumerken, dass sich diese Definition, wie an der Form des Automaten zu sehen, nur auf determinierte endliche Automaten entsprechend Def. 5.1.1 bezieht.

Definition 5.6.3 ($\hat{M}_L$, der zu L passende Automat). *Für $L \subseteq \Sigma^*$ sei der Automat $\hat{M}_L = (K, \Sigma, \delta, s_0, F)$ definiert wie folgt:*

$$K := \{[w]_{\sim_L} \mid w \in \Sigma^*\}$$

$$s_0 := [\varepsilon]_{\sim_L}$$

$$F := \{[w]_{\sim_L} \mid w \in L\}$$

$$\delta([w]_{\sim_L}, a) := [wa]_{\sim_L}$$

$\hat{M}_L$ *ist der Automat, der schon im Beweis zu Satz 5.5.5 vorkam. $\hat{M}_L$ heißt* **der zu L passende Automat**.

In der Voraussetzung dieser Definition ist nicht gefordert, dass L regulär ist. Wenn L regulär ist, dann ist $\hat{M}_L$ ein endlicher Automat. Ist L nicht regulär, dann muss $K_{\hat{M}_L}$ unendlich sein.

Lemma 5.6.4. *$\hat{M}_L$ ist reduziert.*

Beweis: Seien $q_1, q_2 \in K_{\hat{M}_L}$ mit $q_1 \sim q_2$. Wir wollen zeigen, dass dann auch $q_1 = q_2$ gilt.

$$q_1 \sim q_2$$

$\implies \quad \forall u \in \Sigma^* \left(\delta^*_{\hat{M}_L}(q_1, u) \in F \iff \delta^*_{\hat{M}_L}(q_2, u) \in F \right)$
(Def. 5.6.1 von $\sim$)

$\implies \quad \exists w_1, w_2 \in \Sigma^* \Big(q_1 = [w_1]_{\sim_L}$ und $q_2 = [w_2]_{\sim_L}$ und

$\quad \forall u \in \Sigma^* \left(\delta^*_{\hat{M}_L}([w_1]_{\sim_L}, u) \in F \iff \delta^*_{\hat{M}_L}([w_2]_{\sim_L}, u) \in F \right) \Big)$
(Zustände von $\hat{M}_L$ sind Äquivalenzklassen von Wörtern)

$\implies \quad \forall u \in \Sigma^* \left([w_1 u]_{\sim_L} \in F \iff [w_2 u]_{\sim_L} \in F \right)$ (Def. 5.6.3 von δ)

$\Longrightarrow \quad \forall u \in \Sigma^* \left(w_1 u \in L \iff w_2 u \in L \right)$ (Def. 5.6.3 von F)

$\Longrightarrow \quad w_1 \sim_L w_2$ (Def. 5.5.1 von $\sim_L$)

$\Longrightarrow \quad [w_1]_{\sim_L} = [w_2]_{\sim_L}$

$\Longrightarrow \quad q_1 = q_2$ (da $q_1 = [w_1]_{\sim_L}$ und $q_2 = [w_2]_{\sim_L}$)

$\blacksquare$

Um zu zeigen, dass $\hat{M}_L$ minimal ist, müssen wir etwas weiter ausholen: Es reicht ja nicht zu zeigen, dass man nicht mit einem Teilautomaten von $\hat{M}_L$ noch L akzeptieren kann. Wir müssen zeigen, dass es keinen Automaten geben kann, wie auch immer er aussehen mag, der weniger Zustände hat als $\hat{M}_L$ und noch L akzeptiert.

Um Automaten besser vergleichen zu können, definieren wir einen *Automatenmorphismus*, eine Abbildung h von der Menge der Zustände eines Automaten in die Menge der Zustände eines anderen Automaten, so dass beide dieselbe Sprache akzeptieren. Ein Automatenmorphismus ist eine Abbildung der Zustände, die Startzustand auf Startzustand, finale Zustände auf finale Zustände abbildet und für δ_i die Bedingung erfüllt, dass es auf das gleiche hinausläuft, ob man vor oder nach einem Übergang die h-Abbildung durchführt. Das heißt, ein Automatenmorphismus erhält gerade die „Struktur" eines Automaten, entspricht hier also dem typischen Verhalten von Homomorphismen, die wir zuerst in Kap. 2 kennengelernt haben.

Definition 5.6.5 (Automaten(iso)morphismus). *Ein* **Automatenmorphismus** $h : A_1 \to A_2$, $A_i = (K_i, \Sigma, \delta_i, s_i, F_i)$ *mit* $i \in \{1, 2\}$ *ist eine Abbildung* $h : K_1 \to K_2$, *so dass*

(i) $h(s_1) = s_2$

(ii) $h(F_1) \subseteq F_2$

(iii) $h(K_1 - F_1) \subseteq K_2 - F_2$

(iv) $h\big(\delta_1(q, a)\big) = \delta_2\big(h(q), a\big) \quad \forall q \in K_1, \forall a \in \Sigma$

Ein **Automatenisomorphismus** *ist ein bijektiver Automatenmorphismus.*

Die letzte Bedingung in der Definition eines Automatenmorphismus besagt folgendes: Sei $\delta_1(q, a) = p$. Dann ist es egal, ob man erst den δ_1-Übergang durchführt und den Ergebniszustand p auf $h(p)$ abbildet, oder ob man den Ausgangszustand q auf $h(q)$ abbildet und von dort aus einen δ_2-Übergang durchführt. Das Ergebnis ist in beiden Fällen derselbe Zustand.

Existiert ein Automatenisomorphismus h von A_1 nach A_2, so existiert auch einer von A_2 nach A_1, nämlich die Umkehrabbildung $h^{-1} : A_2 \to A_1$. A_1 und A_2 heißen dann **isomorph**. Existieren Automatenisomorphismen von A_1 nach A_2 und von A_2 nach A_3, so auch von A_1 nach A_3.

Lemma 5.6.6. *Ist $h : A_1 \to A_2$ ein Automatenmorphismus, so gilt $L(A_1) = L(A_2)$.*

Beweis: Man sieht leicht, dass $h\big(\delta_1^*(q,w)\big) = \delta_2^*\big(h(q),w\big)$ $\forall w \in \Sigma^*$. Damit zeigen wir nun, dass $w \in L(A_1) \iff w \in L(A_2)$:

$$w \in L(A_1) \iff \delta_1(s_1,w) \in F_1$$

$$\iff h\big(\delta_1(s_1,w)\big) \in F_2 \qquad \text{wegen (ii) und (iii)}$$

$$\iff \delta_2\big(h(s_1),w\big) \in F_2 \qquad \text{wegen (iv)}$$

$$\iff \delta_2(s_2,w) \in F_2 \qquad \text{wegen (i)}$$

$$\iff w \in L(A_2) \qquad\qquad\blacksquare$$

Definition 5.6.7 ($\varphi : K_A \to K_{\hat{M}_{L(A)}}$). *Sei $A = (K,\Sigma,\delta,s_0,F)$ ein erreichbarer endlicher Automat, so ist $\varphi : K_A \to K_{\hat{M}_{L(A)}}$ für alle $q \in K$ definiert als*

$$\varphi(q) := [w]_{\sim_{L(A)}}, \quad \text{falls } \delta(s_0,w) = q.$$

φ ordnet jedem Zustand q von A also die Äquivalenzklasse all der Wörter zu, mit denen man q erreicht.

Satz 5.6.8. *φ ist ein surjektiver Automatenmorphismus.*

Beweis:

- φ ist wohldefiniert[1] und total, es gibt also zu jedem Zustand $q \in K_A$ genau eine Äquivalenzklasse $[w]_{\sim_{L(A)}}$, so dass $\varphi(q) = [w]_{\sim_{L(A)}}$ gilt:
  $q \in K \Longrightarrow \exists w\ \delta(s_0,w) = q$, da A erreichbar ist; also ist φ eine totale Funktion. Nehmen wir nun an, dass $\exists x \neq w\ \delta(s_0,x) = q$.

  $\implies \forall u \in \Sigma^*\ \big(wu \in L(A) \iff xu \in L(A)\big)$, da w und x beide zum Zustand q führen.

  $\implies w \sim_{L(A)} x$

  $\implies [w]_{\sim_{L(A)}} = [x]_{\sim_{L(A)}}$

  $\implies$ Es gibt genau eine Äquivalenzklasse, nämlich $[w]_{\sim_{L(A)}}$, die q zugeordnet wird.

  $\implies \varphi$ ist wohldefiniert.

- φ ist ein Automatenmorphismus:
  (i) Startzustand wird auf Startzustand abgebildet:
  $\varphi(s_0) = [\varepsilon]_{\sim_{L(A)}}$, da $\delta(s_0,\varepsilon) = s_0$, und $[\varepsilon]_{\sim_{L(A)}}$ ist initialer Zustand von $\hat{M}_{L(A)}$

---

[1] Jedem Element der Definitionsmenge wird höchstens ein Funktionswert zugeordnet.

(ii), (iii) Finale Zustände werden auf finale Zustände abgebildet:

$$q \in F_A \iff \exists w \in \Sigma^* \; (\delta(s_0, w) = q \text{ und } w \in L(A))$$

$$\iff \exists w \in L(A) \; (\varphi(q) = [w]_{\sim_{L(A)}}) \qquad \text{(Def. 5.6.7)}$$

$$\iff \varphi(q) \in F_{\hat{M}_{L(A)}} \qquad \text{(Def. 5.6.3)}$$

(iv) δ-Übergänge: Zu zeigen ist, dass $\delta_{\hat{M}_{L(A)}}(\varphi(q), a) = \varphi(\delta_A(q, a))$.

$$\delta_{\hat{M}_{L(A)}}(\varphi(q), a)$$

$$= \quad \delta_{\hat{M}_{L(A)}}([w]_{\sim_{L(A)}}, a) \text{ mit } \delta_A^*(s_0, w) = q \text{ (Def. 5.6.7)}$$

$$= \quad [wa]_{\sim_{L(A)}} \text{ (nach der Def. von } \delta \text{ in Def. 5.6.3)}$$

$$= \quad \varphi(p) \text{ mit } p = \delta_A^*(s_0, wa) = \delta_A\big(\delta_A^*(s_0, w), a\big) = \delta_A(q, a)$$

$$= \quad \varphi\big(\delta_A(q, a)\big)$$

- φ ist offensichtlich surjektiv. ∎

Satz 5.6.9 ($\hat{M}_L$ ist minimal). *Es sei A ein* erreichbarer *endlicher Automat, und $L = L(A)$. Folgende Aussagen sind äquivalent:*

(i) A ist minimal.
(ii) A ist reduziert.
(iii) A ist zu $\hat{M}_L$ isomorph.
(iv) Für jeden endlichen Automaten A' mit $L(A') = L$ existiert ein surjektiver Automatenmorphismus von A'^{err} nach A.

Beweis:

(i) $\Rightarrow$ (iii): Sei A minimal. Da A laut Beweisvoraussetzung erreichbar ist, gibt es einen surjektiven Automatenmorphismus $\varphi : A \to \hat{M}_L$.

Angenommen, φ sei nicht injektiv. Dann werden zwei Zustände von A auf denselben Zustand von $\hat{M}_L$ abgebildet. Also ist $|K_A| > |K_{\hat{M}_L}|$, aber A ist minimal nach (i), ein Widerspruch. Somit ist φ bijektiv, woraus folgt, dass A und $\hat{M}_L$ isomorph sind.

(iii) $\Rightarrow$ (iv): Sei A isomorph zu $\hat{M}_L$, es gibt also einen bijektiven Automatenmorphismus $h : \hat{M}_L \to A$. Sei außerdem A' ein Automat mit $L(A') = L$. Dann ist nach Satz 5.6.8 $\varphi : A'^{err} \to \hat{M}_L$ ein surjektiver Automatenmorphismus. Jetzt müssen wir die zwei Abbildungen h und φ nur noch konkatenieren: $h\varphi : A'^{err} \to A$ ist ein surjektiver Automatenmorphismus.

(iv) $\Rightarrow$ (i): Sei A' ein Automat mit $L(A') = L$, und sei $\varphi : A'^{err} \to A$ ein surjektiver Automatenmorphismus. Auf jeden Zustand von A wird also ein Zustand von A'^{err} abgebildet. Damit haben wir $|K_A| \leq |K_{A'^{err}}| \leq |K_{A'}|$ Da das für jeden Automaten A' gilt, ist A minimal.

(iii) $\Rightarrow$ (ii): Sei A isomorph zu $\hat{M}_L$. Um zeigen zu können, dass A dann auch reduziert ist, brauchen wir eine Hilfsüberlegung: Ist $h : A_1 \to A_2$ ein Automatenisomorphismus, so gilt: $q \sim q' \iff h(q) \sim h(q')$.

Beweis der Hilfsüberlegung:

Sei $A_i = (K_i, \Sigma, \delta_i, s_i, F_i)$, $i \in \{1, 2\}$. Dann gilt:

$$q \sim q'$$

$$\Longleftrightarrow \forall w \in \Sigma^* \left(\delta_1(q, w) \in F_1 \iff \delta_1(q', w) \in F_1 \right) \qquad \text{Def. 5.6.1}$$

$$\Longleftrightarrow \forall w \in \Sigma^* \left(h\big(\delta_1(q, w)\big) \in F_2 \iff h\big(\delta_1(q', w)\big) \in F_2 \right) \quad \text{Def. 5.6.5}$$

$$\Longleftrightarrow \forall w \in \Sigma^* \left(\delta_2\big(h(q), w\big) \in F_2 \iff \delta_2\big(h(q'), w\big) \in F_2 \right) \quad \text{Def. 5.6.5}$$

$$\Longleftrightarrow h(q) \sim h(q')$$

Damit ist die Hilfsüberlegung bewiesen.

Sei nun also A isomorph zu $\hat{M}_L$, seien $q, q' \in K_A$ mit $q \sim q'$, und sei $h : A \to \hat{M}_L$ ein Automatenisomorphismus.

$$\Longrightarrow h(q) \sim_{\hat{M}_L} h(q') \quad \text{nach der obigen Hilfsüberlegung}$$

$$\Longrightarrow h(q) = h(q'), \qquad \text{da } \hat{M}_L \text{ reduziert ist}$$

$$\Longrightarrow q = q', \qquad\qquad \text{da } h \text{ bijektiv ist.}$$

(ii) $\Rightarrow$ (iii): Sei A reduziert. Zu zeigen ist, dass A isomorph ist zu $\hat{M}_L$. Da A erreichbar ist (laut der Voraussetzung dieses Satzes), gibt es einen surjektiven Automatenmorphismus $\varphi : A \to \hat{M}_L$. Wenn wir nun zeigen können, dass φ sogar bijektiv ist, ist die Isomorphie bewiesen.

Nehmen wir also an, φ sei nicht injektiv. Das heißt, es gibt $q_1, q_2 \in K_A$, so dass $q_1 \neq q_2$ und $\varphi(q_1) = \varphi(q_2)$. Nach Def. 5.6.5 von Automatenmorphismen gilt:

$$\forall u \in \Sigma^* \left(\big(\delta_A(q_1, u) \in F_A \iff \varphi\big(\delta_A(q_1, u)\big) \in F_{\hat{M}_L}\big) \right.$$
$$\left. \text{und} \ \ \varphi\big(\delta_A(q_1, u)\big) = \delta_{\hat{M}_L}\big(\varphi(q_1), u\big) \right)$$

Da außerdem $\varphi(q_1) = \varphi(q_2)$ ist, gilt:

$$\varphi\big(\delta_A(q_1, u)\big) = \delta_{\hat{M}_L}\big(\varphi(q_1), u\big) = \delta_{\hat{M}_L}\big(\varphi(q_2), u\big) = \varphi\big(\delta_A(q_2, u)\big)$$

Damit gilt aber

$$\forall u \in \Sigma^* \left(\delta_A(q_1, u) \in F_A \iff \varphi\big(\delta_A(q_1, u)\big) \in F_{\hat{M}_L} \iff \right.$$
$$\left. \varphi\big(\delta_A(q_2, u)\big) \in F_{\hat{M}_L} \iff \delta_A(q_2, u) \in F_A \right)$$

oder kurz $\forall u \in \Sigma^* \left(\delta_A(q_1, u) \in F_A \iff \delta_A(q_2, u) \in F_A \right)$.

Also gilt $q_1 \sim q_2$. Das ist ein Widerspruch, da A reduziert ist. Also ist φ bijektiv. $\blacksquare$

Nachdem wir nun gezeigt haben, dass $\hat{M}_L$ minimal ist, wollen wir einen weiteren minimalen Automaten vorstellen.

Definition 5.6.10 (reduzierter Automat $\mathbf{A^{red}}$). *Sei $A = (K, \Sigma, \delta, s_0, F)$, so ist der reduzierte endliche Automat von* **A**, $\mathbf{A^{red}} := (K^{err}/\sim, \Sigma, \delta^{red}, [s_0]_\sim, F^{err}/\sim)$, *definiert wie folgt:*

$$\sim \quad := \text{ Äquivalenz von Zuständen in } A$$
$$K^{err}/\sim \quad := \{[q]_\sim \mid q \in K, q \text{ erreichbar}\}$$
$$F^{err}/\sim \quad := \{[q]_\sim \mid q \in F, q \text{ erreichbar}\}$$
$$\delta^{red}([q]_\sim, a) := [\delta(q, a)]_\sim$$

Um A^{red} zu bilden, werden also ausgehend vom erreichbaren Automaten A^{err} äquivalente Zustände zusammengefasst. δ^{red} lässt sich leicht erweitern zu δ^{red^*} mit $\delta^{red^*}([q]_\sim, w) = [\delta^*(q, w)]_\sim$. Wir müssen noch zeigen, dass die Definition von δ überhaupt sinnvoll ist, das heißt, dass sie unabhängig vom Repräsentanten q eines Zustandes $[q]_\sim$ ist. Dies beweist das folgende Lemma.

Lemma 5.6.11 (A^{red} ist wohldefiniert). *Für A^{red} gilt: Ist $[q_1]_\sim = [q_2]_\sim$, so ist auch $[\delta(q_1, a)]_\sim = [\delta(q_2, a)]_\sim$.*

Beweis:

$$[q_1]_\sim = [q_2]_\sim$$
$$\Longrightarrow q_1 \sim q_2$$
$$\Longrightarrow \forall w \in \Sigma^* \ \forall a \in \Sigma \ \big(\delta(q_1, aw) \in F \iff \delta(q_2, aw) \in F\big)$$
$$\Longrightarrow \forall a \in \Sigma \ \left(\forall w \in \Sigma^* \ \big(\delta(\delta(q_1, a), w) \in F \iff \delta(\delta(q_2, a), w) \in F\big)\right)$$
$$\Longrightarrow \delta(q_1, a) \sim \delta(q_2, a)$$
$$\Longrightarrow [\delta(q_1, a)]_\sim = [\delta(q_2, a)]_\sim \qquad \blacksquare$$

Da die Zustände von A^{red} Äquivalenzklassen von $\sim$ sind, ist A^{red} offensichtlich reduziert. Daraus folgen direkt mehrere Aussagen:

Satz 5.6.12 ($\mathbf{A^{red}}$ ist isomorph zu $\mathbf{\hat{M}_L}$). *Für alle endlichen Automaten A gilt:*

- *A^{red} ist reduziert und erreichbar.*
- *$L(A) = L(A^{red})$.*

Konsequenz: A^{red} ist isomorph zu $\hat{M}_L$.

Berechnung von $\mathbf{A^{red}}$: Angenommen, A^{err} sei gegeben. Wie berechnet man dann für zwei Zustände q_1, q_2, ob $q_1 \sim q_2$ ist, ob also für *alle* unendlich vielen Wörter $w \in \Sigma^*$ gilt, dass $\delta(q_1, w) \in F \iff \delta(q_2, w) \in F$ ist?

Man kann außer der totalen Zustandsäquivalenz $\sim$ auch die Zustandsäquivalenz für Wörter mit begrenzter Länge definieren. Damit kann man dann die Partitionierung der Zustandsmenge in Äquivalenzklassen immer weiter verfeinern, indem man erst die Zustände betrachtet, die für Wörter der Länge

≤ 1 äquivalent sind, dann Zustände, die äquivalent sind für Wörter der Länge ≤ 2 etc. Es lässt sich zeigen, dass man diesen Vorgang höchstens $|K| - 2$ mal wiederholen muss, um bei der endgültigen Partitionierung in Äquivalenzklassen von $\sim$ anzukommen.

Definition 5.6.13 (Zustandsäquivalenz für Wörter der Länge n).

- $\Sigma^{\leq n} := \{w \in \Sigma^* \mid |w| \leq n\}$
- *Seien q, q' Zustände eines endlichen Automaten. Dann gilt*

$$\mathbf{q} \sim_{\mathbf{n}} \mathbf{q'} \iff \forall w \in \Sigma^{\leq n} \left(\delta(q, w) \in F \iff \delta(q', w) \in F \right).$$

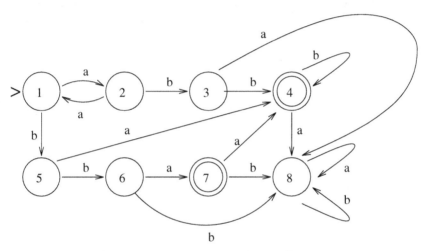

Abb. 5.20. Ein Automat zur Bestimmung der $\sim_n$-Äquivalenzklassen

Beispiel 5.6.14. Wir bestimmen im Automaten in Abb. 5.20 Äquivalenzklassen für beschränkte Wortlängen.

$\sim_0$: Für $\sim_0$ sind die Äquivalenzklassen schnell bestimmt: Zwei Zustände q_1 und q_2 sind grundsätzlich äquivalent bzgl. $\sim_0$ genau dann, wenn $\left(\delta(q_1, \varepsilon) \in F \iff \delta(q_2, \varepsilon) \in F\right)$ ist. Das heißt, alle nichtfinalen Zustände sind $\sim_0$-äquivalent, und alle finalen Zustände sind $\sim_0$-äquivalent.

  In unserem Beispiel heißt das, dass wir zwei Äquivalenzklassen haben:

$$K - F = \{1, 2, 3, 5, 6, 8\}$$
$$F = \{4, 7\}$$

$\sim_1$: Nun betrachten wir Zustände, die für Wörter der Länge 0 *und* 1 äquivalent sind. Offenbar können nur solche Wörter äquivalent bzgl. $\sim_1$ sein, die schon äquivalent bzgl. $\sim_0$ sind, da ja $\sim_1$ Äquivalenz für Wörter der Länge

0 mit einschließt. Wir müssen also nur die Elemente jeder Äquivalenzklasse untereinander vergleichen, ob sie auch bzgl. der neu dazugekommenen Wörter der Länge 1, nämlich a und b, äquivalent sind.

Die erste Äquivalenzklasse bzgl. $\sim_0$, $K - F$, teilt sich so auf:

$\{1, 2, 8\}$ weder mit a noch mit b in einen finalen Zustand

$\{5, 6\}$ mit a in einen finalen Zustand

$\{3\}$ mit b in einen finalen Zustand

Die zweite $\sim_0$-Äquivalenzklasse, F, trennt sich auch auf: Im Zustand 4 kommt man mit einem a in einen nichtfinalen Zustand, und im Zustand 7 mit einem b.

$\sim_2$: Für $\sim_2$ müsste man die verbleibenden mehrelementigen $\sim_1$-Äquivalenzklassen, $\{1, 2, 8\}$ und $\{5, 6\}$, darauf testen, in welche Zustände man mit den Wörtern aa, ab, ba, bb kommt, etc.

Lemma 5.6.15. *Sei $A = (K, \Sigma, \delta, s_0, F)$ ein erreichbarer endlicher Automat. E_n sei die zu $\sim_n$ gehörende Partition von K, d.h. $E_n := \{[q]_{\sim_n} \mid q \in K\}$, und E sei die zu $\sim$ gehörende Partition von K. Dann gilt:*

(i) *Für alle n ist E_{n+1} eine Verfeinerung von E_n, und E ist eine Verfeinerung von E_n (das ist die Eigenschaft, die uns eben schon im Beispiel 5.6.14 aufgefallen war: Äquivalenzklassen werden bei wachsenden Wortlängen höchstens kleiner, bekommen aber nie neue Elemente).*

   Das heißt: $[q]_\sim \subseteq [q]_{\sim_{n+1}} \subseteq [q]_{\sim_n}$ $\forall q \in K$, $\forall n$

(ii) *Es gilt $q_1 \sim_{n+1} q_2$ gdw.*
   - *$q_1 \sim_1 q_2$ und*
   - *$\forall a \in \Sigma \left(\delta(q_1, a) \sim_n \delta(q_2, a) \right)$*
   $\forall q_1, q_2 \in K$ $\forall n \in \mathbb{N}$

(iii) *Falls $E_n = E_{n+1}$, dann gilt schon $E_n = E$. Wenn sich die Partitionierung von E_n zu E_{n+1} nicht verfeinert, wird sie sich überhaupt nicht weiter verfeinern lassen.*

(iv) *$E_{n_0} = E$ für $n_0 = |K| - 2$*

Beweis:

(i) Zu zeigen ist: $[q]_\sim \subseteq [q]_{\sim_{n+1}} \subseteq [q]_{\sim_n}$ für alle $q \in K, n \in \mathbb{N}$.

   Das gilt genau dann, wenn $\left(p \in [q]_\sim \Longrightarrow p \in [q]_{\sim_{n+1}} \Longrightarrow p \in [q]_{\sim_n} \right)$

$$p \in [q]_\sim \iff p \sim q$$
$$\Longrightarrow p \sim_{n+1} q$$
$$\Longrightarrow p \in [q]_{\sim_{n+1}} \quad \text{Wenn } p \text{ und } q \text{ für Wörter beliebiger Länge äquivalent sind, dann auch für Wörter der Länge} \leq n+1.$$
$$\Longrightarrow p \sim_n q \Longrightarrow p \in [q]_{\sim_n}$$

(ii) Zu zeigen ist: $q_1 \sim_{n+1} q_2$ *gdw.*

- $q_1 \sim_1 q_2$ und
- $\forall a \in \Sigma \; \big(\delta(q_1, a) \sim_n \delta(q_2, a)\big)$
  für alle $q_1, q_2 \in K, n \in \mathbb{N}$.

$q_1 \sim_{n+1} q_2$

$\Longleftrightarrow \forall w \in \Sigma^*$ mit $|w| \le n+1$ gilt $\big(\delta(q_1, w) \in F \Longleftrightarrow \delta(q_2, w) \in F\big)$

$\Longleftrightarrow \forall a \in \Sigma \; \forall w' \in \Sigma^*$ mit $|w'| \le n$ gilt $\big(\delta(q_1, aw') \in F \Longleftrightarrow \delta(q_2, aw') \in F\big)$ und $q_1 \sim_0 q_2$

$\Longleftrightarrow q_1 \sim_1 q_2$ und $\forall a \in \Sigma \; \forall w' \in \Sigma^*$ mit $|w'| \le n$ gilt
$\Big(\delta\big(\delta(q_1, a), w'\big) \in F \Longleftrightarrow \delta\big(\delta(q_2, a), w'\big) \in F\Big)$

$\Longleftrightarrow q_1 \sim_1 q_2$ und $\forall a \in \Sigma \; \big(\delta(q_1, a) \sim_n \delta(q_2, a)\big)$

(iii) Zu zeigen ist: $(E_n = E_{n+1} \Longrightarrow E_n = E)$. Es gelte also $E_n = E_{n+1}$. Man kann zeigen, dass dann schon $E_n = E_{n+2}$ gilt. Dabei ist $E_{n+2} = \{[q]_{\sim_{n+2}} \mid q \in K\}$.

$[q]_{\sim_{n+2}}$

$= \{p \in K \mid p \sim_{n+2} q\}$

$= \{p \in K \mid p \sim_1 q$ und $\forall a \in \Sigma \; \big(\delta(p, a) \sim_{n+1} \delta(q, a)\big)\}$ nach (ii)

$= \{p \in K \mid p \sim_1 q$ und $\forall a \in \Sigma \; \big(\delta(p, a) \sim_n \delta(q, a)\big)\}$ da $E_n = E_{n+1}$

$= \{p \in K \mid p \sim_{n+1} q\}$ nach (ii)

$= [q]_{\sim_{n+1}}$

$\Longrightarrow E_{n+2} = E_{n+1} \; (= E_n)$.

Durch Induktion kann man nun zeigen, daß $E_n = E_{n+k} \; \forall k$. Damit gilt aber schon $E_n = E$.

(iv) Zu zeigen ist: Für $n_0 = |K| - 2$ gilt $E_{n_0} = E$.

1. Fall: $K = F$ oder $F = \emptyset$. Dann gilt schon $p \sim q \; \forall p, q \in K$, also $E = E_0 = E_n \; \forall n$.

2. Fall: $K \ne F \ne \emptyset$. Dann gilt:
   - $|E_0| \ge 2$: Es ist $E_0 = \{K - F, F\}$.
   - Jede neue Partitionierung E_{n+1} muss mehr Äquivalenzklassen haben als E_n, sonst ist $E_{n+1} = E_n = E$ nach (iii).
   - $|E_i| \le |K| \; \forall i$. Es kann natürlich in keiner Partitionierung mehr Zustands-Äquivalenzklassen als Zustände geben.

   Damit ergibt sich für alle Partitionen E_n mit $E_n \ne E_{n-1}$:

   $|K| \ge |E_n| \ge n + 2$ d.h. $n \le |K| - 2$

   Also ist $E = E_{|K|-2}$.   ∎

Damit ist schon gezeigt, dass der folgende Satz gilt:

Satz 5.6.16 (Berechnung von A^{red}). *Sei $A = (K, \Sigma, \delta, s_0, F)$ ein erreichbarer endlicher Automat. Dann gilt für $q, p \in K$:*

$$q \sim p \iff q \sim_{n_0} p \text{ mit } n_0 = |K| - 2.$$

Damit genügt es zur Entscheidung, ob $q \sim p$ gilt, nur Wörter einer Länge $\leq |K| - 2$ zu betrachten. Für eine praktische Berechnung von A^{red} ist dieser Satz allerdings nicht geeignet, da damit exponentiell viele Wörter zu untersuchen wären. Die Anzahl der Wörter über Σ einer Länge k beträgt ja $|\Sigma|^k$. Der Beweis des letzten Lemma zeigt aber ein praktikables, sehr schnelles Verfahren auf, alle $\sim$-Klassen simultan durch Auswertung der Verfeinerungen der E_i-Klassen zu erhalten.

5.7 Das Pumping-Lemma für $\mathcal{L}_3$

Wie wir gesehen haben, sind die regulären Sprachen gerade die, die man durch reguläre Ausdrücke beschreiben kann. Daraus kann man Rückschlüsse ziehen auf die Struktur von unendlichen $\mathcal{L}_3$-Sprachen: Es gibt nur einen einzigen Operator, um mit einem regulären Ausdruck unendlich viele Wörter zu beschreiben, nämlich den Kleene-Star. Also müssen sich in den Wörtern einer unendlichen Typ-3-Sprache bestimmte Buchstabenketten beliebig oft wiederholen.

Dieselbe Beobachtung kann man machen, wenn man sich überlegt, wie ein endlicher Automat mit nur endlich vielen Zuständen eine unendliche Sprache akzeptieren kann: Er muss Schleifen enthalten. Diese Beobachtung wird formalisiert im *Pumping-Lemma*, das wir jetzt vorstellen. Wir werden das Pumping-Lemma im folgenden dazu benutzen zu zeigen, dass eine Sprache nicht regulär ist: Wenn sie nicht das einfache Schema von Wort-Wiederholungen aufweist, das alle unendlichen regulären Sprachen haben, dann ist sie nicht regulär.

Satz 5.7.1 (Pumping-Lemma für $\mathcal{L}_3$-Sprachen). *Sei $L \in Rat$. Dann existiert ein $n \in \mathbb{N}$, so dass gilt: Für alle $x \in L$ mit $|x| \geq n$ existieren $u, v, w \in \Sigma^*$ mit*

- $x = uvw$,
- $1 \leq |v| < n$, *und*
- $uv^m w \in L \quad \forall m \in \mathbb{N}$.

Es haben also in einer regulären Sprache L alle Wörter ab einer bestimmten Länge einen Mittelteil v, den man beliebig oft wiederholen (oder auch ganz weglassen) kann. Man kann sich das vorstellen als einen Automaten, der erst u liest, dann beliebig oft v liest (und dabei immer zum Anfangszustand von v zurückkehrt, so dass er die v-Schleife ggf. noch einmal durchlaufen kann), dann w liest und dabei in einem finalen Zustand landet (Abb. 5.21).

Beweis: Sei L eine reguläre Sprache.

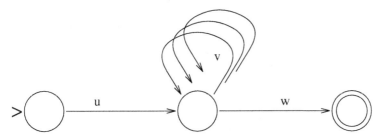

Abb. 5.21. Ein Automat, der erst u liest, dann beliebig oft v und schließlich w

1. Fall: **L** ist endlich. Sei w_{max} das längste Wort in L. Dann setzen wir n, die Konstante aus dem Satz, auf $n = |w_{max}| + 1$. Dann gibt es keine Wörter $x \in L$, für die $|x| \geq n$ gilt und für die die Bedingungen des Pumping-Lemmas erfüllt sein müssten.

2. Fall: **L** ist unendlich. Dann werden die Wörter in L beliebig lang. Ein endlicher Automat hat aber nur endlich viele Zustände. Bei einem Wort ab einer bestimmten Länge muss der Automat, der das Wort akzeptiert, also mindestens einen Zustand q mehrmals durchlaufen. Diese Schleife, die bei q beginnt und endet, kann der Automat natürlich auch zweimal durchlaufen oder dreimal, oder er kann sie ganz weglassen.

Sei nun also $L = L(A)$ und $A = (K, \Sigma, \delta, s_0, F)$ ein endlicher Automat.

Wir wählen die Konstante n als $n := |K|$ und betrachten ein beliebiges $x \in L$ mit $|x| = t \geq n$, und $x = x_1 x_2 \ldots x_t$, $x_i \in \Sigma$. Seien $q_0, q_1, \ldots, q_t \in K$ die $t + 1$ Zustände, die beim Akzeptieren von x durchlaufen werden, mit $q_0 = s_0, q_t \in F$ und $\delta(q_i, x_{i+1}) = q_{i+1}$ $\forall 0 \leq i \leq t - 1$. Da $t \geq |K|$ ist, gibt es zwei Werte i und $j \in \{0, \ldots, t\}$, so dass $i \neq j$ und $q_i = q_j$. Falls $|j - i| \geq |K|$ ist, ist dasselbe Argument wiederum anwendbar, und es gibt zwei weitere, näher beieinander liegende Zustände $q_{i'}, q_{j'}$ im Intervall zwischen q_i und q_j mit $q_{i'} = q_{j'}$. Also finden wir Werte $i, j \in \{0, \ldots, t\}$ mit $0 < j - i < |K| + 1$ und $q_i = q_j$ (Abb. 5.22).

Wir wählen nun

$$
\left.
\begin{aligned}
u &:= x_1 \ldots x_i \\
v &:= x_{i+1} \ldots x_j \\
w &:= x_{j+1} \ldots x_t
\end{aligned}
\right\} x = uvw \text{ mit } 1 \leq |v| < n.
$$

Für alle $m \geq 0$ gibt es Wege von q_0 zu q_i mit „Beschriftung" uv^m, und somit Wege von q_0 nach q_t mit „Beschriftung" $uv^m w$. Also gilt $\forall m \in \mathbb{N}$, dass $uv^m w \in L$. Wegen $j - i < |K| + 1 = n$ ist außerdem $|v| < n$. ∎

Es gibt auch nicht-$\mathcal{L}_3$-Sprachen, für die das $\mathcal{L}_3$-Pumping-Lemma gilt. Wenn man aber für eine Sprache beweisen kann, dass für sie dies Pumping-Lemma nicht gilt, dann ist auch bewiesen, dass sie nicht in $\mathcal{L}_3$ ist.

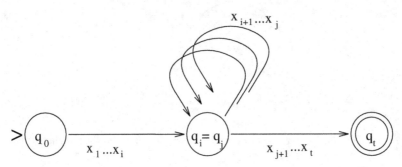

Abb. 5.22. Akzeptanz eines „pumpbaren" Wortes x durch einen Automaten

Beispiel 5.7.2. Um mit Hilfe des Pumping-Lemmas zu zeigen, dass eine Sprache L nicht rational ist, zeigt man, dass für sie die Aussage des Pumping–Lemmas nicht gilt: Man zeigt, dass es für jedes $n \in \mathbb{N}$ ein Wort der Sprache gibt, das sich nicht entsprechend dem Pumping-Lemma „aufpumpen" lässt.[2]

So sind etwa die folgenden Sprachen nicht rational:

(i) $L_1 := \{ a^i b a^i \mid i \in \mathbb{N} \}$

(ii) $L_2 := \{ a^p \mid p \text{ ist Primzahl} \}$

Beweis:

(i) Nehmen wir an, L_1 sei rational. Dann existiert eine Zahl n mit den Eigenschaften des Pumping-Lemmas. Es gibt beliebig lange Wörter in L_1. Wählt man nun das Wort $a^n b a^n \in L_1$, so müssen nach dem Pumping-Lemma Teilwörter u, v, w existieren mit $a^n b a^n = uvw$, so dass die restlichen Aussagen des Pumping-Lemmas gelten.

Es gibt 3 Möglichkeiten, wie sich $a^n b a^n$ auf die Teilwörter u, v, w verteilen kann:

   1. $u = a^k, v = a^j, w = a^i b a^n$ mit $i, k \geq 0$, $j > 0$ und $k + j + i = n$. Wenn wir nun v einmal „aufpumpen", erhalten wir $uv^2w = a^k a^{2j} a^i b a^n = a^{k+2j+i} b a^n = a^{n+j} b a^n \notin L_1$, ein Widerspruch.

   2. $u = a^n b a^i, v = a^j, w = a^k$ führt analog zu 1. zum Widerspruch.

   3. $u = a^k, v = a^j b a^i, w = a^l$ mit $k + j = i + l = n$ und $i, j, k, l \geq 0$. Pumpen wir nun wieder v einmal auf. $uv^2w = a^k a^j b a^i a^j b a^i a^l = a^{k+j} b a^{i+j} b a^{i+l} \notin L_1$, schon wegen der 2 ‚b' ein Widerspruch.

---

[2] Genauer gesagt: Wenn für eine Sprache L die Aussage des Pumping-Lemmas nicht gilt, so gilt $\neg \Big(\exists n \in \mathbb{N} \ \forall x \in L \big(|x| \geq n \Longrightarrow (\exists u, v, w \in \Sigma^* \ (x = uvw \wedge 1 \leq |v| < n \wedge \forall m \in \mathbb{N} \ uv^m w \in L))) \Big)$. Entsprechend den Umformungsregeln von S. 42 ist das äquivalent zu $\forall n \in \mathbb{N} \ \exists x \in L \Big(|x| \geq n \wedge \forall u, v, w \in \Sigma^* ((x = uvw \wedge 1 \leq |v| < n) \Longrightarrow \exists m \in \mathbb{N} \ uv^m w \notin L) \Big)$.

Also ist L_1 nicht rational.

Übrigens ist diese Sprache von der Form her der Sprache L_{ab} aus Beispiel 4.1.3 ähnlich. Man kann analog zu dem Beweis für L_1 mit dem Pumping-Lemma zeigen, dass auch L_{ab} nicht rational ist.

(ii) Nehmen wir an, L_2 sei rational. Dann existiert eine Zahl n mit den Eigenschaften des Pumping-Lemmas. Da es unendlich viele Primzahlen gibt, gibt es auch beliebig lange Wörter in L_2.

Wählt man nun ein Wort $a^p \in L_2$ mit $p \geq n$, dann lässt sich a^p zerlegen in $a^p = uvw$ mit $u = a^i$, $v = a^j$, $w = a^k$ mit $i + j + k = p \geq n$ und $0 < j < n$. Nach dem Pumping-Lemma muss nun uv^iw in L liegen $\forall i \in \mathbb{N}$.

Fall 1: $i + k > 1$. Dann pumpen wir v $(i + k)$ mal:

$uv^{i+k}w = a^i a^{j(i+k)} a^k = a^{(j+1)(i+k)} \in L_2$ nach dem Pumping-Lemma. Aber $a^{(j+1)(i+k)}$ ist keine Primzahl: $j + 1 \geq 2$, da $j > 0$, und $i + k > 1$ nach der Anfangsbedingung von Fall 1, ein Widerspruch.

Fall 2: $i + k = 1$. Dann ist $j + 1 = p$ eine Primzahl.

O.B.d.A. sei $i = 0$ und $k = 1$. Pumpen wir nun v $(j + 2)$ mal:

$uv^{j+2}w = a^{j(j+2)} a^1 = a^{j^2 + 2j + 1} = a^{(j+1)^2}$, und das ist keine Primzahl, ein Widerspruch. ∎

5.8 Entscheidbare Probleme für $\mathcal{L}_3$

Lemma 5.8.1. *Sei A ein endlicher Automat. Es ist entscheidbar, ob*

(i) $L(A) = \emptyset$ ist.

(ii) $L(A)$ unendlich ist.

Beweis:

Zu (i): Um festzustellen, ob $L(A) = \emptyset$ ist, berechnet man zu dem endlichen Automaten A den erreichbaren endlichen Automaten A^{err} (man eliminiert also alle die Zustände von A, die nicht vom Startzustand aus erreichbar sind). $L(A) = L(A^{err})$ ist genau dann nicht leer, wenn A^{err} noch finale Zustände hat.

Zu (ii): Um festzustellen, ob $L(A)$ unendlich ist, eliminiert man aus A^{err} alle nicht co-erreichbaren Zustände und erhält A^{trim}. $L(A) = L(A^{trim})$ ist offensichtlich genau dann unendlich, wenn in der graphischen Darstellung von A^{trim} ein Kreis enthalten ist. ∎

Diese Methode funktioniert auch für indeterminierte endliche Automaten.

Lemma 5.8.2. *Seien A_1, A_2 endliche Automaten. Es ist entscheidbar, ob*

(i) $L(A_1) \cap L(A_2) = \emptyset$ ist.

(ii) $L(A_1) = L(A_2)$ *ist.*

Beweis: Seien A_1, A_2 endliche Automaten.

Zu (i): $\mathcal{L}_3$ ist abgeschlossen gegen $\cap$, also gibt es einen endlichen Automaten $A_\cap$ mit

$L(A_\cap) = L(A_1) \cap L(A_2)$.

Nach dem obigen Lemma ist die Frage, ob $L(A_\cap) = \emptyset$ ist, entscheidbar. Also ist auch die Frage, ob $L(A_1) \cap L(A_2) = \emptyset$ ist, entscheidbar.

Zu (ii): $\mathcal{L}_3$ ist abgeschlossen gegen $\cup$, $\cap$, $\neg$. Also kann man zu A_1 und A_2 einen endlichen Automaten $A_=$ konstruieren mit $L(A_=) = (L(A_1) \cap \overline{L(A_2)}) \cup (\overline{L(A_1)} \cap L(A_2))$.

Wenn man nun nachrechnet, stellt man fest, dass $\big(L(A_1) = L(A_2) \iff L(A_=) = \emptyset\big)$ ist. Die Frage, ob $L(A_=) = \emptyset$ ist, ist nach dem obigen Lemma entscheidbar, also gilt Gleiches für die Frage, ob $L(A_1) = L(A_2)$ ist. ∎

An diesen Beweisen kann man sehen, dass $A_\cap$ und $A_=$ effektiv aus A_1 und A_2 konstruierbar sind.

5.9 Zusammenfassung

Sprachklasse: $\mathcal{L}_3$, die regulären oder auch rationalen Sprachen. Eine reguläre Sprache heißt auch Typ-3-Sprache.

Diese Sprachklasse stimmt überein mit der Menge der Sprachen, die sich durch reguläre Ausdrücke beschreiben lassen.

Grammatiktyp: Die zugehörigen Grammatiken heißen rechtslinear. Für jede Grammatikregel $P \to Q$ gilt:

$P \in V$ und

$Q \in T^* \cup T^+V$.

Automaten: endliche Automaten (e.a.), indeterminierte endliche Automaten (nd. e.a.), Automaten mit ε-Kanten (ε-nd. e.a.). Generalisierte sequentielle Maschinen (gsm) sind endliche Automaten, die nicht nur lesen, sondern auch schreiben: Für jeden gelesenen Buchstaben können sie ein Wort ausgeben und so ein Ausgabewort generieren.

Ein endlicher Automat liest das Eingabewort einmal von links nach rechts durch und hat einen Speicher von endlicher Größe, den Zustand. Er akzeptiert über finale Zustände.

Beispiele:

- Alle endlichen Sprachen sind regulär.
- Die Sprache a^* ist regulär. Grammatikregeln für diese Sprache: $S \to aS \mid \varepsilon$

- $\{w \in \{a,b\}^* \mid \#_a(w) \text{ ist gerade }\}$ ist regulär, nicht regulär ist dagegen $\{w \in \{a,b\}^* \mid \#_a(w) = \#_b(w)\}$.
- Ein typisches Beispiel aus der Praxis ist der Getränkeautomat.

Kriterium: Pumping-Lemma (notwendiges Kriterium)

Abschlusseigenschaften: Reguläre Sprachen sind abgeschlossen gegen

$$\neg,\ \cup,\ \cap,\ {}^*,\ \circ\,.$$

Weitere Operationen, gegen die $\mathcal{L}_3$ abgeschlossen ist, folgen in Kap. 9.

6. Kontextfreie Sprachen

Kontextfreie Sprachen werden von kontextfreien Grammatiken erzeugt. Dabei wird mit einer Grammatikregel jeweils eine Variable durch ein Wort ersetzt, gleichgültig in welchem Kontext die Variable steht. Im Gegensatz zu rechtslinearen Grammatiken sind kontextfreie Grammatiken zu innerer Rekursion fähig. Zum Beispiel könnte die Definition eines Befehls in einer Programmiersprache so aussehen:

Befehl $= \ldots |$ „if" Bedingung „then" Befehl „end" $| \ldots$

Nach dem „then" kann wieder jede mögliche Form eines Befehls stehen, einschließlich einer weiteren if-Anweisung. Wenn man testen will, ob ein Programm in dieser Programmiersprache syntaktisch korrekt ist, muss man die Vorkommen von „end" mitzählen; für jede begonnene if-Anweisung muss ein „end" da sein. Eine rechtslineare Grammatik könnte eine solche Struktur nicht erzeugen; dahingegen lässt sich die kontextfreie Sprache $a^n b^n$, die wir in Beispiel 4.1.3 vorgestellt haben, als eine etwas abstraktere Form der „if"-„then"-„end"-Klammerung sehen: Zu jedem „if" muss ein „end" vorhanden sein, oder zu jedem a ein b.

Sprachkonstrukte von Programmiersprachen sind im allgemeinen durch kontextfreie Sprachen darstellbar. Weitere typische kontextfreie Strukturen sind arithmetische Ausdrücke oder aussagenlogische Formeln.

6.1 Darstellung von kontextfreien Ableitungen in Baumform

In Kap. 4 hatten wir definiert, dass Regeln einer kontextfreien Grammatik die Form $A \to \alpha$ haben, wobei A eine einzelne Variable ist und α ein Wort aus Variablen und Terminalen. Durch die Anwendung einer solchen Regel wird irgendwo in einem Wort eine Variable A durch das Wort α ersetzt. Wenn unser Wort momentan $DaBBcB$ heißt und es in der Grammatik die Regel $B \to Da$ gibt, kann das erste B ersetzt werden, und das nächste Wort in unserer Ableitung heißt $DaDaBcB$. Das lässt sich graphisch darstellen wie in Abb. 6.1.

© Springer-Verlag GmbH Deutschland, ein Teil von Springer Nature 2018
L. Priese und K. Erk, *Theoretische Informatik*,
https://doi.org/10.1007/978-3-662-57409-6_6

Man kann auch mehrere Ableitungsschritte zusammen darstellen. Wenn man das Wort von eben weiter ableitet, etwa mit einer Regel $D \to cc$, könnte das so aussehen wie in Abb. 6.2.

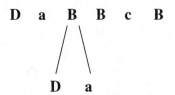

Abb. 6.1. Ein Ableitungsschritt $DaBBcB \Longrightarrow DaDaBcB$

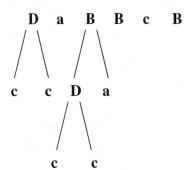

Abb. 6.2. Mehrere Ableitungsschritte

In dieser Darstellung sieht man nicht mehr, ob zuerst das B oder das D des Wortes $DaBBcB$ ersetzt wurde, aber für die Erzeugung eines terminalen Wortes ist ja nicht wichtig, in welcher Reihenfolge Regeln angewendet wurden, sondern welche Regeln angewendet wurden.

Die Struktur, die wir oben in der graphischen Darstellung verwendet haben, ist ein *Baum*, ein Spezialfall eines *gerichteten Graphen*. Diese Strukturen, Graphen im Allgemeinen und Bäume im Speziellen, haben wir in Kap. 2 eingeführt, und zwar in den Definitionen 2.4.1, 2.4.4 und 2.4.6. Wie die Ableitung $DaBBcB \Longrightarrow^* ccaccaBcB$ im Beispiel oben kann man auch jede andere Ableitung einer kontextfreien Grammatik als Baum darstellen.

Definition 6.1.1 (Ableitungsbaum zu einer Grammatik). *Sei $G = (V, T, R, S)$ eine cf-Grammatik. Ein* **Ableitungsbaum (parse tree)** *zu G ist ein angeordneter knotengewichteter[1] Baum $B = (W, E, v_0)$, für den gilt:*

- *Jeder Knoten $v \in W$ ist mit einem Symbol aus $V \cup T \cup \{\varepsilon\}$ markiert.*
- *Die Wurzel v_0 ist mit S markiert.*
- *Jeder innere Knoten ist mit einer Variablen aus V markiert.*
- *Jedes Blatt ist mit einem Symbol aus $T \cup \{\varepsilon\}$ markiert.*

---

[1] Siehe Definitionen 2.4.6 und 2.4.7.

- *Ist $v \in W$ ein innerer Knoten mit Söhnen $v_1, \ldots, v_k$ in dieser Anordnung, ist A die Markierung von v und A_i die Markierung von v_i, so ist $A \to A_1 \ldots A_k \in R$.*
- *Ein mit ε markiertes Blatt hat keinen Bruder (denn das entspräche einer Ableitung wie $A \to ab\varepsilon Bc$).*

Das Wort w, das mit einer Ableitung $S \Longrightarrow_G^* w$ erzeugt worden ist, kann man lesen, indem man alle Blätter des zugehörigen Ableitungsbaumes von links nach rechts durchgeht. Das funktioniert natürlich nur, weil Ableitungsbäume angeordnet sind. Eine Regel $A \to ab$ ist ja durchaus etwas anderes ist als $A \to ba$. Neben der Ordnung unter den Söhnen eines Knotens müssen wir aber auch eine Ordnung unter den Blättern (die nur entfernt verwandt sein müssen) definieren. Der Intuition entsprechend, definieren wir für Blätter $b_1, b_2 \in W$:

$$b_1 < b_2 \iff b_1 \text{ und } b_2 \text{ sind Brüder, und } b_1 \text{ liegt "links" von } b_2, \text{ oder}$$
$$\exists v, v_1, v_2 \in W \quad v \to v_1, \ v \to v_2, \ v_1 < v_2 \text{ und } v_i \text{ ist}$$
$$\text{Vorfahre von } b_i \text{ für } i \in \{1, 2\}.$$

Zwei weitere Begriffe zu Ableitungsbäumen:

- Sei $\{b_1, \ldots, b_k\}$ die Menge aller Blätter in B mit $b_1 < \ldots < b_k$, und sei A_i die Markierung von b_i, so heißt das Wort $A_1 \ldots A_k$ die **Front** von B.
- Ein **A-Baum** in B ist ein Unterbaum von B, dessen Wurzel mit A markiert ist.

Satz 6.1.2. *Sei $G = (V, T, R, S)$ eine cf-Grammatik. Dann gilt für jedes Wort $w \in T^*$:*
$$\left(S \Longrightarrow_G^* w\right) \iff \text{Es gibt einen Ableitungsbaum in } G \text{ mit Front } w.$$

Beweis: Wir skizzieren die Beweisidee nur kurz, da beide Beweisrichtungen völlig offensichtlich sind. Man beweist noch etwas mehr als der Satz aussagt, indem man w von T^* auf den Bereich $(V \cup T)^*$ und S auf eine beliebige Variable A verallgemeinert: Zu G und w existiert ein Ableitungsbaum B, so dass

$$\left(A \Longrightarrow_G^* w\right) \iff \text{Es gibt einen } A\text{-Baum in } B \text{ mit Front } w$$

"$\Rightarrow$" durch Induktion über die Länge von Ableitungen
"$\Leftarrow$" durch Induktion über die Tiefe von A-Bäumen   ∎

Beispiel 6.1.3. Die Menge aller aussagenlogischen Formeln über den Variablen $\{x, x_0, x_1, x_2, \ldots\}$ wird erzeugt von der Grammatik $G = (\{S, A, N, N'\}, \{x, 0, \ldots, 9, (,), \wedge, \vee, \neg\}, R, S)$ mit der Regelmenge

$$R = \{S \quad \to \quad (S \ \wedge \ S) \mid (S \ \vee \ S) \mid \neg S \mid A$$

$$A \rightarrow x \mid xN$$
$$N \rightarrow 1N' \mid 2N' \mid \ldots \mid 9N' \mid 0$$
$$N' \rightarrow 0N' \mid 1N' \mid \ldots \mid 9N' \mid \varepsilon\}$$

Abbildung 6.3 zeigt den Ableitungsbaum für $((\neg x \wedge x38) \vee x2)$. Wie schon erwähnt, steht dieser Ableitungsbaum für eine ganze Reihe verschiedener Ableitungen der Formel: Es ist für das erzeugte Wort gleichgültig, ob in dem Wort $(S \vee S)$ zuerst das erste oder das zweite Vorkommen von S ersetzt wird. Die verschiedenen Ableitungen, die sich aus diesem Baum lesen lassen, sind äquivalent. Eine dieser Ableitungen ist zum Beispiel die folgende:

$$
\begin{array}{lcll}
S & \Rightarrow & (S \vee S) & \Rightarrow \\
((S \wedge S) \vee S) & \Rightarrow & ((\neg S \wedge S) \vee S) & \Rightarrow \\
((\neg A \wedge S) \vee S) & \Rightarrow & ((\neg x \wedge S) \vee S) & \Rightarrow \\
((\neg x \wedge A) \vee S) & \Rightarrow & ((\neg x \wedge xN) \vee S) & \Rightarrow \\
((\neg x \wedge x3N') \vee S) & \Rightarrow & ((\neg x \wedge x38N') \vee S) & \Rightarrow \\
((\neg x \wedge x38) \vee S) & \Rightarrow & ((\neg x \wedge x38) \vee A) & \Rightarrow \\
((\neg x \wedge x38) \vee xN) & \Rightarrow & ((\neg x \wedge x38) \vee x2N') & \Rightarrow \\
((\neg x \wedge x38) \vee x2) & & &
\end{array}
$$

In ähnlicher Weise wie die Syntax der Aussagenlogik lässt sich auch der Aufbau arithmetischer Ausdrücke mit einer cf-Grammatik beschreiben.

Definition 6.1.4 (Linksableitung). *Eine Ableitung* $w_1 \Longrightarrow_G w_2 \Longrightarrow_G \ldots \Longrightarrow_G w_n$ *heißt* **Linksableitung** *falls* w_{i+1} *durch Ersetzen der linkesten Variable in* w_i *entsteht für alle* $i < n$.

Die **Rechtsableitung** *ist analog definiert.*

Die im letzten Beispiel gezeigte Ableitung ist eine Linksableitung. Aus einem Ableitungsbaum kann man die Linksableitung ablesen durch Tiefensuche, wobei der linkeste Ast zunächst durchsucht wird (pre-order traversal).

Definition 6.1.5 (Mehrdeutigkeit). *Eine* cf-Grammatik G *heißt* **mehrdeutig** *gdw. es ein Wort* $w \in L(G)$ *gibt, so dass* G *zwei verschiedene Linksableitungen zu* w *besitzt.*

Eine Sprache $L \in \mathcal{L}_2$ *heißt* **inhärent mehrdeutig** *gdw. alle kontextfreien Grammatiken für* L *mehrdeutig sind.*

Eine Grammatik G ist somit mehrdeutig, wenn es zwei verschiedene Ableitungsbäume in G mit gleicher Front gibt.

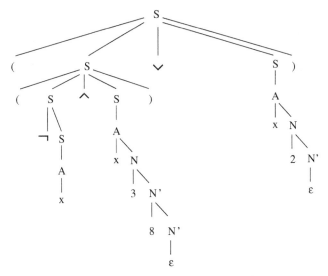

Abb. 6.3. Ableitungsbaum für $((\neg x \wedge x38) \vee x2)$

Beispiel 6.1.6. Die Grammatik in Beispiel 6.1.3 ist eindeutig: Der Ableitungsbaum ist vorgegeben durch die Klammerung der erzeugten Formel. Aber betrachten wir die folgende Grammatik für AL-Formeln in KNF: $G = (\{K, D, L, A\}, \{v, w, x, y, z, (,), \wedge, \vee, \neg\}, R, K)$ mit

$$R = \{K \rightarrow K \wedge K \mid D$$
$$D \rightarrow (D \vee D) \mid L$$
$$L \rightarrow \neg A \mid A$$
$$A \rightarrow v \mid w \mid x \mid y \mid z\}$$

Entsprechend der Klammer-Ersparnisregel – $x \wedge y \wedge z$ als Abkürzung für $((x \wedge y) \wedge z)$ – wurden in der obersten Ebene die Klammern weggelassen, was aber zu Mehrdeutigkeit führt. Zum Beispiel gibt es zu der Formel $x \wedge \neg y \wedge (v \vee w)$ zwei Ableitungsbäume, wie Abb. 6.4 zeigt.

Beispiel 6.1.7. Die Sprache $L := \{a^i b^j c^k \mid i = j \text{ oder } j = k\}$ ist inhärent mehrdeutig. Für einen Beweis siehe [Weg93, S. 168-170] oder für eine ähnliche Sprache [HU79, S. 99-103].

6.2 Umformung von Grammatiken

So wie ein endlicher Automat überflüssige Zustände haben kann, so kann auch eine kontextfreie Grammatik überflüssige Symbole oder überflüssige Regeln

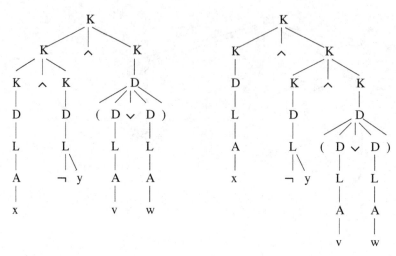

Abb. 6.4. Zwei Ableitungsbäume für $x \wedge \neg y \wedge (v \vee w)$

haben. Wir geben Algorithmen an, mittels derer folgende überflüssige Anteile einer Grammatik eliminiert werden können:

- Wenn aus einer Variablen nie ein terminales Wort werden kann, dann ist sie nutzlos. Dasselbe gilt für Variablen, die man nicht vom Startsymbol S aus ableiten kann.
- Wenn wir in einer Ableitung erst eine Variable A erzeugen und sie dann mit einer Regel $A \to \varepsilon$ wieder entfernen, hätten wir A gleich weglassen können.
- Wenn wir eine Variable A erzeugen und danach mit einer Regel $A \to B$ in eine andere Variable B umwandeln, hätten wir genausogut gleich B generieren können.

Ohne Einschränkung sollen im folgenden alle kontextfreien Grammatiken der Form von Def. 4.2.6 entsprechen: Das Startsymbol S soll nie auf der rechten Seite einer Regel vorkommen. Ist das bei einer Grammatik nicht gegeben, kann man einfach ein neues Startsymbol S_{neu} einführen und die Regel $S_{neu} \to S$.

Definition 6.2.1 (erreichbare, co-erreichbare, nutzlose Symbole). *Sei* $G = (V, T, R, S)$ *eine Grammatik. Ein Symbol* $x \in (V \cup T)$ *heißt*

erreichbar $\iff$ *Es gibt* $\alpha, \beta \in (V \cup T)^*$: $S \Longrightarrow_G^* \alpha x \beta$
   (x kommt in einem Wort vor, das von S aus erzeugt werden kann.)
co-erreichbar $\iff$ *Es gibt* $w \in T^*$: $x \Longrightarrow_G^* w$
   (Aus x kann eine Terminalkette werden.)
nutzlos $\iff$ *x ist nicht erreichbar oder nicht co-erreichbar.*

Satz 6.2.2 (cf–Grammatik ohne nutzlose Symbole). *Ist* $G = (V, T, R,$ *S) eine cf-Grammatik mit $L(G) \neq \emptyset$, so existiert eine zu G äquivalente cf-Grammatik $G' = (V', T', R', S')$, so dass jedes Symbol $x \in (V \cup T)$ erreichbar und co-erreichbar ist, und G' ist effektiv aus G konstruierbar.*

Beweis:

- Bestimmung aller co-erreichbaren Variablen: Welche Variablen sind co-erreichbar? Die Variablen A, für die es entweder eine Regel $A \to$ [Kette von Terminalen] oder eine Regel $A \to$ [Kette von Terminalen und co-erreichbaren Variablen] gibt. Darauf basiert der folgende Algorithmus, der in `Neu1` alle co-erreichbaren Variablen einer Grammatik $G = (V, T, R, S)$ sammelt.

```
Alt1 := ∅
Neu1 := {A ∈ V | ∃w ∈ T* (A → w ∈ R)}

while Alt1 ≠ Neu1
{
    Alt1 := Neu1
    Neu1 := Alt1 ∪ {A ∈ V | ∃α ∈ (T ∪ Alt1)* (A → α ∈ R)}
}
```

- Bestimmung einer Grammatik $G'' = (V'', T'', R'', S'')$ nur mit diesen co-erreichbaren Variablen:

```
if S ∈ Neu1      / * S ist co − erreichbar * /
{
    V'' := Neu1
    T'' := T
    R'' := R ∩ (V'' × (V'' ∪ T'')*)
    S'' := S
}
else             / * L(G) = ∅ * /
```

- Bestimmung aller erreichbaren Symbole der Grammatik G'': Welche Symbole sind erreichbar? Die Symbole x, für die es entweder eine Regel $S \to$ [etwas]x[etwas] oder eine Regel $A \to$ [etwas]x[etwas] für eine erreichbare Variable A gibt. Darauf basiert der folgende Algorithmus, der in `Neu2` alle erreichbaren Symbole von G'' sammelt.

```
Alt2 := ∅
Neu2 := {S}
```

```
while Alt2 ≠ Neu2
{
    Alt2 := Neu2
    Neu2 := Alt2 ∪ {x ∈ (V″ ∪ T″) | ∃A ∈ Alt2 ∃α, β ∈ (V″ ∪ T″)*
                                        (A → αxβ ∈ R)}
}
```

- Bestimmung der Grammatik G' ohne nutzlose Symbole:

$G' := (V', T', R', S')$ mit
$\quad V' := \text{Neu2} \cap V''$
$\quad T' := \text{Neu2} \cap T$
$\quad R' := R'' \cap \left(V' \times (V' \cup T')^*\right)$
$\quad S' := S$

Damit gilt dann: $L(G') = L(G)$, und G' enthält keine nutzlosen Symbole. ∎

Bevor wir uns weiter mit überflüssigen Elementen bei kontextfreien Grammatiken beschäftigen, stellen wir eine einfache Einschränkung der Form von Grammatikregeln vor. Man kann die Regeln einer kontextfreien Grammatik (und auch jedes anderen Grammatiktyps) leicht so umformen, dass sie dieser Einschränkung genügen, und bei den Algorithmen, die wir später noch vorstellen, können wir uns das Leben einfacher machen, wenn wir nur Grammatikregeln folgender eingeschränkter Form betrachten:

Satz 6.2.3. *Für die Sprachklassen $\mathcal{L}_0$ bis $\mathcal{L}_3$ gilt: Zu jeder Grammatik G existiert eine äquivalente Grammatik G', bei der für alle Regeln $P \to Q \in R'$ gilt:*

- *$Q \in V^*$ (ohne Beschränkung für P), oder*
- *$Q \in T$, und $P \in V$.*

Für alle Sprachklassen außer $\mathcal{L}_3$ hat G' denselben Typ wie G.

Beweis: Für jedes Terminal $t \in T$ erzeuge man eine neue Variable V_t.

- $V' = V \cup \{V_t \mid t \in T\}$
- R' entsteht aus R, indem für jede Regel $P \to Q \in R$ in Q alle Vorkommen eines Terminals t durch die zugehörige Variable V_t ersetzt werden. Außerdem enthält R' für jedes $t \in T$ eine neue Regel $V_t \to t$.

Damit gilt, dass $L(G') = L(G)$ ist, und für alle Sprachklassen außer $\mathcal{L}_3$ hat G' denselben Typ wie G. In $\mathcal{L}_3$ sind ja Regeln mit mehreren Variablen in der Konklusion nicht erlaubt. ∎

Definition 6.2.4 (ε-Regel, nullbare Variablen). *Eine Regel der Form* $P \to \varepsilon$, *wobei P Variable ist, heißt* ε-**Regel**. *Eine Variable A heißt* **nullbar**, *falls $A \Longrightarrow^* \varepsilon$ möglich ist.*

Satz 6.2.5 (ε-Regeln sind eliminierbar). *Zu jeder cf-Grammatik G existiert eine äquivalente cf-Grammatik G'*

- *ohne ε-Regeln und nullbare Variablen, falls $\varepsilon \notin L(G)$,*
- *mit der einzigen ε-Regel $S \to \varepsilon$ und der einzigen nullbaren Variablen S, falls $\varepsilon \in L(G)$ und S das Startsymbol ist.*

Beweis: Sei $G = (V, T, R, S)$ eine kontextfreie Grammatik, und S komme o.E. in keiner Regelconclusion vor. Wir stellen zunächst mit folgendem Algorithmus fest, welche Variablen aus V nullbar sind.

```
Alt := ∅
Neu := {A ∈ V | A → ε ∈ R}
while Alt ≠ Neu
{
    Alt := Neu
    forall (P → Q) ∈ R do
    {
        if Q = A₁...Aₙ und Aᵢ ∈ Neu für 1 ≤ i ≤ n und P ∉ Neu,
            then Neu := Neu ∪ {P}
    }
}
```

Mit Hilfe der Menge `Alt` $\subseteq V$ der nullbaren Variablen konstruieren wir jetzt den Regelsatz R' einer Grammatik $G' = (V, T, R', S)$ ohne nullbare Variablen (außer eventuell S). Die Ausgangsgrammatik G habe die Form, die in Satz 6.2.3 eingeführt wurde, für jede Regel $P \to Q$ gelte also: $Q \in V^*$ oder $Q \in T$.

```
R' := R
Ist S nullbar, so nimm S → ε in R' auf.
forall P → A₁...Aₙ ∈ R mit P, Aᵢ ∈ V :
{ Generiere alle Regeln P → α₁...αₙ mit
        if Aᵢ ⟹* ε
            αᵢ := ε oder αᵢ := Aᵢ
        else
            αᵢ := Aᵢ
    if α₁...αₙ ≠ ε
        R' = R' ∪ {P → α₁...αₙ}
}
Streiche aus R' alle Regeln A → ε mit A ≠ S.
```

Nun ist noch zu zeigen, dass die neue Grammatik G' dieselbe Sprache erzeugt wie die alte Grammatik G. Dabei nutzen wir die Tatsache, dass G die Form von Satz 6.2.3 hat. Wir beweisen die etwas stärkere Behauptung

$$\forall A \in V \; \forall w \in (V \cup T)^* - \{\varepsilon\} \; \left((A \Longrightarrow_G^* w) \iff (A \Longrightarrow_{G'}^* w) \right),$$

aus der sofort $L(G') = L(G)$ folgt.

"⇒" Wir zeigen: Aus $A \Longrightarrow_G^* w$ folgt $A \Longrightarrow_{G'}^* w$. Dazu benutzen wir eine Induktion über die Länge einer Ableitung von A nach w in G:

Induktionsanfang: Länge = 0. Dann ist $w = A$, und $A \Longrightarrow_{G'}^* A$ gilt immer.

Induktionsschritt: Es sei schon gezeigt: Wenn in G in n Schritten eine Ableitung $B \Longrightarrow_G^* u$ durchgeführt werden kann, dann folgt, dass in G' die Ableitung $B \Longrightarrow_{G'}^* u$ möglich ist. Außerdem gelte in der Ausgangsgrammatik G: $A \Longrightarrow_G^* w \neq \varepsilon$ in $n + 1$ Schritten. Dann gilt, dass $A \Longrightarrow_G w' \Longrightarrow_G^* w$, und $w' = A_1 \ldots A_\ell \Longrightarrow_G^* w_1 \ldots w_\ell$ $= w$, und es wird jeweils A_i zu w_i in höchstens n Schritten für geeignete $w', A_1, \ldots, A_\ell, w_1, \ldots, w_\ell$. Per Induktionsvoraussetzung gilt also schon $A_i \Longrightarrow_{G'}^* w_i$ oder $w_i = \varepsilon$ für $1 \leq i \leq \ell$.

Fall 1: $w_i = \varepsilon$, A_i ist nullbar. Dann gibt es in G' eine Regel $A \to A_1 \ldots A_{i-1} A_{i+1} \ldots A_\ell$ nach der obigen Konstruktionsvorschrift für G' – falls $A_1 \ldots A_{i-1} A_{i+1} \ldots A_\ell \neq \varepsilon$. Das ist der Fall, denn sonst hätten wir: $A \Longrightarrow w' = \varepsilon \Longrightarrow^* w = \varepsilon$ (aus nichts wird nichts), aber $w = \varepsilon$ ist ausgeschlossen.

Fall 2: $w_i \neq \varepsilon$. Dann gilt nach Induktionsvoraussetzung $A_i \Longrightarrow_{G'}^* w_i$.

Wir haben also folgendes gezeigt: Sei $I = \{i \in \{1 \ldots \ell\} \mid w_i \neq \varepsilon\} \neq \emptyset$. Dann gibt es in R' eine Regel $A \to A_{i_1} \ldots A_{i_m}$ mit $I = \{i_1, \ldots, i_m\}$, und die A_i sind so angeordnet wie in der ursprünglichen Regel $A \to A_1 \ldots A_\ell$. Mit dieser neuen Regel können wir w so ableiten: $A \Longrightarrow_{G'} A_{i_1} \ldots A_{i_m} \Longrightarrow_{G'}^* w_{i_1} \ldots w_{i_m} = w$.

"⇐" Wir zeigen: Aus $A \Longrightarrow_{G'}^* w$ folgt $A \Longrightarrow_G^* w$. Dazu benutzen wir eine Induktion über die Länge einer Ableitung von A nach w in G':

Induktionsanfang: Länge = 0. Dann ist $w = A$, und $A \Longrightarrow_G^* A$ gilt immer.

Induktionsschritt: Es gelte für alle Ableitungen $A \Longrightarrow_{G'}^* w$ einer Länge von höchstens n, dass $A \Longrightarrow_G^* w$.

Ist $A \Longrightarrow_{G'}^* w$ eine Ableitung der Länge $n + 1$, so gibt es ein ℓ, Wörter $w_1, \ldots, w_\ell$ und Variablen $A_1, \ldots, A_\ell$ mit $A \Longrightarrow_{G'} A_1 \ldots A_\ell \Longrightarrow_{G'}^* w = w_1 \ldots w_\ell$. Es gilt jeweils $A_i \Longrightarrow_{G'}^* w_i$ in höchstens n Schritten, und $w_i \neq \varepsilon$.

Nach der Induktionsvoraussetzung folgt daraus, dass es für die Originalgrammatik G Ableitungen $A_i \Longrightarrow_G^* w_i$ und damit auch eine Ableitung $A_1 \ldots A_\ell \Longrightarrow_G^* w$ gibt.

Da es in G' eine Ableitung $A \Longrightarrow_{G'} A_1 \ldots A_\ell$ gibt, gibt es in R' eine Regel $A \to A_1 \ldots A_\ell$. Wie ist diese Regel aus R entstanden? Eine Regel in R' entsteht aus einer Regel in R, indem einige nullbare Variablen gestrichen werden. Es gab also in G nullbare Variablen B_1 bis B_m, so dass R die Regel

$$A \to A_1 \ldots A_{\ell_1} B_1 A_{\ell_1+1} \ldots A_{\ell_2} B_2 \ldots A_m B_m A_{m+1} \ldots A_\ell$$

enthält. (m kann auch 0 sein, dann war die Regel selbst schon in R.)

Also gilt in G:

$$A \Longrightarrow_G A_1 \ldots A_{\ell_1} B_1 A_{\ell_1+1} \ldots A_{\ell_2} B_2 \ldots A_m B_m A_{m+1} \ldots A_\ell$$
$$\Longrightarrow_G^* A_1 \ldots A_{\ell_1} A_{\ell_1+1} \ldots A_{\ell_2} \ldots A_m A_{m+1} \ldots A_\ell \Longrightarrow_G^* w$$

da ja $B_i \Longrightarrow_G^* \varepsilon$ möglich ist. ∎

Beispiel 6.2.6. Für die Regelmenge R in der linken Spalte sind die Variablen A, B, C nullbar. Der obige Algorithmus erzeugt aus R die rechts aufgeführte Regelmenge R'.

$R:$	$R':$
$S \to ABD$	$S \to ABD \mid AD \mid BD \mid D$
$A \to ED \mid BB$	$A \to ED \mid BB \mid B$
$B \to AC \mid \varepsilon$	$B \to AC \mid A \mid C$
$C \to \varepsilon$	
$D \to d$	$D \to d$
$E \to e$	$E \to e$

An diesem Beispiel kann man sehen, dass es sein kann, dass zum einen in R' manche Variablen nicht mehr als Prämissen vorkommen, hier C, und dass zum anderen der Algorithmus nutzlose Regeln zurücklässt, in diesem Fall die Regel $B \to AC \mid C$.

Lemma 6.2.7. *Mit Hilfe des letzten Satzes kann man leicht zeigen, dass* $\mathcal{L}_2 \subseteq \mathcal{L}_1$ *gilt.*

Beweis: Für Regeln einer kontextsensitiven Grammatik gilt ja: Entweder sie haben die Form $uAv \to u\alpha v$ mit $u, v, \alpha \in (V \cup T)^*, |\alpha| \geq 1, A \in V$, oder sie haben die Form $S \to \varepsilon$, und S kommt in keiner Regelconclusion vor. Nach dem letzten Satz kann man zu jeder kontextfreien Grammatik G eine äquivalente Grammatik G' konstruieren, die keine ε-Regeln enthält, mit der Ausnahme $S \to \varepsilon$ für den Fall, dass $\varepsilon \in L(G)$. Außerdem kommt S in keiner Regelconclusion vor, wie wir o.E. am Anfang dieses Abschnitts angenommen haben. Damit ist G' kontextfrei und kontextsensitiv. Also ist die von der kontextfreien Grammatik G erzeugte Sprache $L(G)$ auch kontextsensitiv. ∎

Definition 6.2.8 (Kettenproduktion). *Eine Regel der Form $A \to B$ mit A, $B \in V$ heißt* **Kettenproduktion**.

Satz 6.2.9 (Kettenproduktionen sind eliminierbar). *Zu jeder cf-Grammatik existiert eine äquivalente cf-Grammatik ohne Kettenproduktionen.*

Beweis: Sei $G = (V, T, R, S)$ eine kontextfreie Grammatik ohne ε-Regeln[2] (außer eventuell $S \to \varepsilon$). Der folgende Algorithmus generiert einen neuen Regelsatz R' ohne Kettenproduktionen.

```
R' = R
forall A ∈ V
    forall B ∈ V, B ≠ A
        if test(A ⟹* B)
            then forall rules B → α ∈ R, α ∉ V
                R' := R' ∪ {A → α}
Streiche alle Kettenproduktionen in R'.
```

```
procedure test(A ⟹* B)
{
    Alt := ∅
    Neu := {C ∈ V | C → B ∈ R}

    while Alt ≠ Neu do
    {
        Alt := Neu
        Neu := Alt ∪ {C ∈ V | ∃D ∈ Alt (C → D ∈ R)}
    }
    if A ∈ Neu then return TRUE else return FALSE
}
```

Die Funktion test, die auf $A \Longrightarrow^* B$ prüft, geht genauso vor wie der Algorithmus zur Ermittlung co-erreichbarer Variablen.

Die Ausgangsgrammatik $G = (V, T, R, S)$ und die neue Grammatik $G' = (V, T, R', S)$ sind offensichtlich äquivalent. ∎

Satz 6.2.10 (Zusammenfassung). *Zu jeder cf-Grammatik existiert eine äquivalente cf-Grammatik*

- *ohne ε-Regeln (bis auf $S \to \varepsilon$, falls ε zur Sprache gehört; in diesem Fall darf S in keiner Regelconclusion vorkommen),*

---

[2] Wenn man beliebige ε-Regeln zulässt, gestaltet sich die Funktion test aufwendiger.

- *ohne nutzlose Symbole,*
- *ohne Kettenproduktionen,*
- *so dass für jede Regel $P \to Q$ gilt: entweder $Q \in V^*$ oder $Q \in T$.*

Beweis:

- Man teste zunächst, ob S nullbar ist. Falls ja, dann verwende man S_{neu} als neues Startsymbol und füge die Regeln $S_{neu} \to S \mid \varepsilon$ zum Regelsatz hinzu.
- Man eliminiere nutzlose Symbole.
- Man eliminiere alle ε-Regeln außer $S_{neu} \to \varepsilon$.
- Man bringe die Grammatik in die Form des Satzes 6.2.3.
- Man eliminiere Kettenproduktionen.
- Zum Schluss eliminiere man noch einmal alle nutzlosen Symbole (durch das Eliminieren von Kettenproduktionen und ε-Regeln können weitere Variablen nutzlos geworden sein).

Der letzte Schritt führt keine neuen Regeln ein, also ist die resultierende Grammatik immer noch in der Form des Satzes 6.2.3.   ∎

6.3 Chomsky- und Greibach-Normalform

Jeder Grammatiktypus ist definiert durch Einschränkungen auf der Form der Grammatikregeln. Die Regeln einer Grammatik in *Normalform* sind in ihrer Struktur weiter eingeschränkt gegenüber einer beliebigen Grammatik gleichen Typs. Man kann mit Normalform-Grammatiken immer noch alle Sprachen aus der Sprachklasse erzeugen, muss aber bei Konstruktionen und Beweisen nicht so viele mögliche Regelformen berücksichtigen.

Schon im letzten Abschnitt haben wir Umformungen vorgestellt, die gewisse unerwünschte Elemente aus kontextfreien Grammatiken entfernen. Aufbauend darauf wollen wir nun zwei Normalformen vorstellen, die Chomsky- und die Greibach-Normalform.

Definition 6.3.1 (Chomsky-Normalform). *Eine cf-Grammatik $G = (V, T, R, S)$ ist in* **Chomsky-Normalform (CNF)***, wenn gilt:*

- *G hat nur Regeln der Form*

    $A \to BC$ *mit $A, B, C \in V$ und*

    $A \to a$ *mit $A \in V$, $a \in T$*

    Ist $\varepsilon \in L(G)$, so darf G zusätzlich die Regel $S \to \varepsilon$ enthalten. In diesem Fall darf S in keiner Regelconclusion vorkommen.
- *G enthält keine nutzlosen Symbole.*

Satz 6.3.2 (Chomsky-Normalform). *Zu jeder cf-Grammatik existiert eine äquivalente cf-Grammatik in Chomsky-Normalform.*

Beweis: Beginnen wir mit einer beliebigen cf-Grammatik und wenden zuerst die Umformungen von Satz 6.2.10 darauf an. Dann hat die Grammatik keine nutzlosen Symbole, und wir haben nur noch Regeln der Form

(I) $A \to \alpha$ mit $A \in V$ und $\alpha \in V^*$, $|\alpha| \geq 2$, und
(II) $A \to a$ mit $A \in V$, $a \in T$

Die Regeln des Typs (I) haben wir, weil die Grammatik in der Form aus Satz 6.2.3 ist (und somit nach Satz 6.2.10 auch keine Kettenproduktionen enthält). Die Regeln der Struktur (II) sind in Chomsky-Normalform erlaubt. Nun müssen wir nur noch die Regeln vom Typ (I) so umformen, dass keine Konklusion eine Länge größer 2 hat.
Wir ersetzen also jede Regel

$$A \to A_1 \ldots A_n \text{ mit } A, A_i \in V, n \geq 3$$

durch die folgenden neuen Regeln:

$$
\begin{aligned}
A &\to A_1 C_1 \\
C_1 &\to A_2 C_2 \\
&\vdots \\
C_{n-2} &\to A_{n-1} A_n
\end{aligned}
$$

Dabei sind die C_i neue Variablen in V. ∎

Definition 6.3.3 (Greibach-Normalform). *Eine cf-Grammatik G ist in* **Greibach-Normalform (GNF)**, *wenn alle Regeln von G die Form*

$$A \to a\alpha \text{ mit } A \in V, a \in T, \alpha \in V^*$$

haben. Ist $\varepsilon \in L(G)$, so enthält G zusätzlich die Regel $S \to \varepsilon$. In diesem Fall darf S in keiner Regelconclusion vorkommen.

Wir wollen zeigen, dass es zu jeder cf-Grammatik eine äquivalente Grammatik in GNF gibt. Dazu müssen wir uns erst ein Instrumentarium von Umformungen zurechtlegen.

Definition 6.3.4 (A-Produktion, Linksrekursion). *Eine Regel $A \to \alpha$ einer cf-Grammatik heißt* **A-Produktion**.

Eine Regel $A \to A\alpha$ einer cf-Grammatik heißt **A-Linksrekursion**.

Verfahren 6.3.5 (Elimination einer Regel). Sei G eine cf-Grammatik und sei $A \to \alpha B\gamma$ eine Regel in G mit $\alpha \in T^*, B \in V, \gamma \in (V \cup T)^*$, d.h. B ist die linkeste Variable in der Regelconclusion. Seien nun

$$B \to \beta_1 \mid \beta_2 \mid \ldots \mid \beta_n$$

alle B-Produktionen. Die Regel $A \to \alpha B\gamma$ wird eliminiert, indem man sie streicht und ersetzt durch die Regeln

$$A \to \alpha\beta_1\gamma \mid \alpha\beta_2\gamma \mid \dots \mid \alpha\beta_n\gamma$$

Für die Grammatik $G_{A\to\alpha B\gamma}$, die aus G entsteht durch Elimination der Regel $A \to \alpha B\gamma$, gilt offenbar $L(G) = L(G_{A\to\alpha B\gamma})$.

Natürlich haben wir mit diesem Schritt im allgemeinen die Grammatik nicht vereinfacht. Zwar ist die Regel $A \to \alpha B\gamma$ gestrichen, dafür haben wir eventuell viele Regeln $A \to \alpha\beta_i\gamma$ hinzubekommen. Dennoch wird sich diese Technik im folgenden als nützlich erweisen.

Verfahren 6.3.6 (Elimination von Linksrekursionen). Sei $G = (V, T, R, S)$ eine cf-Grammatik, und sei $A \to A\alpha_1 \mid A\alpha_2 \mid \dots \mid A\alpha_r$ die Menge aller A-Linksrekursionen in G. Dabei sei $\alpha_i \neq \varepsilon$. Seien außerdem $A \to \beta_1 \mid \beta_2 \mid \dots \mid \beta_s$ die restlichen A-Produktionen in G mit $\beta_i \neq \varepsilon$.[3]

Nun wollen wir die A-Linksrekursionen eliminieren. Wie funktioniert eine Linksrekursion? Sie wird nur betreten, wenn eine Regel der Form $A \to A\alpha_i$ angewendet wird. Wenden wir n-mal eine solche Regel an:

$$A \Longrightarrow A\alpha_{i_1} \Longrightarrow A\alpha_{i_2}\alpha_{i_1} \Longrightarrow \dots \Longrightarrow A\alpha_{i_n}\alpha_{i_{n-1}}\dots\alpha_{i_2}\alpha_{i_1}$$

Aus der Rekursion, die immer wieder ein A und ein weiteres α_i erzeugt, kommen wir nur heraus, wenn wir aus dem führenden A ein β_j machen:

$$A\alpha_{i_n}\alpha_{i_{n-1}}\dots\alpha_{i_2}\alpha_{i_1} \Longrightarrow \beta_j\alpha_{i_n}\alpha_{i_{n-1}}\dots\alpha_{i_2}\alpha_{i_1}$$

Aus einem A wird also mit diesen A-Produktionen immer ein Wort, das erst ein β_j und dann eine beliebige Anzahl von α_i enthält. Dies Verhalten können wir aber auch ohne Linksrekursion erreichen, indem wir die A-Produktionen umformen. Sei $G_A := (V \cup \{B_{neu}\}, T, R', S)$, wobei $B_{neu} \notin V$ eine neue Variable ist und R' aus R entsteht durch Ersetzen der A-Produktionen durch folgende Regeln:

$$\left.\begin{array}{l} A \to \beta_i \\ A \to \beta_i B_{neu} \end{array}\right\} \forall\, 1 \leq i \leq s$$

und

$$\left.\begin{array}{l} B_{neu} \to \alpha_i \\ B_{neu} \to \alpha_i B_{neu} \end{array}\right\} \forall\, 1 \leq i \leq r$$

Lemma 6.3.7 (Elimination von Linksrekursionen). *Sei G eine cf-Grammatik. Für eine Grammatik G_A, die aus G durch Elimination der A-Linksrekursionen entstanden ist wie eben beschrieben, gilt $L(G_A) = L(G)$.*

---

[3] Wenn wir fordern, dass G (zum Beispiel) in Chomsky-Normalform sein soll, so ist $\beta_i \neq \varepsilon$ auf jeden Fall gegeben.

Beweis:

"⊇" zu zeigen: $L(G_A) \supseteq L(G)$.

Es gelte $S \Longrightarrow_G^* w$ mit $w \in T^*$, und die Linksableitung von S nach w sehe im einzelnen so aus: $S \Longrightarrow w_1 \Longrightarrow w_2 \Longrightarrow \ldots \Longrightarrow w_n = w$.

In dieser Ableitung können A-Linksrekursionen verwendet werden. Falls eine solche Regelanwendung, $A \to A\alpha_{i_1}$, verwendet wird, sieht das so aus:

$$w_j = w_{j_1} A w_{j_2} \Longrightarrow w_{j_1} A\alpha_{i_1} w_{j_2} = w_{j+1}$$

Anschließend muss wieder eine A-Produktion verwendet werden, denn wir betrachten ja die Linksableitung, die immer die am weitesten links stehende Variable ersetzt.

Die Kette der A-Linksrekursionen wird irgendwann abgeschlossen mit der Anwendung einer Regel $A \to \beta_k$:

$$w_j = w_{j_1} A w_{j_2} \Longrightarrow w_{j_1} A\alpha_{i_1} w_{j_2} \Longrightarrow w_{j_1} A\alpha_{i_2}\alpha_{i_1} w_{j_2}$$
$$\Longrightarrow^* w_{j_1} A\alpha_{i_n} \ldots \alpha_{i_2}\alpha_{i_1} w_{j_2} \Longrightarrow w_{j_1} \beta_k\alpha_{i_n} \ldots \alpha_{i_2}\alpha_{i_1} w_{j_2}$$

Für diese Linksableitung in G gibt es eine entsprechende Linksableitung in G_A:

$$w_j = w_{j_1} A w_{j_2} \Longrightarrow w_{j_1} \beta_k B_{neu} w_{j_2} \Longrightarrow w_{j_1} \beta_k\alpha_{i_n} B_{neu} w_{j_2}$$
$$\Longrightarrow^* w_{j_1} \beta_k\alpha_{i_n} \ldots \alpha_{i_2} B_{neu} w_{j_2} \Longrightarrow w_{j_1} \beta_k\alpha_{i_n} \ldots \alpha_{i_2}\alpha_{i_1} w_{j_2}$$

"⊆" analog   ∎

Satz 6.3.8 (Greibach-Normalform). *Zu jeder cf-Grammatik existiert eine äquivalente cf-Grammatik in Greibach-Normalform.*

Beweis: Sei $G = (V, T, R, S)$ eine cf-Grammatik in Chomsky-Normalform, und sei $V = \{A_1, \ldots, A_m\}$, wir bringen die Variablen also in eine beliebige, aber feste Ordnung. Wir werden so vorgehen:

1. Für jede Regel $A_i \to Q$ (mit $Q \in (V \cup T)^*$) gilt ja: Entweder Q ist ein Terminal, dann ist die Regel schon in Greibach-Normalform, oder Q beginnt mit einer Variablen. Diese letzteren Regeln wollen wir so umformen (mit den Verfahren 6.3.5 und 6.3.6), dass sie die Form $A_i \to A_j Q'$ haben mit $j > i$.

2. Welche Regeln $A_m \to Q$ kann es jetzt noch geben? Es gibt keine Variable mit höherer Nummer als m, also haben alle A_m-Produktionen ein Terminal an der ersten Stelle der Konklusion.

Nun verwenden wir das Verfahren 6.3.5, um die Regel $A_{m-1} \to A_m Q''$ zu eliminieren. Da alle Konklusionen von A_m-Produktionen schon ein Terminal an der ersten Stelle haben, haben hiermit auch alle so neu erhaltenen A_{m-1}-Produktionen ein Terminal an der ersten Stelle der Konklusion.

Dies Verfahren iterieren wir bis hinunter zu A_1.

3. In den ersten beiden Schritten werden durch Elimination von Linksrekursionen neue Variablen B_i und neue Regeln $B_i \to Q$ eingeführt. Letztere sollen nun so umgeformt werden, dass sie auch jeweils ein Terminal an der ersten Stelle der Konklusion haben.

Zu den Details:

Schritt 1: Die Grammatik soll nur noch Regeln haben der Form

- $A_i \to A_j \gamma$, $j > i$ und
- $A_i \to a\gamma$, $a \in T$, $\gamma \in (V \cup T)^*$

Die Umformung erfolgt durch Induktion über die Variablennummer i:

Induktionsanfang: Betrachte alle Regeln $A_1 \to A_j \gamma \in R$

- entweder $j > 1$ und die Bedingung ist erfüllt,
- oder $j = 1$, dann heißt die Regel $A_1 \to A_1 \gamma$. Wir eliminieren die Linksrekursion nach Verfahren 6.3.6 und verwenden dabei die neue Variable B_1.

Induktionsschritt: Betrachte alle Regeln $A_{i+1} \to A_j \gamma$.

- Wir eliminieren zunächst in Regeln der Form $A_{i+1} \to A_{i+1}\gamma$ die Linksrekursion durch Einführung einer neuen Variablen B_{i+1}.
- Wir eliminieren dann die Regeln $A_{i+1} \to A_j \gamma$ mit $j < i + 1$ unter Verwendung des Verfahrens 6.3.5: War $A_j \to \beta$ eine Regel, so wird jetzt $A_{i+1} \to \beta\gamma$ eine neue Regel. β kann mit einem Terminal anfangen, dann sind wir fertig, oder $\beta = A_k \delta$. Nach der Induktionsvoraussetzung gilt, dass $k > j$. Es kann aber immer noch sein, dass $k \leq i + 1$, dann müssen wir $A_{i+1} \to A_k \delta$ noch bearbeiten, und zwar, falls $k < i + 1$, durch Elimination der Regel, ansonsten durch Elimination der Linksrekursion (dazu verwenden wir immer dieselbe Variable B_{i+1}).

  Wie oft müssen wir diesen Vorgang wiederholen? Da nach Induktionsvoraussetzung in Regeln $A_j \to A_k \delta$ gilt, dass $j < k$ für alle $j < i+1$, erreichen wir nach weniger als $i+1$ Eliminationsschritten ein A_k mit $k > i + 1$.

Das Resultat von Schritt 1 ist eine Grammatik $G' = (V \cup \{B_1, \ldots, B_m\}, T, R', S)$ mit ausschließlich Regeln der Form

- $A_i \to A_j \gamma$ mit $j > i$
- $A_i \to a\gamma$ mit $a \in T$
- $B_i \to \gamma$ mit $\gamma \in (V \cup \{B_1, \ldots, B_m\} \cup T)^*$

Schritt 2: Nun sollen die Regeln $A_i \to A_j\gamma$, $i < j$, ersetzt werden durch Regeln der Form $A_i \to a\delta$, $a \in T$. Dazu verwenden wir eine absteigende Induktion über die Variablennummer von m bis 1.

Induktionsanfang: $i = m$

Wenn $A_m \to x\gamma$ eine Regel ist, dann ist $x \in T$. Wäre $x \in V$, so wäre $x = A_n$ mit $n > m$, aber eine Variable mit einer solchen Nummer gibt es nicht.

Induktionsschritt: $i \to i - 1$, $i > 1$

Sei $A_{i-1} \to A_j\gamma$ eine Regel. Nach den Umformungen von Schritt 1 gilt $j > i - 1$.

Wir ersetzen die Regel $A_{i-1} \to A_j\gamma$ und führen stattdessen für jede Regel $A_j \to x\delta$ die Regel $A_{i-1} \to x\delta\gamma$ neu ein.

Nach der Induktionsvoraussetzung ist in Regeln $A_j \to x\delta$ das x auf jeden Fall ein Terminal. Also haben auch die neu eingeführten Regeln $A_{i-1} \to x\delta\gamma$ die gewünschte Gestalt.

Schritt 3: In einem dritten Schritt sollen jetzt auch alle Regeln der Form $B_i \to \alpha$ ersetzt werden durch Regeln $B_i \to a\gamma$ mit $a \in T$. Dazu stellen wir zunächst folgende **Hilfsüberlegung** an: Wir wollen zeigen, dass keine B_i-Produktion die Form $B_i \to B_k\alpha$ hat. Nehme wir das Gegenteil an: Es gäbe eine Regel $B_i \to B_k\alpha$. Wie könnte die entstanden sein? Die B_i-Produktionen entstehen nur in Schritt 1 des Algorithmus, und zwar bei der Umformung der A_i-Produktionen. Also muss einer von 2 Fällen vorliegen:

- Entweder gab es in der Ausgangsgrammatik eine Regel $A_i \to A_iB_k\alpha$. Das ist aber unmöglich, weil die B-Variablen ja allesamt neue Variablen sind, die erst durch den Algorithmus eingeführt werden.

- Oder es liegt irgendwann im Laufe des Umformungsprozesses eine Regel $A_i \to A_j\beta$ vor mit $j < i$, und bei der Elimination dieser Regel entsteht eine Linksrekursion $A_i \to A_iB_k\alpha\beta$. In dem Fall muss es offenbar eine Regel $A_j \to A_iB_k\alpha$ gegeben haben. Das kann aber nicht sein, denn wir starten von einer CNF-Grammatik aus. Dort ist jede rechte Regelseite, die mit einer Variablen beginnt, mindestens 2 Zeichen lang. Die Elimination einer Regel kann also bestenfalls zu gleichlangen Regeln führen, aber auch nur, wenn durch ein Terminal ersetzt wird. Ansonsten sind die neuen Regeln länger als die alten. Wenn nun eine Linksrekursion eliminiert und dadurch eine neue Variable B_k eingeführt wird, dann steht B_k an letzter Position in der rechten Regelseite der neu entstehenden Regeln. Nach dem, was wir gerade über die Länge von rechten Regelseiten gesagt haben, kann es also nie eine Situation der Form $A_j \to A_iB_k\alpha$, mit nur einem A_i vor dem B_k, geben, da hier eine neue Regel (nach 6.3.6) der Form $A \to \beta B_{neu}$ eingeführt wurde, mit $|\beta| \geq 2$.

Damit ist gezeigt, dass es keine B_i-Produktion der Form $B_i \to B_k\alpha$. gibt. B_i-Produktionen, die mit einem Terminal beginnen, haben schon die für die Greibach-Normalform geforderte Form. Die einzigen Regeln, die noch nachzubearbeiten sind, sind die der Form $B_i \to A_j\alpha$. Die Produktionen aller A-Variablen beginnen nach Schritt 2 schon mit einem Terminal. Also müssen wir nur noch alle Produktionen $B_i \to A_j\alpha$ eliminieren, und alle Produktionen der B-Variablen haben die gewünschte Form $B_i \to a\gamma$.

Nun ist bei allen Regeln unserer Grammatik das erste Zeichen der Konklusion ein Terminal. Bei der Greibach-Normalform war gefordert, dass alle folgenden Zeichen der Konklusion nichtterminal sein sollten. Erlaubt sind Regeln der Form

$$A \to a\alpha, A \in V, a \in T, \alpha \in V^*$$

Die Ausgangsgrammatik war in Chomsky-Normalform, bei der Terminale, wenn sie denn in Regeln vorkommen, immer an erster Stelle in der Konklusion stehen. Bei der Umformung der Grammatik haben wir nur die beiden Vorgehensweisen „Elimination von Nachfolgevariablen" und „Elimination von Linksrekursion" verwendet. Es lässt sich leicht nachprüfen, dass diese Vorgehensweisen, angewendet auf eine CNF-Ausgangsgrammatik, nie Regeln generieren, in deren Konklusion an 2. bis n. Stelle Terminale vorkommen.[4]   ∎

Beispiel 6.3.9. $G = (\{A_1, A_2, A_3\}, \{a, b\}, R, A_1)$ mit

$$R = \{A_1 \ \to \ A_3A_1 \mid b,$$
$$A_2 \ \to \ a \mid A_2A_2,$$
$$A_3 \ \to \ A_1A_2\}$$

Schritt 1 – Variable mit höherer Nummer an erster Stelle der Konklusion: Die A_1-Produktionen haben schon das gewünschte Format. Wenn man in den A_2-Produktionen die Linksrekursion eliminiert, ergibt sich:

$$A_2 \to a \mid aB_2$$
$$B_2 \to A_2 \mid A_2B_2$$

Für A_3 ergeben sich nach Elimination der Regel $A_3 \to A_1A_2$ die Regeln $A_3 \to A_3A_1A_2 \mid bA_2$, die noch weiterbearbeitet werden müssen: Es ist eine Linksrekursion entstanden. Nach deren Elimination haben wir folgende Regeln:

$$A_3 \to bA_2 \mid bA_2B_3$$
$$B_3 \to A_1A_2 \mid A_1A_2B_3$$

---

[4] Selbst wenn es möglich wäre, dass in den α noch Terminale vorkämen, könnte man sie leicht mit der Technik aus Satz 6.2.3 durch Variablen ersetzen und dadurch die gewünschte GNF erhalten.

Nach Schritt 1 hat unsere Grammatik also die Form

$A_1 \to A_3 A_1 \mid b$

$A_2 \to a \mid a B_2$

$A_3 \to b A_2 \mid b A_2 B_3$

$B_2 \to A_2 \mid A_2 B_2$

$B_3 \to A_1 A_2 \mid A_1 A_2 B_3$

Schritt 2 – Terminal an erster Stelle der Konklusion bei A-Produktionen: Die A_3- und A_2-Produktionen sind schon in der gewünschten Form. Nur die Regeln zu A_1 müssen nachbearbeitet werden:

$A_1 \to A_3 A_1$ wird zu $A_1 \to b A_2 A_1 \mid b A_2 B_3 A_1$

$A_1 \to b$ schon in gewünschter Form

Schritt 3 – Terminal an erster Stelle der Konklusion bei B-Produktionen:

$B_2 \to A_2$ wird zu $B_2 \to a \mid a B_2$

$B_2 \to A_2 B_2$ wird zu $B_2 \to a B_2 \mid a B_2 B_2$

$B_3 \to A_1 A_2$ wird zu $B_3 \to b A_2 A_1 A_2$ $\mid$

$b A_2 B_3 A_1 A_2$ $\mid$

$b A_2$

$B_3 \to A_1 A_2 B_3$ wird zu $B_3 \to b A_2 A_1 A_2 B_3$ $\mid$

$b A_2 B_3 A_1 A_2 B_3$ $\mid$

$b A_2 B_3$

Eine kontextfreie Grammatik in Greibach-Normalform hat gewisse Ähnlichkeiten mit einer rechtslinearen Grammatik: In beiden Fällen steht auf jeder rechten Regelseite zumindest ein Terminal, dann optional noch eine Variable bzw. Variablen. Bei beiden Grammatikformen wird in jedem Ableitungsschritt (mindestens) ein Terminal erzeugt, so dass ein Wort der Länge $|w|$ in höchstens $|w|$ Schritten hergeleitet werden kann.

6.4 Das Pumping-Lemma für $\mathcal{L}_2$

Wir haben für reguläre Sprachen ein *Pumping-Lemma* vorgestellt, das besagt: In einer unendlichen regulären Sprache L haben alle Wörter ab einer bestimmten Länge ein Mittelstück, das sich beliebig oft „pumpen" lässt. Das heißt, egal wie oft man dies Mittelstück wiederholt, das Ergebnis-Wort ist wieder in L. Auch für Typ-2-Sprachen kann man ein Pumping-Lemma formulieren, allerdings ist das Schema der sich wiederholenden Wörter hier etwas komplizierter:

Satz 6.4.1 (Pumping-Lemma). *Zu jeder kontextfreien Sprache $L \subseteq \Sigma^*$ existiert ein $n \in \mathrm{N}$, so dass gilt: Für alle $z \in L$ mit $|z| \geq n$ existieren $u, v, w, x, y, \in \Sigma^*$, so dass*

- *$z = uvwxy$,*
- *$vx \neq \varepsilon$,*
- *$|vwx| < n$ und*
- *$uv^i wx^i y \in L \quad \forall i \in \mathrm{N}$*

Beweis: Ist L endlich, so wählen wir einfach $n := max\{|z| \mid z \in L\} + 1$, damit gibt es kein $z \in L$, für das $|z| \geq n$ gälte, somit sind alle Bedingungen trivial erfüllt.

Betrachten wir also eine unendliche Sprache $L = L(G)$. Es sei $G = (V, T, R, S)$ in Chomsky-Normalform. Im Beweis des Pumping-Lemmas für $\mathcal{L}_3$ hatten wir argumentiert, dass ein endlicher Automat für eine unendliche Sprache, der ja nur endlich viele Zustände haben kann, Schleifen enthalten muss. Jetzt, für $\mathcal{L}_2$, betrachten wir Ableitungen und Ableitungsbäume: Soll die Grammatik G mit endlich vielen Variablen die unendliche Sprache $L(G)$ erzeugen, dann muss es in der Ableitung eines Wortes mit einer gewissen Länge mindestens eine Variable A geben, so dass $A \Longrightarrow^* \alpha A \beta$ abgeleitet werden kann. In dem Fall kann man diese Kette von Ableitungsschritten auch nochmals durchlaufen und dabei $\alpha\alpha A \beta\beta$ produzieren.

Wenn ein Ableitungsbaum einen Weg enthält, der $|V| + 1$ lang ist, dann muss darauf auf jeden Fall eine Variable doppelt vorkommen. (Ein Weg der Länge $|V| + 1$ berührt genau $|V| + 2$ Knoten. Der letzte davon darf ein Blatt sein, das mit ε oder einem $t \in T$ markiert ist. Die restlichen $|V| + 1$ Knoten sind mit Variablen aus V markiert.) Aber wie lang muss die Front eines Baumes sein, damit sicher ist, dass er auf jeden Fall eine Tiefe von mindestens $|V| + 1$ hat? Es sei B ein Ableitungsbaum, in dem jeder Knoten höchstens p Söhne hat, dessen Tiefe t_B ist und der b_B viele Blätter hat. Dann muss nach Satz 2.4.9 gelten, dass $b_B \leq p^{t_B}$ ist.
Mit

$$m_0 := |V| + 1$$

setzen wir die Wortlängen-Grenze n auf

$$n := 2^{m_0} + 1.$$

In unserem Fall ist p, die maximale Anzahl von Söhnen eines Knotens, 2, da ja in Chomsky-Normalform nur Regeln der Form $A \to BC$ und $A \to a$ erlaubt sind. m_0 ist die maximale Länge eines Ableitungsbaum-Weges, in dem keine Variable doppelt vorkommt. Hat ein Ableitungsbaum also n Blätter, dann muss in seinem längsten Weg auf jeden Fall eine Variable doppelt vorkommen.

Sei nun $z \in L$ mit $|z| \geq n$. Sei außerdem B ein Ableitungsbaum mit Front z, W ein längster Weg in B, und $\ell = |W|$ die Länge von W. Es ist $\ell > m_0$, und damit gibt es mindestens zwei Knoten in W mit der gleichen Variablen als Markierung. Betrachten wir die „untersten" zwei solchen Knoten, d.h. es seien i, j die *größten* Zahlen $\in \{0 \ldots \ell - 1\}$, für die gilt:

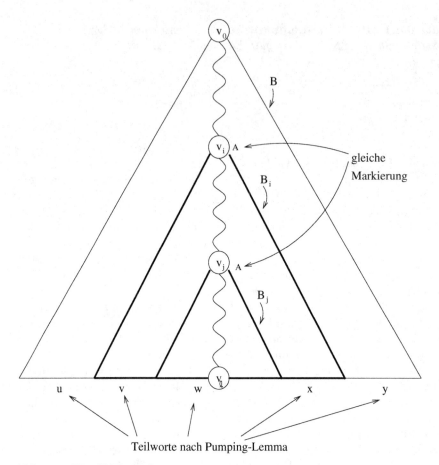

Abb. 6.5. Ein Ableitungsbaum

- Die Knoten v_i, v_j im Ableitungsbaum haben dieselbe Markierung.
- v_i ist Vorfahre von v_j, und $v_i \neq v_j$
- Die Weglänge von v_i zum weitest entfernten Blatt v_ℓ ist $\leq m_0$ – ansonsten gäbe es zwischen v_j und v_ℓ zwei Knoten mit gleicher Markierung und wir hätten nicht die größtmöglichen i, j gewählt.

Sei B_i (B_j) der vollständige Unterbaum von B mit v_i (v_j) als Wurzel. Wie in Abb. 6.5 zu sehen, gibt es nun $u, v, w, x, y \in \Sigma^*$, für die gilt:

- $z = uvwxy$.
- vwx ist die Front von B_i.
- w ist die Front von B_j.
- Da wir die größtmöglichen Zahlen i, j gewählt haben, kommt im Teilweg $v_{i+1}, \ldots, v_\ell$ keine Variable doppelt vor. Daraus folgt, dass die Tiefe von B_i $\leq m_0$ ist, und damit gilt $|vwx| \leq 2^{m_0} < n$.

- Sei A die Markierung von v_i. Da aus v_i der Knoten v_j entstanden ist und v_j mit einer Variablen markiert ist, muss bei v_i eine Regel des Typs $A \to BC$ verwendet worden sein, $B, C \in V$. Da CNF-Grammatiken außer $S \to \varepsilon$ keine ε-Regeln enthalten, entsteht aus B und C jeweils mindestens ein Terminal. Somit ist $vx \neq \varepsilon$.

- v_i und v_j sind mit derselben Variablen A markiert, das heißt, man könnte in v_i auch direkt B_j ableiten oder auch mehrmals B_i, folglich ist $uv^i wx^i y \in L$ für alle $i \in \mathbb{N}$. Abb. 6.6 zeigt einen Ableitungsbaum für ein „aufgepumptes" Wort $uv^3 wx^3 y$.

■

Die Anwendung dieses Lemmas ist dieselbe wie beim Pumping-Lemma für $\mathcal{L}_3$: Man zeigt, dass eine unendliche Sprache L nicht kontextfrei ist, indem man beweist, dass für sie die Aussage des Pumping-Lemmas nicht gilt, d.h.,

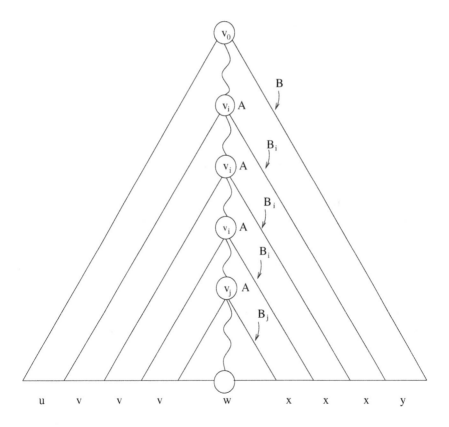

Abb. 6.6. Ableitungsbaum für $uv^3 wx^3 y$

dass es in ihr Wörter beliebiger Länge gibt, die sich nicht nach dem Schema uv^iwx^iy „pumpen" lassen. [5]

Beispiel 6.4.2. Die Sprache $L_{abc} = \{a^ib^ic^i \mid i \in \mathrm{N}_+\}$ aus Beispiel 4.2.5 ist nicht cf.

Beweis: Angenommen, L_{abc} sei kontextfrei. Dann gibt es für L_{abc} auch eine Wortlänge n mit den Eigenschaften aus dem Pumping-Lemma. Damit kommen wir wie folgt zu einem Widerspruch:

Sei $m > n/3$ und $z = a^mb^mc^m$. Dann gibt es $u, v, w, x, y \in \Sigma^*$, so dass $vx \neq \varepsilon$, $uvwxy = z = a^mb^mc^m$, und $uv^iwx^iy \in L\ \forall i$, d.h. für jedes i ist $uv^iwx^iy = a^\ell b^\ell c^\ell$ für ein geeignetes ℓ.

Nun gibt es zwei Möglichkeiten, wie v und x aussehen können:

Fall 1: v und x bestehen je nur aus einer Art von Buchstaben, a, b oder c.

$\Longrightarrow uv^2wx^2y$ hat ungleich viele a, b und c

$\Longrightarrow uv^2wx^2y \notin L$. Widerspruch.

Fall 2: v oder x hat mindestens zwei verschiedene Buchstaben.

$\Longrightarrow uv^2wx^2y$ hat nicht die Form $a^ib^ic^i$.

$\Longrightarrow uv^2wx^2y \notin L$. Widerspruch.   ∎

6.5 Abschlusseigenschaften von $\mathcal{L}_2$

Satz 6.5.1 (Abschlusseigenschaften von $\mathcal{L}_2$). *$\mathcal{L}_2$ ist abgeschlossen gegen* $\cup, \circ, {}^*$ *und hom.*

Beweis: Seien $G_i = (V_i, T_i, R_i, S_i)$ mit $i \in \{1, 2\}$ zwei cf-Grammatiken, sei $L_i = L(G_i)$, und sei $V_1 \cap V_2 = \emptyset$.

zu $\cup$: $G := (V_1 \cup V_2 \cup \{S_{neu}\}, T_1 \cup T_2, R_1 \cup R_2 \cup \{S_{neu} \to S_1 \mid S_2\}, S_{neu})$ erzeugt gerade $L_1 \cup L_2$.

zu $\circ$: $G := (V_1 \cup V_2 \cup \{S_{neu}\}, T_1 \cup T_2, R_1 \cup R_2 \cup \{S_{neu} \to S_1 S_2\}, S_{neu})$ erzeugt gerade $L_1 \circ L_2$.

zu *: $G := (V_1 \cup \{S_{neu}\}, T_1, R_1 \cup \{S_{neu} \to S_1 S_{neu} \mid \varepsilon\}, S_{neu})$ erzeugt gerade L_1^*.

---

[5] Prädikatenlogisch ausgedrückt: Wenn für L die Aussage des Pumping-Lemmas nicht gilt, so ist $\neg(\exists n \in \mathrm{N}\ \forall z \in L(|z| \geq n \Longrightarrow \exists u, v, w, x, y \in \Sigma^*(z = uvwxy \wedge vx \neq \varepsilon \wedge |vwx| < n \wedge \forall i \in \mathrm{N}\ uv^iwx^iy \in L)))$. Nach den Umformungsregeln von S. 42 ist diese Formel äquivalent zu $\forall n \in \mathrm{N}\ \exists z \in L\ (|z| > n \wedge \forall u, v, w, x, y \in \Sigma^*((z = uvwxy \wedge vx \neq \varepsilon \wedge |vwx| < n) \Longrightarrow \exists i \in \mathrm{N}\ uv^iwx^iy \notin L))$.

zu hom: Sei $h : T_1^* \to \Gamma^*$ ein Homomorphismus, und sei $G := (V_1, \Gamma, R_1',$ $S_1)$; dabei sei $A \to \alpha \in R_1 \iff A \to \hat{\alpha} \in R_1'$, und $\hat{\alpha}$ entstehe aus α durch Ersetzen jedes Terminals a in α durch $h(a)$. Dann erzeugt G gerade $h(L_1)$. ∎

Satz 6.5.2 ($\cap$, $\neg$). $\mathcal{L}_2$ *ist nicht abgeschlossen gegen* $\cap$ *und* $\neg$.

Beweis:

zu $\cap$: $L_1 = \{a^n b^n c^m \mid n, m \in \mathrm{N}_+\}$ wird erzeugt von $G_1 = (\{S, S', T\},$ $\{a, b, c\}, R_1, S)$ mit

$$R_1 = \{ \quad S \to S'T$$
$$S' \to aS'b \mid ab$$
$$T \to cT \mid c\}$$

$L_2 = \{a^m b^n c^n \mid n, m \in \mathrm{N}_+\}$ wird erzeugt von $G_2 = (\{S, S', T\}, \{a, b, c\},$ $R_2, S)$ mit

$$R_2 = \{ \quad S \to TS'$$
$$S' \to bS'c \mid bc$$
$$T \to aT \mid a\}$$

Sowohl L_1 als auch L_2 sind cf, aber $L_1 \cap L_2 = L_{abc} = \{a^n b^n c^n \mid n \in \mathrm{N}_+\} \notin \mathcal{L}_2$.

zu $\neg$: Nehmen wir an, $\mathcal{L}_2$ wäre abgeschlossen gegen $\neg$. Aber $L_1 \cap L_2 = \neg(\neg L_1 \cup \neg L_2)$, damit wäre $\mathcal{L}_2$ auch abgeschlossen gegen $\cap$ – ein Widerspruch. ∎

6.6 Push-Down-Automaten (PDA)

Nachdem wir uns mit der Erzeugung kontextfreier Sprachen beschäftigt haben, wenden wir uns jetzt den erkennenden Automaten zu. Endliche Automaten, mit denen man rationale Sprachen akzeptieren kann, reichen für kontextfreie Sprachen nicht aus. Sie können sich nicht merken, welche Zustände sie wie oft durchlaufen haben. Deshalb können sie $a^n b^n$ nicht erkennen.

Eine Grammatikregel wie $S \to aSb$ stellt eine Art rekursiven Funktionsaufruf dar. Man bräuchte einen Automaten, der sich beim Betreten der Rekursion merkte, dass nach der Abarbeitung des S-„Unterprogramms" noch ein b zu erwarten ist. Eine geeignete Datenstruktur ist hierfür der *Stack* (wir verwenden im weiteren auch die Begriffe *Stapel* und *Keller*), der nach dem Last-In-First-Out-Prinzip arbeitet: Es kann beliebig viel Information gespeichert werden, aber die zuletzt abgelegte Information liegt jeweils „obenauf"; auf die weiter „unten" liegenden Daten kann erst wieder zugegriffen werden, wenn das „oberste" Datum entfernt worden ist.

Genau so sind Push-Down-Automaten aufgebaut: Wie endliche Automaten lesen sie das Eingabewort genau einmal von links nach rechts, und wie endliche Automaten können sie nach jedem Eingabebuchstaben ihren internen Zustand ändern, aber zusätzlich besitzen sie einen Stack. Ihre Übergangsrelation bezieht das jeweils oberste Stack-Symbol bei der Wahl des Nachfolgezustands ein, und sie beschreibt auch, wie sich der Stack beim Zustandsübergang ändert.

Definition 6.6.1 (Push-Down-Automat). *Ein* **Push-Down-Automat (PDA)** *ist ein Tupel* $M = (K, \Sigma, \Gamma, \Delta, s_0, Z_0, F)$.
Dabei ist

K	*eine endliche Menge von Zuständen*
Σ	*das Eingabealphabet*
Γ	*das Stack- oder Kelleralphabet*
$s_0 \in K$	*der Startzustand*
$Z_0 \in \Gamma$	*das Anfangssymbol im Keller*
$F \subseteq K$	*eine Menge von finalen Zuständen*
Δ	*die Zustandsübergangsrelation, eine endliche Teilmenge von* $$(K \times (\Sigma \cup \{\varepsilon\}) \times \Gamma) \times (K \times \Gamma^*)$$

Im weiteren verwenden wir üblicherweise Symbole a, b, c für Buchstaben aus Σ, u, v, w für Wörter aus Σ^*, A, B für Stacksymbole aus Γ und γ, η für Stackinhalte aus Γ^*.

Die Definition von Push-Down-Automaten gibt die Form der Übergangsrelation Δ an, erklärt aber noch nicht, wie sie zu interpretieren ist. In einem Arbeitsschritt eines PDA soll

- in Abhängigkeit vom aktuellen Zustand aus K,
- in Abhängigkeit vom nächsten Eingabezeichen oder auch unabhängig vom Eingabezeichen,
- in Abhängigkeit vom obersten Kellersymbol

folgendes geschehen:

- Das nächste Eingabezeichen wird gelesen oder auch nicht (bei ε),
- das oberste Kellersymbol wird entfernt,
- der Zustand wird geändert, und
- es werden null oder mehr Zeichen auf den Keller geschoben. Bei einem neuen Keller-Wort $\gamma = A_1 \ldots A_n$ wird A_n zuerst auf den Keller geschoben usw., so dass am Schluss A_1 obenauf liegt.

Diese intuitive Beschreibung des Verhaltens von PDA formalisieren wir jetzt. Wir führen den Begriff der *Konfiguration* ein, einer vollständigen Beschreibung der aktuellen Situation des PDA, die den aktuellen Zustand umfasst sowie den noch zu lesenden Rest des Eingabewortes und den kompletten aktuellen Stack-Inhalt. Außerdem definieren wir eine Relation $\vdash$ auf Konfigurationen; sind C_1, C_2 Konfigurationen, so bedeutet $C_1 \vdash C_2$, dass der PDA in einem Rechenschritt von C_1 nach C_2 gelangen kann.

Definition 6.6.2 (Konfiguration eines PDA, $\vdash$). *Eine* **Konfiguration** C *eines PDA* $M = (K, \Sigma, \Gamma, \Delta, s_0, Z_0, F)$ *ist ein Tripel* $C = (q, w, \gamma) \in K \times \Sigma^* \times \Gamma^*$. *(w ist dabei der noch nicht bearbeitete Teil des Eingabewortes, γ ist der komplette Stackinhalt, und q ist der aktuelle Zustand.)*

(s_0, w, Z_0) *heißt* **Startkonfiguration** *bei Input w.*

C_2 *heißt* **Nachfolgekonfiguration** *von C_1, oder $C_1 \vdash C_2$, falls $\exists a \in \Sigma \ \exists A \in \Gamma \ \exists w \in \Sigma^* \ \exists \gamma, \eta \in \Gamma^*$, so dass*

entweder $C_1 = (q_1, aw, A\gamma)$, $C_2 = (q_2, w, \eta\gamma)$, *und* $(q_1, a, A) \ \Delta \ (q_2, \eta)$,
  d.h. der PDA M liest im Zustand q_1 ein a, mit A als oberstem Kellersymbol, geht zum Zustand q_2 über, ersetzt A im Keller durch η und geht auf dem Band einen Schritt nach rechts;
oder $C_1 = (q_1, w, A\gamma)$, $C_2 = (q_2, w, \eta\gamma)$, *und* $(q_1, \varepsilon, A) \ \Delta \ (q_2, \eta)$,
  d.h. M ist im Zustand q_1 mit A als oberstem Kellersymbol, ignoriert das Eingabezeichen, ändert den Zustand in q_2 und ersetzt auf dem Keller A durch η.

Eine *Rechnung* eines PDA ist eine Reihe von Konfigurationen, bei denen jeweils die $(i + 1)$-te eine Nachfolgekonfiguration der i-ten ist.

Definition 6.6.3 (Rechnung). *Sei A ein Push-Down-Automat. Man schreibt*

$$C \vdash_A^* C'$$

gdw. es eine Reihe $C_0, C_1, \ldots, C_n$ von Konfigurationen gibt (mit $n \geq 0$), so dass $C = C_0$ und $C' = C_n$ ist und für alle $i < n$ gilt, dass $C_i \vdash_A C_{i+1}$.
  In diesem Fall heißt $C_0, C_1, \ldots, C_n$ eine **Rechnung** *(Berechnung) von A der Länge n (von C_0 nach C_n).*

Definition 6.6.4 (von PDA akzeptierte Sprache). *Ein PDA M kann auf 2 verschiedene Weisen eine Sprache akzeptieren, über finale Zustände oder über den leeren Keller:*

$$L_f(M) = \{w \in \Sigma^* \mid \exists q \in F \ \exists \gamma \in \Gamma^* \ ((s_0, w, Z_0) \vdash_M^* (q, \varepsilon, \gamma))\}$$

$$L_l(M) = \{w \in \Sigma^* \mid \exists q \in K \ ((s_0, w, Z_0) \vdash_M^* (q, \varepsilon, \varepsilon))\}$$

Wenn aus dem Kontext klar ersichtlich ist, ob $L_f(M)$ oder $L_l(M)$ gemeint ist, schreibt man auch einfach $L(M)$. Auf jeden Fall muss das zu akzeptierende Wort w aber von M ganz gelesen werden: $(s_0, w, Z_0) \vdash^* (q, \varepsilon, \cdot)$ ist ja gefordert.

Beispiel 6.6.5. $L = \{w \in \{a,b\}^* \mid w = w^R\}$ ist die Sprache aller Palindrome über $\{a,b\}$ – wie in Kap. 2 definiert, ist w^R das Reverse von w. L wird über leeren Keller akzeptiert von dem PDA $M := (\{s_0, s_1\}, \{a,b\}, \{Z_0, A, B\}, \Delta, s_0, Z_0, \emptyset)$ mit

$(s_0, \varepsilon, Z_0) \ \Delta \ (s_1, \varepsilon)$ $\left.\right\}$ ε akzeptieren

$(s_0, a, Z_0) \ \Delta \ (s_0, A)$

$(s_0, a, A) \ \Delta \ (s_0, AA)$

$(s_0, a, B) \ \Delta \ (s_0, AB)$

$(s_0, b, Z_0) \ \Delta \ (s_0, B)$ $\left.\right\}$ Stack aufbauen

$(s_0, b, A) \ \Delta \ (s_0, BA)$

$(s_0, b, B) \ \Delta \ (s_0, BB)$

$(s_0, \varepsilon, A) \ \Delta \ (s_1, \varepsilon)$ $\left.\right\}$ Richtungswechsel für Palindrome mit un-

$(s_0, \varepsilon, B) \ \Delta \ (s_1, \varepsilon)$ gerader Buchstabenanzahl

$(s_0, a, A) \ \Delta \ (s_1, \varepsilon)$ $\left.\right\}$ Richtungswechsel für Palindrome mit ge-

$(s_0, b, B) \ \Delta \ (s_1, \varepsilon)$ rader Buchstabenanzahl

$(s_1, a, A) \ \Delta \ (s_1, \varepsilon)$ $\left.\right\}$ Stack abbauen

$(s_1, b, B) \ \Delta \ (s_1, \varepsilon)$

Ein Palindrom $w = w^R$ hat die Form vv^R oder vav^R oder vbv^R für irgendein $v \in \{a,b\}^*$. Der Automat M schiebt zunächst, während er v liest, jeweils das dem Eingabebuchstaben entsprechende Zeichen auf den Stack. Dann rät er indeterminiert die Wortmitte (falls das Wort eine ungerade Anzahl von Buchstaben hat, also $w = vav^R$ oder $w = vbv^R$, dann muss dabei ein Buchstabe überlesen werden). Der Stack enthält nun v^R, also muss M jetzt nur noch jeden weiteren gelesenen Buchstaben mit dem jeweils obersten Kellersymbol vergleichen. Für das Eingabewort *abbabba* rechnet M so:

$(s_0, abbabba, Z_0) \ \vdash \ (s_0, bbabba, A) \ \vdash \ (s_0, babba, BA) \ \vdash$

$(s_0, abba, BBA) \ \vdash \ (s_0, bba, ABBA) \ \vdash \ (s_1, bba, BBA) \ \vdash$

$(s_1, ba, BA) \ \vdash \ (s_1, a, A) \ \vdash \ (s_1, \varepsilon, \varepsilon)$

Beispiel 6.6.6. Die Sprache $L = \{w \in \{a,b\}^* \mid \#_a(w) = \#_b(w)\}$ wird über finalen Zustand akzeptiert von dem PDA $M = (\{s_0, s_1\}, \{a,b\}, \{Z_0, \underline{A}, A, \underline{B}, B\}, \Delta, s_0, Z_0, \{s_0\})$ mit folgenden Regeln:

$(s_0, a, Z_0) \ \Delta \ (s_1, \underline{A}) \qquad (s_0, b, Z_0) \ \Delta \ (s_1, \underline{B})$

$(s_1, a, \underline{A}) \ \Delta \ (s_1, A\underline{A}) \qquad (s_1, b, \underline{B}) \ \Delta \ (s_1, B\underline{B})$

$(s_1, a, A) \ \Delta \ (s_1, AA) \qquad (s_1, b, B) \ \Delta \ (s_1, BB)$

$$(s_1, a, \underline{B}) \; \Delta \; (s_0, Z_0) \qquad (s_1, b, \underline{A}) \; \Delta \; (s_0, Z_0)$$

$$(s_1, a, B) \; \Delta \; (s_1, \varepsilon) \qquad (s_1, b, A) \; \Delta \; (s_1, \varepsilon)$$

Auf dem Stack wird jeweils mitgezählt, wieviel Buchstaben „Überhang" im Moment vorhanden sind. Der Stack enthält zu jedem Zeitpunkt entweder nur $A/\underline{A}$ oder nur $B/\underline{B}$ oder nur das Symbol Z_0. Das jeweils unterste A bzw. B auf dem Stack ist durch einen Unterstrich gekennzeichnet. So weiß M, wenn er dies Stacksymbol löscht, dass dann bis zu diesem Moment gleichviel as wie bs gelesen wurden.

Mit den folgenden zwei Sätzen wird bewiesen, dass die zwei verschiedenen Möglichkeiten des Akzeptierens, finale Zustände und leerer Keller, für PDA gleichmächtig sind.

Satz 6.6.7 (finale Zustände → leerer Keller). *Zu jedem PDA M_1 existiert ein PDA M_2 mit $L_f(M_1) = L_l(M_2)$.*

Beweis: M_2 soll seinen Keller leeren, falls M_1 in einen finalen Zustand geht, ansonsten wird der Keller von M_2 nicht leer. M_2 entsteht aus M_1 durch Ergänzung von Δ um 3 zusätzliche Übergangsmengen:

Δ_{start}: Es liegt zu Anfang ein neues Stacksymbol Z_2 unten im Keller, das M_1 nicht entfernen kann, weil Z_2 nicht in Γ_1 liegt. Darauf wird das unterste Stacksymbol Z_1 von M_1 gelegt. Danach arbeitet M_2 wie zuvor M_1.

Δ_{final}: Wenn ein in M_1 finaler Zustand erreicht wird, geht M_2 in einen speziellen Zustand s_ε über.

Δ_{leer}: Danach entfernt M_2 alle Kellersymbole, einschließlich Z_2.

Sei $M_1 = (K_1, \Sigma_1, \Gamma_1, \Delta_1, s_1, Z_1, F_1)$. Dann ist M_2 definiert als $M_2 = (K_2, \Sigma_2, \Gamma_2, \Delta_2, s_2, Z_2, F_2)$ mit

$K_2 := K_1 \cup \{s_2, s_\varepsilon\}, s_2, s_\varepsilon \notin K_1$, und s_2 ist neuer Startzustand

$\Sigma_2 := \Sigma_1$

$\Gamma_2 := \Gamma_1 \cup \{Z_2\}, Z_2 \notin \Gamma_1$, und Z_2 ist neues unterstes Kellersymbol

$F_2 := \emptyset$

$\Delta_2 := \Delta_1 \cup \Delta_{\text{start}} \cup \Delta_{\text{final}} \cup \Delta_{\text{leer}}$ mit

$$\Delta_{\text{start}} := \{((s_2, \varepsilon, Z_2), (s_1, Z_1 Z_2))\}$$

$$\Delta_{\text{final}} := \{((q, \varepsilon, A), (s_\varepsilon, \varepsilon)) \mid A \in \Gamma_2, q \in F_1\}$$

$$\Delta_{\text{leer}} := \{((s_\varepsilon, \varepsilon, A), (s_\varepsilon, \varepsilon)) \mid A \in \Gamma_2\}$$

        ■

Satz 6.6.8 (leerer Keller → finale Zustände). *Zu jedem PDA M_1 existiert ein PDA M_2 mit $L_l(M_1) = L_f(M_2)$.*

Beweis: M_2 legt zunächst ein neues unterstes Symbol Z_2 in den Keller und arbeitet dann wie M_1. Wenn M_2 nun das Symbol Z_2 wiedersieht, dann kann das nur heißen, dass M_1 seinen Keller geleert hat. Also geht M_2 in diesem Fall in einen finalen Zustand.

Sei $M_1 = (K_1, \Sigma_1, \Gamma_1, \Delta_1, s_1, Z_1, F_1)$. Dann ist M_2 definiert als

$$M_2 = (K_2, \Sigma_2, \Gamma_2, \Delta_2, s_2, Z_2, F_2)$$

mit

$K_2 \ :=\ K_1 \cup \{s_2, s_f\}, s_2, s_f \notin K_1$, und s_2 ist neuer Startzustand

$\Sigma_2 \ :=\ \Sigma_1$

$\Gamma_2 \ :=\ \Gamma_1 \cup \{Z_2\}, Z_2 \notin \Gamma_1$, und Z_2 ist neues unterstes Kellersymbol

$F_2 \ :=\ \{s_f\}$

$\Delta_2 \ :=\ \Delta_1 \cup \{((s_2, \varepsilon, Z_2), (s_1, Z_1 Z_2))\} \cup \{((q, \varepsilon, Z_2), (s_f, \varepsilon)) \mid q \in K_1\}$
∎

Satz 6.6.9 (PDA akzeptieren $\mathcal{L}_2$). *Die Klasse der PDA-akzeptierten Sprachen ist $\mathcal{L}_2$.*

Dazu beweisen wir die folgenden zwei Lemmata, die zusammen die Aussage des Satzes ergeben.

Lemma 6.6.10 (cf-Grammatik $\rightarrow$ PDA). *Zu jeder kontextfreien Grammatik G gibt es einen PDA M mit $L(M) = L(G)$.*

Beweis: Sei $G = (V, T, R, S)$ eine kontextfreie Grammatik in Greibach-Normalform. Wir konstruieren zu G einen PDA M, der $L(G)$ akzeptiert.

Die Konstruktionsidee ist dabei die folgende: M vollzieht die Regeln der Grammatik nach, die jeweils angewendet worden sein könnten, um das aktuelle Eingabewort zu erzeugen, und zwar in Linksableitung. Auf dem Keller merkt sich M alle Variablen, die in dem aktuellen Wort noch vorkommen und somit weiter ersetzt werden müssen, die linkeste Variable zuoberst, da in Linksableitung die linkeste Variable zuerst ersetzt wird. Da G in GNF ist, haben alle Grammatikregeln die Form $A \rightarrow a\alpha$, $\alpha \in V^*$. Dadurch stehen bei einer Linksableitung immer alle Terminale vor allen noch in dem Wort vorkommenden Variablen.

Bei der Erzeugung eines Wortes wird zunächst das Startsymbol S ersetzt. Deshalb liegt bei dem PDA in der Startkonfiguration oben auf dem Keller ein S. Nehmen wir nun an, es gebe vom Startsymbol aus z.B. nur die zwei Regeln $S \rightarrow aA_1A_2$ und $S \rightarrow bB_1B_2$, und nehmen wir weiter an, der erste gelesene Buchstabe des Input-Wortes w ist ein a. Wenn w von G erzeugt wurde, hat G die erste der zwei S-Produktionen angewendet. Schieben wir also A_1A_2 auf den Stack. Der zweite Buchstabe des Eingabeworts muss nun durch Anwendung einer Grammatikregel der Form $A_1 \rightarrow a_1\alpha$ erzeugt worden sein. Wenn also der zweite Eingabebuchstabe erwartungsgemäß a_1 ist, dann müssen die nächsten Buchstaben des Wortes aus den Variablen in α entstehen.

Es kann auch mehrere Grammatikregeln geben, die in der Situation mit a als Eingabebuchstaben und A_1 als oberstem Kellersymbol angewendet werden können. Das ist kein Problem, denn der PDA wählt einfach indeterminiert eine der Regeln aus.

Der PDA hat nur einen einzigen Zustand und akzeptiert über den leeren Keller: Am Ende des Wortes dürfen auf dem Keller keine Variablen mehr übrig sein, aus denen noch mehr Buchstaben hätten erzeugt werden können.

Formal ist $M = (K, \Sigma, \Gamma, \Delta, s_0, Z_0, F)$ mit

$$K := \{s_0\}, \quad \Sigma := T, \quad \Gamma := V,$$

$$Z_0 := S, \quad F := \emptyset, \quad \Delta := \{((s_0, a, A), (s_0, \alpha)) \mid A \to a\alpha \in R\}.$$

Bei den Regeln $(s_0, a, A) \ \Delta \ (s_0, \alpha)$ der Übergangsrelation gilt $\alpha \in \Gamma^*$, da G in GNF ist, und $a \in \Sigma \cup \{\varepsilon\}$ (ε, da die Regel $S \to \varepsilon$ in R sein kann). Wir zeigen nun, dass mit dieser Definition von M insgesamt gilt:

$$\text{In } G \text{ gibt es eine Linksableitung } S \Longrightarrow_G^* x\alpha \text{ mit } x \in T^*, \alpha \in V^*$$

$$\Longleftrightarrow M \text{ rechnet } (s_0, x, S) \vdash_M^* (s_0, \varepsilon, \alpha)$$

Daraus folgt dann unmittelbar, dass $L(G) = L_l(M)$ gilt.

"$\Longleftarrow$" Wir zeigen, dass es zu jeder Rechnung von M eine entsprechende Ableitung in G gibt, und zwar durch Induktion über die Länge n einer Rechnung von M der Form $C_0 = (s_0, x, S) \vdash C_1 \vdash \ldots \vdash C_n = (s_0, \varepsilon, \alpha)$.

$n = 0$: Dann ist $x = \varepsilon, \alpha = S$ und $S \Longrightarrow^0 S$

$n \to n+1$: Es gelte $C_0 = (s_0, xa, S) \vdash C_1 \vdash \ldots \vdash C_n = (s_0, a, \beta) \vdash C_{n+1} = (s_0, \varepsilon, \alpha)$ mit $a \in \Sigma, \beta \in V^*$ und $x \in V^*$.

Dann kann der PDA a auch ignorieren und rechnen $(s_0, x, S) \vdash \ldots \vdash C_n' = (s_0, \varepsilon, \beta)$. Daraus folgt nach Induktionsvoraussetzung, daß $S \Longrightarrow^* x\beta$.

Der Schritt von C_n nach C_{n+1} ist $(s_0, a, \beta) \vdash (s_0, \varepsilon, \alpha)$. Da β der Stack vor dem Rechenschritt ist und α der Stack danach, gilt natürlich $\beta = A\eta$ und $\alpha = \gamma\eta$ für ein $A \in V$ und $\eta, \gamma \in V^*$. Es muss somit für diesen Konfigurationsübergang des PDA eine Regel $(s_0, a, A) \ \Delta \ (s_0, \gamma)$ verwendet worden sein.

Daraus folgt, dass $A \to a\gamma \in R$ wegen der Konstruktion des PDA, und damit $S \Longrightarrow^* x\beta = xA\eta \Longrightarrow xa\gamma\eta = xaa$.

"$\Longrightarrow$" Wir zeigen, dass es zu jeder Ableitung in G eine entsprechende Rechnung in M gibt, und zwar durch Induktion über die Länge n einer Ableitung in G der Form $w_0 = S \Longrightarrow w_1 \Longrightarrow \ldots \Longrightarrow w_n = x\alpha$.

$n = 0$: Dann ist $x = \varepsilon, \alpha = S$, und $(s_0, x, S) \vdash^0 (s_0, \varepsilon, \alpha)$ gilt ebenfalls in M.

$n \to n+1$: Es gelte $S \Longrightarrow w_1 \Longrightarrow \ldots \Longrightarrow w_n = zA\gamma \Longrightarrow x\alpha$.

Dann rechnet der PDA nach der Induktionsvoraussetzung (s_0, z, S) $\vdash^* (s_0, \varepsilon, A\gamma)$.

Für den Schritt von w_n nach w_{n+1} muss A ersetzt worden sein (Linksableitung!), also $\exists a \in \Sigma \; \exists \eta \in V^*$ ($A \to a\eta \in R$ wurde angewandt). Damit ist dann $x = za$ und $\alpha = \eta\gamma$.

Wenn $A \to a\eta \in R$, gibt es im PDA auch einen Übergang (s_0, a, A) $\Delta \, (s_0, \eta)$.

Dann kann der PDA aber so rechnen: $(s_0, x, S) = (s_0, za, S) \vdash^*$ $(s_0, a, A\gamma) \vdash (s_0, \varepsilon, \eta\gamma) = (s_0, \varepsilon, \alpha)$.   ∎

Das in diesem Beweis entwickelte Verfahren, aus einer Grammatik einen PDA zu bauen, wird in der Praxis so verwendet, um Bottom-Up-Parser für formale oder natürliche Sprachen zu konstruieren.

Beispiel 6.6.11. Die Sprache $L = \{ww^R \mid w \in \{a,b\}^+\}$ wird generiert von der GNF-Grammatik $G = (\{S, A, B\}, \{a, b\}, R, S)$ mit

$$R = \{\, S \;\to\; aSA \mid bSB \mid aA \mid bB$$

$$A \;\to\; a$$

$$B \;\to\; b\}$$

Daraus kann man mit dem gerade vorgestellten Verfahren einen PDA mit den folgenden Regeln konstruieren:

$(s_0, a, S) \; \Delta \; (s_0, SA)$

$(s_0, a, S) \; \Delta \; (s_0, A)$

$(s_0, b, S) \; \Delta \; (s_0, SB)$

$(s_0, b, S) \; \Delta \; (s_0, B)$

$(s_0, a, A) \; \Delta \; (s_0, \varepsilon)$

$(s_0, b, B) \; \Delta \; (s_0, \varepsilon)$

Lemma 6.6.12 (PDA $\to$ cf-Grammatik). *Zu jedem Push-Down-Automaten M gibt es eine kontextfreie Grammatik G mit $L(G) = L(M)$.*

Beweis: Sei M ein PDA, der eine Sprache L über leeren Keller akzeptiert. Wir konstruieren aus dem Regelsatz von M eine kontextfreie Grammatik, die L erzeugt.

Damit ein Wort akzeptiert wird, muss jedes Symbol aus dem Keller genommen werden, und pro Δ-Schritt kann der Keller um höchstens 1 Symbol schrumpfen. Für jedes Symbol, das irgendwann auf den Keller gelegt wird, muss also entweder ein Buchstabe gelesen oder ein ε-Übergang gemacht werden, damit es wieder verschwindet.

Die Variablen der cf-Grammatik, die wir konstruieren werden, sind 3-Tupel der Form $[q, A, p]$. Das ist zu interpretieren als „M kann vom Zustand q das oberste Symbol A vom Keller ersatzlos entfernen und dabei in den Zustand p gelangen."

Was wird nun aus einem Übergang $(q, a, A) \; \Delta \; (q_1, B_1 \ldots B_m)$? Hier werden ja zusätzliche Zeichen auf den Keller geschrieben. Der PDA liest ein a, also muss die Grammatik ein a erzeugen. Es werden neue Symbole $B_1 \ldots B_m$ auf den Keller geschoben, also sind noch mindestens m Schritte nötig, um sie wieder zu entfernen, und bei diesen Schritten kann der PDA irgendwelche Zustände einnehmen. Deshalb werden aus $(q, a, A) \; \Delta \; (q_1, B_1 \ldots B_m)$ die Regeln

$$[q, A, q_{m+1}] \to a[q_1, B_1, q_2][q_2, B_2, q_3] \ldots [q_m, B_m, q_{m+1}]$$

für alle Kombinationen beliebiger $q_2 \ldots q_{m+1} \in K_M$.

Das heißt: Um A vom Keller zu entfernen (mit allem, was wegen A entsteht, also einschließlich $B_1 \ldots B_m$), geht der PDA vom Zustand q in (möglicherweise) mehreren Schritten nach q_{m+1}. Dabei geht der PDA zunächst von q in den Zustand q_1. Der PDA liest ein a, also erzeugt die Grammatik ein a. Es wurden neue Symbole $B_1 \ldots B_m$ auf den Keller des PDA geschoben, also sind noch mindestens m Schritte des PDA nötig, um sie zu entfernen. In jedem dieser Schritte wird ein ε oder ein Buchstabe gelesen. Also erzeugen wir m Variablen $[q_1, B_1, q_2], \ldots, [q_m, B_m, q_{m+1}]$. Aus jeder dieser Variablen wird entweder ε oder ein Buchstabe (plus eventuell weitere Variablen, falls der PDA mehr als m Schritte macht).

Sei $M = (K, \Sigma, \Gamma, \Delta, s_0, Z_0, F)$ ein PDA, so konstruiert man daraus die Grammatik $G = (V, T, R, S)$ mit

$$V := \{[q, A, p] \mid q, p \in K, A \in \Gamma\} \cup \{S\}$$

$$T := \Sigma$$

R enthält die Regeln

- $S \to [s_0, Z_0, q]$ für alle $q \in K$,
- $[q, A, q_{m+1}] \to a \, [q_1, B_1, q_2][q_2, B_2, q_3] \ldots [q_m, B_m, q_{m+1}]$ für jeden Δ-Übergang $(q, a, A) \; \Delta \; (q_1, B_1 \ldots B_m)$ und für alle Kombinationen beliebiger $q_2, \ldots, q_{m+1} \in K$, und
- $[q, A, q_1] \to a$ für $(q, a, A) \; \Delta \; (q_1, \varepsilon)$

Dabei ist wieder $a \in \Sigma \cup \{\varepsilon\}$. Es ist nun noch zu beweisen, dass damit gilt:

$$([q, A, p] \Longrightarrow^* x) \iff ((q, x, A) \vdash^* (p, \varepsilon, \varepsilon))$$

für $p, q \in K, A \in \Gamma, x \in \Sigma^*$, woraus sofort $L_\ell(M) - L(G)$ folgt.

"$\Longleftarrow$" M rechne $(q, x, A) = C_0 \vdash C_1 \vdash \ldots \vdash C_n = (p, \varepsilon, \varepsilon)$. Wir zeigen, dass es eine entsprechende Grammatik-Ableitung gibt, per Induktion über die Länge n der Rechnung von M.

$n = 1$: Es ist $x = \varepsilon$ oder $x = a \in \Sigma$, das heißt, es wurde eine Δ-Regel $(q, x, A) \; \Delta \; (p, \varepsilon)$ angewendet. Nach der Konstruktion von G ist damit aber $[q, A, p] \to x \in R$. Also gilt $[q, A, p] \Longrightarrow^* x$.

$n \to n+1$: Sei $x = ay$ mit $y \in \Sigma^*, a \in \Sigma \cup \{\varepsilon\}$. Dann rechnet der PDA $C_0 = (q, ay, A) \vdash (q_1, y, B_1 B_2 \dots B_m) = C_1 \vdash^* C_{n+1} = (p, \varepsilon, \varepsilon)$ für eine Δ-Regel $(q, a, A) \; \Delta \; (q_1, B_1 B_2 \dots B_m)$.

Sei nun $y = y_1 \dots y_m, y_i \in \Sigma^*$. Es sind im Moment $B_1 \dots B_m$ auf dem Keller. Diese Variablen müssen wieder entfernt werden. Also sei y_i das Teilstück von y, während dessen Abarbeitung B_i vom Stack entfernt wird. Während diese Stacksymbole entfernt werden, ist der PDA natürlich in irgendwelchen Zuständen, sagen wir, er sei in q_i, bevor y_i abgearbeitet und B_i entfernt wird. Dann gilt also, dass $\exists q_2, \dots, q_{m+1} \left((q_i, y_i, B_i) \vdash^* (q_{i+1}, \varepsilon, \varepsilon), 1 \le i \le m \right)$.

Nach der Induktionsvoraussetzung kann man in diesem Fall aber mit der cf-Grammatik Ableitungen $[q_i, B_i, q_{i+1}] \Longrightarrow^* y_i$ durchführen. Damit und wegen des Schritts von C_0 nach C_1 gibt es eine Ableitung $[q, A, p] \Longrightarrow a[q_1, B_1, q_2] \dots [q_m, B_m, q_{m+1}] \Longrightarrow^* ay_1 y_2 \dots y_m = ay = x$.

"$\Rightarrow$" Es gebe in G eine Ableitung der Form $w_0 = [q, A, p] \Longrightarrow w_1 \Longrightarrow \dots \Longrightarrow w_n = x$. Wir zeigen, dass es eine entsprechende Rechnung in M gibt, per Induktion über die Länge n der Ableitung.

$n = 1$: Wenn $G \; [q, A, p] \Longrightarrow x$ ableitet, dann gibt es nach der Konstruktion von G eine Δ-Regel $(q, x, A) \; \Delta \; (p, \varepsilon)$, also rechnet der PDA $(q, x, A) \vdash^* (p, \varepsilon, \varepsilon)$.

$n \to n+1$: Angenommen, G erlaubt die Ableitung $[q, A, q_{m+1}] \Longrightarrow a \, [q_1, B_1, q_2] \dots [q_m, B_m, q_{m+1}] = w_1 \Longrightarrow \dots \Longrightarrow w_{n+1} = x$. Dann lässt sich x schreiben als $x = ax_1 \dots x_m$, wobei $[q_i, B_i, q_{i+1}] \Longrightarrow^* x_i$ jeweils eine Ableitung in $\le n$ Schritten ist für $1 \le i \le m$. Der erste Schritt dieser Ableitung in G muss entstanden sein aus einem PDA-Übergang $(q, a, A) \; \Delta \; (q_1, B_1 \dots B_m)$. Für die weiteren Schritte kann nach Induktionsvoraussetzung der PDA $(q_i, x_i, B_i) \vdash^* (q_{i+1}, \varepsilon, \varepsilon)$ rechnen. Insgesamt rechnet der PDA also

$$(q, x, A) = (q, ax_1 \dots x_m, A) \vdash (q_1, x_1 \dots x_m, B_1 \dots B_m)$$
$$\vdash^* (q_i, x_i \dots x_m, B_i \dots B_m) \vdash^* (q_{m+1}, \varepsilon, \varepsilon). \qquad \blacksquare$$

Beispiel 6.6.13. Die Sprache $L_{ab} = \{a^n b^n \mid n \in \mathbb{N}\}$ wird über leeren Keller akzeptiert von dem PDA $M = (\{s_0, s_1\}, \{a, b\}, \{Z_0, A\}, s_0, Z_0, \emptyset)$ mit den Regeln

1. $(s_0, \varepsilon, Z_0) \ \Delta \ (s_0, \varepsilon)$

2. $(s_0, a, Z_0) \ \Delta \ (s_0, A)$

3. $(s_0, a, A) \ \Delta \ (s_0, AA)$

4. $(s_0, b, A) \ \Delta \ (s_1, \varepsilon)$

5. $(s_1, b, A) \ \Delta \ (s_1, \varepsilon)$

Entsprechend Lemma 6.6.12 transformieren wir M in eine cf-Grammatik G. Es folgen die dabei erzeugten Grammatik-Regeln, sortiert nach der Nummer der Δ-Regel, aus der sie entstanden sind. Da die Dreitupel-Variablennamen unhandlich sind, ist als Index an jeder Variablen schon angemerkt, wie sie später umbenannt werden soll.

$$S \ \to \ [s_0, Z_0, s_0]_A \mid [s_0, Z_0, s_1]_B$$

1. $[s_0, Z_0, s_0]_A \ \to \ \varepsilon$

2. $[s_0, Z_0, s_0]_A \ \to \ a[s_0, A, s_0]_C$

   $[s_0, Z_0, s_1]_B \ \to \ a[s_0, A, s_1]_D$

3. $[s_0, A, s_0]_C \ \to \ a[s_0, A, s_0]_C[s_0, A, s_0]_C$

   $[s_0, A, s_0]_C \ \to \ a[s_0, A, s_1]_D[s_1, A, s_0]_E$

   $[s_0, A, s_1]_D \ \to \ a[s_0, A, s_0]_C[s_0, A, s_1]_D$

   $[s_0, A, s_1]_D \ \to \ a[s_0, A, s_1]_D[s_1, A, s_1]_F$

4. $[s_0, A, s_1]_D \ \to \ b$

5. $[s_1, A, s_1]_F \ \to \ b$

Lesbarer haben wir damit folgende Grammatik:

$S \ \to \ A \mid B$

$A \ \to \ aC \mid \varepsilon$

$B \ \to \ aD$

$C \ \to \ aCC \mid aDE$

$D \ \to \ aCD \mid aDF \mid b$

$F \ \to \ b$

Man sieht jetzt, dass die Variable E nutzlos ist und damit auch die Variable C. Auch enthält die Grammatik Kettenproduktionen und nullbare Variablen. Wenn wir die Grammatik von diesen überflüssigen Elementen befreien, bleiben folgende Regeln übrig:

$$S \rightarrow \varepsilon \mid aD$$

$$D \rightarrow aDF \mid b$$

$$F \rightarrow b$$

Mit dieser Grammatik kann man z.B. folgende Ableitung ausführen:

$$S \Longrightarrow aD \Longrightarrow aaDF \Longrightarrow aaaDFF \Longrightarrow aaabFF$$

$$\Longrightarrow aaabbF \Longrightarrow aaabbb$$

6.7 Determiniert kontextfreie Sprachen (DCFL)

Die Übergangsrelation der PDA, Δ, ist indeterminiert. Man kann nun natürlich auch determinierte PDA definieren mit einer Übergangsfunktion δ, so dass es für je einen Zustand, ein Eingabe- und ein Kellersymbol höchstens einen Übergang gibt und dass, wenn der PDA einen ε-Übergang machen kann, er nicht alternativ auch ein Zeichen lesen darf.

Es wird sich herausstellen, dass für determinierte PDA die Akzeptanz über finale Zustände mächtiger ist als über den leeren Keller. Außerdem können determinierte PDA weniger Sprachen akzeptieren als indeterminierte PDA.

Damit erhalten wir eine neue Klasse, DCFL, die Klasse der kontextfreien Sprachen, die von determinierten PDA akzeptiert werden. Diese Sprachklasse liegt echt zwischen $\mathcal{L}_3$ und $\mathcal{L}_2$, d.h. $\mathcal{L}_3 \subset \mathrm{DCFL} \subset \mathcal{L}_2$, wie wir später zeigen werden (S. 145, Lemma 6.7.14).

Definition 6.7.1 (DPDA). *Ein PDA $M = (K, \Sigma, \Gamma, \Delta, s_0, Z_0, F)$ heißt* **determiniert**, *falls gilt:*

- $\exists a \in \Sigma \ \ \Delta(q, a, Z) \neq \emptyset \Longrightarrow \Delta(q, \varepsilon, Z) = \emptyset$ *für alle $q \in K, Z \in \Gamma$: Falls in einem Zustand q mit Kellersymbol Z ein Zeichen a gelesen werden kann, darf es nicht gleichzeitig einen ε-Übergang zu q und Z geben.*
- $|\Delta(q, a, Z)| \leq 1$ *für alle $q \in K, Z \in \Gamma, a \in \Sigma \cup \{\varepsilon\}$: Es kann in keiner Konfiguration mehr als einen möglichen Übergang geben, aber es ist erlaubt, dass es keinen Übergang gibt.*

Statt Δ schreibt man für determinierte PDA auch δ. Die Bezeichnung „determinierter PDA" kürzt man ab durch „DPDA".

Lemma 6.7.2 (finale Zustände stärker als leerer Keller).

1. *Zu jedem determinierten PDA M_1 existiert ein determinierter PDA M_2 mit $L_l(M_1) = L_f(M_2)$.*
2. *Es existieren determinierte PDA M_1, so dass es keinen determinierten PDA M_2 gibt mit $L_f(M_1) = L_l(M_2)$.*

Beweis:

1. Der Beweis für indeterminierte PDA (Satz 6.6.8) gilt auch für determinierte PDA: Der PDA M_2, der in jenem Beweis konstruiert wird, ist determiniert, falls der Ausgangs-Automat M_1 determiniert ist.

2. $L = \{a, ab\}$ kann von einem determinierten PDA nur über finale Zustände akzeptiert werden. Ein determinierter PDA, der das tut, ist $M_1 = (\{q_0, q_f\}, \{a, b\}, \{Z_0\}, \delta, q_0, Z_0, \{q_f\})$ mit

$$\begin{aligned}
\delta(q_0, a, Z_0) &= (q_f, Z_0) \\
\delta(q_0, b, Z_0) &= \emptyset \\
\delta(q_0, \varepsilon, Z_0) &= \emptyset \\
\delta(q_f, b, Z_0) &= (q_f, \varepsilon) \\
\delta(q_f, a, Z_0) &= \emptyset \\
\delta(q_f, \varepsilon, Z_0) &= \emptyset
\end{aligned}$$

Angenommen, es gäbe einen DPDA M_2 mit $L = L_l(M_2)$

$\implies (q_0, a, Z_0) \vdash^* (q, \varepsilon, \varepsilon)$ für irgendein q, da $a \in L$

$\implies (q_0, ab, Z_0) \vdash^* (q, b, \varepsilon)$ und M_2 hängt

$\implies ab \notin L_l(M_2)$. Widerspruch. ∎

Definition 6.7.3 (Sprachklasse DCFL). *Ist M ein determinierter PDA, so ist $L(M) := L_f(M)$.*

Die Klasse der determiniert kontextfreien Sprachen ist

$$\mathbf{DCFL} := \bigcup_{\mathbf{M\ det.PDA}} \mathbf{L(M)}.$$

Es gilt $\mathcal{L}_3 \subset \text{DCFL}$, denn

- Jeder determinierte endliche Automat ist ein determinierter PDA, der seinen Keller nie benutzt. Er lässt das einzige Kellersymbol, Z_0, unbeachtet im Keller liegen und arbeitet nur auf den Zuständen.
- $\{wcw^R \mid w \in \{a, b\}^*\}$ ist nicht regulär, aber in DCFL.

Ein DPDA kann diese Sprache auf eine sehr ähnliche Weise akzeptieren wie ein PDA die Sprache ww^R (siehe Beispiel 6.6.5). Allerdings kann ein DPDA die Wortmitte nicht raten, und das muss er auch nicht, denn sie wird ja durch das c angezeigt.

Beispiel 6.7.4. Korrekte Klammerausdrücke aus den Zeichen ,[' und ,]' sind solche, bei denen es zu jeder öffnenden Klammer eine schließende gibt und die ,[' der ,]' vorausgeht. Anders ausgedrückt: In keinem Präfix eines Wortes dürfen mehr ‚]‘ als ‚[‘ vorkommen, und insgesamt muss das Wort gleichviel ‚[‘ wie ‚]‘ enthalten. Der folgende determinierte PDA M akzeptiert nur korrekte Klammerausdrücke.

$M = (\{q_0, q_1, q_2\}, \{[\,,]\,\}, \{Z_0, X, \Omega\}, \delta, q_0, Z_0, \{q_0\})$ mit

$$\delta(q_0, [\,, Z_0) = (q_1, \Omega Z_0) \qquad \delta(q_0,]\,, Z_0) = (q_2, Z_0)$$

$$\delta(q_1, [\,, \Omega) = (q_1, X\Omega) \qquad \delta(q_1,]\,, \Omega) = (q_0, \varepsilon)$$

$$\delta(q_1, [\,, X) = (q_1, XX) \qquad \delta(q_1,]\,, X) = (q_1, \varepsilon)$$

$$\delta(q_2, [\,, Z_0) = (q_2, Z_0) \qquad \delta(q_2,]\,, Z_0) = (q_2, Z_0)$$

Zum Beispiel wird $[\,]\,[\,[\,]\,[\,]\,]$ so akzeptiert:

$$(q_0, [\,]\,[\,[\,]\,[\,]\,], Z_0) \vdash (q_1,]\,[\,[\,]\,[\,]\,], \Omega Z_0) \vdash (q_0, [\,[\,]\,[\,]\,], Z_0) \vdash$$

$$(q_1, [\,]\,[\,]\,], \Omega Z_0) \quad \vdash \quad (q_1,]\,[\,]\,], X\Omega Z_0) \quad \vdash \quad (q_1, [\,]\,], \Omega Z_0) \quad \vdash$$

$$(q_1,]\,]\,, X\Omega Z_0) \quad \vdash \quad (q_1,]\,, \Omega Z_0) \quad \vdash \quad (q_0, \varepsilon, Z_0)$$

Eine Normalform für DPDA

Es gibt viele Möglichkeiten, wie ein determinierter Push-Down-Automat seinen Keller in einem Schritt manipulieren kann: Er kann

- das oberste Symbol vom Keller löschen,
- das oberste Symbol unverändert lassen (indem er es erst vom Keller liest und dann wieder auf den Keller schreibt),
- das oberste Symbol durch beliebig viele andere ersetzen oder
- das alte oberste Kellersymbol und andere, neue Symbole auf den Keller schreiben.

Von Stacks sind wir aber gewohnt, dass sie nur 3 verschiedene Operationen zur Verfügung stellen:

- Push (1 Symbol),
- Pop (1 Symbol) und
- das Lesen des obersten Stacksymbols, ohne dass der Stack verändert wird.

Man kann die δ-Funktion eines beliebigen determinierten Push-Down-Automaten so abändern, dass sie nur diese 3 kanonischen Stack-Operationen verwendet.

Definition 6.7.5 (Normalform). *Ein determinierter PDA M ist in* **Normalform (NF)**, *falls für alle seine Übergänge $\delta(q, a, X) = (p, \gamma)$ (mit $p, q \in K, a \in \Sigma, X \in \Gamma, \gamma \in \Gamma^*$) gilt:*

- $\gamma = \varepsilon$ *(**pop**), oder*
- $\gamma = X$ *(**Keller bleibt gleich**), oder*
- $\gamma = ZX$ *für $Z \in \Gamma$ (**push** Z).*

Um zu zeigen, dass man jeden determinierten Push-Down-Automaten in Normalform bringen kann, zeigen wir zunächst, dass man jeden DPDA so umformen kann, dass er in einem Schritt höchstens zwei Kellersymbole schreibt. Einen solchen DPDA kann man dann weiterbearbeiten zu einem Automaten in Normalform.

Lemma 6.7.6 (höchstens 2 Kellersymbole schreiben). *Zu jedem determinierten PDA M gibt es einen DPDA M' mit $L(M) = L(M')$, und für jeden Übergang $\delta_{M'}(q, a, X) = (p, \gamma)$ gilt $|\gamma| \leq 2$.*

Beweis: Sei $\delta_M(q, a, X) = (p, Y_1 \ldots Y_m)$, $m \geq 3$, ein δ-Übergang in M. Dann nehmen wir neue Zustände $p_i, 1 \leq i \leq m-2$, zu $K_{M'}$ hinzu und ersetzen den obigen δ-Übergang durch

$$\delta_{M'}(q, a, X) = (p_1, Y_{m-1}Y_m)$$
$$\delta_{M'}(p_i, \varepsilon, Y_{m-i}) = (p_{i+1}, Y_{m-i-1}Y_{m-i}) \quad \text{für } 1 \leq i \leq m-3$$
$$\delta_{M'}(p_{m-2}, \varepsilon, Y_2) = (p, Y_1Y_2)$$

∎

Satz 6.7.7 (Normalform). *Zu jedem determinierten PDA M gibt es einen DPDA M' mit $L(M) = L(M')$, und M' ist in Normalform.*

Beweis: Sei $M = (K, \Sigma, \Gamma, \delta, s_0, Z_0, F)$ ein determinierter PDA, der pro Schritt höchstens zwei Kellersymbole schreibt. Daraus konstruieren wir einen DPDA $M' = (K', \Sigma', \Gamma', \delta', s_0', Z_0', F')$ in Normalform basierend auf folgender Idee: Wir nehmen das jeweils oberste Kellersymbol mit in den Zustand von M' auf, es ist also $K' = K \times \Gamma$. Dadurch lassen sich alle möglichen Stackbewegungen von M' mit push und pop realisieren. Formal sieht M' so aus:

$$K' = K \times \Gamma$$
$$\Sigma' = \Sigma$$
$$\Gamma' = \Gamma \cup \{Z_0'\}, \quad Z_0' \text{ neu}$$
$$s_0' = (s_0, Z_0)$$
$$F' = F \times \Gamma$$

δ' wird aus δ erzeugt wie folgt für alle $p, q \in K$, $a \in \Sigma \cup \{\varepsilon\}$, $X, Y, Z, W \in \Gamma$:

- $\delta(q, a, X) = (p, \varepsilon) \implies \delta'((q, X), a, Y) = ((p, Y), \varepsilon)$ (pop)
- $\delta(q, a, X) = (p, Z) \implies \delta'((q, X), a, Y) = ((p, Z), Y)$ (keine Keller-Bewegung)
- $\delta(q, a, X) = (p, ZW) \implies \delta'((q, X), a, Y) = ((p, Z), WY)$ (push)

Y ist hierbei stets das zweitoberste Stacksymbol im Stack von M.

∎

DCFL und Abschluss unter ¬

Unser nächstes Ziel ist es, zu zeigen, dass die Klasse DCFL abgeschlossen ist gegen Komplementbildung. Es wäre schön, wenn man dabei vorgehen könnte wie bei determinierten endlichen Automaten (Satz 5.3.1): Man würde einfach die finalen und die nichtfinalen Zustände vertauschen, d.h. wenn $M = (K, \Sigma, \Gamma, \delta, s_0, Z_0, F)$ die Sprache L akzeptiert, dann sollte $\overline{M} = (K, \Sigma, \Gamma, \delta, s_0, Z_0, K - F)$ gerade $\Sigma^* - L = \overline{L}$ akzeptieren. Das klappt aber so einfach nicht; es gibt zwei Probleme.

1. Problem: M kann „hängen": Erstens kann M in eine Konfiguration geraten, von der aus es keinen weiteren δ-Übergang gibt ($\delta(q, a, X) = \delta(q, \varepsilon, X) = \emptyset$), weil δ keine totale Funktion sein muss. Zweitens kann M alle Symbole, einschließlich Z_0, aus dem Keller entfernen. Von dort aus gibt es natürlich auch keine weiteren Übergänge. Drittens kann M in eine endlose Folge von ε-Übergängen geraten.

   Sei nun $(s_0, w, Z_0) \vdash^* (q, v, \gamma)$ mit $v \neq \varepsilon$, und in dieser Konfiguration hänge M. Dann ist w nicht in $L(M)$, da nur solche Wörter akzeptiert werden, die der DPDA *vollständig* durchliest und für die er einen finalen Zustand erreicht. Wenn M hängt, hängt $\overline{M}$ auch: $\overline{M}$ unterscheidet sich von M ja nur durch die finalen Zustände. Für das obige Wort w gilt also: $w \notin L(M)$, und $w \notin L(\overline{M})$. Das sollte natürlich nicht sein.

2. Problem: Angenommen, M hat ein Wort w komplett abgearbeitet und ist in einem finalen Zustand, hat das Wort also akzeptiert. Dann kann es in M ja trotzdem einen ε-Übergang von dort zu einem nichtfinalen Zustand geben: $(s_0, w, Z_0) \vdash^* (q_0, \varepsilon, \gamma) \vdash^* (q_1, \varepsilon, \eta)$ mit $q_0 \in F, q_1 \notin F$. Genauso kann auch $\overline{M}$ rechnen. Da aber q_1 ein finaler Zustand von $\overline{M}$ ist, akzeptiert $\overline{M}$ auch. Für das obige Wort w gilt also: $w \in L(M)$, und $w \in L(\overline{M})$. Das sollte natürlich auch nicht sein.

Um das erste Problem zu lösen, zeigen wir, dass man jeden determinierten PDA so umbauen kann, dass er nie hängt. Um das zweite Problem zu lösen, darf für den Automat $\overline{M}$ nicht jeder Zustand final sein, der in M nichtfinal ist. Wenn von dort noch ε-Übergänge möglich sind, sollte $\overline{M}$ sich nur merken, dass er vielleicht akzeptieren wird, aber die ε-Übergänge noch abwarten, um zu sehen, ob M nicht doch noch akzeptiert.

Definition 6.7.8 (Scannen).

1. *Ein PDA M* **kann ein Wort w scannen** *genau dann, wenn gilt:*
   Zu jeder Konfiguration C mit $(s_0, w, Z_0) \vdash^* C$ gibt es einen Zustand $q \in K$ und Stackinhalt $\gamma \in \Gamma^*$, so dass M $C \vdash^* (q, \varepsilon, \gamma)$ rechnen kann.
2. *Ein PDA M* **kann scannen** *gdw. er alle Wörter $w \in \Sigma^*$ scannen kann.*

Für determinierte PDA M sagt man auch „M scannt" statt „M kann scannen".

Lemma 6.7.9 (Umformung in scannenden PDA). *Zu jedem determinierten PDA M gibt es einen DPDA M', so dass $L(M) = L(M')$, und M'
scannt.*

Beweis: Wie schon erwähnt, gibt es 3 Möglichkeiten, wie ein PDA hängen
kann:

1. Er kann zum aktuellen Zustand, Kellersymbol und Eingabezeichen keinen
   δ-Übergang haben.
2. Er kann seinen Keller komplett leeren.
3. Er kann in eine endlose Folge von ε-Übergängen geraten. Wenn er dabei aber einmal in einen finalen Zustand kommt und das Eingabewort
   zufällig schon abgearbeitet ist, wird das Wort trotzdem akzeptiert, diesen Sonderfall muss man also beachten.

Wir führen 3 neue Zustände ein, s_0', d und f. d ist ein „Deadlock"-Zustand,
in dem der Rest des Wortes nur noch gescannt wird, das Wort aber nicht
akzeptiert wird. f ist ein neuer finaler Zustand, den wir für den Sonderfall
im obigen Punkt 3 brauchen: Macht der alte Automat eine endlose Folge von
ε-Übergängen, erreicht aber zwischendurch einen finalen Zustand, so soll der
neue Automat erst in Zustand f gehen (so dass das Wort, falls es schon zu
Ende ist, akzeptiert wird) und dann in d. s_0' ist der neue Startzustand.

Sei nun $M = (K, \Sigma, \Gamma, \delta, s_0, Z_0, F)$ ein determinierter PDA in Normalform. Dazu konstruieren wir den scannenden DPDA $M' = (K', \Sigma', \Gamma', \delta',
s_0', Z_0', F')$ mit

$$
\begin{aligned}
K' &:= K \cup \{s_0', d, f\}, \quad s_0', d, f \text{ neu} \\
\Sigma' &:= \Sigma \\
\Gamma' &:= \Gamma \cup \{Z_0'\}, \quad Z_0' \text{ neu} \\
F' &:= F \cup \{f\}
\end{aligned}
$$

δ' entsteht aus δ wie folgt:

$\delta'(s_0', \varepsilon, Z_0') = (s_0, Z_0 Z_0')$

   Z_0' neues unterstes Kellersymbol, dann weiterarbeiten wie M

$\delta'(q, a, Z_0') = (d, Z_0') \; \forall a \in \Sigma$

   M hat hier gehangen (oben: Punkt 2), da der Keller von M
   leer ist.

$\delta'(d, a, X) = (d, X) \; \forall X \in \Gamma, a \in \Sigma$

   Im Deadlock-Zustand d nur noch scannen

$\delta'(q, a, X) = (d, X)$, falls $\delta(q, a, X) = \delta(q, \varepsilon, X) = \emptyset$

   M hat hier gehangen, weil kein Übergang definiert war
   (Punkt 1).

$$\delta'(q, \varepsilon, X) = (d, X) \text{ falls } \forall i \in \mathrm{N} \; \exists q_i \in K - F, \gamma_i \in \Gamma^* \; \Big((q, \varepsilon, X) \vdash (q_1, \varepsilon, \gamma_1),$$
$$\text{und } (q_i, \varepsilon, \gamma_i) \vdash (q_{i+1}, \varepsilon, \gamma_{i+1}) \Big)$$

M macht eine endlose Folge von ε-Übergängen, ohne je in einen finalen Zustand zu kommen (Punkt 3).

$$\delta'(q, \varepsilon, X) = (f, X), \text{ falls } \forall i \in \mathrm{N} \; \exists q_i \in K, \gamma_i \in \Gamma^* \; \Big((q, \varepsilon, X) \vdash (q_1, \varepsilon, \gamma_i),$$
$$\text{und } (q_i, \varepsilon, \gamma_i) \vdash (q_{i+1}, \varepsilon, \gamma_{i+1}), \text{ und } \exists j \in \mathrm{N} : q_j \in F \Big)$$

M macht eine endlose Folge von ε-Übergängen, kommt dabei aber mindestens einmal bei einem finalen Zustand vorbei (Punkt 3).

$$\delta'(f, \varepsilon, X) = (d, X)$$
$$\delta'(q, a, X) = \delta(q, a, X) \text{ sonst} \qquad \blacksquare$$

Damit gilt, dass $L(M) = L(M')$ ist, und M' scannt. Es ist aber noch zu zeigen, dass M' effektiv aus M konstruiert werden kann: Es muss ja entscheidbar sein, ob M eine endlose Folge von ε-Übergängen macht und ob M dabei zwischendurch in einen finalen Zustand kommt. Dass das entscheidbar ist, besagt das nächste Lemma.

Lemma 6.7.10. *Sei $M = (K, \Sigma, \Gamma, \delta, s_0, Z_0, F)$ ein determinierter PDA in Normalform, und sei die Funktion $f : K \times \Gamma \to \{1, 2, 3\}$ definiert durch*

$$f(q, X) = \begin{cases} 1, \text{ falls } \forall i \in \mathrm{N} \; \exists q_i \in K - F, \gamma_i \in \Gamma^* \; \Big((q, \varepsilon, X) \vdash \\ \quad (q_1, \varepsilon, \gamma_1) \text{ und } (q_i, \varepsilon, \gamma_i) \vdash (q_{i+1}, \varepsilon, \gamma_{i+1}) \Big) \\ 2, \text{ falls } \forall i \in \mathrm{N} \; \exists q_i \in K, \gamma_i \in \Gamma^* \; \Big((q, \varepsilon, X) \vdash (q_1, \varepsilon, \gamma_1) \\ \quad \text{und } (q_i, \varepsilon, \gamma_i) \vdash (q_{i+1}, \varepsilon, \gamma_{i+1}) \text{ und } \exists j \;\; q_j \in F \Big) \\ 3, \text{ sonst} \end{cases}$$

$\forall q \in K, X \in \Gamma$.

Dann ist f berechenbar, d.h. es gibt einen Algorithmus[6], der für jede Eingabe $(q, X) \in K \times \Gamma$ den Funktionswert $f(q, X)$ berechnet.

Beweis: Die drei möglichen Funktionswerte von f haben folgende Bedeutung:

- $f(q, X) = 1$, falls M im Zustand q mit oberstem Kellersymbol X eine endlose Folge von ε-Übergängen beginnt und nie in einen finalen Zustand kommt,

---

[6] Siehe S. 32.

- $f(q, X) = 2$, falls M eine endlose ε-Folge beginnt und irgendwann bei einem finalen Zustand vorbeikommt, und
- $f(q, X) = 3$ sonst.

M ist ein determinierter PDA in Normalform. Ob ein PDA einen ε-Übergang macht, hängt ja, wie jeder Übergang eines PDA, vom aktuellen Zustand und vom obersten Kellersymbol ab. Nun haben wir aber im Beweis zu Satz 6.7.7, als wir aus einem beliebigen PDA einen PDA in Normalform gemacht haben, das oberste Kellersymbol in den Zustand einbezogen.

Unser PDA M in Normalform sei o.E. nach Satz 6.7.7 konstruiert worden, dann sind beide Bedingungen, von denen bei einem alten PDA der ε-Übergang abhing, jetzt in einer vereint, und es hängt nur noch vom Zustand ab, ob M einen ε-Übergang macht.

Seien nun q und X gegeben. Wir berechnen $f(q, X)$ wie folgt: Wir betrachten alle Zustände q_i, $(q = q_0)$ mit

$$(q, \varepsilon, X) \vdash (q_1, \varepsilon, \gamma_1) \text{ und}$$
$$(q_i, \varepsilon, \gamma_i) \vdash (q_{i+1}, \varepsilon, \gamma_{i+1}), i \geq 1$$

der Reihe nach, bis einer der folgenden 3 Fälle eintritt:

1. Ein Zustand q_i wird gefunden, von dem aus kein ε-Übergang möglich ist. Dann ist $f(q, X) = 3$.
2. Es finden sich zwei exakt gleiche Konfigurationen $(q_i, \varepsilon, \gamma_i)$ und $(q_j, \varepsilon, \gamma_j)$ mit $i < j$. Dann ist M in eine Schleife geraten. Wir testen nun alle q_k, $0 \leq k \leq j$ darauf, ob $q_k \in F$.

   Falls $\exists k \leq j \; q_k \in F$, so ist $f(q, X) = 2$. Ansonsten ist $f(q, X) = 1$.
3. Der Stack wächst ins Unendliche. Sei $\#_{push} := |\{\delta(p, \varepsilon, Y) = (p', Y'Y) \mid p, p' \in K, Y, Y' \in \Gamma\}|$ die Anzahl der ε-Übergänge mit push-Operationen.

   Wir zeigen im folgenden, dass Fall 3 genau dann eintritt, falls sich zwei Konfigurationen $C_i = (q_i, \varepsilon, \gamma_i)$ und $C_j = (q_j, \varepsilon, \gamma_j)$ finden mit $i < j$ und $|\gamma_j| - |\gamma_i| > \#_{push}$.

   Sei $|\gamma_j| - |\gamma_i| = n > \#_{push}$, d.h. der Stack habe sich um n Symbole vergrößert. Da pro push-Operation der Stack nur um ein Zeichen wächst, muss es n Konfigurationen C_{i_k} $(1 \leq k \leq n)$ zwischen C_i und C_j geben, so dass in $C_{i_{k+1}}$ der Stack um eins größer ist als in C_{i_k} und nach $C_{i_{k+1}}$ auch nicht wieder schrumpft.

   M rechnet also $C_i \vdash^* C_{i_1} \vdash^* C_{i_2} \vdash^* \ldots \vdash^* C_{i_n} \vdash^* C_j$, und ab $C_{i_{k+1}}$ wird der Stackbereich, auf dem C_{i_k} noch arbeitete, nicht mehr angerührt, er ist also quasi unsichtbar für die nachfolgenden Operationen.

   Oben hatten wir angemerkt, dass es bei determinierten PDA in Normalform nur vom Zustand abhängt, ob ein ε-Übergang gemacht wird. Laut unserer Definition von $\#_{push}$ gibt es nun genau $\#_{push}$ verschiedene Zustände, in denen ε-Übergänge mit push-Operation durchgeführt werden. Auf dem Stack haben aber zwischen C_i und C_j $n > \#_{push}$ push-Operationen stattgefunden, und der Stack auf dem C_i arbeitete, ist für

C_{i+1} unsichtbar. Also kam mindestens eine push-Operation doppelt vor. Da M determiniert ist, befindet sich der Automat nun in einer Schleife, in der der Stack immer weiter wächst. Alle dabei auftretenden Zustände müssen schon zwischen q_0 und q_j aufgetreten sein.

Diese Zustände testen wir nun wieder darauf, ob ein finaler Zustand darunter ist. Wenn ja, dann ist $f(q, X) = 2$, sonst ist $f(q, X) = 1$.

Einer dieser drei Fälle muss auf jeden Fall irgendwann auftreten, also bricht das Verfahren ab und liefert den gesuchten Wert $1, 2$ oder 3 für $f(q, X)$. ∎

Lemma 6.7.11 (zu Problem 2). *Zu jedem determinierten PDA M in Normalform, der scannt, existiert ein DPDA M' in Normalform, der scannt, mit $L(M') = \overline{L(M)}$.*

Beweis: Sei $M = (K, \Sigma, \Gamma, \delta, s_0, Z_0, F)$, dann soll dazu der Automat $M' = (K', \Sigma, \Gamma, \delta', s_0', Z_0, F')$ konstruiert werden. Im Grunde sollen die finalen Zustände von M' die nichtfinalen Zustände von M sein. Wegen des Problems mit den Folgen von ε-Übergängen gibt es aber 3 Möglichkeiten für Zustände q von M':

I. $q \in F$, dann ist q auf jeden Fall nichtfinal in M'. Kommt q in einer Kette von ε-Übergängen vor, kann M' in dieser ε-Übergangsreihe auf keinen Fall mehr final werden.

II. $q \notin F$, aber von q aus sind noch ε-Übergänge möglich, dann wird nach q vielleicht noch ein finaler Zustand erreicht.

III. $q \notin F$, und es sind keine ε-Übergänge von q aus möglich, dann ist q final in M'.

Diese drei Möglichkeiten vermerken wir jeweils als eine zweite Komponente in den Zuständen von M'. Hier ist zunächst ein Beispiel, wo der erste Fall eintritt: M erreicht innerhalb einer Kette von ε-Übergängen einen finalen Zustand, M' wird also nicht final.

Rechnung von M:	Zustände von M':
(s_0, w, Z_0)	
$\vdash^* \quad (p, a, \gamma)$	
$\vdash \quad (q_1, \varepsilon, \gamma_1), q_1 \notin F$	(q_1, II)
$\vdash \quad (q_2, \varepsilon, \gamma_2), q_2 \notin F$	(q_2, II)
$\vdash \quad (q_3, \varepsilon, \gamma_3), q_3 \in F$	(q_3, I) – in diesem ε-Lauf darf M' keinen finalen Zustand mehr erreichen

$$\vdots$$

$$\vdash \quad (q_n, \varepsilon, \gamma_n) \qquad\qquad (q_n, I) \text{ unabhängig davon, ob}$$
$$q_n \in F \text{ ist.}$$

Im folgenden Beispiel führt eine Kette von ε-Übergängen in M nicht zu einem finalen Zustand, also wird M' final:

$$(s_0, w', Z_0) \quad \vdash^* \qquad\qquad (p', a, \gamma')$$
$$\vdash \qquad (q'_1, \varepsilon, \gamma'_1), q'_1 \notin F \qquad (q'_1, II)$$
$$\vdash \qquad (q'_2, \varepsilon, \gamma'_2), q'_2 \notin F \qquad (q'_2, II)$$

$$\vdots$$

$$\vdash \qquad (q'_{n-1}, \varepsilon, \gamma'_{n-1}), q'_{n-1} \notin \quad (q'_{n-1}, II)$$
$$F$$
$$\vdash \qquad (q'_n, \varepsilon, \gamma'_n), q'_n \notin F \qquad (q'_n, III) \text{ und von } q'_n \text{ aus sei kein}$$
$$\varepsilon\text{-Übergang möglich:} M' \text{ akzep-}$$
$$\text{tiert.}$$

Insgesamt definieren wir M' so:

$$K' = K \times \{I, II, III\}$$
$$F' = \{(q, III) \mid q \in K\}$$

O.E. gebe es von s_0 aus keinen ε-Übergang, also $\varepsilon \in L(M)$ *gdw.* $s_0 \in F$. Dann haben wir auch keine Schwierigkeiten damit, welche Zahl wir s'_0 zuordnen sollen:

$$s'_0 = \begin{cases} (s_0, I) & \text{, falls } s_0 \in F \\ (s_0, III), & \text{falls } s_0 \notin F \end{cases}$$

δ' entsteht aus δ wie folgt:

$$\delta(q, a, X) = (p, \gamma) \Longrightarrow \delta'((q, j), a, X) = ((p, i), \gamma) \text{ mit}$$

$$i = I \quad \text{falls } p \in F$$
$$i = II \quad \text{falls } p \notin F, \text{ und } p \text{ erlaubt einen } \varepsilon\text{-Übergang}$$
$$i = III \text{ falls } p \notin F, \text{ und } p \text{ erlaubt keinen } \varepsilon\text{-Übergang}$$

$$\delta(q, \varepsilon, X) = (p, \gamma) \Longrightarrow \delta'((q, j), \varepsilon, X) = ((p, i), \gamma) \text{ mit}$$

$$i = I \quad \text{falls } j = I \text{ oder } p \in F$$
$$i = II \quad \text{falls } j = II, p \notin F, \text{ und } p \text{ erlaubt } \varepsilon\text{-Übergang}$$
$$i = III \text{ falls } j = II, p \notin F, \text{ und } p \text{ erlaubt keinen } \varepsilon\text{-Übergang}$$

Damit gilt $L(M') = \overline{L(M)}$. ∎

Insgesamt haben wir gezeigt:

Satz 6.7.12. *Die Klasse DCFL ist abgeschlossen gegen Komplementbildung.*

Lemma 6.7.13. *Die Klasse DCFL ist nicht abgeschlossen gegen $\cap$ und $\cup$.*

Beweis:

$\cap$: wie bei $\mathcal{L}_2$ – die Sprachen $\{a^n b^n c^m \mid n, m \in \mathbb{N}_+\}$ und $\{a^m b^n c^n \mid n, m \in \mathbb{N}_+\}$, die dort für das Gegenbeispiel verwendet wurden, sind DCF-Sprachen.

$\cup$: $L_1 \cap L_2 = \overline{(\overline{L_1} \cup \overline{L_2})}$, d.h. wäre DCFL abgeschlossen gegen $\cup$, dann auch gegen $\cap$, ein Widerspruch. ∎

Lemma 6.7.14. $DCFL \subset \mathcal{L}_2$.

Beweis: Es gilt DCFL $\subseteq \mathcal{L}_2$, und DCFL hat andere Abschlusseigenschaften als $\mathcal{L}_2$. ∎

Beispiel 6.7.15. Die Sprache $\{a^i b^j c^k \mid i = j \text{ oder } j = k\}$ ist in $\mathcal{L}_2 -$ DCFL.

6.8 Probleme und Algorithmen zu cf-Sprachen

6.8.1 Das Wortproblem

Das **Wortproblem** ist folgendes:

Gegeben: eine cf-Grammatik G, so dass $L(G)$ eine Sprache ist über Σ^*, und ein Wort $w \in \Sigma^*$

Frage: Ist $w \in L(G)$?

Eine Lösung eines solchen Problems ist ein Algorithmus, der diese Frage für jede Probleminstanz beantwortet, das heißt hier, für jede cf-Grammatik G und jedes Wort w.

Ein Algorithmus, der das Wortproblem für kontextfreie Sprachen löst, und zwar sehr effizient, ist der *Cocke-Younger-Kasami (CYK) - Algorithmus*. Dieser Algorithmus geht *bottom-up* vor, d.h. er startet mit dem Wort w und versucht, auf das Startsymbol S der Grammatik zurückzurechnen. Nur wenn das gelingt, ist $w \in L$. Zwischenergebnisse der Berechnung legt der Algorithmus in einer Tabelle ab.

Um vom Wort w auf das Startsymbol zurückzurechnen, muss der Algorithmus nach einem Teilstring in dem aktuellen Wort suchen, der mit einer Regelconclusion übereinstimmt. Nehmen wir z.B. an, das aktuelle Wort ist

$abcXb$, und die Grammatik enthält eine Regel $Y \to bcX$. Da wir die Ableitung rückwärts durchlaufen, können wir jetzt die rechte durch die linke Regelseite ersetzen und erhalten aYb als neues aktuelles Wort.

Die rechte Seite einer kontextfreien Regel kann beliebig lang und komplex sein, einfacher macht man es sich aber, wenn man nur Regeln von normierter Länge betrachtet. Wir fordern deshalb, dass die kontextfreie Grammatik G in Chomsky-Normalform vorliegen soll. Dann können, wie bekannt, nur noch zwei Typen von Regeln vorkommen: $A \to BC$ und $A \to a$.

Um zu verdeutlichen, wie der CYK-Algorithmus arbeitet, betrachten wir zunächst ein Beispiel, nämlich die Sprache $L = \{a^n\{a,b\}^n \mid n \in \mathbb{N}\}$. Eine CNF-Grammatik dazu ist etwa $G = (\{S, S', M, A, B\}, \{a, b\}, R, S)$ mit

$$R = \{\, S \;\to\; \varepsilon \mid AS' \mid AB,$$
$$S' \;\to\; MB,$$
$$M \;\to\; AB \mid AS',$$
$$A \;\to\; a,$$
$$B \;\to\; a \mid b\}$$

Es soll festgestellt werden, ob das Wort $w = aaabba$ in L liegt. Wir visualisieren das Vorgehen des CYK-Algorithmus anhand eines Graphen G_w. G_w besitzt $|w| + 1 = 7$ „linear angeordnete" Knoten $v_0, \ldots, v_6$, einen für jede Position *zwischen* Buchstaben in w (so steht etwa v_1 für die Position hinter dem ersten Buchstaben von w). Zu Beginn enthält G_w genau $|w|$ gerichtete Kanten, und zwar jeweils eine von v_i nach v_{i+1} mit w_i (dem i-ten Buchstaben in w) als Label (Kantengewicht), siehe Abb. 6.7.

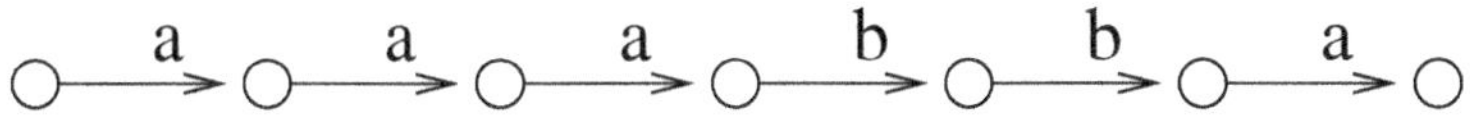

Abb. 6.7. Graph G_w für CYK: Kanten zu Anfang des Algorithmus

Die Idee ist nun, Kanten mit Nichtterminal-Labels in G_w einzufügen: Wenn es in G_w einen mit $Y_1 \ldots Y_n$ gelabelten Weg von v_i nach v_j gibt und die cf-Grammatik eine Regel $X \to Y_1 \ldots Y_n$ besitzt, dann trägt man in G_w eine neue Kante von v_i nach v_j ein mit Label X. Auf diese Weise kann man in G_w bottom-up alle möglichen Regelanwendungen eintragen, die eventuell zum terminalen Wort w führen könnten. Wir beginnen mit Regeln der Form $X \to x$ für Terminale x. Wenn man aus einer Variablen X einen Buchstaben x erzeugen kann, trägt man eine mit X gelabelte Kante über jeder x-Kante ein. In unserem Beispiel G_w erhalten wir damit den Graphen, den Abb. 6.8 zeigt.

Wie man sieht, werden alle möglichen solchen Regelanwendungen eingetragen, auch solche, die im Endeffekt nicht zu S führen. Unser Wort $aaabba$ könnte aus der Nichtterminalkette $ABABBA$ entstanden sein, oder aus $BBBBBB$. Wie rechnen wir nun weiter zurück in Richtung auf S? Ein

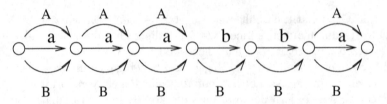

Abb. 6.8. Graph G_w nach einem ersten Schritt des Algorithmus

A mit einem B daneben könnte durch eine Anwendung der Regel $M \to AB$ entstanden sein. Das heißt, wenn G_w einen Weg von v_i nach v_j der Länge 2 enthält, dessen Kanten mit A, B gelabelt sind, können wir eine neue Kante hinzufügen, die die A- und die B-Kante überspannt. Ebenso könnte eine Kombination MB durch Anwendung der Regel $S' \to MB$ entstanden sein. Tragen wir ein paar dieser neuen Kanten in das Bild ein (Abb. 6.9).

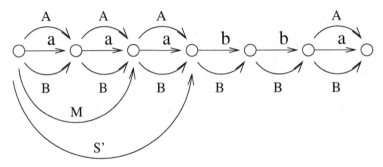

Abb. 6.9. Graph G_w: einige weitere Kanten

Wenn wir jeweils alle möglichen Kanten eintragen und wenn das Wort, das wir testen, in der Sprache L ist, dann müssen auch die Kanten darunter sein, die die tatsächliche Ableitung von S zu dem Wort beschreiben. Und wenn das so ist, dann muss es, wenn alle Kanten eingetragen sind, auch eine Kante von v_0 nach v_6 mit Label S geben.

Wenn man alle Kanten einträgt, so sind natürlich auch viele dabei, die nicht einem tatsächlichen Schritt der Ableitung entsprechen. Wir gehen ja bottom-up vor und notieren alle *möglichen* Regelanwendungen. Der Übersichtlichkeit halber sind aber in Bild 6.10 nur die „richtigen" Kanten eingetragen.

Da die Grammatik, die wir betrachten, in CNF ist, gibt es neben den $A \to a$-Regeln nur Regeln der Form $A \to BC$; also muss man immer nur *zwei* nebeneinanderliegende Kanten betrachten, um herauszufinden, ob darüber eine neue Kante eingefügt werden kann.

In welchem Datenformat stellt man nun die Kanten am besten dar? Im CYK-Algorithmus, der entscheidet, ob ein Wort w in einer Sprache L ist,

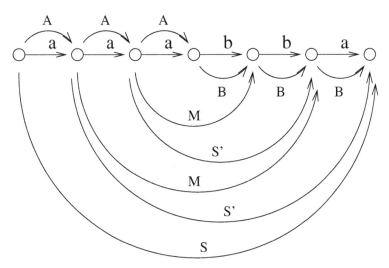

Abb. 6.10. Die „richtigen" Kanten

wird ein Array der Größe $|w| \times |w|$ verwendet. Für eine Kante, die die i. bis j. Leerstelle überspannt und mit A markiert ist, steht im $[i.j]$-Element des Arrays die Eintragung A.

Beschreiben wir nun diese Idee formal.

Definition 6.8.1 (M∗N). *Sei* $L = L(G)$ *kontextfrei, und* $G = (V, T, R, S)$ *in Chomsky-Normalform. Mit* $M, N \subseteq V$ *sei*

$$M * N := \{A \in V \mid \exists B \in M, \exists C \in N : \; A \to BC \in R\}$$

Sei also M die Menge aller Kanten, die die i. bis j. Lücke überspannen, und sei N die Menge aller Kanten, die die j. bis k. Lücke überspannen, dann ist $M * N$ die Menge aller neuen Kanten, die man über die i. bis k. Lücke spannen kann.

Definition 6.8.2 ($w_{i,j}, V_{i,j}$). *Es sei* $w = a_1 \ldots a_n$ *mit* $a_i \in \Sigma$, *so ist* $w_{i,j} := a_i \ldots a_j$ *das Infix von* w *vom i-ten bis zum j-ten Buchstaben, und es sei*

$$V_{i,j} := \{A \in V \mid A \Longrightarrow_G^* w_{i,j}\}$$

Mit dieser Notation können wir das folgende Lemma beweisen. Punkt 2 des Lemmas beschäftigt sich mit der Frage, wie man alle Kanten findet, die die i. bis k. Lücke überspannen. Eine neue Kante überspannt ja stets zwei alte. Von diesen zwei alten kann sich die erste über die i. Lücke spannen, und die zweite über die i+1. bis k. oder die erste alte Kante kann sich über die i. und i+1. Lücke spannen, und die zweite alte Kante über die i+2. bis k. etc.

Lemma 6.8.3. *Sei $w = a_1 \ldots a_n$, $a_i \in \Sigma$, d.h. $|w| = n$. Dann gilt:*

1. $V_{i,i} = \{A \in V \mid A \to a_i \in R\}$
2. $V_{i,k} = \bigcup\limits_{j=i}^{k-1} V_{i,j} * V_{j+1,k}$ *für $1 \le i < k \le n$*

Beweis:

1. $V_{i,i} = \{A \in V \mid A \Longrightarrow_G^* a_i\} = \{A \in V \mid A \to a_i \in R\}$, da G in CNF ist.

   $A \in V_{i,k}$ mit $1 \le i < k \le n$

   $\Longleftrightarrow A \Longrightarrow_G^* a_i \ldots a_k$

   $\Longleftrightarrow \exists j, \ i \le j < k : \exists B, C \in V : A \Longrightarrow BC$, und $B \Longrightarrow_G^* w_{i,j} \ne \varepsilon$
   und $C \Longrightarrow_G^* w_{j+1,k} \ne \varepsilon$ (da G in CNF ist)

   $\Longleftrightarrow \exists j, \ i \le j < k : \exists B, C \in V : A \Longrightarrow BC$ und $B \in V_{i,j}$ und
   $C \in V_{j+1,k}$

2. $\Longleftrightarrow \exists j, \ i \le j < k : A \in V_{i,j} * V_{j+1,k}$ ∎

Der Cocke-Younger-Kasami-Algorithmus: Input sei eine Grammatik G in CNF und ein Wort $w = a_1 \ldots a_n \in \Sigma^*$.

(i) `for i := 1 to n do`   `/ * Alle Regeln A → a eintragen * /`
        $V_{i,i} := \{A \in V \mid A \to a_i \in R\}$

(ii) `for h := 1 to n − 1 do`
         `for i := 1 to n − h do`
             $V_{i,i+h} = \bigcup\limits_{j=i}^{i+h-1} V_{i,j} * V_{j+1,i+h}$

(iii) `if S ∈` $V_{1,n}$
         `then Ausgabe w ∈ L(G)`
      `else`
         `Ausgabe w ∉ L(G)`

Die Korrektheit des Algorithmus folgt direkt aus dem letzten Lemma. In Kap. 15, wo es um Aufwandsabschätzungen von Algorithmen geht, wird noch gezeigt: Für getestete Wörter der Länge $|w| = n$ entscheidet der CYK-Algorithmus in der Größenordnung von n^3 Schritten, ob $w \in L(G)$ ist.

Beispiel 6.8.4. Betrachten wir noch einmal die Grammatik $G = (\{S, S', M, A, B\}, \{a, b\}, R, S)$ aus dem obigen Beispiel mit

$$R = \{ S \ \to \ \varepsilon \mid AS' \mid AB,$$
$$S' \ \to \ MB,$$

$$M \rightarrow AB \mid AS',$$
$$A \rightarrow a,$$
$$B \rightarrow a \mid b\}$$

und das Wort *aaabba*. Die komplette Tabelle dafür sieht so aus:

		a $i = 1$	a 2	a 3	b 4	b 5	a 6
a	$j = 1$	$\{A, B\}$	–	–	–	–	–
a	2	$\{M, S\}$	$\{A, B\}$	–	–	–	–
a	3	$\{S'\}$	$\{M, S\}$	$\{A, B\}$	–	–	–
b	4	$\{M, S\}$	$\{S'\}$	$\{M, S\}$	$\{B\}$	–	–
b	5	$\{S'\}$	$\{M, S\}$	$\{S'\}$	–	$\{B\}$	
a	6	$\{M, S\}$	$\{S'\}$	–	–	–	$\{A, B\}$

Die Tabelle wird in dieser Reihenfolge aufgebaut:

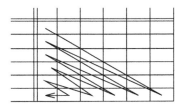

Zum Beispiel ergibt sich der Eintrag für $i = 1$ und $j = 4$ als
$$V_{1,4} = V_{1,1} * V_{2,4} \cup V_{1,2} * V_{3,4} \cup V_{1,3} * V_{4,4}$$

6.8.2 Andere Probleme

Satz 6.8.5. *Das Emptiness-Problem für kontextfreie Sprachen hat die Form*

Input: *eine cf-Grammatik G.*
Frage: *Ist $L(G) = \emptyset$?*

Das Endlichkeits-Problem für kontextfreie Sprachen hat die Form

Input: *eine cf-Grammatik G.*
Frage: *Ist $L(G)$ endlich?*

Beide Probleme sind algorithmisch lösbar.

Beweis:

L(G) $= \emptyset$: $L(G) \neq \emptyset$ genau dann, wenn S co-erreichbar ist, und für Co-Erreichbarkeit haben wir bereits einen Algorithmus vorgestellt (in Satz 6.2.2).

L(G) endlich: Unendlich viele Wörter kann man mit einer Grammatik nur dann erzeugen, wenn sie Schleifen enthält, d.h. wenn eine Ableitung der Form $A \Longrightarrow^* \alpha A \beta$ möglich ist. Daraus ergibt sich folgender Algorithmus:

1. Konstruiere zu G eine äquivalente Grammatik G' in CNF ohne nutzlose Symbole (siehe Satz 6.3.2)
2. Konstruiere zu $G' = (V, T, R, S)$ den Graphen $F = (\hat{V}, \hat{E})$ mit

$$\hat{V} = V$$

$$(A, B) \in \hat{E} \iff \exists C \in V: \quad A \to BC \in R \text{ oder}$$

$$A \to CB \in R$$

Wie wir gleich noch zeigen werden, gilt, dass $L(G)$ endlich ist genau dann, wenn F keinen gerichteten Kreis enthält. Bevor wir diese Behauptung beweisen, wenden wir den obigen Algorithmus einmal beispielhaft an.

Grammatikregeln   zugehöriger Graph

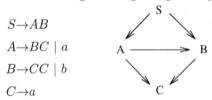

$S \to AB$

$A \to BC \mid a$

$B \to CC \mid b$

$C \to a$

Der Graph enthält keinen Kreis, also ist $L(G)$ endlich.

Zeigen wir nun zunächst, dass, wenn $L(G)$ endlich ist, der Graph F keinen gerichteten Kreis enthält.

Da G' keine nutzlosen Variablen enthält, sind alle Variablen erreichbar und co-erreichbar. Damit ist jeder Knoten in F von S aus erreichbar, und der Graph ist zusammenhängend.

Sei $V = \{A_1, \ldots, A_k\}$ und sei $S = A_1$. Wenn F einen Kreis enthält, so heißt das: $\exists m, n, i_1, \ldots i_n$ mit $n > m$, so dass es einen Weg in F gibt der Form $A_1, A_{i_1}, \ldots, A_{i_m}, \ldots, A_{i_n}$, und $A_{i_m} = A_{i_n}$. Dann existiert aber auch ein Ableitungsbaum, wie er in Bild 6.11 dargestellt ist. Dabei ist $vx \neq \varepsilon$ und $uv^i wx^i y \in L(G) \; \forall i$ nach dem Pumping-Lemma. Also ist $L(G)$ unendlich.

Jetzt ist noch zu zeigen, dass, wenn F keinen gerichteten Kreis enthält, die Sprache $L(G)$ endlich ist. Nehmen wir an, $L(G)$ sei unendlich. Dann gibt es darin Wörter beliebiger Länge, insbesondere auch ein Wort $w \in L(G)$ mit einer Länge $|w| > 2^{|V|}$. Wie im Beweis zum Pumping-Lemma erwähnt, gibt es dann im Ableitungsbaum mit Front w einen Weg, auf dem eine Variable doppelt vorkommt. Das heißt,

$\exists A_i : \quad A_i \implies A_{i_1} A_{i_2} \implies^* \alpha A_i \beta$. Damit liegt A_i aber auf einem gerichteten Kreis im Graphen F. ∎

Lemma 6.8.6. *Das folgende Inklusionsproblem ist algorithmisch lösbar:*

Input: *eine cf-Sprache L und eine reguläre Sprache R.*
Frage: *Gilt $L \subseteq R$?*

Beweis: Es gilt $L \subseteq R \iff L \cap \overline{R} = \emptyset$.

$\mathcal{L}_3$ ist abgeschlossen gegen $\neg$, also ist $\overline{R}$ regulär. Nach dem nächsten Satz gilt damit, dass $L \cap \overline{R}$ eine kontextfreie Sprache ist, und für kontextfreie Sprachen ist entscheidbar, ob sie leer sind. ∎

Genaugenommen ist die Formulierung dieses Inklusionsproblems noch etwas unklar. Was heißt denn: „Gegeben sei eine cf-Sprache L"? Da cf-Sprachen üblicherweise unendlich viele Wörter enthalten, kann man L nicht einfach so hinschreiben, man braucht eine endliche Repräsentation. Davon haben wir aber schon mehrere kennengelernt: Eine cf-Sprache L kann man durch eine kontextfreie Grammatik G mit $L(G) = L$ endlich beschreiben, oder auch durch einen Push-Down-Automaten M mit $L(M) = L$. Was von beidem wir wählen, ist gleichgültig, da man ja algorithmisch von G aus M berechnen kann, und umgekehrt. Genauso kann man zur endlichen Darstellung von L eine kontextfreie Grammatik in irgendeiner Normalform wählen. Analog kann man eine reguläre Sprache R angeben in Form einer rechtslinearen Grammatik G oder eines endlichen Automaten A.

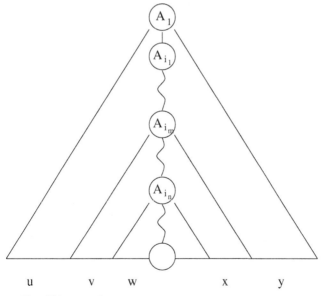

Abb. 6.11. Ein Ableitungsbaum

Die Formulierung des letzten Lemmas ist relativ aufwendig. Wenn wir das eben Gesagte berücksichtigen, dann können wir Lemma 6.8.6 auch kürzer und einprägsamer formulieren als: „Es ist entscheidbar, ob eine cf-Sprache in einer regulären Sprache enthalten ist." Solche vereinfachten Formulierungen werden wir häufiger verwenden, etwa im übernächsten Lemma.

Satz 6.8.7. *Ist L cf und R regulär, so ist $L \cap R$ auch cf.*

Hierfür sagen wir in Zukunft auch, dass CFL abgeschlossen ist gegen Durchschnitt mit $\mathfrak{Reg}$, oder kürzer: abgeschlossen ist gegen $\cap \mathfrak{Reg}$.
Beweis: Seien L und R Sprachen über Σ. Sei $L = L_f(M)$, $M = (K_M, \Sigma, \Gamma, \Delta, s_{0M}, Z_0, F_M)$, und sei $R = L(A)$, $A = (K_A, \Sigma, \delta, s_{0A}, F_A)$. Aus diesen zwei Automaten definieren wir einen neuen PDA $\hat{M}$ als $\hat{M} = (\hat{K}, \Sigma, \Gamma, \hat{\Delta}, \hat{s}_0, Z_0, \hat{F})$ mit

- $\hat{K} = K_M \times K_A$
- $\hat{s}_0 = (s_{0M}, s_{0A})$
- $\hat{F} = F_M \times F_A$, und
- $((q_M, q_A), a, X) \, \hat{\Delta} \, ((p_M, p_A), \gamma) \iff$
  $\Big((q_M, a, X) \, \Delta \, (p_M, \gamma) \text{ und } \big(\delta(q_A, a) = p_A \text{ oder } (a = \varepsilon \text{ und } p_A = q_A) \big) \Big).$

$\hat{M}$ durchläuft also das Eingabewort und ist dabei jeweils gleichzeitig in den Zuständen, die M und A gerade einnehmen. Insofern kann man mit Induktion leicht zeigen, dass für ein Eingabewort $w = w_1 w_2$ gilt:

$$((q_M, q_A), w, \gamma) \vdash_{\hat{M}}^* ((p_M, p_A), w_2, \eta)$$
$$\iff ((q_M, w, \gamma) \vdash_M^* (p_M, w_2, \eta) \text{ und } \delta^*(q_A, w_1) = p_A)$$

Ein Eingabewort wird akzeptiert, wenn am Wortende M und A beide in einem finalen Zustand sind:

$w \in L_f(\hat{M})$

$\iff \exists (q_M, q_A) \in \hat{F}, \exists \gamma \in \Gamma^* : ((s_{0M}, s_{0A}), w, Z_0) \vdash_{\hat{M}}^* ((q_M, q_A), \varepsilon, \gamma)$

$\iff \exists q_M \in F_M, q_A \in F_A, \exists \gamma \in \Gamma^* : (s_{0M}, w, Z_0) \vdash_M^* (q_M, \varepsilon, \gamma)$ und
    $\delta^*(s_{0A}, w) = q_A$

$\iff w \in L_f(M) \cap L(A)$

Also ist $L \cap R$ eine kontextfreie Sprache.   ∎

Ist im obigen Satz der Automat M determiniert, dann ist es auch der daraus konstruierte Automat $\hat{M}$. Es gilt also auch das folgende Korollar:

Korollar. Der Durchschnitt einer DCFL-Sprache und einer regulären Sprache ist eine DCFL-Sprache.

Lemma 6.8.8. *Es ist entscheidbar, ob DCFL-Sprachen über Σ schon identisch mit Σ^* sind.*

Beweis: $L = \Sigma^* \iff \overline{L} = \emptyset$. Da DCFL abgeschlossen ist gegen $\neg$, ist $\overline{L}$ wieder eine DCFL-Sprache, und für kontextfreie Sprachen ist ja entscheidbar, ob sie leer sind. ∎

6.9 Zusammenfassung

Sprachklasse: $\mathcal{L}_2$, die kontextfreien (cf) oder Typ-2-Sprachen
Grammatiktyp: Für jede Regel $P \to Q$ einer kontextfreien Grammatik gilt

$\quad P \in V$ und $Q \in (V \cup T)^*$

Automaten: Push-Down-Automaten (PDA)

Ein PDA liest das Eingabewort einmal von links nach rechts durch. Er hat als Speicher einen Zustand, der endlich viele verschiedene Werte annehmen kann, und einen Stack, der beliebig viele Zeichen aufnehmen kann. Ein PDA akzeptiert über finale Zustände oder leeren Keller.

Beispiele:

- Die Syntax der AL-Formeln lässt sich mit einer kontextfreien Grammatik beschreiben, genauso der Aufbau von arithmetischen Ausdrücken.
- Die Sprache $a^n b^n$ ist kontextfrei. Grammatikregeln für diese Sprache: $S \to aSb \mid \varepsilon$
- ww^R
- $L = \{a^i b^j c^k \mid i = j \text{ oder } j = k\}$ (diese Sprache ist nicht in DCFL)

Kriterium: Pumping-Lemma (notwendiges Kriterium)
Abschlusseigenschaften: abgeschlossen gegen $\cup$, $\circ$, * und *hom*, nicht abgeschlossen gegen $\neg$ und $\cap$

$\mathcal{L}_2$ ist eine echte Obermenge von DCFL, der Menge der determiniert kontextfreien Sprachen:

Sprachklasse: DCFL, die determiniert kontextfreien Sprachen
Grammatiktyp: Die Grammatikregeln haben dieselbe Form wie bei $\mathcal{L}_2$.
Automaten: determinierte Push-Down-Automaten (DPDAs)

Ein determinierter Push-Down-Automat sieht aus wie ein indeterminierter PDA, mit zwei Unterschieden: Erstens akzeptiert er über finale Zustände. Zweitens kann es hier in keiner Konfiguration mehr als einen möglichen Übergang geben, insbesondere darf, wenn der Automat einen ε-Übergang machen kann, nicht auch ein Übergang möglich sein, bei dem ein Zeichen gelesen wird.

Beispiele:

- wcw^R
- $\{w \in \{a, b\}^* \mid \#_a(w) = \#_b(w)\}$
- $a^n b^n$

Abschlusseigenschaften: abgeschlossen gegen $\neg$, $\cap \mathfrak{Reg}$

7. Turing-Maschinen

Endliche Automaten besitzen nur einen einzigen Speicher, der endlich viele verschiedene Informationen speichern kann: Er nimmt jeweils einen Zustand aus einer endlichen Menge K an. Nun sind in der Praxis alle Speicher endlich, und die Menge K kann natürlich beliebig groß werden. Trotzdem haben wir gesehen, dass durch die Beschränkung auf nur diesen einen endlichen Speicher die Berechnungsmöglichkeiten des endlichen Automaten sehr begrenzt sind.

Auch Push-Down-Automaten besitzen einen endlich großen Zustands-Speicher. Zusätzlich verfügen sie über einen potentiell unendlich großen Stack, können aber jeweils nur das oberste Element sehen, da ein Stack nur LIFO-Zugriff erlaubt.

Angenommen, man definiert sich nun eine Maschine, die auch einen endlichen Zustandsraum sowie einen weiteren, potentiell unendlichen Speicher umfasst, bei dem aber die Beschränkung auf LIFO-Zugriff wegfällt – ist diese Maschine dann mächtiger als ein Push-Down-Automat? Wir werden feststellen, dass das tatsächlich so ist. Solche Maschinen, sogenannte *Turing-Maschinen*, können sogar Sprachen akzeptieren, die über die Klasse der CSL hinausgehen (aber dazu im nächsten Kapitel mehr).

Turing-Maschinen können also wie die anderen Maschinentypen einen von endlich viele verschiedene Zuständen einnehmen und besitzen zusätzlich einen potentiell unendlich großen Speicher. Diesen Speicher stellt man sich vor als ein unendlich langes Band. Der Zugriff erfolgt über einen Schreib-/Lesekopf, den die Maschine in einem Schritt um ein Feld nach rechts oder links verschieben kann. Auf dies Band ist zu Anfang der Rechnung das Eingabewort geschrieben. Die Turing-Maschine kann dies Wort aber nicht nur lesen, sie kann auch auf dem Band schreiben, und zwar Zeichen aus einem endlichen Alphabet. Da sie den Kopf auf dem Band auch wieder nach links bewegen kann, ist sie, anders als endliche und Push-Down-Automaten, nicht darauf beschränkt, das Eingabewort ein einziges Mal zu lesen. Deshalb brauchen wir eine neue Haltebedingung, die unabhängig ist davon, wieviel des Eingabewortes schon gelesen wurde. Bei Turing-Maschinen verwendet man einen speziellen Zustand, den *Haltezustand h*, den die Maschine im Laufe einer Berechnung nur (höchstens) ein einziges Mal betritt, nämlich wenn sie die Berechnung beendet.

© Springer-Verlag GmbH Deutschland, ein Teil von Springer Nature 2018
L. Priese und K. Erk, *Theoretische Informatik*,
https://doi.org/10.1007/978-3-662-57409-6_7

In diesem Kapitel untersuchen wir Turing-Maschinen und ihre Fähigkeiten allgemein; in Kapitel 8 sehen wir dann, welche Sprachen von Turing-Maschinen akzeptiert werden.

7.1 Determinierte Turing-Maschinen

Definition 7.1.1 (Turing-Maschine). *Eine* **Turing-Maschine (TM)** M *ist ein Tupel* $M = (\ K, \Sigma, \delta, s\ )$. *Dabei ist*

- K *eine endliche Menge von Zuständen mit* $h \notin K$,
- Σ *ein Alphabet mit* $L, R \notin \Sigma, \# \in \Sigma$,
- $\delta : K \times \Sigma \to (K \cup \{h\}) \times (\Sigma \cup \{L, R\})$ *eine Übergangsfunktion, und*
- $s \in K$ *ein Startzustand.*

In einem δ-Übergangsschritt $\delta(q, a) = (q', x)$ kann eine Turing-Maschine in Abhängigkeit von dem aktuellen Zustand $q \in K$ und dem Zeichen $a \in \Sigma$, das momentan unter dem Schreib-/Lesekopf steht,

- entweder einen Schritt nach links tun, falls $x = L$ ist,
- oder einen Schritt nach rechts tun, falls $x = R$ ist,
- oder das Zeichen a, das momentan unter dem Schreib-/Lesekopf steht, durch $b \in \Sigma$ überschreiben, falls $x = b \in \Sigma$ gilt.

Zusätzlich ändert sie ihren Zustand in $q' \in K \cup \{h\}$ ab. Da $h \notin K$ ist, kann es nie einen δ-Übergang von h aus geben.

Das Alphabet einer Turing-Maschine enthält immer ein spezielles Zeichen $\#$ („blank"), das für das Leerzeichen steht. Das Leerzeichen ist nie Teil des Eingabeworts; man kann es u.a. dazu benutzen, Wörter voneinander abzugrenzen.

Um eine Rechnung einer Turing-Maschine zu beschreiben, verwenden wir, wie schon bei PDA, *Konfigurationen*. Die Definition von TM-Konfigurationen, die wir als nächstes vorstellen, wird Folgendes festlegen:

- Das Band einer Turing-Maschine ist *einseitig unbeschränkt*: Nach rechts ist es unendlich lang, nach links hat es ein Ende, und wenn eine TM versucht, das Ende zu überschreiten, bleibt sie hängen.
- Zu Beginn der Rechnung ist das erste Zeichen links auf dem Band ein Blank; direkt rechts davon folgt das Eingabewort. Eine TM kann auch mehrere Eingabewörter annehmen, die dann durch Blanks getrennt werden.
- Der Kopf der TM steht am Anfang der Rechnung auf dem Blank direkt rechts neben dem (letzten) Eingabewort.
- Das Band enthält stets nur endlich viele Symbole ungleich dem Blank.

Um die Konfiguration einer Turing-Maschine komplett zu beschreiben, brauchen wir *vier* Elemente: den aktuellen Zustand q, das Wort w links vom Schreib-/Lesekopf, das Zeichen a, auf dem der Kopf gerade steht, und das

Wort u rechts von der aktuellen Kopfposition. Das Wort w enthält das komplette Anfangsstück des Bandes bis zur aktuellen Kopfposition – links ist das Band ja endlich. $w = \varepsilon$ bedeutet, dass der Kopf die linkeste Position auf dem Band einnimmt. Nach rechts ist das Band unendlich, aber es enthält rechts von einer bestimmten Bandposition p an nur noch Blanks. u beschreibt den Bandinhalt rechts vom Schreib-/Lesekopf bis zum letzten Zeichen ungleich #. $u = \varepsilon$ bedeutet, dass rechts vom Schreib-/Lesekopf nur noch Blanks stehen. u darf also überall Blanks besitzen, nur nicht als letzten Buchstaben. Diese Abmachung dient nur dazu, eindeutig festzulegen, wo die *endliche* Beschreibung des unendlichen Bandes aufhören soll: an dem Punkt, ab dem nur noch Blanks folgen.

Definition 7.1.2 (Konfiguration einer TM). *Eine* **Konfiguration** C *einer TM* $M = (\ K, \Sigma, \delta, s\ )$ *ist ein Wort der Form* $C = q, w\underline{a}u$. *Dabei ist*

- $q \in K \cup \{h\}$ *der aktuelle Zustand,*
- $w \in \Sigma^*$ *der Bandinhalt links des Kopfes,*
- $a \in \Sigma$ *das Bandzeichen unter der Schreib-/Lesekopf (die Position des Schreib-/Lesekopfes ist durch einen Unterstrich gekennzeichnet), und*
- $u \in \Sigma^*(\Sigma - \{\#\}) \cup \{\varepsilon\}$ *der Bandinhalt rechts des Kopfes.*

Eine Konfiguration C_2 *heißt* **Nachfolgekonfiguration** *von* C_1, *in Zeichen* $\mathbf{C_1} \vdash_\mathbf{M} \mathbf{C_2}$, *falls* $C_i = q_i, w_i\underline{a_i}u_i$ *ist für* $i \in \{1,2\}$ *und es einen Übergang* $\delta(q_1, a_1) = (q_2, b)$ *gibt wie folgt:*

Fall 1: $b \in \Sigma$. *Dann ist* $w_1 = w_2$, $u_1 = u_2$, $a_2 = b$.

Fall 2: $b = L$. *Dann gilt für* w_2 *und* a_2: $w_1 = w_2a_2$, *und für* u_2 *gilt: Wenn* $a_1 = \#$ *und* $u_1 = \varepsilon$ *ist, so ist* $u_2 = \varepsilon$, *sonst ist* $u_2 = a_1u_1$.

Fall 3: $b = R$. *Dann ist* $w_2 = w_1a_1$, *und für* a_2 *und* u_2 *gilt: Wenn* $u_1 = \varepsilon$ *ist, dann ist* $u_2 = \varepsilon$ *und* $a_2 = \#$, *ansonsten ist* $u_1 = a_2u_2$.

w *(bzw.* $(w_1, \ldots, w_n)$*) heißt* **Input** *für* M, *falls* M *mit der* **Startkonfiguration** $C_0 = s, \#\underline{w}\#$ *(bzw.* $C_0 = s, \#\underline{w_1}\# \ldots \#w_n\#$*) startet.*

Wie schon erwähnt, hält eine Turing-Maschine, wenn sie den Haltezustand h erreicht, und sie bleibt hängen, wenn sie versucht, das Bandende nach links zu überschreiten; wenn sie einmal hängengeblieben ist, rechnet sie nie weiter.

Definition 7.1.3 (Halten, Hängen). *Sei* M *eine Turing-Maschine.*

- M **hält** *in* $C = q, w\underline{a}u$ *gdw.* $q = h$.
- M **hängt** *in* $C = q, w\underline{a}u$ *gdw.* $w = \varepsilon \land \exists q'\ \delta(q, a) = (q', L)$.

Wir verwenden wieder das Zeichen $\vdash^*$, um auszudrücken, dass eine Turing-Maschine (in null oder mehr Rechenschritten) von einer Konfiguration in eine andere gelangt:

Definition 7.1.4 (Rechnung). *Sei M eine Turing-Maschine. Man schreibt*

$$C \vdash_M^* C'$$

gdw. es eine Reihe $C_0, C_1, \ldots, C_n$ von Konfigurationen gibt (mit $n \geq 0$), so dass $C = C_0$ und $C' = C_n$ ist und für alle $i < n$ gilt, dass $C_i \vdash_M C_{i+1}$.

*In diesem Fall heißt $C_0, C_1, \ldots, C_n$ eine **Rechnung** (Berechnung) von M der Länge n (von C_0 nach C_n). Eine Rechnung hängt (bzw. hält), falls ihre letzte Konfiguration hängt (bzw. hält).*

Beispiel 7.1.5. Die folgende Turing-Maschine M erwartet *ein* Eingabewort. Sie liest es von rechts nach links einmal durch und macht dabei jedes a zu einem b. Es ist $M = (\{q_0, q_1\}, \{a, b, \#\}, \delta, q_0)$ mit folgender δ-Funktion:

$$q_0, \# \mapsto q_1, L \quad q_1, \# \mapsto h, \#$$

$$q_0, a \mapsto q_0, a \quad q_1, a \mapsto q_1, b$$

$$q_0, b \mapsto q_0, b \quad q_1, b \mapsto q_1, L$$

Zum Beispiel rechnet sie auf $w = abbab$ so:

$$q_0, \#abbab\underline{\#} \vdash q_1, \#abba\underline{b} \vdash q_1, \#abb\underline{a}b \vdash q_1, \#abb\underline{b}b \vdash$$

$$q_1, \#ab\underline{b}bb \vdash q_1, \#a\underline{b}bbb \vdash q_1, \#\underline{a}bbbb \vdash q_1, \#\underline{b}bbbb \vdash$$

$$q_1, \#\underline{b}bbbb \vdash h, \#bbbbb$$

Die δ-Übergänge $\delta(q_0, a)$ und $\delta(q_0, b)$ werden nie gebraucht. Da die δ-Funktion aber vollständig definiert sein muss, haben wir sie hier trotzdem angegeben.

An diesem sehr einfachen Beispiel kann man sehen, dass Turing-Maschinen in der Lage sind, Funktionen zu berechnen – in diesem Fall eben eine Funktion, die jedes Wort $w \in \{a, b\}^*$ abbildet auf ein gleichlanges Wort $w' \in b^*$. Wenn es eine TM gibt, die eine Funktion f berechnet, so nennen wir f TM-berechenbar:

Definition 7.1.6 (TM-berechenbar). *Sei Σ_0 ein Alphabet mit $\# \notin \Sigma_0$. Eine (partielle) Funktion $f : (\Sigma_0{}^*)^m \to (\Sigma_0{}^*)^n$ heißt **TM-berechenbar**, falls eine Turing-Maschine $M = (K, \Sigma, \delta, s)$ existiert mit $\Sigma_0 \subseteq \Sigma$, so dass $\forall w_1, \ldots, w_m \forall u_1, \ldots, u_n \in \Sigma_0{}^*$ gilt:*

- *$f(w_1, \ldots, w_m) = (u_1, \ldots, u_n) \iff M$ rechnet $s, \#w_1\# \ldots \#w_m\underline{\#} \vdash_M^* h, \#u_1\# \ldots \#u_n\underline{\#}$, und*
- *$f(w_1, \ldots, w_m)$ ist undefiniert $\iff M$ gestartet mit $s, \#w_1\# \ldots \#w_m\underline{\#}$ hält nicht (läuft unendlich oder hängt).*

Für Funktionen auf natürlichen Zahlen verwenden wir die **Unärdarstellung**, die der Arbeitsweise von Turing-Maschinen sehr entgegenkommt: Eine Zahl n wird auf dem Band der Maschine durch n senkrechte Striche dargestellt. Eine Turing-Maschine M berechnet eine zahlentheoretische Funktion $f : \mathbf{N}^k \to \mathbf{N}^n$ in Unärdarstellung also wie folgt: Wenn $f(i_1, \ldots, i_k) = (j_1, \ldots, j_n)$ ist, dann rechnet M

$$s, \#|^{i_1}\# \cdots \#|^{i_k}\underline{\#} \ \vdash^*_M \ h, \#|^{j_1}\# \cdots \#|^{j_n}\underline{\#}.$$

Ist $f(i_1, \ldots, i_k)$ undefiniert, so hält M bei Input $\#|^{i_1}\# \cdots \#|^{i_k}\#$ nicht.

Definition 7.1.7 (TM^{part}, TM). TM^{part} *ist die Menge der partiellen TM-berechenbaren Funktionen* $f : \mathrm{N}^k \to \mathrm{N}$. **TM** *ist die Menge der totalen TM-berechenbaren Funktionen* $\mathrm{N}^k \to \mathrm{N}$.

In der Definition der Klassen TM und TM^{part} haben wir die Menge der betrachteten Funktionen in zweierlei Hinsicht eingeschränkt: Beide Klassen umfassen nur Funktionen über natürliche Zahlen, und beide Klassen umfassen nur Funktionen mit einstelligem Wertebereich. Doch diese Einschränkungen sind nicht so groß, wie es scheinen könnte: Konkrete Rechner verwalten intern einen Text als Folge von Zahlen, nämlich als die ASCII-Zahlen, die den Buchstaben des Textes entsprechen. Ähnlich kann man ein Argument einer Funktion, das ein endlicher Text ist, in eine natürliche Zahl umsetzen. Wie so etwas aussehen kann, werden wir später ausführlich behandeln. Auf jeden Fall ist es ohne große Probleme möglich, eine geeignete Codierung zu finden, die aus jeder Funktion mit Definitionsbereich Σ_0^k eine Funktion mit Definitionsbereich N^k macht. Was den einstelligen Wertebereich betrifft: Wenn man wiederum eine Folge von Zahlen aus N^n als Text über dem Alphabet $\{0, \ldots, 9, \#\}$ auffasst, so kann man genau analog zum eben Gesagten diesen Text auch mit einer einzigen Zahl ausdrücken und damit aus einer Funktion mit Wertebereich N^n eine mit Wertebereich N machen.

7.2 TM-Flussdiagramme

Übersichtlicher als durch Angabe der δ-Übergänge lässt sich eine Turing-Maschine durch ein Flussdiagramm darstellen. Dabei lässt man die Zustandsnamen weg und beschreibt nur die Schritte, die durchgeführt werden, und die Ausführungsreihenfolge:

- Das Flussdiagramm L beschreibt eine Turing-Maschine, die nach dem Starten ein Feld nach links geht und danach hält, R eine Turing-Maschine, die ein Feld nach rechts geht, und a (für $a \in \Sigma$) eine Turing-Maschine, die den Buchstaben a auf das aktuelle Bandfeld druckt.
- Direkt aufeinanderfolgende Schritte werden direkt nebeneinander notiert oder durch einen Pfeil verbunden. Sind also M_1 und M_2 die Flussdiagramme zweier Turing-Maschinen, so ist

$$M_1 \longrightarrow M_2 \quad \text{oder abgekürzt} \quad M_1 M_2$$

eine Turing-Maschine, die zuerst wie M_1 arbeitet und dann, falls M_1 hält, wie M_2 weiterarbeitet. Im Gegensatz zu der Maschine M_1 gilt also für $M_1 M_2$: Nachdem M_1 seine Arbeit beendet hat, ist $M_1 M_2$ nicht im Haltezustand, sondern im Startzustand von M_2.

- Der Startschritt wird mit einer Pfeilspitze > bezeichnet.
- $M_1 \longrightarrow M_2$ heißt, dass nach M_1 unbedingt M_2 ausgeführt werden soll (falls M_1 hält). $M_1 \xrightarrow{a} M_2$ dagegen bedeutet, dass M_2 nur dann ausgeführt wird, wenn nach der Beendigung von M_1 der aktuelle Bandbuchstabe a ist. Sind allgemein $M_0, M_1, \ldots, M_n$ Turing-Maschinen, $a_i \in \Sigma$ für $1 \le i \le n$, so ist

$$
\begin{array}{l}
M_1 \\
\uparrow^{a_1} \\
> M_0 \xrightarrow{a_2} M_2 \\
\downarrow^{a_n} \quad \ddots \\
M_n
\end{array}
$$

  die Turing-Maschine, die zuerst wie M_0 arbeitet und dann, falls M_0 mit dem Buchstaben a_i auf dem Arbeitsfeld hält, wie M_i weiterarbeitet.
- σ ist eine Schreibabkürzung für einen beliebigen Buchstaben aus Σ. Die Maschine $M \xrightarrow{\sigma} \ldots \sigma$ zum Beispiel ist eine Abkürzung für

$$
\begin{array}{l}
\ldots a_1 \\
\uparrow^{a_1} \\
> M \xrightarrow{a_2} \ldots a_2 \\
\downarrow^{a_n} \quad \ddots \\
\ldots a_n
\end{array}
$$

  falls $\Sigma = \{a_1, \ldots, a_n\}$ ist. Die Maschine $> L \xrightarrow{\sigma} R\sigma R$ für $\Sigma = \{\#, |\}$ macht also zuerst einen Schritt nach links; steht hier ein $\#$ (bzw. ein $|$), so geht sie einen Schritt nach rechts, druckt $\#$ (bzw. $|$) und geht ein weiteres Feld nach rechts.
- Weitere Schreibabkürzungen sind $\xrightarrow{\sigma \ne a}$ für $\sigma \in \Sigma - \{a\}$ und $M_1 \xrightarrow{a,b} M_2$ falls nach der Ausführung von M_1 sowohl für den Bandbuchstaben a als auch für b nach M_2 verzweigt werden soll.

Beispiel 7.2.1. Die folgende Turing-Maschine $M^+ = (\{s, q_1, q_2, q_3, q_4\}, \{|, \#\}, \delta, s)$ addiert zwei natürliche Zahlen in Unärdarstellung, d.h. sie rechnet

$$ s, \#|^n\#|^m\underline{\#} \vdash^*_{M^+} h, \#|^{n+m}\underline{\#} $$

mit einem einfachen Trick: Sie löscht den letzten Strich von $|^m$ und schreibt ihn in den Zwischenraum zwischen $|^n$ und $|^m$. Hier ist zunächst die δ-Funktion:

$$s, \# \ \mapsto q_1, L \qquad q_2, \# \mapsto q_3, | \qquad q_3, \# \mapsto q_4, L$$

$$q_1, \# \mapsto h, \# \qquad q_2, | \ \mapsto q_2, L \qquad q_4, | \ \mapsto h, \#$$

$$q_1, | \ \mapsto q_2, L \qquad q_3, | \ \mapsto q_3, R$$

Für $\delta(s, |)$ und $\delta(q_4, \#)$ haben wir keine Werte angegeben; sie sind beliebig, weil M^+ sie nie benötigt.

Das Flussdiagramm zur gleichen TM ist erheblich leichter zu lesen:

$$> L \xrightarrow{|} L \xrightarrow{\#} | R \xrightarrow{\#} L\#$$
$$\downarrow \#$$
$$\#$$

Beispiel 7.2.2. Die Turing-Maschine $R_\#$ geht mindestens einmal nach rechts und anschließend solange weiter nach rechts, bis sie ein $\#$ liest.

$$\overset{\sigma \neq \#}{> R}$$

Beispiel 7.2.3. Die Turing-Maschine $L_\#$ geht mindestens einmal nach links und anschließend solange weiter nach links, bis sie ein $\#$ liest.

$$\overset{\sigma \neq \#}{> L}$$

Beispiel 7.2.4. Die Turing-Maschine *Copy* kopiert das Eingabewort w einmal rechts neben sich, d.h. $s, \#w\# \vdash^*_{Copy} h, \#w\#w\# \quad \forall w \in (\Sigma - \{\#\})^*$. Sie geht das Eingabewort von links nach rechts durch, merkt sich jeweils ein Zeichen σ von w, markiert die aktuelle Position, indem sie σ mit $\#$ überschreibt, und kopiert das Zeichen σ. Sie verwendet dabei die Maschinen $L_\#$ und $R_\#$, die wir gerade definiert haben.

$$> L_\# R \xrightarrow{\sigma \neq \#} \#R_\# R_\# \sigma L_\# L_\# \sigma$$
$$\downarrow \#$$
$$R_\#$$

Beispiel 7.2.5. Manchmal brauchen wir, während einer Turing-Maschinen-Rechnung, irgendwo in der Mitte des Bandes zusätzlichen Platz. Den können wir schaffen, indem wir einen Teil des Bandinhalts nach rechts verschieben. Die folgende Turing-Maschine S_R bewirkt einen „shift nach rechts", das heißt, wenn S_R das Alphabet Σ besitzt, rechnet sie

$$s, w_1 \underline{\#} w_2 \# \# w_3 \vdash^*_{S_R} h, w_1 \# \underline{\#} w_2 \# w_3$$

für alle Wörter $w_1, w_3 \in \Sigma^*$ und $w_2 \in (\Sigma - \{\#\})^*$. (Entgegen der sonstigen Konvention startet sie zwischen zwei Eingabewörtern.) Sie arbeitet so:

$$S_R : \quad > R_{\#} L \overset{\sigma \neq \#}{\rightarrow} R\sigma L$$
$$\downarrow \#$$
$$R\#$$

Dazu invers arbeitet die Maschine S_L, die einen „shift nach links" bewirkt. Sie rechnet

$$s, w_1 \# \underline{\#} w_2 \# w_3 \vdash^*_{S_L} h, w_1 \underline{\#} w_2 \# \# w_3$$

für alle $w_1, w_3 \in \Sigma^*, w_2 \in (\Sigma - \{\#\})^*$. Sie ist definiert als

$$S_L : \quad > R \overset{\sigma \neq \#}{\rightarrow} L\sigma R$$
$$\downarrow \#$$
$$L\# L_{\#}$$

7.3 Entscheidbarkeit, Akzeptierbarkeit, Aufzählbarkeit

Turing-Maschinen halten, wenn sie den Haltezustand erreichen. Wenn eine Turing-Maschine diesen Zustand aber nie erreicht, dann kann es sein, dass sie auf einem Eingabewort w unendlich lang rechnet oder hängt.

Bisher hatten wir für reguläre und cf-Sprachen erklärt, wann ein erkennender Automat eine Sprache „akzeptiert". Für Turing-Maschinen müssen wir die Begriffe präzisieren: Wenn eine Turing-Maschine eine Sprache L *akzeptiert*, so heißt das, dass sie für ein Eingabe-Wort $w \in L$ irgendwann hält, für ein Wort $v \notin L$ aber unendlich lang rechnet oder hängt. Falls sie auf jeden Fall hält und dann anzeigt, ob $w \in L$ gilt oder nicht, dann sagt man, sie *entscheidet* L. Sie soll anzeigen, ob $w \in L$ ist, indem sie stoppt mit dem Bandinhalt Y (falls $w \in L$) bzw. N für $w \notin L$.

Definition 7.3.1 (entscheidbar, akzeptierbar). *L sei eine Sprache über Σ_0, $\{\#, N, Y\} \cap \Sigma_0 = \emptyset$. $M = (\, K, \Sigma, \delta, s \,)$ sei eine Turing-Maschine mit $\Sigma_0 \subseteq \Sigma$.*

*M **entscheidet** L, falls $\forall w \in \Sigma_0^*$ gilt:* $s, \#w\underline{\#} \vdash^*_M$ $\begin{cases} h, \#Y\underline{\#} & \text{falls } w \in L \\ h, \#N\underline{\#} & \text{sonst} \end{cases}$

L heißt **entscheidbar**, *falls es eine Turing-Maschine gibt, die L entscheidet.*

M **akzeptiert** *ein Wort $w \in \Sigma_0^*$, falls M bei Input w hält. M akzeptiert die Sprache L, falls $\forall w \in \Sigma_0^*$ gilt: (M akzeptiert $w \iff w \in L$).*

L heißt **akzeptierbar** *(oder auch* **semi-entscheidbar***), falls es eine Turing-Maschine gibt, die L akzeptiert.*

Man kann eine Turing-Maschine aber nicht nur dazu verwenden, eine Sprache zu analysieren, man kann mit einer Turing-Maschine auch eine Sprache generieren: Die Turing-Maschine startet mit dem leeren Band, errechnet das erste Wort $w_1 \in L$ und nimmt einen speziellen Zustand (den *Blinkzustand* q_0) an. Danach rechnet sie weiter, um irgendwann, wenn sie $w_2 \in L$ generiert hat, wieder den Zustand q_0 einzunehmen, etc. Wenn sie ein Wort errechnet hat, kann daneben auf dem Band noch eine Nebenrechnung stehen, die zur Generierung weiterer Wörter gebraucht wird.

Definition 7.3.2 (rekursiv aufzählbar, r.e.). *Sei wieder L eine Sprache über Σ_0, wie oben, und $M = (K, \Sigma, \delta, s)$ eine Turing-Maschine.*

M **zählt** *L* **auf,** *falls es einen Zustand $q_0 \in K$ gibt, so dass*

$$L = \{w \in \Sigma_0^* \mid \exists u \in \Sigma^* : s, \underline{\#} \vdash_M^* q_0, \#w\underline{\#}u\}$$

gilt. L heißt **rekursiv aufzählbar** *(***r.e.***, „recursively enumerable"), falls es eine Turing-Maschine gibt, die L aufzählt.*

Die Begriffe *entscheidbar*, *akzeptierbar* und *rekursiv aufzählbar* verwendet man auch für Teilmengen von N, dargestellt durch Sprachen über {|}.

Satz 7.3.3.

- *Jede entscheidbare Sprache ist akzeptierbar.*
- *Das Komplement einer entscheidbaren Sprache ist entscheidbar.*

Beweis:

- Sei L eine entscheidbare Sprache und M eine Turing-Maschine, die L entscheidet. Dann wird L akzeptiert von der Turing-Maschine M', die zunächst M simuliert und danach in eine Endlosschleife geht, falls M mit $h, \#N\underline{\#}$ endet:

$$> ML \overset{N}{\to} \overset{\ulcorner\urcorner}{R}$$
$$\downarrow Y$$
$$R$$

Also: $w \in L \iff M$ hält bei Input w mit der „Antwort" Y

$\iff M'$ hält bei Input w. D.h. M' akzeptiert L.

- Sei L eine entscheidbare Sprache und M eine Turing-Maschine, die L entscheidet. Dann wird $\overline{L}$ entschieden von einer Turing-Maschine M', die genau wie M rechnet und nur am Schluss die Antworten Y und N vertauscht.

∎

Weitere Zusammenhänge zwischen den drei Begriffen *entscheidbar*, *akzeptierbar* und *rekursiv aufzählbar* untersuchen wir in Kapitel 13.

7.4 Variationen von Turing-Maschinen

Die Turing-Maschine, die wir oben definiert haben, ist determiniert und hat ein einseitig unbeschränktes Band (auch *Halbband* genannt). Nun werden wir einige Variationen kennenlernen:

- Turing-Maschinen mit zweiseitig unbeschränktem Band – sie können nicht hängen,
- Turing-Maschinen mit mehreren Bändern und
- indeterminierte Turing-Maschinen.

Zur Unterscheidung von den Variationen, die wir im folgenden definieren, bezeichnen wir die Turing-Maschinen, die wir im letzten Abschnitt definiert haben, auch als **Standard-Turing-Maschinen (Standard-TM)**.

Zunächst führen wir eine kleine Arbeitserleichterung ein. Standard-Turing-Maschinen haben ja zwei verschiedene Möglichkeiten, nicht zu halten: Sie können hängen oder unendlich lang laufen. Man kann aber, wenn die Eingabe einer Turing-Maschine M die normierte Form $\#w\#$ hat, eine Maschine M' konstruieren, die dasselbe berechnet wie M und nie hängt: M' kann zu Anfang der Rechnung eindeutig feststellen, wo das Bandende ist, nämlich ein Zeichen links vom Eingabewort. Sie verschiebt dann das Eingabewort insgesamt um ein Zeichen nach rechts (mit der in Beispiel 7.2.5 erwähnten Maschine S_R) und druckt dann zwei Stellen links vom Eingabewort, da wo vorher das Bandende war, ein Sonderzeichen, z.B. α. Sie rechnet also zunächst $s, \#\underline{w}\# \vdash^*_{M'} s', \alpha\#w\underline{\#}$. Ab dann verhält sie sich wie M, nur dass sie, wenn sie im Laufe der Rechnung α erreicht, dort stehenbleibt und immer wieder α neu druckt. Also hält M' für eine Eingabe w genau dann, wenn auch M für w hält, aber M' hängt nie. O.E. sollen also alle Turing-Maschinen, die wir von jetzt an betrachten, nie hängen.

Die erste Turing-Maschinen-Variante, die wir uns ansehen, ist die der Turing-Maschinen mit beidseitig unbeschränktem Band. Eine solche Turing-Maschine hat links wie rechts vom Eingabewort potentiell unendlich viele Bandfelder zur Verfügung. Am Anfang der Berechnung enthalten alle Felder – bis auf die, die das Eingabewort tragen – das Blank-Symbol $\#$.

Die Definition der Maschine selbst bleibt gleich, es ändert sich nur der Begriff der Konfiguration. Eine Konfiguration hat noch immer die Form $q, w\underline{a}u$, aber nun enthält w analog zu u alle Zeichen bis zum letzten nicht-Blank links vom Schreib-/Lesekopf. $w = \varepsilon$ bzw. $u = \varepsilon$ bedeutet, dass links bzw. rechts vom Schreib-/Lesekopf nur noch Blanks stehen.

Definition 7.4.1 (zw-TM). *Eine* **Turing-Maschine mit zweiseitig unbeschränktem Band (zw-TM)** *ist eine TM, für die die Begriffe der Konfiguration und der Nachfolgekonfiguration wie folgt definiert sind:*

Eine **Konfiguration** C *einer zw-TM* $M = (K, \Sigma, \delta, s)$ *ist ein Wort der Form* $C = q, w\underline{a}u$. *Dabei ist*

- $q \in K \cup \{h\}$ *der aktuelle Zustand,*
- $w \in (\Sigma - \{\#\})\Sigma^* \cup \{\varepsilon\}$ *der Bandinhalt links des Kopfes,*
- $a \in \Sigma$ *das Zeichen unter dem Kopf, und*
- $u \in \Sigma^*(\Sigma - \{\#\}) \cup \{\varepsilon\}$ *der Bandinhalt rechts des Kopfes.*

$C_2 = q_2, w_2\underline{a_2}u_2$ *heißt* **Nachfolgekonfiguration** *von* $C_1 = q_1, w_1\underline{a_1}u_1$, *in Zeichen* $C_1 \vdash_M C_2$, *falls es einen Übergang* $\delta(q_1, a_1) = (q_2, b)$ *gibt, für den gilt:*

Fall 1: $b \in \Sigma$. *Dann ist* $w_1 = w_2, u_1 = u_2$, *und* $a_2 = b$.
Fall 2: $b = L$. *Für* u_2 *gilt: Wenn* $a_1 = \#$ *und* $u_1 = \varepsilon$ *ist, dann ist* $u_2 = \varepsilon$, *sonst ist* $u_2 = a_1u_1$.
   Für a_2 *und* w_2 *gilt: Wenn* $w_1 = \varepsilon$ *ist, dann ist* $w_2 = \varepsilon$ *und* $a_2 = \#$; *ansonsten ist* $w_1 = w_2a_2$.
Fall 3: $b = R$. *Für* w_2 *gilt: Wenn* $a_1 = \#$ *und* $w_1 = \varepsilon$ *ist, dann ist* $w_2 = \varepsilon$, *sonst ist* $w_2 = w_1a_1$.
   Für a_2 *und* u_2 *gilt: Wenn* $u_1 = \varepsilon$ *ist, dann ist* $u_2 = \varepsilon$ *und* $a_2 = \#$; *ansonsten ist* $u_1 = a_2u_2$.

Wir übernehmen die Definitionen der Begriffe *TM-berechenbar, entscheiden, akzeptieren* und *aufzählen* kanonisch für zw-TM.

Satz 7.4.2 (Simulation von zw-TM durch Standard-TM). *Zu jeder zw-TM* M, *die eine Funktion* f *berechnet oder eine Sprache* L *akzeptiert, existiert eine Standard-TM* M', *die ebenfalls* f *berechnet oder* L *akzeptiert.*

Beweis: Sei $w = a_1 \ldots a_n$ Input für $M = (K, \Sigma, \delta, s)$. Dann sieht das beidseitig unendliche Band zu Beginn der Rechnung so aus:

$$\ldots \#\#\#a_1 \ldots a_n\underline{\#}\# \cdots$$

M hat gewissermaßen zwei unendlich lange Halbbänder zur Verfügung. Wenn wir M mit einer TM M' mit nur einem Halbband simulieren wollen, müssen wir den Inhalt beider Halbbänder von M auf einem unterbringen. Das tun wir, indem wir den Teil des Bandes, der zwei Zeichen links vom Input w beginnt, umklappen:

Spur 1 $\#\#\ldots\#\;\#$
Spur 2 $\#\,a_1\ldots a_n\,\underline{\#}$ $\cdots$

Die TM M' hat zwei *Spuren*, d.h. zwei Reihen von Zeichen, die auf demselben Band untergebracht sind. Das ist durch die Definition einer Turing-Maschine nicht verboten: Die Bandalphabete der bisherigen Turing-Maschinen bestanden aus einfachen Zeichen. Ein Bandalphabet kann aber genausogut aus zwei „normalen" Buchstaben übereinander bestehen, d.h. $\Sigma' \supseteq \Sigma \times \Sigma$.

Insgesamt soll $M' = (\,K', \Sigma', \delta', s\,)$ zunächst eine zweite Spur anlegen, dann die Arbeit von M simulieren, und zuletzt das Ergebnis wieder auf nur eine Spur heruntertransformieren. M' rechnet zunächst

$$s, \#a_1\ldots a_n\underline{\#} \;\vdash^*_{M'}\; q, \$ \genfrac{}{}{0pt}{}{\#\#\cdots\#\;\#}{\#\,a_1\ldots a_n\,\underline{\#}}\#\ldots$$

Das heißt, die zweite Spur wird nur so weit wie nötig angelegt. Mit dem Symbol $\$$ markiert M' das Ende des Halbbands, damit sie nicht hängenbleibt. Unter Benutzung der Shift-Right-Maschine aus Beispiel 7.2.5 kann man diese erste Phase der Arbeit von M' konkret so formulieren:

$$> L_\#\, S_R\, L\$ R\genfrac{}{}{0pt}{}{\#}{\#}\, R \overset{\sigma \neq \#}{\to} \genfrac{}{}{0pt}{}{\#}{\sigma}$$
$$\downarrow \#$$
$$\genfrac{}{}{0pt}{}{\#}{\#}$$

Nachdem M' die zweite Spur angelegt hat, simuliert sie M. Dabei muss sie sich immer merken, auf welcher der beiden Spuren sie gerade arbeitet. Deshalb definieren wir $K' \supseteq K \times \{1, 2\}$. (q, i) bedeutet, dass die simulierte Maschine M im Zustand q ist und M' auf Spur i arbeitet. Für die Simulation von M durch M' soll nun gelten:

M erreicht von der Startkonfiguration $s, \# \overset{\centerdot}{} \#w\underline{\#}$ aus eine Konfiguration

$q, u_1 b \overset{\centerdot}{} a u_2$ (wobei das $\overset{\centerdot}{}$ in beiden Konfigurationen zwischen denselben zwei Bandpositionen steht, nämlich denen, zwischen denen M' das Band „umklappt")

$\Longleftrightarrow$

M' rechnet $p, \$\genfrac{}{}{0pt}{}{\#\,\cdots\,\#}{\#\;w\;\underline{\#}}\# \;\vdash^*_{M'}\; p', \$\genfrac{}{}{0pt}{}{b\;u_1^R\;\#}{a\;u_2\;\#}\cdots\genfrac{}{}{0pt}{}{\#}{\#}\#$

Um das zu erreichen, simuliert M' die Maschine M wie folgt: Wenn M' das Zeichen $\$$ erreicht, wechselt sie die Spur. Wenn die simulierte Maschine M nach rechts (links) geht, geht M' nach rechts (links) auf Spur 2 und nach links (rechts) auf Spur 1. Und wenn M' ein $\#$ erreicht (d.h. sie erreicht den

Bandteil, wo noch nicht zwei Spuren angelegt sind), macht sie daraus $\frac{\#}{\#}$. Hierzu einige wenige Details: Gilt etwa $\delta_M(q, a) = (q', L)$, so muss in M gelten:

- $\delta_{M'}\big((q, 2), \frac{x}{a}\big) = \big((q', 2), L\big)$ für alle möglichen x,
- $\delta_{M'}\big((q, 1), \frac{a}{x}\big) = \big((q', 1), R\big)$ (auf der oberen Spur ist der Inhalt des „linken Halbbandes" revers notiert, deshalb muss hier die Laufrichtung entgegengesetzt sein).

Außerdem gilt immer:

- $\delta_{M'}\big((q, 1), \$\big) = \big((q, 2), R\big)$ und
- $\delta_{M'}\big((q, 2), \$\big) = \big((q, 1), R\big)$ – Spurwechsel beim Überschreiten von $\$$
- $\delta_{M'}\big((q, i), \#\big) = \big(q, i\big), \frac{\#}{\#}\big)$ (Erzeugen eines neuen Doppelspurstücks)
- etc.

Wenn dann M mit $h, u\underline{\#}$ hält, dann erreicht M' eine Konfiguration, die eine der folgenden Formen hat:

(i) $(h, 1), \$\frac{\#}{\#} \cdots \overline{\frac{\#}{\#}} \frac{u^R}{\#...\#} \frac{\#}{\#} \cdots \frac{\#}{\#}$ oder

(ii) $(h, 2), \$\frac{\#}{\#} \cdots \frac{\#}{\#} \frac{\#...\#}{u} \frac{\#}{\underline{\#}} \cdots \frac{\#}{\#}$ oder

(iii) $(h, 2), \$\frac{u_1^R}{u_2\underline{\#}} \frac{\#}{\#} \cdots \frac{\#}{\#}$ mit $u_1 u_2 = u$.

Bei Konfigurations-Form (iii) kann entweder das u_1^R über das u_2 „hinausragen" oder umgekehrt. M' muss nun den Bandinhalt von zwei Spuren auf nur eine heruntertransformieren, um danach die Konfiguration $h, \#u\underline{\#}$ zu erreichen. Wir skizzieren, wie M' dabei vorgeht.

- M' macht zunächst alle $\frac{\#}{\#}$ rechts vom beschriebenen Bandteil zu $\#$. Für Fall (i) und (ii) löscht sie die $\frac{\#}{\#}$ links von u^R bzw. u.
- Für Fall (iii) schiebt M' dann die untere Spur nach links, bis sie eine Konfiguration $q, \frac{u_1^R}{\#...\#} u_2\underline{\#}$ erreicht.
- Für Fall (i) und (iii) muss M' jetzt u_1^R bzw. u^R auf nur eine Spur transformieren und zugleich invertieren, sie muss also für den allgemeineren Fall (iii) $q, \$\frac{u_1^R}{\#...\#} u_2\underline{\#} \vdash_{M'}^* q', \$u_1 u_2\underline{\#}$ rechnen.
- Danach muss M' nur noch das $\$$ links löschen und nach rechts neben u laufen.

Damit hat die Standard-TM M' die Arbeitsweise der zw-TM M vollständig simuliert. Also kann man mit zw-Turing-Maschinen nicht mehr berechnen als mit Standard-Turing-Maschinen. ■

Die nächste Variante von Turing-Maschinen, die wir vorstellen, arbeitet mit mehreren Bändern.

Definition 7.4.3 (TM mit k Halbbändern, k-TM). *Eine Turing-Maschine $M = (K, \Sigma_1, \ldots, \Sigma_k, \delta, s)$ mit k Halbbändern mit je einem Kopf* (**k-TM**) *ist eine Turing-Maschine mit einer Übergangsfunktion*

$$\delta : K \times \Sigma_1 \times \ldots \times \Sigma_k \to$$
$$(K \cup \{h\}) \times (\Sigma_1 \cup \{L, R\}) \times \ldots \times (\Sigma_k \cup \{L, R\})$$

Eine **Konfiguration** *einer k-Turing-Maschine hat die Form*

$$C = q, w_1 \underline{a_1} u_1, \ldots, w_k \underline{a_k} u_k.$$

Die Köpfe einer k-TM können sich unabhängig bewegen (sonst hätten wir nur eine 1-Band-Turing-Maschine mit k Spuren). Die Definition der Nachfolgekonfiguration verläuft analog zu der Definition bei Standard-TM. Für eine k-TM, die eine Funktion $f : \Sigma_0^m \to \Sigma_0^n$ berechnet, legen wir fest, dass sowohl die m Eingabewerte als auch – nach der Rechnung – die n Ergebniswerte auf dem ersten Band stehen sollen. Es übertragen sich alle Begriffe wie *berechenbar, entscheidbar* etc. kanonisch auf k-TM. Für die Beschreibung von k-TMs durch Flussdiagramme vereinbaren wir, dass $\sigma^{(i)}$ bedeuten soll, dass das Zeichen σ auf Band i steht bzw. auf Band i geschrieben wird. Das folgende Beispiel verdeutlicht diese Konvention.

Beispiel 7.4.4. In Beispiel 7.2.4 hatten wir schon eine (Standard-) Turing-Maschine vorgestellt, die das Eingabewort w einmal rechts neben sich kopiert. Die 2-Band-Turing-Maschine in Abb. 7.1 tut dasselbe unter Benutzung zweier Bänder, d.h. sie rechnet $s, \#w\#, \# \vdash^* h, \#w\#w\#, \# \quad \forall w \in (\Sigma - \{\#\})^*$. Sie liest das Eingabewort w auf Band 1 einmal von links nach rechts durch und kopiert es auf Band 2, dann liest sie die Kopie w auf Band 2 einmal von links nach rechts durch und kopiert sie dabei auf Band 1 neben die Eingabe, wobei sie Band 2 wieder löscht.

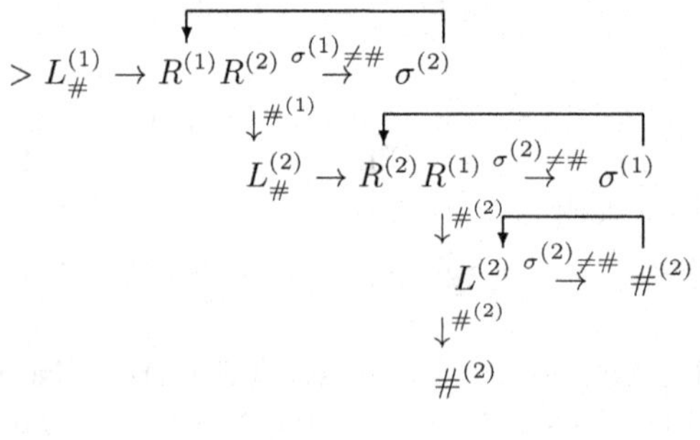

$$> L_{\#}^{(1)} \to R^{(1)} R^{(2)} \overset{\sigma^{(1)} \neq \#}{\to} \sigma^{(2)}$$
$$\downarrow \#^{(1)}$$
$$L_{\#}^{(2)} \to R^{(2)} R^{(1)} \overset{\sigma^{(2)} \neq \#}{\to} \sigma^{(1)}$$
$$\downarrow \#^{(2)}$$
$$L^{(2)} \overset{\sigma^{(2)} \neq \#}{\to} \#^{(2)}$$
$$\downarrow \#^{(2)}$$
$$\#^{(2)}$$

Abb. 7.1. Eine Variante der TM *Copy* mit 2 Bändern

Satz 7.4.5 (Simulation von k-TM durch Standard-TM). *Zu jeder k-TM M, die eine Funktion f berechnet oder eine Sprache L akzeptiert, existiert eine Standard-TM M', die ebenfalls f berechnet oder L akzeptiert.*

Beweis: Wir arbeiten wieder mit einer Turing-Maschine mit mehreren Spuren. Um eine k-TM zu simulieren, verwenden wir $2k$ Spuren, also Bandzeichen, die aus $2k$ übereinander angeordneten Buchstaben bestehen. In den Spuren mit ungerader Nummer stehen die Inhalte der k Bänder von M. Die Spuren mit gerader Nummer verwenden wir, um die Positionen der Köpfe von M zu simulieren: Die $2i$-te Spur enthält an genau einer Stelle ein $\wedge$, nämlich da, wo M gerade seinen i-ten Kopf positioniert hätte, und ansonsten nur Blanks. Skizziert arbeitet M' so:

- Zunächst kodiert M' die Eingabe. Die linkeste Bandposition wird mit α markiert (wie oben schon erwähnt, kann man dann M' so konstruieren, dass sie nie hängt), das Zeichen rechts neben dem letzten nicht-Blank mit ω, und zwischen α und ω werden 2k Spuren erzeugt. Die oberste Spur enthält das Eingabewort, ansonsten sind die Spuren mit ungerader Nummer leer, und die geraden enthalten jeweils an der entsprechenden Stelle die Kopfposition-Markierung $\wedge$.
- M' simuliert einen Schritt von M in zwei Durchgängen. Erst läuft sie einmal von ω bis α und liest dabei für jede Spur das Zeichen a_i, $1 \leq i \leq k$, unter dem „Kopf" (d.h. an der Stelle der $(2i-1)$-ten Spur, wo die $2i$-te Spur ein $\wedge$ enthält). Diese k Zeichen kann M' sich im Zustand merken. Im zweiten Durchgang läuft M' von α nach ω und führt dabei für jedes simulierte Band lokal $\delta_M(q, a_1, \ldots, a_k)$ aus. Wenn nötig, wird dabei ω verschoben, so dass es immer die Position hinter dem letzten beschriebenen Zeichen der längsten Spur anzeigt.
  Da M' zwei Durchläufe für die Simulation eines einzigen Schrittes von M braucht, ist dies keine Echtzeit-Simulation.
- Am Ende der Rechnung muss M' noch die Ausgabe decodieren, also den Bandteil zwischen α und ω von 2k Spuren auf nur eine Spur umschreiben. ∎

Man kann natürlich die letzten beiden Varianten kombinieren und Turing-Maschinen mit $k > 1$ beidseitig unendlichen Bändern verwenden. Man kann auch eine Turing-Maschinen-Variante definieren, die mit mehreren Köpfen auf einem Halbband arbeitet. Dabei muss man sich eine Lösung für das Problem überlegen, dass eventuell mehrere Köpfe auf dasselbe Bandfeld drucken wollen; zum Beispiel könnte man an die verschiedenen Köpfe unterschiedliche Prioritäten vergeben. Es lässt sich aber zeigen, dass auch diese Variante nicht mehr berechnen kann als eine Standard-TM.

Als nächstes betrachten wir indeterminierte Turing-Maschinen. Wie bei allen indeterminierten Automaten, die wir bisher kennengelernt haben, hat auch dieser statt einer Übergangsfunktion δ eine Übergangsrelation Δ.

Definition 7.4.6 (NTM). *Eine* **indeterminierte Turing-Maschine** **(NTM)** *M ist ein Tupel $M = (K, \Sigma, \Delta, s)$. Dabei sind K, Σ, s definiert wie bei determinierten Turing-Maschinen, und $\Delta \subseteq (K \times \Sigma) \times \big((K \cup \{h\}) \times (\Sigma \cup \{L, R\})\big)$ ist die Übergangsrelation.*

Wir schreiben Δ in Infix-Form, d.h. statt $\big((q, a)(q', b)\big) \in \Delta$ schreiben wir $(q, a) \, \Delta \, (q', b)$. Außerdem nehmen wir uns, wie schon bei indeterminierten e.a., die Freiheit, Δ als mehrwertige Funktion zu betrachten, hier also als Funktion $\Delta : K \times \Sigma \to 2^{\big(K \cup \{h\}\big) \times \big(\Sigma \cup \{L,R\}\big)}$. Damit ist auch $(q', b) \in \Delta(q, a)$ eine legitime Schreibweise.

Konfiguration sind definiert wie bei Standard-Turing-Maschinen. Eine Konfiguration kann jetzt mehrere (aber endlich viele) Nachfolgekonfigurationen besitzen. Es gibt eine Rechnung $C \vdash^*_M C'$, falls es eine Sequenz von Δ-Übergängen gibt, so dass M von C nach C' gelangen *kann*.

Definition 7.4.7 (Nachfolgekonfiguration, Rechnung bei NTM). *Eine Konfiguration C_2 heißt* **Nachfolgekonfiguration** *von C_1, in Zeichen $C_1 \vdash_M C_2$, falls $C_i = q_i, w_i \underline{a_i} u_i$ für $i \in \{1, 2\}$ gilt und es einen Übergang $(q_1, a_1) \, \Delta \, (q_2, b)$ gibt, so dass einer der drei Fälle aus Def. 7.1.2 gilt.*

$C_0 \ldots C_n$ heißt **Rechnung** *einer NTM M, falls $\forall i < n \; \exists C_i$ mit $C_i \vdash_M C_{i+1}$.*

$C_0 \ldots C_n$ ist also eine Rechnung einer indeterminierten Turing-Maschine, falls jeweils die Konfiguration C_{i+1} eine der Nachfolgekonfigurationen von C_i ist.

Definition 7.4.8 (Halten, Hängen, Akzeptieren bei NTM). *Sei $M = (K, \Sigma, \Delta, s_0)$ eine indeterminierte Turing-Maschine.*

- *M* **hält** *bei Input w, falls es unter den möglichen Rechnungen, die M wählen kann, eine gibt, so dass M eine Haltekonfiguration erreicht.*
- *M* **hängt** *in einer Konfiguration, wenn es keine (durch Δ definierte) Nachfolgekonfiguration gibt.*
- *M* **akzeptiert** *ein Wort w, falls sie von s, $\#w\#$ aus einen Haltezustand erreichen kann, und M akzeptiert eine Sprache L, wenn sie genau alle Wörter $w \in L$ akzeptiert.*

Wenn es nicht nur darauf ankommt, ob die Maschine hält, sondern auch mit welchem Bandinhalt: Welche der möglicherweise vielen Haltekonfigurationen sollte dann gelten? Um dies Problem zu umgehen, übertragen wir die Begriffe des *Entscheidens* und *Aufzählens* nicht auf NTM. Im Allgemeinen verwendet man NTM auch nicht dazu, Funktionen zu berechnen.

Auf indeterminierte Turing-Maschinen kann man, genau wie auf die bisher vorgestellten indeterminierten Automaten, zwei Sichtweisen einnehmen: Entweder man sagt, die Turing-Maschine kann raten, welche der möglichen

Nachfolgekonfigurationen sie jeweils wählt. Oder man sagt, eine indeterminierte Turing-Maschine M beschreitet alle möglichen Berechnungswege parallel – sie akzeptiert ein Wort, wenn es mindestens einen Berechnungsweg gibt, der in einer Haltekonfiguration endet.

Beispiel 7.4.9. Die folgende indeterminierte Turing-Maschine akzeptiert $L = \{w \in \{a,b\}^* \mid w$ besitzt aba als Teilwort$\}$.

$$
\begin{array}{l}
\overset{a,b}{\underset{}{\reflectbox{Γ}}} \\
> L \overset{a}{\to} L \overset{b}{\to} L \overset{a}{\to} a \\
\;\;\downarrow^{\#}\;\;\;\;\downarrow^{\#,a}\;\;\downarrow^{\#,b} \qquad \reflectbox{Γ} \\
\xrightarrow{\hspace{1cm}} \xrightarrow{\hspace{1cm}} \xrightarrow{\hspace{1.2cm}} \#
\end{array}
$$

Beispiel 7.4.10. Um die Sprache $L = \{|^n \mid n$ ist nicht prim und $n \geq 2\}$ zu akzeptieren, verwenden wir eine Turing-Maschine, die indeterminiert zwei Zahlen rät, diese miteinander multipliziert und mit dem Eingabewort vergleicht. Es ist $M : > R$ *Guess* R *Guess* *Mult* *Compare* mit folgenden Teilmaschinen:

- *Guess*, eine indeterminierte Turing-Maschine, rät eine Zahl $n \geq 2$, d.h. $s, \underline{\#} \vdash^*_{Guess} h, \#|^n\underline{\#}$ wie folgt:

$$
\textit{Guess}: \qquad > |R \to \overset{\#}{\underset{}{\reflectbox{Γ}}}R \overset{\#}{\to} \#
$$

- *Mult* multipliziert (determiniert) zwei Zahlen n und m, rechnet also $s, \#|^n\#|^m\underline{\#} \vdash^*_{Mult} h, \#|^{n*m}\underline{\#}$.

- *Compare* vergleicht zwei Zahlen n und m und hält nur dann, wenn beide gleich sind: $s, \#|^n\#|^m\underline{\#} \vdash^*_{Compare} h, \ldots \iff n = m$.

Man kann die Menge der Rechnungen einer indeterminierten Turing-Maschine M von einer Konfiguration C_0 aus verbildlichen als einen gerichteten Baum, dessen Knoten Konfigurationen sind. Die Startkonfiguration C_0 ist die Wurzel, und die Söhne eines Knotens mit Konfiguration C sind die Nachfolgekonfigurationen von C. Eine Rechnung von M ist dann ein Ast im Rechnungsbaum von der Wurzel aus.

Satz 7.4.11 (Simulation von NTM durch TM). *Jede Sprache, die von einer indeterminierten Turing-Maschine akzeptiert wird, wird auch von einer Standard-TM akzeptiert.*

Beweis: Sei L eine Sprache über Σ_0^* mit $\# \notin \Sigma_0$, und sei $M = (K, \Sigma, \Delta, s)$ eine indeterminierte Turing-Maschine, die L akzeptiert. Zu M konstruieren wir eine Standard-TM M', die systematisch alle Rechnungen von M durchläuft und nach einer Haltekonfiguration sucht. M' soll dann (und nur dann) halten, wenn sie eine Haltekonfiguration von M findet. Nun kann es zur Startkonfiguration $C_0 = s, \#w\underline{\#}$ unendlich viele Rechnungen von M geben, und jede einzelne von ihnen kann unendlich lang sein. Wie können wir den Rechnungsbaum von M systematisch so durchsuchen, dass wir keine Haltekonfiguration übersehen und uns nirgends in einem unendlichen Ast zu Tode suchen?

Obwohl es von der Startkonfiguration C_0 aus unendlich viele verschiedene Rechnungen geben kann, hat doch jede Konfiguration nur endlich viele Nachfolger: Zum Zustand q und aktuellem Kopf-Zeichen a kann es höchstens $|K| + 1$ verschiedene Nachfolgezustände geben, die Maschine kann höchstens $|\Sigma|$ viele verschiedene Zeichen drucken oder nach links oder nach rechts gehen. Wieviele Nachfolgekonfigurationen eine Konfiguration von M tatsächlich höchstens hat, berechnet sich als $r = max\{|\Delta(q,a)| \mid q \in K, a \in \Sigma\}$. Die Zahl r hängt also nur von M ab, nicht von der konkreten Eingabe.

Mit r kennen wir die maximale Verzweigung an jedem Knoten des Rechnungsbaums. Wenn wir nun noch irgendeine Ordnung unter den Nachfolgekonfigurationen $C_{i,1}, \dots, C_{i,r}$ einer Konfiguration C_i definieren – zum Beispiel eine Art lexikographischer Ordnung –, dann ist der Rechnungsbaum von C_0 aus festgelegt. Abbildung 7.2 zeigt eine Skizze des Rechnungsbaumes.

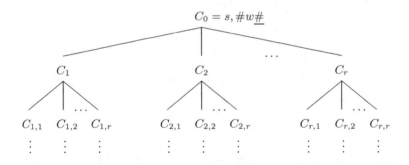

Abb. 7.2. R_{C_0}, der Rechnungsbaum von C_0 aus

M' soll alle Äste des Rechnungsbaumes „gleichzeitig" durchsuchen, um sich nicht in einem unendlich langen Ast zu verlaufen. Dabei verwenden wir die Technik des *iterative deepening*: M' verfolgt zunächst alle Äste bis zu einer Tiefe von 0, dann nochmals alle Äste bis zu einer Tiefe von 1, von 2, etc., und hält, sobald sie eine Haltekonfiguration gefunden hat.

M' kann z.B. als eine 3-Band-Turing-Maschine gewählt werden:

- Auf dem ersten Band steht während der ganzen Rechnung unverändert das Eingabewort w. Da die Rechnung immer wieder neu mit der Startkonfiguration $s, \#w\underline{\#}$ von M beginnt, wird das Eingabewort immer wieder benötigt.

- Auf dem zweiten Band wird festgehalten, welcher Weg durch den Rechnungsbaum gerade verfolgt wird. Damit wir diesen Weg leichter numerisch beschreiben können, vereinbaren wir: Wenn eine Konfiguration weniger als r Nachfolgekonfigurationen hat, soll der zugehörige Knoten trotzdem r Söhne haben, und die überzähligen Konfigurationen sind einfach leer.

    Dann können wir den aktuellen Pfad im Rechnungsbaum darstellen als Zahl im r-adischen System. Eine Zahl $d_1 \ldots d_n$ bedeutet, dass von der Startkonfiguration C_0 aus die d_1-te der r möglichen Nachfolgekonfigurationen gewählt wurde, nennen wir sie C_{d_1}. Von C_{d_1}, einem Knoten der Tiefe 1, aus wurde die d_2-te mögliche Nachfolgekonfiguration gewählt, etc., bis zu einer Tiefe im Baum von n.

    Jetzt können wir eine „iterative deepening"-Suche im Rechnungsbaum so durchführen: Wir beginnen mit einem leeren zweiten Band: Die Zahl 0 stellt auch einen gültigen Rechnungsweg dar, der nur die Startkonfiguration C_0 umfasst. Die jeweils nächste zu betrachtende Rechnung erhalten wir, indem wir zu der Zahl auf Band 2 die Zahl 1 im r-adischen System addieren.

- Auf Band 3 wird eine Rechnung von M determiniert simuliert, und zwar entsprechend der Zahl $d_1 \ldots d_n$ auf Band 2. Die Endkonfiguration $C_{d_1 \ldots d_n}$ dieser Rechnung steht im Rechnungsbaum an dem Knoten, der das Ende des Pfades $d_1 \ldots d_n$ bildet. Ist die Konfiguration $C_{d_1 \ldots d_n}$ eine Haltekonfiguration, so hält M', sonst wird zu der Zahl auf Band 2 eins addiert und die nächste Rechnungssimulation begonnen.

Damit gilt: M' hält bei Input w *gdw.* es in R_{C_0} eine Haltekonfiguration gibt. Das ist genau dann der Fall, wenn M hält bei Input w, das heißt, wenn w in L liegt. ∎

7.5 Universelle Turing-Maschinen

Schon die wenigen Beispiele, die wir bisher gesehen haben, lassen ahnen, wie mächtig und flexibel Turing-Maschinen sind, weit mehr als irgendwelche der Automaten aus den früheren Kapiteln. Gibt es überhaupt noch mächtigere Automaten? Ein Punkt könnte einem einfallen, wo die Turing-Maschine noch etwas zu wünschen übrigzulassen scheint: Eine Turing-Maschine hat ein vorgegebenes Programm, kann also nur eine ganz bestimmte Funktion berechnen. Was aber konkrete Rechner so flexibel macht, ist, dass sie *universell* sind: Man kann ihnen ein beliebiges Programm vorlegen, das sie dann ausführen. Dieser vermeintliche Mangel von Turing-Maschinen ist aber tatsächlich keiner: Man kann eine Turing-Maschine U konstruieren, die als Eingabe das Programm einer beliebigen anderen Turing-Maschine M nimmt – zusammen mit einem Wort w, auf dem M rechnen soll – und anhand dieses Programms schrittweise die Arbeit von M simuliert. U schlägt dazu jeweils nach, welchen

δ-Übergang M machen würde. Eine Turing-Maschine U, die das kann, heißt *universelle Turing-Maschine*. Wir wollen in diesem Abschnitt eine solche Maschine konkret vorstellen. Vorher müssen wir uns aber Gedanken darüber machen, in welches Format man das Programm einer Turing-Maschine M am besten fasst, um es einer universellen Turing-Maschine als Eingabe zuzuführen.

7.5.1 Gödelisierung

Wir wollen das ganze Programm einer beliebigen Turing-Maschine ausdrücken in einem Wort oder einer Zahl, und zwar natürlich so, dass man aus diesem Wort oder dieser Zahl jeden einzelnen δ-Übergang konkret auslesen kann. Was wir brauchen, nennt sich eine *Gödelisierung*: ein Verfahren, jeder Turing-Maschine eine Zahl oder ein Wort (man spricht dann von einer *Gödelzahl* oder einem *Gödelwort*) so zuzuordnen, dass man aus der Zahl bzw. dem Wort die Turing-Maschine effektiv rekonstruieren kann. Dies Problem kann man auf vielen verschiedenen Wegen angehen. Wir werden in späteren Kapiteln noch mehrere verschiedene Gödelisierungsverfahren kennenlernen. Hier in diesem Abschnitt ist es uns wichtig, dass das Gödelisierungsverfahren der universellen Turing-Maschine die Arbeit möglichst erleichtert: Das Format, in dem wir die Turing-Maschinen-Programme codieren, soll so aussehen, dass man dazu eine möglichst einfache und leicht verständliche universelle Turing-Maschine bauen kann.

Eine erste Konsequenz aus diesem Kriterium der Verständlichkeit ist, dass wir nicht Gödel*zahlen*, sondern Gödel*wörter* verwenden. Dabei müssen wir aber folgendes (kleine) Problem noch lösen: Es hat jede Turing-Maschine M ihr eigenes Alphabet Σ und ihre eigene Zustandsmenge K, und wir können, wenn wir das Programm von M für die universelle TM U notieren, nicht einfach die Zeichen aus Σ und K benutzen – U muss ja, wie jede andere Turing-Maschine auch, ein endliches Alphabet haben, und das kann nicht die Alphabete *aller* Turing-Maschinen umfassen. Also codieren wir sowohl Zustände wie auch Buchstaben unär durch eine Folge $|^i$ von Strichen. Die Zustände sollen dabei in beliebiger Reihenfolge durchnummeriert sein mit der Einschränkung, dass der Startzustand s_M die Nummer 1 und der Haltezustand h die Nummer 0 tragen soll. Was die Bandzeichen betrifft, so nehmen wir an, dass alle vorkommenden Alphabete Teilalphabete eines festen unendlichen Alphabets $\Sigma_\infty = \{a_0, a_1, \ldots\}$ sein sollen, mit $a_0 = \#$. Dann können wir einen Buchstaben a_{i_j} codieren als $|^{i_j+1}$. Insbesondere ist damit die Codierung des Blanks $|$.

Auch der Input für die Turing-Maschine M muss der universellen Maschine U in geeigneter Form zugeführt werden. Wir werden im folgenden annehmen, dass er nur aus *einem* Wort w besteht. Im allgemeinen ist ja ein Input für eine Turing-Maschine ein n-Tupel von Wörtern, getrennt durch $\#$. Man kann aber das Trennsymbol $\#$ durch ein anderes Spezialsymbol ersetzen, damit ist man bei einem Input von nur einem Wort.

Wir gödelisieren nun das Programm einer Turing-Maschine, indem wir einfach die δ-Übergänge systematisch auflisten. Der Eintrag zu einem Zeichen $a_i \in \Sigma_\infty$, das nicht in Σ ist, bleibt leer.

Definition 7.5.1 (Gödelwort einer TM M, eines Wortes w, eines Zustands q_i). *Sei $M = (K, \Sigma, \delta, s_M)$ eine Standard-TM mit $K = \{q_1, \ldots, q_n\}$, dabei sei $s_M = q_1$ und $h = q_0$.*

*Sei $\Sigma_\infty = \{a_0, a_1, \ldots\}$ ein unendliches Alphabet mit $\# = a_0$, so dass $\Sigma = \{a_{i_1}, \ldots, a_{i_s}\} \subseteq \Sigma_\infty$ gelte. Dabei sei $i_1 < \ldots < i_s$, und es sei $0 = i_1$ und $\ell = i_s$. Dann setzt sich das **Gödelwort von M** wie folgt zusammen:*

- *Der (i, j)-te Eintrag ist für $1 \leq i \leq n$ und $0 \leq j \leq \ell$ definiert als*

$$E_{i,j} := \begin{cases} \varepsilon, & \text{falls } a_j \notin \Sigma \\ |^t a|^{r+1}, & \text{falls } \delta(q_i, a_j) = q_t, a_r \\ |^t \rho, & \text{falls } \delta(q_i, a_j) = q_t, R \\ |^t \lambda, & \text{falls } \delta(q_i, a_j) = q_t, L \end{cases}$$

- *Die i-te Zeile ist für $1 \leq i \leq n$ definiert als*

$$Z_i := \alpha \beta E_{i,0} \beta E_{i,1} \beta \ldots \beta E_{i,\ell}$$

- *Das **Gödelwort von M** ist definiert als*

$$g(M) := Z_1 Z_2 \ldots Z_n \quad \in \{\alpha, \beta, \rho, \lambda, a, |\}^*$$

- *Für ein Wort $w \in \Sigma_\infty^*$ mit $w = a_{j_1} \ldots a_{j_m}$ ist das **Gödelwort von w** definiert als*

$$g(w) := a|^{j_1+1} a \ldots a|^{j_m+1} \quad \in \{a, |\}^*$$

- *Für einen Zustand $q_i \in K \cup \{h\}$ ist das **Gödelwort von q_i** definiert als*

$$g(q_i) := |^i \quad \in \{|\}^*$$

Diese Gödelisierung hat eine wichtige Eigenschaft, die wir im folgenden stets nutzen: Sie ist *linear*, d.h. es gilt für beliebige Wörter w, v, dass $g(wv) = g(w)g(v)$ ist.

Beispiel 7.5.2. Sehen wir uns einmal für eine konkrete Turing-Maschine das Gödelwort an. M soll wie $L_\#$ mindestens einen Schritt nach links machen und dann so lange weiter nach links gehen, bis sie auf ein Blank trifft. Unterwegs soll sie aber jedes Zeichen $|$, das sie trifft, in ein a umwandeln, und umgekehrt. Es ist $M = (\{q_1, q_2, q_3\}, \{\#, |, a\}, \delta, q_1)$ mit

$$q_1, \# \mapsto q_2, L \qquad q_2, \# \mapsto h, \# \qquad q_3, \# \mapsto q_3, \#$$

$$q_1, | \mapsto q_2, L \qquad q_2, | \mapsto q_3, a \qquad q_3, | \mapsto q_2, L$$

$$q_1, a \mapsto q_2, L \qquad q_2, a \mapsto q_3, | \qquad q_3, a \mapsto q_2, L$$

Nehmen wir jetzt an, dass bezüglich Σ_∞ gilt: $\# = a_0, | = a_1$, und $a = a_3$. Dann ist das Gödelwort von M

$$g(M) = \alpha\beta||\lambda\beta||\lambda\beta\beta||\lambda\alpha\beta a|\beta|||a||||\beta\beta|||a||\alpha\beta|||a|\beta||\lambda\beta\beta||\lambda$$

Man beachte, dass in diesem Fall auch $E_{1,2} = E_{2,2} = E_{3,2} = \varepsilon$ (da ja a_2 in Σ_M nicht auftaucht) mit verschlüsselt wurde.

7.5.2 Eine konkrete universelle Turing-Maschine

Nun, da wir wissen, in welchem Format die Eingaben vorliegen, können wir eine konkrete universelle Turing-Maschine U konstruieren, und zwar eine 3-Band-TM, die ausnahmsweise, der Einfachheit halber, die Eingabe auf zwei Bänder verteilt erwartet: die Gödelisierung $g(w)$ des Eingabewortes w für M auf Band 1, und das Gödelwort $g(M)$ der Turing-Maschine M auf Band 2. Während ihrer gesamten Rechnung hält U auf Band 1 den aktuellen Bandinhalt der simulierten Maschine M in gödelisierter Form, auf Band 2 das Gödelwort von M und auf Band 3 das Gödelwort des jeweils aktuellen Zustands von M. Für die Rechnung von U bei der Simulation einer Maschine M soll für alle Eingabewörter $w \in (\Sigma_\infty - \{\#\})^*$ gelten:

$$M \text{ rechnet } s_M, \#\underline{w}\# \;\vdash^*_M\; h, u\underline{a_i}v$$
$$\Longleftrightarrow\; U \text{ rechnet } s_U, \# \, g(\#w\#) \, \underline{\#}, \quad \# \, g(M) \, \underline{\#}, \underline{\#} \quad \vdash^*_U$$
$$h, \quad \# \, g(u) \, \underline{a} \, |^{i+1} \, g(v), \# \, g(M) \, \underline{\#}, \underline{\#}$$

und

$$M \text{ gestartet mit } s_M, \#\underline{w}\# \text{ hält nie}$$
$$\Longleftrightarrow\; U \text{ gestartet mit } s_U, \# \, g(\#w\#) \, \underline{\#}, \# \, g(M) \, \underline{\#}, \underline{\#}$$
hält nie.

Steht also der Schreib-/Lesekopf von M auf einem Bandfeld mit Inhalt a_i, wobei a_i durch das Wort $a|^{i+1}$ gödelisiert wird, dann soll der Kopf von U auf dem ersten Buchstaben 'a' von $g(a_i)$ stehen.

In der Beschreibung der Maschine U verwenden wir der besseren Übersicht halber die Bezeichnung NOP für eine Turing-Maschine, die nichts tut, nämlich

$$NOP := > R^{(1)} L^{(1)}$$

Abbildung 7.3 stellt in einem Flussdiagramm den Gesamtablauf des Programmes von U dar, beschreibt also das äußere „Gerüst" der Maschine. Es werden mehrere Teil-Maschinen verwendet, die weiter unten vorgestellt werden. Damit man sieht, wie Kopfpositionen und Bandinhalte von U vor und nach jedem Aufruf einer Teil-Maschine aussehen, sind die Pfeile von und zu den Unter-Maschinen jeweils mit einer Skizze der Bandinhalte von U annotiert.

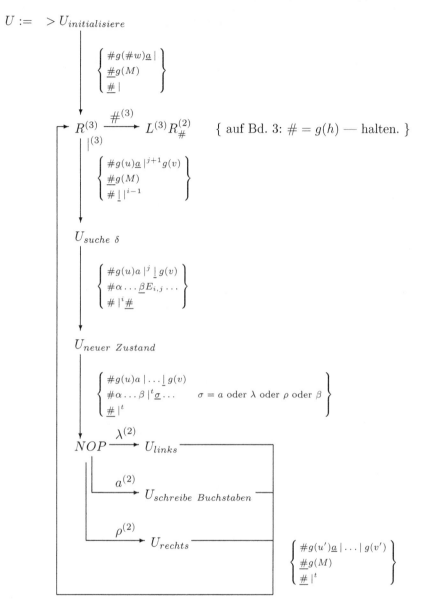

Abb. 7.3. Die Gesamtstruktur der universellen Turing-Maschine U

Die Grobstruktur von U ist einfach. Zunächst initialisiert sie sich. Danach prüft sie jeweils, ob die simulierte Maschine M inzwischen den Haltezustand erreicht hat, und wenn nicht, so simuliert sie den nächsten Schritt: Sie sucht in $g(M)$ den aktuellen δ-Übergang $\delta(q_i, a_j) = (q_t, b)$ für $b \in \Sigma \cup \{L, R\}$. Im zugehörigen Eintrag $E_{i,j}$ in $g(M)$ findet sich zunächst der neue aktuelle

Zustand $|^t$, der auf Band 3 notiert wird. Danach folgt $a|^{r+1}$, falls M das Zeichen a_r schreiben würde, λ, falls M nach links, ρ, falls M nach rechts gehen würde, und β, falls M für a_j nicht definiert ist. Also handelt U entsprechend dem ersten Nicht-Strich, den sie im Eintrag $E_{i,j}$ findet.

Wenn U anfängt zu rechnen, sehen ihre drei Bänder so aus:

$$\#g(\#w\#)\underline{\#}$$
$$\#g(M)\underline{\#}$$
$$\underline{\#}$$

In der Initialisierungsphase tut U dreierlei. Erstens setzt sie den Schreib-/Lesekopf auf Band 2 links neben $g(M)$. Zweitens schreibt sie die Nummer des Startzustandes s_M, nämlich $|$, auf Band 3 und bewegt auch dort den Kopf ganz nach links. Der dritte Punkt betrifft Band 1. Laut der Spezifikation am Anfang dieses Abschnitts soll U auf Band 1 jeweils auf dem a stehen, mit dem die Gödelisierung des aktuellen Bandbuchstabens von M anfängt. Das ist hier die Gödelisierung $a|$ des $\#$ rechts neben w. Also bewegt U ihren ersten Kopf auf das a links neben dem letzten $|$. Abbildung 7.4 zeigt $U_{initialisiere}$.

$$U_{initialisiere} := \quad > L^{(2)}_{\#} \longrightarrow R^{(3)}|^{(3)}L^{(3)} \longrightarrow L^{(1)}L^{(1)}$$

Abb. 7.4. Die Teilmaschine $U_{initialisiere}$

Wenn U festgestellt hat, dass der aktuelle Zustand von M nicht der Haltezustand ist, sucht sie in $g(M)$ den δ-Übergang, den M als nächstes ausführen würde. Dafür ist die Unter-Maschine $U_{suche\ \delta}$ zuständig. Ist die simulierte Maschine M im Zustand q_i und sieht den Buchstaben a_j, dann enthalten, wenn $U_{suche\ \delta}$ anfängt zu arbeiten, die Bänder von U folgendes:

$$\#g(u)\underline{a}\,|^{j+1}g(v)$$
$$\underline{\#}g(M)$$
$$\#\underline{|}\,|^{i-1}$$

$U_{suche\ \delta}$ zählt auf Band 2 zuerst so viele Vorkommen von α ab, wie sie Striche auf Band 3 hat. Die Zeichen α begrenzen ja die Zeilen, also die Sequenzen von Einträgen zu einunddemselben Zustand q_i. Wenn sie die i-te Zeile erreicht hat, dann muss die Maschine noch den richtigen Eintrag innerhalb der Zeile finden. Das tut sie, indem sie $|^{j+1}$ auf Band 1 durchläuft und für jeden Strich ein β abzählt. Im Flussdiagramm verwenden wir dazu Maschinen R_α, R_β, die analog zu $R_\#$ arbeiten sollen: Sie gehen zunächst einen Schritt nach rechts und laufen danach so lange weiter nach rechts, bis sie auf ein α bzw. β treffen. Abbildung 7.5 zeigt die Teilmaschine $U_{suche\ \delta}$.

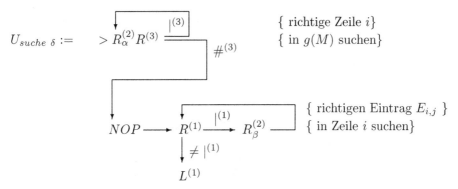

$U_{suche\ \delta} :=$

{ richtige Zeile i}
{ in $g(M)$ suchen}

{ richtigen Eintrag $E_{i,j}$ }
{ in Zeile i suchen}

Abb. 7.5. Die Teilmaschine $U_{suche\ \delta}$

Danach kann die Teil-Maschine $U_{neuer\ Zustand}$ ihre Arbeit aufnehmen. Die Bandinhalte zu diesem Zeitpunkt sind

$$\#g(u)a\,|^j\underline{|}\,g(v)$$
$$\#\alpha\dots\beta\underline{E}_{i,j}\dots$$
$$\#\,|^i\underline{\#}$$

Der Eintrag $E_{i,j}$ fängt auf jeden Fall an mit einer Strichsequenz $|^t$, falls der Übergang $\delta(q_i, a_j)$ besagt, dass q_t der nächste Zustand ist. Was in $E_{i,j}$ danach kommt, hängt davon ab, ob M einen Buchstaben schreiben oder den Kopf bewegen will, ist aber auf jeden Fall kein $|$. Also kann $U_{neuer\ Zustand}$ einfach q_i von Band 3 löschen und dann den neuen Zustand – alles bis zum nächsten Nicht-Strich auf Band 2 – kopieren. Falls der neue Zustand der Haltezustand ist, ist Band 3 danach leer. Abbildung 7.6 zeigt die Teilmaschine $U_{neuer\ Zustand}$.

$U_{neuer\ Zustand} :=$

{ $g(q_i)$ auf Band 3 löschen }

{ $g(q_t)$ auf Band 3 }
{ schreiben }

{ und Kopf links davon plazieren }

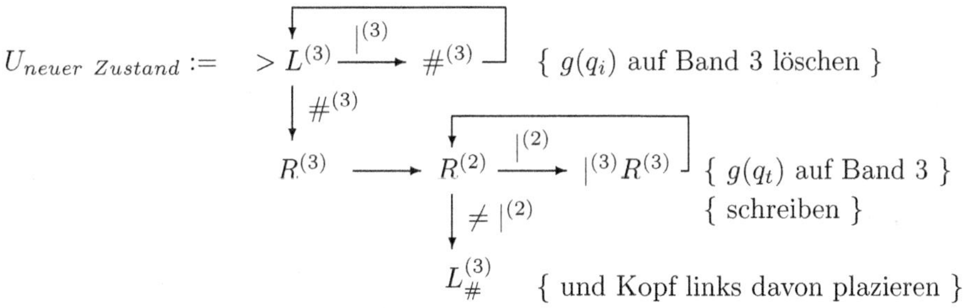

Abb. 7.6. Die Teilmaschine $U_{neuer\ Zustand}$

Nachdem der Zustand geändert wurde, sind die Bandinhalte von U

$$\#g(u)a\,|^j\underline{\big|}\,g(v)$$

$$\#\alpha\ldots\beta\,|^t\underline{\sigma}\ldots \qquad \sigma = a \text{ oder } \lambda \text{ oder } \rho \text{ oder } \beta$$

$$\underline{\#}\,|^t$$

Je nachdem, was σ ist, wird eine der drei Teil-Maschinen U_{rechts}, U_{links} und $U_{schreibe\ Buchstaben}$ aktiv. Ist $\sigma = \beta$, dann war der Eintrag $E_{i,j}$ insgesamt leer, und U hängt korrekterweise – bei einem unbekannten Eingabebuchstaben hätte die simulierte Maschine M auch gehangen. Die Links-Geh-Maschine muss im Grunde nur zweimal nach links bis zum nächsten a gehen[1]. Allerdings muss sie einen Sonderfall beachten, nämlich den Fall, dass U auf dem Gödelwort eines Blank ganz rechts im beschriebenen Bandteil steht. Die Situation auf Band 1 ist dann also

$$\#g(u)a\,\underline{\big|}\,\#\ldots$$

In dem Fall soll das letzte $a|$ gelöscht werden, bevor die Maschine nach links geht. Nachdem der Schritt von M nach links simuliert ist, bewegen wir auf Band 2 noch den Kopf ganz nach links, wo er für die Simulation des nächsten Schritts sein soll. Abbildung 7.7 zeigt die Teilmaschine U_{links}.

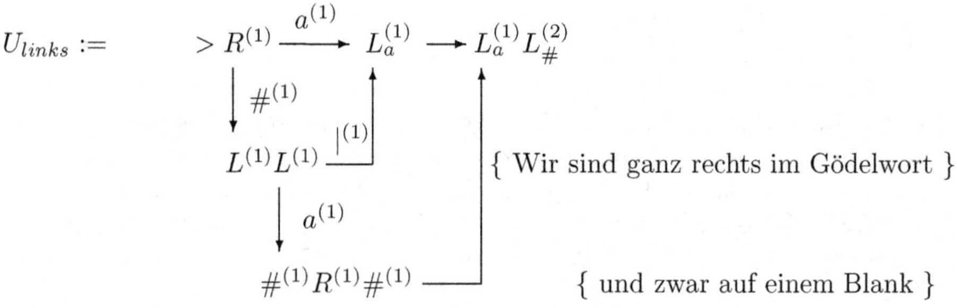

Abb. 7.7. Die Teilmaschine U_{links}

Die Maschine U_{rechts} ist sogar noch etwas einfacher als die für die Bewegung nach links. Der Kopf von U steht auf Band auf dem letzten Strich des aktuellen Zeichens. Direkt rechts davon muss – mit einem a – der nächste Buchstabe anfangen. Wenn nicht, so sind wir auf das Blank rechts neben dem Gödelwort des Bandinhaltes von M geraten und müssen $g(\#) = a|$ schreiben. Zum Schluss wird wie bei U_{links} der Kopf auf Band 2 an den Anfang, links von $g(M)$, gestellt. Abbildung 7.8 zeigt die Teilmaschine U_{rechts}.

Die Maschine $U_{schreibe\ Buchstaben}$ dagegen hat eine etwas komplexere Aufgabe. Sie muss das Gödelwort $a|^{j+1}$ auf Band 1 durch ein Gödelwort $a|^{r+1}$

---

[1] Wenn sie dabei nach links über das gödelisierte Bandstück hinausschießt, so wäre M hängengeblieben, es halten dann also beide Maschinen nicht.

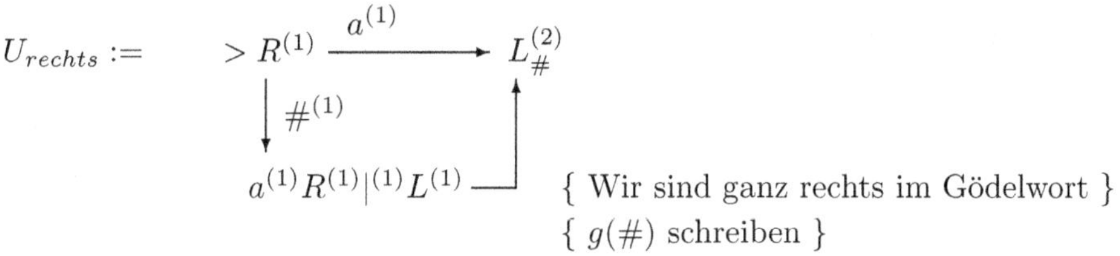

$$U_{rechts} := \quad > R^{(1)} \xrightarrow{\ a^{(1)}\ } L^{(2)}_{\#}$$

$$\downarrow \#^{(1)}$$

$$a^{(1)} R^{(1)} |^{(1)} L^{(1)} \longrightarrow \quad \{\text{ Wir sind ganz rechts im Gödelwort }\}$$
$$\{\ g(\#) \text{ schreiben }\}$$

Abb. 7.8. Die Teilmaschine U_{rechts}

ersetzen. Ist $r = j$, so ist die Aufgabe leicht. Die beiden anderen Fälle machen mehr Arbeit:

- Wenn $j < r$ ist, so ist die Gödelisierung des neuen Buchstaben (die auf Band 2 vorliegt) länger als die des alten, und das ganze restliche Gödelwort $g(v)$ auf Band 1 muss um eine entsprechende Strecke nach rechts verschoben werden. Wir verwenden in diesem Fall die Maschine S_R aus Beispiel 7.2.5. Wir zählen die „überzähligen" Striche auf Band 2 ab, verschieben $g(v)$ für jeden dieser Striche um eine Bandzelle nach rechts und schreiben in jedes freiwerdende Feld einen $|$.

- Ist dagegen $j > r$, dann muss $g(v)$ nach links verschoben werden. Die Zeichen, die dabei gelöscht werden, sind ausschließlich Striche, und $g(v)$ fängt entweder mit a an oder mit $\#$ (letzteres, falls $v = \varepsilon$). Wir verschieben also so lange mit S_L das restliche Wort $g(v)$ nach links, bis wir danach auf einem Nicht-Strich zu stehen kommen.

Egal welche der beiden Shift-Maschinen wir verwenden, sie fordert, dass das zu verschiebende Wort mit Blanks abgegrenzt sein soll. Deshalb gehen wir so vor: Wir merken uns jeweils das erste Zeichen σ, das verschoben werden soll. Wir überschreiben es mit einem Blank, womit wir das zu verschiebende Wort $g(v)$ abgegrenzt haben. Jetzt tritt die entsprechende Shift-Maschine in Aktion, und danach schreiben wir den Buchstaben σ, den wir uns gemerkt haben, wieder an die Stelle, wo er hingehört. Zum Schluss bewegen wir noch die Köpfe dorthin, wo sie hin müssen, nämlich den von Band 1 auf das a, mit dem das aktuelle Zeichen anfängt, und den von Band 2 ganz nach links vor $g(M)$. Abbildung 7.9 zeigt die Teilmaschine $U_{schreibe\ Buchstaben}$.

Damit ist die universelle Turing-Maschine U komplett beschrieben. Fassen wir zusammen, was wir in diesem Abschnitt gesehen haben: U benutzt für die Turing-Maschine M, die sie simuliert, eine sehr einfache Gödelisierung durch ein Gödelwort über dem Alphabet $\{\alpha, \beta, \rho, \lambda, a, |\}$. Die Zeichen α und β werden als Trennzeichen zwischen den Beschreibungen der δ-Übergänge genutzt und ermöglichen es U, schnell den richtigen δ-Übergang zu finden. U rechnet auf einer gödelisierten Form eines Eingabewortes w für M, das ähnlich wie das Programm der Maschine M gödelisiert ist, und zwar über dem Alphabet $\{a, |\}$.

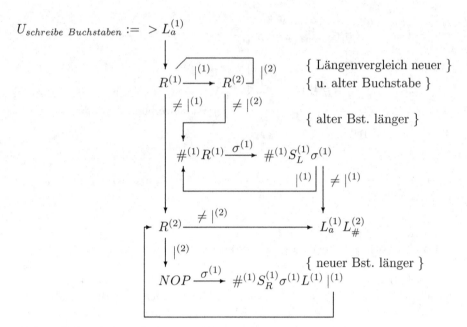

Abb. 7.9. Die Teilmaschine $U_{schreibe\ Buchstaben}$

7.6 Zusammenfassung

Mit Turing-Maschinen haben wir in diesem Kapitel Automaten kennengelernt, die über die Mächtigkeit der bisher vorgestellten weit hinausgehen. Turing-Maschinen haben einen endlichen Zustands-Speicher und ein Band, auf das sie lesend und schreibend zugreifen können. Der Schreib-/Lesekopf kann nach links oder nach rechts bewegt werden, in einem Schritt aber nur ein Bandfeld weit. Turing-Maschinen können nicht nur Sprachen akzeptieren. Eine Turing-Maschine

- akzeptiert eine Sprache L, indem sie für alle $w \in L$ einen Haltezustand erreicht und für $w' \notin L$ nie hält;
- entscheidet eine Sprache L, indem sie genau für die Wörter $w \in L$ mit „Y" hält und für alle anderen Wörter mit „N" hält;
- zählt eine Sprache L auf, indem sie systematisch die Wörter $w \in L$ eines nach dem anderen generiert.

Turing-Maschinen können auch Funktionen berechnen. Es ist TM die Menge der TM-berechenbaren (totalen) Funktionen $N^k \to N$ und TM^{part} die Menge aller partiellen TM-berechenbaren Funktionen $N^k \to N$. Für die Berechnung zahlentheoretischer Funktionen mit Turing-Maschinen verwendet man meist die Unärdarstellung.

Wir haben verschiedene Turing-Maschinen-Typen kennengelernt, die aber dieselbe Mächtigkeit besitzen: Standard-Turing-Maschinen, Turing-Maschinen mit beidseitig unendlichem Band (zw-TM), Turing-Maschinen mit k Bändern (k-TM) und indeterminierte Turing-Maschinen (NTM).

Schließlich haben wir gesehen, dass die Beschränkung jeder Turing-Maschine auf ein konkretes Programm keine echte Beschränkung ihrer Berechnungsfähigkeit ist: Man kann universelle Turing-Maschinen bauen, d.h. Turing-Maschinen, die als Eingabe das Programm einer beliebigen anderen Turing-Maschine annehmen und diese simulieren. Wir haben eine konkrete universelle Turing-Maschine präsentiert, die ein Turing-Maschinen-Programm als Wort codiert als Eingabe erwartet. In diesem Rahmen haben wir auch den Begriff der Gödelisierung kennengelernt. Gödelisieren heißt, einen Text in ein einziges Wort oder eine einzige Zahl zu codieren, und zwar so, dass er daraus effektiv rekonstruierbar ist.

8. Die Sprachklassen $\mathcal{L}$, $\mathcal{L}_0$ und $\mathcal{L}_1$

Typische kontextsensitive Sprachkonstrukte sind $a^n b^n c^n$ oder ww, Strukturen, bei denen Zusammenhänge über weite Entfernungen aufrecht erhalten werden müssen. Ein häufig verwendeter Trick in kontextsensitiven Grammatiken sind denn auch „Läufervariablen", die über das aktuelle Wort laufen und so Information von einem Ende des Wortes zum anderen tragen.

In der Einleitung zu Kap. 6 hatten wir festgestellt, dass kontextfreie Sprachen eine Anwendung haben in der Syntax von Programmiersprachen. Dagegen ist es eine kontextsensitive Aufgabe, zu überprüfen, ob Variablen ihrem Typ entsprechend verwendet werden, ob also z.B. einer Integer-Variablen kein String zugewiesen wird. Wie wir feststellen werden, kann man eine einfachere Variante von Turing-Maschinen verwenden, um kontextsensitive Sprachen zu akzeptieren.

8.1 $\mathcal{L}_1$ und beschränkte Grammatiken

In Kap. 4 hatten wir neben der Klasse der kontextsensitiven auch die Klasse der beschränkten Sprachen vorgestellt und behauptet, aber nicht bewiesen, dass die kontextsensitiven und die beschränkten Grammatiken gleichmächtig sind. Dieser Beweis wird jetzt nachgeholt.

Zur Wiederholung: Eine kontextsensitive Regel hat entweder die Form $uAv \to u\alpha v$ (mit $u, v, \alpha \in (V \cup T)^*$, $|\alpha| \geq 1$, $A \in V$) oder $S \to \varepsilon$, und S kommt in keiner Regelconclusion vor. Eine beschränkte Regel hat entweder die Form $P \to Q$ mit $|P| \leq |Q|$ oder $S \to \varepsilon$, und auch hier kommt S in keiner Regelconclusion vor.

Satz 8.1.1 (beschränkt = kontextsensitiv). *Eine Sprache L ist beschränkt genau dann, wenn L kontextsensitiv ist.*

Beweis:

"$\Leftarrow$" per Definition, da jede cs-Grammatik auch beschränkt ist.

"$\Rightarrow$" Gegeben sei eine beschränkte Grammatik $G = (V, T, R, S)$. Dazu ist eine äquivalente cs-Grammatik G' zu konstruieren.

O.E. nehmen wir an, dass G in der Normalform aus Satz 6.2.3 ist, dass also alle Regeln $P \to Q \in R$ eine der zwei folgenden Formen haben:

© Springer-Verlag GmbH Deutschland, ein Teil von Springer Nature 2018
L. Priese und K. Erk, *Theoretische Informatik*,
https://doi.org/10.1007/978-3-662-57409-6_8

1. $P \in V$ und $Q \in T$, oder

2. $P = p_1 \ldots p_s$ mit $p_i \in V$ für $1 \leq i \leq s$, und

$\quad Q = q_1 \ldots q_t$ mit $q_i \in V$ für $1 \leq i \leq t, s \leq t$

Regeln der 1. Art sind auch in cs-Grammatiken erlaubt, genauso Regeln der 2. Art mit $s = 1$.

Regeln der 2. Art mit $s > 1$ formen wir um: Wir transformieren zunächst die Regeln mit $s > 2$ auf $s = 2$ herunter, danach transformieren wir diese Regeln in cs-Regeln.

$s > 2$: Wir ersetzen $p_1 \ldots p_s \to q_1 \ldots q_t$, $s \leq t$, durch eine Folge von beschränkten Regeln mit $s = 2$. Dabei verwenden wir neue Variablen $x_1, \ldots, x_{s-2}$.

$\quad p_1 p_2 \quad \to \quad q_1 x_1 \qquad x_1$ sei neue Variable

$\quad x_1 p_3 \quad \to \quad q_2 x_2 \qquad x_2$ sei neue Variable

$$\vdots$$

$\quad x_{s-2} p_s \quad \to \quad q_{s-1} q_s \ldots q_t \quad x_{s-2}$ sei neue Variable

$s = 2$: Wir ersetzen $p_1 p_2 \to q_1 \ldots q_t$ mit $t \geq 2$ durch kontextsensitive Regeln, d.h. wir dürfen jetzt pro Regel nur eine Variable ersetzen. Wir verwenden dabei für jede alte Regel $p_1 p_2 \to q_1 \ldots q_t$ eine neue Variable $\bar{p}$.

$\quad p_1 p_2 \quad \to \quad p_1 \bar{p} \qquad \bar{p}$ sei neue Variable

$\quad p_1 \bar{p} \quad \to \quad q_1 \bar{p}$

$\quad q_1 \bar{p} \quad \to \quad q_1 q_2 \ldots q_t$

Offensichtlich sind diese neuen Regeln in cs-Grammatiken erlaubt.   ∎

8.2 Linear beschränkte Automaten und Turing-Maschinen

Ein wichtiger Unterschied zwischen endlichen Automaten und Push-Down-Automaten einerseits und Turing-Maschinen andererseits ist, dass endliche Automaten und PDA ihr Eingabewort nur einmal von links nach rechts durchlesen können. Turing-Maschinen können ihren Schreib/Lese-Kopf auf dem Band nach rechts und nach links bewegen. Kontextsensitive Sprachen sind so komplex, dass man für sie keinen Automaten bauen kann, der nur nach rechts geht. Eine typische kontextsensitive Struktur ist ja $a^n b^n c^n$, wo ein erkennender Automat bei den c^n zurückgehen muss, um sie mit den b zu vergleichen. Wir brauchen also eine Maschine, die den Schreib-/Lesekopf auch wieder nach links bewegen kann. Allerdings braucht man für kontextsensitive Sprachen keine Turing-Maschine in ihrer vollen Mächtigkeit. Um das zu sehen, betrachten wir eine Turing-Maschine und sehen, was für Sprachen sie akzeptieren kann:

Gegeben sei eine beliebige Grammatik G und ein Eingabewort w. Wie kann eine Turing-Maschine M herausfinden, ob das Wort $w \in L(G)$ ist? Sie kann Regelanwendungen von G simulieren. M fängt an mit dem Startsymbol S, ersetzt Symbole entsprechend den Regeln von G und schaut ab und zu nach, ob sie zufällig eine reine Terminalkette erzeugt hat, die zufällig gleich dem Eingabewort w ist. Nehmen wir nun an, G ist nicht beschränkt, d.h. es gibt Regeln, in denen die rechte Regelseite kürzer ist als die linke. Dann wird das abgeleitete Wort mal länger, mal schrumpft es wieder zusammen, und man weiß zu keinem Zeitpunkt, wie nah man der Lösung ist. Solche nicht-beschränkten Sprachen sind nicht immer entscheidbar; ist das Eingabewort nicht in der Sprache, so gibt es kein allgemeines Kriterium, nach dem die Suche abgebrochen werden und die Turing-Maschine definitiv sagen kann, dass das Wort nicht in der Sprache ist.

Das ist bei kontextsensitiven Sprachen anders: Bei kontextsensitiven Grammatiken muss ja die rechte Seite einer Regel immer mindestens so lang sein wie die linke. Die Zeichenkette kann also von S bis zum terminalen Wort nur wachsen. Damit ist das von der Grammatik erzeugte Wort aus Variablen und Terminalen zu jedem Zeitpunkt der Ableitung höchstens so lang wie das im Endeffekt erzeugte terminale Wort, und wir haben ein Abbruchkriterium für unsere akzeptierende Turing-Maschine M: Sobald sie alle möglichen Wörter aus L bis zur Länge $|w|$ erzeugt hat und w nicht darunter gefunden hat, wissen wir, dass w nicht in der Sprache $L(G)$ ist. Man kann also zum Akzeptieren von $\mathcal{L}_1$-Sprachen doch eine spezielle Art von Turing-Maschinen verwenden, die **linear beschränkten Automaten**, die immer nur auf einem Bandstück fester Länge arbeiten.

Definition 8.2.1 (Linear beschränkter Automat (LBA)). *Ein* **linear beschränkter Automat (LBA)** *M ist eine indeterminierte Turing-Maschine $M = (K, \Sigma, \Delta, s_0)$, für die zusätzlich gilt:*

- *$\$, \rlap{\,/}c \in \Sigma$ ($\$$ ist Anfangsmarkierung, $\rlap{\,/}c$ Endmarkierung des benutzten Bandstücks.)*
- *$\forall q \in K \; \exists q_1, q_2 \in K \; \Delta(q, \$) = \{(q_1, R)\}$ und $\Delta(q, \rlap{\,/}c) = \{(q_2, L)\}$*
- *$\forall q, q' \in K, \; \forall a \in \Sigma$*
  $(q', \$) \notin \Delta(q, a)$, und $(q', \rlap{\,/}c) \notin \Delta(q, a)$
- *Startkonfigurationen haben die Form $C_{start} = s_0, \$w\underline{a}\rlap{\,/}c$ mit $w \in \left(\Sigma - \{\#, \$, \rlap{\,/}c\}\right)^*$ und $a \in \left(\Sigma - \{\#, \$, \rlap{\,/}c\}\right)$, oder $w = \varepsilon$ und $a = \#$.*

  Für $a \neq \#$ heißt wa der Input von M, und für $a = \#$ heißt ε der Input von M.

Ein linear beschränkter Automat bekommt also als Eingabe ein von $\$$ und $\rlap{\,/}c$ begrenztes Wort, kann nie einen Schritt nach links über $\$$ oder nach rechts über $\rlap{\,/}c$ hinaus machen und schreibt auch selbst nie $\$$ oder $\rlap{\,/}c$. Die Zeichen $\$$

und ¢ bleiben immer an derselben Stelle, und der Automat arbeitet nur auf dem Bandstück dazwischen.

Linear beschränkte Automaten akzeptieren gerade die Klasse der kontext-sensitiven Sprachen. Wir zeigen jetzt zunächst, dass Turing-Maschinen $\mathcal{L}_0$ akzeptieren. Aus der Maschine, die wir dafür angeben, kann man mit wenig Änderungen einen linear beschränkten Automaten bauen, der eine Sprache aus $\mathcal{L}_1$ akzeptiert.

Satz 8.2.2 (TM akzeptieren $\mathcal{L}_0$). *Sei L eine Sprache mit $L \in \mathcal{L}_0$. Dann gibt es eine Turing-Maschine, die L akzeptiert.*

Beweis: Sei $L \in \mathcal{L}_0$ eine Sprache über T. Dann gibt es eine Grammatik $G_0 = (V, T, R, S)$, die L erzeugt. Wir konstruieren eine indeterminierte 2-Band-TM M_0, die L akzeptiert, indem sie die Grammatikregeln durchprobiert. M_0 bekommt auf Band 1 ein Eingabewort w und erzeugt auf Band 2 zunächst das Startsymbol S der Grammatik.

$$s_0, \begin{array}{c} \#w\underline{\#} \\ \underline{\#} \end{array} \vdash^*_{M_0} s_0, \begin{array}{c} \#w\underline{\#} \\ \#\underline{S} \end{array}$$

Danach rät M_0 auf Band 2 eine Ableitung in G_0: Zu $S \Longrightarrow^* u \Longrightarrow^* \dots$ rechnet sie

$$s_0, \begin{array}{c} \#w\underline{\#} \\ \#\underline{S} \end{array} \vdash^* \begin{array}{c} \#w\underline{\#} \\ \#u\underline{\#} \end{array}$$

Dabei kann M_0 zum Beispiel so vorgehen: Sie wählt jeweils indeterminiert eine Regel $P \to Q \in R$ aus. Dann sucht sie in dem Wort auf Band 2 inde-terminiert nach P. Wenn sie sich für ein Vorkommen von P entschieden hat, ersetzt sie es durch Q. Wenn dabei Q länger oder kürzer ist als P, benutzt sie die Shift-Maschinen S_R und S_L aus Beispiel 7.2.5, um den Rest des Wortes rechts von diesem Vorkommen von P entsprechend zu verschieben.

Irgendwann beschließt M_0 indeterminiert, u und w zu vergleichen. Falls $u = w$, hält M_0, sonst hält M_0 nie. Damit gilt:

$\quad\quad M_0$ hält bei Input w

$\Longleftrightarrow$ Es gibt eine Ableitung $S \Longrightarrow^*_{G_0} w$ (die von M_0 auf Band 2 nachvoll-zogen werden kann)

$\Longleftrightarrow$ $w \in L(G_0)$.   ∎

Satz 8.2.3 (LBA akzeptieren $\mathcal{L}_1$). *Sei L eine Sprache mit $L \in \mathcal{L}_1$. Dann gibt es einen linear beschränkten Automaten, der L akzeptiert.*

Beweis: Sei $L \in \mathcal{L}_1$ eine Sprache über T. Dann gibt es eine cs-Grammatik $G_1 = (V, T, R, S)$, die L erzeugt. Wir konstruieren einen LBA M_1, der L akzeptiert, in Analogie zu der TM M_0 aus dem Beweis des letzten Satzes.

Falls $\varepsilon \in L$ ist, dann enthält G_1 eine Regel $S \to \varepsilon$ (nach Def. 4.2.6). In diesem Fall ist $\Delta(s_0, \#) = \{(h, \#)\}$. Sonst soll $\Delta(s_0, \#) = \emptyset$ sein.

M_1 hat nur ein Band. Um ein Äquivalent zu 2 Bändern zu schaffen, muss M_1 sich eine zweite Spur anlegen: Für alle $a \in T - \{\#, \$, \text{¢}\}$ sei

$$\Delta(s_0, a) = \{(s_0, \tfrac{a}{\#})\}$$
$$\Delta(s_0, \tfrac{a}{\#}) = \{(s_0, L)\}$$
$$\Delta(s_0, \$) = \{(q_1, R)\}$$
$$\Delta(q_1, \tfrac{a}{\#}) = \{(q, \tfrac{a}{S})\}$$

Damit gilt bisher: $s_0, \$a v\underline{b}\text{¢} \vdash^*_{M_1} q, \$ \underset{\underline{S}}{a} \overset{vb}{\underset{\cdots}{}} \text{¢}$ mit $w = avb$. Ab jetzt arbeitet M_1 wie M_0 oben:

- Simuliere indeterminiert auf Spur 2 eine Rechnung $S \Longrightarrow^*_{G_1} u$ mit der Einschränkung $|u| \leq |w|$.
- Nach indeterminierter Zeit vergleiche u mit w.
- Halte, falls $u = w$, sonst halte nie.   ∎

Der Einfachheit halber sollen Turing-Maschinen für den nächsten Satz ihre Eingabe jetzt auch begrenzt von \$ und ¢ nehmen, und die zwei Zeichen sollen immer die Begrenzer für das benutzte Bandstück bilden. Anders als ein LBA kann eine Turing-Maschine den Begrenzer ¢ aber verschieben (\$ zu verschieben ist bei nur einseitig unbegrenztem Band wenig sinnvoll). Damit hat eine Startkonfiguration bei Input wa für diese abgeänderte TM die Form

$$s_0, \$w\underline{a}\text{¢}$$

mit $w \in \left(\Sigma - \{\#, \$, \text{¢}\}\right)^*, a \in \left(\Sigma - \{\#, \$, \text{¢}\}\right)$ oder, für Input ε, die Form

$$s_0, \$\underline{\#}\text{¢}.$$

Satz 8.2.4 (TM-akzeptierte Sprachen sind in $\mathcal{L}_0$). *Sei L eine Sprache, die von einer Turing-Maschine akzeptiert wird. Dann ist $L \in \mathcal{L}_0$.*

Beweis: Sei $M = (K, \Sigma, \Delta, s_0)$ eine indeterminierte Turing-Maschine, die L akzeptiert. L sei eine Sprache über $T \subseteq \Sigma$ mit $\$, \text{¢}, \# \in \Sigma - T$. M benutze \$ und ¢ $\in \Sigma$ als Endmarker. Wir konstruieren dazu eine Grammatik $G = (V, T, R, S)$ mit $L = L(G)$.

Diese Grammatik soll die Arbeitsweise von M simulieren. Wir erzeugen zunächst aus dem Startsymbol S „zweispurig" ein beliebiges Wort $w \in T^*$, also eine Zeichenkette $\$\tfrac{w}{w}\text{¢}$. Das heißt, die Variablenmenge V wird Variablen der Form $\Sigma \times \Sigma$ enthalten.

Die obere Spur erhalten wir während der ganzen Ableitung unverändert, auf ihr merken wir uns das Wort w, das wir geraten haben. Auf der unteren Spur simulieren wir die Arbeit von M bei Eingabe w. Wenn M einen Haltezustand erreicht mit dem geratenen Eingabewort, dann ist w in L. In diesem

Fall löschen wir die untere Spur und behalten nur das anfangs geratene Wort w, das auf der oberen Spur erhalten geblieben ist.

Wir simulieren M, indem wir auf der unteren Spur das Arbeitsband der Turing-Maschine nachbilden. Kopfposition und Zustand von M decken wir gleichzeitig ab, indem an der aktuellen Kopfposition von M in der Ableitung eine 3-Tupel-Variable mit oben $\Sigma \times \Sigma$ und darunter dem Zustand auftaucht.

Damit haben wir alle Variablenarten beschrieben, die V enthalten muss, insgesamt folgende: $V = \{S, A_1, \$, \cent\} \cup \Sigma \times (K \cup \{h\}) \cup \Sigma \times \Sigma \times (K \cup \{h\}) \cup \Sigma \times \Sigma$.

Nun zur Konstruktion von R. Am Anfang soll G, wie gesagt, „zweispurig" alle möglichen Worte über Σ^* erzeugen, eingerahmt von $\$$ und $\cent$, und den Startzustand s_0 von M in der Variablen vermerken, die für den letzten Eingabebuchstaben steht (d.h. Kopf von M auf letztem Eingabebuchstaben). Für diese ersten Schritte enthält R folgende Regeln:

$$S \to \$A_1 \mid \$\,\overset{\#}{\underset{s_0}{\#}}\,\cent \quad \text{(letztere Regel ist für Input } \varepsilon)$$

$$A_1 \to \overset{a}{\underset{a}{\,}}A_1 \mid \overset{a}{\underset{\underset{s_0}{a}}{\,}}\cent \quad \forall a \in T$$

Damit kann man mit der Grammatik bisher ableiten

$$S \overset{*}{\underset{G}{\Longrightarrow}} \$\,\overset{w\ a}{\underset{w\ s_0}{a}}\,\cent.$$

Jetzt wird auf der unteren Spur die Arbeit von M simuliert mit folgenden Grammatikregeln für $q, q' \in K$, $a \in \Sigma - \{\$, \cent\}$:

Falls $(q, a) \; \Delta \; (q', a')$: $\quad \overset{b}{\underset{q}{a}} \to \overset{b}{\underset{q'}{a'}} \quad \forall b \in \Sigma - \{\$, \cent\}$

Falls $(q, a) \; \Delta \; (q', R)$: $\quad \overset{b}{\underset{q}{a}}\,\overset{d}{\underset{c}{c}} \to \overset{b}{\underset{a}{\,}}\,\overset{d}{\underset{q'}{c}} \quad \forall b, c, d \in \Sigma - \{\$, \cent\}$, und

$$\overset{b}{\underset{q}{a}}\,\cent \to \overset{b}{\underset{a}{\,}}\,\overset{\#}{\underset{q'}{\#}}\,\cent$$

Falls $(q, a) \; \Delta \; (q', L)$: $\quad \overset{d}{\underset{c}{\,}}\,\overset{b}{\underset{q}{a}} \to \overset{d}{\underset{q'}{c}}\,\overset{b}{\underset{a}{\,}} \quad \forall b, c, d \in \Sigma - \{\$, \cent\}$, und

$$\$\,\overset{b}{\underset{q}{a}} \to \$\,\overset{b}{\underset{q'}{\,}}\,a$$

Falls $(q, \$) \; \Delta \; (q', R)$: $\quad \overset{\$}{\underset{q}{\,}}\,\overset{d}{\underset{c}{c}} \to \$\,\overset{d}{\underset{q'}{c}} \quad \forall c, d \in \Sigma - \{\$, \cent\}$.

Bis jetzt gilt $\forall w \in T^*$: M akzeptiert w genau dann, wenn es $x_1, x_2 \in \Sigma^*$ und ein $b \in \Sigma$ gibt, so dass M so rechnet: $s_0, \$w\cent \vdash^*_M h, \$x_1\underline{b}x_2\cent$. Das wiederum ist genau dann der Fall, wenn $w = ua = u_1cu_2$ ist und es eine Ableitung in G gibt der Form $S \overset{*}{\underset{G}{\Longrightarrow}} \$\,\overset{u\ a}{\underset{u\ s_0}{a}}\,\cent \overset{*}{\underset{G}{\Longrightarrow}} \$\,\overset{u_1\ \overset{c}{b}\ u_2\#...\#}{\underset{x_1\ h\ x_2\#...\#}{}}\,\cent$.

Bisher hat diese Grammatik also eine Zeichenkette erzeugt, in der oben ein Wort w aus L steht, eventuell gefolgt von Blanks, und unten die Überreste der erfolgreichen Rechnung von M. Dies bis hierher erzeugte Wort ist aber komplett aus V^*. Wir müssen jetzt das erzeugte Wort in w umwandeln. Wir gehen ganz nach rechts bis ¢, dann nach links bis \$ und löschen dabei jeweils die untere Zeile. Was bleibt, sind Terminalsymbole und die Randbegrenzer sowie eventuelle Blanks:

$$\begin{smallmatrix} a \\ b \\ h \end{smallmatrix}\begin{smallmatrix} c \\ d \end{smallmatrix} \to \begin{smallmatrix} a \\ b \end{smallmatrix}\begin{smallmatrix} c \\ d \\ h \end{smallmatrix} \qquad \begin{smallmatrix} a \\ b \\ h \end{smallmatrix}\text{¢} \to \begin{smallmatrix} a \\ b \end{smallmatrix}\begin{smallmatrix} \\ h_L \end{smallmatrix}\text{¢} \qquad \begin{smallmatrix} a \\ b \end{smallmatrix}\begin{smallmatrix} c \\ h_L \end{smallmatrix} \to \begin{smallmatrix} a \\ h_L \end{smallmatrix}c \qquad \text{\$}\begin{smallmatrix} a \\ h_L \end{smallmatrix} \to \text{\$}a$$

Nun müssen noch \$ und ¢ von beiden Enden des erzeugten Wortes entfernt werden:

$$\text{\$} \to \varepsilon \quad (*\mathbf{1}*) \qquad \text{¢} \to \varepsilon \quad (*\mathbf{2}*) \qquad \# \to \varepsilon \quad (*\mathbf{3}*)$$

Insgesamt erzeugt G nun ein Wort w genau dann, wenn M w akzeptiert. ∎

Satz 8.2.5 (LBA-akzeptierte Sprachen sind in $\mathcal{L}_1$). *Sei L eine Sprache, die von einem linear beschränkten Automaten akzeptiert wird. Dann ist $L \in \mathcal{L}_1$.*

Beweis: Sei $M = (K, \Sigma, \Delta, s_0)$ ein linear beschränkter Automat. Dazu konstruieren wir eine beschränkte Grammatik $G = (V, T, R, S)$. Im Grunde können wir dasselbe Verfahren verwenden wie im Beweis zum letzten Satz, nur verhalten sich LBA am Eingabeende bei ¢ und bei Input ε anders als TM, und die Regeln (*1*), (*2*) und (*3*) sind nicht beschränkt: Die rechten Regelseiten sind kürzer als die linken. Diese Regeln kann ein LBA also nicht verwenden.

Zunächst zum Umgang mit ¢: Die TM-Regel $\begin{smallmatrix} b \\ a \\ q \end{smallmatrix}\text{¢} \to \begin{smallmatrix} b \\ a \end{smallmatrix}\begin{smallmatrix} \# \\ \\ q' \end{smallmatrix}\text{¢}$ kann man bei LBA nicht anwenden, da LBA das Bandende-Zeichen nie verschieben. Wir ersetzen die Regel durch

$$\begin{smallmatrix} b \\ a \\ q \end{smallmatrix}\text{¢} \to \begin{smallmatrix} b \\ a \end{smallmatrix}\begin{smallmatrix} \text{¢} \\ q' \end{smallmatrix}.$$

Zu den Regeln zu (q, a) Δ (q', L) kommt für den Fall $a = $ ¢ hinzu:

$$\begin{smallmatrix} b'' \\ a'' \\ q \end{smallmatrix}\text{¢} \to \begin{smallmatrix} b'' \\ a'' \\ q' \end{smallmatrix}\text{¢}$$

Im nächsten Abschnitt in Satz 8.3.1 werden wir (u.a.) zeigen können, dass es entscheidbar ist, ob ein LBA das leere Wort ε akzeptiert. Falls M das Wort ε akzeptiert, nehmen wir zu G die Regel $S \to \varepsilon$ hinzu, sonst nicht. Das heißt, die TM-Regel $S \to \text{\$}\begin{smallmatrix} \# \\ \# \\ s_0 \end{smallmatrix}\text{¢}$, die nur zur Erzeugung von ε diente, wird im LBA nicht benutzt. Damit kann auf Spur 1 zwischen \$ und ¢ nie ein \# stehen. Regel (*3*) fällt also weg.

Nun zu (*1*) und (*2*): Wie kann man die Endmarker am Ende der Rechnung entfernen? Wenn wir jeden Endmarker als eine eigene Variable codieren, haben wir ein Problem. Also stocken wir unsere Variablen-Tupel noch etwas auf und vermerken \$ und ¢ in einer vierten oder fünften „Spur" der Variablen: Oben auf dem ersten Zeichen soll $ stehen, oben auf dem letzten ¢. Damit rät G das Wort zu Anfang so:

$$S \to {\overset{\$}{\underset{a}{a}}} A_1, \quad S \to {\overset{¢}{\underset{s_0}{\overset{\$}{\underset{a}{a}}}}} \text{ für Eingabe } a, \quad A_1 \to {\overset{a}{\underset{a}{a}}} A_1, \quad A_1 \to {\overset{¢}{\underset{s_0}{\overset{a}{a}}}}$$

jeweils $\forall a \in T$.

G leitet also zu Anfang wie folgt ab:

$$S \underset{G}{\overset{*}{\Longrightarrow}} {\overset{\$}{\underset{a}{a}}} {\overset{}{\underset{w}{w}}} {\overset{¢}{\underset{s_0}{\overset{b}{b}}}} \text{ beziehungsweise } S \underset{G}{\overset{*}{\Longrightarrow}} {\overset{¢}{\underset{s_0}{\overset{\$}{\underset{b}{b}}}}} \text{ .}$$

Die Simulation der einzelnen Schritte von M verläuft genau wie im vorigen Beweis. Unterschiede gibt es erst wieder, wenn M den Haltezustand erreicht und G infolgedessen ein terminales Wort erzeugen muss. Dazu hat G folgende Grammatikregeln:

$$\overset{a}{\underset{h}{\overset{c}{\underset{d}{b}}}} \to \overset{a}{\underset{b}{\overset{c}{\underset{h}{d}}}}, \quad \overset{¢}{\underset{h}{\overset{a}{b}}} \to \overset{a}{h_L}, \quad \overset{a}{\underset{h}{\overset{¢}{\underset{d}{b}}}} \to \overset{a}{h_L} c, \quad \overset{a}{\underset{b}{\overset{c}{h_L}}} \to \overset{a}{h_L} c, \quad \overset{\$}{\underset{b}{\overset{c}{a}}} {h_L} \to ac, \quad \overset{¢}{\underset{h}{\overset{\$}{\underset{b}{a}}}} \to a \quad \blacksquare$$

Mit den Sätzen 8.2.2 bis 8.2.5 gilt insgesamt:

$L \in \mathcal{L}_0 \iff L$ wird von einer TM akzeptiert.

$L \in \mathcal{L}_1 \iff L$ wird von einem LBA akzeptiert.

8.3 Entscheidbare Sprachen

Mit dem, was wir bis jetzt über kontextsensitive Sprachen gelernt haben, können wir zeigen, dass das Wortproblem für Typ-1-Sprachen entscheidbar ist. Nachdem wir das getan haben, werfen wir einen Blick auf den Bereich der Sprachen jenseits von $\mathcal{L}_1$: Es gibt Sprachen, die nicht entscheidbar, wohl aber rekursiv aufzählbar sind (und die deshalb auch nicht in $\mathcal{L}_1$ liegen); es gibt aber auch Sprachen, die entscheidbar sind, aber nicht mit einer kontextsensitiven Grammatik beschrieben werden können. Diese letzte Behauptung beweisen wir mit einem *Diagonalisierungs-Argument*, wie es uns schon in Satz 2.2.21 begegnet ist. Dazu müssen wir unter anderem eine *Gödelisierung* anwenden, wie schon bei den universellen Turing-Maschinen in Abschnitt 7.5.

Satz 8.3.1 (Sprachen in $\mathcal{L}_1$ entscheidbar). *Für jede Sprache $L \in \mathcal{L}_1$ gilt: Das Wortproblem „$w \in L$?" ist entscheidbar.*

Beweis: Gegeben sei eine cs-Sprache L, ein LBA $M = (K, \Sigma, \Delta, s_0)$ mit $L = L(M)$, und ein Wort w, für das getestet werden soll, ob $w \in L$ ist.

M rechnet nach der Definition von LBA ja nur auf dem Bandstück zwischen \$ und ¢. Damit ist aber die Anzahl von verschiedenen Konfigurationen, die M einnehmen kann, begrenzt auf

$$(|K| + 1) * |\Sigma|^{|w|} * (|w| + 2)$$

M kann $|\Sigma|^{|w|}$ verschiedene Wörter auf das Bandstück der Länge $|w|$ schreiben, bei jedem aktuellen Bandinhalt jeden Zustand aus K oder h einnehmen und dabei den Schreib-/Lesekopf auf jede Position innerhalb w oder einen der Begrenzer \$ und ¢ setzen (wenn der Kopf auf \$ oder ¢ steht, muss M laut Definition allerdings sofort ins Wortinnere zurückkehren). Wenn M so viele Schritte gemacht hat, kann er nur eine Konfiguration erreichen, in der er schon war, und damit ist er in eine Schleife geraten.

Man kann nun eine Turing-Maschine M' angeben, die den Rechnungsbaum von M, gestartet mit Input w, systematisch (mit *iterative deepening*) durchforstet. Wiederholt sich dabei auf einem Ast eine Konfiguration, so wird dieser Ast nicht weiter verfolgt. Da M nur endlich viele verschiedene Konfigurationen bei Input w annehmen kann, ist dieser „repetitionsfreie" Ableitungsbaum endlich. M' kann ihn also vollständig durchlaufen. M' antwortet mit „Ja", falls sie dabei eine Haltekonfiguration von M gefunden hat, und mit „Nein" sonst. ∎

Dieser Beweis folgt also genau der Beweisstruktur von Satz 7.4.11, dass NTM durch TM simuliert werden können.

Lemma 8.3.2 (Sprachen in $\mathcal{L}_2$, $\mathcal{L}_3$ entscheidbar). *Für jede Sprache $L \in \mathcal{L}_2$ oder $L \in \mathcal{L}_3$ gilt: Das Wortproblem „$w \in L$?" ist entscheidbar.*

Beweis: Diesen Beweis kann man auf zwei verschiedene Weisen führen. Man kann zum einen so argumentieren: $\mathcal{L}_3 \subseteq \mathcal{L}_2 \subseteq \mathcal{L}_1$, und für Sprachen $L \in \mathcal{L}_1$ ist das Wortproblem entscheidbar.

Zum anderen kann man sagen: Sprachen in $\mathcal{L}_3$ werden von determinierten endlichen Automaten akzeptiert. Die halten bei Input w aber immer nach $|w|$ Schritten. Für $\mathcal{L}_2$-Sprachen L entscheidet der Cocke-Younger-Kasami-Algorithmus in $|w|^3$ Schritten, ob $w \in L$ ist. ∎

Es gibt Sprachen, die rekursiv aufzählbar, aber nicht entscheidbar sind. Eine solche Sprache ist zum Beispiel die Menge all der Turing-Maschinen, die für mindestens ein Eingabewort halten.[1] Dass das so ist, kann man sich so verdeutlichen: Angenommen, man gäbe uns eine Turing-Maschine M, und wir sollten entscheiden, ob es ein Eingabewort gibt, so dass M hält. Wir könnten alle Eingabewörter durchprobieren. Sobald wir eines gefunden hätten, für das M hält, könnten wir aufhören zu rechnen und „Ja" sagen. Wenn M aber für *kein* Eingabewort je zu rechnen aufhört, dann werden wir auch niemals mit dem Testen von Eingabewörtern fertig.

Man könnte sich fragen, ob vielleicht nur das Testverfahren schlecht gewählt ist, ob es nicht vielleicht doch ein Verfahren gibt, um dies Problem

---

[1] Dabei muss man die Turing-Maschinen geeignet codieren; eine Sprache ist ja eine Menge von Wörtern über einem *einheitlichen*, endlichen Alphabet.

zu entscheiden. Dass es tatsächlich kein solches Verfahren gibt, werden wir später, in Kap. 13, zeigen. Daraus, dass es rekursiv aufzählbare Sprachen gibt, die nicht entscheidbar sind, können wir aber schon eine Schlussfolgerung ziehen: Es gilt $\mathcal{L}_1 \subset \mathcal{L}_0$, denn die Sprachen in $\mathcal{L}_1$ sind ja entscheidbar.

Gilt aber auch, dass jede entscheidbare Sprache in $\mathcal{L}_1$ ist? Oder gibt es Sprachen, die man nicht mit einem LBA akzeptieren kann, die aber trotzdem entscheidbar sind? Es gibt mindestens eine solche Sprache, wie wir gleich zeigen werden. Dazu brauchen wir aber eine Gödelisierung für Grammatiken.

Eine Gödelisierung für Grammatiken

Grammatiken zu *gödelisieren* heißt, jeder Grammatik G eine *Gödelnummer* oder ein *Gödelwort* zuzuweisen; das ist eine natürliche Zahl bzw. ein Wort, aus der oder dem die Grammatik G eindeutig rekonstruiert werden kann. Man kann auch andere formale Strukturen auf Gödelnummern abbilden; in Abschnitt 7.5 haben wir schon eine einfache Gödelisierung gesehen, die Turing-Maschinen Gödelwörter zuweist. Wir werden hier Grammatiken durch Gödel*zahlen* codieren.

Wie kann man eine Grammatik auf eine Zahl abbilden, so dass aus der Zahl die Grammatik rekonstruierbar ist? Eine eindeutige Beschreibung einer Grammatik kennen wir ja schon – mit Buchstaben. In komprimierter Form sieht das in etwa so aus: $G = (\{V_1, \ldots, V_n\}, \{T_1, \ldots, T_m\}, \{P_1 \to Q_1, \ldots P_\ell \to Q_\ell\}, V_1)$. Jetzt könnten wir jedem Buchstaben eine Ziffer zuordnen und auch jedem anderen Zeichen, das wir bei der Grammatikbeschreibung verwenden (Komma, Klammern, $=$, $\to$, Blank etc.). Und schon wird aus der Buchstaben-Beschreibung der Grammatik eine lange Zahl, aus der die Grammatik eindeutig rekonstruierbar ist.

Die Methode hat nur einen Schönheitsfehler: Die Anzahl der Variablen und Terminale variiert von Grammatik zu Grammatik, und damit auch die Anzahl der Ziffern, die wir jeweils für eine Grammatikbeschreibung bräuchten. Die Gödelnummer, die wir einer Grammatik zuweisen, muss aber unabhängig sein von einer Basis; man kann nicht sagen: Diese Zahl beschreibt die Grammatik G, aber nur wenn man sie im 20-adischen System notiert. Aber dies Problem kann schnell behoben werden: Wir brauchen nur ein festes Alphabet anzugeben, mit dem man eine Buchstaben-Beschreibung für alle Grammatiken geben kann. Also: Die Variablen $\{V_1, \ldots V_n\}$ schreiben wir als $\{V|^1, \ldots, V|^n\}$ und die Terminale als $\{T|^1, \ldots, T|^m\}$. $V|^1$ soll immer das Startsymbol sein. Die so codierte Form einer Grammatik G bezeichnen wir als $\tau(G)$ (*Transformation von G*):

Definition 8.3.3 ($\tau(G)$). *Sei* $G = (\{V_1, \ldots, V_n\}, \{T_1, \ldots, T_m\}, \{P_1 \to Q_1, \ldots P_\ell \to Q_\ell\}, V_1)$ *eine Grammatik. Dann ist*

$$\tau(\mathbf{T_i}) := T|^i$$
$$\tau(\mathbf{V_j}) := V|^j$$

$$\tau(\mathbf{x_1} \ldots \mathbf{x_k}) := \tau(x_1) \ldots \tau(x_k)$$
$$\text{für } x_1 \ldots x_k \in \left(\{V_1, \ldots, V_n\} \cup \{T_1, \ldots, T_m\}\right)^*$$
$$\tau(\mathbf{G}) := (V|^1, \ldots, V|^n, T|^1, \ldots, T|^m ; \tau(P_1) \to \tau(Q_1), \ldots,$$
$$\tau(P_\ell) \to \tau(Q_\ell)).$$

Grammatiken sind damit Wörter über dem Alphabet $\Sigma_G := \{'V', 'T',$ $|, (,), ',', ';', \to\}$. Wenn wir jedem der Buchstaben in Σ_G eine Ziffer zuordnen, können wir zu jeder Grammatik eine Gödelnummer berechnen.

Es ist natürlich nicht jede Zahl Gödelnummer einer Grammatik, genausowenig wie jedes beliebige Wort über Σ_G eine Grammatikbeschreibung ist. Aber man kann, wenn man eine Zahl gegeben hat, feststellen, ob sie Gödelnummer einer Grammatik ist, und wenn, dann kann man aus der Gödelnummer die Grammatik eindeutig rekonstruieren.

Beispiel 8.3.4. Die Grammatik $G_{ab} = (\{S\}, \{a, b\}, \{S \to \varepsilon, S \to aSb\}, S)$, die $a^n b^n$ erzeugt, sieht als Wort über Σ_G so aus: $\tau(G_{ab}) = (V|, T|, T|| ; V| \to , V| \to T|V|T||)$. Das ε haben wir dabei durch eine leere rechte Regelseite ausgedrückt. Wenn man den Buchstaben in Σ_G die Ziffern 1 bis 8 zuordnet in der Reihenfolge, wie Σ_G oben angegeben ist, dann hat G_{ab} die Gödelnummer

4136236233713861382313235.

Vorhin haben wir die Frage aufgeworfen, ob es entscheidbare Sprachen gibt, die nicht in $\mathcal{L}_1$ sind. Bei der Beantwortung dieser Frage werden wir die Tatsache verwenden, dass man jeder Grammatik eine Gödelnummer zuweisen kann.

Satz 8.3.5. *Es existiert eine entscheidbare (formale) Sprache, die nicht kontextsensitiv ist.*

Beweis: Wir stellen eine entscheidbare Sprache L_D vor, für die wir durch Widerspruch beweisen können, dass sie nicht in $\mathcal{L}_1$ ist. Dabei verwenden wir das Verfahren der *Diagonalisierung*, das wir in Satz 2.2.21 schon einmal genutzt haben, um zu zeigen, dass $[0, 1]$ nicht abzählbar ist.

Die Sprache L_D, die wir aufbauen, ist zwar nicht in $\mathcal{L}_1$, aber in $\mathcal{L}_0$ (da jede entscheidbare Sprache (von einer TM) akzeptiert wird und jede TM-akzeptierbare Sprache in $\mathcal{L}_0$ liegt). Sei $\mathcal{G}_B$ die Menge aller beschränkten Grammatiken. Wie gerade beschrieben, kann man jeder Grammatik $G \in \mathcal{G}_B$ eine Gödelnummer zuordnen. Umgekehrt kann man jeder Zahl $i \in \mathbb{N}$ eine beschränkte Grammatik zuordnen. Es ist zwar nicht jede Zahl die Gödelnummer einer Grammatik, und es ist nicht jede Grammatik beschränkt, aber wenn i gegeben ist, kann man eindeutig feststellen, ob i die Gödelnummer einer beschränkten Grammatik ist; wenn nicht, dann ordnet man i einfach eine triviale beschränkte Grammatik zu:

$$G_i := \begin{cases} G, \text{ falls } i \text{ die Gödelnummer von } G \text{ ist und } G \text{ beschränkt ist} \\ G_\emptyset = (\{S\}, \emptyset, \emptyset, S), \text{ sonst} \end{cases}$$

Also kann man die Menge $\mathcal{G}_B$ aller beschränkten Grammatiken abzählen als $\{G_0, G_1, G_2, \ldots\}$. Damit gilt:

- Man kann eine Turing-Maschine konstruieren, die als Eingabe eine Zahl i bekommt und daraus die beschränkte Grammatik $\tau(G_i)$ in ihrer Codierung über Σ_G rekonstruiert.
- Außerdem kann man nach Satz 8.2.5 zu einer gegebenen beschränkten Grammatik G_i eine TM M_{G_i} konstruieren, die $L(G_i)$ entscheidet.
- Dann kann man aber auch eine 3-Band-TM $M_{\mathcal{G}_B}$ konstruieren, die wie folgt arbeitet: Sie bekommt als Eingabe eine Gödelnummer i. Aus i rekonstruiert $M_{\mathcal{G}_B}$ die codierte Form der Grammatik, $\tau(G_i)$, und daraus, auf einem Band 3, die (codierte Form der) Turing-Maschine M_{G_i}, die $L(G_i)$ entscheidet. Auf Band 2 spielt $M_{\mathcal{G}_B}$ nun die Arbeitsweise von M_{G_i} mit Input i nach.

Diese Turing-Maschine $M_{\mathcal{G}_B}$ leistet also folgendes:

Input: Gödelnummer i

Output: „Ja", falls $|^i \in L(G_i)$

„Nein", falls $|^i \notin L(G_i)$

Das heißt, $M_{\mathcal{G}_B}$ entscheidet die Sprache $L_M = \{|^i \mid |^i \in L(G_i)\}$. Jetzt konstruieren wir die entscheidbare Sprache L_D, die nicht kontextsensitiv ist, einfach als $L_D := \overline{L_M}$.

Nun müssen wir noch zeigen, dass diese Sprache L_D zum einen entscheidbar und zum anderen nicht kontextsensitiv ist.

- L_D ist entscheidbar, weil $\overline{L_D} = L_M$ entscheidbar ist. (Siehe Satz 7.3.3.)
- L_D ist nicht in $\mathcal{L}_1$: Nehmen wir an, L_D ist in $\mathcal{L}_1$. Dann gibt es auch eine beschränkte Grammatik, die L_D erzeugt, und diese Grammatik hat auch eine Gödelnummer, also

$$\exists i_0 \in \mathrm{N} : \ L_D = L(G_{i_0})$$

Damit gilt aber:

$$|^{i_0} \notin L_D \iff |^{i_0} \in L_M \iff |^{i_0} \in L(G_{i_0}) = L_D$$

Ein Widerspruch.   ■

Damit haben wir eine weiter Sprachklasse, die zwischen $\mathcal{L}_1$ und $\mathcal{L}_0$ liegt: die Klasse der entscheidbaren oder *rekursiven* Sprachen.

Definition 8.3.6 (rekursiv). *Eine Sprache heißt **rekursiv**, falls es eine Turing-Maschine gibt, die diese Sprache entscheidet.*

Die Sprache aus Satz 8.3.5 ist rekursiv. Es gilt $\mathcal{L}_1 \subset$ rekursive Sprachen $\subset$ $\mathcal{L}_0$.

8.4 $\mathcal{L}_0$ und $\mathcal{L}$

Wir zeigen in diesem Abschnitt, dass $\mathcal{L}_0 \subset \mathcal{L}$ gilt, dass es also Sprachen gibt, die von keiner TM akzeptiert und von keiner Grammatik erzeugt werden. Den Beweis führen wir nicht, indem wir eine konkrete Sprache aus $\mathcal{L} - \mathcal{L}_0$ angeben, sondern wir zeigen allgemein, dass die Menge $\mathcal{L}$ größer ist als die Menge $\mathcal{L}_0$. Dazu verwenden wir das Instrumentarium, das wir in Abschnitt 2.2.3 eingeführt haben, nämlich den Größenvergleich von Mengen über die Existenz surjektiver Funktionen und insbesondere auch die Definition von Abzählbarkeit. Wir zeigen, dass die Menge $\mathcal{L}_0$ höchstens so groß ist wie N, dass aber $\mathcal{L}$ größer ist als N. Damit ist die Menge $\mathcal{L}$ größer als $\mathcal{L}_0$. Dabei greifen wir ein weiteres Mal auf die Verfahren der Gödelisierung und der Diagonalisierung zurück. Für den folgenden Satz führen wir kurzfristig folgende Schreibweisen ein: Wenn T ein Alphabet ist, dann sei

- $\mathcal{L}_T := 2^{T^*}$ die Menge aller Sprachen über T, und
- $\mathcal{L}_{0T} := \mathcal{L}_T \cap \mathcal{L}_0$ ist die Menge aller formalen Sprachen über T.

Satz 8.4.1. *Es gilt* $\mathcal{L}_0 \subset \mathcal{L}$.

Beweis: Den Beweis, dass $\mathcal{L}_0 \subset \mathcal{L}$ ist, führen wir in 2 Teilschritten. Für alle Alphabete T mit $|T| \geq 2$ gilt folgendes:

1. $\mathcal{L}_{0T}$ ist abzählbar.
2. $\mathcal{L}_T$ ist überabzählbar.

Zu 1. Wie im letzten Abschnitt gezeigt, kann man jeder Grammatik eine Gödelnummer zuweisen, aus der die Grammatik eindeutig rekonstruierbar ist. Dort hatten wir auch beschrieben, wie man jeder natürlichen Zahl eine beschränkte Grammatik zuordnet. Jetzt soll jeder natürlichen Zahl eine nicht unbedingt beschränkte Grammatik über dem Alphabet T zugeordnet werden. Dazu ist nur eine kleine Änderung nötig. Es ist jetzt

$$G_i := \begin{cases} G, \text{ falls } i \text{ Gödelnr. von } G \text{ ist und } T \text{ Terminalmenge von } G \\ G_\emptyset = (\{S\}, T, \emptyset, S), \text{ die leere Grammatik, sonst} \end{cases}$$

Damit kann man eine surjektive Funktion $h : \text{N} \to \{G \mid G \text{ ist Grammatik über } T\}$ definieren als $h(i) = G_i$ und hat damit gezeigt, dass $\{G \mid G \text{ ist Grammatik über } T\}$ abzählbar ist. Eigentlich wollen wir aber zeigen, dass $\mathcal{L}_{0T}$ abzählbar ist. Es gilt aber auch $\mathcal{L}_{0T} \leq \{G \mid G \text{ ist Grammatik über } T\}$: man kann eine surjektive Funktion definieren, die jeder Grammatik ihre Sprache aus $\mathcal{L}_{0T}$ zuordnet. Also gilt $\mathcal{L}_{0T} \leq \text{N}$, d.h. $\mathcal{L}_{0T}$ ist abzählbar.

Zu 2. In Kapitel 2 haben wir gezeigt, dass $[0, 1]$ überabzählbar ist. Wenn wir nun $[0, 1] \leq \mathcal{L}_T$ zeigen können, folgt sofort, dass auch $\mathcal{L}_T$ überabzählbar ist. Was wir brauchen, ist eine surjektive Abbildung von $\mathcal{L}_T$ nach

$[0, 1]$; dazu überlegen wir uns, wie man jeder Zahl aus dem Intervall $[0, 1]$ eine Sprache zuordnen kann.

Es gilt $|T| > 1$. O.E. seien 0 und 1 Symbole in T. Jede reelle Zahl $r \in [0, 1]$ kann man darstellen als $r = 0, d_1 d_2 \ldots d_i \ldots$ mit $d_i \in \{0, \ldots, 9\}$ für alle i – oder auch mit $d_i \in \{0, 1\}$. Diese Binärdarstellung von r kann man wie folgt einsehen: Man ersetzt jede Ziffer von 0 bis 9 durch eine vierstellige Zahl über $\{0, 1\}$: 0 als 0000, 1 als 0001, etc., 9 als 1001. Nun ordnen wir jedem $r = 0, d_1 d_2 d_3 \ldots d_i \ldots$ in Binärdarstellung eine Sprache aus $\mathcal{L}_T$ zu, nämlich

$$L_r := \{d_1, \ d_1 d_2, \ d_1 d_2 d_3, \ \ldots, \ d_1 d_2 d_3 \ldots d_i, \ \ldots\}$$

Damit können wir die gesuchte Abbildung $h : \mathcal{L}_T \to [0, 1]$ formulieren als

$$h(L) := \begin{cases} r, \text{ falls } L = L_r \text{ gilt mit } r \in [0, 1] \\ 0, \text{ sonst} \end{cases}$$

Natürlich gibt es nicht zu jeder Sprache L aus $\mathcal{L}_T$ ein r aus dem Intervall $[0, 1]$, so dass $L = L_r$ wäre; aber jede Zahl aus $[0, 1]$ hat eine zugeordnete Sprache L_r, und damit ist, wie gefordert, h eine surjektive Abbildung, d.h. es gilt $[0, 1] \leq \mathcal{L}_T$. Damit muss aber auch $\mathcal{L}_T$ überabzählbar sein. Denn wäre $\mathcal{L}_T$ nicht überabzählbar, so gäbe es eine surjektive Funktion $f : \mathbb{N} \to \mathcal{L}_T$ (vgl. Def. 2.2.17); damit wäre auch $fh : \mathbb{N} \to [0, 1]$ surjektiv, im Widerspruch zur Überabzählbarkeit von $[0, 1]$. ∎

8.5 Typ-1-Sprachen sind abgeschlossen gegen Komplement

Es war jahrzehntelang ein offenes Problem in der theoretischen Informatik, ob kontextsensitive Sprachen gegen Komplementbildung abgeschlossen sind. Diese Frage wurde erst kürzlich mit „Ja" beantwortet.

Satz 8.5.1 ($\mathcal{L}_1$ abgeschlossen gegen Komplement). $\mathcal{L}_1$ *ist abgeschlossen gegen Komplement.*

Beweis: Sei $L \subseteq \Sigma^*$ eine kontextsensitive Sprache. Dann existiert ein (indeterminierter) LBA $A = (K_A, \Sigma_A, \Delta_A, s_a)$ mit $L = L(A)$. Das heißt, A *kann* bei einem Input $w \in \Sigma^*$ halten *gdw.* $w \in L$ gilt.

Um zu zeigen, dass auch $\bar{L} = \Sigma^* - L$ kontextsensitiv ist, konstruieren wir einen indeterminierten LBA B mit $L(B) = \Sigma^* - L$. Das heißt, B *kann* bei Input $w \in \Sigma^*$ halten *gdw.* A bei Input w *nicht* halten *kann*. Da LBAs die Endmarker $ und ¢ nicht überschreiten können, kann B nicht einfach mittels *iterative deepening* alle Rechnungen von A simulieren (wie wir es z.B.

im Beweis zu Satz 7.4.11 getan haben) und so feststellen, ob A bei Eingabe w eine Haltekonfiguration erreichen kann. Für eine solche Suche ist im beschränkten Raum zwischen \$ und ¢ nicht genug Platz. Stattdessen verwenden wir ein Verfahren, das zentral auf Indeterminismus beruht. Wir ersetzen platzaufwendige Berechnungen durch Raten. Das eigentlich Interessante an dem Verfahren ist, auf welche Weise nachprüfbar gemacht wird, ob B immer richtig geraten hat, denn es muss ja sichergestellt sein, dass B nie hält, falls A eventuell halten könnte.

Zunächst einige Notation für den folgenden Beweis. Wenn A ein Wort w als Input entgegennimmt, dann beginnt seine Rechnung mit der Startkonfiguration

$$s_A, \$w'\underline{a}¢ \text{ für } w = w'a \text{ bzw. } s_A, \$\underline{\#}¢ \text{ für } w = \varepsilon.$$

Diese Startkonfiguration von A bei Eingabe w nennen wir C_w^0. Da A die Endmarker nicht verschieben kann, sind von der Startkonfiguration C_w^0 aus nur endlich viele Konfigurationen erreichbar, nämlich ausschließlich Konfigurationen der Form $q, \$u¢$ mit $|u| = |w|$, wobei der Kopf von A irgendwo zwischen \$ und ¢ (einschließlich) steht. Es gibt genau

$$k_w = (|K_A| + 1) \cdot |\Sigma_A|^{|w|} \cdot (|w| + 2)$$

solche Konfigurationen. Es sei $C_1, C_2, \ldots, C_{k_w}$ die Aufzählung all dieser Konfigurationen in lexikographischer Ordnung. Außerdem sei r_w ($\leq k_w$) die exakte Anzahl von verschiedenen Konfigurationen, die A von C_w^0 aus erreichen kann. Wir gehen so vor:

- Zuerst nehmen wir an, r_w sei gegeben, und zeigen in Hilfssatz 1, dass man einen LBA B' konstruieren kann, der bei Eingabe von w *und* r_w genau dann halten kann, wenn A bei Eingabe w nicht halten kann. B' akzeptiert also schon fast $\bar{L}(A)$.
- Um den Beweis zu komplettieren, konstruieren wir in Hilfssatz 2 einen LBA B_r, der bei Eingabe von w den Wert r_w berechnet. Man kann r_w auf ein Bandstück einer Länge $\leq |w|$ schreiben (mehr Platz hat B_r ja nicht), wenn man ein b-adisches Zahlensystem mit ausreichend großem b verwendet. b hängt nur von $|K_A|$ und $|\Sigma_A|$ ab.

Der Automat B, der $\bar{L}(A)$ akzeptiert, arbeitet damit so: Er bekommt w als Eingabe, berechnet zunächst wie B_r den Wert r_w auf Spur 2 und erhält w währenddessen unverändert auf Spur 1. Danach arbeitet er wie B'.

Hilfssatz 1: Gegeben seien ein Alphabet Σ und ein LBA A, der eine Sprache $L = L(A)$ mit $L \subseteq \Sigma^*$ akzeptiert, außerdem die Anzahl r_w von Konfigurationen, die A von der Startkonfiguration C_w^0 aus erreichen kann. Dann existiert ein LBA B', der bei Input w auf Spur 1 und r_w auf Spur 2 genau dann halten kann, wenn $w \notin L$ gilt.

Beweis: Das Verfahren, das der LBA $B' = (K_{B'}, \Sigma_{B'}, \Delta_{B'}, s_{B'})$ einsetzt, ist in Abb. 8.1 angegeben, und zwar der besseren Lesbarkeit halber in Pseudocode. Daraus lassen sich aber $K_{B'}$, $\Sigma_{B'}$, $\Delta_{B'}$ und $s_{B'}$ leicht konstruieren.

```
(1)   r_found := 0;
(2)   for i := 1 to k_w do
(3)   begin
(4)      Rate: goto 5 oder goto 14
(5)      label 5 : C := C_w^0;
(6)      while C ≠ C_i
(7)      begin
(8)         if ∄C' : C ⊢_A C' then Endlosschleife; ²
(9)         rate ein C' mit C ⊢_A C';
(10)        C := C';
(11)     end
(12)     r_found := r_found + 1;
(13)     if C_i ist Haltekonfiguration then Endlosschleife;
(14)     label 14 : NOP;
(15)  end
(16)  if r_found = r_w then HALT;
(17)  Endlosschleife;
```

Abb. 8.1. Das Programm des LBA B' aus Hilfssatz 1

Unser Ziel ist es, jede Konfiguration, die A von C_w^0 aus erreichen kann, darauf zu untersuchen, ob sie eine Haltekonfiguration ist. Falls ja, dann kann A bei Eingabe w halten, es ist also $w \in L(A)$, und B' darf nicht halten. Das erreicht der Algorithmus aus Abb. 8.1 so:

Zeile 2 – 15: Wir untersuchen jede Konfiguration gleicher Länge wie C_w^0, das sind k_w viele.

Zeile 4: Für jede solche Konfiguration C_i raten wir, ob sie von C_w^0 aus erreichbar ist oder nicht. Wenn wir raten, dass C_i erreichbar ist, dann springen wir nach 5, durchlaufen also den Schleifenrumpf (Zeile 4 – 14). Wenn wir raten, dass C_i nicht erreichbar ist, übergehen wir mit einem Sprung nach 14 den Schleifenrumpf für dies C_i.

Zeile 5 – 11: Falls wir geraten haben, dass C_i von C_w^0 aus erreichbar ist, so verifizieren wir das, indem wir eine Rechnung von C_w^0 nach C_i raten. Die jeweils aktuelle Konfiguration dieser Rechnung ist C. Wenn C mehrere Nachfolger hat, wählen wir indeterminiert einen aus.

Falls C_i von C_w^0 aus errreichbar ist, muss für irgendeine der geratenen Rechnungen von C_w^0 aus irgendwann einmal $C = C_i$ gelten. Nur dann verlassen wir die Schleife in Zeile 6 – 11.

Zeile 12: Wenn wir die Schleife in Zeile 6 – 11 verlassen haben, wissen wir, dass C_i von C_w^0 aus erreichbar ist. Wir inkrementieren r_{found}, die Anzahl erreichbarer Konfigurationen, die der Algorithmus gefunden hat.

Zeile 13: Wenn diese erreichbare Konfiguration C_i eine Haltekonfiguration ist, so kann A bei Eingabe w halten, B' darf also nicht halten.

---

² Hierbei bedeutet „Endlosschleife", dass der LBA B' irgendetwas ab diesem Zeitpunkt unendlich oft wiederholen soll und auf keinen Fall mehr halten darf.

Zeile 16: Die Untersuchung aller k_w Konfigurationen gleicher Länge wie C_w^0 hat keine Haltekonfiguration zutage gebracht. Falls wir durch Raten alle erreichbaren Konfigurationen gefunden haben – und nur dann ist $r_{found} = r_w$ –, hält B' jetzt.

Das Pseudocode-Programm aus Abb. 8.1 kann man durch einen LBA realisieren. Der braucht allerdings einige Spuren, um alle benötigten Werte zu speichern, zum Beispiel so:

Spur 1 speichert w

Spur 2 speichert r_w

Spur 3 speichert r_{found}

Spur 4 speichert i

Spur 5 berechnet C_i

Spur 6 speichert C

Spur 7 berechnet C' aus C mit $C \vdash_A C'$

Spur 8 speichert k_w

Dies Verfahren beruht zwar zentral auf Indeterminismus, aber es ist sichergestellt, dass B' in eine Endlosschleife gerät, wenn er irgendwann einmal falsch geraten hat. Falls der Automat fälschlich angenommen hat, dass C_i von C_w^0 aus erreichbar wäre, oder falls er bei der gerateten Rechnung von C_w^0 aus (in Zeile 6ff) einen falschen Nachfolger wählt, verlässt er die Schleife in Zeile 6 – 11 nie. Nimmt er dagegen eine erreichbare Konfiguration C_i als unerreichbar an, dann stellt er in Zeile 16 fest, dass $r_{found} < r_w$ ist, und tritt in eine Endlosschleife ein. Das heißt, ein Zweig der indeterminierten Rechnung von B' endet genau dann in einer Haltekonfiguration, wenn erstens immer richtig geraten wurde und wenn zweitens A von C_w^0 aus keine Haltekonfiguration erreichen kann. Kurz: B' kann bei Eingabe von w und r_w genau dann halten, wenn $w \notin L(A)$ ist. ∎

Nun müssen wir nur noch zeigen, wie ein LBA B_r bei Eingabe von w den Wert r_w berechnen kann.

Hilfssatz 2 Gegeben seien ein LBA A und ein Alphabet Σ. Dann existiert ein LBA B_r, der bei Input eines Wortes $w \in \Sigma^*$ halten kann und, wenn er hält, stets w auf Spur 1 und r_w auf Spur 2 stehen hat.

Beweis: Wir berechnen r_w per Induktion über die Anzahl der Schritte von A. Bezeichnen wir mit $r_{w,d}$ die Anzahl von Konfigurationen, die A von C_w^0 aus in $\leq d$ Schritten erreichen kann. Für $d = 0$ ist offenbar $r_{w,0} = 1$. Wenn für ein d gilt, dass $r_{w,d} = r_{w,d+1}$, dann ist schon $r_w = r_{w,d} - A$ kann in $d + 1$ Schritten keine Konfigurationen erreichen, die er nicht schon in d Schritten erreicht hätte. Da $r_w \leq k_w$ gilt, muss es ein d geben mit $r_{w,d} = r_{w,d+1}$.

Der LBA B_r berechnet nun für sukzessive d den Wert $r_{w,d}$, so lange, bis er ein d erreicht, für das $r_{w,d} = r_{w,d+1}$ ist. Sein Programm in Pseudocode

```
(1)  d := 0; r_w^old := 1;
(2)  repeat forever
(3)  begin
(4)     r_w^new := 0;
(5)     for j := 1 to k_w do
(6)        r_found := 0
(7)        for i := 1 to k_w do
(8)        begin
(9)           Rate: goto 10 oder goto 24
(10)          label 10 : len_calc := 0; C := C_w^0
(11)          while C ≠ C_i do
(12)          begin
(13)             if ∄C'  C ⊢_A C' then Endlosschleife;
(14)             Rate ein C' mit C ⊢_A C'; C := C';
(15)             len_calc := len_calc + 1;
(16)             if len_calc > d then Endlosschleife;
(17)          end
(18)          r_found := r_found + 1;
(19)          if C_i = C_j oder C_i ⊢_A C_j then
(20)          begin
(21)             r_w^new := r_w^new + 1;
(22)             goto    5
(23)          end
(24)          label 24 : NOP
(25)       end
(26)       if i = k_w und r_found < r_w^old then Endlosschleife;
(27)    end
(28)    if r_w^old = r_w^new then HALT
(29)    r_w^old := r_w^new; d := d + 1;
(30) end
```

Abb. 8.2. Das Programm des LBA B_r aus Hilfssatz 2

ist in Abb. 8.2 widergegeben. Wir gehen jetzt das Pseudocode-Programm im einzelnen durch und zeigen per Induktion: Wenn B_r hält, dann muss er r_w^{new} für jedes vorkommende d bis genau auf $r_{w,d}$ hochgezählt haben. In dem Fall hat er den Wert d erreicht, für den $r_{w,d} = r_{w,d+1}$ ist, und der gesuchte Wert r_w liegt in r_w^{old}.

Zeile 1: Den Induktionsanfang bildet diese Programmzeile: $d = 0$, und $r_w^{old} = r_{w,0} = 1$. r_w^{old} enthält im folgenden stets den (per Induktion schon komplett berechneten) Wert $r_{w,d}$, während r_w^{new} den Wert $r_{w,d+1}$ speichert, der gerade erst berechnet wird.

Zeile 2 – 30 Unter der Induktionsvoraussetzung, dass r_w^{old} korrekt bis auf $r_{w,d}$ hochgezählt worden ist, berechnet ein Durchlauf dieser Schleife den Wert $r_{w,d+1}$ in r_w^{new}. Das wird so oft für sukzessive Werte von d getan, bis wir einen Wert gefunden haben, für den $r_{w,d} = r_{w,d+1}$ ist, bzw. $r_w^{old} = r_w^{new}$.

Zeile 5 – 27: Dazu betrachten wir jede der k_w Konfigurationen C_j derselben Länge wie C_w^0 und prüfen, ob sie von C_w^0 aus in $\leq d+1$ Schritten erreichbar ist. Auch hier arbeiten wir intensiv mit Indeterminismus, und wie im letzten Algorithmus verwenden wir einen schon bekannten Wert, um sicherzustellen, dass wir nicht nach falschem Raten ein falsches Ergebnis berechnen. Der bekannte Wert, auf den wir zurückgreifen, ist $r_{w,d}$, der während der Berechnung von $r_{w,d+1}$ in r_w^{old} vorliegt.

Zeile 6: r_{found} zählt die Anzahl der in $\leq d$ (!) Schritten erreichbaren Konfigurationen, die wir in diesem Durchlauf (wieder-)finden.

Zeile 7 – 25: Um alle in $\leq d+1$ Schritten erreichbaren Konfigurationen C_j zu finden, suchen wir in dieser Schleife alle in $\leq d$ Schritten erreichbaren Konfigurationen C_i; für jedes solche C_i zählen wir r_{found} um eins hoch.

Zeile 9: Die Technik, die wir in dieser Schleife verwenden, ähnelt der aus dem letzten Algorithmus: Für jede der k_w Konfigurationen C_i gleicher Länge wie C_w^0 raten wir, ob sie in $\leq d$ Schritten von C_w^0 aus erreichbar ist – dann rechnen wir weiter bei 10 – oder nicht – dann springen wir nach 24, tun also für C_i nichts.

Zeile 10 – 17: Wie im letzten Algorithmus raten wir eine Rechnung von C_w^0 nach C_i, wobei C jeweils die aktuelle Konfiguration dieser Rechnung enthält. Allerdings wird diesmal in len_{calc} die Länge der Rechnung mitgezählt. Wird die Maximallänge d überschritten, haben wir irgendwo falsch geraten und gehen in eine Endlosschleife.

Zeile 18: Die Schleife in Zeile 10 – 17 wird nur verlassen, falls C_i in $\leq d$ Schritten erreichbar ist.

Zeile 19 – 23 Das aktuell betrachtete C_j ist genau dann in $\leq d+1$ Schritten erreichbar, wenn es entweder mit einem der in $\leq d$ Schritten erreichbaren C_i identisch ist oder von einem solchen C_i in einem Schritt erreichbar ist. Falls wir ein entsprechendes C_i gefunden haben, können wir die Schleife für dies C_j beenden und C_{j+1} betrachten.

Zeile 26: Wenn wir kein C_i gefunden haben, über das C_j in $\leq d+1$ Schritten von C_w^0 aus zu erreichen wäre – in diesem Fall haben wir i bis auf k_w hochgezählt –, und wenn $r_{found} < r_w^{old}$ ist, dann haben wir irgendwelche in $\leq d$ Schritten erreichbaren Konfigurationen C_i übersehen, haben also irgendwann einmal in Zeile 9 falsch geraten. Also muss die Maschine in eine Endlosschleife gehen.

Zeile 28 und 29: Wenn der Algorithmus in Zeile 28 gelangt, dann sind *alle* $C_j, 1 \leq j \leq k_w$, darauf geprüft worden, ob sie in $\leq d+1$ Schritten erreichbar sind, und wegen des Tests in Zeile 26 sind auch alle solchen C_j gefunden worden. Wenn nun $r_w^{old} = r_w^{new}$ ist, gilt schon $r_w^{old} = r_{w,d} = r_w$, und die Maschine hält. Ansonsten muss die Schleife in Zeile 2 – 30 nochmals durchlaufen werden, um für den nächsten d-Wert die Anzahl erreichbarer Konfigurationen zu bestimmen. ∎

8.6 Zusammenfassung

In diesem Kapitel haben wir uns mit drei verschiedenen Sprachklassen beschäftigt. Die am wenigsten mächtige davon ist die der kontextsensitiven Sprachen:

Sprachklasse: $\mathcal{L}_1$, die kontextsensitiven (cs), beschränkten oder Typ-1-Sprachen

Grammatiktyp: Für jede Regel einer kontextsensitiven Grammatik gilt:

- Entweder sie hat die Form $P \to Q$ mit $P = uAv$ und $Q = u\alpha v$ für $u, v, \alpha \in (V \cup T)^*$, $A \in V$ mit $|\alpha| \geq 1$, oder
- sie hat die Form $S \to \varepsilon$. S kommt in keiner Regelconclusion vor.

  alternative Definition (beschränkte Sprachen): Eine Regel hat entweder die Form $P \to Q$ mit $|P| \leq |Q|$ oder die Form $S \to \varepsilon$, und S kommt in keiner Regelconclusion vor.

Automaten: linear beschränkte Automaten (LBA)

  Ein linear beschränkter Automat ist eine Turing-Maschine, bei der das Band links und rechts vom Eingabewort mit \$ und ¢ begrenzt ist. Die Maschine darf über die Begrenzungen nicht hinauslaufen. Ein LBA akzeptiert über den Haltezustand.

Beispiele:

- $\{ww \mid w \in \{a, b\}^*\}$
- $\{a^n b^n c^n \mid n \geq 0\}$ Grammatikregeln:

$$S \;\; \to \;\; \varepsilon \mid abc \mid aSBc$$

$$cB \;\; \to \;\; Bc$$

$$bB \;\; \to \;\; bb$$

- $\{a^p \mid p \text{ ist prim}\}$

Mächtiger, aber noch immer mit Grammatiken zu beschreiben und mit Turing-Maschinen zu erkennen, sind die formalen Sprachen:

Sprachklasse: $\mathcal{L}_0$, die formalen oder Typ-0-Sprachen

Grammatiktyp: Die linke Seite jeder Grammatikregel muss mindestens eine Variable enthalten, sonst bestehen keine Beschränkungen auf der Regelform.

Automaten: akzeptierende Turing-Maschinen (TM)

Beispiele von $\mathcal{L}_0$-Sprachen, die nicht bereits in den Klassen $\mathcal{L}_1$ bis $\mathcal{L}_3$ liegen, folgen in Kap. 13.

Eine Obermenge von $\mathcal{L}_0$ ist $\mathcal{L}$, die Menge aller Sprachen. Eine Sprache muss nicht mit einer Grammatik beschreibbar sein, und es muss auch keinen Automaten geben, der sie akzeptiert.

9. Abschlusseigenschaften von Sprachklassen

9.1 Überblick

In den Kapiteln zu den einzelnen Sprachklassen haben wir schon Abgeschlossenheit oder Nicht-Abgeschlossenheit gegen verschiedene Operationen gezeigt. In diesem Kapitel fassen wir die schon gezeigten Abschlusseigenschaften der Sprachklassen zusammen und zeigen noch einige weitere Abschlüsse.

Wir betrachten die Abgeschlossenheit von Sprachklassen gegenüber den Operationen, die in Tabelle 9.1 beschrieben sind.

Tabelle 9.1. In diesem Kapitel wird der Abschluss von Sprachklassen unter verschiedenen Operationen untersucht

Operation	Name	Anwendung, Stelligkeit
$\cup$	Vereinigung	$L_1 \cup L_2$
$\cap$	Durchschnitt	$L_1 \cap L_2$
$\neg$	Komplement	$\neg L = \bar{L} = \Sigma^* - L$
$\circ$	Konkatenation	$L_1 \circ L_2$
$*$	Kleene-*-Abschluss	L^*
$+$	Kleene-+-Abschluss	L^+
R	Reverse, Spiegelung	$L^R = \{ w^R \mid w \in L \}$
$\cap \Re eg$	Durchschnitt mit regulären Sprachen	$L \cap R$ mit $R \in \mathcal{L}_3$
$/\Re eg$	Quotient mit regulären Sprachen	L/R mit $R \in \mathcal{L}_3$
hom	Homomorphismen	$h(L)$ mit $h : \Sigma^* \to \Gamma^*$
ε-freie hom	ε-freie Homomorphismen	$h(L)$ mit $h : \Sigma^* \to \Gamma^*$ und $h(a) \neq \varepsilon \ \forall a \in \Sigma$
inverse hom	inverse Homomorphismen	$h^{-1}(L)$ mit $h : \Sigma^* \to \Gamma^*$, $L \subseteq \Gamma^*$
gsm	gsm-Abbildungen	$g(L)$

© Springer-Verlag GmbH Deutschland, ein Teil von Springer Nature 2018
L. Priese und K. Erk, *Theoretische Informatik*,
https://doi.org/10.1007/978-3-662-57409-6_9

Die Operation der Quotientenbildung, die in der obigen Tabelle angeführt ist, ist neu. Sie ist wie folgt definiert:

Definition 9.1.1 (Quotient). *Für Sprachen L_1, L_2 ist der* **Quotient** *von L_1 nach L_2,* $\mathbf{L_1/L_2}$*, definiert als $L_1/L_2 := \{w \mid \exists u \in L_2 \; wu \in L_1\}$.*

Beispiel 9.1.2. Der Quotient von L_1 nach L_2 schneidet von Wörtern $wu \in L_1$ Suffixe $u \in L_2$ ab. Für $L_1 = \{a^n b^m \mid n \leq m\}$ und $L_2 = \{ab, abb, abbb\}$ ist der Quotient $L_1/L_2 = \{\varepsilon, a, aa\}$.

Satz 9.1.3 (Abgeschlossenheit). *Tabelle 9.2 fasst die Abschlusseigenschaften verschiedener Sprachklassen zusammen.*

Tabelle 9.2. Abschlusseigenschaften verschiedener Sprachklassen

	$\mathcal{L}_3$	DCFL	$\mathcal{L}_2$	$\mathcal{L}_1$	$\mathcal{L}_0$
$\cup$	ja	nein	ja	ja	ja
$\cap$	ja	nein	nein	ja	ja
$\neg$	ja	ja	nein	ja	nein
$\circ$	ja	nein	ja	ja	ja
$*$	ja	nein	ja	ja	ja
$+$	ja	nein	ja	ja	ja
R	ja	nein	ja	ja	ja
$\cap \Re eg$	ja	ja	ja	ja	ja
$/\Re eg$	ja	ja	ja	nein	ja
hom	ja	nein	ja	nein	ja
ε-freie hom	ja	nein	ja	ja	ja
inverse hom	ja	ja	ja	ja	ja
gsm	ja	nein	ja	nein	ja

9.2 Beweise der Abschlusseigenschaften

Wir beweisen alle diese 65 Abschlusseigenschaften, die in Tabelle 9.2 aufgezählt sind, und versuchen, dabei systematisch vorzugehen.

Beweise über erzeugende Grammatiken

Etliche Abschlusseigenschaften haben wir schon in den Kapiteln zu den Sprachklassen bewiesen. Die Beweise dafür, dass kontextfreie Sprachen abgeschlossen sind gegen $\cup$, $\circ$, $*$, $+$ und ε-freie hom, haben wir über die Modifikation der jeweils erzeugenden Grammatiken geführt. Sind etwa cf-Sprachen

L_1, L_2 mit Grammatiken G_1, G_2 gegeben, so wird $L_1 \cup L_2$ erzeugt durch eine Grammatik, die die Regeln beider Ausgangsgrammatiken G_1 und G_2 vereint. Ähnlich geht man für $\circ, *, ^+$ und ε-freie hom vor. Bei diesen Beweisen spielte der Grammatiktyp keine große Rolle. Sie übertragen sich unmittelbar auch auf Typ-0- und -1-Grammatiken. Anders ist es, wenn man statt ε-freien beliebige Homomorphismen betrachtet. Sie können einen Buchstaben a auch durch das leere Wort ε ersetzen, wodurch aber Typ-1-Grammatiken zerstört werden. Wir werden in Teil 2 dieses Buches (Satz 13.6.20) noch sehen, dass in der Tat cs-Sprachen nicht gegen beliebige Homomorphismen abgeschlossen sein können. Da bei Anwendungen von beliebigen Homomorphismen aber die Grammatikregeln vom Typ 0, 2, und 3 erhalten bleiben, folgt auch hier sofort der Abschluss unter hom.

Beweise über akzeptierende Automaten

Diese Art von Argumentation ist auf DCFL nicht übertragbar, da diese Sprachklasse nicht über Grammatiken, sondern über ein Automatenkonzept definiert ist. Aber auch durch die Modifikation akzeptierender Automaten kann man Abschlusseigenschaften zeigen, wie wir es etwa für den Abschluss von $\mathcal{L}_3$ unter $\neg, \cup, \cap, \circ$ und $*$ getan haben.

Besonders einfach sieht man über die automatentheoretische Definitionen dieser Sprachklassen, dass alle gegen $\cap \mathfrak{Reg}$ abgeschlossen sind. Eine Turing-Maschine, ein LBA, ein PDA und sogar ein endlicher Automat kann „parallel" einen zweiten determinierten ea mitlaufen lassen, da dieser kein eigenes Speicherkonzept besitzt. Bei Push-Down-Automaten (siehe Satz 6.8.7) kann der parallel laufende ea direkt „mitlesen", da ein PDA das Eingabewort nur einmal von links nach rechts liest. Aber auch für Turing-Maschinen und LBA, die das Eingabewort in beliebiger Reihenfolge lesen und auch modifizieren können, ist der Beweis einfach: Der Automat kopiert das Eingabewort w auf eine zweite Spur und lässt dann auf Spur 2 einen determinierten ea A laufen, der testet, ob $w \in L(A)$ gilt.

Ebenso einfach lässt sich zeigen, dass $\mathcal{L}_1$ und $\mathcal{L}_0$ gegen $\cap$ abgeschlossen sind: Gegeben seien zwei Sprachen L_1, L_2 und zwei akzeptierende LBA / Turing-Maschinen M_1, M_2. Dann wird $L_1 \cap L_2$ akzeptiert von einem Automaten, der zunächst w auf eine zweite Spur kopiert und dann M_1 und M_2 parallel auf Spur 1 bzw. Spur 2 arbeiten lässt. Es wird nur akzeptiert, falls beide Teilautomaten akzeptieren. Für PDA funktioniert dieser Trick nicht, da uns hier nur *ein* Stapel zur Verfügung steht, den man über „Spuren" o.ä. nicht verdoppeln kann. (Wir werden in Abschnitt 14.3.3 feststellen, dass PDA mit zwei Stapeln sogar schon die volle Leistungsfähigkeit von Turing-Maschinen erreichen.) Wir haben in Kap. 6 gezeigt, dass weder $\mathcal{L}_2$ noch DCFL gegen Durchschnitt abgeschlossen sind (Satz 6.5.2, Lemma 6.7.13), da $\{a^n b^n c^n \mid n \in \mathbb{N}\} = \{a^n b^n c^m \mid n, m \in \mathbb{N}\} \cap \{a^m b^n c^n \mid n, m \in \mathbb{N}\}$ ist. Diesen Trick kann man weiter verfeinern, um zu zeigen, dass $\mathcal{L}_2$ nicht gegen $\neg$ und

DCFL nicht gegen hom und ∘ abgeschlossen ist. Die letzten beiden Beweise sind unten angeführt.

Zum Komplement ist zu sagen, dass Sprachklassen, die von determinierten Automatenmodellen entschieden werden, in der Regel auch gegen ¬ abgeschlossen sind: Man vertauscht am Ende des Entscheidungsprozesses einfach die Antworten (vgl. Satz 5.3.1 und 6.7.12). $\mathcal{L}_1$-Sprachen werden von einem indeterminierten Automatenmodell, den LBA, entschieden. Für sie war die Frage nach dem Abschluss unter Komplementbildung lange offen. Inzwischen ist bekannt, dass sie unter ¬ abgeschlossen sind, vergleiche Satz 8.5.1.

Die Klasse der Typ-0-Sprachen ist nicht abgeschlossen gegen ¬, obwohl Turing-Maschinen durchaus ein determiniertes Maschinenmodell sind. Nur werden $\mathcal{L}_0$ nicht von Turing-Maschinen *entschieden*, sondern nur *akzeptiert*: Eine Turing-Maschine hält genau dann bei Input $w \in \Sigma^*$, falls $w \in L$ gilt. Im nächsten Kapitel werden wir zeigen, dass eine Sprache L genau dann entscheidbar ist, falls L und $\overline{L}$ von TM akzeptiert werden. Ferner werden wir eine Sprache K kennenlernen, die akzeptierbar ist (d.h. in $\mathcal{L}_0$ liegt), aber nicht entscheidbar ist und deren Komplement $\overline{K}$ nicht in $\mathcal{L}_0$ liegt.

Einige Beweise im Detail

Satz 9.2.1 ($\mathcal{L}_3$ abgeschlossen gegen inverse hom). $\mathcal{L}_3$ *ist abgeschlossen gegen inverse hom.*

Beweis: Sei $L \in \mathcal{L}_3$. Dann gibt es einen endlichen Automaten $A = (K, \Sigma, \delta, s_0, F)$, so dass $L = L(A)$ ist. Sei nun $h : \Theta^* \to \Sigma^*$ ein Homomorphismus. Wir suchen einen endlichen Automaten $B = (K', \Theta, \delta', s_0', F')$ mit $L(B) = h^{-1}(L(A))$. Seien nun $K' := K$, $s_0' := s_0$, $F' := F$, und $\delta_B'(q, a) := \delta_A^*(q, h(a))$.
Per Induktion kann man zeigen, dass $\delta'_B^*(q, w) = \delta_A^*(q, h(w))$ ist. Damit gilt dann:

$$L(B) = \{w \in \Theta^* \mid \delta'_B^*(s_0, w) \in F'\}$$
$$= \{w \in \Theta^* \mid \delta_A^*(s_0, h(w)) \in F\}$$
$$= \{w \in \Theta^* \mid h(w) \in L(A)\}$$
$$= h^{-1}(L(A))$$

$\implies \mathcal{L}_3$ ist abgeschlossen gegen inverse hom.   ∎

Satz 9.2.2 ($\mathcal{L}_2$ abgeschlossen gegen inverse hom). $\mathcal{L}_2$ *ist abgeschlossen gegen inverse hom.*

Beweis: Sei $L \in \mathcal{L}_2$, dann gibt es einen PDA $M = (K, \Sigma, \Gamma, \Delta, s_0, Z_0, F)$, der L über finale Zustände akzeptiert. Sei nun $h : \Theta^* \to \Sigma^*$ ein Homomorphismus. Wie könnte nun ein PDA M' aussehen, der $h^{-1}(L)$ akzeptiert? Der Homomorphismus h ordnet einem Buchstaben $a \in \Theta$ ein Wort $w \in \Sigma^*$ zu. Wenn M die Eingabe w sieht, sieht M' gleichzeitig a.

Damit können wir so vorgehen: Wenn M' ein a auf dem Eingabeband sieht, erzeugt er erst einmal $h(a) = w$, und zwar im Zustand. Dann arbeitet M' auf dem so erzeugten Wort w wie M, arbeitet also w Zeichen für Zeichen ab und ändert dabei Zustand und Keller. Die Zustände von M' haben die Form (q, w) für Zustände $q \in K$ und Wörter $w = h(a), w \in \Sigma^*, a \in \Theta$; da Θ endlich ist, gibt es auch nur endlich viele h-Abbilder w von Buchstaben aus Θ, also verstoßen wir nicht gegen die Definition, nach der Push-Down-Automaten nur endlich viele Zustände haben. M' erzeugt also aus dem Eingabebuchstaben a die Abbildung $h(a)$ und merkt sie sich im Zustand. Danach macht M' ε-Übergänge, während derer er auf dem $h(a)$ im Zustand so arbeitet wie M auf dem $h(a)$ auf dem Band, solange bis im Zustand nur noch ε übrig ist. Danach erst liest M' den nächsten Eingabebuchstaben aus Θ.

Wir konstruieren also den PDA M' mit $L_f(M') = h^{-1}(L_f(M))$ als $M' = (K', \Theta, \Gamma, \Delta', s_0', Z_0, F')$ mit $S := \{u \mid u$ ist Suffix von $h(a)$ für ein $a \in \Theta\}$ und

$$K' := K \times S$$

$$s_0' := (s_0, \varepsilon)$$

$$F' := F \times \{\varepsilon\}$$

Δ' ist definiert für alle $x \in S, a \in \Theta, Y \in \Gamma, \hat{a} \in \Sigma, \gamma \in \Gamma^*, p, q \in K$ durch

$$((q, \varepsilon), a, Y) \quad \Delta' \quad ((q, h(a)), Y)$$

$$((q, \hat{a}x), \varepsilon, Y) \quad \Delta' \quad ((p, x), \gamma) \qquad \text{falls } (q, \hat{a}, Y) \ \Delta \ (p, \gamma)$$

$$((q, x), \varepsilon, Y) \quad \Delta' \quad ((p, x), \gamma) \qquad \text{falls } (q, \varepsilon, Y) \ \Delta \ (p, \gamma)$$

Damit gilt für einen einzelnen Buchstaben $a \in \Theta$:

$$(q, h(a), \alpha) \vdash_M^* (p, \varepsilon, \beta) \iff$$
$$((q, \varepsilon), a, \alpha) \vdash_{M'} ((q, h(a)), \varepsilon, \alpha) \vdash_{M'}^* ((p, \varepsilon), \varepsilon, \beta)$$

und für ein Wort $w \in \Theta^*$:

$$(s_0, h(w), Z_0) \vdash_M^* (p, \varepsilon, \beta) \iff ((s_0, \varepsilon), w, Z_0) \vdash_{M'}^* ((p, \varepsilon), \varepsilon, \beta)$$

Also gilt $L_f(M') = h^{-1}(L_f(M))$. ∎

Mit demselben Trick kann man auch zeigen, dass $\mathcal{L}_1$ und $\mathcal{L}_0$ gegen inverse hom abgeschlossen sind: Sei $k = max\{|h(a)| \mid a \in \Theta\}$ für einen Homomorphismus $h : \Theta \to \Sigma^*$. Sei M ein LBA (oder eine TM), der bzw. die die Sprache L akzeptiere. Dann konstruiert man daraus eine Maschine M' mit k weiteren Hilfsspuren. Bei Input $w \in \Theta^*$ erzeugt M' zunächst $h(w) \in \Sigma^*$. Da $|h(w)| \leq k|w|$ ist, kann M' das Wort $h(w)$ mittels der Hilfsspuren auf $|w|$ Feldern unterbringen. Dann testet M', ob M $h(w)$ akzeptiert.

Satz 9.2.3 (DCFL nicht abgeschlossen gegen (ε-freie) hom). *DCFL ist nicht abgeschlossen gegen ε-freie hom.*

Beweis: Betrachten wir die Sprachen

$$L_1 := \{a^n b^n c^m \mid n, m \geq 1\} \text{ und}$$

$$L_2 := \{a^m b^n c^n \mid n, m \geq 1\}$$

Aus Satz 6.5.2 wissen wir, dass $L_1 \cap L_2 \notin \mathcal{L}_2$ ist, damit auch $L_1 \cap L_2 \notin$ DCFL. Es sind aber $L_1, L_2 \in$ DCFL, also gilt auch $\overline{L_1}, \overline{L_2} \in$ DCFL, da DCFL abgeschlossen ist gegen $\neg$. Damit ist auch $L_3 := d\overline{L_1} \cup e\overline{L_2} \in$ DCFL. Ein determinierter PDA kann nämlich L_3 wie folgt akzeptieren: Liest er d zuerst, so arbeitet er weiter wie ein DPDA, der $\overline{L_1}$ akzeptiert, liest er e zuerst, so arbeitet er wie ein DPDA, der $\overline{L_2}$ akzeptiert. Man kann zu dieser Sprache L_3 aber einen Homomorphismus h angeben, so dass $h(L_3)$ nicht in DCFL ist:

$$\text{Sei } h : \{a, b, c, d, e\} \rightarrow \{a, b, c, d\} \text{ mit } h(x) = \begin{cases} d, & \text{falls } x = e \\ x, & \text{sonst} \end{cases}$$

Nehmen wir für einen Moment an, $h(L_3) = h(d\overline{L_1} \cup e\overline{L_2}) = d\overline{L_1} \cup d\overline{L_2}$ sei in DCFL. Dann ist auch $\overline{L_1} \cup \overline{L_2} \in$ DCFL , denn falls ein determinierter PDA M $d(\overline{L_1} \cup \overline{L_2})$ akzeptiert, so kann man M leicht modifizieren zur Akzeptanz von $\overline{L_1} \cup \overline{L_2}$. Da aber DCFL abgeschlossen ist gegen $\neg$, wäre damit auch $\overline{\overline{L_1} \cup \overline{L_2}} \in$ DCFL, aber $\overline{\overline{L_1} \cup \overline{L_2}} = L_1 \cap L_2 \notin$ DCFL, wie wir oben festgestellt haben. Das ergibt einen Widerspruch, also ist DCFL nicht abgeschlossen gegen ε-freie hom (und damit auch nicht gegen hom). ∎

Satz 9.2.4 (DCFL nicht abgeschlossen gegen ∘, ^{R}). *DCFL ist nicht abgeschlossen gegen* ∘ *und* ^{R}.

Beweis: Betrachten wir noch einmal die Sprachen L_1 und L_2 aus dem letzten Beweis. Diesmal bilden wir daraus die Sprache $L_4 := d\overline{L_1} \cup \overline{L_2}$. Auch L_4 ist in DCFL (mit einem ähnlichen Argument wie L_3 oben), genauso wie die Sprache d^*. Nehmen wir an, DCFL wären abgeschlossen gegen ∘. Dann ist auch

$$d^* \circ L_4$$
$$= d^* \circ (d\overline{L_1} \cup \overline{L_2})$$
$$= d^+ \overline{L_1} \cup d^* \overline{L_2} \quad \in \text{DCFL}.$$

Nun können wir die Sprache $d^+\overline{L_1} \cup d^*\overline{L_2}$ auf die Sprache aus dem letzten Beweis zurückführen: $d\{a, b, c\}^* \in \mathcal{L}_3$, und DCFL ist abgeschlossen gegen $\cap\Re eg$, also ist auch $(d^+\overline{L_1} \cup d^*\overline{L_2}) \cap d\{a, b, c\}^* = d(\overline{L_1} \cup \overline{L_2}) \in$ DCFL. Damit erreichen wir denselben Widerspruch wie im letzten Beweis.

Nehmen wir nun an, dass DCFL abgeschlossen sei gegen ^{R}, die Bildung des Reversen. Auch hier erreichen wir mit Hilfe der Sprache $L_3 = d\overline{L_1} \cup e\overline{L_2}$ einen Widerspruch. DCFL ist abgeschlossen gegen $\neg$ und $/\Re eg$. Wäre DCFL auch gegen ^{R} abgeschlossen, dann läge auch $\neg\left((L_3)^R/\{d, e\}\right)^R$ in DCFL. Es gilt aber

$$
\begin{aligned}
&\neg\big((L_3)^R/\{d,e\}\big)^R \\
={}& \neg\big((\overline{L_1}^R d \ \cup \ \overline{L_2}^R e)/\{d,e\}\big)^R \\
={}& \neg\big((\overline{L_1}^R \cup \overline{L_2}^R)^R\big) \\
={}& \neg\big(\overline{L_1} \cup \overline{L_2}\big) \\
={}& L_1 \cap L_2 = \{a^n b^n c^n \mid n \ge 1\} \notin DCFL.
\end{aligned}
$$
∎

Die Sprachklassen $\mathcal{L}_0, \mathcal{L}_1, \mathcal{L}_2$ und $\mathcal{L}_3$ dagegen sind gegen Bildung des Reversen abgeschlossen, wie man anhand der erzeugenden Grammatiken einfach zeigen kann. DCFL besitzt also ein recht „exotisches" Abschlussverhalten.

Manchmal besitzen verschiedene Sprachklassen, die bestimmte Abschlusseigenschaften teilen, schon aus diesem Grund einige weitere gemeinsame Eigenschaften. Es gibt ein ausgedehntes Gebiet, das sich damit beschäftigt. Im folgenden führen wir beispielhaft ein paar wenige Sätze aus diesem Gebiet an. Wir definieren die Begriffe des *Trios* und des *vollen Trios*, die mehrere Abschlusseigenschaften zusammenfassen. Man kann zeigen, dass eine Sprachklasse, die ein Trio bzw. ein volles Trio ist, automatisch gegen etliche weitere Operationen abgeschlossen ist. Weitere Resultate über das Zusammenspiel von Abschlusseigenschaften mittels Trios oder auch mittels AFLs (Abstract Families of Languages) finden sich in [HU79] und [Sal73].

Definition 9.2.5 (Trio, volles Trio). *Eine Klasse ℓ von Sprachen, die wenigstens eine nichtleere Sprache enthält, heißt*

- **Trio**, *falls ℓ abgeschlossen ist gegen ε-freie hom, inverse hom und $\cap \mathfrak{Reg}$;*
- **volles Trio**, *falls ℓ Trio und zusätzlich abgeschlossen gegen hom ist.*

Trios sind z.B. $\mathcal{L}_3, \mathcal{L}_2, \mathcal{L}_1$ und $\mathcal{L}_0$, volle Trios sind z.B. $\mathcal{L}_3, \mathcal{L}_2$ und $\mathcal{L}_0$.

Satz 9.2.6 (Volle Trios abgeschlossen unter $/\mathfrak{Reg}$). *Jedes volle Trio ist abgeschlossen unter $/\mathfrak{Reg}$.*

Beweis: Sei ℓ ein volles Trio. ℓ ist also abgeschlossen gegen Homomorphismen, inverse Homomorphismen und Durchschnitt mit regulären Sprachen.

Seien $L \in \ell$ und $R \in \mathfrak{Reg}$, $L, R \subseteq \Sigma^*$. Wir simulieren nun L/R durch eine Kombination von Homomorphismen, inversen Homomorphismen und $\cap \mathfrak{Reg}$. Der Quotient ist ja definiert als $L/R = \{x \in \Sigma^* \mid \exists v \in R \ xv \in L\}$. Um den Quotienten zu bilden, muss man...

1. die Wörter w ausfiltern, die sich so als $w = xv$ darstellen lassen, und dann
2. den R-Anteil v löschen, so dass nur noch x übrigbleibt.

Wir verwenden ein Zweitalphabet $\Sigma' := \{x' \mid x \in \Sigma\}$ und die Homomorphismen $h_1, h_2 : (\Sigma \cup \Sigma')^* \to \Sigma^*$ mit

$h_1(x) = h_1(x') = x$ und

$h_2(x) = \varepsilon, \quad h_2(x') = x \quad \forall x \in \Sigma, \forall x' \in \Sigma'$

Damit gilt:

$h_1^{-1}(L)$ enthält die Wörter aus L in jeder Kombination von Buchstaben aus Σ und Σ'.

$h_1^{-1}(L) \cap (\Sigma')^* R$ filtert diejenigen Wörter w aus $h_1^{-1}(L)$ aus, die
  • sich schreiben lassen als $w = xv$ mit $x \in (\Sigma')^*$ und $v \in \Sigma^*$,
  • so dass $v \in R$.

$h_2(h_1^{-1}(L) \cap (\Sigma')^* R)$ bildet von den obigen Wörtern w den x-Anteil von $(\Sigma')^*$ auf Σ^* ab und löscht den v-Anteil.

Insgesamt haben wir damit $h_2(h_1^{-1}(L) \cap (\Sigma')^* R) = L/R$. Wir haben zur Simulation von L/R nur die Operationen (i) bis (iii) verwendet, gegen die ℓ als volles Trio abgeschlossen ist, also gilt: $L/R \in \ell$.

∎

Satz 9.2.7 (Volle Trios abgeschlossen unter gsm). *Jedes volle Trio ist abgeschlossen unter gsm-Abbildungen.*

Beweis: Sei ℓ ein volles Trio, sei $L \in \ell$ mit $L \subseteq \Sigma^*$. Wir betrachten die gsm-Abbildung $g_M : \Sigma^* \to 2^{\Gamma^*}$ und die zugehörige gsm $M = (K_M, \Sigma, \Gamma, \Delta_M, s_M, F_M)$. Wir wollen zeigen, dass $g_M(L) \in \ell$ ist. Dazu simulieren wir wieder die Abbildung g_M durch eine Kombination von Homomorphismen, inversen hom und $\cap \Re eg$. Die gsm M bildet einen Buchstaben $a \in \Sigma$ in ein Wort $w \in \Gamma^*$ ab, sie rechnet $(q, a) \Delta_M(p, w)$ mit $q, p \in K_M$. Aus allen Rechnungen dieser Art konstruieren wir nun ein (endliches) Alphabet Θ als

$$\Theta := \{[q, a, w, p] \mid q, p \in K_M \wedge a \in \Sigma \wedge w \in \Gamma^* \wedge (q, a) \Delta_M (p, w)\}$$

Dazu konstruieren wir Homomorphismen $h_1 : \Theta^* \to \Sigma^*$ und $h_2 : \Theta^* \to \Gamma^*$, die aus Θ Informationen über das Urbild a und das Abbild $w = g_M(a)$ extrahieren:

$h_1([q, a, w, p]) := a$

$h_2([q, a, w, p]) := w \quad \forall [q, a, w, p] \in \Theta$

Mit h_1^{-1} können wir nun die Sprache $L \subseteq \Sigma^*$ in das Alphabet Θ übersetzen:

$$h_1^{-1}(L) = \{[q_1, a_1, w_1, p_1][q_2, a_2, w_2, p_2] \ldots [q_k, a_k, w_k, p_k] \mid$$

$$\exists k \in \mathbb{N} \ \exists a_1, a_2, \ldots, a_k \in \Sigma \ \exists q_i, p_i \in K_M \ \exists w_i \in \Gamma^*$$

$$(a_1 \ldots a_k \in L \wedge (q_i, a_i) \Delta (p_i, w_i) \ \forall i = 1, \ldots, k)\}$$

Welche Bedingungen müssen erfüllt sein, damit ein Wort

$$[q_1, a_1, w_1, p_1][q_2, a_2, w_2, p_2] \ldots [q_k, a_k, w_k, p_k] \in h_1^{-1}(a_1 a_2 \ldots a_k)$$

eine korrekte Rechnung von M auf dem Wort $a_1 a_2 \ldots a_k$ darstellt?

  • q_1 muss der Startzustand s_M von M sein

- Es muss jeweils gelten, dass $p_i = q_{i+1}$ ist: Nach dem Lesen des Buchstabens a_i ist M natürlich im gleichen Zustand wie vor dem Lesen von a_{i+1}.
- Es muss gelten, dass $p_k \in F_M$ ist: Wenn $a_1 a_2 \ldots a_k$ eine g_M-Abbildung haben soll, muss M in einem finalen Zustand enden.

Nun kann man zeigen, dass diese „korrekten Rechnungen" eine reguläre Sprache bilden: Wir betrachten dazu den endlichen Automaten $A = (K_A, \Theta, \delta_A, s_A, F_A)$ über dem Alphabet Θ mit $K_A := K_M, s_A := s_M, F_a = F_M$ und

$$\delta_A(q_1, [q, a, w, p]) = q_2 :\Longleftrightarrow q_1 = q \ \wedge \ q_2 = p$$

$$\forall q_1, q_2 \in K_M \quad \forall [q, a, w, p] \in \Theta.$$

Das heißt, für jeden Δ_M-Übergang $(q, a) \ \Delta \ (p, w)$ besitzt A einen Übergang

$$\underset{q}{\bigcirc} \xrightarrow{\ [q, a, w, p]\ } \underset{p}{\bigcirc}$$

Der Automat A akzeptiert also genau die Wörter u aus Θ^*, die die Form

$$[s_M, a_1, w_1, q_1][q_1, a_2, w_2, q_2][q_2, a_3, w_3, q_3] \ldots [q_{n-1}, a_n, w_n, q_n]$$

haben für $q_i \in K_M, q_n \in F_M, a_i \in \Sigma$. Für solche Wörter u gilt: Nach dem Lesen des Eingabewortes $h_1(u) = a_1 \ldots a_k$ befindet sich die gsm M in einem finalen Zustand und erzeugt dabei $w_1 w_2 \ldots w_k$ als Ausgabe.

Damit gilt

$$g_M(L) = h_2\big(h_1^{-1}(L) \cap L(A)\big).$$

Für die Simulation von $g_M(L)$ wurden nur Operationen verwendet, gegen die ℓ abgeschlossen ist, also ist ℓ auch abgeschlossen gegen gsm-Abbildungen. ∎

$\mathcal{L}_1$ bildet kein volles Trio. In Teil 2 dieses Buches lernen wir Beweismethoden kennen, mittels derer wir zeigen können, dass $\mathcal{L}_1$ nicht abgeschlossen ist gegen $/\Re eg$, hom und gsm (Satz 13.6.20 und 13.6.21).

9.3 Zusammenfassung

Wir haben in diesem Kapitel zum einen Abschlusseigenschaften von Sprachklassen, die wir in früheren Kapiteln bewiesen haben, zusammengetragen. Zum anderen haben wir für die Sprachklassen $\mathcal{L}_3, \mathcal{L}_2$ und DCFL weitere Eigenschaften bewiesen. Wir haben Sprachklassen mit bestimmten Abschlusseigenschaften unter den Begriffen **Trio** und **volles Trio** zusammengefasst und haben zeigen können, dass jede Sprachklasse, die ein volles Trio ist, auch gegen bestimmte weitere Operationen abgeschlossen ist.

Teil II

Berechenbarkeit

10. Einleitung

10.1 Immer mächtigere Automaten

In den vergangenen Kapiteln wurden zunehmend komplexere Klassen von formalen Sprachen vorgestellt. Zu diesen Sprachklassen gehörten immer komplexere Typen von erkennenden Automaten, angefangen von endlichen Automaten über determinierte und indeterminierte Push-Down-Automaten bis zu Turing-Maschinen mit begrenztem Band (linear beschränkten Automaten) oder ohne solche Beschränkung. Alle diese Automatenmodelle haben einen internen Zustand, der endlich viele verschiedene Werte annehmen kann. Sie unterscheiden sich darin, ob und in welcher Form sie die Möglichkeit haben, außerhalb des Zustands noch Information zu speichern. Der einfachste Automatentypus, der endliche Automat, hat keinen Informationsspeicher außer dem Zustand. Das komplexeste Automatenmodell, die Turing-Maschine, hat neben dem Zustand ein potentiell unendlich langes Band, auf das sie lesend und schreibend zugreift; sie kann ihren Schreib-/Lesekopf zwar beliebig, aber pro Schritt nur ein Feld hin und her bewegen.

Das Thema der Kapitel 11 bis 14 ist die *Theorie der Berechenbarkeit*. Das ist die Frage, was eigentlich berechenbar, d.h. in einen Algorithmus fassbar ist. Es geht also um die *Mächtigkeit* von Berechnungsmodellen. Bisher haben wir die Mächtigkeit eines Automatentypen jeweils an der Klasse von formalen Sprachen gemessen, die er zu akzeptieren imstande war. Auf die Berechnungsmodelle, die wir in den folgenden Kapiteln kennenlernen, lässt sich der Begriff des Akzeptierens von Sprachen aber nicht ohne weiteres übertragen. Also messen wir jetzt die Mächtigkeit eines Modells anhand der Menge der *Funktionen*, die man damit jeweils berechnen kann. Für Turing-Maschinen sind in Kap. 7 schon die Klasse TM der totalen und die Klasse TM^{part} der partiellen TM-berechenbaren Funktionen eingeführt worden.

Turing-Maschinen sind die mächtigsten der Automatenarten, die in den bisherigen Kapiteln vorkamen. Aber wie mächtig sind eigentlich Turing-Maschinen? Kann man ein Berechnungsmodell, das nicht notwendigerweise ein Automat sein muss, definieren, das noch mehr Funktionen berechnen kann als Turing-Maschinen? Anders ausgedrückt: Gibt es etwas, was man mit einer beliebigen Programmiersprache, einem beliebigen konkreten Rechner berechnen kann, was keine Turing-Maschine schaffen könnte?

© Springer-Verlag GmbH Deutschland, ein Teil von Springer Nature 2018
L. Priese und K. Erk, *Theoretische Informatik*,
https://doi.org/10.1007/978-3-662-57409-6_10

10.2 Die Churchsche These

Gibt es einen konkreten Rechner oder ein abstraktes Modell des „intuitiv Berechenbaren", das mehr kann als die Turing-Maschine? Gibt es einen Algorithmus, den man nicht auf einer Turing-Maschine implementieren kann?

Die Antwort auf diese Frage ist offen. Aber die Vermutung, dass alles Berechenbare schon von einer Turing-Maschine berechnet wird, ist bekannt als die *Churchsche These*. Nach der Churchschen These wird der intuitive Begriff des „Berechenbaren" durch die formale, mathematische Definition des Turing-Maschinen-Berechenbaren exakt wiedergegeben. Begründet wird diese „philosophische" These, die natürlich nicht bewiesen werden kann (da der intuitive Begriff des „Berechenbaren" kein mathematisches Konzept ist), mit den Erfahrungen, die man am Anfang dieses Jahrhunderts bei dem Versuch, das intuitiv Berechenbare formal zu definieren, gewonnen hat. Die unterschiedlichsten Versuche, etwa über den λ-Kalkül, über rekursive Funktionen, funktionale Gleichungssysteme, Zeichenreihenersetzungssysteme, lieferten alle die gleiche Klasse von berechenbaren Funktionen, nämlich gerade die Turing-berechenbaren Funktionen.

Einige weitere Berechnungsmodelle werden in den nächsten Kapiteln vorgestellt, und die mächtigsten dieser Modelle sind exakt gleich mächtig wie die Turing-Maschinen, was eben der Churchschen These entspricht. Anders ausgedrückt – unser Maßstab für die Mächtigkeit eines Modells ist ja jetzt die Menge der jeweils berechenbaren Funktionen: Die mächtigsten bekannten Berechnungsmodelle neben den Turing-Maschinen können exakt die Klasse TM^{part} von Funktionen berechnen. Modelle, die das können, heißen *berechnungsuniversell*.

10.3 Was es außer Turing-Maschinen noch gibt

Ein Berechnungsmodell, das exakt genauso mächtig ist wie das der Turing-Maschinen, haben wir schon kennengelernt: Grammatiken. In Kap. 8 ist bewiesen worden, dass es zu jeder Grammatik G eine Turing-Maschine gibt, die gerade $L(G)$ akzeptiert, und dass umgekehrt zu jeder Turing-Maschine M eine Grammatik gehört, die gerade $L(M)$ erzeugt. In diesem Beweis hat jeweils ein System die Arbeitsweise des anderen simuliert. Hieran wird schon deutlich, wie unterschiedlich Berechnungsmodelle sein können: Grammatiken erzeugen indeterminiert Sprachen, und Turing-Maschinen führen einfache Befehlsfolgen aus, indem sie ihren Kopf bewegen, auf ein Arbeitsband lesen und es beschreiben. Und trotzdem sind laut den Sätzen 8.2.2 und 8.2.4 beide Modelle gleichmächtig. Das heißt, wenn man geschickt definiert, was es heißt, dass eine Grammatik eine Funktion berechnet, so wird man mit den Typ-0-Grammatiken eine Klasse von Funktionen berechnen können, die gerade TM^{part} entspricht.

Andere Berechnungsmodelle neben Turing-Maschinen und Grammatiken lernen wir in den Kapiteln 11, 12 und 14 kennen. Um sie mit Turing-Maschinen vergleichen zu können, müssen wir uns geeignete Definitionen für die Klassen der jeweils berechenbaren Funktionen überlegen.

Im nächsten Kapitel werden zunächst *Registermaschinen* vorgestellt. Das sind Maschinen mit unbegrenzt viel Speicher, aufgeteilt in endlich viele Register, die Befehle einer sehr einfachen imperativen Programmiersprache ausführen können und nur auf natürlichen Zahlen rechnen. Turing- und Registermaschinen sind Modelle von Maschinen, abstrahierte Rechner; Grammatiken nähern sich der Frage der Berechenbarkeit von einer anderen Richtung, der der Generierung. Kapitel 12 präsentiert noch eine andere Sichtweise: Wir beschreiben die Menge der berechenbaren Funktionen kompositional als alles, was sich aus einigen wenigen sehr einfachen Funktionen aufbauen lässt, als die Menge der *rekursiven Funktionen*. Anders als ein Algorithmus, der für eine Turing- oder Registermaschine geschrieben ist, abstrahiert ein Algorithmus in Form einer rekursiven Funktion von Einzelheiten der Speichermanipulation, Lesekopfbewegung und solchen Dingen. Er ähnelt stattdessen einem Programm einer funktionalen Programmiersprache.

In Kap. 14 schließlich werden etliche weitere Berechnungsmodelle kurz vorgestellt. Manche davon sind wichtig, andere zeigen, auf wie erstaunlich unterschiedliche Art man zu Turing-mächtigen Systemen kommen kann; weitere Modelle schließlich sind einfach kurios.

10.4 Unentscheidbare Probleme

Bisher haben wir uns gewissermaßen nur mit *positiven* Ergebnissen beschäftigt: mit Problemen, die lösbar sind, von einfacheren oder komplexeren Automaten. Aber wenn man von berechenbaren Funktionen spricht, dann muss es doch zu diesem Begriff ein Gegenstück geben: unberechenbare Funktionen. Gibt es also Probleme, die nicht mit einer Turing-Maschine lösbar sind?

Solche Probleme gibt es (man nennt sie *unentscheidbar*), und wir haben das in Kap. 8 auch schon gezeigt, wenn auch nicht konstruktiv: Alle Sprachen, die von Turing-Maschinen akzeptiert werden können, sind in $\mathcal{L}_0$, der Klasse der formalen Sprachen. Und Satz 8.4.1 besagt, dass $\mathcal{L}_0 \subset \mathcal{L}$ ist. Also muss es auch Sprachen geben, die von keiner Turing-Maschine akzeptiert werden. Die charakteristische Funktion einer solchen Sprache ist unberechenbar.

Wie gesagt, der Beweis dieses Satzes ist leider nicht konstruktiv: Wir haben über die Abzählbarkeit argumentiert, also festgestellt, dass es höchstens soviel formale Sprachen wie natürliche Zahlen gibt, dass aber die Menge $\mathcal{L}$ größer ist als die Menge N. Eine konkrete unberechenbare Funktion haben wir bisher nicht vorgestellt. Das werden wir in Kap. 13 nachholen.

Solche *negativen* Ergebnisse sind wichtig: Man kann beweisen, dass manche Probleme nicht mit einer Turing-Maschine gelöst werden können – also braucht man gar nicht erst zu versuchen, für sie einen Algorithmus zu entwerfen. Statt das unlösbare Problem lösen zu wollen, kann man sich aber überlegen, ob sich vielleicht eine Teilmenge der Instanzen charakterisieren (d.h. formal exakt beschreiben) lässt, für die das Problem doch lösbar ist.

10.5 Komplexitätstheorie

Allerdings sind nicht viele praktisch interessante Probleme unentscheidbar; und selbst bei unentscheidbaren Problemen gibt es Instanzen, für die das Problem sehr wohl gelöst werden kann. „Unentscheidbar" heißt nur, dass kein Algorithmus existiert, der alle Instanzen des Problems lösen könnte. Andererseits ist einem auch nicht unbedingt geholfen, wenn ein Problem lösbar ist: Es sollte auch in akzeptabler Zeit lösbar sein. Wenn die Berechnung einer Lösung länger als ein Menschenleben dauert, ist das meist auch nicht besser, als wenn das Problem unlösbar wäre.

Um festzustellen, wie lang die Lösung eines Problems dauert, schätzt man ab, wieviel Schritte jeder Teil eines Algorithmus ungefähr benötigt, und zwar in Abhängigkeit von der Größe der Eingabe. Die *Komplexitätstheorie* ist das Gebiet, das sich mit solchen Abschätzungen beschäftigt; einen kleinen Ausschnitt daraus zeigt Kap. 15. Zwei besonders berühmte Begriffe, die dabei fallen, sind P und NP, die Namen zweier Klassen von Algorithmen. In P fasst man die Algorithmen zusammen, die polynomial viele Schritte brauchen (in Abhängigkeit von der Größe der Eingabe). Wenn ein Algorithmus in P liegt, so heißt das, dass seine Laufzeit nicht allzu schnell wächst mit der Größe der Eingabe. Wenn ein Algorithmus dagegen exponentiell viel Schritte braucht, so ist mit wachsender Größe der Eingabe sehr schnell die Grenze erreicht, jenseits derer es sich nicht mehr lohnt, auf ein Ergebnis der Berechnung zu warten, weil es schlichtweg zu lange dauert. Die Klasse NP umfasst Probleme, deren Algorithmen auf jeden Fall in höchstens exponentieller Zeit terminieren, die aber vielleicht – das ist eine große offene Frage – auch in polynomialer Zeit entschieden werden können: Sie können von einer indeterminierten Turing-Maschine in polynomialer Zeit gelöst werden (daher der Name), aber ob auch von einer determinierten, das ist nicht klar. Die Idee ist hier, dass eine indeterminierte Turing-Maschine *raten* und danach in polynomialer Zeit überprüfen kann, ob sie richtig geraten hat.

In der Praxis geht man solche Probleme oft mit einem Backtracking-Verfahren an, d.h. man testet verschiedene mögliche Lösungen durch und macht die letzten Schritte rückgängig, sobald man in eine Sackgasse gelaufen ist. Oft ist auch gar nicht die optimale Lösung nötig, und man ist schon froh, wenn man eine einigermaßen brauchbare Näherung findet. Dann kann man diesen Problemen auch mit Approximationsverfahren beikommen.

10.6 Zusammenfassung

Wir haben die Automatenmodelle, die in den bisherigen Kapiteln vorgestellt wurden, verglichen und festgestellt, dass sie sich darin unterscheiden, inwieweit sie neben dem endlichen Speicher in Form ihres internen Zustands noch weitere Informationen präsent halten können. Die Turing-Maschine, das mächtigste Automatenmodell, das wir gesehen haben, ist auch das mächtigste bekannte Berechnungsmodell (zusammen mit einer großen Menge von gleichmächtigen Modellen), und laut der *Churchschen These* kann es auch kein mächtigeres Modell geben: Sie besagt, dass der intuitive Begriff des Berechenbaren durch die Definition der TM-Berechenbarkeit exakt abgedeckt wird. Entsprechend dieser These nennen wir ein Modell *berechnungsuniversell*, wenn es in seiner Mächtigkeit exakt mit dem Modell der Turing-Maschine übereinstimmt.

Wir haben eine kurze Vorausschau gegeben auf die Berechnungsmodelle, die wir in den folgenden Kapiteln untersuchen werden. Wir werden die Mächtigkeit dieser Modelle jeweils angeben in Form der Menge der Funktionen, die sie zu berechnen in der Lage sind.

Weiterhin werden wir in den folgenden Kapiteln untersuchen, ob und wenn ja, mit welchem Aufwand Funktionen berechenbar sind. Wenn es zu einem Problem kein Entscheidungsverfahren gibt, nennen wir es *unentscheidbar*. Bei den entscheidbaren Problemen interessiert uns die Frage nach der *Komplexität*, nach dem Aufwand der Berechnung.

11. Registermaschinen

In diesem und den folgenden Kapiteln versuchen wir, den Begriff der „berechenbaren Funktionen" besser zu verstehen, indem wir verschiedene abstrakte Modelle des „Berechenbaren" betrachten. Mit den Turing-Maschinen haben wir schon ein klassisches Modell eingeführt, das aber von Rechnern, wie wir sie kennen, relativ weit entfernt ist. Das drückt sich auch in den Algorithmen aus. Ein gutes Beispiel für einen TM-Algorithmus, der sich so nicht auf andere Berechnungsmodelle übertragen lässt, ist die Addition zweier Unärzahlen in Beispiel 7.2.1: Es wird ein Strich am Ende gelöscht und zwischen die zwei Eingabezahlen geschrieben, und fertig ist die Addition. Dieser Trick ist zwar nett, wird uns für ein Rechensystem, das nur geringfügig anders funktioniert, aber überhaupt nichts nützen.

In diesem Kapitel geht es um *Registermaschinen*, die konkreten Rechnern sehr ähneln, aber in einem Punkt abstrahiert sind: Sie haben beliebig viel Speicher. Eine Registermaschine hat eine endliche Anzahl von Registern $x_1, x_2, x_3 \ldots x_n$, von denen jedes eine beliebig große natürliche Zahl speichern kann. (Wir verwenden im Zusammenhang mit Registermaschinen die Begriffe „Register" und „Variable" synonym.) Dass Registermaschinen nur mit natürlichen Zahlen rechnen, ist, wie in ähnlicher Form schon öfters erwähnt, keine Einschränkung: Konkrete Rechner können, genau betrachtet, sogar nur mit 0 und 1 rechnen, aber man kann einfache Darstellungsformen und einfache Befehle zu komplexeren kombinieren.

Eine Registermaschine kann ein Programm ausführen, das wie eine stark vereinfachte Version einer imperativen Sprache wie Pascal oder C aussieht. Wir beschränken uns anfangs auf das absolut Nötigste: Wir haben Successor- und Prädezessor-Befehle, also $+1$ und -1, um alle natürlichen Zahlen erreichen zu können, und einen Schleifen-Befehl, mit dem wir den Programmfluss steuern können. Aus diesen drei Elementen werden wir eine ganze Reihe komplexerer Befehle zusammenbauen. Warum fangen wir mit einem minimalen Befehlssatz an und definieren nicht gleich einen Vorrat an komfortableren komplexen Befehlen? Nun, zum einen ist es interessant zu sehen, mit wie wenig und wie einfachen Sprachelementen man auskommt. Zum anderen ist diese Vorgehensweise beweistechnisch praktischer: Einen Beweis für drei einfache Befehle zu führen ist leichter als für zehn komplexe Befehle.

© Springer-Verlag GmbH Deutschland, ein Teil von Springer Nature 2018
L. Priese und K. Erk, *Theoretische Informatik*,
https://doi.org/10.1007/978-3-662-57409-6_11

11.1 Registermaschinen und LOOP-Programme

Eine Registermaschine hat Register und kann ein Programm ausführen, das aus Successor-, Prädezessor- und Wiederholungs-Befehlen besteht. Im Moment verwenden wir als Wiederholungs-Befehl nur *loop*; da später aber noch andere dazukommen, muss die Definition der Registermaschine etwas allgemeiner sein als wir sie zunächst verwenden.

Definition 11.1.1 (Registermaschine). *Eine* **Registermaschine** *(random access machine, **RAM**) ist eine Maschine, die folgende Elemente besitzt:*

- *endlich viele* Register $x_i, i \in \mathbb{N}_+$; *jedes Register kann eine beliebig große Zahl aus* $\mathbb{N}$ *aufnehmen und enthält zu Beginn normalerweise die Zahl 0;*
- *ein* LOOP-, WHILE- *oder* GOTO-Programm.

Da ein Programm immer endlich ist, kann man die Anzahl von Registern, die die Maschine verwendet, aus dem Programm ablesen. Register sind zu Anfang mit einer 0 belegt, außer, wenn man ihnen explizit einen anderen Initialwert zuweist, zum Beispiel um der Registermaschine eine Eingabe mitzuteilen.

Nun ist zu beschreiben, wie ein Registermaschinen-Programm mit dem Schleifen-Befehl *loop* aussieht. Dazu definieren wir, was ein *Befehl* und was ein *Programm* ist (nämlich eine Sequenz von einem oder mehreren Befehlen). Da aber der *loop*-Befehl ein ganzes Programm als Teil hat, nämlich den Schleifenrumpf, müssen wir die beiden Begriffe „Befehl" und „Programm" gleichzeitig definieren, wir erhalten also eine *simultane* Definition beider Begriffe, und zwar eine *induktive* simultane Definition: Den Induktionsanfang bilden die einfachen ±1-Befehle, und der Induktionsschritt beschreibt Sequenzen von mehr als einem Befehl sowie den *loop*-Befehl.

Definition 11.1.2 (LOOP-Befehl, LOOP-Programm). *Die Begriffe eines* **LOOP-Befehls** *und eines* **LOOP-Programmes** *sind induktiv definiert wie folgt:*

Induktionsanfang: *Für jedes Register* x_i *ist*
- $x_i := x_i + 1$,
- $x_i := x_i - 1$

ein LOOP-Befehl und auch ein LOOP-Programm.

Induktionsschritt: *Sind* P_1 *und* P_2 *bereits LOOP-Programme, so gilt:*
- $P_1; P_2$ *ist ein LOOP-Programm.*
- loop x_i do P_1 end *ist sowohl ein LOOP-Befehl als auch ein LOOP-Programm für jedes Register* x_i.

Ein Befehl wird auch häufig eine Programmzeile *genannt.*

Ein LOOP-Programm ist also eine endliche Folge von Befehlen, die durch „;" getrennt sind. Ein einzelner Befehl wie „*loop* x_i *do P end*" kann dabei selbst ein ganzes Programm P enthalten.

Nun haben wir die Syntax von Registermaschinen-Programmen beschrieben. Wir müssen aber auch die Semantik dieser Programme definieren, müssen also für jedes Programmkonstrukt angeben, was eine Registermaschine bei seiner Ausführung tut. Besondere Beachtung verdient dabei der *loop*-Befehl: Wenn die Registermaschine auf den Befehl *loop* x_i *do* P_1 *end* trifft und das Register x_i in dem Moment den Wert n enthält, so soll die Maschine P_1 exakt n mal ausführen. Sie soll sich nicht verwirren lassen, wenn der Schleifenrumpf auf das Register x_i zugreift und dessen Inhalt ändert.

Definition 11.1.3 (Semantik eines LOOP-Programmes). *Sei M eine Registermaschine. M führt LOOP-Programme wie folgt aus:*

$x_i := x_i + 1$ *M inkrementiert den Inhalt des Registers x_i.*

$x_i := x_i - 1$ *Falls $x_i > 0$ ist, so dekrementiert M den Inhalt von x_i. Ansonsten enthält x_i weiterhin den Wert 0.*

loop x_i **do** P **end** *M führt P n-mal hintereinander aus, wenn n der Inhalt von x_i vor Beginn der ersten Ausführung des Schleifenrumpfes ist.*

$P_1; P_2$ *M führt zunächst das Programm P_1 aus und dann, unter Übernahme aller aktuellen Registerwerte, das Programm P_2.*

Programmende *Wenn keine nächste auszuführende Programmzeile existiert, dann bricht M die Programmausführung ab.*

Damit ist das Berechnungsmodell der Registermaschinen vollständig definiert; jetzt können wir die Klasse der Probleme angeben, die von diesen Maschinen gelöst werden. Anders ausgedrückt: Wir definieren, was es heißt, dass eine Registermaschine eine Funktion berechnet. Die Klasse der Funktionen, die wir damit erhalten, heißt LOOP oder die Klasse der LOOP-berechenbaren Funktionen.

Definition 11.1.4 (LOOP). *Eine Funktion $f : \mathrm{N}^k \to \mathrm{N}$ heißt **LOOP-berechenbar**, falls es eine Registermaschine M mit LOOP-Programm P gibt, die für alle $(n_1, \ldots, n_k) \in \mathrm{N}^k$ und alle $m \in \mathrm{N}$ wie folgt arbeitet:*

$f(n_1, \ldots, n_k) = m \iff$
Wenn M gestartet wird mit n_i im Register x_i für $1 \leq i \leq k$ und 0 in allen anderen Registern, so bricht die Programmausführung schließlich ab mit n_i in x_i für $1 \leq i \leq k$, m im Register x_{k+1} und 0 in allen restlichen Registern.

*Es ist **LOOP** die Menge aller LOOP-berechenbaren Funktionen.*

Besonders ist an dieser Definition von LOOP-Berechenbarkeit, dass die Argumente $n_1, \ldots, n_k$ der berechneten Funktion in den ersten k Registern erhalten bleiben oder doch zumindest irgendwann im Laufe der Berechnung wieder in die Register geschrieben werden müssen, in denen sie zu Anfang standen. Wenn ein LOOP-Programm dies nicht tut, so berechnet es nach dieser Definition auch keine Funktion.

Beispiel 11.1.5. Das Programm

$$P \equiv loop\ x_2\ do\ x_2 := x_2 - 1\ end;\ x_2 := x_2 + 1;$$
$$loop\ x_1\ do\ x_1 := x_1 - 1\ end$$

berechnet keine Funktion: P hat nach Programmende immer den Wert 0 in x_1 und den Wert 1 in x_2. Damit kann P keine Funktion $f : \mathrm{N}^k \to \mathrm{N}$ berechnen, egal wie man k wählt.

Wenn eine Registermaschine M mit Programm P einen Funktionswert $f(n_1, \ldots, n_k) = m$ berechnet, dann heißen $n_1, \ldots, n_k$ auch **Input**, und m heißt **Output** von M (oder P).

In der letzten Definition haben wir beschrieben, wie die Maschine M rechnen soll, wenn $f(n_1, \ldots, n_k) = m$ ist, sind aber nicht auf Stellen des Definitionsbereiches eingegangen, wo der Funktionswert undefiniert ist. Das hat einen Grund: Alle LOOP-berechenbaren Funktionen sind total. Das kann man sich leicht klarmachen:

Satz 11.1.6. *Jede LOOP-berechenbare Funktion ist total.*

Beweis: Jedes LOOP-Programm hat nur endlich viele Zeilen, und jede Schleife *loop x_i do P end* wird nur endlich oft durchlaufen, nämlich genau so oft, wie es der Inhalt von x_i bei Betreten der Schleife anzeigt. Damit haben wir kein Programmkonstrukt, das in eine Endlosschleife geraten kann, d.h. ein LOOP-Programm terminiert für jede Eingabe. Wenn also ein LOOP-Programm eine Funktion berechnet, sich also verhält wie in Definition 11.1.4 gefordert, so berechnet es eine totale Funktion. ∎

Das Befehlsreservoir einer Registermaschine ist recht mager: Wir können den Inhalt eines Registers inkrementieren und dekrementieren, und wir können ein Programm mit Hilfe des *loop* n-mal durchlaufen. Als nächstes zeigen wir, wir man mit diesen wenigen Befehlen andere, komplexere simuliert. Einerseits verdeutlicht das, wie weit man doch mit diesem schmalen Befehlssatz kommt; andererseits vereinfacht uns das im folgenden die Angabe von RAM-Programmen.

Bei der Simulation müssen wir manchmal zusätzliche Register einsetzen, und zwar neue, die im Programm bisher nicht benutzt wurden. Solche Register zu finden, ist aber nicht weiter schwer: Die in einem Programm verwendeten Register sind bekannt; jede Anweisung gibt explizit an, auf welche Register sie zugreift. Also kann man für ein Programm P die Menge der Register ermitteln, auf die zugegriffen wird, und es gibt ein eindeutiges Register x_ℓ, das den höchsten Index aller verwendeten Register hat.

Lemma 11.1.7 (Zusatzbefehle für LOOP-Programme). Wir nehmen an, dass das Programm nur Register aus der Menge $\{x_1, \ldots, x_\ell\}$ verwendet.

Register x_n und x_{n+1} seien jeweils neue (und somit mit 0 belegte) Register mit $n > \ell$. c steht für eine Konstante aus N. DIV ist die ganzzahlige Division, und MOD steht für „modulo". Folgende Befehle kann man aus den drei elementaren Befehlstypen aufbauen (bereits simulierte neue Befehle verwenden wir für weitere Simulationen gleich mit; Kommentare sind durch „//" gekennzeichnet):

neuer Befehl	Simulation mit LOOP-Befehlen
$x_i := c$	// x_i auf null setzen loop x_i do $x_i := x_i - 1$ end; $x_i := x_i + 1;$ $\left.\begin{array}{l}\\ \vdots \\ \\ x_i := x_i + 1\end{array}\right\}$ c mal

$x_i := x_j \pm c$	// x_n auf x_j setzen
	
	loop x_j do $x_n := x_n + 1$ end;
	
	$x_i := 0;$
	
	loop x_n do $x_i := x_i + 1$ end;
	
	$x_n := c;$
	
	loop x_n do $x_i := x_i \pm 1$ end;
	
	$x_n := 0$

if $x_i = 0$ then P_1
else P_2 end
	// Falls $x_i = 0$, soll $x_n = 1$
	// und $x_{n+1} = 0$ sein, und umgekehrt.
	$x_n := 1;$ $x_{n+1} := 1;$
	
	loop x_i do $x_n := x_n - 1$ end;
	
	loop x_n do $x_{n+1} := x_{n+1} - 1$ end;
	
	// P_1 bzw. P_2 ausführen
	
	loop x_n do P_1 end;
	
	loop x_{n+1} do P_2 end;
	
	$x_n := 0;$ $x_{n+1} := 0$

if $x_i > c$ then P end	$x_n := x_i - c;$ loop x_n do $x_{n+1} := 1$ end; loop x_{n+1} do P end; $x_n := 0;$ $x_{n+1} := 0$

$x_i := x_j \pm x_k$	$x_i := x_j + 0;$
	loop x_k do $x_i := x_i \pm 1$ end
$x_i := x_j * x_k$	$x_i := 0;$
	loop x_k do $x_i := x_i + x_j$ end
NOP	// Dieser Befehl tut nichts.
	$x_n := x_n - 1$
$x_i := x_j$ DIV x_k	// x_n zählt jeweils bis x_k hoch.
$x_{i'} := x_j$ MOD x_k	// Wenn x_k erreicht ist, ist x_j
	// noch einmal mehr durch x_k teilbar.
	// x_{n+1} ist nur dazu da, zu prüfen,
	// ob $x_n = x_k$.
	$x_i := 0;$
	loop x_j do
	$\quad x_n := x_n + 1;$
	$\quad x_{n+1} := x_k - x_n;$
	$\quad$ if $x_{n+1} = 0$
	$\quad\quad$ then $x_i := x_i + 1;\ x_n := 0$
	$\quad\quad$ // else-Fall tut nichts.
	$\quad\quad$ else NOP
	$\quad$ end
	end;
	$x_{i'} := x_n;$
	$x_n := 0; x_{n+1} := 0$

In ähnlicher Weise wie diese Befehle kann man natürlich Varianten wie z.B. *if $x_i = c$ then P_1 end* oder $x_i := x_j$ definieren. Das ist aber zu offensichtlich, als dass wir es hier vorführen müssten.

11.2 WHILE-Programme

Bisher haben wir zur Kontrolle des Programmflusses den *loop*-Befehl verwendet. Jetzt ersetzen wir den *loop* durch ein *while*-Konstrukt. Diese Änderung ist mehr als nur eine syntaktische Variante: Ein *loop*-Befehl prüft einmal am Anfang, wie oft die Schleife zu durchlaufen ist. Ein *while*-Befehl prüft die Schleifenbedingung vor jedem Durchlauf neu. Das Programm im Schleifenrumpf kann Einfluss darauf nehmen, wie oft die Schleife durchlaufen wird.

In diesem Abschnitt beschäftigen wir uns mit dem *while*-Befehl und der Relation von WHILE- und LOOP-Programmen. WHILE-Befehle und -Programme definieren wir, wie wir es für die entsprechenden LOOP-Konstrukte getan haben, über eine induktive simultane Definition.

Definition 11.2.1 (WHILE-Befehl, WHILE-Programm). *Die Begriffe eines* **WHILE-Befehls** *und eines* **WHILE-Programmes** *sind simultan induktiv definiert wie folgt:*

Induktionsanfang: *Für jedes Register x_i ist*
- $x_i := x_i + 1$,
- $x_i := x_i - 1$

ein WHILE-Befehl und auch ein WHILE-Programm.

Induktionsschritt: *Sind P_1 und P_2 bereits WHILE-Programme, so gilt:*
- $P_1; P_2$ *ist ein WHILE-Programm.*
- *while $x_i \neq 0$ do P_1 end ist sowohl ein WHILE-Befehl als auch ein WHILE-Programm für jedes Register x_i.*

Die ± 1-Befehle werden bei WHILE-Programmen so ausgeführt wie bisher auch. Aber für den neuen *while*-Befehl muss noch die Semantik angegeben werden: Wir müssen angeben, wie die Registermaschine diesen Schleifen-Befehl ausführt.

Definition 11.2.2 (Semantik des *while*-Befehls). *Sei M eine Registermaschine. M führt den Befehl* **while $x_i \neq 0$ do P end** *wie folgt aus:*

1: *Falls der Wert in x_i ungleich null ist, führt M das Programm P aus, sonst geht sie zu 3.*
2: *M wiederholt 1.*
3: *M führt die Programmzeile nach dem while-Befehl aus.*

Analog zu LOOP-berechenbaren Funktionen können wir jetzt die Klasse WHILE der WHILE-berechenbaren Funktionen definieren. Allerdings kommt jetzt noch eine Funktionsklasse dazu: die Klasse WHILE^{part}. LOOP-Programme berechnen ja, wie gezeigt, ausschließlich totale Funktionen. Dahingegen ist es nicht weiter schwierig, ein Programm zu schreiben, das endlos in einer *while*–Schleife kreist.

Definition 11.2.3 (WHILE). *Eine Funktion $f : \mathrm{N}^k \to \mathrm{N}$ heißt* **WHILE-berechenbar**, *falls es eine Registermaschine M mit WHILE-Programm P gibt, die für alle $(n_1, \ldots, n_k) \in \mathrm{N}^k$ und alle $m \in \mathrm{N}$ wie folgt arbeitet:*

$f(n_1, \ldots, n_k) = m \iff$ *Wenn M gestartet wird mit n_i im Register x_i für $1 \leq i \leq k$ und 0 in allen anderen Registern, so bricht die Programmausführung schließlich ab mit n_i in x_i für $1 \leq i \leq k$, m im Register x_{k+1} und 0 in allen restlichen Registern.*

$f(n_1, \ldots, n_k)$ undefiniert $\iff$ *M, gestartet mit n_i im Register x_i für $1 \leq i \leq k$ und 0 in allen anderen Registern, hält nie.*

Es ist **WHILE** *die Menge aller totalen WHILE-berechenbaren Funktionen, und* **WHILE**^{part} *ist die Menge aller partiellen WHILE-berechenbaren Funktionen.*

Man kann, wie unschwer zu sehen ist, den *loop*-Befehl mit Hilfe des *while*-Befehls simulieren.

Satz 11.2.4 (LOOP $\subseteq$ WHILE). *Die Menge der LOOP-berechenbaren Funktionen ist enthalten in der Menge der WHILE-berechenbaren Funktionen; es gilt LOOP $\subseteq$ WHILE.*

Beweis: Es sei M eine Registermaschine, deren WHILE-Programm nur Register aus der Menge $\{x_1, \ldots, x_\ell\}$ verwendet. Register x_n und x_{n+1} seien neue (und somit mit 0 belegte) Register mit $n > \ell$.

neuer Befehl	Simulation mit WHILE-Befehlen
loop x_i do P end	// $x_n := x_i$ simulieren
	while $x_i \neq 0$ do
	$\quad$ $x_n := x_n + 1$; $x_{n+1} := x_{n+1} + 1$; $x_i := x_i - 1$
	end;
	while $x_{n+1} \neq 0$ do
	$\quad$ $x_i := x_i + 1$; $x_{n+1} := x_{n+1} - 1$
	end;
	// loop-Befehl selbst simulieren
	while $x_n \neq 0$ do P; $x_n := x_n - 1$ end

∎

Da man den *loop*-Befehl mit *while* simulieren kann, können wir all die Zusatzbefehle, die wir in 11.1.7 mit den Basis-LOOP-Konstrukten simuliert haben, auch in WHILE-Programmen verwenden.

Fahren wir nun fort im Vergleich der Berechnungsmodelle. Das nächste Ergebnis ist nicht weiter überraschend.

Anmerkung 11.2.5 (WHILE $\subset$ WHILE^{part}). Die Menge der WHILE-berechenbaren Funktionen ist eine *echte* Teilmenge der Menge der partiellen WHILE-berechenbaren Funktionen.

Beweis: Das WHILE-Programm

$\qquad$ while $x_1 \neq 0$ do $x_1 := x_1 + 1$ end

berechnet die nichttotale Funktion $f : \mathrm{N} \to \mathrm{N}$ mit

$$f(n) := \begin{cases} 0 & \text{falls } n = 0 \\ \text{undefiniert} & \text{falls } n \neq 0 \end{cases}$$

∎

Nun wäre natürlich interessant zu wissen, ob zumindest alle *totalen* Funktionen in WHILE auch LOOP-berechenbar sind oder ob LOOP $\subset$ WHILE gilt. Tatsächlich kann man eine totale Funktion konstruieren, die von keinem LOOP-Programm berechnet werden kann. Den Beweis dafür führen wir in Abschnitt 11.5. Zuvor setzen wir die Funktionsklasse WHILE in Relation zu den TM-berechenbaren Funktionen, so dass wir Ergebnisse über Turing-Maschinen nutzen können. (Dabei machen wir uns die Existenz von universellen Turing-Maschinen zunutze.)

11.3 GOTO-Programme

In diesem Abschnitt betrachten wir ein drittes Konstrukt zur Kontrolle des Programmflusses: den bedingten Sprung. Die Sprungziele des *goto* spezifizieren wir mit *Indizes*. Ein Index ist eine positive ganze Zahl, die jeder Programmzeile vorangestellt wird.

Definition 11.3.1 (Index, GOTO-Befehl, GOTO-Programm).

- *Ein* **Index** *ist eine Zahl* $j \in \mathrm{N}_+$.
- *Für jedes Register* x_i *und jeden Index* j *ist*
  - $x_i := x_i + 1$,
  - $x_i := x_i - 1$,
  - *if* $x_i = 0$ *goto* j
  ein **GOTO-Befehl**.
- *Ein* **GOTO-Programm** *ist wie folgt definiert:*
  - $j : B$ *ist ein* **GOTO-Programm**, *wenn* B *ein Befehl ist.*
  - $P_1; P_2$ *ist ein* **GOTO-Programm**, *wenn* P_1 *und* P_2 *bereits GOTO-Programme sind.*

Ohne Einschränkung seien die Programmzeilen mit Indizes so durchnumeriert, dass der i-ten Programmzeile der Index i voransteht.

Hier konnten wir GOTO-Befehle und GOTO-Programme unabhängig definieren, anders als bei LOOP- und WHILE-Programmen, wo wir diese Definitionen abhängig, simultan, durchführen mussten. Das liegt daran, dass es bei GOTO-Programmen keinen Befehl gibt, der ein ganzes Programm als Schleifenrumpf enthält.

Wie gewohnt müssen wir auch hier beschreiben, wie eine Registermaschine ein GOTO-Programm ausführt. Die Semantik der zwei neuen Konstrukte sieht wie folgt aus:

Definition 11.3.2 (Semantik eines GOTO-Programmes). *Sei M eine Registermaschine. Bei den oben schon beschriebenen Befehlen ändert sich nichts. Die neuen Befehle bzw. Programme führt M wie folgt aus:*

j : P Dies Programm wird genauso ausgeführt wie P.

if $x_i = 0$ goto j Falls der aktuelle Wert des Registers x_i ungleich null ist, arbeitet M in der Programmzeile nach diesem goto weiter. Ansonsten führt M als nächstes die Programmzeile aus, vor der der Index j steht; existiert keine solche Programmzeile, bricht M die Programmausführung ab.

Es fehlt noch die Klasse von Funktionen, die mit GOTO-Programmen berechnet werden kann. Hier, wie bei den WHILE-Programmen, müssen wir auch partielle Funktionen in Betracht ziehen.

Definition 11.3.3 (GOTO). *Eine Funktion $f : N^k \to N$ heißt* **GOTO-berechenbar***, falls es eine Registermaschine M mit einem GOTO-Programm gibt, die für alle $(n_1, \ldots, n_k) \in N^k$ und alle $m \in N$ wie folgt arbeitet:*

$f(n_1, \ldots, n_k) = m \iff$ Wenn M gestartet wird mit n_i im Register x_i für $1 \leq i \leq k$ und 0 in allen anderen Registern, so bricht die Programmausführung schließlich ab mit n_i in x_i für $1 \leq i \leq k$, m im Register x_{k+1} und 0 in allen restlichen Registern.

$f(n_1, \ldots, n_k)$ undefiniert $\iff$ M, gestartet mit n_i im Register x_i für $1 \leq i \leq k$ und 0 in allen anderen Registern, hält nie.

Es ist **GOTO** *die Menge aller totalen GOTO-berechenbaren Funktionen, und* **GOTO**^{part} *ist die Menge aller partiellen GOTO-berechenbaren Funktionen.*

Als nächstes zeigen wir, dass die Mengen der WHILE- und der GOTO-berechenbaren Funktionen gleich sind. Man kann den *while*-Befehl leicht mit Hilfe des *goto* nachbauen. Umgekehrt kann man in WHILE-Programmen mit Hilfe eines ausgezeichneten Registers den Index simulieren: Jede Programmzeile wird nur ausgeführt, wenn der Wert des Index-Registers der Nummer dieser Programmzeile entspricht.

Später, wenn wir Registermaschinen in Bezug setzen zu anderen Berechnungsmodellen (in diesem Kapitel noch vergleichen wir Registermaschinen mit Turing-Maschinen), wird es sich auszahlen, dass wir beide Programmtypen, WHILE und GOTO, haben: Mal eignet sich der eine, mal der andere Typ besser zum Vergleich mit einem bestimmten anderen Berechnungsmodell.

Satz 11.3.4 (WHILE^{part} **= GOTO**^{part} **).** *Die Menge der WHILE-berechenbaren Funktionen ist gleich der Menge der GOTO-berechenbaren Funktionen: $WHILE^{part} = GOTO^{part}$, und $WHILE = GOTO$.*

Beweis:

1. Jede WHILE-berechenbare Funktion ist GOTO-berechenbar: Der einzige Befehl, der in WHILE-, aber nicht in GOTO-Programmen vorkommt, ist

   while $x_i \neq 0$ do P end

   Dieser *while*-Befehl soll nun mit einem GOTO-Programm simuliert werden. Solange wir die Äquivalenz von WHILE und GOTO nicht gezeigt haben, können wir auf die Zusatzbefehle nicht zurückgreifen, deshalb müssen wir bei der Simulation einige Umwege nehmen, um mit den Elementarbefehlen auszukommen. Es seien j_1, j_2, j_3 neue Indizes, x_n sei ein bislang unbenutztes Register, und P enthalte selbst keinen weiteren *while*-Befehl (das erreicht man leicht, indem man jeweils alle „innersten" *while*-Konstrukte zuerst in GOTO-Programme übersetzt). Dann simuliert folgendes GOTO-Programm den *while*-Befehl:

   j_1 : if $x_i = 0$ goto j_3;

   $\hat{P}$;

   j_2 : if $x_n = 0$ goto j_1; // unbedingter Sprung, da $x_n = 0$

   j_3 : $x_n := x_n - 1$ // NOP, j_3 ist nur Sprungziel.

   $\hat{P}$ meint dabei das Programm, das entsteht, wenn man in P jede Programmzeile mit einem Index versieht. Die Eigenschaft der Totalität erhält sich bei der Umformung: Wenn das WHILE-Programm total war, so auch das simulierende GOTO-Programm.

2. Jede GOTO-berechenbare Funktion ist WHILE-berechenbar: Entsprechend der obigen Definition hat das zu simulierende GOTO-Programm P allgemein die Form

   $1 : B_1$;

   $2 : B_2$;

   $\vdots \quad \vdots$

   $t : B_t$

   mit Indizes $1, 2, \ldots, t$ und Befehlen $B_1, \ldots, B_t$. Dann kann man dies GOTO-Programm mit einem WHILE-Programm simulieren, das eine neue Variable x_{count} verwendet mit folgender Bedeutung: Ist der Inhalt von x_{count} gerade i, so heißt das, dass im simulierten GOTO-Programm P als nächstes die Programmzeile $i : B_i$ ausgeführt werden soll. Das WHILE-Programm zu P hat die Form

   $x_{count} := 1$;

   while $x_{count} \neq 0$ do

       if $x_{count} = 1$ then B_1' end;

       if $x_{count} = 2$ then B_2' end;

$\vdots$

if $x_{count} = t$ then B'_t end;

if $x_{count} > t$ then $x_{count} = 0$ end

end

wobei die B'_i wie folgt gewählt sind (x_n sei eine neue Variable):

B_i	B'_i
$x_i := x_i \pm 1$	$x_i := x_i \pm 1$; $x_{count} := x_{count} + 1$
if $x_i = 0$ goto j	if $x_i = 0$ then $x_{count} := j$
	else $x_{count} := x_{count} + 1$ end;

Die Eigenschaft der Totalität erhält sich auch hier, d.h. bei einem totalen GOTO-Programm ist auch das simulierende WHILE-Programm total. ∎

Mit diesem Beweis haben wir gleichzeitig gezeigt, dass man die in 11.1.7 definierten Zusatzbefehle auch in GOTO-Programmen verwenden kann. Einen weiteren Nebeneffekt des letzten Beweises beschreibt das nächste Lemma. Dabei müssen wir aber den if-Befehl in WHILE-Programmen als primitiv definieren, statt ihn als durch $while$ simuliert anzunehmen. Sei also ein WHILE^{if}-Programm ein WHILE-Programm, das neben den in Def. 11.2.1 angegebenen Befehlen und Programmen auch einen if-Befehl der Form $if\ x_i = n\ then\ P_1\ end$ enthalten darf, wobei $n \in \mathbb{N}$ und P_1 ein WHILE^{if}-Programm ist.

Lemma 11.3.5. *Jede WHILE-berechenbare Funktion lässt sich durch ein WHILE^{if}-Programm mit höchstens einer while-Schleife berechnen.*

Beweis: Nach Punkt 1 des letzten Beweises gibt es zu jedem WHILE-Programm W ein äquivalentes GOTO-Programm G. Nach Punkt 2 desselben Beweises kann man aber jedes GOTO-Programm in ein WHILE-Programm mit nur einer $while$-Schleife und zuzüglich einigen if-Befehlen übersetzen. Also kann man zu G ein äquivalentes WHILE^{if}-Programm W' konstruieren, das nur eine $while$-Schleife enthält. ∎

11.4 GOTO-Programme und Turing-Maschinen

In diesem Abschnitt geht es darum, die Mächtigkeit von Registermaschinen und Turing-Maschinen zu vergleichen. Für die verschiedenen Varianten von Registermaschinen haben wir schon einige Vergleiche angestrengt. Wir haben gezeigt, dass gilt:

- LOOP $\subseteq$ WHILE $\subset$ WHILE^{part},
- WHILE = GOTO, und WHILE^{part} = GOTO^{part}.

Jetzt zeigen wir, dass Turing-Maschinen mindestens so mächtig sind wie Registermaschinen mit GOTO-Programmen, dass also GOTO $\subseteq$ TM und GOTO^{part} $\subseteq$ TM^{part} gilt. Tatsächlich sind Registermaschinen mit WHILE- oder GOTO-Programmen *genau* gleichmächtig wie Turing-Maschinen. Die Gegenrichtung TM $\subseteq$ WHILE lässt sich aber leichter über ein weiteres Berechnungsmodell zeigen, die rekursiven Funktionen, die wir im nächsten Kapitel kennenlernen. Deshalb stellen wir diese Beweisrichtung zunächst zurück.

Nach dem Beweis für GOTO $\subseteq$ TM kommen wir auf die Frage zurück, ob LOOP schon alle totalen Funktionen enthält oder nicht. Wie angekündigt, werden wir zeigen können, dass es mindestens eine totale Funktion gibt, die nicht LOOP-berechenbar, aber TM-berechenbar ist.

Zunächst aber zum Vergleich von GOTO und TM: Es ist nicht zu schwer, zu einem GOTO-Programm eine Turing-Maschine zu konstruieren, die dasselbe berechnet: Wenn das GOTO-Programm ℓ Register benutzt, hat die simulierende Turing-Maschine ℓ Halbbänder, auf denen sie den aktuellen Inhalt der Register in Unärdarstellung speichert. Wir beschränken uns bei der Simulation auf den minimalen Befehlssatz, hier den aus Definition 11.3.1.

Satz 11.4.1 (GOTO $\subseteq$TM). *Jede GOTO-berechenbare Funktion ist TM-berechenbar: Es gilt GOTO $\subseteq$ TM, und GOTO^{part} $\subseteq$ TM^{part}.*

Beweis: Es sei $f : \mathrm{N}^k \to \mathrm{N}$ eine GOTO-berechenbare Funktion. Dann wird f von einer Registermaschine mit GOTO-Programm P_f berechnet. P_f benutze ausschließlich Register aus der Menge $\{x_1, \ldots, x_\ell\}$ mit $\ell \geq k+1$. Bei t Programmzeilen hat P_f definitionsgemäß die Form

```
1 : B₁;
⋮  ⋮
t : Bₜ
```

Dann kann man zu P_f eine Turing-Maschine M_f mit ℓ Halbbändern konstruieren, die ebenfalls die Funktion f berechnet wie folgt: M_f speichert jeweils auf dem i-ten Halbband den aktuellen Inhalt des Registers x_i. Das Programm von M_f ergibt sich, indem jedem Teilprogramm $n : B_n$ von P_f (für $1 \leq n \leq t$) wie folgt ein Flussdiagramm zugeordnet wird:

B_n	TM-Flussdiagramm
$\mathtt{x_i := x_i + 1}$	$> |^{(i)} R^{(i)}$

$x_i := x_i - 1$	$> L^{(i)} \overset{\#^{(i)}}{\to} R^{(i)}$ $\downarrow\mid^{(i)}$ $\#^{(i)}$
$P_{n,1};\quad P_{n,2}$	$> M_{n,1} M_{n,2}$ wobei $M_{n,1}$ das Diagramm zu $P_{n,1}$ und $M_{n,2}$ das Diagramm zu $P_{n,2}$ ist.
if $x_i = 0$ goto j	$> L^{(i)} \overset{\#^{(i)}}{\to} R^{(i)} \to M_j$ $\downarrow\mid^{(i)}$ $R^{(i)} \to M_{n+1}$ wobei M_j das Diagramm zu P_j und M_{n+1} das Diagramm zu P_{n+1} ist.

Die Teildiagramme müssen nun noch verbunden werden. Für Diagramme, die für *goto*-Befehle stehen, sind schon alle nötigen Pfeile eingetragen. Für alle anderen Sorten gilt: Vom n-ten Diagramm führt ein Pfeil zum $(n + 1)$-ten. Das Diagramm zu P_1 (der ersten Zeile des GOTO-Diagramms) muss außerdem mit $>$ gekennzeichnet werden als die Stelle, wo die Turing-Maschine mit der Ausführung beginnt. Dann wird das Programm der Turing-Maschine M_f von der Gesamtheit dieser so verknüpften Teildiagramme beschrieben. Offensichtlich berechnet M_f die Funktion f. ∎

Im letzten Beweis haben wir eine Turing-Maschine M_f mit mehreren Bändern verwendet, einem für jedes Register. Nach der Konstruktion aus Satz 7.4.5 könnten wir M_f wiederum simulieren mit einer Standard-TM M', die für jedes Band von M_f zwei Spuren verwendet. Es geht aber auch einfacher, mit nur einer Spur.

Satz 11.4.2. *Jede partielle oder totale GOTO-berechenbare Funktion $f : N^k \to N$ wird schon von einer Turing-Maschine mit Alphabet $\Sigma = \{\#, \mid\}$ berechnet.*

Beweis: Sei $f : N^k \to N$ eine partielle oder totale Funktion, die von einer Registermaschine mit GOTO-Programm P_f berechnet wird. P_f benutze ausschließlich Register aus der Menge $\{x_1, \dots, x_\ell\}$ mit $\ell \geq k + 1$ und bestehe aus t Programmzeilen $1 : B_1; \dots t : B_t$.

Dann kann man P_f simulieren mit einer Halbband-Turing-Maschine M'_f, die den Inhalt aller ℓ Register $x_1, \dots, x_\ell$ auf einem Band speichert: Wenn jeweils das i-te Register den Wert n_i enthält für $1 \leq i \leq \ell$, dann codiert M'_f das durch den Bandinhalt

$$\#\mid^{n_1}\#\mid^{n_2}\#\cdots\#\mid^{n_\ell}\underline{\#}.$$

Wenn P_f nun z.B. den Inhalt des i-ten Registers inkrementiert, dann fügt M'_f der i-ten Kette von Strichen einen weiteren Strich hinzu. Dazu muss sie die $(i+1)$-te bis ℓ-te Strich-Kette verschieben. M'_f verwendet hierfür die Turing-Maschinen S_L und S_R aus Beispiel 7.2.5, die einen Teil des Bandinhalts um ein Zeichen nach links bzw. nach rechts verschieben.

Wir geben wieder zu jeder Programmzeile $n : B_n$ von P_f (für $1 \leq n \leq t$) ein Teil-Flussdiagramm von M'_f an.

B_n	TM-Flussdiagramm
$\mathtt{x_i := x_i + 1}$	$> (L_\# S_R L)^{\ell-i} \mid (R_\#)^{\ell-i}$
$\mathtt{x_i := x_i - 1}$	$(L_\#)^{\ell-i+1} R \xrightarrow{\#} R_\#^{\ell-i} \qquad \{ \text{ Es war schon } x_i = 0. \}$ $\downarrow^{\mid}$ $\#(S_L R_\# R)^{\ell-i+1} L$
$\mathtt{P_{n,1};\quad P_{n,2}}$	$> M_{n,1} M_{n,2}$ wobei $M_{n,1}$ das Diagramm zu $P_{n,1}$ und $M_{n,2}$ das Diagramm zu $P_{n,2}$ ist.
$\mathtt{if\ x_i = 0\ goto\ j}$	$(L_\#)^{\ell-i+1} R \xrightarrow{\#} (R_\#)^{\ell-i+1} M_j$ $\downarrow^{\mid}$ $(R_\#)^{\ell-i+1} M_{n+1}$ wobei M_j das Diagramm zu P_j und M_{n+1} das Diagramm zu P_{n+1} ist.

$\blacksquare$

11.5 LOOP-Programme und Turing-Maschinen

In Abschnitt 11.2 haben wir schon erwähnt, dass die LOOP-berechenbaren Funktionen eine echte Teilklasse der WHILE- und GOTO-berechenbaren Funktionen sind, mussten den Beweis aber zunächst zurückstellen. In diesem Abschnitt konstruieren wir eine totale *TM-berechenbare* Funktion, die nicht LOOP-berechenbar ist, was bedeutet, dass LOOP $\subset$ TM ist. Den Beweis, dass die Funktion, die wir konstruieren, tatsächlich nicht in LOOP liegt, führen wir durch ein Diagonalisierungsargument (siehe Satz 2.2.21, Satz 8.3.5).Um von LOOP $\subset$ TM auf LOOP $\subset$ WHILE schließen zu können, müssen wir im nächsten Kapitel zeigen, dass TM = GOTO = WHILE ist.

Wir betrachten in diesem Abschnitt ausschließlich Programme mit *einstelliger* Eingabe – wenn es eine totale TM-berechenbare Funktion mit *einem* Eingabewert gibt, die nicht LOOP-berechenbar ist, ist die Aussage LOOP $\subset$ TM ja schon gezeigt. Wir argumentieren wie folgt: Zu jeder einstellige LOOP-berechenbare Funktion $f : \mathrm{N} \to \mathrm{N}$ gibt es ein LOOP-Programm P_f, das f

berechnet. Wir definieren eine Gödelisierung g, die jedem solchen Programm P_f eine Zahl $g(f)$ aus N zuordnet, so dass P_f aus $g(f)$ effektiv rekonstruierbar ist. Unter Verwendung dieser Gödelnummern zeigen wir, dass es eine effektive Aufzählung $\{f_1, f_2, \ldots\}$ für die einstelligen LOOP-berechenbaren Funktionen gibt. Das heißt, dass es eine TM M_0 gibt, die bei Eingabe i das LOOP-Programm P_{f_i} der i-ten einstelligen LOOP-berechenbaren Funktion f_i rekonstruieren kann. Darauf aufbauend kann man eine weitere TM M_1 definieren, die nach Eingabe von i zunächst wie M_0 arbeitet, also P_{f_i} bestimmt, danach den Wert $f_i(i)$ berechnet und schließlich zu dem Ergebnis eins addiert. Bei Eingabe von i liefert M_1 also das Ergebnis $f_i(i) + 1$. Damit berechnet M_1 auch eine einstellige Funktion $\psi : N \to N$. Diese Funktion ψ ist total, wie wir zeigen werden, unterscheidet sich aber von jeder LOOP-berechenbaren Funktion aus der Aufzählung $\{f_1, f_2, \ldots\}$ in mindestens einem Punkt. Also ist sie nicht LOOP-berechenbar. Soviel zur Grobstruktur des restlichen Abschnitts – nun zu den Details.

Die einstelligen LOOP-berechenbaren Funktionen sind aufzählbar

Ein LOOP-Programm ist eine endliche Folge von LOOP-Befehlen, die durch „;" getrennt sind. Bei der Gödelisierung von beschränkten Grammatiken in Abschnitt 8.3 haben wir die j-te Variable durch ein ganzes Wort dargestellt, nämlich ein 'V' gefolgt von j vielen Strichen. Ähnlich gehen wir jetzt auch vor: Wir verschlüsseln die abzählbar vielen Variablen $\{x_i \mid i \in N\}$ durch Worte $\{x^i \mid i \in N\}$ über dem Alphabet $\{x\}$. Damit können wir ein LOOP-Programm als ein spezielles Wort über dem Alphabet $\Sigma_{LOOP} := \{';', x,' :=', +, -, 1,' loop',' do',' end'\}$ auffassen.[1] Jedem dieser Buchstaben ordnen wir eine Zahl zwischen 0 und 8 zu. Das Semikolon soll zweckmäßigerweise durch die 0 dargestellt werden, da es nie am Anfang eines Programmes stehen kann. Damit haben wir recht einfach jedem LOOP-Programm eine Zahl $i \in N$ zugeordnet. Umgekehrt beschreibt jede Zahl $i \in N$ ein Wort über Σ_{LOOP}, wenn auch nicht unbedingt ein LOOP-Programm. Ob das zu i gehörige Wort ein syntaktisch korrektes LOOP-Programm ist oder nicht, kann man leicht algorithmisch feststellen.[2] Falls nein, kann man i ja irgendein LOOP-Programm zuweisen, z.B. $P_{NOP} \equiv x_1 := x_1 + 1; x_1 := x_1 - 1$. Also setzen wir

$$P_i := \begin{cases} P, & \text{falls } i \text{ Gödelnummer des LOOP-Programmes } P \text{ ist} \\ P_{NOP}, & \text{sonst} \end{cases}$$

Nun berechnet aber leider nicht jedes LOOP-Programm eine Funktion. Nach Definition 11.1.2 muss ein Programm, um eine Funktion $f : N^k \to N$ zu berechnen, nach Programmende in den ersten k Registern wieder die

---

[1] Man beachte, dass z.B. 'end' in diesem Alphabet ein *einziger* Buchstabe ist.

[2] ... da man die Sprache aller syntaktisch korrekten LOOP-Programme mit einer kontextfreien Grammatik beschreiben kann.

Eingabewerte $n_1, \ldots, n_k$ haben, im $(k+1)$-ten Register den Funktionswert $f(n_1, \ldots, n_k)$ und in allen anderen Registern den Wert 0. Diese Forderungen erfüllt nicht jedes Programm; das Programm aus Beispiel 11.1.5 etwa erfüllt sie nicht. Was diesen Sachverhalt zum Problem macht, ist, dass man einem LOOP-Programm nicht immer ansehen kann, ob es eine Funktion $f : \mathrm{N}^k \to \mathrm{N}$ für irgendein k berechnet. Angenommen, wir haben ein Programm vorliegen, das nie den Wert von x_1 ändert, aber auf eine völlig unübersichtliche Weise die Variablen x_3 bis x_ℓ benutzt. Dann berechnet es nur dann eine Funktion $f : \mathrm{N} \to \mathrm{N}$, wenn für *alle* Eingabewerte n bei Programmende die Register x_3 bis x_ℓ auf 0 gesetzt sind. Wie will man das allgemein überprüfen?

Hier hilft eine andere Idee: Wir ändern jedes LOOP-Programm P so in ein LOOP-Programm $\hat{P}$ ab, dass $\hat{P}$ auf jeden Fall eine Funktion $f : \mathrm{N} \to \mathrm{N}$ berechnet. Wenn P schon eine Funktion $f_P : \mathrm{N} \to \mathrm{N}$ berechnet, so soll $\hat{P}$ dieselbe Funktion f_P berechnen. Das sieht zunächst kompliziert aus, ist aber recht einfach: Sei P ein LOOP-Programm, das ausschließlich Variablen aus der Menge $\{x_1, \ldots, x_\ell\}$ benutzt, und sei x_n, $n > \ell$, eine neue Variable. Dann definieren wir das LOOP-Programm $\hat{P}$ als

$$\hat{P} := \mathtt{x_n := x_1;}$$
$$\mathtt{P;}$$
$$\mathtt{x_1 := x_n; x_n := 0;}$$
$$\mathtt{x_\ell := 0; \ldots; x_3 := 0}$$

$\hat{P}$ kopiert also zu Beginn den Eingabewert aus dem Register x_1 in ein neues Register x_n, rechnet dann wie P, schreibt danach x_n zurück nach x_1 und löscht den Inhalt aller Register außer x_1 und x_2. Wenn P schon eine Funktion $f : \mathrm{N} \to \mathrm{N}$ berechnet hat, so ändert die Umformung nichts daran. Im anderen Fall berechnet $\hat{P}$ auf jeden Fall eine einstellige Funktion, nennen wir sie $f_{\hat{P}} : \mathrm{N} \to \mathrm{N}$.

Wir definieren jetzt die i-te LOOP-berechenbare Funktion $f_i : \mathrm{N} \to \mathrm{N}$ als

$$f_i := \begin{cases} f_{\hat{P}}, \text{ falls } i \text{ Gödelnummer des LOOP-Programmes } P \text{ ist} \\ g_0, \text{ sonst} \end{cases} \qquad (*)$$

wobei $g_0 : \mathrm{N} \to \mathrm{N}$ die Nullfunktion mit $g_0(n) = 0 \ \forall\, n \in \mathrm{N}$ ist. Sie wird zum Beispiel berechnet vom oben angeführten Programm P_{NOP}.

Eine Turing-Maschine M_{ra} kann diese Funktionen $\{f_1, f_2, \ldots\}$ bzw. die zugehörigen LOOP-Programme, die sie berechnen, rekursiv aufzählen: Sie erzeugt alle natürlichen Zahlen. Für jede Zahl i prüft sie, ob i ein syntaktisch korrektes LOOP-Programm P verschlüsselt. Wenn ja, wandelt sie die Gödelnummer von P um in die von $\hat{P}$. Wenn nein, erzeugt sie die Zahl, die P_{NOP} verschlüsselt. Damit hat sie die Gödelnummer eines Programmes erzeugt, das f_i berechnet. Insgesamt zählt M_2 (in gödelisierter Form) LOOP-Programme zu allen einstelligen LOOP-berechenbaren Funktionen $f : \mathrm{N} \to \mathrm{N}$ auf. Halten wir dies Ergebnis fest:

Lemma 11.5.1. *Die Menge der LOOP-berechenbaren Funktionen $f : \mathrm{N} \to$ N ist rekursiv aufzählbar.*

Existenz einer einstelligen, totalen, nicht LOOP-berechenbaren Funktion

Es gibt eine totale TM-berechenbare Funktion, die nicht LOOP-berechenbar ist. Damit gilt LOOP $\subset$ TM. Den Beweis führen wir, wie oben skizziert, mit einem Diagonalisierungsargument.

Satz 11.5.2 (LOOP $\subset$ TM). *Es gibt eine Funktion $\psi : \mathrm{N} \to \mathrm{N}$, für die gilt: $\psi \in TM$, aber $\psi \notin LOOP$.*

Beweis: Es sei $\{f_1, f_2, \ldots\}$ die oben unter $(*)$ definierte Aufzählung aller einstelligen LOOP-berechenbaren Funktionen. Wir definieren nun $\psi : \mathrm{N} \to \mathrm{N}$ wie oben beschrieben als

$$\psi(i) := f_i(i) + 1 \quad \forall i \in \mathrm{N}.$$

- Die Funktion ψ ist total, da es zu jedem $i \in \mathrm{N}$ eine i-te LOOP-berechenbare Funktion f_i gibt und f_i total ist; das heißt, es sind sowohl f_i als auch insbesondere $f_i(i)$ auf jeden Fall definiert.
- ψ ist TM-berechenbar: Nach Lemma 11.5.1 sind die einstelligen LOOP-berechenbaren Funktionen aufzählbar. Sei M_0 eine Turing-Maschine, die diese Aufzählung ausführt. Die i-te Funktion f_i wird von M_0 aufgezählt in Form einer Gödelnummer, die ein LOOP-Programm beschreibt, das f_i berechnet.

  In ähnlicher Weise wie eine universelle Turing-Maschine (siehe Kapitel 7) kann man einen universellen Interpreter für LOOP-Programme konstruieren, nennen wir ihn M_u. M_u bekommt die Gödelnummer eines LOOP-Programmes als Eingabe, zuzüglich der anfänglichen Registerbelegung, interpretiert dies Programm und simuliert so die Arbeit einer beliebigen Registermaschine mit LOOP-Programm.

  Also kann man eine Turing-Maschine M_1, die ψ berechnet, so konstruieren: Sie nutzt zunächst M_0, um bei Eingabe i die Funktion f_i zu ermitteln. Danach simuliert sie wie M_u die Abarbeitung des i-ten LOOP-Programmes mit einstelligem Input i. Zu dem Ergebnis $f_i(i)$ addiert sie noch eins.

ψ ist nicht LOOP-berechenbar, denn sonst gäbe es ein $i_0 \in \mathrm{N}$ mit $f_{i_0} = \psi$ (es wäre i_0 die Gödelnummer eines LOOP-Programmes, das ψ berechnete). Dann gälte aber

$$f_{i_0}(i_0) = \psi(i_0) = f_{i_0}(i_0) + 1.$$

Das ist ein Widerspruch. ∎

11.6 Zusammenfassung

Registermaschinen sind leicht abstrahierte Rechner, die endlich viele Register besitzen, in denen sie jeweils eine natürliche Zahl aufnehmen können, und die Programme einer rudimentären imperativen Programmiersprache ausführen können. Wir haben drei Typen von Programmen kennengelernt:

- LOOP-Programme können Befehle vom Typus $x_i := x_i \pm 1$ und *loop x_i do P end* enthalten.
  Die Klasse der LOOP-berechenbaren Funktionen $f : \mathbb{N}^k \to \mathbb{N}$ heißt LOOP. Sie enthält nur totale Funktionen.
- WHILE-Programme bestehen aus den Befehlsarten $x_i := x_i \pm 1$ und *while $x_i \neq 0$ do P end*.
  Die Klasse der partiellen WHILE-berechenbaren Funktionen $f : \mathbb{N}^k \to \mathbb{N}$ heißt WHILE^{part}, und die der totalen WHILE-berechenbaren Funktionen heißt WHILE.
- GOTO-Programme besitzen neben dem $x_i := x_i \pm 1$ den bedingten Sprung *if $x_i = 0$ goto j*. Jeder Programmzeile ist ein Index vorausgestellt in der Form $j : B$.
  Analog zu WHILE und WHILE^{part} heißen die zwei Klassen von GOTO-berechenbaren Funktionen GOTO und GOTO^{part}.

Befehle können jeweils mit Semikolon aneinandergereiht werden: $P_1 ; P_2$.

Es gelten folgende Relationen zwischen den Klassen von berechenbaren Funktionen:

- LOOP $\subseteq$ WHILE $\subset$ WHILE^{part},
- LOOP $\subset$ TM,
- GOTO = WHILE, und GOTO^{part} = WHILE^{part}
- GOTO $\subseteq$ TM, und GOTO^{part} $\subseteq$ TM^{part}

Es gilt sogar GOTO = TM, aber dieser Beweis wird erst im nächsten Kapitel geführt.

12. Rekursive Funktionen

Sowohl Turing- als auch Registermaschinen sind, wie ihr Name schon sagt, Modelle von Maschinen. Sie nähern sich der Frage danach, was berechenbar ist, von der Seite der berechnenden Automaten. Die Programme, die auf diesen Maschinentypen laufen, müssen speziell auf das jeweilige Modell zugeschnitten sein; das macht sie als allgemeine Problemlösungsstrategien manchmal wenig tauglich. Bestes Beispiel ist hier die Addition zweier Unärzahlen mit einer Turing-Maschine, wie sie in Beispiel 7.2.1 beschrieben ist: Eingabe sind zwei natürliche Zahlen in „Strichdarstellung". Um beide zu addieren, löscht die Turing-Maschine einfach den rechtesten Strich der zweiten Zahl und schreibt ihn in den Zwischenraum zwischen den zwei Zahlen wieder hin – dieser Trick funktioniert natürlich nur bei diesem Maschinenmodell.

In diesem Kapitel stellen wir ein Modell vor, das nicht eine Maschine nachbildet, sondern sich der Frage der Berechenbarkeit von der Algorithmen-Seite nähert: die rekursiven Funktionen. Mit ihnen beschreibt man *Lösungen* von Problemen, nicht die einzelnen Schritte des Rechenweges wie etwa bei Turing-Maschinen. Darin hat das Berechnungsmodell der rekursiven Funktionen Ähnlichkeit mit funktionalen Programmiersprachen.

Wir bauen uns im folgenden ein System von Funktionen auf, mit Hilfe derer man jeden Algorithmus beschreiben kann. Diese Funktionen haben jeweils $k \geq 0$ Eingabewerte $n_1, \ldots, n_k$, auch kurz als $\boldsymbol{n}$ geschrieben, wenn k bekannt oder unwichtig ist. Sie sind kompositional zusammensetzbar, und sie verwenden Rekursion. Wir gehen ähnlich vor wie bei den Registermaschinen im letzten Kapitel: Wir definieren zunächst einen Minimalsatz von Funktionen, die wir später zu komplexeren Berechnungen zusammensetzen.

- Die rekursiven Funktionen operieren, wie Registermaschinen, ausschließlich auf natürlichen Zahlen. Mit der Konstanten 0 und der Successor-Funktion $+1$ können wir alle Zahlen aus N darstellen.
- Die Auswahl-Funktion π_i liefert von k Argumenten nur das i-te zurück (so kann man nicht benötigte Werte ausblenden).
- Funktionen können über eine verallgemeinerte Form der Komposition, „simultanes Einsetzen", verknüpft werden: Wir können nicht nur $g\big(h(\boldsymbol{n})\big)$ bilden, sondern $g\big(h_1(\boldsymbol{n}), \ldots, h_r(\boldsymbol{n})\big)$ für beliebiges r.
- Außerdem steht noch das Konstrukt der *primitiven Rekursion* zur Verfügung, mit Hilfe dessen Funktionen induktiv definiert werden können:

© Springer-Verlag GmbH Deutschland, ein Teil von Springer Nature 2018
L. Priese und K. Erk, *Theoretische Informatik*,
https://doi.org/10.1007/978-3-662-57409-6_12

Der Funktionswert von f an der Stelle $(n+1)$ wird durch Rückgriff auf den Funktionswert $f(n)$ festgelegt. Als Induktionsanfang dient $f(0)$, der gesondert angegeben wird.

Obwohl wir es hier mit einer ganz anderen Sichtweise auf Berechnung zu tun haben als bei Registermaschinen, können wir doch Vergleiche anstellen. Registermaschinen reihen Befehle durch Sequenzbildung mit ';' aneinander, während rekursive Funktionen durch simultanes Einsetzen verknüpft werden. Registermaschinen können gleiche Befehlsfolgen mit *loop* mehrfach wiederholen, was sich mit der primitiven Rekursion vergleichen lässt: Ist f durch primitive Rekursion definiert, dann berechnet sich der Wert $f(n+1)$ unter Verwendung von $f(n)$, $f(n)$ wiederum greift auf $f(n-1)$ zurück, etc., bis hinunter zu $f(0)$. Für die Berechnung von $f(n+1)$ werden also $(n+1)$ weitere Funktionswerte herangezogen; eine Registermaschine, die *loop x_i do P end* ausführt, wiederholt P genau $(n+1)$ mal, falls x_i bei Betreten des *loop* den Wert $(n+1)$ enthält. Könnte man sich auch einen Operator für rekursive Funktionen denken, der in irgendeiner Weise als Äquivalent zum *while* dienen könnte? Etwas umständlich ausgedrückt könnte man sagen, ein *while*-Befehl rechnet bis zum *nächstliegenden Berechnungszeitpunkt*, wo ein bestimmtes Register x_i den Wert Null enthält. Analog definieren wir für die rekursiven Funktionen einen Operator, der den *kleinsten Wert* ermittelt, für den eine bestimmte Bedingung erfüllt ist: den μ-Operator.

$$\mu i(g(n_1, \ldots, n_k, i) = 0)$$

liefert als Funktionswert das *kleinste i*, für das $g(n_1, \ldots, n_k, i) = 0$ ist. Für

$$g(n_1, n_2, i) = (i + n_1) \bmod n_2$$

ist zum Beispiel $\mu i\big(g(1, 5, i) = 0\big) = 4$, die kleinste Zahl aus N, für die $(i + 1) \bmod 5 = 0$ ist.

Die rekursiven Funktionen ohne den μ-Operator heißen *primitiv rekursive Funktionen*. Mit ihnen werden wir uns als erstes beschäftigen, danach erst mit den *μ-rekursiven Funktionen*, die, wie ihr Name schon sagt, den μ-Operator einschließen. Zum Schluss setzen wir die rekursiven Funktionen zu den anderen Berechnungsmodellen, die wir bisher kennengelernt haben, in Bezug.

12.1 Primitiv rekursive Funktionen

Die einfachste Klasse von rekursiven Funktionen sind die *primitiv rekursiven* Funktionen. Sie umfassen drei Arten von Funktionen und zwei Methoden, sie zu komplexeren Funktionen zusammenzusetzen. Die drei Funktionstypen sind die Konstante 0, die Successor-Funktion, und eine Funktion π, die das i-te von k Argumenten auswählt. Um diese Funktionstypen zu kombinieren, steht zum einen die Komposition zur Verfügung, die hier „simultanes Einsetzen" heißt, zum anderen die primitive Rekursion.

Definition 12.1.1 (primitiv rekursive Funktionen $\wp$). *Die Klasse $\wp$ der* **primitiv rekursiven (p.r.) Funktionen** *ist die kleinste Klasse, die die Funktionen*

- *Konstante $0 : N^0 \to N$ mit $0() := 0$,*
- *Successor $+1 : N \to N$ mit $+1(n) := n + 1 \quad \forall n \in N$ und*
- *Auswahl $\pi_i^k : N^k \to N$ mit $\pi_i^k(n_1, \dots, n_k) := n_i$ für $1 \le i \le k$*

enthält und abgeschlossen ist gegen

- *simultanes Einsetzen:*
  Sind $g : N^r \to N, h_1 : N^k \to N, \dots, h_r : N^k \to N$ primitiv rekursiv, so auch $f : N^k \to N$ mit $f(\boldsymbol{n}) = g(h_1(\boldsymbol{n}), \dots, h_r(\boldsymbol{n}))$.
- *primitive Rekursion:*
  Sind $g : N^k \to N$ und $h : N^{k+2} \to N$ primitiv rekursiv, so auch $f : N^{k+1} \to N$ mit

$$f(\boldsymbol{n}, 0) = g(\boldsymbol{n})$$
$$f(\boldsymbol{n}, m + 1) = h(\boldsymbol{n}, m, f(\boldsymbol{n}, m))$$

Sowohl beim simultanen Einsetzen als auch in der primitiven Rekursion ist $\boldsymbol{n}$ eine Abkürzung für ein k-Tupel $(n_1, \dots, n_k)$. k ist aus dem Kontext eindeutig erkennbar, deshalb reicht die verkürzende Schreibweise $\boldsymbol{n}$ aus.

Die Definition der primitiven Rekursion gleicht der Induktion über natürliche Zahlen: Ist der letzte Parameter von f echt größer 0, so wird die Teilfunktion h verwendet, um den Funktionswert $f(\boldsymbol{n}, m+1)$ zu berechnen, und zwar in Abhängigkeit von $f(\boldsymbol{n}, m)$. Den Induktionsanfang bildet $f(\boldsymbol{n}, 0)$.

Im nächsten Abschnitt bauen wir aus den Basis-Funktionen komplexere auf, indem wir sie mittels simultanen Einsetzens und primitiver Rekursion verknüpfen.

12.2 Arithmetische Funktionen, primitiv rekursiv ausgedrückt

In diesem Abschnitt bauen wir, analog zur Vorgehensweise im Kapitel über Registermaschinen, aus den atomaren Funktionen der letzten Definition komplexere auf, mit denen man sich etliches an Schreibarbeit beim Aufstellen von rekursiven Funktionen erspart.

Verfahren 12.2.1 (Grundlegende arithmetische Funktionen). Wir zeigen für einige arithmetische Funktionen, dass sie in $\wp$ liegen, dass sie sich also mit primitiv rekursiven Mitteln ausdrücken lassen. Die neuen Funktionen, die wir definieren, setzen wir gleich für den Aufbau weiterer Funktionen ein.

neue Funktion	Aufbau mit bekannten Funktionen
$n + m$	Wir definieren die Addition rekursiv. Ziel ist es, mit primitiv rekursiven Mitteln darzustellen, dass $n + 0 = n$ und $n + (m + 1) = +1((n + m))$. Da wir noch keine Identitätsfunktion haben, um $n + 0 = n$ auszudrücken, verwenden wir die Auswahlfunktion π. Wir nennen erst die allgemeine Definition der primitiven Rekursion und konkretisieren dann die Teilfunktionen g und h. Für die Funktion h ist wieder die Auswahlfunktion π wesentlich: Nach Definition von h haben wir drei Argumente, $h(n, m, f(n, m))$, wollen aber ausschließlich auf das dritte zugreifen, um $f(n, m) + 1$ zu bilden. $$f(n, 0) \quad = \quad g(n) \quad \text{mit } g(n) = \pi_1^1(n) = n$$ $$f(n, m + 1) \quad = \quad h(n, m, f(n, m)) \text{ mit}$$ $$h(n_1, n_2, n_3) \; = \; +1\big(\pi_3^3(n_1, n_2, n_3)\big)$$ Das heißt, $f(n, m + 1) = +1\big(\pi_3^3(n, m, f(n, m))\big) = f(n, m) + 1 = (n + m) + 1$.
$\dot{-}1(n)$	Die „modifizierte Subtraktion" $\dot{-}1 : \mathrm{N} \to \mathrm{N}$ ist definiert als $$\dot{-}1(n) := \begin{cases} 0, & \text{falls } n = 0 \\ n - 1, & \text{falls } n > 0. \end{cases}$$ Damit ist N gegen $\dot{-}1$ abgeschlossen. Wir legen auch hier rekursiv $f(\boldsymbol{n}, 0)$ und $f(\boldsymbol{n}, m + 1)$ fest, allerdings hat in diesem Fall der Vektor $\boldsymbol{n}$ die Länge 0 – die Funktion $\dot{-}1$ hat ja nur ein Argument. $$(\dot{-}1)(0) \quad = \quad g() \text{ mit } g() = 0$$ $$(\dot{-}1)(m + 1) \quad = \quad h\big(m, (\dot{-}1)(m)\big) \text{ mit}$$ $$h(n_1, n_2) = \pi_1^2(n_1, n_2)$$ Das heißt, $(\dot{-}1)(m + 1) = \pi_1^2\big(m, (\dot{-}1)(m)\big) = m$.
$n \dot{-} m$	Die allgemeine modifizierte Subtraktion $\dot{-} : \mathrm{N}^2 \to \mathrm{N}$ ist analog zu $\dot{-}1$ definiert als $$n \dot{-} m := \begin{cases} 0, & \text{falls } m \geq n \\ n - m, & \text{sonst.} \end{cases}$$

Damit ist N auch abgeschlossen gegen $\dot{-}$.[1]

Wir haben nun zweimal bis in die letzten Einzelheiten, d.h. mit ausdrücklicher Nennung der Teilfunktionen g und h, gezeigt, wie man die Definition der primitiven Rekursion anwendet; jetzt gehen wir zu einer weniger ausführlichen und dafür weit leserlicheren Schreibweise über.

$$\dot{-}(n, 0) \quad = \quad n$$
$$\dot{-}(n, m+1) \quad = \quad \dot{-}1\big(\dot{-}(n, m)\big)$$

Natürlich verwenden wir fast ausschließlich die Infix-Schreibweise $n\dot{-}m$ statt $\dot{-}(n, m)$.

$|(n, m)|$	Den Abstand zwischen zwei natürlichen Zahlen definiert man ausgehend von den schon definierten Funktionen $+$ und $\dot{-}$ wie folgt: $$|(n, m)| \quad = \quad (n\dot{-}m) + (m\dot{-}n)$$ Die Subtraktion mit $\dot{-}$ liefert nie einen Wert kleiner null. Also ist höchstens einer der zwei Summanden $n\dot{-}m$ und $m\dot{-}n$ größer null, und dieser entspricht dann gerade dem Abstand.
$n * m$	Die Multiplikation kann man mit Hilfe der Addition rekursiv beschreiben: $$*(n, 0) \quad = \quad 0$$ $$*(n, m+1) \quad = \quad *(n, m) + n$$ Auch hier schreiben wir lieber $n * m$ als $*(n, m)$.
n^m	Aufbauend auf der Multiplikation ergibt sich die m-te Potenz wie folgt: $$\hat{\ }(n, 0) \quad = \quad 1$$ $$\hat{\ }(n, m+1) \quad = \quad \hat{\ }(n, m) * n$$ mit der Schreibweise n^m statt $\hat{\ }(n, m)$.
$n!$	$$!(0) \quad = \quad 1$$ $$!(m+1) \quad = \quad !(m) * (m+1)$$ mit der Schreibweise $n!$ statt $!(n)$.

Mit Hilfe dieser arithmetischen Funktionen können wir rekursive Funktionen schon etwas bequemer beschreiben, als wenn wir jeweils nur die atomaren Funktionen aus Def. 12.1.1 verwendeten. Ein weiterer Punkt, in dem eine

---

[1] Man beachte aber, dass $(N, \dot{-})$ keine Halbgruppe bildet, da im allgemeinen $(n\dot{-}m)\dot{-}r \neq n\dot{-}(m\dot{-}r)$ gilt.

Schreiberleichterung nottut, ist der folgende: In der Definition des simultanen Einsetzens bekommen alle Teilfunktionen h_i dieselbe Sequenz $\boldsymbol{n}$ von Argumenten wie die Gesamtfunktion f. Nun könnte es aber sein, dass einige der h_i nicht alle Argumente brauchen, wie zum Beispiel in der folgenden Funktion: Aus der Multiplikation und der Funktion $\dot{-}1$ kann man die Funktion

$$f(n, m) = (n\dot{-}1) * (m\dot{-}1) = *((\dot{-}1)(n), (\dot{-}1)(m))$$

zusammensetzen. Oder ein h_i könnte ein Argument auf mehreren Positionen brauchen, wie in

$$f(n) = n^2 + 1 = +1(*(n, n)),$$

oder es könnte die Argumente in einer anderen Reihenfolge verlangen. Das all dies im Rahmen von $\wp$ erlaubt ist, zeigt das folgende Lemma:

Lemma 12.2.2. *$\wp$ ist abgeschlossen gegen Umordnen, Verdoppeln und Weglassen von Variablen beim simultanen Einsetzen.*

Beweis: Sei unser Ausgangs-Argumentvektor $\boldsymbol{n} = (n_1, \ldots, n_k)$. Ein neuer Argumentvektor $\boldsymbol{m}_i$, der durch Umordnen, Verdoppeln und Weglassen von Argumenten aus $\boldsymbol{n}$ entstanden ist, lässt sich so charakterisieren: Er muss aus Elementen von $\boldsymbol{n}$ aufgebaut sein, es muss also gelten $\boldsymbol{m}_i = (n_{i_1}, \ldots, n_{i_{t_i}})$ mit $i_j \in \{1, \ldots, k\}$ für $1 \leq j \leq t_i$.

Eine Funktion $f : \mathrm{N}^k \to \mathrm{N}$, die durch simultanes Einsetzen einschließlich Umordnen, Verdoppeln und Weglassen von Variablen entstanden ist, sieht allgemein wie folgt aus: Wir haben primitiv rekursive Funktionen $g : \mathrm{N}^k \to \mathrm{N}$ und $h_1 : \mathrm{N}^{t_1} \to \mathrm{N}, \ldots, h_r : \mathrm{N}^{t_r} \to \mathrm{N}$. Aufbauend darauf ist f definiert als

$$f(\boldsymbol{n}) = g\big(h_1(\boldsymbol{m}_1), \ldots, h_r(\boldsymbol{m}_r)\big).$$

Die Vektoren $\boldsymbol{m}_1$ bis $\boldsymbol{m}_r$ sind aus $\boldsymbol{n}$ durch Umordnen, Verdoppeln und Weglassen entstanden. Einen solchen Vektor $\boldsymbol{m}_i = (n_{i_1}, \ldots, n_{i_{t_i}})$ kann man aber schreiben als

$$\boldsymbol{m}_i = (\pi^k_{i_1}(\boldsymbol{n}), \ldots, \pi^k_{i_{t_i}}(\boldsymbol{n})).$$

Also kann man statt h_i auch eine (mit simultanem Einsetzen) zusammengesetzte Funktion verwenden, nämlich

$$h'_i(\boldsymbol{n}) = h_i(\pi^k_{i_1}(\boldsymbol{n}), \ldots, \pi^k_{i_{t_i}}(\boldsymbol{n})).$$

Diese Funktionen h'_i nehmen als Argumente denselben Vektor $\boldsymbol{n}$ wie die gesamte Funktion f, was exakt der formalen Definition des simultanen Einsetzens entspricht.   ∎

Nach diesem eher technischen Punkt kommen wir nun zu einem häufig verwendeten Konstrukt bei der Definition von Funktionen: der Fallunterscheidung. Wenn man die Typen von Fällen, die unterschieden werden können, geeignet einschränkt, kann man auch dies Konstrukt mit den Mitteln der primitiv rekursiven Funktionen ausdrücken.

Lemma 12.2.3 (Fallunterscheidung). *$\wp$ ist abgeschlossen gegen primitiv rekursive Fallunterscheidung, d.h. wenn g_i, h_i primitiv rekursiv sind für $1 \leq i \leq r$ und es für alle $\boldsymbol{n}$ genau ein j gibt, so dass $h_j(\boldsymbol{n}) = 0$ gilt, so ist auch folgende Funktion f primitiv rekursiv:*

$$f(\boldsymbol{n}) := \begin{cases} g_1(\boldsymbol{n}), \text{ falls } h_1(\boldsymbol{n}) = 0 \\ \vdots \qquad \vdots \\ g_r(\boldsymbol{n}), \text{ falls } h_r(\boldsymbol{n}) = 0 \end{cases}$$

Beweis:

$$f(\boldsymbol{n}) = g_1(\boldsymbol{n}) * (1 \dot{-} h_1(\boldsymbol{n})) + \ldots + g_r(\boldsymbol{n}) * (1 \dot{-} h_r(\boldsymbol{n})),$$

und für die verwendeten Teilfunktionen $*, +, \dot{-}$ haben wir schon bewiesen, dass sie in $\wp$ liegen. ∎

Die Technik, die dieser Beweis verwendet, verdient genauere Betrachtung. Fallunterscheidung wird ausgedrückt mit Hilfe der Funktionen $*, +$ und $\dot{-}$, die hier die Aufgabe logischer Konnektoren übernehmen:

- $n * m \neq 0$ genau dann, wenn n UND m ungleich 0 sind.
- $n + m \neq 0$ genau dann, wenn $n \neq 0$ ODER $m \neq 0$.
- $1 \dot{-} n \neq 0$ genau dann, wenn n NICHT ungleich 0 ist.

Lemma 12.2.4 (Summen- und Produktbildung). *$\wp$ ist abgeschlossen gegen beschränkte Σ- und Π-Operatoren, d.h. wenn g primitiv rekursiv ist, dann auch die Summen- und Produktbildung über eine variable Anzahl m von Funktionswerten von g, in Funktionen ausgedrückt f_1 und f_2 mit*

$$f_1(\boldsymbol{n}, m) = \begin{cases} 0, & \text{falls } m = 0 \\ \sum_{i < m} g(\boldsymbol{n}, i), & \text{falls } m > 0 \end{cases}$$

$$f_2(\boldsymbol{n}, m) = \begin{cases} 1, & \text{falls } m = 0 \\ \prod_{i < m} g(\boldsymbol{n}, i), & \text{falls } m > 0 \end{cases}$$

Beweis: f_1 und f_2 lassen sich mit primitiver Rekursion und Fallunterscheidung wie folgt darstellen:

$$f_1(\boldsymbol{n}, 0) = 0$$
$$f_1(\boldsymbol{n}, m + 1) = f_1(\boldsymbol{n}, m) + g(\boldsymbol{n}, m)$$
$$f_2(\boldsymbol{n}, 0) = 1$$
$$f_2(\boldsymbol{n}, m + 1) = f_2(\boldsymbol{n}, m) * g(\boldsymbol{n}, m)$$

∎

Oben haben wir schon skizziert, was der μ-Operator leistet. Wir haben ihn als „funktionale Äquivalent" einer *while*-Schleife betrachtet: Der Funktionswert von $\mu i(g(\boldsymbol{n}, i) = 0)$ ist das kleinste i, so dass $g(\boldsymbol{n}, i) = 0$ ist. Wir betrachten aber zunächst eine eingeschränkte Variante, den *beschränkten μ-Operator*: Er betrachtet nur die i-Werte mit $i < m$ für ein festes m, und wenn es für $i < m$ keine Nullstelle von $g(\boldsymbol{n}, i)$ gibt, so ist der Wert des μ-Ausdrucks 0. Wir können zeigen, dass dieser beschränkte μ-Operator den primitiv rekursiven Funktionen nichts an Mächtigkeit hinzufügt – wir können ihn mit den bisher vorhandenen Werkzeugen simulieren. Nicht-beschränkte Versionen des μ-Operators, die zu einer echt größeren Mächtigkeit führen, lernen wir später kennen.

Definition 12.2.5 (beschränkter μ-Operator). *Sei* $g : \mathrm{N}^{k+1} \to \mathrm{N}$ *eine Funktion, dann ist der* **beschränkte μ-Operator** *wie folgt definiert:*

$$
\mu_{i<m} i(g(\boldsymbol{n}, i) = 0) := \begin{cases} i_0, \textit{ falls } g(\boldsymbol{n}, i_0) = 0 \wedge \forall j < i_0 \ g(\boldsymbol{n}, j) \neq 0 \\ \quad \wedge \, 0 \leq i_0 < m \\ 0, \textit{ falls } g(\boldsymbol{n}, j) \neq 0 \quad \forall j \textit{ mit } 0 \leq j < m \\ \textit{oder } m = 0 \end{cases}
$$

Wenn die Anwendung des beschränkten μ-Operators den Wert 0 ergibt, so kann das also zweierlei Gründe haben: Entweder nimmt für $i_0 = 0$ die Funktion g den Wert 0 an, oder g hat für kein $i_0 \leq m$ den Wert 0.

Lemma 12.2.6 (Beschränkter μ-Operator). $\wp$ *ist abgeschlossen gegen beschränkte μ-Operatoren, d.h. wenn* $g : \mathrm{N}^{k+1} \to \mathrm{N}$ *primitiv rekursiv ist, so auch* $f : \mathrm{N}^{k+1} \to \mathrm{N}$ *mit* $f(\boldsymbol{n}, m) = \mu_{i<m} i(g(\boldsymbol{n}, i) = 0)$.

Beweis: f lässt sich wie folgt darstellen:

$$f(\boldsymbol{n}, 0) = 0$$

$$
f(\boldsymbol{n}, m+1) = \begin{cases} 0, & \textit{falls } m = 0 \\ m, & \textit{falls } g(\boldsymbol{n}, m) = 0 \wedge f(\boldsymbol{n}, m) = 0 \wedge \\ & \quad g(\boldsymbol{n}, 0) \neq 0 \wedge m > 0 \\ f(\boldsymbol{n}, m), & \textit{sonst} \end{cases}
$$

Die Bedingung im zweiten Fall der Fallunterscheidung kann man mit Hilfe der gerade eingeführten Codierungen für logische Konnektoren ausdrücken – oben die primitiv rekursive Schreibweise, unten die „Übersetzung" in der gewohnten Logik-Schreibweise:

$$\big(g(\boldsymbol{n}, m) + f(\boldsymbol{n}, m) + (1 \dot{-} g(\boldsymbol{n}, 0)) + (1 \dot{-} m) \big) = 0$$

$$\big(g(\boldsymbol{n}, m) \neq 0 \ \vee \ f(\boldsymbol{n}, m) \neq 0 \ \vee \quad g(\boldsymbol{n}, 0) = 0 \quad \vee \quad m = 0 \big) = false$$

Der Funktionswert für $f(\boldsymbol{n}, m+1)$ ist damit eine primitiv rekursive Fall-unterscheidung (der Sonst-Fall lässt sich beschreiben als $h_3(\boldsymbol{n}, m+1) = 1 \dot{-} [\text{andere Fälle}]$), insgesamt lässt sich f also durch primitive Rekursion berechnen.   ■

Die Funktion bleibt natürlich primitiv rekursiv, wenn man die Berechnungen mit $i \leq m$ statt mit $i < m$ beschränkt.

Oben haben wir Konstrukte von $\wp$ mit LOOP-Programmen verglichen und Analogien festgestellt. Tatsächlich sind primitiv rekursive Funktionen genauso mächtig wie LOOP-Programme. Wir führen diesen Beweis wieder, indem wir gegenseitige Simulationen angeben. Dazu benötigen wir auch diesmal eine Gödelisierung, und zwar brauchen wir eine Möglichkeit, die Inhalte beliebig vieler Register einer RAM in eine einzige Zahl zu codieren, auf der die primitiv rekursive Simulationsfunktion dann rechnet. Um diese Möglichkeit zu schaffen, bauen wir uns mittels der bisher definierten primitiv rekursiven Funktionen einige etwas komplexere Konstrukte auf.

Lemma 12.2.7 (Primzahl-Funktionen (für eine Gödelisierung)).
Folgende Funktionen sind primitiv rekursiv:

- *die Boolesche Funktion $t(n, m)$, die true zurückgibt, falls n m teilt,*
- *$pr(n)$, die true zurückgibt, falls n prim ist,*
- *$p(n)$, die die n-te Primzahl liefert, sowie*
- *$D(n, i)$, die zählt, wievielfacher Primteiler die i-te Primzahl in n ist.*

Beweis: Wir übersetzen *true* in 1 und *false* in 0, dann lassen sich diese Funktionen definieren als

$$t(n, m) \quad := \quad \begin{cases} 1, & \text{falls } m \bmod n = 0 \\ 0, & \text{sonst} \end{cases}$$

$$pr(n) \quad := \quad \begin{cases} 1, & \text{falls } n \text{ prim ist} \\ 0, & \text{sonst} \end{cases}$$

$$p(n) \quad := \quad n\text{-te Primzahl}$$

$$D(n, i) \quad := \quad max(\{j \mid n \bmod p(i)^j = 0\})$$

Mit Hilfe der oben definierten „Übersetzungen" von logischen Konnektoren in arithmetische Operatoren und mit dem beschränkten μ-Operator lassen sich die vier Funktionen wie folgt darstellen:

$t(n,m)$: n teilt m $\iff \exists z \leq m \ (z * n = m) \iff \prod_{z \leq m} |(z * n, m)| = 0$.
Es ist also $t(n, m) = 1 \dot{-} \prod_{z \leq m} |(z * n, m)|$.

$pr(n)$: n ist prim $\iff n \geq 2 \wedge \forall y < n \ (y = 0 \text{ oder } y = 1 \text{ oder } y \text{ teilt } n$ nicht$)$.
Es ist also $pr(n) = 1 \dot{-} \left(2 \dot{-} n + \sum_{y<n} \ (t(y,n) \ * \ y \ * |(y,1)|)\right)$
d.h. $\neg \ \left(n{<}2 \ \vee \ \bigvee_{y<n} \ \big((y \text{ teilt } n) \wedge y{\neq}0 \wedge \ y{\neq}1\big)\right)$

$p(n)$: $p(0) = 0$ und $p(1) = 2$, d.h. die erste Primzahl ist 2. Die $(m+1)$-te Primzahl können wir rekursiv bestimmen als die kleinste Zahl i, die größer ist als $p(m)$ und die eine Primzahl ist, für die also $pr(i) \neq 0$ gilt. Man muss nach diesem i nicht beliebig weit suchen; es gilt $i \leq p(m)! + 1$ nach Euklids Widerspruchsbeweis für die Unendlichkeit der Menge der Primzahlen. Für die Formulierung von $p(m)$ können wir nun erstmals den beschränkten μ-Operator einsetzen: Es ist

$$p(m+1) = \ \mu_{i \leq p(m)!+1} i \ \left((1 \dot{-} pr(i)) + ((p(m)+1) \dot{-} i) = 0\right)$$

$\text{kleinstes } i \leq p(m)!+1 \text{ mit} \quad \left(\neg pr(i) \quad \vee \quad i \leq p(m)\right) \quad = false$

$D(n,i)$:   Für $n = 0$ ist $D(n,i) = 0$, die Null hat keine Primteiler. Im Fall $n > 0$ kann man wieder den beschränkten μ-Operator verwenden: Wir bestimmen für die i-te Primzahl $p(i)$ den kleinsten Wert z, so dass $p(i)^{z+1}$ die Zahl n nicht mehr teilt.
Es ist also $D(n,i) = \mu_{z \leq n} z \big(t(p(i)^{z+1}, n) = 0\big)$

Damit sind t, pr, p und D in $\wp$.   ∎

Mit dem Instrumentarium, das wir uns zurechtgelegt haben, können wir nun zeigen, dass $\wp = \text{LOOP}$ gilt.

12.3 $\wp$ und LOOP

Um das Ziel dieses Abschnitts zu erreichen, nämlich zu zeigen, dass $\wp = \text{LOOP}$, simulieren wir die Arbeit von Registermaschinen mit primitiv rekursiven Funktionen, und umgekehrt. Wir verwenden dabei eine strukturelle Induktion über den Aufbau von LOOP-Programmen, d.h. wir geben für jedes Konstrukt aus LOOP-Programmen eine $\wp$-Funktion an, die die Registerinhalte vor Ausführung des LOOP-Befehls oder Programms als Argument nimmt und als Funktionswert die neuen Registerwerte liefert. Allerdings müssen die simulierenden $\wp$-Funktionen durch Komposition verknüpfbar sein, und eine Funktion hat jeweils nur *einen* Funktionswert, nicht n verschiedene für n Register. Also brauchen wir eine Gödelisierung, die den Inhalt sämtlicher von einer Registermaschine verwendeter Register in eine einzige Zahl zusammenfasst.

Die Gödelisierungs-Methode, die wir im folgenden verwenden, ist die der *Primzahlcodierung*. Angenommen, wir haben ein LOOP-Programm, das die Register $x_1, \ldots, x_\ell$ verwendet. Dann codieren wir den aktuellen Inhalt der Register zusammen in eine Zahl n wie folgt: n soll [Inhalt von x_1] mal durch die *erste* Primzahl teilbar sein, außerdem [Inhalt von x_2] mal durch die *zweite* Primzahl, und so weiter. Durch die $x_{\ell+1}$-te Primzahl soll n nicht mehr teilbar sein. Da die Primzahlzerlegung einer Zahl eindeutig ist, kann man aus n die Werte der Register eindeutig rekonstruieren.

Beispiel 12.3.1. Betrachten wir ein LOOP-Programm, das die Register x_1 bis x_4 verwendet. Die aktuelle Belegung sei

$$x_1 = 1 \qquad x_2 = 3$$
$$x_3 = 0 \qquad x_4 = 5$$

Dann kann man den Inhalt dieser vier Register gödelisieren zu der Zahl

$$p(1)^1 * p(2)^3 * p(3)^0 * p(4)^5 = 2^1 * 3^3 * 5^0 * 7^5 = 907578.$$

Wie man sieht, werden auf diese Weise gewonnene Gödelnummern schnell ziemlich groß.

Die Funktionen, die Gödelnummern dieser Art herstellen (codieren) beziehungsweise die Registerinhalte rekonstruieren (decodieren), sind primitiv rekursiv. Wir können sie definieren mit Hilfe der Funktionen aus Punkt 12.2.7.

Definition 12.3.2 (Codierungsfunktionen K^k, Decodierungsfunktionen D_i). *Es seien die Funktionen $K^k : N^k \to N$ und $D_i : N \to N$ definiert als*

$$K^k(n_1, \ldots, n_k) := \prod_{i \leq k} p(i)^{n_i}$$
$$D_i(n) := D(n, i)$$

Die Funktionen K^k sind primitiv rekursive Codierungsfunktionen, die ein k-Tupel von natürlichen Zahlen so in eine einzige Gödelnummer codieren, dass die primitiv rekursiven Decodierungsfunktionen D_i jeweils das i-te Element des k-Tupels effektiv daraus rekonstruieren können:

Lemma 12.3.3.

- $D_i(K^k(n_1, \ldots, n_k)) = n_i$
- K^k *hat die zusätzliche Eigenschaft* $K^k(n_1, \ldots, n_k) = K^{k+1}(n_1, \ldots, n_k, 0)$.

Beweis:

- Nach den Punkten 12.2.4 und 12.2.7 sind K^k und D_i primitiv rekursiv. Man kann K^k und D_i zum Codieren bzw. Decodieren verwenden, weil die Primfaktorzerlegung natürlicher Zahlen eindeutig ist.

- Die zusätzliche Eigenschaft $K^k(n_1, \ldots, n_k) = K^{k+1}(n_1, \ldots, n_k, 0)$ – d.h., Nullen am rechten Ende fallen in der Codierung weg – entsteht dadurch, dass $n^0 = 1 \ \forall n \in \mathbb{N}$ gilt und 1 neutrales Element der Multiplikation natürlicher Zahlen ist. ∎

Drei Anmerkungen noch zu den Funktionen K^k und D_i:

- Es ist von der Gesamtlänge k des Tupels unabhängig, wie K^k und D_i für das i-te Element arbeiten.
- Wir verwenden im folgenden eine abkürzende Schreibweise für K^k und D_i, nämlich $\langle n_1, \ldots, n_k \rangle := K^k(n_1, \ldots, n_k)$, $(n)_i := D_i(n)$.
- Für $k = 0$ ist definitionsgemäß $\langle \rangle = 1$, und $(\langle \rangle)_i = 0 \ \forall i \in \mathbb{N}$.

Die neue Codierungstechnik, die wir jetzt verfügbar haben, wenden wir als erstes an auf das Problem der *simultanen primitiven Rekursion*: Angenommen, wir haben r viele verschiedene rekursive Funktionen $f_1, \ldots, f_r$, die im Rekursionsschritt alle aufeinander referieren, ansonsten aber nur primitiv rekursive Mittel verwenden; sind diese Funktionen dann primitiv rekursiv? Um das Aussehen dieser Funktionen $f_1, \ldots, f_r$ zu konkretisieren: Der Rekursions*schritt* von f_i ($1 \leq i \leq r$) hat die Form

$$f_i(\boldsymbol{n}, m + 1) = h_i(\boldsymbol{n}, m, f_1(\boldsymbol{n}, m), \ldots, f_r(\boldsymbol{n}, m)).$$

Das heißt, zur Berechnung des $m + 1$-ten Rekursionsschritts von f_i wird auf das Ergebnis der m-ten Rekursion aller r vielen Funktionen zugegriffen.

Solche gegenseitigen Abhängigkeiten kann man zum Beispiel beobachten bei der Definition von „Befehl" und „Programm" bei LOOP- und WHILE-Programmen (Def. 11.1.2 und 11.2.1). Sie treten auch auf, wenn man für Turing-Maschinen beschreiben will, wie die Konfiguration nach t Rechenschritten aussieht. Sagen wir, wir wollen mit der Funktion $a(t)$ das Zeichen berechnen, das zum Zeitpunkt t in der Bandzelle steht, auf die der Schreib-/Lesekopf zeigt. Außerdem soll die Funktion $z(t)$ den Zustand der Maschine nach t Rechenschritten angeben. Wovon hängt es ab, welches Zeichen nach t Schritten in der Bandzelle an der aktuellen Kopfposition steht? Es hängt (unter anderem) davon ab, wie der zuletzt, zum Zeitpunkt $t - 1$, ausgeführte δ-Übergang aussah: ob der Schreib-/Lesekopf gerade an seiner aktuellen Position ein neues Zeichen geschrieben hat oder ob er sich bewegt hat. Und wovon hängt es ab, welcher δ-Übergang zuletzt ausgeführt wurde? Vom Zustand der Turing-Maschine zum Zeitpunkt $(t-1)$ und vom Bandzeichen zum Zeitpunkt $(t-1)$, also von $z(t-1)$ und $a(t-1)$. Es hängt also $a(t)$ ab von $a(t-1)$ und von $z(t-1)$, und genauso hängt $z(t)$ ab von $a(t-1)$ und $z(t-1)$.

Später in diesem Kapitel, wenn wir auch die Rechnung von Turing-Maschinen mit (einer anderen Art von) rekursiven Funktionen beschreiben, werden wir genau diese gegenseitigen Abhängigkeiten nutzen, um mit simultaner primitiver Rekursion zu beschreiben, wie zu einer TM-Konfiguration die Nachfolgekonfiguration aussieht. Zunächst müssen wir aber beweisen, dass simultane primitive Rekursion mit den Mitteln der primitiven Rekursion ausgedrückt werden kann, und dazu verwenden wir die Primzahlcodierung, die wir gerade eingeführt haben: Wir definieren eine neue, einzelne primitiv rekursive Funktion f so, dass der Funktionswert an der Stelle $f(\boldsymbol{n}, m)$ die Primzahlverschlüsselung der Ergebnisse aller r Funktionen $f_1, \ldots, f_r$ ist. Dann kann man mit der Decodierungsfunktion D_i alle einzelnen Funktionswerte f_i aus dem Funktionswert der neuen Funktion f rekonstruieren.

Satz 12.3.4 ($\wp$ abgeschlossen gegen simultane primitive Rekursion). *$\wp$ ist abgeschlossen gegen simultane primitive Rekursion, d.h., wenn $g_1, \ldots, g_r$ und $h_1, \ldots, h_r$ primitiv rekursiv sind, so auch $f_1, \ldots, f_r$ mit*

$$f_1(\boldsymbol{n}, 0) = g_1(\boldsymbol{n})$$
$$\vdots$$
$$f_r(\boldsymbol{n}, 0) = g_r(\boldsymbol{n})$$
$$f_1(\boldsymbol{n}, m+1) = h_1(\boldsymbol{n}, m, f_1(\boldsymbol{n}, m), \ldots, f_r(\boldsymbol{n}, m))$$
$$\vdots$$
$$f_r(\boldsymbol{n}, m+1) = h_r(\boldsymbol{n}, m, f_1(\boldsymbol{n}, m), \ldots, f_r(\boldsymbol{n}, m))$$

Beweis: Wir definieren eine neue Funktion

$$f(\boldsymbol{n}, m) = \langle f_1(\boldsymbol{n}, m), \ldots, f_r(\boldsymbol{n}, m) \rangle.$$

Es gilt $f \in \wp$, da f sich durch primitive Rekursion wie folgt berechnen lässt:

$$f(\boldsymbol{n}, 0) = \langle\, g_1(\boldsymbol{n}), \ldots, g_r(\boldsymbol{n})\, \rangle$$
$$f(\boldsymbol{n}, m+1) = \langle\, h_1(\boldsymbol{n}, m, (f(\boldsymbol{n}, m))_1, \ldots, (f(\boldsymbol{n}, m))_r), \ldots,$$
$$h_r(\boldsymbol{n}, m, (f(\boldsymbol{n}, m))_1, \ldots, (f(\boldsymbol{n}, m))_r)\, \rangle$$

Unter Benutzung von f lassen sich auch die Funktionen $f_i(\boldsymbol{n}, m)$, $1 \leq i \leq r$, primitiv rekursiv ausdrücken. Es gilt nämlich

$$f_i(\boldsymbol{n}, m) = (f(\boldsymbol{n}, m))_i.$$

∎

Nun kommen wir zum Hauptpunkt dieses Abschnitts: Mit Hilfe der Primzahlcodierung kann man zeigen, dass die Klassen LOOP und $\wp$ exakt dieselben Funktionen enthalten, dass also LOOP-Programme und primitiv rekursive Funktionen gleichmächtig sind.

Satz 12.3.5 (LOOP $= \wp$). *Die Menge der LOOP-berechenbaren Funktionen ist gleich der Menge der primitiv rekursiven Funktionen: LOOP $= \wp$.*

Beweis: Wir zeigen zunächst $\wp \subseteq$ LOOP, dann LOOP $\subseteq \wp$.

℘ ⊆ LOOP:
Zu zeigen ist, dass es zu jeder primitiv rekursiven Funktion ein LOOP-Programm gibt, das dieselbe Funktion berechnet. Also geben wir LOOP-Programme an für 0, +1 und π_n^i und zeigen danach, dass LOOP abgeschlossen ist gegen simultanes Einsetzen und primitive Rekursion, d.h. wenn wir schon LOOP-Programme haben, die den Teilfunktionen g und h_i entsprechen, dann können wir daraus ein LOOP-Programm konstruieren, das dasselbe Ergebnis liefert wie die (durch simultanes Einsetzen oder primitive Rekursion konstruierte) Gesamtfunktion f.

Wichtig ist bei den folgenden LOOP-Programmen zu den Basis-Funktionen aus ℘ , dass wir uns an die Definition von funktionsberechnenden LOOP-Programmen erinnern: Alle Register der Maschine sind mit 0 initialisiert. Ein Programm, das k Eingaben bekommt, erwartet diese in den Registern x_1 bis x_k. Diese Eingabewerte stehen zu Ende der Berechnung immer noch (oder wieder) in diesen Registern, und der Ausgabewert findet sich in Register x_{k+1}.

$\mathbf{0 : N^0 \to N}$ wird von dem folgenden LOOP-Programm P_0 auf einer Registermaschine mit einem Register berechnet:

$$P_0 :\equiv \text{NOP}$$

Dies Programm bekommt keine Eingabewerte und gibt einen Ausgabewert zurück, der also definitionsgemäß in Register 1 steht. Dieses hat nach Ausführung von P_0 immer noch den gewünschten Inhalt, den Ausgabewert 0.

$\mathbf{+1 : N \to N}$ wird von dem folgenden LOOP-Programm P_{+1} auf einer Registermaschine mit zwei Registern berechnet:

$$P_{+1} :\equiv \text{loop } x_1 \text{ do } x_2 := x_2 + 1 \text{ end; } x_2 := x_2 + 1$$

Das Register x_2 enthält nach Ausführung von P_{+1} den Ausgabewert, nämlich den Eingabewert um eins erhöht.

$\mathbf{\pi_i^k : N^k \to N}$ wird von dem Programm $P_{\pi_i^k}$ auf einer Registermaschine mit $(k+1)$ Registern berechnet:

$$P_{\pi_i^k} :\equiv \text{loop } x_i \text{ do } x_{k+1} := x_{k+1} + 1 \text{ end}$$

LOOP ist abgeschlossen gegen simultanes Einsetzen: Seien $g : N^r \to$ N und $h_1, \ldots, h_r : N^k \to N$ LOOP-berechenbare Funktionen. Wir zeigen, dass dann auch die Funktion $f : N^k \to N$ mit

$$f(n_1, \ldots, n_k) = g(h_1(n_1, \ldots, n_k), \ldots, h_r(n_1, \ldots, n_k))$$

LOOP-berechenbar ist.

Wenn die Funktionen $h_1, \ldots, h_r$ LOOP-berechenbar sind, dann gibt es LOOP-Programme, die diese Berechnung durchführen, nennen wir sie $P_{h,1}, \ldots, P_{h,r}$. Außerdem sei P_g ein Programm, das die LOOP-berechenbare Funktion g berechnet. Wir konstruieren daraus nun ein LOOP-Programm P_f, das die Funktion f berechnet. Wieviel Register haben die Maschinen für diese Programme? Sagen wir, das Programm $P_{h,i}$ berechne die Funktion h_i auf einer Registermaschine mit $(k+1+s_i)$ Registern, k für die Eingabe, das $(k+1)$-te für die Ausgabe, und s_i weitere Register (solche, auf die das Programm explizit zugreift). P_g laufe auf einer Registermaschine mit $(r+1+s_g)$ Registern für eine geeignete Zahl s_g von Registern. Zu konstruieren ist P_f, ein Programm, das auf einer Registermaschine mit $(k+1+s_f)$ Registern laufen soll für ein geeignetes s_f.

Um aus den vorhandenen Programmen das neue Programm P_f zu erstellen, ändern wir zunächst die Register, die P_g und die $P_{h,i}$ benutzen, leicht ab, damit es zu keinen Belegungskonflikten kommt. $P'_{h,i}$ entstehe aus $P_{h,i}$ durch Umbenennen der Registern x_{k+j} in x_{k+j+r} für $j \geq 1$. Dadurch werden die Register $x_{k+1}, \ldots, x_{k+r}$ zum Speichern der Ergebnisse der Programme $P_{h,i}$ freigehalten. Jedes Programm $P'_{h,i}$ schreibt sein Ergebnis in das Register x_{k+1}. Da jedes der $P'_{h,i}$ die Eingabewerte in $x_1, \ldots, x_k$ unverändert stehenlässt und auch den Inhalt aller s_i Zusatzregister, die es verwendet, wieder löscht, können die $P'_{h,i}$ direkt nacheinander ausgeführt werden: Jedes wird seine Register definitionsgemäß gefüllt bzw. geleert vorfinden. P'_g entstehe aus P_g durch Umbenennen aller Variablen x_j in x_{j+k}, damit die Register $x_1, \ldots, x_k$, in denen die Eingabe für die Funktion f steht, nicht verändert werden; P_g erwartet jetzt die r Eingabewerte in den Registern $x_{k+1}, \ldots, x_{k+r}$ und schreibt seine Ausgabe nach x_{k+r+1}.

Dann sieht das Programm P_f, das die Funktion f berechnet, so aus:

$P_f \equiv \mathtt{P'_{h,1}}; \quad \mathtt{x_{k+1}} := \mathtt{x_{k+r+1}}; \quad \mathtt{x_{k+r+1}} := 0;$

$\qquad \vdots$

$\qquad \mathtt{P'_{h,i}}; \quad \mathtt{x_{k+i}} := \mathtt{x_{k+r+1}}; \quad \mathtt{x_{k+r+1}} := 0;$

$\qquad \vdots$

$\qquad \mathtt{P'_{h,r}}; \quad \mathtt{x_{k+r}} := \mathtt{x_{k+r+1}}; \quad \mathtt{x_{k+r+1}} := 0;$

$\qquad \mathtt{P'_g}; \quad \mathtt{x_{k+1}} := \mathtt{x_{k+r+1}}; \quad \mathtt{x_{k+2}} := 0; \quad \ldots; \quad \mathtt{x_{k+r+1}} := 0$

Hier eine Übersicht über die Registerbelegung:

x_1	$\ldots$	x_k	x_{k+1}	$\ldots$	x_{k+r}	x_{k+r+1}	x_{k+r+2}	$\ldots$

Eingabe für P_f und $P_{h,i}$

Eingabe für P_g; x_{k+1} ist Ausgabe von P_f; x_{k+i} ist Ausgabe von $P_{h,i}$

Ausgabe von P_g, Ausgabe aller $P_{h,i}$

sonstige Register von P_g und aller $P_{h,i}$

LOOP ist abgeschlossen gegen primitive Rekursion: Seien $g : N^k \to$ N und $h : N^{k+2} \to N$ LOOP-berechenbare Funktionen. Wir zeigen, dass dann auch die Funktion $f : N^{k+1} \to N$ mit

$$f(n_1, \ldots, n_k, 0) = g(n_1, \ldots, n_k)$$
$$f(n_1, \ldots, n_k, m+1) = h(n_1, \ldots, n_k, m, f(n_1, \ldots, n_k, m))$$

LOOP-berechenbar ist. Bei einer solchen Funktion f ist der Funktionswert für $(m+1)$ induktiv definiert in Abhängigkeit von $f(n, m)$, zu dessen Berechnung wiederum $f(n, m-1)$ herangezogen wird usw., bis hin zu $f(n, 0)$. Sehen wir uns dazu ein Beispiel an.

$$f(n, 3) = h(n, 2, h(n, 1, \underbrace{h(n, 0, g(n))}_{f(n,1)}))$$
$$\underbrace{}_{f(n,2)}$$

Wenn wir dieselbe Funktion mit einem LOOP-Programm berechnen, müssen wir dagegen zuerst den Wert $f(n, 0) = g(n)$ berechnen und aufbauend darauf m mal die *loop*-Schleife durchlaufen.

Sei nun P_h ein LOOP-Programm, das h berechnet, und das Programm P_g berechne g. P_h läuft also auf einer Maschine mit $(k+3+s_h)$ Registern für ein geeignetes s_h, ebenso P_g auf einer Maschine mit $(k+1+s_g)$ Registern. Bei P_g müssen wir wieder die verwendeten Register abändern: P'_g entstehe so aus P_g, dass x_{k+1} nicht benutzt wird und das Ergebnis stattdessen in x_{k+2} steht. Sei außerdem $x_{store\ m}$ ein Register, das weder von P'_g noch von P_h verwendet wird. Wir nutzen es für die Speicherung der maximalen Anzahl m von Schleifen, die wir für die Berechnung von $f(n, m)$ benötigen. Dann wird f von folgendem LOOP-Programm P_f berechnet:

```
P_f ≡   x_store m := x_k+1;    // x_k+1 enthält den Eingabewert m
                               // (Anzahl der Schleifen)

        x_k+1 := 0;            // aktueller Schleifenwert; anfangs 0
        P'_g;                  // berechnet f(n,0), Ergebnis in
                               // Register x_k+2

        loop x_store m do
          P_h;                 // berechnet  f(n, x_k+1 + 1) =
                               // h(n, x_k+1, f(n, x_k+1))
          x_k+2 := x_k+2+1;    // x_k+2 = f(n_1, ..., n_k, x_k+1 + 1)
          x_k+2+1 := 0;
```

$x_{k+1} := x_{k+1} + 1$ $// \ m = m + 1$

end;

$x_{store \ m} := 0$

An dem folgenden Beispiel für $f(n, 2)$ dürfte klarer werden, welches Register wie genutzt wird:

k	$k+1$	$k+2$	$k+3$		$x_{store \ m}$	
n	2	0	0	$0 \ldots 0$	0	$\vdash^*_{P_f}$
n	0	$g(n)$	0	$0 \ldots 0$	2	$\vdash^*_{P_f}$
n	0	$g(n)$	$h(n, 0, g(n))$	$0 \ldots 0$	2	$\vdash^*_{P_f}$
n	1	$h(n, 0, g(n))$	0	$0 \ldots 0$	2	$\vdash^*_{P_f}$
n	1	$h(n, 0, g(n))$	$h(n, 1, h(n, 0, g(n)))$	$0 \ldots 0$	2	$\vdash^*_{P_f}$
n	2	$h(n, 1, h(n, 0, g(n))))$	0	$0 \ldots 0$	0	

$$= f(n, 2)$$

LOOP $\subseteq \wp$:

Genaugenommen haben wir es uns bei der Definition der Semantik von LOOP-Programmen in 11.1.3 zu leicht gemacht. *loop x_i do P' end* haben wir semantisch so erklärt, dass die Registermaschine das Programm P' n-mal hintereinander ausführen soll, wenn n der Inhalt von x_i zu Beginn der ersten Ausführung des Schleifenrumpfes ist. Das ist intuitiv zwar klar, ist aber keine formale Semantik. Aber was wir dort offengelassen haben, müssen wir jetzt exakt spezifizieren, wenn wir eine primitiv rekursive Funktion $f_P : \mathrm{N} \to \mathrm{N}$ aufstellen, die dasselbe wie ein LOOP-Programm P berechnet. Denn f_P muss das n-malige Hintereinander-Ausführen von P' aktuell simulieren.

Sei P ein LOOP-Programm, das ausschließlich auf Register aus der Menge $\{x_1, \ldots, x_\ell\}$ zugreift und insgesamt m *loop*-Anweisungen besitzt. f_P benötigt eine „Variable" n_i für den aktuellen Inhalt jedes der Register x_i für $1 \leq i \leq \ell$. Darüber hinaus verwendet f_P für jede *loop*-Anweisung eine gesonderte „Hilfsvariable" h_j für $1 \leq j \leq m$, in der gezählt wird, wie oft die j-te *loop*-Anweisung noch auszuführen ist. Die Werte $(n_1, \ldots, n_\ell, h_1, \ldots, h_m)$, die f_P verwalten muss, codieren wir in eine Zahl $\langle n_1, \ldots, n_{l+m} \rangle$ (mit $n_{\ell+j} = h_j$), damit f_P eine einstellige Funktion $f_P : \mathrm{N} \to \mathrm{N}$ sein kann. Zu Anfang und Ende der Simulation von P ist $h_j = 0$ für $1 \leq j \leq m$, also gilt für Anfang und Ende der Berechnung von f_P: $\langle n_1, \ldots, n_\ell, n_{\ell+1}, \ldots, n_{\ell+m} \rangle = \langle n_1, \ldots, n_\ell \rangle$. Es sei also $f_P : \mathrm{N} \to \mathrm{N}$ definiert durch

$$f_P(\langle n_1, \ldots, n_\ell \rangle) = \langle n'_1, \ldots, n'_\ell \rangle \; :\Longleftrightarrow$$

P gestartet mit den Werten n_i in Register x_i hält mit
den Registerinhalten n'_i in x_i für $1 \le i \le \ell$.

Zu zeigen ist nun, dass die Funktion f_P mit primitiv rekursiven Mitteln berechenbar ist. Das tun wir durch Induktion über den Aufbau von LOOP-Programmen, d.h. wir geben zu jedem Punkt der rekursiven Definition von LOOP-Programmen (Def. 11.1.2) eine primitiv rekursive Funktion an, die dasselbe berechnet. Format von Argument und Funktionswert sind bei all diesen Funktionen gleich, nämlich die Primzahlcodierung der Werte aller benutzter Register und der Hilfsvariablen für *loop*-Schleifen.

- $P \equiv \quad x_i := x_i \pm 1$, so ist

$$f_P(n) = \langle (n)_1, \ldots, (n)_{i-1}, (n)_i \pm 1, \ldots, (n)_{\ell+m} \rangle.$$

Der decodierte Wert von Register x_i wird inkrementiert oder dekrementiert, und das Ergebnis wird gemeinsam mit den unveränderten Werten der anderen Register und Hilfsvariablen wieder codiert.

f_P lässt sich einfach durch primitiv rekursive Konstrukte darstellen. Wir benutzen dabei die Division natürlicher Zahlen in Form der Funktion DIV mit $DIV(n, m) = \mu_{i \le n} i(|n, i * m| = 0)$ – man sucht das kleinste i mit $m * i = n$. Für $P \equiv x_i := x_i + 1$ ist dann

$$f_P(n) = n * p(i),$$

und für $P \equiv x_i := x_i - 1$ ist

$$f_P(n) = \begin{cases} n, & \text{falls } D(n, i) = 0 \\ n \; DIV \; p(i), & \text{sonst.} \end{cases}$$

- $P \equiv \quad loop \; x_i \; do \; P_1 \; end$. Dieser sei der j-te *loop*-Befehl, für dessen Schleifenzähler die Hilfsvariable $h_j = n_{\ell+j}$ benutzt wird. Wir simulieren diesen Befehl mit Hilfe zweier Funktionen. Funktion f_1 initialisiert $(n)_{\ell+j}$ mit dem Wert, den Register x_i bei Betreten der Schleife hat:

$$f_1(n) = \langle (n)_1, \ldots, (n)_{\ell+j-1}, (n)_i, (n)_{\ell+j+1}, \ldots, (n)_{\ell+m} \rangle$$

Da vor der Ausführung des j-ten *loop*-Befehls der j-te Loopzähler auf 0 steht, also auch $(n)_{\ell+j} = 0$ ist, lässt sich diese f_1 auch schreiben als

$$f_1(n) = n * p(\ell + j)^{(n)_i}.$$

Es sei f_{P_1} die Funktion, die dasselbe berechnet wie der Schleifenrumpf P_1. Dann wird die Simulation des *loop*-Befehls komplettiert durch die Funktion f_2, die primitive Rekursion einsetzt: Der Wert, der im Lauf der Rekursion heruntergezählt wird, ist $(n)_{\ell+j}$, der aus der primzahlcodierten Zahl herausdecodierte Wert des j-ten Schleifenzählers. In jedem Rekursionsschritt wird auf das Ergebnis des rekursiven Aufrufs die Funktion f_{P_1}

angewendet, insgesamt wird also x_i mal die Funktion f_{P_1} angewendet, so wie bei Ausführung des *loop* das Programm P_1 x_i mal durchlaufen wird.

$$f_2(n) = \begin{cases} n, & \text{falls } (n)_{\ell+j} = 0 \\ f_{P_1}\Big(f_2\big(\langle (n)_1, \ldots, (n)_{\ell+j-1}, (n)_{\ell+j} - 1, (n)_{\ell+j+1}, \\ \qquad \ldots, (n)_{\ell+m} \rangle \big) \Big), & \text{sonst} \end{cases}$$

Anders ausgedrückt, ist

$$f_2(n) = \begin{cases} n, & \text{falls } (n)_{\ell+j} = 0 \\ f_{P_1}\Big(f_2\big(n \ DIV \ p(\ell + j)\big)\Big) & \text{sonst} \end{cases}$$

Damit benutzt f_2 eine primitive Rekursion mit $(n)_{\ell+j}$ als herunterzuzählendem Funktionswert. Man kann diese Funktion auf das Standardschema der primitiven Rekursion zurückführen, zum Beispiel, indem man eine Hilfsfunktion F definiert mit

$$F(n, 0) \quad = n,$$
$$F(n, m+1) = f_{P_1}\big(F(n, m) \ DIV \ p(\ell + j)\big)$$

Damit liegt F in $\wp$, und es gilt $f_2(n) = F\big(n, D(n, \ell + j)\big)$.

Da f_1 und f_2 primitiv rekursiv sind, ist es auch $f_P = f_1 \circ f_2$.[2]
- $P \equiv \quad P_1; \ P_2$, so ist

$$f_P(n) = f_{P_1} \circ f_{P_2}(n)$$

Wenn nun das LOOP-Programm P eine Funktion $g : \mathrm{N}^k \to \mathrm{N}$ berechnet, dann heißt das, dass nach Beendung des Programmlaufs das Ergebnis im $(k+1)$-ten Register steht, für die zugehörige primitiv rekursive Funktion f_P gilt also $g(n_1, \ldots, n_k) = (f_P(\langle n_1, \ldots, n_k\rangle))_{k+1}$. Das heißt, $g \in \wp$.   ∎

12.4 μ-rekursive Funktionen

Der μ-Operator dient dazu, den kleinsten Wert zu ermitteln, für den eine Bedingung erfüllt ist. Wir haben in Abschnitt 12.2 den beschränkten μ-Operator kennengelernt. Er tritt auf in der Form

$$\mu_{i<m} i(g(\boldsymbol{n}, i) = 0)$$

und berechnet das kleinste $i < m$, für das die Bedingung $g(\boldsymbol{n}, i) = 0$ gilt. Gibt es kein solches i, ist der Funktionswert 0. Dieser beschränkte μ-Operator

---

[2] Die Komposition $\circ$ bei Funktionen wird in verschiedenen Texten in unterschiedlicher Richtung gelesen. Wir lesen $\circ$ von links nach rechts, f_1 wird also zuerst ausgeführt: $f_P(\boldsymbol{n}) = f_2\big(f_1(\boldsymbol{n})\big)$

ist, wie wir gezeigt haben, mit primitiv rekursiven Funktionen simulierbar. Jetzt lernen wir einen μ-Operator kennen, bei dem die Beschränkung auf $i < m$ wegfällt. Wenn man die primitiv rekursiven Funktionen um diesen nicht beschränkten μ-Operator anreichert, erhält man eine Funktionenklasse, die tatsächlich echt mächtiger ist als $\wp$.

Definition 12.4.1 (μ-Operator). *Sei $g : N^{k+1} \to N$ eine partielle Funktion, dann entsteht die partielle Funktion $f : N^k \to N$ aus g durch Anwendung des μ-Operators, falls gilt:*

$$f(\boldsymbol{n}) = \mu i(g(\boldsymbol{n}, i) = 0) := \begin{cases} i_0, \textit{falls } g(\boldsymbol{n}, i_0) = 0 \wedge \forall 0 \le j < i_0 \\ \quad \Big(g(\boldsymbol{n}, j) \textit{ ist definiert und } g(\boldsymbol{n}, j) \ne 0\Big) \\ \textit{undefiniert, sonst} \end{cases}$$

*f entsteht aus g durch Anwendung des μ-**Operators im Normalfall** :$\Longleftrightarrow$ g ist total, $f(\boldsymbol{n}) = \mu i(g(\boldsymbol{n}, i) = 0)$ und $\forall \boldsymbol{n} \, \exists j \in N \, g(\boldsymbol{n}, j) = 0$.*

So wie bei Registermaschinen der *while*-Befehl die Schleife nicht eine festgelegte Anzahl m von Durchläufen wiederholt, sondern so lange, bis eine Bedingung erfüllt ist, so betrachten die nicht beschränkten μ-Operatoren alle Funktionswerte i bis zum kleinsten, der die Bedingung erfüllt. Ein μ-Operator ist genau dann im Normalfall, wenn es für jeden Argumentvektor $\boldsymbol{n}$ eine Zahl j gibt, so dass die Bedingung erfüllt ist, für die also $g(\boldsymbol{n}, j) = 0$ gilt. Um hier nochmals einen Vergleich mit Registermaschinen anzustrengen: In einem WHILE-Programm, das eine Funktion aus WHILE^{part} berechnet, muss nicht jede *while*-Schleife in jedem Fall terminieren; es können Endlosschleifen vorkommen. Berechnet ein WHILE-Programm dagegen eine Funktion aus der Klasse WHILE, so terminiert jede darin vorkommende *while*-Schleife für jede beliebige Kombination von Eingabe-Parametern, ansonsten wäre die berechnete Funktion ja nicht total. Also kann man einen *while*-Befehl, der unter keinen Umständen je in eine Endlosschleife gerät, in Analogie setzen zu einem μ-Operator im Normalfall; genauso kann man einen *while*-Befehl, der nicht unbedingt terminieren muss, in Beziehung setzen zum μ-Operator, der nicht im Normalfall ist. Entsteht f durch Anwendung des μ-Operators im Normalfall, so ist f eine totale Funktion. Aufbauend auf diesen zwei verschiedenen μ-Operatoren kann man nun natürlich zwei Klassen von rekursiven Funktionen definieren, die, wie wir im folgenden beweisen werden, genau den Klassen WHILE und WHILE^{part} entsprechen.

Definition 12.4.2 (F_μ). *Die Klasse F_μ der μ-**rekursiven Funktionen** ist die kleinste Klasse, die die Klasse der primitiv rekursiven Funktionen enthält und zusätzlich abgeschlossen ist gegen simultanes Einsetzen, primitive Rekursion und die Anwendung des μ-Operators im Normalfall.*[3]

---

[3] Simultanes Einsetzen und primitive Rekursion müssen hier noch einmal genannt werden: Innerhalb von $\wp$ wird beides ja nur auf primitiv rekursive Funktionen angewandt, jetzt müssen sie aber auch anwendbar sein auf Funktionen, die mit dem μ-Operator gebildet wurden.

Die Klasse F_μ^{part} der **partiellen μ-rekursiven Funktionen** *ist die kleinste Klasse, die die Klasse der primitiv rekursiven Funktionen enthält und zusätzlich abgeschlossen ist gegen simultanes Einsetzen, primitive Rekursion und die Anwendung des μ-Operators.*

Dabei ist das simultane Einsetzen für partielle Funktionen analog definiert zum simultanen Einsetzen für totale Funktionen, wobei $f(g(\boldsymbol{n})) =\perp$ gilt für $g(\boldsymbol{n}) =\perp$. Die primitive Rekursion ist für partielle Funktionen definiert wie für totale Funktionen, wobei $f(\boldsymbol{n}) = g(\boldsymbol{n})$ beinhaltet, dass $g(\boldsymbol{n}) =\perp$ auch $f(\boldsymbol{n}) =\perp$ impliziert.

Wir haben oben Querverbindungen gezogen zwischen dem μ-Operator und dem *while*-Befehl. Tatsächlich kann man leicht ein WHILE-Programm angeben, das eine mit dem μ-Operator gebildete Funktion simuliert. Damit gilt dann:

Satz 12.4.3 ($\mathbf{F}_\mu \subseteq \mathbf{WHILE}$). *Jede totale μ-rekursive Funktion ist WHILE-berechenbar.*

Beweis: Es gilt auf jeden Fall $\wp \subseteq$ WHILE, da $\wp =$ LOOP nach Satz 12.3.5 und LOOP $\subseteq$ *WHILE* nach Satz 11.2.4. Das einzige Konstrukt, das bei F_μ zu denen von $\wp$ dazukommt, ist das des μ-Operators (im Normalfall). Um die Behauptung dieses Satzes zu beweisen, müssen wir somit nur noch zeigen, dass man den μ-Operator (im Normalfall) mit WHILE-Befehlen simulieren kann – dass simultanes Einsetzen und primitive Rekursion angewendet auf Funktionen aus F_μ WHILE-simulierbar sind, ergibt sich aus der Weise, wie in Satz 12.3.5 diese Konstrukte mit LOOP nachgebaut werden.

Den μ-Operator im Normalfall mit WHILE-Befehlen zu simulieren, ist nicht weiter kompliziert: Sei g eine (totale) WHILE-berechenbare Funktion, und sei $f(\boldsymbol{n}) = \mu i(g(\boldsymbol{n}, i) = 0)$. Informell notiert findet man das gesuchte minimale i wie folgt:

```
i := 0;

while g(n, i) ≠ 0 do i := i + 1 end
```
∎

In F_μ^{part} kann es natürlich sein, dass der μ-Operator $\mu i\big(g(\boldsymbol{n}, i) = 0\big)$ auf eine partielle Funktion g angewendet wird, d.h. vielleicht ist $g(\boldsymbol{n}, j)$ undefiniert für ein j, bevor ein i gefunden wäre, für das der Funktionswert 0 ist; oder es ist $g(\boldsymbol{n}, i)$ für alle i definiert, aber es nimmt kein $g(\boldsymbol{n}, i)$ den Wert 0 an. Nun ist der generelle μ-Operator in Def. 12.4.1 gerade so definiert, dass er sich in diesen Fällen genau wie das obige WHILE-Programm verhält: $\mu i\big(g(\boldsymbol{n}, i) = 0\big)$ ergibt einen Wert i_0 gdw. $g(\boldsymbol{n}, i_0) = 0$ ist und $\forall j < i_0$ gilt, dass $g(\boldsymbol{n}, j)$ definiert und ungleich 0 ist. Genau in diesem Fall terminiert auch die obige simulierende *while*-Schleife. Also gilt auch:

Korollar 12.4.4. $F_\mu^{part} \subseteq WHILE^{part}$.

12.5 μ-rekursive Funktionen gleichmächtig wie Turing-Maschinen

In diesem Abschnitt werden wir die Mächtigkeit von μ-rekursiven Funktionen untersuchen. Das Ergebnis, zu dem wir dabei kommen werden, ist schon genannt worden: Wir werden zeigen, dass $F_\mu = TM$ und $F_\mu^{part} = TM^{part}$ gilt. In Worten: F_μ^{part} ist gerade die Menge der TM-berechenbaren Funktionen. Die Menge F_μ enthält die Funktionen, die von Turing-Maschinen berechnet werden, die für jede Eingabe halten.

Eine Richtung dieses Zieles haben wir schon erreicht. Wir haben gerade gesehen, dass alle (partiellen) μ-rekursiven Funktionen schon in WHILE$^{(part)}$ liegen, damit nach Satz 11.3.4 auch in GOTO$^{(part)}$ und nach Satz 11.4.1 auch in TM$^{(part)}$. Wir wissen also bereits, dass $F_\mu \subseteq TM$ und $F_\mu^{part} \subseteq TM^{part}$ gilt.

Die Turing-Maschine, die wir im Beweis zu Satz 11.4.1 konstruiert haben, um ein GOTO-Programm zu simulieren, kam übrigens mit nur zwei Bandzeichen aus: $\#$ und $|$. Es kann also jede (partielle) GOTO-berechenbare Funktion mit einer Turing-Maschine über dem Alphabet $\{\#, |\}$ berechnet werden. Damit gilt aber auch:

Lemma 12.5.1. *Jede (partielle oder totale) μ-rekursive Funktion wird von einer Turing-Maschine mit Alphabet $\{\#, |\}$ berechnet.*

Die Rückrichtung, dass μ-rekursive Funktionen so mächtig sind wie Turing-Maschinen, ist viel aufwendiger. Den Beweis werden wir führen, indem wir zeigen, wie die Arbeit von Turing-Maschinen mit μ-rekursiven Funktionen simuliert werden kann. Eigentlich könnten wir uns dabei auf die Simulation solcher Turing-Maschinen beschränken, die Funktionen berechnen (sich also verhalten wie in Def. 7.1.7 beschrieben), wenn wir nur TM$^{(part)} \subseteq F_\mu^{(part)}$ zeigen wollten. Wir führen aber später mittels μ-rekursiver Funktionen, die beliebige Turing-Maschinen simulieren (und deren Berechnung wir dann wiederum mit einer Turing-Maschine simulieren), noch einen zweiten Beweis für die Existenz einer universellen Turing-Maschine. Also simulieren wir sofort in F_μ^{part} die Rechnungen beliebiger Turing-Maschinen.

Da rekursive Funktionen mit natürlichen Zahlen rechnen, müssen wir Programm und Konfiguration einer Turing-Maschine gödelisieren, sie also in natürliche Zahlen umsetzen, auf denen eine simulierende μ-rekursive Funktion dann rechnet. Dazu verwenden wir wieder die Primzahlcodierung, die wir in Abschnitt 12.3 eingeführt haben. Wenn wir nun eine Turing-Maschine M gödelisieren wollen, so müssen wir an Zustände und Bandbuchstaben eindeutige Nummern vergeben. Der genaue Name der Zustände ist unerheblich, die Zustände seien also durchnummeriert. Die Reihenfolge ist beliebig, bis darauf, dass der Startzustand s die Nummer 1 tragen soll. Bei den Bandbuchstaben können wir nicht so einfach vom genauen Namen absehen. Nehmen wir also an, dass alle Turing-Maschinen auf einem endlichen Teilalphabet eines festen unendlichen Alphabetes $\Sigma_\infty = \{a_0, a_1, \dots\}$ arbeiten. Außerdem setzen wir

$a_0 = \#$ und $a_1 = |$, und diese zwei Buchstaben sollen im Alphabet Σ jeder Turing-Maschine vorkommen – schließlich wollen wir Turing-Maschinen untersuchen, die Funktionen berechnen, die also $|^p$ als Input für die Zahl p verarbeiten können. Für Turing-Maschinen, die keine Funktionen berechnen, die also eventuell ohne $|$ arbeiten, schadet es auch nicht, wenn wir $|$ in Σ aufnehmen. Mit derselben Argumentation können wir folgendes festlegen: Angenommen, das von der Turing-Maschine M tatsächlich benutzte Alphabet ist Σ', und a_{m-1} ist der Buchstabe mit dem höchsten (Σ_∞)-Index in Σ', dann gilt auf jeden Fall $\Sigma' \subseteq \{a_0, \dots, a_{m-1}\}$. Dann setzen wir einfach das Alphabet von M als $\Sigma = \{a_0, \dots, a_{m-1}\}$; für die unbenutzten Buchstaben können ja die δ-Übergänge beliebig sein.

Gegeben sei nun eine Turing-Maschine $M = (K, \Sigma, \delta, s)$, deren Bandalphabet aus den ersten $|\Sigma|$ Buchstaben von Σ_∞ bestehe. Sie wird wie folgt gödelisiert:

- Die Gödelnummer von M besteht aus zwei Teilen. Der erste Teil enthält die zwei Werte $|K|$ und $|\Sigma|$, gemeinsam in eine Zahl primzahlcodiert. Der zweite Teil beschreibt die δ-Übergänge.

  Die Codierung der δ-Übergänge sieht wie folgt aus: Für jedes Paar ([Zustand], [Bandbuchstabe]) müssen Folgezustand und Aktion angegeben werden. Das sind zwei Zahlen, die wir wieder mit Primzahlcodierung zu einer Zahl zusammenfassen. Wir vergeben an die Aktion L (Kopfbewegung nach links) die Nummer $|\Sigma|$ und an die Aktion R die Nummer $|\Sigma|+1$, um die Aktionsarten Schreiben eines Buchstabens und Bewegung des Schreib-/Lesekopfs gleich behandeln zu können. Außerdem vergeben wir an den Haltezustand die Nummer $|K|+1$.[4]

  Da wir $|\Sigma| = m$ in die Gödelnummer von M aufgenommen haben, können wir L und R nicht mit den „echten" Buchstaben a_m und $a_{m+1} \in \Sigma_\infty$ verwechseln. Genauso dient uns die Zahl $|K| = n$, die ja auch in der Gödelnummer verzeichnet ist, dazu, festzustellen, ob der Zustand, den wir mit dem nächsten δ-Übergang erreichen, der Haltezustand q_{n+1} ist.

- Eine Konfiguration einer Turing-Maschine hat bekanntlich die Form

$$q, w\underline{a}u.$$

Sie besteht aus vier Bestandteilen: dem Zustand, dem Bandinhalt links vom Kopf, dem Bandzeichen unter dem Kopf, und dem Bandinhalt rechts vom Kopf. Entsprechend ist die Gödelisierung einer TM-Konfiguration die Primzahlcodierung von 4 Zahlen.

Wir codieren die Bandinhalte rechts und links vom Kopf unterschiedlich: Wenn sich der Schreib-/Lesekopf um ein Zeichen bewegt, zeigt er entweder auf das *rechteste* Zeichen von w oder auf das *linkeste* von u. Deshalb

---

[4] Achtung: Wir zählen die Buchstaben ab a_0, die Zustände aber ab q_1. Die ersten $|\Sigma|$ Buchstaben sind also $a_0, \dots, a_{|\Sigma|-1}$. Die ersten $|K|$ Zustände sind $q_1, \dots, q_{|K|}$.

codieren wir w so, dass das rechteste Zeichen „unten" in der Primzahlcodierung steht (d.h. zum Exponenten der ersten Primzahl wird), während wir u so codieren, dass das linkeste Zeichen „unten" steht. Dann kann man leicht feststellen, was das Zeichen im Arbeitsfeld ist: Nach einer Kopfbewegung nach links ist es $([\text{Codierung von } w])_1$, und nach einer Kopfbewegung nach rechts $([\text{Codierung von } u])_1$.

Das TM-Modell, das wir mit rekursiven Funktionen simulieren, ist das der Turing-Maschinen mit einem einzigen, zweiseitig unbeschränkten Band.

Definition 12.5.2 (Gödelisierung von TM). *Ohne Einschränkung sei $M = (K, \Sigma, \delta, s)$ eine zw-Turing-Maschine mit*
$K = \{q_1, \ldots, q_n\}$, $s = q_1$, $h = q_{n+1}$, $\Sigma = \{a_0, \ldots, a_{m-1}\}$, $\# = a_0$, $| = a_1$,
$L = a_m$, *und* $R = a_{m+1}$.

Für $\delta(q_i, a_j) = (q_{i'}, a_{j'})$ *sei* $\delta_{i,j} := \langle i', j' \rangle$.

Für ein Wort $w = a_{i_1} \ldots a_{i_p}$ *sei* $l(w) := \langle i_p, \ldots, i_1 \rangle$ *und* $r(w) := \langle i_1, \ldots, i_p \rangle$.

Die **Gödelnummer der TM** M *ist dann*

$$\gamma(\mathbf{M}) := \langle \langle n, m \rangle, \delta_{1,0}, \delta_{1,1}, \ldots, \delta_{1,m-1}, \delta_{2,0}, \ldots, \delta_{n,m-1} \rangle.$$

Die **Gödelisierung einer Konfiguration** $C = q_i, w\underline{a_j}u$ *ist die Zahl*

$$\gamma(\mathbf{C}) := \langle i, l(w), j, r(u) \rangle.$$

Diese Art der Gödelisierung ist viel aufwendiger als die Gödelisierung von Turing-Maschinen als Eingabe für die universelle Turing-Maschine U in 7.5. Der Grund ist einfach, dass Turing-Maschinen ein solch mächtiges Modell sind, dass sie andere Turing-Maschinen in ziemlich jeder vorliegenden Form simulieren können. Jetzt wollen wir aber Turing-Maschinen mit μ-rekursiven Funktionen simulieren. Das ist erheblich schwieriger, so dass wir sehr genau auf eine hierfür geschickte Gödelisierung achten müssen.

Unser Ziel ist es nun, mit einer rekursiven Funktion dasselbe zu berechnen, was eine gegebene Turing-Maschine M berechnet. Um das zu tun, beschreiben wir primitiv rekursiv, wie die Konfiguration von M nach t Rechenschritten aussieht, und zwar in Abhängigkeit von der Konfiguration nach $(t-1)$ Schritten. Rekursionsanfang ist eine gegebene Konfiguration zu Beginn ($t = 0$). Wir definieren nun vier primitiv rekursive Funktionen, eine für jeden der vier Bestandteile einer Konfiguration: Zustand, Bandinhalt links und rechts vom Kopf und Bandzeichen unter dem Kopf. Wie in Abschnitt 12.3 angedeutet, werden diese vier Funktionen sich gegenseitig aufeinander beziehen, wir benötigen also eine simultane primitive Rekursion. Die vier Funktionen kombinieren wir zu einer weiteren primitiv rekursiven Funktion f_U, die zu einer Turing-Maschine M beginnend bei einer beliebigen Konfiguration C jede Rechnung vorgegebener Länge simuliert. Genauer gesagt erhält f_U als Argumente die Zahlen $\gamma(M)$ und $\gamma(C)$ sowie eine Zahl t und simuliert dann ausgehend von C die nächsten t Rechenschritte von M. Die Funktion heißt deshalb f_U, weil wir sie später benutzen werden, um eine universelle Turing-Maschine zu konstruieren.

Lemma 12.5.3 (Simulationslemma). *Es gibt eine Funktion $f_U : \mathrm{N}^3 \to \mathrm{N} \in \wp$, so dass für jede Turing-Maschine M gilt: Ist $C_0, \ldots, C_t$, $t \in \mathrm{N}$, eine Sequenz von Konfigurationen mit $C_i \vdash_M C_{i+1}$ für $0 \le i < t$, so ist*

$$f_U(\gamma(M), \gamma(C_0), t) = \gamma(C_t).$$

Beweis: Wir definieren vier Funktionen, die Konfigurationen von Turing-Maschinen berechnen: Z für den Zustand, L für das Bandstück links vom Kopf, R für das Bandstück rechts vom Kopf und A für das Bandzeichen unter dem Kopf. Im einzelnen ist

$Z(\gamma, \varrho, t) = i$, falls die Turing-Maschine M mit Gödelnummer $\gamma(M)$ $= \gamma$ von einer Konfiguration C aus mit $\gamma(C) = \varrho$ nach t Schritten der Rechnung eine Konfiguration mit Zustand q_i erreicht.

$L(\gamma, \varrho, t) = l(w)$, falls die Turing-Maschine M mit Gödelnummer $\gamma(M)$ $= \gamma$ von einer Konfiguration C aus mit $\gamma(C) = \varrho$ nach t Schritten der Rechnung eine Konfiguration erreicht, wo w der Bandinhalt links vom Arbeitsfeld ist.

$A(\gamma, \varrho, t) = j$, falls die Turing-Maschine M mit Gödelnummer $\gamma(M)$ $= \gamma$ von einer Konfiguration C aus mit $\gamma(C) = \varrho$ nach t Schritten der Rechnung eine Konfiguration mit a_j auf dem Arbeitsfeld erreicht.

$R(\gamma, \varrho, t) = r(u)$, falls die Turing-Maschine M mit Gödelnummer $\gamma(M)$ $= \gamma$ von einer Konfiguration C aus mit $\gamma(C) = \varrho$ nach t Schritten der Rechnung eine Konfiguration erreicht, wo u der Bandinhalt rechts vom Arbeitsfeld ist.

Wir beschreiben jetzt, wie sich die Funktionen Z, L, R und A berechnen, und zeigen dabei, dass sie primitiv rekursiv sind. Zunächst definieren wir uns dazu zwei Hilfsfunktionen, *verl* und *verk*, die jeweils eine Gödelnummer als Eingabe nehmen und in eine andere Gödelnummer überführen. Dabei soll *verl* die Exponenten der Primzahlen jeweils um eine Primzahl nach „oben" verschieben, es soll also

$$verl(\langle (n)_1, \ldots, (n)_k \rangle) = \langle 0, (n)_1, \ldots, (n)_k \rangle$$

sein. *verk* soll den umgekehrten Effekt haben: Die Zahl, die im Exponenten der ersten Primzahl $p(1)$ stand, verschwindet, die anderen Exponenten werden um jeweils eine Primzahl nach „unten" weitergeschoben. Konkret ist damit

$$verk(\langle ((n)_1, \ldots, (n)_k \rangle) = \langle (n)_2, \ldots, (n)_k \rangle.$$

Die beiden Funktionen berechnen sich wie folgt:

$$verl(n) := \prod_{1 \le i \le n} p(i+1)^{(n)_i}$$

$$verk(n) := \begin{cases} 1 & \text{falls } n = 0 \text{ oder } n = 2^j \\ \prod_{2 \le i \le n} p(i-1)^{(n)_i} & \text{sonst} \end{cases}$$

verl und *verk* sind als Fallunterscheidungen, die beschränkte Produktbildung verwenden, primitiv rekursiv.

Wenn wir nun allgemein die Konfiguration der Turing-Maschine nach t Schritten gegeben haben, wie berechnen wir daraus die Konfiguration nach $(t+1)$ Schritten, also die vier Werte $Z(\gamma, \varrho, t+1), L(\gamma, \varrho, t+1), R(\gamma, \varrho, t+1)$ und $A(\gamma, \varrho, t+1)$? Die Konfiguration nach $(t+1)$ Schritten berechnet sich aus der Konfiguration nach t Schritten und dem dann durchgeführten δ-Übergang. Die δ-Übergänge sind aber Teil der Gödelnummer γ der Turing-Maschine und können aus ihr wieder extrahiert werden.

Angenommen, die Turing-Maschine mit Gödelnummer γ hat nach t Schritten die Konfiguration q_i, wa_ju. Dann wird sie als nächstes den δ-Übergang $\delta(q_i, a_j) = (q_{i'}, a_{j'})$ durchführen. Wenn $|K| = n$ und $|\Sigma| = m$, dann ist die Gödelnummer γ wie folgt aufgebaut: Exponent der ersten Primzahl $p(1) = 2$ ist $\langle n, m \rangle$. Die nächsten m Primzahlen enthalten die δ-Übergänge $\delta(s, a_0)$ bis $\delta(s, a_{m-1})$, dann folgen die Übergänge $\delta(q_2, a_0)$ bis $\delta(q_2, a_{m-1})$, und so weiter. Die primzahlcodierte Form des Überganges $\delta(q_i, a_j)$, also die Zahl $\langle i', j' \rangle$, ist somit der Exponent der $\big(2 + (i-1) * m + j\big)$-ten Primzahl. Also kann man den Wert des δ-Übergangs, der uns interessiert, aus der Gödelnummer γ der Turing-Maschine extrahieren als

$$\langle i', j' \rangle = (\gamma)_{(i-1)*m+j+2}.$$

Wie kommen wir an die Nummer i des Zustands nach t Rechenschritten und an die Nummer j des Bandzeichens zu diesem Zeitpunkt heran? Sie werden berechnet von den Funktionen Z und A: Es ist $A(\gamma, \varrho, t) = j$ und $Z(\gamma, \varrho, t) = i$. Außerdem müssen wir noch die Zahl m bestimmen. Sie findet sich in γ als $m = ((\gamma)_1)_2$ (siehe Def. 12.5.2). Wenn wir all das in die obige Formel einsetzen, ergibt sich

$$\langle i', j' \rangle = (\gamma)_{(Z(\gamma, \varrho, t)-1)*((\gamma)_1)_2 + A(\gamma, \varrho, t)+2}.$$

Damit haben wir die notwendigen Werkzeuge beisammen, um die Funktionen Z, L, R und A mit simultaner primitiver Rekursion darstellen zu können.

$$Z(\gamma, \varrho, 0) = (\varrho)_1$$
$$L(\gamma, \varrho, 0) = (\varrho)_2$$
$$A(\gamma, \varrho, 0) = (\varrho)_3$$

$$R(\gamma, \varrho, 0) \;\; = \;\; (\varrho)_4$$

$$Z(\gamma, \varrho, t+1) \;\; = \;\; i'$$

$$L(\gamma, \varrho, t+1) \;\; = \;\; \begin{cases} L(\gamma, \varrho, t) & \text{für } a_{j'} \in \Sigma \\ verk(L(\gamma, \varrho, t)) & \text{für } a_{j'} = L \\ verl(L(\gamma, \varrho, t)) * 2^{A(\gamma, \varrho, t)} & \text{für } a_{j'} = R \end{cases}$$

$$A(\gamma, \varrho, t+1) \;\; = \;\; \begin{cases} j' & \text{für } a_{j'} \in \Sigma \\ (L(\gamma, \varrho, t))_1 & \text{für } a_{j'} = L \\ (R(\gamma, \varrho, t))_1 & \text{für } a_{j'} = R \end{cases}$$

$$R(\gamma, \varrho, t+1) \;\; = \;\; \begin{cases} R(\gamma, \varrho, t) & \text{für } a_{j'} \in \Sigma \\ verl(R(\gamma, \varrho, t)) * 2^{A(\gamma, \varrho, t)} & \text{für } a_{j'} = L \\ verk(R(\gamma, \varrho, t)) & \text{für } a_{j'} = R \end{cases}$$

Die Berechnungsvorschriften dieser Funktionen sind doch recht komplex – sie enthalten nicht wirklich schwierige Berechnungen, aber sie machen intensiven Gebrauch vom Aufbau der Gödelnummer γ. Deshalb hier einige Anmerkungen zu den vier Funktionen und dazu, wie sie sich berechnen:

- Der Rekursionsanfang beschreibt die Konfiguration C, in der die Berechnung gestartet wird. Ihre Gödelisierung ist $\gamma(C) = \varrho = \langle i, l(w), j, r(u) \rangle$. Also kann man aus der Zahl ϱ alle vier benötigten Werte extrahieren.
- Der neue Zustand nach einem Rechenschritt ist $Z(\gamma, \varrho, t+1) = i'$ nach den δ-Regeln der TM. Wie oben beschrieben, lässt sich dies i' rekursiv unter Verwendung von $Z(\gamma, \varrho, t)$ berechnen: Es ist

$$i' = \left((\gamma)_{(i-1)*m+j+2} \right)_1$$

mit $i = Z(\gamma, \varrho, t)$, $j = A(\gamma, \varrho, t)$ und $m = ((\gamma)_1)_2$. In der Gödelnummer γ steht im Exponenten der $((i-1)*m+j+2)$-ten Primzahl der Wert $\langle i', j' \rangle$, und wenn man aus diesem Wert wiederum den Exponenten der ersten Primzahl extrahiert, erhält man i'.
- Was nach dem $(t+1)$-ten Rechenschritt das Zeichen im aktuellen Bandfeld ist und was die Wörter links und rechts vom Kopf sind, hängt davon ab, ob sich der Kopf im letzten Schritt bewegt hat oder ob etwas auf das Band geschrieben wurde. Deshalb muss bei der Definition der Funktionen A, L und R jeweils eine entsprechende Fallunterscheidung gemacht werden. Da wir behauptet haben, dass alle drei Funktionen A, L und R primitiv rekursiv sind, müssen wir zeigen können, dass sich die Bedingungen dieser Fallunterscheidungen primitiv rekursiv beschreiben lassen. Das können wir in der Tat. Dazu verwenden wir wieder einmal die Tatsache, dass man aus der Gödelnummer γ der Turing-Maschine ihre δ-Übergänge extrahieren

kann. Beschreibt $Z(\gamma, \varrho, t) = i$ den aktuellen Zustand und $A(\gamma, \varrho, t) = j$ das Bandzeichen im Arbeitsfeld, und ist $((\gamma)_1)_2 = m$ die Anzahl der Bandbuchstaben, so macht die Maschine den δ-Übergang $(\gamma)_{(i-1)*m+j+2} = \langle i', j' \rangle$.

Für die Fallunterscheidung, die wir hier treffen, interessiert uns ausschließlich, ob $a_{j'}$ ein Element von $\Sigma = \{a_0, \ldots, a_{m-1}\}$ ist oder ob $a_{j'}$ gleich $L = a_m$ oder $R = a_{m+1}$ ist. Wir brauchen also den Exponenten der zweiten Primzahl, nämlich $(\langle i', j' \rangle)_2 = j'$. Damit lassen sich die drei Fälle in Form einer primitiv rekursiven Fallunterscheidung so beschreiben:

$$a_{j'} \in \Sigma \quad \Longleftrightarrow \quad ((\gamma)_{(i-1)*m+j+2})_2 \dot{-} (m-1) = 0$$

$$a_{j'} = L \quad \Longleftrightarrow \quad |(((\gamma)_{(i-1)*m+j+2})_2, m)| = 0$$

$$a_{j'} = R \quad \Longleftrightarrow \quad |(((\gamma)_{(i-1)*m+j+2})_2, m+1)| = 0$$

- Die Berechnung von $L(\gamma, \varrho, t+1)$ und $R(\gamma, \varrho, t+1)$ verläuft spiegelbildlich. Sei nach t Rechenschritten die Konfiguration $q_i, w a_j u$ mit $w = w' a_l$ und $u = a_r u'$. Wenn sich im $(t+1)$-ten Schritt der Schreib-/Lesekopf nicht bewegt hat, so ist $L(\gamma, \varrho, t+1) = L(\gamma, \varrho, t) = l(w)$ bzw. $R(\gamma, \varrho, t+1) = R(\gamma, \varrho, t) = r(u)$.

  Hat sich der Kopf um einen Schritt nach links (nach rechts) bewegt, so gehört a_l (a_r) nicht mehr zu dem Wort links (rechts) vom Kopf in der $(t+1)$-ten Konfiguration. Die Hilfsfunktion $verk$, die wir oben definiert haben, manipuliert die Gödelnummer $L(\gamma, \varrho, t)$ (bzw. $R(\gamma, \varrho, t)$) genau so, wie wir es brauchen: Sie entfernt den Exponenten der ersten Primzahl, und das ist genau a_l bzw. a_r, aus dem verschlüsselten Zahlentupel.

  Hat sich der Kopf einen Schritt nach rechts (nach links) bewegt, so gehört a_j jetzt zum Wort links (rechts) vom Schreib-/Lesekopf. Die Hilfsfunktion $verl$ schiebt sozusagen das in $L(\gamma, \varrho, t)$ ($R(\gamma, \varrho, t)$) verschlüsselte Zahlentupel um eine Primzahl nach oben, d.h. die erste Primzahl 2 hat nun den Exponenten 0. Um die Nummer von a_j, nämlich $A(\gamma, \varrho, t)$, nun in den Exponenten der ersten Primzahl zu schreiben, wird einfach das Ergebnis der Funktionsanwendung von $verl$ mit $2^{A(\gamma, \varrho, t)}$ multipliziert.

- Zum Schluss noch einige Worte zur Berechnung von $A(\gamma, \boldsymbol{n}, t+1)$: Wenn im Rahmen des letzten δ-Übergangs der Kopf nicht bewegt wurde, sondern ein Zeichen $a_{j'}$ in die aktuelle Bandzelle geschrieben wurde, so ist natürlich $A(\gamma, \boldsymbol{n}, t+1) = j'$, die Nummer des Zeichens, das eben geschrieben wurde. Entsprechend der schon mehrmals erwähnten Formel zur Bestimmung des δ-Übergangs-Wertes $\langle i', j' \rangle$ ist

  $$j' = \left((\gamma)_{(Z(\gamma, \varrho, t)-1)*((\gamma)_1)_2 + A(\gamma, \varrho, t)+2} \right)_2.$$

  Hat sich dagegen im letzten Schritt der Kopf bewegt, so kommt uns jetzt zugute, dass wir die Wörter rechts und links vom Kopf unterschiedlich codiert haben, nämlich so, dass im Exponenten der ersten Primzahl auf jeden Fall die Nummer des Zeichens steht, die wir brauchen: $(L(\gamma, \varrho, t))_1$ ist die Nummer des rechtesten Zeichens des Wortes links vom Kopf in der t-ten Konfiguration, und $(R(\gamma, \varrho, t))_1$ ist die Nummer des linkesten Zeichens des Wortes rechts vom Kopf in der t-ten Konfiguration.

Insgesamt haben wir, indem wir die Berechnungsvorschrift angegeben haben, gezeigt, dass Z, L, R und A primitiv rekursive Funktionen sind. Damit ist das Simulationslemma bewiesen: Wir wählen als $f_U : \mathrm{N}^3 \to \mathrm{N}$ die primitiv rekursive Funktion[5]

$$f_U(\gamma, \varrho, t) = \langle Z(\gamma, \varrho, t), L(\gamma, \varrho, t), A(\gamma, \varrho, t), R(\gamma, \varrho, t) \rangle.$$

∎

Mit Hilfe von f_U kann man bestimmen, was die Konfiguration der Turing-Maschine mit Gödelnummer γ nach t Rechenschritten ist, für beliebiges t. Aber diese Funktion kann genausowenig wie irgendwelche anderen LOOP-berechenbaren Funktionen ausreichen, um zu berechnen, was die Turing-Maschine mit Gödelnummer γ berechnet hat, da $\mathrm{LOOP} \subset \mathrm{TM} \subset \mathrm{TM}^{part}$ gilt nach Kap. 11. Wir können sogar genau sagen, an welcher Stelle uns Rechenkraft fehlt: Wir können zwar für jedes t die Konfiguration nach t Schritten bestimmen, aber wir können mit primitiv rekursiven Mitteln nicht feststellen, wie lang wir rechnen müssen, um den Haltezustand zu erreichen.

Entsprechend verwenden wir an genau einer Stelle ein Konstrukt, das über primitiv rekursive Mächtigkeit hinausgeht, nämlich den μ-Operator. Mit dem μ-Operator ermittelt man ja den *kleinsten* Wert, für den eine Bedingung erfüllt ist. Und in diesem Fall suchen wir die kleinste Rechenschritt-Anzahl t_0, so dass der Zustand der Maschine mit Gödelnummer γ nach t_0 Rechenschritten der Haltezustand q_{n+1} ist, bzw. $Z(\gamma, \varrho, t_0) = n + 1$. Die Zahl n können wir, wie vorher schon m, der Gödelnummer γ der Turing-Maschine entnehmen: $n = ((\gamma)_1)_1$.

Der μ-Operator, den wir zur Simulation einer Turing-Maschine einsetzen, muss, nach dem oben Gesagten, auf jeden Fall unbeschränkt sein. Ist er aber im Normalfall oder nicht? Das hängt von der simulierten Turing-Maschine ab: Wenn sie eine totale Funktion berechnet, so ist der μ-Operator im Normalfall (dann gibt es ja per definitionem eine Rechenschritt-Anzahl t_0, nach der die Maschine hält), ansonsten nicht. Wir formulieren im nächsten Satz zunächst, dass jede totale TM-berechenbare Funktion in F_μ enthalten ist. Mit diesem Ergebnis ist dann aber sofort mitgezeigt, dass jede partielle TM-berechenbare Funktion in F_μ^{part} liegt.

Satz 12.5.4 (TM $\subseteq$ F$_\mu$). *Jede totale TM-berechenbare Funktion ist μ-rekursiv: TM $\subseteq$ F_μ.*

---

[5] Wenn M von C aus keine t Rechenschritte mehr macht, sondern vorher hält, wenn C keine Konfiguration von M ist, oder wenn eine der Zahlen γ und ϱ keine Gödelnummer ist, wird f_U auch ein Ergebnis liefern, wenn auch kein sinnvolles. Die Aussage des Simulationslemmas ist damit aber nicht verletzt!

Beweis: Sei $f : \mathrm{N}^k \to \mathrm{N} \in \mathrm{TM}$. Dann gibt es definitionsgemäß eine Turing-Maschine M_f, die f berechnet. Es gilt also

$$f(n_1, \ldots, n_k) = p \iff s, \#|^{n_1}\# \ldots \#|^{n_k}\underline{\#} \vdash^*_{M_f} h, \#|^p\underline{\#}$$

Zu zeigen ist, dass auch $f \in F_\mu$ gilt. Das zeigen wir, indem wir die eben definierten Funktionen Z, L, A und R verwenden, um die Arbeit von M_f zu simulieren. Dabei müssen wir aber zunächst folgendes Problem überwinden: Z, L, A und R brauchen als Argument u.a. die Gödelnummer der Startkonfiguration $\gamma(s, \#|^{n_1}\# \ldots \#|^{n_k}\underline{\#})$; nach der Definition des Berechnungsbegriffs für μ-rekursive Funktionen muss aber die Funktion, die $f : \mathrm{N}^k \to \mathrm{N}$ berechnet, direkt das Zahlentupel $n_1, \ldots, n_k$ als Eingabe nehmen, nicht die Verschlüsselung der entsprechenden Startkonfiguration von M_f. Die simulierende μ-rekursive Funktion muss deswegen als erstes aus $n_1, \ldots, n_k$ die Startkonfiguration von M_f berechnen. Wir müssen also zeigen, wie man mit den Mitteln der primitiven Rekursion zu gegebenen $n_1, \ldots, n_k$ die Gödelnummer der zugehörigen Startkonfiguration berechnen kann. Das heißt, wir suchen primitiv rekursive Funktionen $g_k : \mathrm{N}^k \to \mathrm{N}$ (eine für jede Eingabe-Stelligkeit k), die

$$g_k(n_1, \ldots, n_k) = \gamma(s, \#|^{n_1}\# \ldots \#|^{n_k}\underline{\#})$$

berechnen. Ein Teil der Arbeit ist allerdings schon getan: Entsprechend Def. 12.5.2 ist

$$\gamma(s, \#|^{n_1}\# \ldots \#|^{n_k}\underline{\#}) = \langle 1, l(\#|^{n_1}\# \ldots \#|^{n_k}), 0, 1\rangle,$$

da $r(\varepsilon) = 1$, $s = q_1$ und $\# = a_0$ ist. Wir brauchen also nur noch für jedes k eine Funktion $l_k : \mathrm{N}^k \to \mathrm{N} \in \wp$ zu finden, die den Bandinhalt links vom Kopf verschlüsselt, und zwar wie folgt:

$$l_k(n_1, \ldots, n_k) = l(\#|^{n_1}\# \ldots \#|^{n_k}) =$$
$$\langle \underbrace{1, \ldots, 1}_{n_k}, 0, \ldots, 0, \underbrace{1, \ldots, 1}_{n_2}, 0, \underbrace{1, \ldots, 1}_{n_1}\rangle,$$

denn es ist ja $\# = a_0$ und $| = a_1$. Dass l_k primitiv rekursiv ist, zeigen wir durch Induktion über k unter Verwendung der Hilfsfunktion *verl* aus dem Simulationslemma 12.5.3.

$k = 1$: $l_1(n) = \langle \underbrace{1, \ldots, 1}_{n}\rangle = \prod_{1 \le i \le n} p(i)^1 \quad \in \wp$

Auf den rechtesten n Feldern (des Bandbereichs links vom Kopf) stehen Striche, deshalb bekommen die ersten n Primzahlen einen Exponenten größer null. Der Exponent ist jeweils 1, weil $| = a_1$ ist.

$k \to k + 1$: Die Funktion l_{k+1} beschreiben wir wiederum rekursiv über die Anzahl der Striche im letzten Eingabewert n_{k+1}.

$$l_{k+1}(n_1, \ldots, n_k, 0) = \langle 0, \underbrace{1, \ldots, 1}_{n_k}, 0, \ldots, 0, \underbrace{1, \ldots, 1}_{n_1} \rangle$$
$$= verl(l_k(n_1, \ldots, n_k))$$
$$l_{k+1}(n_1, \ldots, n_k, n+1) = 2 * verl(l_{k+1}(n_1, \ldots, n_k, n))$$

Was tut der Rekursionsschritt für $l_{k+1}(n_1, \ldots, n_k, n+1)$? Er verwendet den Wert $l_{k+1}(n_1, \ldots, n_k, n)$, die Gödelnummer von $\#|^{n_1}\# \ldots \#|^{n_k}\#|^n$, und wendet zunächst die Funktion $verl$ darauf an. Das Ergebnis ist die Gödelnummer von $\#|^{n_1}\# \ldots \#|^{n_k}\#|^n\#$. Was wir erreichen wollen, ist aber die Gödelnummer von $\#|^{n_1}\# \ldots \#|^{n_k}\#|^n|$, wir müssen also sozusagen in der Primzahlcodierung das Blank am Ende des Wortes mit einem Strich überschreiben. Indem wir mit 2 multiplizieren, setzen wir den Exponenten der ersten Primzahl $p(1) = 2$ auf 1, was heißt, dass die Bandzelle direkt links von der Kopfposition das Zeichen $a_1 = |$ enthält.

Soviel zur Codierung der Startkonfiguration. Nachdem dies Problem gelöst ist, können wir uns mit der rekursiven Berechnung der Arbeit von M_f beschäftigen. Sei also γ_f die Gödelnummer der Turing-Maschine M_f. Wegen der Totalität von f muss es eine Schrittanzahl t_0 geben, so dass der Zustand von M_f nach t_0 Schritten der Haltezustand $h = q_{n+1}$ ist (wie oben sei die Anzahl der Zustände der TM M_f $|K| = n$). Nach Def. 7.1.7 steht der berechnete Wert p dann links vom Schreib-/Lesekopf von M_f. Wenn wir die Funktionen Z, L, A und R verwenden, um M_f zu simulieren, so heißt das, dass der Wert p in $L(\gamma_f, g_k(n_1, \ldots, n_k), t_0)$ verschlüsselt steht. Insgesamt gilt dann:

$$f(n_1, \ldots, n_k) = p \iff s, \#|^{n_1}\# \ldots \#|^{n_k}\underline{\#} \vdash^*_{M_f} h, \#|^p\underline{\#}$$
$$\iff \exists t_0 \Big(Z(\gamma_f, g_k(n_1, \ldots, n_k), t_0) = n+1,$$
$$L(\gamma_f, g_k(n_1, \ldots, n_k), t_0) = \langle \underbrace{1, \ldots, 1}_{p} \rangle,$$
$$A(\gamma_f, g_k(n_1, \ldots, n_k), t_0) = 0, \text{ und}$$
$$R(\gamma_f, g_k(n_1, \ldots, n_k), t_0) = 1 \Big).$$

Den Wert t_0 ermitteln wir mit Hilfe eines μ-Operators: Wir suchen die kleinste Schrittanzahl, so dass $Z(\gamma_f, g_k(n_1, \ldots, n_k), t_0) = n+1$, wobei man n aus γ_f extrahiert als $n = ((\gamma_f)_1)_1$. Um nun festzustellen, welchen Funktionswert f berechnet hat, d.h. was die Turing-Maschine M_f berechnet hat, brauchen wir noch eine Funktion, die aus $L(\gamma_f, g_k(n_1, \ldots, n_k), t_0)$ den Wert p decodiert. Nennen wir diese Decodier-Funktion Dec. Sie verwendet eine Codierfunktion, die wir für den letzten Beweis eingeführt haben und die nachweislich primitiv rekursiv ist: die Funktion $l_1(j) = \prod_{1 \leq i \leq j} p(i)^1$, für die gilt, dass $l_1(j) = \underbrace{\langle 1, \ldots, 1 \rangle}_{j}$ ist. Es sei

$$Dec(j) := \mu_{i \le j} i(l_1(i) = j) \in \wp$$

also der kleinste Wert i, so dass die Primzahlverschlüsselung von i den Wert j ergibt. Also ist $Dec(L(\gamma_f, g_k(n_1, \ldots, n_k), t_0)) = p$, der von der Turing-Maschine berechnete Wert, falls M_f nach t_0 Schritten hält.

Fassen wir zusammen. Für die Funktion $f : N^k \to N$, die von der Turing-Maschine M_f mit Gödelnummer γ_f berechnet wird, gilt:

$$f(n_1, \ldots, n_k) = Dec\Big(L\big(\gamma_f, g_k(n_1, \ldots, n_k),$$
$$\mu i(Z(\gamma_f, g_k(n_1, \ldots, n_k), i) = n + 1)\big)\Big)$$

∎

Der μ-Operator ist hier ein μ-Operator im Normalfall. Da die Funktion f total ist, gibt es auf jeden Fall ein t_0, so dass $Z(\gamma_f, g_k(n_1, \ldots, n_k), t_0) = n+1$ ist. Das einzige, was sich ändert, wenn die TM-berechenbare Funktion nicht total ist, ist, dass dann der μ-Operator nicht im Normalfall ist: Es kann passieren, dass es keine Rechenschrittanzahl t_0 gibt, nach der die Maschine hält. In diesem Fall ist der Wert des μ-Ausdrucks undefiniert.

Korollar 12.5.5. *Es gilt* $TM^{part} \subseteq F_\mu^{part}$.

In Hinblick auf den nächsten Satz formulieren wir das Ergebnis von Satz 12.5.4 noch etwas anders: Zu jeder Anzahl k von Parametern gibt es TM-Simulationsfunktionen h_k und h_k', die primitiv rekursiv sind und die jede TM-berechenbare totale Funktion $f : N^k \to N$ berechnen können unter Benutzung der Gödelnummer γ_f der zugehörigen Turing-Maschine M_f. Wenn man diese Aussage formal notiert, sieht sie so aus:

Lemma 12.5.6.

$$\forall k \in N \quad \exists h_k, h_k' \in \wp \quad \forall f : N^k \to N \in TM \quad \exists \gamma_f \in N$$
$$\forall \boldsymbol{n} = (n_1, \ldots, n_k) \quad f(\boldsymbol{n}) = h_k'(\gamma_f, \boldsymbol{n}, \mu i(h_k(\gamma_f, \boldsymbol{n}, i) = 0))$$

Man setzt einfach $h_k'(\gamma_f, \boldsymbol{n}, t) = Dec(L(\gamma_f, g_k(\boldsymbol{n}), t))$ und $h_k(\gamma_f, \boldsymbol{n}, i) = (n+1) \dot{-} Z(\gamma_f, g_k(\boldsymbol{n}), i)$ (mit $n = ((\gamma_f)_1)_1$). Damit ergibt sich dieselbe Aussage wie im letzten Satz.

Der Inhalt von Satz 12.5.4 ist in einer etwas schärferen Form als *Kleenes Normalformtheorem* bekannt. Dies Theorem beschreibt eine Familie von primitiv rekursiven Funktionen T_k, die gemeinsam mit einer primitiv rekursiven Funktion U unter Verwendung eines μ-Operators die Rechnung jeder Turing-Maschine, die eine Funktion berechnet, simulieren können. Der Unterschied zu Satz 12.5.4 ist folgender: Dort wurden primitiv rekursive Funktionen h_k, h'_k benutzt, um die Arbeit einer Turing-Maschine mit Gödelnummer γ_f zu simulieren. Es wurden zunächst sukzessive die Zustände nach $t = 0, 1, 2, \ldots$ Rechenschritte der TM ermittelt bis zum ersten Auftreten des Haltezustandes zum Zeitpunkt t_0 (dazu brauchten wir die Funktion $Z \in \wp$ und einen μ-Operator). Dann wurde mit der Funktion $L \in \wp$ der Inhalt des Bandteils links vom TM-Schreib-/Lesekopf nach t_0 Schritten berechnet. Jetzt soll von der Funktion „innerhalb" des μ-Operators, T_k, sowohl die Schrittanzahl t_0 berechnet werden, nach der die TM hält, als auch der Bandinhalt links vom Kopf nach t_0 Schritten. Die Funktion „außerhalb" des μ-Operators, die jetzt U heißt, muss dann nur noch das Ergebnis decodieren.

Die Formulierung des folgenden Theorems ist analog aufgebaut zu der formalen Notation in 12.5.6: Es gibt eine primitiv rekursive Funktion U, die im Zusammenspiel mit einer für jede Anzahl k von Parametern anderen TM-Simulations-Funktion T_k, die primitiv rekursiv ist, jede TM-berechenbare totale Funktion $f : \mathbb{N}^k \to \mathbb{N}$ berechnen kann unter Benutzung der Gödelnummer γ_f der zugehörigen Turing-Maschine M_f.

Satz 12.5.7 (Kleenes Normalformtheorem).

$$\exists U \in \wp \quad \forall k \in \mathbb{N} \quad \exists T_k \in \wp \quad \forall f : \mathbb{N}^k \to \mathbb{N} \in TM \quad \exists \gamma_f \in \mathbb{N}$$
$$\forall \boldsymbol{n} = (n_1, \ldots, n_k) \quad f(\boldsymbol{n}) = U(\mu i(T_k(\gamma_f, \boldsymbol{n}, i) = 0))$$

Beweis: Im Beweis des Satzes 12.5.4 enthielt die Variable i, die mit dem μ-Operator ermittelt wurde, nur den Zeitpunkt t_0, nach dem M_f den Haltezustand erreicht. Jetzt soll i zusätzlich das Ergebnis der Rechnung von M_f enthalten. Die Funktion U muss dann aus i nur noch diesen letzteren Bestandteil, den Inhalt des Bandteils links vom Kopf von M_f, decodieren.

i muss zwei verschiedene Werte transportieren. Also verwenden wir auch hier das Verfahren der Primzahlcodierung: $(i)_1$ soll der Bandinhalt links vom Kopf nach $(i)_2$ Schritten sein, und $(i)_2 = t_0$. Wie muss nun die Funktion T_k aussehen? Mit dem μ-Operator ermitteln wir das kleinste i, für das $T_k(\gamma_f, \boldsymbol{n}, i) = 0$ ist, und i soll die beiden eben erwähnten Werte enthalten. Also definieren wir T_k so:

$$T_k(\gamma_f, \boldsymbol{n}, i) := |(i)_1, h'_k(\gamma_f, \boldsymbol{n}, (i)_2)| + h_k(\gamma_f, \boldsymbol{n}, (i)_2)$$

(Die Funktionen h'_k und h_k sind die, die wir in 12.5.6 benutzt haben.) Mit dieser Definition gilt $T_k(\gamma_f, \boldsymbol{n}, i) = 0$ genau dann, wenn zwei Bedingungen erfüllt sind:

1. $(i)_1 = h'_k(\gamma_f, \boldsymbol{n}, (i)_2) = Dec(L(\gamma_f, g_k(\boldsymbol{n}), (i)_2))$:
   Die Turing-Maschine mit Gödelnummer γ_f, gestartet mit Input $\boldsymbol{n}$, erreicht nach $(i)_2$ Schritten eine Konfiguration, wo der schon mit Dec decodierte Inhalt des Bands links vom Arbeitskopf $(i)_1$ ist; und
2. $h_k(\gamma_f, \boldsymbol{n}, (i)_2) = 0$:
   Die Maschine hält nach $(i)_2$ Schritten.

In diesem Fall enthält $(i)_1$ das Ergebnis der Rechnung von M_f für Input $\boldsymbol{n}$, das wir auslesen mit der Funktion U. Wir definieren $U(p) := (p)_1$, dann ist

$$f(\boldsymbol{n}) = (\mu i(T_k(\gamma_f, \boldsymbol{n}, i) = 0))_1 = U(\mu i(T_k(\gamma_f, \boldsymbol{n}, i) = 0))$$

∎

Wie sieht es nun hier mit dem Fall aus, dass die zu simulierende Funktion partiell ist? Es ist nicht erforderlich, dass f total ist - wenn f partiell ist und $f(\boldsymbol{n})$ undefiniert ist, dann wird kein i gefunden, für das $T_k(\gamma_f, \boldsymbol{n}, i) = 0$ wäre. Dann soll auch U von „undefiniert" undefiniert sein. Rein formal ist U dann allerdings nicht mehr in $\wp$, da primitiv rekursive Funktionen nie $\bot$ als Argument haben können. Definieren wir also zu einer beliebigen Funktion $g \in \wp$ eine partielle Erweiterung $\hat{g}(n) := g(n)$ und $\hat{g}(\bot) = \bot$, damit verhält sich $\hat{g}$ wie g, nur dass es für das Argument „undefiniert" selbst den Wert „undefiniert" annimmt. Damit gilt für den partiellen Fall folgende Variation des Kleene'schen Normalformtheorems:

Lemma 12.5.8.

$$\exists U \in \wp \quad \forall k \in \mathrm{N} \quad \exists T_k \in \wp \quad \forall f : \mathrm{N}^k \to \mathrm{N} \in TM^{part} \quad \exists \gamma_f \in \mathrm{N}$$

$$\forall \boldsymbol{n} = (n_1, \ldots, n_k) \quad f(\boldsymbol{n}) = \hat{U}\big(\mu i(T_k(\gamma_f, \boldsymbol{n}, i) = 0)\big).$$

12.6 Übersicht über die verschiedenen Berechenbarkeitsbegriffe

Wir haben bereits bewiesen:

- $\wp = $ LOOP nach Satz 12.3.5
- $F_\mu^{(part)} \subseteq$ WHILE$^{(part)} = $ GOTO$^{(part)} \subseteq$ TM$^{(part)} \subseteq F_\mu^{(part)}$ nach den Sätzen 12.4.3, 11.3.4, 11.4.1 und 12.5.4.
- Ebenso gilt LOOP $\subset$ TM nach Satz 11.5.2 und trivialerweise WHILE $\subset$ WHILE^{part}, siehe Satz 11.2.5.

Damit wurden insgesamt die folgenden Zusammenhänge zwischen den verschiedenen Klassen berechenbarer Funktionen gezeigt:

$$
\begin{array}{ccccccc}
\wp & = & \text{LOOP} & & & & \\
\cap & & & & & & \\
F_\mu & = & \text{WHILE} & = & \text{GOTO} & = & \text{TM} \\
\cap & & & & & & \\
F_\mu^{part} & = & \text{WHILE}^{part} & = & \text{GOTO}^{part} & = & \text{TM}^{part}
\end{array}
$$

12.7 Eine weitere universelle Turing-Maschine, die auf Kleenes Theorem basiert

In Kap. 7 haben wir schon einmal eine universelle Turing-Maschine vorgestellt. Sie arbeitete auf Gödelwörtern, die wir so konstruiert hatten, dass sie der Arbeit eines universellen Interpreters möglichst entgegenkamen. Nun haben wir in diesem Kapitel mit einer anderen Gödelisierung gearbeitet, der Primzahlcodierung, deren Ergebnis natürliche Zahlen sind. Man kann nun auch eine universelle Turing-Maschine konstruieren, die mit dieser Gödelisierung arbeitet und Kleenes Normalformtheorem ausnutzt. Es fehlt uns dazu nur noch ein kleiner letzter Schritt.

Angenommen, wir hätten eine μ-rekursive Funktion f, die die Arbeit jeder beliebigen Turing-Maschine simuliert und als Argumente die Gödelnummern der Turing-Maschine und ihrer Startkonfiguration erwartet. Es ist ja nach Satz 12.4.3 jede μ-rekursive Funktion WHILE-berechenbar und somit auch TM-berechenbar, also auch f. Und eine Turing-Maschine, die die Berechnung einer rekursiven Funktion simuliert, die ihrerseits die Arbeit jeder beliebigen Turing-Maschine simuliert, ist eine universelle Turing-Maschine.

Die Funktion $U \in \wp$ aus dem Kleene'schen Normalformtheorem, die gemeinsam mit der Funktionsfamilie $T_k \in \wp$, $k \in \mathbb{N}$ unter Zuhilfenahme eines μ-Operators Turing-Maschinen simuliert, ist aber nur verwendbar für Turing-Maschinen, die eine Funktion berechnen. Wir suchen aber eine rekursive Funktion, die *beliebige* Turing-Maschinen simulieren kann. Deshalb greifen wir auf die Funktion f_U aus dem Simulationslemma 12.5.3 zurück. $f_U(\gamma(M), \gamma(C), t)$ rechnet ja für die Turing-Maschine M von der Konfiguration C aus t Rechenschritte weiter. Diese Funktion brauchen wir, startend von einer Startkonfiguration, nur so lange für Schrittweiten von $t = 1$ zu simulieren, bis wir eine Haltekonfiguration erreichen.

Satz 12.7.1 (Existenz einer universellen Turing-Maschine). *Es existiert eine Turing-Maschine U_0, so dass für jede Turing-Maschine M und jede Startkonfiguration $C_0 = s, w\underline{a}u$ von M gilt:*

M *gestartet mit* $C_0 = s, w\underline{a}u \iff U_0$ *gestartet mit*
hält mit $h, w'\underline{a}'u'$
$\qquad\qquad s_U, \#|^{\gamma(M)}\#|^{\gamma(s, w\underline{a}u)}\underline{\#}$ *hält mit*
$\qquad\qquad h_U, \#|^{\gamma(M)}\#|^{\gamma(h, w'\underline{a}'u')}\underline{\#}$

M *gestartet mit* C_0 *hält nie* $\iff U_0$ *gestartet mit*
$\qquad\qquad s_U, \#|^{\gamma(M)}\#|^{\gamma(s, w\underline{a}u)}\underline{\#}$
$\qquad\qquad$ *hält nie.*

Beweis: Im Simulationslemma 12.5.3 hatten wir die Funktion $f_U : \mathbb{N}^3 \to \mathbb{N}$ definiert als

$$f_U(\gamma, \varrho, t) = \langle Z(\gamma, \varrho, t), L(\gamma, \varrho, t), A(\gamma, \varrho, t), R(\gamma, \varrho, t) \rangle.$$

Ist $\gamma = \gamma(M)$ also die Gödelnummer der Turing-Maschine M und $\varrho = \gamma(C)$ die Gödelnummer einer Konfiguration C von M, so berechnet f_U die Gödelnummer der Konfiguration, die M von C aus in t Rechenschritten erreicht. Da $f_U \in \wp$ ist und $\wp \subset \mathrm{TM}^{part}$, ist f_U mit einer Turing-Maschine simulierbar. Dann kann man aber daraus eine universelle Turing-Maschine U_0 konstruieren, die arbeitet wie folgt:

1. U_0 bekommt als Eingabe die Gödelnummer $|^{\gamma(M)}$ der Turing-Maschine und die Gödelnummer $|^{\gamma(C_0)}$ der Startkonfiguration.
2. Sei die aktuelle Konfigurations-Gödelnummer $\gamma(C)$. U_0 simuliert die Berechnung von $f_U(\gamma(M), \gamma(C), 1) = \gamma(C')$ und sorgt dafür, dass danach der Bandinhalt

   $$\#|^{\gamma(M)}\#|^{\gamma(C')}$$

   ist.
3. Wenn C' eine Haltekonfiguration ist (d.h. $(\gamma(C'))_1 = n + 1$, wobei $n = ((\gamma(M))_1)_1$ die Anzahl der Zustände von M ist), so läuft U_0 auf dem Band nach rechts neben $|^{\gamma(C')}$ und hält. Ansonsten wiederholt sie Schritt 2.

Für den Fall des Nichthaltens gilt dann:

U_0 hält nie bei Input $\#|^{\gamma(M)}\#|^{\gamma(C_0)}\#$.

$\Longleftrightarrow$ Bei der wiederholten Berechnung von $f_U(\gamma(M), \gamma(C), 1)$ für sukzessive Konfigurationen C wird nie eine Haltekonfiguration erreicht.

$\Longleftrightarrow$ M_f hält nicht bei Startkonfiguration C_0.   ∎

12.8 Zusammenfassung

Mit rekursiven Funktionen betrachten wir das Problem der Berechenbarkeit unabhängig von den berechnenden Automaten. Rekursive Funktionen sind arithmetische Funktionen, die kompositional aus wenigen, einfachen Bestandteilen aufgebaut sind. Wir haben drei verschiedene Klassen von rekursiven Funktionen kennengelernt:

- Die einfachste Klasse $\wp$ der primitiv rekursiven Funktionen umfasst
  - eine Konstante Null,
  - eine Successor-Funktion und
  - eine Klasse von Auswahl-Funktionen, die das i-te von k Argumenten zurückgeben

  und ist abgeschlossen gegen simultanes Einsetzen (eine Verallgemeinerung der Komposition) und primitive Rekursion.

  Die Klasse $\wp$ enthält gerade die LOOP-berechenbaren Funktionen.

- Die Klasse F_μ der (totalen) μ-rekursiven Funktionen umfasst $\wp$ und ist zusätzlich abgeschlossen gegen die Anwendung des μ-Operators im Normalfall.

  Wir haben gezeigt, dass die Klasse der totalen TM-berechenbaren Funktionen gleich F_μ ist. F_μ ist eine echte Obermenge von $\wp$.

  Es gilt $F_\mu^{part} =TM^{part}$.

Um die verschiedenen Berechnungsmodelle zu vergleichen, haben wir eine neue Art der Gödelisierung eingeführt, die Primzahlcodierung. Sie erlaubt es, beliebig lange Ketten von beliebig großen Zahlen in eine einzige Zahl zusammenzucodieren. Die Idee ist hier, die Eindeutigkeit der Primteiler einer natürlichen Zahl auszunutzen. Eine Zahlenkette $(n_1, \ldots, n_k)$ wird codiert als $\prod_{i \leq n} p(i)^{n_i}$, wobei $p(i)$ die i-te Primzahl ist.

Weiterhin haben wir in diesem Kapitel den Mächtigkeitsvergleich der verschiedenen Berechnungsmodelle, die wir bisher kennengelernt haben, komplettiert. Wir kennen nun drei „Stufen" der Mächtigkeit: Es ist $\wp = $ LOOP, und diese Klasse ist echt weniger mächtig als $F_\mu =$WHILE $=$ GOTO $=$ TM, wobei diese Klasse wiederum echt weniger mächtig ist als $F_\mu^{part} = $ WHILE^{part} $= $ GOTO$^{part} = $ TM^{part}.

13. Unentscheidbare Probleme

In diesem Kapitel geht es um unentscheidbare Probleme. Den Begriff des *Problems* haben wir in Kap. 2 informell definiert als die Frage, ob eine bestimmte Eigenschaft E auf ein Objekt o aus einer Grundmenge O zutrifft. Wir haben auch angesprochen, dass man ein abzählbares Problem P oft mit einer Sprache L_P identifiziert: L_P umfasst genau die Objekte o aus O, die die Eigenschaft E haben.

Eine Sprache (und damit auch ein Problem) heißt *entscheidbar*, wenn es eine Turing-Maschine gibt, die sie entscheidet (siehe Def. 7.3.1). Wenn es keine Turing-Maschine gibt, die die Sprache L entscheidet, heißt L *unentscheidbar*.

Bisher haben wir fast ausschließlich Klassen von entscheidbaren Sprachen untersucht: Das Wortproblem ist für die Klassen $\mathcal{L}_3$, $\mathcal{L}_2$ und $\mathcal{L}_1$ entscheidbar (siehe dazu Abschn. 8.3). Einmal nur haben wir einen Blick auf Sprachklassen geworfen, die unentscheidbare Sprachen enthalten, nämlich in Kap. 8, als wir $\mathcal{L}_0$ und $\mathcal{L}$ betrachtet haben.

- Wir haben dort einerseits gezeigt, dass die Sprachen in $\mathcal{L}_0$ gerade die sind, die von einer Turing-Maschine akzeptiert werden (siehe Def. 7.3.1). Wie die Begriffe des *Entscheidens* und des *Akzeptierens* zusammenhängen, haben wir bislang offengelassen. In diesem Kapitel nun zeigen wir, dass es Sprachen gibt, die akzeptierbar, aber nicht entscheidbar sind.
- Andererseits haben wir in Kap. 8 beweisen können, dass $\mathcal{L}_0 \subset \mathcal{L}$ gilt, allerdings ohne eine konkrete Sprache aus $\mathcal{L} - \mathcal{L}_0$ anzugeben. In diesem Kapitel führen wir einige Sprachen an, die in $\mathcal{L} - \mathcal{L}_0$ liegen, also nicht von einer Turing-Maschine akzeptiert werden.

Wir gehen in diesem Kapitel so vor: Zunächst stellen wir einen Zusammenhang her zwischen den Begriffen des *Entscheidens*, des *Akzeptierens* und des *Aufzählens*. Danach listen wir eine Reihe von Problemen auf, die für Turing-Maschinen unentscheidbar sind. Viele davon kreisen um die Frage, ob eine gegebene Turing-Maschine für eine bestimmte Eingabe oder für jede Eingabe oder für keine Eingabe hält. Diese Probleme teilen sich in zwei Gruppen: Die einen sind zwar unentscheidbar, aber noch akzeptierbar. Andere sind nicht einmal akzeptierbar. Wir stellen zwei verschiedene Möglichkeiten vor, zu beweisen, dass ein Problem unentscheidbar ist. Zum einen führen wir das

© Springer-Verlag GmbH Deutschland, ein Teil von Springer Nature 2018
L. Priese und K. Erk, *Theoretische Informatik*,
https://doi.org/10.1007/978-3-662-57409-6_13

neue Beweisverfahren der *Reduktion* ein. Danach lernen wir den *Satz von Rice* kennen, der für manche unentscheidbaren Probleme den Beweis mit erheblich weniger Mühe ermöglicht und gleichzeitig verdeutlicht, warum es so viele unentscheidbare Probleme geben muss.

Das Wortproblem ist nicht das einzige Problem für Sprachklassen, mit dem wir uns beschäftigt haben: In Kap. 6 haben wir etliche Probleme für kontextfreie Sprachen vorgestellt, die aber alle entscheidbar waren. [1] Am Ende dieses Kapitels ergänzen wir die Liste um einige Probleme, die für bestimmte Sprachklassen unentscheidbar sind.

13.1 Entscheidbarkeit, Akzeptierbarkeit, Aufzählbarkeit

In Kap. 7 haben wir die Begriffe *entscheidbar, rekursiv aufzählbar* und *akzeptierbar* eingeführt. Dort haben wir gezeigt, dass jede entscheidbare Sprache auch akzeptierbar ist. Man kann zwischen den drei Begriffen aber noch weitergehende Zusammenhänge herstellen: Akzeptierbarkeit und rekursive Aufzählbarkeit sind exakt gleichwertig, das heißt, es gibt zur Sprache L eine aufzählende Turing-Maschine genau dann, wenn es eine akzeptierende Turing-Maschine gibt. Der Begriff der Entscheidbarkeit ist einschränkender als die beiden anderen.

Satz 13.1.1. *Eine Sprache L ist genau dann entscheidbar, wenn sie und ihr Komplement akzeptierbar sind.*

Beweis:

"⇒" Zu zeigen: L ist entscheidbar $\Longrightarrow$ L und $\bar{L}$ sind akzeptierbar.

Wenn L entscheidbar ist, dann gibt es eine Turing-Maschine M, die L entscheidet. Dazu konstruieren wir eine Maschine M', die genauso arbeitet wie M, aber die Antwort invertiert: M' antwortet Y genau dann, wenn M N antwortet, und umgekehrt. M' entscheidet damit die Sprache $\bar{L}$. Nach Satz 7.3.3 sind damit sowohl L als auch $\bar{L}$ akzeptierbar.

"⇐" Zu zeigen: L und $\bar{L}$ sind akzeptierbar $\Longrightarrow$ L ist entscheidbar.

Wenn L und $\bar{L}$ akzeptierbar sind, dann gibt es eine Turing-Maschine M_1, die L akzeptiert, und eine Turing-Maschine M_2, die $\bar{L}$ akzeptiert. Dazu kann man eine 2-Band-Turing-Maschine M konstruieren, die L entscheidet: M wird gestartet mit $\#w\#$ auf Band 1 und mit $\#$ auf Band 2. M kopiert als erstes w auf Band 2. Dann simuliert M solange je einen Schritt von M_1 auf Band 1 und einen Schritt von M_2 auf Band 2, bis entweder M_1 oder M_2 hält. Es muss genau eine der beiden Maschinen halten, da jedes Wort w entweder zu L gehört oder zu $\bar{L}$. Wenn M_1 hält,

---

[1] Wir haben in Kap. 6 Algorithmen beschrieben, die diese Probleme lösen. Mit dem, was wir jetzt über die Berechnungsmächtigkeit von Turing-Maschinen wissen, sollte aber offensichtlich sein, dass man diese Algorithmen auch als TM-Programme angeben könnte.

dann hält M mit $\#Y\#$ auf Band 1, ansonsten mit $\#N\#$ auf Band 1. Band 2 wird, wenn M hält, in beiden Fällen auf $\#$ gesetzt.   ∎

Satz 13.1.2 (akzeptierbar = rekursiv aufzählbar). *Eine Sprache L ist genau dann rekursiv aufzählbar, wenn L akzeptierbar ist.*

Beweis:

"⇒" Zu zeigen: L ist rekursiv aufzählbar $\Longrightarrow L$ ist akzeptierbar. Ohne Einschränkung sei $L \subseteq \Sigma^*$ und $\# \notin \Sigma$.

Sei L rekursiv aufzählbar. Dann gibt es eine Turing-Maschine M_L, die L aufzählt. Zu M_L kann man nun eine 2-Band-Turing-Maschine M konstruieren, die L akzeptiert wie folgt: M wird mit $\#w\#$ auf Band 1 und $\#$ auf Band 2 gestartet und simuliert dann auf Band 2 die Maschine M_L. Wenn M_L den „Blinkzustand" q_0 erreicht, dann enthält Band 2 von M ein Wort $\#w'\#u$, wobei $w' \in L$ ist.

M vergleicht jetzt w und w'. Ist $w = w'$, dann hält M, denn w gehört zu L. Ansonsten simuliert M auf Band 2 weiter die Arbeit von M_L. Wenn M_L hält (also L endlich ist und M_L alle Wörter aus L aufgezählt hat), ohne dass sie das Wort w auf Band 2 erzeugt hätte, dann soll M in eine Endlosschleife geraten.

"⇐" Zu zeigen: L ist akzeptierbar $\Longrightarrow L$ ist rekursiv aufzählbar.

Sei L eine akzeptierbare Sprache über Σ. Dann gibt es eine Turing-Maschine M_L, die L akzeptiert. Eine erste Näherung an eine aufzählende Turing-Maschine M zu L wäre folgende: Eine Maschine könnte alle Wörter über dem Alphabet Σ in lexikalischer Reihenfolge aufzählen (für $\Sigma = \{a, b\}$ also z.B. in der Reihenfolge $\varepsilon, a, b, aa, ab, ba, bb, aaa, \dots$) und jedes Wort der akzeptierenden Maschine M_L vorlegen. Wenn M_L akzeptiert, so könnte M in den „Blinkzustand" gehen.

Leider geht es so einfach nicht. M_L akzeptiert ja nur, sie entscheidet nicht. Das heißt, es kann sein, dass M_L an einem Wort w unendlich lang rechnet und ein anderes Wort w', das lexikalisch nach w kommt, akzeptiert. M muss aber, wenn sie L aufzählen will, auch w' irgendwann erreichen. Der Trick ist nun: Wir dürfen nicht die ganze Rechnung von M_L zu einem Wort w auf einmal simulieren. Wir müssen quasi alle Wörter über Σ gleichzeitig betrachten, um uns nirgends in einem unendlichen Ast zu verlieren. Allerdings können wir nicht einfach für *alle* Wörter aus Σ^* den ersten Rechenschritt, dann für alle den zweiten Rechenschritt machen wollen – Σ^* umfasst ja unendlich viele Wörter (falls $\Sigma \neq \emptyset$).

Sei $\Sigma^* = \{w_1, w_2, w_3, \dots\}$, wenn man die Wörter in lexikalischer Reihenfolge aufzählt. Dann soll M so rechnen:

- Im ersten Durchlauf berechnen wir einen (den ersten) Rechenschritt von M_L für w_1.

- Im zweiten Durchlauf berechnen wir die ersten zwei Rechenschritte von M_L für w_1 - wir fangen also für w_1 noch einmal mit der Startkonfiguration an – und einen Rechenschritt für w_2.
- Im dritten Durchlauf berechnen wir drei Rechenschritte für w_1, zwei für w_2 und einen für w_3 und so weiter.

In jedem Durchlauf setzen wir, wenn wir Schritte von M_L für ein w_i simulieren, bei der Startkonfiguration wieder auf. Ansonsten müssten wir uns über die Durchläufe hin merken, wie das gesamte beschriftete Band von M_L nach soundsoviel Rechenschritten für w_i aussieht – und das für immer mehr w_i. Nach dem n-ten Durchlauf haben wir vom ersten Wort n Schritte von M_L simuliert, und vom lexikalisch n-ten Wort haben wir gerade den ersten Rechenschritt von M_L ausgeführt. Wenn M so rechnet, dann gilt:

- M fängt für jedes $w_i \in \Sigma^*$ in endlicher Zeit (nämlich im i-ten Durchlauf) an, die Arbeit von M_L zu w_i zu simulieren, und
- falls $w_i \in L$ und falls M_L, gestartet mit $s, \#w_i\#$, in j Schritten einen Haltezustand erreicht, dann erreicht M nach endlicher Zeit (nämlich im $i + j$-ten Durchlauf) den Haltezustand von M_L in der Rechnung zu w_i.

Wenn M nun gerade einen Rechenschritt von M_L für das Wort w_i simuliert und dabei auf eine Haltekonfiguration trifft, dann ist $w_i \in L$. M sorgt dann dafür, dass w_i auf dem Band steht, und erreicht die Konfiguration $q_0, \#w_i\#u_i$ (wenn q_0 der Blinkzustand ist). In der „Nebenrechnung" u_i steht in diesem Fall, im wievielten Durchlauf sich M gerade befindet und welche Teilrechnung von M_L als nächste zu simulieren ist.

Also zählt M die $w \in \Sigma^*$ auf, für die M_L hält, und das sind gerade die $w \in L$.   ∎

13.2 Eine Liste unentscheidbarer TM-Probleme

In diesem Abschnitt wird eine erste Auswahl von unentscheidbaren Problemen vorgestellt, und zwar geht es in allen diesen Problemen um Turing-Maschinen. Ein typisches unentscheidbares Turing-Maschinen-Problem haben wir in Abschn. 8.3 schon einmal skizziert, nämlich das Problem, ob eine gegebene Turing-Maschine M für jede mögliche Eingabe endlos läuft oder ob es einen Eingabewert gibt, für den sie hält. Diese Frage wird in der folgenden Liste von Problemen als das *Leerheitsproblem* (emptiness problem) auftauchen, weil es sich alternativ auch formulieren lässt als die Frage, ob die Sprache, die von einer Turing-Maschine M akzeptiert wird, die leere Sprache ist.

Es sind aber schon vermeintlich einfachere Probleme unentscheidbar, zum Beispiel das *allgemeine Halteproblem*: Gegeben eine Turing-Maschine M und ein Eingabewort w, hält M bei Eingabe w? Man kann, wie wir unten beweisen, leider keine „Meta-Turing-Maschine" bauen, die entscheidet, ob M hält. Man kann höchstens die Arbeit von M simulieren; wenn M aber unendlich lang läuft, dann wird man M auch unendlich lang beobachten müssen. Eine Variante dieses Problems ist das *spezielle Halteproblem* – hält die Maschine M bei Eingabe ihrer eigenen Gödelnummer? –, dessen Unentscheidbarkeit wir als erstes beweisen, und zwar wieder mit einem Diagonalisierungsargument.

Wir beschreiben jedes der Probleme zunächst in Worten, dann in Form einer Sprache, und zwar einer Sprache von natürlichen Zahlen, die die „positiven" Instanzen des Problems codieren. In manchen Fällen stellen diese Zahlen Gödelnummern von Turing-Maschinen dar, die die jeweilige Bedingung erfüllen. Bei anderen Problemen enthält eine Zahl aus der Sprache gleich mehrere Werte in primzahlcodierter Form, typischerweise die Gödelnummer einer Turing-Maschine und eine Eingabe für diese Turing-Maschine. Damit die betrachteten Turing-Maschinen Zahlen (in Unärdarstellung) als Eingabe nehmen können, soll das Alphabet Σ im folgenden mindestens zwei Elemente enthalten: das Blank $\#$ und den Strich $|$.

Wir haben bisher zwei Methoden benutzt, eine TM M zu gödelisieren:

- die recht aufwendige Gödelisierung $\gamma(M)$, die über Primfaktorzerlegungen arbeitet, siehe 12.5.2, und
- die recht einfache Gödelisierung $g(M)$ in 7.5.1, in der die δ-Tabelle einer Turing-Maschine M einfach als Wort über dem Alphabet $\{\alpha, \beta, \lambda, \rho, a, |\}$ linear hingeschrieben ist.

Die Gödelisierung $\gamma(M)$ haben wir verwendet, um mit (primitiv) rekursiven Funktionen die Arbeit einer TM M zu simulieren; mit der Gödelisierung $g(M)$ haben wir gezeigt, wie eine universelle TM bei Input $g(M)$ die Arbeit der TM M simulieren kann. $g(M)$ war ein Wort über dem Alphabet $\{\alpha, \beta, \lambda, \rho, a, |\}$. Natürlich können wir dieses Wort auch als eine Zahl $\hat{g}(M) \in \mathbb{N}$ interpretieren, etwa indem wir α auf die Ziffer 1, β auf die Ziffer 2, etc. und $|$ auf die Ziffer 6 abbilden. In diesem Abschnitt wollen wir $\hat{g}(M)$ als Gödelnummer von M auffassen. Genaugenommen ist es egal, welche Gödelisierung wir wählen; $\gamma(M)$ wäre auch möglich. Aber mit $\hat{g}(M)$ können wir ausnutzen, dass die Gödelnummer einer TM leicht zu errechnen ist (z.B. auch durch eine andere TM).

Wir können sogar jede Zahl $n \in \mathbb{N}$ als Gödelnummer einer TM M_n auffassen. Dazu definieren wir

$$M_n := \begin{cases} M, & \text{falls } \hat{g}(M) = n \\ > \#, & \text{falls } \nexists M \ \hat{g}(M) = n \end{cases}$$

$> \#$ ist die triviale Maschine, die ein $\#$ druckt und sofort hält. Selbstverständlich kann man einer Zahl n sehr leicht ansehen, ob $n = \hat{g}(M)$ ist für irgendein M: Man überprüft, ob n, als Wort über $\{\alpha, \beta, \lambda, \rho, a, |\}$ aufgefasst, die δ-Tabelle einer TM beschreibt.

Definition 13.2.1 (Unentscheidbare Probleme).

- *Das* **allgemeine Halteproblem** *ist die Frage, ob die Turing-Maschine mit Gödelnummer n bei Eingabe i hält. Es entspricht der Sprache*

$$K_0 := \{\langle n, i\rangle \mid die\ Turing\text{-}Maschine\ mit\ Gödelnummer\ n\ hält\ bei$$
$$Eingabe\ i\}.$$

- *Das* **spezielle Halteproblem** *ist die Frage, ob die Turing-Maschine mit Gödelnummer n bei Eingabe n hält. Es entspricht der Sprache*

$$K := \{n \mid die\ Turing\text{-}Maschine\ mit\ Gödelnummer\ n\ hält\ bei$$
$$Eingabe\ n\}.$$

- *Das* **Null-Halteproblem** *ist die Frage, ob die Turing-Maschine mit Gödelnummer n bei Eingabe 0 hält. Es entspricht der Sprache*

$$H_0 := \{n \mid die\ Turing\text{-}Maschine\ mit\ Gödelnummer\ n\ hält\ bei$$
$$Eingabe\ 0\}.$$

- *Das* **Leerheitsproblem** *ist die Frage, ob die Turing-Maschine mit Gödelnummer n bei keiner Eingabe aus Σ^* hält. Es entspricht der Sprache*

$$E := \{n \mid die\ Turing\text{-}Maschine\ mit\ Gödelnummer\ n\ hält\ bei\ keiner$$
$$Eingabe\ aus\ \Sigma^*\}.$$

- *Das* **Totalitätsproblem** *ist die Frage, ob die Turing-Maschine mit Gödelnummer n bei jeder Eingabe aus Σ^* hält. Es entspricht der Sprache*

$$T := \{n \mid die\ Turing\text{-}Maschine\ mit\ Gödelnummer\ n\ hält\ bei\ jeder$$
$$Eingabe\ aus\ \Sigma^*\}.$$

- *Das* **Gleichheitsproblem** *ist die Frage, ob die Turing-Maschine mit Gödelnummer n die gleiche Sprache über Σ akzeptiert wie die Turing-Maschine mit Gödelnummer m. Es entspricht der Sprache*

$$Eq := \{\langle n, m\rangle \mid die\ Turing\text{-}Maschine\ mit\ Gödelnummer\ n\ akzeptiert$$
$$die\ gleiche\ Sprache\ über\ \Sigma\ wie\ die\ Turing\text{-}Maschine\ mit$$
$$Gödelnummer\ m\}.$$

- *Das* **Entscheidbarkeitsproblem** *ist die Frage, ob die Turing-Maschine mit Gödelnummer n eine entscheidbare Sprache über Σ akzeptiert. Es entspricht der Sprache*

$$Ent := \{n \mid die\ Turing\text{-}Maschine\ mit\ Gödelnummer\ n\ akzeptiert$$
$$eine\ entscheidbare\ Sprache\ über\ \Sigma\}.$$

Im folgenden wird gezeigt, dass all diese Probleme für jedes Σ unentscheidbar sind.

13.3 Das spezielle Halteproblem

Das spezielle Halteproblem ist die Sprache $K = \{n \mid n$ ist Gödelnummer einer Turing-Maschine, die bei Eingabe n hält$\}$, also die Sprache all derer Turing-Maschinen, die bei Eingabe ihrer eigenen Gödelnummern halten. Man kann mit einem Diagonalisierungsargument zeigen, dass dies Problem unentscheidbar sein muss.

Satz 13.3.1. *Das spezielle Halteproblem K ist unentscheidbar.*

Beweis: Wir beweisen den Satz durch Widerspruch, und zwar mit einem Diagonalisierungsargument. Angenommen, es gäbe eine Turing-Maschine M_K, die K entscheidet. Die Idee ist nun, der Maschine M_K ihre *eigene* Gödelnummer als Input zu geben. Damit allein erreichen wir allerdings noch keinen Widerspruch; wir konstruieren aus M_K eine größere Maschine M_t, die die Arbeit von M_K „verneint".

Wenn M_K, wie wir angenommen haben, das Problem K entscheidet, so heißt das nach Def. 7.3.1, dass M_K bei Input n (d.h. mit $s, \#|^n\#$ als Startkonfiguration) auf jeden Fall hält, und zwar in einer Haltekonfiguration

$h, \#Y\#$ falls $n \in K$, bzw.

$h, \#N\#$ falls $n \notin K$

Sei nun M_0 die folgende Turing-Maschine, die gerade bei Input Y nie hält:

$$M_0 : \quad > L \overset{Y}{\to} \lceil \atop | \\ \quad\;\downarrow^N \\ \quad\; R$$

Wenn wir diese beiden Maschinen koppeln, erhalten wir $M_t := M_K M_0$. Wie arbeitet M_t? Sie erwartet als Eingabe eine Zahl n. Auf diesem n arbeitet zunächst M_K; sie entscheidet, ob die Turing-Maschine mit Gödelnummer n bei Eingabe n hält. Nachdem M_K ihre Arbeit beendet hat, steht entweder „Y" oder „N" auf dem Band. Auf diesem Bandinhalt arbeitet nun M_0: Falls M_K mit „Y" geantwortet hat, so schreibt M_0 endlos dasselbe Zeichen, andernfalls hält M_0 und damit auch die gesamte Maschine M_t.

Sehen wir uns jetzt an, wie M_t bei Eingabe ihrer eigenen Gödelnummer, nennen wir sie t, reagiert:

- Wenn $t \in K$ ist, so liefert M_K bei Input t das Ergebnis $\#Y\#$. Wenn M_0 aber das „Y" sieht, so druckt sie endlos dasselbe Zeichen, und damit hält M_t nicht bei Eingabe t. Dann ist aber $t \notin K$ nach der Definition von K – ein Widerspruch.

- Wenn $t \notin K$ ist, so liefert M_K bei Input t das Ergebnis $\#N\underline{\#}$. Da M_0 nun ein "N" sieht, hält sie, und damit hält auch M_t bei Eingabe t. Dann ist aber wiederum $t \in K$ – ein Widerspruch.

Die Annahme, dass K entscheidbar sei, führt also zu einem Widerspruch. ∎

Die nächste Frage ist natürlich: Wenn K schon nicht entscheidbar ist, ist es dann wenigstens akzeptierbar?

Satz 13.3.2 (Akzeptierbarkeit von K). *Das spezielle Halteproblem $K = \{n \mid$ die Turing-Maschine mit Gödelnummer n hält bei Eingabe $n\}$ ist akzeptierbar.*

Beweis: Man kann es auf jeden Fall in endlicher Zeit feststellen, wenn die Turing-Maschine mit Gödelnummer n bei Eingabe n hält: Man muss nur ihre Arbeit simulieren. Das tut zum Beispiel die universelle Turing-Maschine U_0 aus Satz 12.7.1. K wird also akzeptiert von einer Turing-Maschine $M_K :=$ $M_{prep}U_0$, wobei M_{prep} die Eingabe auf dem Arbeitsband in die Form bringt, die U_0 fordert. Bei Eingabe einer Gödelnummer n rechnet M_{prep}

$$s, \#|^n\underline{\#} \vdash^*_{M_{prep}} q, \#|^n\#|^{\gamma(s_n, \#|^n\underline{\#})}\underline{\#},$$

wobei γ die Konfigurations-Codierfunktion aus Def. 12.5.2 ist und s_n der Startzustand der n-ten Turing-Maschine. U_0 simuliert die Arbeit der Maschine M_n mit Gödelnummer n bei Input n. Damit gilt: $M_K = M_{prep}U_0$ hält bei Input n genau dann, wenn M_n bei Input n hält, also genau dann, wenn $n \in K$ gilt. Also akzeptiert M_K gerade K. ∎

Damit ist schon klar, dass $\overline{K}$ nicht akzeptierbar sein kann:

Satz 13.3.3 (keine Akzeptierbarkeit von $\overline{K}$). $\overline{K} = \{n \mid$ *die Turing-Maschine mit Gödelnummer n hält nicht bei Eingabe $n\}$ ist nicht akzeptierbar.*

Beweis: Angenommen, $\overline{K}$ sei akzeptierbar. Es ist aber K akzeptierbar nach Satz 13.3.2, und wenn sowohl ein Problem als auch sein Komplement akzeptierbar sind, so ist nach Satz 13.1.1 das Problem entscheidbar. Das steht im Widerspruch zu Satz 13.3.1, nach dem K unentscheidbar ist. ∎

13.4 Unentscheidbarkeits-Beweise via Reduktion

In diesem Abschnitt zeigen wir, dass die restlichen Turing-Maschinen-Probleme aus Def. 13.2.1 ebenfalls unentscheidbar sind. Dazu verwenden wir das Faktum, dass K unentscheidbar ist (Satz 13.3.1), zusammen mit einem neuen Beweisverfahren, dem Beweis durch *Reduktion*: Man nimmt an, dass ein Problem P_2 entscheidbar wäre, und zeigt dann, dass in diesem Fall auch ein Entscheidungsverfahren für ein bekanntermaßen unentscheidbares Problem

P_1 existieren müsste. Dieser Beweis verläuft immer gleich: Man gibt eine totale, berechenbare Funktion f an, die eine Instanz p_1 von P_1 in eine Instanz p_2 von P_2 umwandelt, und zwar so, dass die Antwort zu p_1 „ja" lautet genau dann, wenn die Antwort zu p_2 „ja" ist.

Halten wir formal fest, was wir gerade beschrieben haben. Anstatt von Problemen P_1, P_2 verwenden wir wieder die ihnen entsprechenden Sprachen.

Definition 13.4.1 (Reduktion). *Seien L_1, L_2 Sprachen über N. Wir sagen, L_1 **wird auf** L_2 **reduziert**, $L_1 \leq L_2$, gdw. es eine Funktion $f : N \to N \in TM$ gibt, so dass gilt:*

$$\forall n \in N \quad \left(n \in L_1 \iff f(n) \in L_2\right).$$

Damit gilt dann:

Lemma 13.4.2. *Ist $L_1 \leq L_2$, und ist L_1 unentscheidbar, so ist auch L_2 unentscheidbar.*

Beweis: Angenommen, L_2 sei entscheidbar. Sei also M_2 eine Turing-Maschine, die L_2 entscheidet. Da $L_1 \leq L_2$ gilt, gibt es eine Funktion $f : N \to N \in TM$ mit $n \in L_1 \iff f(n) \in L_2$. Sei M_f eine Turing-Maschine, die f berechnet. Dann kann man daraus die Maschine $M_1 := M_f M_2$ konstruieren, für die gilt:

- M_1, gestartet mit Input n, hält mit $h, \#Y\underline{\#}$, falls $f(n) \in L_2$, d.h. wenn $n \in L_1$ ist.
- M_1, gestartet mit Input n, hält mit $h, \#N\underline{\#}$, falls $f(n) \notin L_2$, d.h. wenn $n \notin L_1$ ist.

Die Maschine M_1 entscheidet also L_1, ein Widerspruch, da wir vorausgesetzt haben, dass L_1 unentscheidbar ist.   ∎

Für die folgenden Beweise wenden wir die neue Technik der Reduktion an. Als erstes zeigen wir, dass das Null-Halteproblem unentscheidbar ist, indem wir das spezielle Halteproblem K (unser bislang einziges unentscheidbares Problem) auf H_0 reduzieren.

Satz 13.4.3 (Unentscheidbarkeit von H_0). *Das Null- Halteproblem $H_0 = \{n \mid$ die Turing-Maschine mit Gödelnummer n hält bei Eingabe $0\}$ ist unentscheidbar.*

Beweis: K ist auf H_0 reduzierbar, d.h. es gibt eine TM-berechenbare Funktion $f : N \to N$, so dass $i \in K \iff f(i) \in H_0$.

Zu einem gegebenen i soll die Funktion f die Gödelnummer einer Turing-Maschine $f(i) = j$ berechnen so, dass gilt: Die Turing-Maschine i hält bei Eingabe i genau dann, wenn die Turing-Maschine j bei leerer Eingabe hält.

Zu jedem gegebenen $i \in N$ existiert eine Turing-Maschine A_i, die

$$s, \#\underline{\#} \vdash^*_{A_i} h, \#|^i\underline{\#}$$

rechnet. Wir verwenden diese Maschine sowie die TM M_K aus Satz 13.3.2, die K akzeptiert. Die aus diesen beiden Teilen zusammengesetzte Maschine $M_j := A_i M_K$ erfüllt die obigen Anforderungen: Wird M_j mit leerem Band gestartet, so erzeugt A_i für M_K den Eingabewert i. M_K hält ihrer Definition gemäß bei Input i genau dann, wenn $i \in K$ ist.

Wir definieren also, dass die Funktion f dem Wert $i \in \mathbb{N}$ die Gödelnummer j der Turing-Maschine $M_j = A_i M_K$ zuweisen soll. Die Funktion $f(i) = j$ ist berechenbar: Der einzig variable Teil ist A_i, und deren Beitrag zur Gödelnummer ist leicht zu berechnen. Es gilt:

$$f(i) = j \in H_0$$
$$\Longleftrightarrow M_j = A_i M_K \text{ hält bei Input } 0 \ (\#\#)$$
$$\Longleftrightarrow M_K \text{ hält bei Input } i \ (\#|^i\#)$$
$$\Longleftrightarrow i \in K \ \{\text{da } M_K \ K \text{ akzeptiert}\}$$

Damit ist K auf H_0 reduziert, denn es gilt $i \in K \Longleftrightarrow f(i) \in H_0$, und f ist berechenbar. ∎

Satz 13.4.4 (Unentscheidbarkeit von K_0). *Das allgemeine Halteproblem $K_0 := \{\langle n, i \rangle \mid \text{ die Turing-Maschine mit Gödelnummer } n \text{ hält bei Eingabe } i\}$ ist unentscheidbar.*

Beweis: Das allgemeine Halteproblem ist unentscheidbar, denn das Null-Halteproblem ist ein Spezialfall davon (genau wie das spezielle Halteproblem), und das ist nach Satz 13.4.3 unentscheidbar. Mit einer (sehr einfachen) Reduktion von H_0 auf K_0 kann man also die Unentscheidbarkeit von K_0 beweisen:

$$\langle i, 0 \rangle \in K_0$$
$$\Longleftrightarrow \text{Die TM mit Gödelnummer } i \text{ hält bei Eingabe } 0$$
$$\Longleftrightarrow i \in H_0$$

Die Funktion $f(i) = \langle i, 0 \rangle$ ist offensichtlich berechenbar. Damit ist H_0 auf K_0 reduziert. ∎

Satz 13.4.5 (Unentscheidbarkeit von E). *Das Leerheitsproblem $E = \{n \mid \text{ die Turing-Maschine mit Gödelnummer } n \text{ hält bei keiner Eingabe aus } \Sigma^*\}$ ist unentscheidbar.*

Beweis: Wir reduzieren $\overline{H}_0$ auf E. $\overline{H}_0 = \{n \mid \text{ die Turing-Maschine mit Gödelnummer } n \text{ hält nicht bei Eingabe } 0\}$ ist ebenso wie H_0 unentscheidbar. Die Funktion f soll zu einer Gödelnummer i die Gödelnummer $f(i) = j$ einer Turing-Maschine berechnen, die zunächst ihre Eingabe löscht und dann arbeitet wie die Maschine mit Nummer i; dann hält die j-te Turing-Maschine

j für keine Eingabe genau dann, wenn die i-te Turing-Maschine bei leerer Eingabe nicht hält.

Sei also M_{delete} eine Turing-Maschine mit $s, \#w\# \vdash^*_{M_{delete}} h, \#\#$, M_i die Turing-Maschine mit Gödelnummer i, und die Turing-Maschine $\overline{M}_j := M_{delete}M_i$ habe die Gödelnummer j. $f(i) = j$ ist eine TM-berechenbare Funktion – der gegebenen Turing-Maschine M_i wird nur eine immer gleiche Maschine M_{delete} vorangestellt –, und es gilt:

$$j \in E$$
$$\Longleftrightarrow M_j = M_{delete}M_i \text{ hält bei keinem Input aus } \Sigma^*$$
$$\Longleftrightarrow M_i \text{ hält nicht bei Input } 0$$
$$\Longleftrightarrow i \in \overline{H}_0$$

Damit ist $\overline{H}_0$ auf E reduziert.   ∎

Satz 13.4.6 (Unentscheidbarkeit von T). *Das Totalitätsproblem $T = \{n \mid$ die Turing-Maschine mit Gödelnummer n hält bei jeder Eingabe aus $\Sigma^*\}$ ist unentscheidbar.*

Beweis: Wir reduzieren H_0 auf T, verwenden aber ansonsten dieselbe Konstruktion wie im letzten Beweis: Einer gegebenen Turing-Maschine M_i stellen wir eine Maschine voran, die die Eingabe löscht, mit dem Effekt, dass die gekoppelte Maschine für jede Eingabe hält dann und nur dann, wenn M_i bei leerem Eingabeband hält. Sei also wieder M_{delete} eine Turing-Maschine mit $s, \#w\# \vdash^*_{M_{delete}} h, \#\#$. Sei ferner M_i die Turing-Maschine mit Gödelnummer i, und die Turing-Maschine $M_j := M_{delete}M_i$ habe die Gödelnummer j. Die Funktion $f(i) = j$ ist dieselbe wie im vorigen Beweis, und es gilt:

$$j \in T$$
$$\Longleftrightarrow M_j = M_{delete}M_i \text{ hält bei jedem Input aus } \Sigma^*$$
$$\Longleftrightarrow M_i \text{ hält bei Input } 0$$
$$\Longleftrightarrow i \in H_0$$

Damit ist H_0 auf T reduziert.   ∎

Satz 13.4.7 (Unentscheidbarkeit von Eq). *Das Gleichheitsproblem $Eq = \{\langle n, m\rangle \mid$ die Turing-Maschinen mit Gödelnummer n bzw. m akzeptieren die gleiche Sprache über $\Sigma\}$ ist unentscheidbar.*

Beweis: Wir reduzieren E auf Eq: Man kann leicht eine konkrete Turing-Maschine angeben, die die leere Sprache $\emptyset$ akzeptiert, zum Beispiel

$$M_j : \quad > \overset{\ulcorner\!\urcorner}{R|}$$

Da M_j nie hält, akzeptiert sie die leere Sprache. M_j habe die Gödelnummer j. Wenn nun eine gegebene Turing-Maschine M_i mit Gödelnummer i dieselbe Sprache akzeptiert wie M_j, wenn also $\langle i,j \rangle \in Eq$ ist, so akzeptiert offenbar M_i die leere Sprache. $f(i) = \langle i,j \rangle$ ist TM-berechenbar – j ist ja fest bestimmt als die Gödelnummer der obigen Maschine M_j –, und es gilt:

$$\langle i,j \rangle \in Eq$$

$\Longleftrightarrow M_i$ und M_j akzeptieren die gleiche Sprache

$\Longleftrightarrow M_i$ akzeptiert $\emptyset$

$\Longleftrightarrow M_i$ hält bei keinem Input aus Σ^*

$\Longleftrightarrow i \in E$

Damit ist E auf Eq reduziert. ∎

Satz 13.4.8 (Unentscheidbarkeit von *Ent*).   *Das Entscheidbarkeitsproblem $Ent = \{n \mid$ die Turing-Maschine mit Gödelnummer n akzeptiert eine entscheidbare Sprache über $\Sigma\}$ ist unentscheidbar.*

Beweis: Wir reduzieren $\overline{H}_0$ auf Ent: Wir konstruieren eine 2-Band-Turing-Maschine, die zunächst, unabhängig von der Eingabe auf Band 1, auf dem anderen Band arbeitet wie eine gegebene Maschine M_i bei leerer Eingabe. Wenn M_i hält (was eine unentscheidbare Bedingung ist), soll sie so weiterarbeiten, dass sie eine unentscheidbare Sprache akzeptiert, ansonsten akzeptiert sie die leere Sprache, und die ist entscheidbar.

Sei M_K die Turing-Maschine aus Satz 13.3.2, die K akzeptiert. Sei außerdem $M_j := M_i^{(2)} M_K^{(1)}$ eine 2-Band-Turing-Maschine, die mit Eingabe $\#|^n\#$ auf Band 1 und $\#\#$ auf Band 2 gestartet wird. M_j arbeitet zuerst auf Band 2 wie die Turing-Maschine mit Gödelnummer i. Falls M_i bei Eingabe 0 nicht hält, hält auch M_j nicht, und zwar unabhängig von der Eingabe n. In diesem Fall akzeptiert M_j also $\emptyset$, eine entscheidbare Sprache. Wenn dagegen M_i bei Eingabe 0 hält, arbeitet M_j wie M_K mit Eingabe n weiter. In diesem Fall akzeptiert M_j die Sprache K, das spezielle Halteproblem, das nach Satz 13.3.1 unentscheidbar ist. M_j akzeptiert also $\emptyset$ oder K. Die Funktion $f(i) = j$ ist TM-berechenbar, denn aus der Gödelnummer i einer beliebigen Turing-Maschine M_i kann, da M_K fest ist, leicht die Gödelnummer j der zugehörigen Maschine M_j berechnet werden, und es gilt:

$$f(i) = j \in Ent$$

$\Longleftrightarrow M_j$ akzeptiert eine entscheidbare Sprache

$\Longleftrightarrow M_j = M_i^{(2)} M_K^{(1)}$ akzeptiert $\emptyset$

$\Longleftrightarrow M_i$ hält nicht bei Eingabe 0

$\Longleftrightarrow i \in \overline{H}_0$

Damit ist $\overline{H}_0$ auf Ent reduziert. ∎

13.5 Der Satz von Rice

Im letzten Abschnitt haben wir das Verfahren der Reduktion verwendet, um zu zeigen, dass einige Probleme unentscheidbar sind. Der Satz von Rice stellt eine andere Möglichkeit dar, dasselbe zu zeigen: Er besagt, dass jede nicht-triviale Eigenschaft S von Turing-Maschinen (oder von rekursiven Funktionen) unentscheidbar ist.

Wir bezeichnen die Menge aller von Turing-Maschinen akzeptierten Sprachen über dem Alphabet Σ mit $\mathcal{L}_{0\Sigma}$, vergleiche 8.4.1. Eine *Eigenschaft S* ist in diesem Zusammenhang eine Teilmenge von $\mathcal{L}_{0\Sigma}$, der Menge von rekursiv aufzählbaren Sprachen über dem Alphabet Σ. *Nicht–trivial* bedeutet, dass $S \neq \emptyset$ und $S \neq \mathcal{L}_{0\Sigma}$ ist.

Ist eine Zahl $n \in \mathbb{N}$ die Gödelnummer einer Turing-Maschine, die eine Sprache $L \subseteq \Sigma^*$ akzeptiert, so nennen wir diese Zahl einen *Index* der Sprache L. Jede Sprache $L \in \mathcal{L}_{0\Sigma}$ hat unendlich viele verschiedene Indizes, da sie von unendlich vielen Turing-Maschinen akzeptiert wird – man muss ja nur zu einer Turing-Maschine, die L akzeptiert, irgendwelche neuen δ-Übergänge hinzufügen, die nie verwendet werden, schon hat man eine neue akzptierende Maschine.

Definition 13.5.1 (Index). *n heißt* **Index** *von $L \in \mathcal{L}_{0\Sigma}$, falls die TM M mit Gödelnummer n L akzeptiert.*

Zu einer Eigenschaft $S \subseteq \mathcal{L}_{0\Sigma}$ heißt $I(S) := \{n \mid$ Die TM M mit Gödelnummer n akzeptiert ein $L \in S\}$ die **Indexmenge** *von S.*

Wie oben schon erwähnt: Umgangssprachlich formuliert, besagt der Satz von Rice, dass jede nicht-triviale Eigenschaft von Turing-Maschinen bereits unentscheidbar ist.

Satz 13.5.2 (Satz von Rice). *Gegeben sei eine Menge $S \subseteq \mathcal{L}_{0\Sigma}$ von TM-akzeptierbaren Sprachen mit $\emptyset \neq S \neq \mathcal{L}_{0\Sigma}$. Dann ist $I(S)$, die Indexmenge von S, unentscheidbar.*

Beweis: Wir reduzieren H_0 bzw. $\overline{H}_0$ auf $I(S)$, und zwar abhängig davon, ob $\emptyset \in S$ ist oder nicht. [2]

Fall 1: $\emptyset \in S$, dann reduzieren wir $\overline{H}_0$ auf $I(S)$. L sei eine fest gewählte Sprache aus $\mathcal{L}_{0\Sigma} - S$ und M_L eine Turing-Maschine, die L akzeptiert. Sei eine Turing-Maschine M_i gegeben. Daraus konstruiert man eine 2-Band-Turing-Maschine $M_j := M_i^{(2)} M_L^{(1)}$ mit Gödelnummer $f(i) := j$, die wie folgt arbeitet: M_j wird gestartet mit einer Eingabe $\#|^k\#$ auf Band 1 und $\#\#$ auf Band 2. Sie arbeitet zunächst auf Band 2 wie M_i (bei Eingabe 0). Falls M_i hält, arbeitet sie dann auf Band 1 wie M_L. M_j akzeptiert also die Sprache

---

[2] Das heißt *nicht*, dass man effektiv angeben können muss, ob $\emptyset \in S$ ist.

$$L_j = \begin{cases} \emptyset & \text{falls } M_i \text{ bei Input 0 nicht hält} \\ L & \text{falls } M_i \text{ bei Input 0 hält} \end{cases}$$

Per Voraussetzung gilt aber $\emptyset \in S$ und $L \notin S$. Also gilt:

$$\begin{aligned} & f(i) \in I(S) \\ \iff\ & j \in I(S) \\ \iff\ & L_j \in S \\ \iff\ & L_j = \emptyset \\ \iff\ & M_i \text{ hält bei Input 0 nicht} \\ \iff\ & i \in \overline{H_0} \end{aligned}$$

Damit ist $\overline{H_0}$ auf $I(S)$ reduziert.

Fall 2: $\emptyset \notin S$, dann reduzieren wir H_0 auf $I(S)$. Es existiert eine Sprache $L' \in S$ und deshalb auch eine Turing-Maschine $M_{L'}$, die L' akzeptiert. Zu einer Turing-Maschine M_i sei $M_j := M_i^{(2)} M_{L'}^{(1)}$ eine 2-Band-Turing-Maschine mit Gödelnummer $f(i) := j$. M_j arbeitet wie folgt: M_j wird gestartet mit Eingabe $\#|^k\#$ auf Band 1 und $\#\#$ auf Band 2. Sie arbeitet zuerst auf Band 2 wie M_i, und falls M_i hält, dann arbeitet M_j auf Band 1 wie $M_{L'}$. Wie in Fall 1 ist f TM-berechenbar. M_j akzeptiert die Sprache

$$L_j = \begin{cases} \emptyset & \text{falls } M_i \text{ bei Input 0 nicht hält} \\ L' & \text{falls } M_i \text{ bei Input 0 hält} \end{cases}$$

Es gilt $\emptyset \notin S$, aber $L' \in S$, also folgt:

$$f(i) \in I(S) \iff j \in I(S) \iff L_j \in S \iff L_j = L'$$
$$\iff M_i \text{ hält bei Input 0} \iff i \in H_0$$

Damit ist H_0 auf $I(S)$ reduziert. ∎

Mit dem Satz von Rice kann man nun die Unentscheidbarkeit der Probleme aus Def. 13.2.1 einfach zeigen (natürlich außer H_0, das im Beweis des Satzes von Rice verwendet wurde, und K, das im Beweis der Unentscheidbarkeit von H_0 verwendet wurde).

Beispiel 13.5.3. Das Leerheitsproblem $E = \{n \mid$ die Turing-Maschine mit Gödelnummer n hält bei keiner Eingabe aus $\Sigma^*\}$ ist unentscheidbar. Es entspricht der Eigenschaft $S = \{\emptyset\}$. Es gilt $\emptyset \neq S \neq \mathcal{L}_{0\Sigma}$. Die leere Sprache ist TM-akzeptierbar, d.h. $S \subseteq \mathcal{L}_{0\Sigma}$. Also ist $I(S)$ schon unentscheidbar.

Im Beweis zum Satz von Rice gibt es einen prinzipiellen Unterschied zu den Reduktionsbeweisen bei H_0, K_0, E, T, Eq und Ent: In allen bisherigen Reduktionsbeweisen mussten wir eine berechenbare Funktion $f : \mathbb{N} \to \mathbb{N}$ angeben mit $i \in A \iff f(i) \in B$ bei Reduktion eines Problems A auf B. Wir hätten jeweils auch eine konkrete Turing-Maschine M_f aufstellen können, die f berechnet, um die Berechenbarkeit von f formal zu beweisen.

Bei der Reduktion von $\bar{H}_0$ auf $I(S)$ ist das anders. Wir haben hier eine Funktion f verwendet, die $f(i) = j$ setzt, wobei j die Gödelnummer von $M_i^{(2)}M_L^{(1)}$ bzw. $M_i^{(2)}M_{L'}^{(1)}$ ist. Aber L und L' haben wir nicht vorliegen, wir wissen nur, dass sie existieren müssen. Das heißt, wir können keine Turing-Maschine explizit angeben, die f berechnet. Trotzdem ist f berechenbar. Denn berechenbar zu sein, heißt nur, dass eine Turing-Maschine *existiert*, die diese Funktion berechnet, nicht, dass man diese Turing-Maschine nennen kann. Es kann durchaus berechenbare Funktionen $f : N \to N$ geben, für die man eventuell niemals eine berechnende Turing-Maschine angeben kann. Betrachten wir dazu ein paar Beispiele.

Beispiel 13.5.4. Die Funktion $F : N \to N$ ist eine partielle Funktion, die definiert ist als

$$F(0) = \begin{cases} 1, \text{ falls es unendlich viele Paare } p_1, p_2 \text{ von Primzahlen gibt} \\ \quad \text{ mit } p_2 - p_1 = 2 \\ 0, \text{ sonst} \end{cases}$$

$$F(n) = \perp \quad \forall n > 0$$

$F(0)$ ist 1 genau dann, wenn es unendlich viele Paare von Primzahlen mit Differenz 2 gibt, und 0 sonst. Niemand weiß, ob $F(0) = 0$ oder $F(0) = 1$ gilt, vielleicht wird man es nie erfahren. Dennoch ist F berechenbar: Man kann für jeden der beiden Fälle, $F(0) = 0$ und $F(0) = 1$, eine Turing-Maschine angeben, die F berechnet.

1. Fall: Es gibt unendlich viele Paare p_1, p_2 von Primzahlen mit $p_2 - p_1 = 2$, dann ist $F(0) = 1$, und F wird berechnet von der Maschine

$$M_1 := \quad > L \xrightarrow{\quad | \quad} R \rceil$$
$$\downarrow \#$$
$$R \mid R$$

2. Fall: Es gibt nur endlich viele Paare von Primzahlen mit Differenz 2, dann ist $F(0) = 0$, und F wird berechnet von

$$M_2 := \quad > L \xrightarrow{\quad | \quad} R \rceil$$
$$\downarrow \#$$
$$R$$

Entweder M_1 oder M_2 berechnet F, man weiß nur nicht, welche von beiden es ist.

Beispiel 13.5.5. Es sei $f(n)$ die n-te Dezimalzahl in der Dezimalentwicklung von $\sqrt{2} = 1,4\dots$. Es ist also $f(0) = 1$, $f(1) = 4$ etc. Die Funktion $f : N \to N$

ist berechenbar, da es Algorithmen gibt, die $\sqrt{2}$ auf beliebige vorgegebene Genauigkeit approximieren.

Jetzt definieren wir

$$f_5(n) := \begin{cases} 1, \text{ falls irgendwo in der Dezimalentwicklung von } \sqrt{2} \\ \quad \text{die Zahl 5 } n \text{ mal hintereinander vorkommt} \\ 0, \text{sonst} \end{cases}$$

f_5 ist berechenbar, ohne dass man eine Turing-Maschine für die Funktion kennt. Gilt nämlich $f_5(n) = 0$, so ist auch $f_5(m) = 0$ $\forall m \geq n$. Wenn es in der Dezimalentwicklung von $\sqrt{2}$ beliebig lange Ketten von Fünfen gibt, dann ist

$$f_5(n) = 1 \quad \forall n \in \mathrm{N},$$

und das ist eine berechenbare Funktion. Oder es existiert ein $k \in \mathrm{N}$, so dass die 5 in der Dezimalentwicklung höchstens k mal hintereinander vorkommt. Das heißt, dass $f_5 = g_k$ ist für

$$g_k(n) := \begin{cases} 1, \text{ falls } n \leq k \\ 0, \text{ falls } n > k \end{cases}$$

Auch g_k ist eine berechenbare Funktion. Wir wissen nur nicht, welcher der unendlich vielen möglichen Fälle gilt.

Beispiel 13.5.6. Eine leichte Abwandlung der Funktion aus dem letzten Beispiel ist $f : \mathrm{N} \to \mathrm{N}$ mit

$$f(n) := \begin{cases} 1, \text{ falls } n \text{ innerhalb der Dezimalzahlentwicklung} \\ \quad \text{von } \sqrt{2} \text{ auftritt} \\ 0, \text{sonst.} \end{cases}$$

Für diese Funktion f ist unbekannt, ob sie berechenbar ist oder nicht.

13.6 Unentscheidbarkeit und formale Sprachen

In den bisherigen Abschnitten dieses Kapitels haben wir uns mit unentscheidbaren Turing-Maschinen-Problemen beschäftigt. In diesem Abschnitt untersuchen wir Unentscheidbarkeit im Zusammenhang mit formalen Sprachen. Wir stellen einige unentscheidbare Probleme für kontextfreie Sprachen vor, und danach wenden wir unser Wissen über unentscheidbare Probleme an, um zwei Abschlusseigenschaften von rekursiven Sprachen nachzuweisen.

Um zu zeigen, dass einige Probleme für kontextfreie Sprachen unentscheidbar sind, greifen wir wieder auf das Verfahren der Reduktion (Def.

13.4.1) zurück: Wir zeigen, dass, wenn ein bestimmtes Problem P (das sich auf $\mathcal{L}_2$-Sprachen bezieht) entscheidbar wäre, damit auch ein Entscheidungsverfahren für ein nachweislich unentscheidbares Problem P' gegeben wäre. Das Problem P', das wir in diesem Abschnitt hauptsächlich verwenden, müssen wir allerdings noch einführen: Es ist das *Postsche Korrespondenzproblem*. Gegeben sei eine Menge von Paaren von Wörtern (u_i, v_i). Aufgabe ist jetzt, Paare aus dieser Menge so hintereinanderzusetzen – man darf dabei auch Paare mehrfach verwenden –, dass die u_i, als ein Wort hintereinander gelesen, dasselbe Wort ergeben wie die v_i. Das Postsche Korrespondenzproblem ist nun die Frage, ob diese Aufgabe für eine gegebene Menge von Wortpaaren überhaupt lösbar ist.

Das Postsche Korrespondenzproblem ist eng verwandt mit zwei Arten von Regelsystemen, den *Semi-Thue-Systemen* und den *Postschen Normalsystemen*. Ein solches System umfasst ein Alphabet Σ und eine Menge R von Regeln, um ein Wort über Σ in ein anderes zu überführen. Beide Arten von Systemen ähneln formalen Grammatiken, haben aber keine ausgezeichneten Variablen: Jedes Zeichen, das in einem Wort vorkommt, ist ersetzbar. Der Unterschied zwischen beiden Systemen ist, dass, wenn eine Regel $u \to v$ angewendet wird, bei Semi-Thue-Systemen das ersetzte Teilwort u irgendwo im Wort sein kann und das neue Teilwort v an die Stelle von u tritt, während bei Postschen Normalsystemen u der Anfang des aktuellen Wortes sein muss und v an das Ende des Wortes geschrieben wird. Beide Arten von Systemen können genausoviel berechnen wie Turing-Maschinen, und damit kann man schon zeigen, dass unentscheidbar ist, ob sich in einem Semi-Thue-System oder Postschen Normalsystem ein gegebenes Wort w in ein gegebenes Wort w' überführen lässt.

13.6.1 Semi-Thue-Systeme und Postsche Normalsysteme

Sowohl Semi-Thue-Systeme als auch Postsche Normalsysteme verwenden Regeln, die ein Wort in ein anderes überführen, und in beiden Fällen haben diese Regeln dieselbe Form:

Definition 13.6.1 (Regelmenge). *Eine* **Regelmenge** *R über einem Alphabet Σ ist eine endliche Menge $R \subseteq \Sigma^* \times \Sigma^*$. Wir schreiben auch $u \to_R v$ oder nur $u \to v$ für $(u, v) \in R$. R heißt* **ε-frei**, *falls für $u \to_R v$ stets $u \neq \varepsilon \neq v$ gilt.*

In einem Semi-Thue-System geht ein Wort w (in einem Schritt) in w' über, $w \Longrightarrow w'$, indem eine Regel $u \to_R v$ angewendet wird und irgendwo in w das Wort u durch v ersetzt wird.

Definition 13.6.2 (Semi-Thue-System). *Ein* **Semi-Thue-System** *(STS) G ist ein Paar $G = (\Sigma, R)$ von einem Alphabet Σ und einer Regelmenge R über Σ. G heißt* **ε-frei**, *falls R ε-frei ist.*

Für alle $w, w' \in \Sigma^*$ *sei*

$$\mathbf{w} \Longrightarrow_G \mathbf{w}' \text{ gdw. } \exists u \rightarrow_R v \, \exists w_1, w_2 \in \Sigma^* \, \left(w = w_1 u w_2 \wedge w' = w_1 v w_2\right).$$

$\Longrightarrow_G^*$ *ist die reflexive und transitive Hülle von* $\Longrightarrow_G$.

Sehen wir uns an einem Beispiel an, wie ein Wort durch ein Semi-Thue-System umgeformt wird.

Beispiel 13.6.3. Der besseren Lesbarkeit halber unterstreichen wir im Wort jeweils den Teil, auf den im nächsten Schritt eine Regel angewendet wird. Wir gehen aus von dem Wort *ababa* und transformieren es mit dem Semi-Thue-System $G = (\{a, b\}, \{ab \rightarrow bba, ba \rightarrow aba\})$:

$$\underline{ab}aba \Longrightarrow bba\underline{ab}a \Longrightarrow bbabbaa,$$

oder man kann auch rechnen

$$ab\underline{ab}a \Longrightarrow aab\underline{ab}a \Longrightarrow aabbbaa.$$

Die Regelanwendung ist also indeterminiert.

Ein Postsches Normalsystem unterscheidet sich von einem Semi-Thue-System dadurch, dass eine Regelanwendung hier immer ein Präfix des aktuellen Wortes abschneidet und dafür neue Zeichen hinten an das Wort anhängt.

Definition 13.6.4 (Postsches Normalsystem). *Ein* **Postsches Normalsystem** *(PNS)* G *ist ein Paar* $G = (\Sigma, R)$ *von einem Alphabet* Σ *und einer Regelmenge* R *über* Σ. G *heißt* **ε-frei**, *falls* R ε-*frei ist.*
Für alle $w, w' \in \Sigma^*$ *sei*

$$\mathbf{w} \Longrightarrow_G \mathbf{w}' \text{ gdw. } \exists u \rightarrow_R v \, \exists w_1 \in \Sigma^* : w = u w_1 \wedge w' = w_1 v$$

$\Longrightarrow_G^*$ *ist die reflexive und transitive Hülle von* $\Longrightarrow_G$.

Sehen wir uns auch hierzu ein Beispiel an.

Beispiel 13.6.5. Wir betrachten wieder das Ausgangswort *ababa* und ein Postsches Normalsystem, dessen Regelmenge der des Semi-Thue-Systems aus dem letzten Beispiel ähnelt, nämlich $G = (\{a, b\}, \{ab \rightarrow bba, ba \rightarrow aba, a \rightarrow ba\})$. Damit kann man rechnen

$$\underline{ab}aba \Longrightarrow \underline{ab}abba \Longrightarrow \underline{ba}bbaba \Longrightarrow bbabaaba$$

An dieser Stelle kann man keine Regel mehr anwenden, aber eine andere Regelfolge ermöglicht eine beliebig häufige Regelanwendung:

$$\underline{a}baba \Longrightarrow \underline{ba}baba \Longrightarrow \underline{ba}baaba \Longrightarrow \underline{ba}abaaba \Longrightarrow$$
$$\underline{a}baabaaba \Longrightarrow baabaababa \Longrightarrow \ldots$$

Eine Rechnung in einem System einer der beiden Typen ist eine Reihe von Ableitungsschritten.

Definition 13.6.6 (Rechnung). *Eine* **Rechnung** *in einem Semi-Thue-System oder Postschen Normalsystem G ist eine Folge $w_1, w_2, \ldots, w_n, \ldots$ mit $w_i \Longrightarrow_G w_{i+1}$.*
Eine Rechnung $w_1, \ldots, w_n$ **bricht ab** $:\Longleftrightarrow \nexists w_{n+1}\ w_n \Longrightarrow_G w_{n+1}$.

Wir definieren jetzt, was es heißt, dass ein STS oder PNS eine Funktion berechnet: Es überführt das von Sonderzeichen $[$ und $]$ eingerahmte Argument in den Funktionswert, jetzt eingerahmt von $[$ und $\rangle$.

Definition 13.6.7 (STS- und PNS-Berechenbarkeit). *Eine (partielle) Funktion $f : \Sigma_1^* \to \Sigma_2^*$ heißt* **STS-berechenbar** *(***PNS-berechenbar***), falls ein Semi-Thue-System (Postsches Normalsystem) G existiert mit $\forall w \in \Sigma_1^*$*

- $\big(\forall u \in \Sigma_2^*\ ([w] \Longrightarrow_G^* [u]\ \text{gdw.}\ f(w) = u)\big)$ *und*
- $\big((\nexists v \in \Sigma_2^*\ [w] \Longrightarrow_G^* [v\rangle)\ \text{gdw.}\ f(w)\ \text{undefiniert}\big)$

Dabei sind $[,]$ und $\rangle$ Sonderzeichen.
$\mathbf{F}_{STS}^{(part)}$ *ist die Menge aller (partiellen) STS-berechenbaren Funktionen.*
$\mathbf{F}_{PNS}^{(part)}$ *ist die Menge aller (partiellen) PNS-berechenbaren Funktionen.*

Wie schon angekündigt, lässt sich zeigen, dass STS und PNS so mächtig sind wie Turing-Maschinen: Jede TM-berechenbare Funktion f kann auch von einem STS und von einem PNS berechnet werden. Das zeigen wir, indem wir die Arbeit einer Turing-Maschine, die f berechnet, mit einem STS bzw. PNS simulieren.

Satz 13.6.8. *Jede TM-berechenbare (partielle) Funktion ist STS- und PNS-berechenbar: $TM^{(part)} \subseteq F_{STS}^{(part)}$, und $TM^{(part)} \subseteq F_{PNS}^{(part)}$.*

Beweis: Wir zeigen zunächst, wie ein Semi-Thue-System die Arbeit einer Turing-Maschine simulieren kann, die eine Funktion berechnet. Anschließend müssen wir das STS nur noch leicht abwandeln, um zu einem Postschen Normalsystem zu gelangen, das dieselbe Turing-Maschine simuliert.
Sci also f eine TM-berechenbare (partielle) Funktion, und sei $M = (K, \Sigma, \delta, s)$ eine Turing-Maschine, die f berechnet. Dann gilt definitionsgemäß für alle $w, u \in (\Sigma - \{\#\})^*$

$$s, \#w\underline{\#} \vdash_M^* h, \#u\underline{\#} \qquad\qquad \Longleftrightarrow f(w) = u, \text{ und}$$

$$M \text{ gestartet mit } s, \#w\underline{\#} \text{ hält nicht} \Longleftrightarrow f(w) = \bot$$

Ziel ist es jetzt, zu M ein Semi-Thue-System $G_M = (\Sigma, R)$ zu konstruieren, das die Arbeit von M simuliert. Mitte, Beginn und Ende der Simulation durch G_M sollen wie folgt aussehen:

- Jede Teilrechnung von M wird von G_M nachvollzogen. Die Kopfposition von M codieren wir dadurch, dass in dem Wort der Name des aktuellen Zustands q_i immer direkt vor dem Zeichen steht, auf das der Kopf von M zeigt. Dass die Rechnung noch nicht beendet ist, symbolisieren wir dadurch, dass das Wort nicht durch [und] bzw. $\rangle$, sondern durch \$ und ¢ abgeschlossen wird. Es soll also gelten

$$q_i, u\underline{a}v \vdash_M^* q_j, u'\underline{a'}v' \quad gdw. \quad \$uq_iav¢ \Longrightarrow_{G_M}^* \$u'q_ja'v'¢$$

- Anfang und Ende der Rechnung sehen entsprechend der Definition von STS-Berechenbarkeit so aus:

$$[u] \Longrightarrow_{G_M} \$\#uq_1\#¢ \quad \text{(ohne Einschränkung sei } q_1 = s\text{), und}$$
$$\$\#uh\#¢ \Longrightarrow_{G_M} [u\rangle$$

Für ein STS, das entsprechend dieser Spezifikation arbeitet, gilt dann:

$$q_1, \#w\underline{\#} \vdash_M^* h, \#u\underline{\#} \quad gdw. \quad [w] \Longrightarrow_{G_M}^* [u\rangle.$$

Anfang und Ende der Rechnung sind leicht in STS-Regeln umzusetzen: R muss dazu nur die Regeln

$$[\;\rightarrow\; \$\#, \qquad \$\# \;\rightarrow\; [, \qquad] \;\rightarrow\; q_1\#¢, \qquad h\#¢ \;\rightarrow\; \rangle$$

enthalten. Um die eigentliche Simulation zu bewerkstelligen, brauchen wir ein bis zwei STS-Regeln pro δ-Übergang. Wird der Kopf von M verschoben, so muss das simulierende STS das Zustands-Symbol verschieben. Am Ende des Wortes soll dabei höchstens ein $\#$ zu stehen kommen, also müssen wir gegebenenfalls eines hinzufügen bzw. löschen. Sei also $\delta(q_k, a) = (q_l, b)$ ein δ-Übergang von M, so enthält R folgende Regeln:

Fall 1: $b \in \Sigma$ (Druckbefehl)
$$q_ka \rightarrow q_lb$$
Fall 2: $b = L$
$$cq_kax \rightarrow q_lcax \quad \forall c \in \Sigma \forall x \in \Sigma \cup \{¢\} \text{ mit } ax \neq \#¢$$
$$cq_k\#¢ \rightarrow q_lc¢ \quad \text{(am Ende des Wortes ein } \# \text{ löschen)}$$
Fall 3: $b = R$
$$q_kac \rightarrow aq_lc \quad \forall c \in \Sigma$$
$$q_ka¢ \rightarrow aq_l\#¢ \quad \text{(am Ende des Wortes ein } \# \text{ hinzufügen)}$$

Mit diesen Regeln simuliert das Semi-Thue-System G_M die Turing-Maschine M und berechnet somit die Funktion f. Ferner ist G_M ε-frei.

Um die Arbeit von M mit einem Postschen Normalsystem zu simulieren, kann man im Prinzip dieselben Regeln verwenden. Das einzige, was dazukommt, ist, dass ein Postsches Normalsystem eine Regel nur auf den Anfang des Wortes anwenden kann. Man muss also dafür sorgen, dass das Teilwort, auf das man als nächstes eine der obigen Regeln anwenden möchte, auch irgendwann einmal am Anfang des Wortes zu stehen kommt. Das lässt sich einfach erreichen, indem man Regeln dazunimmt, die jedes beliebige Zeichen vom Anfang des Wortes an dessen Ende rotieren. Das Postsche Normalsystem, das M simuliert, hat damit die Regelmenge $R' := R \cup \bar{R}$ mit R wie eben und

$$\bar{R} := \{x \to x | x \in \Sigma \cup \{[, \$, \dot{c}\}\}.$$

Die PNS-Simulation eines δ-Übergangs $\delta(q_k, a) = q_l, b$ für $b \in \Sigma$ sieht einschließlich Rotation so aus:

$$\$u q_k a v \dot{c} \Longrightarrow_{G'_M}^* q_k a v \dot{c} \$u \Longrightarrow_{G'_M} v \dot{c} \$u q_l b \Longrightarrow_{G'_M}^* \$u q_l b v \dot{c}$$

Für δ-Übergänge, die den Schreib-/Lesekopf verschieben, verläuft die PNS-Simulation analog. ∎

Da ε-freie Semi-Thue- und Postsche Normalsysteme Turing-Maschinen simulieren können, kann man durch Reduktion des speziellen Halteproblems K (der Frage, ob eine Turing-Maschine bei Eingabe ihrer eigenen Gödelnummer hält) zeigen, dass es ε-freie Semi-Thue-Systeme und Postsche Normalsysteme gibt, für die das Überführungsproblem $Trans_G$ unentscheidbar ist. Das ist die Frage, ob ein gegebenes Wort v in ein gegebenes anderes Wort w überführt werden kann.

Satz 13.6.9 (Unentscheidbarkeit des Überführungsproblems). *Es gibt ein ε-freies Semi-Thue-System $G = (\Sigma, R)$ und ein ε-freies Postsches Normalsystem $G = (\Sigma, R)$, so dass $Trans_G = \{(v, w) | v \Longrightarrow_G^* w \wedge v, w \in \Sigma^+\}$ unentscheidbar ist.*

Beweis: Wir reduzieren das spezielle Halteproblem K auf das Überführungsproblem $Trans_G$ für ein bestimmtes Semi-Thue-System (oder Postsches Normalsystem) G. G soll ein ε-freies Semi-Thue-System (oder Postsches Normalsystem) sein, das die Funktion der Turing-Maschine $M := M_K M_{delete}$ berechnet. M_K ist die Turing-Maschine aus Satz 13.3.2, die die unentscheidbare Sprache K akzeptiert. M_{delete} soll nach Halten von M_K das Band löschen. Eine solche Maschine M_{delete} kann man leicht konstruieren, da der Bandinhalt einer Haltekonfiguration von M_K genau festgelegt ist: In Satz 13.3.2 hatten wir M_K definiert als $M_K = M_{prep} U_0$, wobei U_0 die universelle Turing-Maschine aus Satz 12.7.1 ist. Und eine Haltekonfiguration von U_0 hat laut Definition die Form $h_U, \#|^n \#|^m \#$ für Werte $n, m \geq 1$.

Bei Eingabe einer Zahl v arbeitet Maschine M also zuerst wie die Turing-Maschine M_K, hält also nur, falls die Turing-Maschine mit Gödelnummer v bei Eingabe v hält. Falls M_K gehalten hat, löscht M daraufhin das Band.

Wenn nun das Überführungsproblem für Semi-Thue-Systeme (oder Postsche Normalsysteme) entscheidbar wäre, so könnte man G dazu benutzen, das spezielle Halteproblem K zu entscheiden. Es gilt nämlich für $v = [\,|^i\,]$ und $w = [\,\varepsilon\,\rangle$:

$$(v, w) \in Trans_G$$

$$\iff (v \Longrightarrow^*_G w)$$

$$\iff M = M_K M_{delete} \text{ hält bei Input } |^i \text{ mit } \#$$

$$\iff M_K \text{ hält bei Input } |^i$$

$$\iff i \in K$$

Damit ist K auf $Trans_G$ reduziert.   ∎

In engem Zusammenhang zu Semi-Thue-Systemen und Postschen Normalsystemen steht das *Postsche Korrespondenzproblem*: Gegeben ein *Korrespondenzsystem*, eine Menge von Wortpaaren (p_i, q_i), kann man dann ausgewählte Paare aus dieser Menge (wobei man jedes Paar beliebig oft benutzen darf) so hintereinandersetzen, dass die p_i hintereinander gelesen dasselbe Wort ergeben wie die q_i?

Definition 13.6.10. *Ein* **Korrespondenzsystem** *(CS) P ist eine endliche, indizierte Regelmenge über einem Alphabet Σ:*

$$P = \{(p_1, q_1), \ldots, (p_n, q_n)\} \text{ mit } p_i, q_i \in \Sigma^* \quad \forall 1 \le i \le n.$$

Eine **Indexfolge** *$I = i_1, \ldots, i_k$ von P ist eine Folge mit $1 \le i_\kappa \le n$ für $1 \le \kappa \le k$. Zu einer solchen Indexfolge sei $p_I := p_{i_1} \ldots p_{i_k}$ und $q_I := q_{i_1} \ldots q_{i_k}$. Eine* **Teilübereinstimmung** *von P ist eine Indexfolge I mit*

$$p_I \text{ ist Präfix von } q_I \text{ oder } q_I \text{ ist Präfix von } p_I \,,$$

und eine **Übereinstimmung** *(Lösung) von P ist eine Indexfolge I mit*

$$p_I = q_I \,.$$

Eine (Teil-) Übereinstimmung **mit vorgegebenem Start** *ist eine (Teil-) Übereinstimmung von P, in der der erste Index i_1 vorgegeben wird.*
Das **Postsche Korrespondenzproblem** *(PCP) ist die Frage, ob ein einzugebendes Korrespondenzsystem P eine Lösung hat oder nicht.*

Beispiel 13.6.11. Das Korrespondenzsystem $P = \{(a, ab)_1, (b, ca)_2, (ca, a)_3, (abc, c)_4\}$ ist lösbar. Zum Beispiel ist die Folge $I = 1, 2, 3, 1, 4$ eine Lösung, denn

$$p_I = p_1 p_2 p_3 p_1 p_4 = a \circ b \circ ca \circ a \circ abc = ab \circ ca \circ a \circ ab \circ c = q_1 q_2 q_3 q_1 q_4 = q_I$$

Eine Teilübereinstimmung ist etwa $I' = 1, 2, 3$ mit

$$p_{I'} = p_1 p_2 p_3 = a \circ b \circ ca \text{ ist Präfix von } ab \circ ca \circ a = q_1 q_2 q_3 = q_{I'}$$

Man kann zu jedem Semi-Thue-System zusammen mit einem Wortpaar (w', w'') ein Korrespondenzsystem so konstruieren, dass das Korrespondenzsystem dann und nur dann eine Lösung mit einem vorgegebenem Start hat, wenn w' in dem Semi-Thue-System in w'' überführt werden kann.

Lemma 13.6.12 (STS und CS). *Zu jedem ε-freien Semi-Thue-System $G = (\Sigma, R)$ und zu jedem Wortpaar $w', w'' \in \Sigma^+$ existiert ein Postsches Korrespondenzsystem $P_{G,w',w''}$ mit*

$P_{G,w',w''}$ *hat eine Lösung mit vorgegebenem Start gdw.* $(w' \Longrightarrow_G^* w'')$

Beweis:

Gegeben seien zum einen ein ε-freies STS $G = (\Sigma, R)$ mit $R = \{u_1 \rightarrow v_1, \ldots, u_n \rightarrow v_n\}$ für Wörter $u_i, v_i \in \Sigma^+$ und zum anderen zwei Wörter $w', w'' \in \Sigma^+$ über dem Alphabet Σ mit $|\Sigma| = m$. Wir konstruieren daraus das CS $P_{G,w',w''} = \{(p_i, q_i)|1 \leq i \leq k\}$ mit $k = n + m + 3$ unter Verwendung eines Sonderzeichen $X \notin \Sigma$ über dem Alphabet $\Sigma_X := \Sigma \cup \{X\}$ wie folgt:

- die ersten n Regeln sind gerade die Regeln des Semi-Thue-Systems G, also $p_i = u_i$, $q_i = v_i$ für $1 \leq i \leq n$,
- die Regel $n + 1$ ist $(X, Xw'X)$,
- die Regel $n + 2$ ist $(w''XX, X)$,
- die Regeln $n + 3$ bis $n + 2 + m$ sind gerade (a, a) für jeden Buchstaben $a \in \Sigma$,
- die letzte Regel ist (X, X),
- der vorgeschriebene Startindex ist $(n+1)$.

Bevor wir im Beweis fortfahren betrachten wir ein Beispiel.

Beispiel 13.6.13. Es sei $G = (\Sigma, R)$ das STS mit Alphabet $\Sigma = \{a, b, c\}$ und $R = \{(ca \rightarrow ab)_1, (ab \rightarrow c)_2, (ba \rightarrow a)_3\}$.

Für das Wortpaar $w' = caaba$, $w'' = abc$ gilt $w' \Longrightarrow_G^* w''$, etwa mit folgender Ableitung in G:

$$w' = ca\underline{ab}a \Longrightarrow_2 ca\underline{ca} \Longrightarrow_1 ca\underline{ab} \Longrightarrow_2 \underline{ca}c \Longrightarrow_1 abc = w''.$$

Diese Ableitung kann man eindeutig durch das Wort $2_3 1_3 2_3 1_1$ beschreiben, wobei i_j die Anwendung von Regel i an j-ter Stelle im Wort bedeutet.

Wenn man zu dem STS G und dem Wortpaar $w' = caaba, w'' = abc$ so wie oben beschrieben ein CS $P_{G,w',w''}$ konstruiert, dann ergibt sich:

$$\begin{aligned} P_{G,w',w''} = \{ &(ca, ab)_1, (ab, c)_2, (ba, a)_3, \\ &(X, XcaabaX)_4, (abcXX, X)_5, \\ &(a, a)_6, (b, b)_7, (c, c)_8, (X, X)_9\}. \end{aligned}$$

Wir wollen jetzt die Rechnung $2_3 1_3 2_2 1_1$ angewendet auf w' in $P_{G,w',w''}$ nachspielen und suchen Lösungen mit vorgegebenem Start $n + 1 (= 4)$. $I = 4$ ist eine erste Teilübereinstimmung mit $p_4 = Xw_1X = XcaabaX$ und $q_4 = X$. Um an die dritte Stelle von w' zu gelangen (um Regel 2 anzuwenden), müssen wir I ergänzen zu $I = 4, 8, 6$ mit

$$p_{4,8,6} = Xca$$

$$q_{4,8,6} = X\,caaba\,X\,ca,$$

und können nun I um 2 ergänzen mit dem Resultat

$$p_{4,8,6,2} = X\,caab$$

$$q_{4,8,6,2} = X\,caaba\,X\,cac,$$

und können mit 6 9 die Regelanwendung 2_3 auf w' abschließen:

$$p_{4,8,6,2,6,9} = X\,caaba\,X$$

$$q_{4,8,6,2,6,9} = X\,caaba\,X\,caca\,X.$$

Um nun 1_3, die Regel 1 an der dritten Stelle, anzuwenden, verschieben wir wieder die ersten beiden Buchstaben $c\,a$ mittels 8 6 zu

$$p_{4,8,6,2,6,9,8,6} = X\,caaba\,X\,ca$$

$$q_{4,8,6,2,6,9,8,6} = X\,caaba\,X\,caca\,X\,ca,$$

wenden Regel 1 an und beenden mit 9 diesen Schritt:

$$p_{4,8,6,2,6,9,8,6,1,9} = X\,caaba\,X\,caca\,X$$

$$q_{4,8,6,2,6,9,8,6,1,9} = X\,caaba\,X\,caca\,X\,caab\,X.$$

In dieser Arbeitsweise zeigt sich deutlich die Verwandtschaft von Korrespondenzsystemen zu Postschen Normalsystemen. Die Rechnung $2_3 1_3 2_3 1_1$ angewendet auf w' ergibt die Teilübereinstimmung $I = \underline{4}$, $8, 6, \underline{2}$, $6, 9, 8, 6, \underline{1}$, $9, 8, 6, \underline{2}$, $9, \underline{1}$, $8, 9$. Die unterstrichenen Zahlen sind Regelanwendungen, bzw. das Startwort w' (die erste Zahl 4), die Zahlen zwischendurch sorgen dafür, dass die Regelanwendungen an den gewünschten Stellen stattfinden. X trennt die Wörter in der Ableitung des Semi-Thue-Systems G. Es gilt damit

$$p_I = X\,caaba\,X\,caca\,X\,caab\,X\,cac\,X$$

$$q_I = X\,caaba\,X\,caca\,X\,caab\,X\,cac\,X\,abc\,X.$$

Die Anzahl der Vorkommen von X in p_I ist um 1 kleiner als in q_I. Für eine komplette Übereinstimmung muss man also mit Regel 5 abschließen, mit der die Anzahl der Vorkommen von X in p_I und q_I gleich wird. Gleichzeitig zwingt Regel 5 zu dem gewünschten Resultat w''. Eine der Rechnung $2_3 1_3 2_3 1_1$ entsprechende Lösung ist also

$$I = \underline{4}, 8, 6, \underline{2}, 6, 9, 8, 6, \underline{1}, 9, 8, 6, \underline{2}, 9, \underline{1}, 8, 9, \underline{5}, \text{ mit}$$

$$p_I = X\,caaba\,X\,caca\,X\,caab\,X\,cac\,X\,abc\,X\,X$$

$$q_I = X\,caaba\,X\,caca\,X\,caab\,X\,cac\,X\,abc\,X\,X.$$

Eine weitere Lösung ist etwa $I = 4, 1, 2, 6, 9, 6, 7, 1, 9, 6, 7, 2, 9, 5$ mit

$$p_I = X\,caaba\,X\,abca\,X\,abab\,X\,abc\,X\,X$$

$$q_I = X\,caaba\,X\,abca\,X\,abab\,X\,abc\,X\,X,$$

wobei diese Indexsequenz zu Beginn zwei Regelanwendungen hintereinander enthält $(4, 1, 2)$. Sie entspricht der Rechnung

$$caaba \Longrightarrow_G^* abca \Longrightarrow_G abab \Longrightarrow_G abc,$$

wobei im ersten Schritt zwei Regeln angewendet wurden. D.h., in einer Lösung muss ein X nicht notwendig die Anwendung nur einer Regel des Semi-Thue-Systems bedeuten.

Wir fahren nun im Beweis fort, dass $P_{G,w',w''}$ eine Lösung mit vorgegebenem Start $n + 1$ genau dann besitzt, wenn $w' \Longrightarrow_G^* w''$ gilt. Da q_{n+1} ein X mehr enthält als p_{n+1} und alle Regeln mit einem Index ungleich $n + 2$ genau so viele X in der Prämisse wie in der Konklusion enthalten, muss in einer Lösung der Index $n + 2$ vorkommen. Es sei $(n + 1), I', (n + 2), I''$ eine Lösung in der in I' weder $(n + 1)$ noch $(n + 2)$ vorkommen. Da weder w' noch irgendein v_i das leere Wort sind, kommt sowohl in $p_{(n+1),I'}$ und $q_{(n+1),I'}$ kein Infix XX vor. Andererseits enden $p_{(n+1),I',(n+2)}$ und $q_{(n+1),I',(n+2)}$ auf XX. Also folgt aus $p_{(n+1),I',(n+2),I''} = q_{(n+1),I',(n+2),I''}$ bereits $p_{(n+1),I',(n+2)} = q_{(n+1),I',(n+2)}$. Besitzt $P_{G,w',w''}$ eine Lösung, dann besitzt $P_{G,w',w''}$ also auch eine Lösung der Form $I = (n+1), I', (n+2)$, wobei in I' weder $n + 1$ noch $n + 2$ vorkommen. Wie kann solch ein I' aussehen? Da $p_{(n+1),I',(n+2)} = Xp_{I'}w''XX = Xw'Xq_{I'}X$ gelten muss, beginnt I' mit einer Indexfolge $I'', (n+m+3)$ mit $p_{I'',(n+m+3)} = w'X$ (da die gesamte Folge mit $Xw'X$ beginnt und $(n + m + 3)$ die einzige Regel außer $(n + 1), (n + 2)$ ist, die ein X erzeugt). Dann gilt $q_{I'',(n+m+3)} = w_2X$ für ein $w_2 \in \Sigma^+$, da $p_{I'',(n+m+3)}$ mit einem Wort in Σ^+ beginnt. In I'' kommen nur Indizes vor, die eine Regelanwendung $u \to_G v$ bedeuten (Regeln 1 bis n) oder die an p und q einen gleichen Buchstaben anfügen (Regeln $n+3$ bis $n+m+3$). Damit gilt für w_2 auch $w' \Longrightarrow_G^* w_2$. Per Induktion kann man nun zeigen, dass I' die Form

$$I' = I_1, (n + m + 3), ..., I_k, (n + m + 3)$$

besitzen muss mit

$$p_{I'} = w'Xw_2X...Xw_{l-1}X$$

$$q_{I'} = w_2X...Xw_lX$$

für Wörter $w_2, ..., w_l$ mit

$$w' \Longrightarrow_G^* w_2 \Longrightarrow_G^* ... \Longrightarrow_G^* w_l.$$

Damit gilt für eine Lösung $I = (n + 1)I'(n + 2)$:

$$p_I = Xw'Xw2X...Xw_{l-1}Xw''XX = q_I \text{ mit}$$

$$w' \Longrightarrow^*_G w_2 \Longrightarrow^*_G \ldots \Longrightarrow^*_G w_l = w''.$$

Umgekehrt kann man mittels Induktion über l zeigen:
Ist $w_1 \Longrightarrow_G w_2 \Longrightarrow_G \ldots \Longrightarrow_G w_l$ eine Rechnung in G der Länge l von $w_1 = w'$ aus, dann existiert eine Teilübereinstimmung I von $P_{G,w',w''}$ mit vorgegebenem Start $n + 1$ und

$$p_I = Xw_1Xw_2X...Xw_{l-1}X$$

$$q_I = Xw_1Xw_2X...Xw_{l-1}Xw_lX.$$

Damit ist $I, (n + 2)$ eine Lösung, sobald $w_l = w''$ gilt. ∎

Satz 13.6.14. *Das Postsche Korrespondenzproblem (PCP) ist unentscheidbar.*

Beweis: Da in Lemma 13.6.12 das Überführungsproblem $Trans_G$ für Semi-Thue-System auf das Postsche Korrespondenzproblem mit vorgegebenem Start reduziert wurde und nach Satz 13.6.9 das Überführungsproblem unentscheidbar ist, so ist auch das Postsche Korrespondenzproblem mit vorgegebenem Start unentscheidbar. Um die Unentscheidbarkeit des PCP zu beweisen, müssen wir noch zu einem Postschen Korrespondenzproblem P mit vorgegebenem Start ein Postsches Korrespondenzproblem P' konstruieren, so dass P eine Lösung mit vorgegebenem Start genau dann besitzt, wenn P' eine Lösung besitzt.
Sei $P = \{(p_i, q_i)|1 \leq i \leq n\}$ mit vorgegebenem Start j_0 über dem Alphabet Σ. X, Y seien zwei Sonderzeichen mit $X, Y \notin \Sigma$. Wir verwenden im folgenden zwei verschiedene Codierungen für Wörter: Für $w = c_1c_2\ldots c_n$ (mit $c_i \in \Sigma$) sei

- $\overline{w} := Xc_1Xc_2\ldots Xc_n$ und
- $\overline{\overline{w}} := c_1Xc_2X\ldots c_nX$.

Als P' wählen wir das CS mit dem Alphabet $\Sigma \cup \{X, Y\}$ und

- den ersten n Regeln $(\overline{p_i}, \overline{\overline{q_i}})$ für $1 \leq i \leq n$,
- der $n + 1$. Regel $(\overline{p_{j_0}}, X\overline{\overline{q_{j_0}}})$, und
- der $n + 2$. Regel (XY, Y).

Man sieht leicht, dass eine Lösung in P' mit der Regel $n + 1$ beginnen muss, da nur in dieser Regel die beiden ersten Buchstaben gleich sind (und zwar X) und mit der Regel $n + 2$ enden muss. Besitzt also P' eine Lösung, dann auch eine Lösung der Form

$$I = (n + 1), I', (n + 2),$$

wobei I' nur Indizes zwischen 1 und n enthält. Dann ist aber auch j_0, I' eine Lösung von P mit korrekt vorgegebenem Start.

Umgekehrt, ist j_0, I eine Lösung von P mit vorgegebenem Start j_0, dann ist $(n+1), I, (n+2)$ eine Lösung von P'.   ■

13.6.2 Das PCP und unentscheidbare Probleme für $\mathcal{L}_2$

Nun kann man für einige Probleme bezüglich kontextfreier Grammatiken zeigen, dass sie unentscheidbar sind, indem man das Postsche Korrespondenzproblem auf sie reduziert.

Satz 13.6.15. *Es ist unentscheidbar, ob eine cf-Grammatik eindeutig[3] ist.*

Beweis: Angenommen, es wäre entscheidbar, ob eine cf-Grammatik eindeutig ist. Dann finden wir einen Algorithmus für das PCP wie folgt: Sei $T = \{(u_1, w_1), \dots, (u_n, w_n)\}$ ein CS über Σ. Wir betrachten die Sprachen

$$L_{T,1} := \{a_{i_m} \dots a_{i_2} a_{i_1} u_{i_1} u_{i_2} \dots u_{i_m} \mid m \geq 1, 1 \leq i_j \leq n \ \forall j \leq m\} \text{ und}$$

$$L_{T,2} := \{a_{i_m} \dots a_{i_2} a_{i_1} w_{i_1} w_{i_2} \dots w_{i_m} \mid m \geq 1, 1 \leq i_j \leq n \ \forall j \leq m\}$$

über $\Sigma' = \Sigma \cup \{a_1, \dots, a_n\}$. Die a_i geben an, welche Elemente der Liste T verwendet worden sind, um die zweite Hälfte des jeweiligen Wortes, die u_i oder w_i, zusammenzustellen. Die a_i stehen in der umgekehrten Reihenfolge wie die u_i bzw. w_i, damit die Wörter eine Grundform analog zu ww^R haben und somit von einer cf-Grammatik generierbar sind.

Das Korrespondenzproblem T hat eine Lösung, falls

$$\exists k \geq 1 \ \exists i_1, \dots, i_k \in \{1, \dots, n\} \ \left(u_{i_1} u_{i_2} \dots u_{i_k} = w_{i_1} w_{i_2} \dots w_{i_k}\right).$$

Wenn man nun die a_i als Indizes der jeweils verwendeten Elemente der Liste T betrachtet, dann sieht man, dass T genau dann eine Lösung hat, falls

$$\exists k \geq 1 \ \exists i_1, \dots, i_k \in \{1, \dots, n\}$$
$$\left(a_{i_k} \dots a_{i_2} a_{i_1} u_{i_1} u_{i_2} \dots u_{i_k} = a_{i_k} \dots a_{i_2} a_{i_1} w_{i_1} w_{i_2} \dots w_{i_k}\right).$$

Das wiederum ist genau dann der Fall, wenn es ein Wort w gibt, so dass w in $L_{T,1}$ und w in $L_{T,2}$ liegt.

$L_{T,1}$ und $L_{T,2}$ sind eindeutige cf-Sprachen. Sie werden von den folgenden eindeutigen cf-Grammatiken $G_{T,1}$ und $G_{T,2}$ erzeugt:

- $G_{T,1} := (\{S_1\}, \Sigma', R_1, S_1)$ mit $R_1 := \{S_1 \rightarrow a_i S_1 u_i \mid a_i u_i \mid 1 \leq i \leq n\}$
- $G_{T,2} := (\{S_2\}, \Sigma', R_2, S_2)$ mit $R_2 := \{S_2 \rightarrow a_i S_2 w_i \mid a_i w_i \mid 1 \leq i \leq n\}$

---

[3] Vergleiche Def. 6.1.5.

Es sei nun $G_T = G_{T,1} \cup G_{T,2} = (\{S, S_1, S_2\}, \Sigma', R_1 \cup R_2 \cup \{S \to S_1 \mid S_2\}, S)$. Wir hatten gesagt, dass T eine Lösung hat genau dann, wenn es ein Wort w gibt, das sowohl in $L_{T,1}$ als auch in $L_{T,2}$ liegt. Dann gilt für dies Wort w auch:

$$w \in L(G_T), \text{ und } S \Longrightarrow S_1 \overset{*}{\underset{G_{T,1}}{\Longrightarrow}} w \text{ und } S \Longrightarrow S_2 \overset{*}{\underset{G_{T,2}}{\Longrightarrow}} w$$

Damit besitzt w zwei verschiedene Linksableitungen. Insgesamt gilt damit: Falls T eine Lösung hat, dann gibt es ein Wort w, das in G_T zwei Linksableitungen hat.

Es gilt auch die Umkehrung: Wenn ein Wort in G_T zwei Linksableitungen hat, dann muss die eine über $G_{T,1}$ und die andere über $G_{T,2}$ laufen, da $G_{T,1}$ und $G_{T,2}$ eindeutige Grammatiken sind. Wenn es aber ein solches Wort $w \in L_{T,1} \cap L_{T,2}$ gibt, dann heißt das, dass T eine Lösung besitzt.

Insgesamt gilt also: G_T ist mehrdeutig $\Longleftrightarrow$ das CS T hat eine Lösung. Könnten wir also entscheiden, ob eine Grammatik mehrdeutig ist, so hätten wir einen Algorithmus, der das PCP entscheidet. ∎

Satz 13.6.16.

1. *Es ist unentscheidbar, ob der Durchschnitt zweier*
   a) DCFL-Sprachen,
   b) eindeutiger cf-Sprachen
   c) cf-Sprachen
   leer ist.
2. *Zu jedem Alphabet Σ mit $|\Sigma| > 1$ existiert eine eindeutige und determinierte cf-Sprache L_0 über Σ, so dass unentscheidbar ist, ob der Durchschnitt von L_0 mit einer*
   a) DCFL-Sprache,
   b) eindeutigen cf-Sprache,
   c) cf-Sprache
   über Σ leer ist.

Beweis: Punkt (c) ergibt sich jeweils aus den Punkten (a) und (b).

Zu 1.: Angenommen, eines der drei Probleme 1a bis 1c sei entscheidbar (für das Beweisverfahren ist es egal, welches Problem man wählt). Wir zeigen, dass dann auch das PCP entscheidbar wäre.

Sei $S = \{(u_1, w_1), \ldots, (u_n, w_n)\}$ ein CS über Σ. Sei außerdem $\Sigma' = \Sigma \cup \{a_1, \ldots, a_n\}$ mit $a_1, \ldots, a_n \notin \Sigma, c \notin \Sigma$.

Wir betrachten die Sprachen

$$L_1 := \{wcw^R \mid w \in (\Sigma')^*\} \text{ und}$$
$$L_2 := \{u_{i_1} \ldots u_{i_m} a_{i_m} \ldots a_{i_1} c a_{j_1} \ldots a_{j_\ell} w_{j_\ell}^R \ldots w_{j_1}^R \mid m, \ell \geq 1,$$
$$i_1, \ldots, i_m, j_1, \ldots, j_\ell \in \{1, \ldots, n\}\}$$

Wir wissen bereits, dass L_1 eine eindeutige und determinierte cf-Sprache ist. Für L_2 müssen wir das noch zeigen.

- L_2 ist eindeutig, denn sie wird von der eindeutigen Grammatik $G_2 = (\{S, S_1, S_2\}, \Sigma', R, S)$ erzeugt mit

$$R = \{S \to S_1 c S_2\} \cup$$
$$\{S_1 \to u_i S_1 a_i \quad | u_i a_i \mid 1 \leq i \leq m\} \cup$$
$$\{S_2 \to a_i S_2 w_i^R \quad | a_i w_i^R \mid 1 \leq i \leq m\}$$

- L_2 ist determiniert, denn der DPDA $M_2 = (K, \Sigma', \Gamma, \delta, s_0, Z_0, \{f\})$ akzeptiert L_2 mit

$$K = \{s_0, q_u, q_a, f\} \cup \{s_i^j \mid 1 \leq i \leq n, 1 \leq j \leq |u_i|\} \cup$$
$$\{t_i^j \mid 1 \leq i \leq n, 1 \leq j \leq |w_i|\}$$
$$\Gamma = \{Z_0\} \cup \{U_\sigma \mid \sigma \in \Sigma\} \cup \{A_i \mid 1 \leq i \leq n\}$$

und den Übergängen

1. $\delta(s_0, \sigma, Z_0) = (q_u, U_\sigma Z_0) \quad \forall \sigma \in \Sigma$

   $\delta(q_u, \sigma, X) = (q_u, U_\sigma X) \quad \forall \sigma \in \Sigma \; \forall X \in \Gamma$

2. $\delta(q_u, a_i, X) = (s_i^{|u_i|}, X) \quad 1 \leq i \leq n, \forall X \in \Gamma$

   $\delta(s_i^j, \varepsilon, U_{\sigma_j}) = (s_i^{j-1}, \varepsilon) \quad 1 \leq i \leq n, 1 < j \leq |u_i|$, falls

   $$u_i = \sigma_1 \ldots \sigma_{|u_i|}$$

3. $\delta(s_i^1, a_j, X) = (s_j^{|u_j|}, X) \quad 1 \leq i, j \leq n, \forall X \in \Gamma$

   $\delta(s_i^1, c, Z_0) = (q_a, Z_0) \quad 1 \leq i \leq n$

4. $\delta(q_a, a_i, X) = (q_a, A_i X) \quad 1 \leq i \leq n, \forall X \in \Gamma$

5. $\delta(q_a, \sigma_{|w_i|}, A_i) = (t_i^{|w_i|}, \varepsilon) \quad 1 \leq i \leq n, w_i^R = \sigma_{|w_i|} \ldots \sigma_1$

   $\delta(t_i^j, \sigma_j, X) = (t_i^{j-1}, X) \quad 1 \leq i \leq n, 1 < j \leq |w_i|$,

   $$w_i^R = \sigma_{|w_i|} \ldots \sigma_1, \forall X \in \Gamma$$

6. $\delta(t_i^1, \sigma_{|w_j|}, A_j) = (t_j^{|w_j|}, \varepsilon) \quad 1 \leq i, j \leq n, w_j^R = \sigma_{|w_j|} \ldots \sigma_1$

   $\delta(t_i^1, \varepsilon, Z_0) = (f, \varepsilon) \quad 1 \leq i \leq n$

Der Automat arbeitet so:

1. Das Eingabewort beginnt mit den $u \in \Sigma^*$. M_2 schreibt, solange der nächste Buchstabe $\sigma \in \Sigma$ ist, U_σ auf den Stack, so dass danach für $u_1 \ldots u_m$ die Symbole zu $u_m^R \ldots u_1^R$ auf dem Stack stehen.

2. Sobald das erste a kommt, wird der Stack wieder abgebaut: Wenn a_i gelesen wird, erwartet M_2 die Symbole zu u_i^R auf dem Stack und entfernt sie mit ε-Übergängen. In den Zuständen s_i^j merkt

sich der Automat, dass noch ein Präfix der Länge j von a_i vom Stack abgebaut werden muss.

3. Nachdem der letzte Buchstabe von u_i vom Stack entfernt ist, kann in der Eingabe noch ein a_j stehen oder ein c. In letzterem Fall muss der Stack völlig abgebaut sein.

4. Nach dem c stehen im Eingabewort wieder eine Reihe von a_i, für die die entsprechenden Symbole A_i auf den Stack geschrieben werden.

5. Sobald ein Buchstabe $\sigma \in \Sigma$ gelesen wird, beginnen die Wörter w_j. Wenn das oberste Stacksymbol A_i ist, so ist σ das erste Zeichen von w_i^R. M_2 erwartet, dass nun die Buchstaben von w_i^R einer nach dem anderen gelesen werden. Dazu dienen die Zustände t_i^j.

6. Wenn w_i^R komplett gelesen wurde, kann entweder noch ein A_j auf dem Stack stehen, dann erwartet M_2, w_j^R zu lesen, oder M_2 sieht Z_0, d.h. die Stacksymbole 'A' sind alle abgebaut. Dann akzeptiert M_2.

Nun gilt ja, dass das CS S eine Lösung hat, falls

$$\exists k \geq 1 \; \exists i_1, \ldots, i_k \in \{1, \ldots, n\}$$
$$\left(u_{i_1} u_{i_2} \ldots u_{i_k} = w_{i_1} w_{i_2} \ldots w_{i_k} \right)$$

Das ist genau dann der Fall, wenn

$$\exists k \geq 1 \; \exists i_1, \ldots, i_k \in \{1, \ldots, n\}$$
$$\left(u_{i_1} u_{i_2} \ldots u_{i_k} a_{i_k} \ldots a_{i_2} a_{i_1} = \left(a_{i_1} a_{i_2} \ldots a_{i_k} w_{i_k}^R \ldots w_{i_2}^R w_{i_1}^R \right)^R \right)$$

Wenn man das mit L_2 vergleicht, so sieht man, dass das genau dann der Fall ist, wenn es ein Wort $x \in L_2$ gibt, so dass x die Form $x = wcw^R$ hat. Da die Menge aller wcw^R gerade die Sprache L_1 ist, folgt daraus, dass S eine Lösung besitzt genau dann, wenn $L_1 \cap L_2 \neq \emptyset$ ist. Wäre also eines der 3 Durchschnittsprobleme entscheidbar, so auch das PCP.

Zu 2.: Um eine feste Sprache L_0 zu finden, brauchen wir nur das Alphabet Σ auf 2 Buchstaben einzuschränken, da damit L_1 aus Punkt 1 dieses Beweises fixiert wird.

Dazu müssen wir erst zeigen, dass das PCP schon für $|\Sigma| = 2$ unentscheidbar ist. Das ist aber kein Problem, da man beliebig große Σ mit zwei Zeichen a und b codieren kann, ähnlich wie man die natürlichen Zahlen mit 0 und 1 binär codieren kann. Sei also $S = (u_1, w_1), \ldots, (u_n, w_n)$ ein CS über $\Sigma = \{b_1, \ldots, b_r\}$. Wir verschlüsseln Buchstaben aus Σ in $\{a, b\}$ mit

$$\hat{b}_i := ab^i \text{ für } 1 \leq i \leq r.$$

Sei $w = b_{i_1} \ldots b_{i_k}$ so ist mit dieser Verschlüsselung $\hat{w} = \hat{b}_{i_1} \ldots \hat{b}_{i_k}$.

Damit erhalten wir ein neues CS $\hat{S} = (\hat{u}_1, \hat{w}_1), \ldots, (\hat{u}_n, \hat{w}_n)$ über $\{a, b\}$, das eine Lösung hat *gdw.* S eine Lösung hat.

Auch die Buchstaben a_1 bis a_n und c, die wir unter Punkt 1 dieses Beweises verwendet haben, lassen sich so verschlüsseln:

$$\hat{a}_i = aab^i \text{ und } \hat{c} = aaa$$

Damit kann man die geforderte feste Sprache L_0 bauen: Wir verwenden

$$L_0 := \{w\hat{c}w^R \mid w \in \{a, b\}^*\}.$$

Zu einem gegebenen PCP S konstruieren wir jetzt statt der Sprache L_2 aus Punkt 1 die Sprache

$$\hat{L}_2 := \{\hat{w} \mid w \in L_2\}.$$

L_0 und $\hat{L}_2$ sind immer noch eindeutige und determinierte cf-Sprachen, und es gilt:
$L_0 \cap \hat{L}_2 \neq \emptyset \iff \hat{S}$ hat eine Lösung.
Da die Frage schon für $\Sigma = \{a, b\}$ unentscheidbar ist, gilt das natürlich auch für jedes andere Alphabet Σ mit $|\Sigma| > 1$.   ∎

Satz 13.6.17. *Es ist unentscheidbar, ob für eine cf-Sprache L über einem Alphabet Σ mit $|\Sigma| > 1$ gilt, dass $L = \Sigma^*$ ist.*

Beweis: Angenommen, es wäre entscheidbar, ob $L = \Sigma^*$ gilt. Dann wäre auch die Frage nach $L_1 \cap L_2 = \emptyset$ für DCFL entscheidbar: Gegeben seien zwei DCFL-Sprachen L_1 und L_2 über Σ mit $|\Sigma| \geq 2$. Dann gilt

$$L_1 \cap L_2 = \emptyset \iff \overline{L_1 \cap L_2} = \Sigma^* \iff \overline{L_1} \cup \overline{L_2} = \Sigma^*$$

Da DCFL gegen $\neg$ abgeschlossen ist, sind auch $\overline{L_1}$ und $\overline{L_2}$ in DCFL, also auch in $\mathcal{L}_2$. Da $\mathcal{L}_2$ gegen $\cup$ abgeschlossen ist, ist auch $\overline{L_1} \cup \overline{L_2}$ in $\mathcal{L}_2$. Also ist $L := \overline{L_1} \cup \overline{L_2}$ eine cf-Sprache über Σ, und es gilt: $L = \Sigma^* \iff L_1 \cap L_2 = \emptyset$.   ∎

Satz 13.6.18. *Die folgenden Probleme sind unentscheidbar für cf-Sprachen L_1, L_2 und reguläre Sprachen R über jedem Alphabet Σ mit $|\Sigma| > 1$:*

1. $L_1 = L_2$
2. $L_2 \subseteq L_1$
3. $L_1 = R$
4. $R \subseteq L_1$

Beweis: Sei L_1 eine beliebige cf-Sprache über Σ. Wähle $L_2 = \Sigma^*$. Damit ist L_2 regulär und cf, und es gilt:

$$L_1 = L_2 \iff L_1 = \Sigma^* \qquad \text{(Punkt 1 und 3)}$$

$$L_2 \subseteq L_1 \iff \Sigma^* \subseteq L_1 \iff L_1 = \Sigma^* \qquad \text{(Punkt 2 und 4)}$$

Die Frage, ob $L_1 = \Sigma^*$ gilt, ist aber nach 13.6.17 unentscheidbar.   ∎

Lemma 13.6.19. *Es ist für jedes Alphabet Σ mit $\Sigma > 1$ unentscheidbar, ob für DCFL-Sprachen L_1, L_2 über Σ $L_1 \subseteq L_2$ gilt.*

Beweis: $L_1 \subseteq L_2 \iff L_1 \cap \overline{L_2} = \emptyset$. $\overline{L_2}$ ist eine DCFL-Sprache, und die Frage, ob der Durchschnitt leer ist, ist unentscheidbar für cf-Sprachen. ∎

13.6.3 Entscheidbare und unentscheidbare Probleme für $\mathcal{L}_2$

In Kap. 6 haben wir Probleme genannt, die für cf-Sprachen entscheidbar sind. Diese und die unentscheidbaren Probleme dieses Abschnitts sind hier noch einmal im Überblick aufgestellt.

Im folgenden seien L_1, L_2 cf-Sprachen, D_1, D_2 DCFL-Sprachen, R eine reguläre Sprache, G eine cf-Grammatik und $w \in \Sigma^*$ ein Wort.

entscheidbar	unentscheidbar
$w \in L(G)$	G eindeutig
$L(G) = \emptyset$	$D_1 \cap D_2 = \emptyset$
$L(G)$ endlich	$L_1 \cap L_2 = \emptyset$ für eindeutige Sprachen L_1, L_2
	für eine feste eindeutige und determinierte Sprache L_0:
	$\quad L_0 \cap D_1 = \emptyset$
	$\quad L_0 \cap L_1 = \emptyset$ für eindeutige Sprachen L_1
	$\quad L_0 \cap L_1 = \emptyset$
$D_1 = \Sigma^*$	$L_1 = \Sigma^*$ für $|\Sigma| \geq 2$
	$L_1 = L_2$
	$L_1 \subseteq L_2$
	$L_1 = R$
$L_1 \subseteq R$	$R \subseteq L_1$
	$D_1 \subseteq D_2$

13.6.4 Eine weitere Anwendung der Unentscheidbarkeit von K_0

Die Tatsache, dass das allgemeine Halteproblem K_0 (siehe Def. 13.2.1) unentscheidbar ist, kann man benutzen, um zu zeigen, dass rekursive[4] Sprachen nicht abgeschlossen sind gegen die Anwendung von Homomorphismen.

Satz 13.6.20. *Rekursive Sprachen sind nicht abgeschlossen gegen hom.*

---

[4] Siehe Def. 8.3.6.

Beweis: Sei M eine TM und C_i eine Konfiguration von M, $C_i = q_i, u_i \underline{a_i} v_i$.
Sei dazu $\hat{C}_i := \$\, q_i\, ¢\, u_i\, ¢\, a_i\, ¢\, v_i\, \$$ ein Wort über einem geeigneten Alphabet
Σ. Außerdem definieren wir das gleiche Wort über einem anderen Alphabet,
$\overset{\triangle}{C}_i := \hat{\$}\, \hat{q}_i\, \hat{¢}\, \hat{u}_i\, \hat{¢}\, \hat{a}_i\, \hat{¢}\, \hat{v}_i\, \hat{\$} \in \hat{\Sigma}^*$, mit $\hat{\Sigma} = \{\hat{a} \mid a \in \Sigma\}$.
Damit können wir folgende Sprache definieren:

$$\Re(M) = \{\hat{C}_0 \overset{\triangle}{C}_0 \overset{\triangle}{C}_1 \ldots \overset{\triangle}{C}_n \mid n \in \mathrm{N}, C_0 \text{ ist eine Startkonfiguration}$$
$$\text{von } M, \text{ und } C_i \vdash_M C_{i+1} \,\forall i < n\}.$$

Das ist die Menge der Rechnungen von M. $\Re(M)$ ist eine rekursive Sprache,
denn eine TM kann entscheiden, ob ein gegebenes Wort w die geforderte Form
$\hat{C}_0 \overset{\triangle}{C}_0 \overset{\triangle}{C}_1 \ldots \overset{\triangle}{C}_n$ hat und ob w eine erlaubte Rechnung von M repräsentiert.
Nun können wir aber einen Homomorphismus angeben, der aus $\Re(M)$ eine
nichtrekursive Sprache macht:

$$g : \Sigma \cup \hat{\Sigma} \to \Sigma \text{ sei definiert durch } g(a) := \begin{cases} a \ \forall a \in \Sigma \\ h \ \text{für } a = \hat{h} \\ \varepsilon \ \forall a \in \hat{\Sigma} - \{\hat{h}\} \end{cases}$$

g lässt von den Wörtern aus $\Re(M)$ nur die Startkonfiguration $\hat{C}$ und eventuell
den Haltezustand h übrig:

$$g\big(\Re(M)\big) = \{\hat{C}_0 h \mid \text{ die Rechnung von } M \text{ von } C_0 \text{ aus bricht ab}\} \cup$$
$$\{\hat{C}_0 \mid C_0 \text{ ist Startkonfiguration von M}\}$$

Wenn $g\big(\Re(M)\big)$ rekursiv, also entscheidbar wäre, wäre das allgemeine Halte-
Problem für TM entscheidbar: $\hat{C}_0 h \in g\big(\Re(M)\big)$ genau dann, wenn M von
Startkonfiguration C_0 aus hält. Das allgemeine Halte-Problem für TM ist
aber unentscheidbar. Also können wir mittels hom die Klasse der rekursiven
Sprachen verlassen. ∎

Für ε-freie Homomorphismen ergibt sich mit dem Verfahren aus Satz
13.6.20 kein Widerspruch zum allgemeinen Halteproblem: Betrachten wir
noch einmal die Sprache $\Re(M)$ aus dem letzten Beweis. Statt des obigen
Homomorphismus verwenden wir jetzt den ε-freien hom. $g' : \Sigma \cup \hat{\Sigma} \to \Sigma$:

$$g'(a) := \begin{cases} a \ \ \forall a \in \Sigma \\ h \ \ \text{für } a = \hat{h} \\ \# \ \forall a \in \hat{\Sigma} - \{\hat{h}\} \ \ (\text{O.E.: } \# \in \Sigma) \end{cases}$$

Es ist

$$g'\big(\Re(M)\big) \subseteq \{\hat{C_0}\ \#^*h\#^* \mid \text{die Rechnung von } M \text{ von } C_0 \text{ aus bricht ab}\}$$

$$\cup\ \{\hat{C_0}\ \#^* \mid C_0 \text{ ist Startkonfiguration von M}\}.$$

Im Gegensatz zu $g\big(\Re(M)\big)$ ist $g'\big(\Re(M)\big)$ eine rekursive Sprache. Ein Wort $\hat{C_0}\ \#^n$ ist in $g'\big(\Re(M)\big)$ *gdw.* C_0 eine Startkonfiguration von M ist. Ein Wort $\hat{C_0}\ \#^n h\#^m$ ist in $g'\big(\Re(M)\big)$ *gdw.* die Rechnung von M von C_0 aus abbricht nach einer Anzahl von Konfigurationen, die gerade von $\#^n$ überdeckt werden können. Das ist entscheidbar.

Satz 13.6.21. *Rekursive Sprachen sind nicht abgeschlossen gegen* /$\Re eg$.

Beweis: Betrachten wir noch einmal die Sprache $\Re(M)$ und den ε-freien Homomorphismus g' aus dem letzten Beweis. Wir hatten gezeigt, dass $g'\big(\Re(M)\big)$ rekursiv ist. Zu $g'\big(\Re(M)\big)$ kann man aber eine reguläre Sprache R angeben, so dass der Quotient $g'\big(\Re(M)\big)\ /\ R$ nicht rekursiv ist, nämlich die Sprache $R := \#^*h\#^*$. Dafür ergibt sich

$$g'\big(\Re(M)\big)\ /\ R = \{\hat{C_0}\ \mid M \text{ angesetzt auf } C_0 \text{ hält}\}.$$

Diese Sprache ist wieder wegen der Unentscheidbarkeit des allgemeinen Halteproblems nicht rekursiv. ∎

Die Sprache $\Re(M)$ ist nicht nur rekursiv, sie liegt auch in $\mathcal{L}_1$. Denn man kann einen LBA A aufstellen, der testet, ob ein Inputwort w die Form $\hat{C_0}\hat{C_0}\hat{C_1}\ldots\hat{C_n}$ hat mit $C_i \vdash_M C_{i+1}$. Dazu genügt es, jedes $\hat{C_i}$ lokal zu testen und mit $\hat{C_{i+1}}$ zu vergleichen. Um $w \in \Re(M)$ zu entscheiden, braucht A nicht mehr Bandplatz, als w einnimmt. Damit folgt aus den Sätzen 13.6.20 und 13.6.21 und der Tatsache, dass jeder Homomorphismus schon eine gsm ist, dies Lemma:

Lemma 13.6.22. $\mathcal{L}_1$ *ist nicht abgeschlossen gegen hom, gsm und* /$\Re eg$.

13.7 Zusammenfassung

Wir haben die Begriffe „entscheidbar", „akzeptierbar" und „aufzählbar" noch einmal betrachtet und folgendes festgestellt:

- Eine Sprache ist genau dann entscheidbar, wenn sie und ihr Komplement akzeptierbar sind.
- Eine Sprache ist genau dann rekursiv aufzählbar, wenn sie akzeptierbar ist.

Des weiteren haben wir eine Liste unentscheidbarer Probleme angegeben, das allgemeine Halteproblem K_0, das spezielle Halteproblem K, das Null-Halteproblem H_0, das Leerheitsproblem E, das Totalitätsproblem T, das

Gleichheitsproblem **Eq** und das Entscheidbarkeitsproblem **Ent**. Mit einem Diagonalisierungsargument haben wir gezeigt, dass das spezielle Halteproblem unentscheidbar ist. Die Unentscheidbarkeit der anderen Probleme haben wir über andere Verfahren nachgewiesen, und zwar haben wir folgende zwei Methoden kennengelernt:

- *Reduktion* heißt, die Unentscheidbarkeit eines Problems P_2 zu zeigen, indem man für ein bewiesenermaßen unentscheidbares Problem P_1 zeigt, dass ein Lösungsverfahren für P_2 auch P_1 lösen würde.
- Der *Satz von Rice* besagt, dass jede nichttriviale Eigenschaft von Turing-Maschinen bereits unentscheidbar ist.

Wir haben aber auch gezeigt, dass K akzeptierbar ist. Das unterscheidet dies Problem von solchen, die nicht einmal TM-akzeptierbar sind, wie etwa $\bar{K}$. $\bar{K}$ ist damit eine konkrete Sprache aus $\mathcal{L} - \mathcal{L}_0$.

Wir haben zwei neue Berechnungsmodelle kennengelernt, die wie Grammatiken mit Ersetzung von Wörtern arbeiten, aber keine Nichtterminale kennen. Beide arbeiten mit endlichen Mengen von Regeln $v \to w$ über einem Alphabet Σ, wobei v, w beliebige Wörter aus Σ^* sind.

- *Semi-Thue-Systeme* erlauben die Ersetzung von Teilworten mitten im Wort.
- *Postsche Normalsysteme* entfernen jeweils ein Präfix des aktuellen Wortes und fügen dafür ein neues Suffix an.

Mit dem Satz, dass das Überführungsproblem für beide Arten von Systemen unentscheidbar ist, konnten wir auch die Unentscheidbarkeit des *Postschen Korrespondenzproblems* zeigen. Bei diesem Problem ist eine Menge von Wortpaaren gegeben, und gesucht ist eine Aneinanderreihung von Paaren (u_i, v_i) aus dieser Menge (mit Mehrfachnennungen), so dass die Konkatenation der u_i dasselbe Wort ergibt wie die Konkatenation der v_i.

Über die Unentscheidbarkeit des Postschen Korrespondenzproblems und des allgemeinen Halteproblems wiederum haben wir die Unentscheidbarkeit einiger Probleme für kontextfreie und rekursive Sprachen nachgewiesen.

14. Alternative Berechnungsmodelle

In den vergangenen Kapiteln haben wir verschiedene Berechnungsmodelle kennengelernt, abstrakte Maschinen oder Funktionsmengen, Modelle, die jeweils eine Sichtweise darstellten auf das Notieren und automatisierte Ausführen von Algorithmen. Wir haben uns beschäftigt mit Grammatiken für formale Sprachen, mit verschiedenen Automaten vom endlichen Automaten bis hin zur Turing-Maschine, mit Registermaschinen, die sich unterscheiden danach, welche Befehlssätze sie für ihre Programme zulassen, und mit rekursiven Funktionen. Für viele dieser Modelle haben wir definiert, was es heißt, dass sie eine Funktion berechnen, und haben dann aufbauend auf dieser Definition untersucht, welche Menge von Funktionen das jeweilige Modell berechnen kann. Keines der Modelle, die wir betrachtet haben, kann echt mehr Funktionen berechnen als die Turing-Maschine. Wir haben aber einige gesehen, die exakt die gleiche Menge von Funktionen berechnen können.

In diesem Kapitel untersuchen wir einige weitere, etwas ungewöhnlichere oder weniger bekannte Berechnungsmodelle untersuchen. Dabei wird es oft um die Frage der *Berechnungsuniversalität* gehen: Kann ein neues Modell, ein System S, alle berechenbaren Funktionen berechnen? Wir nennen informell ein System S *berechnungsuniversell*, wenn man in S jede berechenbare Funktion f berechnen kann (auf eine Weise, die vom konkreten System S abhängt), bei geeigneter Codierung der Argumente und des Funktionswertes von f. Berechnungsuniversell sind natürlich erst einmal Turing-Maschinen. Wir werden aber im folgenden anhand einiger Beispiele, die auch diese unpräzise „Definition" des Begriffs der Berechnungsuniversalität klären sollen, zeigen, dass man auch mit anderen, zum Teil ziemlich exotischen Systemen rechnen kann.

14.1 Ein-Registermaschinen

Eine Registermaschine, wie wir sie in Kap. 11 kennengelernt haben, hat endlich viele Register, von denen jedes eine beliebig große natürliche Zahl aufnehmen kann. Eigentlich müsste aber doch *ein* beliebig großer Speicher genügen, um alles Berechenbare zu berechnen – könnte man nicht also die Anzahl der Register, die eine Registermaschine haben darf, begrenzen? Man kann.

© Springer-Verlag GmbH Deutschland, ein Teil von Springer Nature 2018
L. Priese und K. Erk, *Theoretische Informatik*,
https://doi.org/10.1007/978-3-662-57409-6_14

Das führt uns zum Konzept der 1-RAM, einer Registermaschine mit nur einem Register, und der 2-RAM mit zwei Registern. Natürlich braucht man, wenn man nur ein Register hat, eine Methode, darin mehrere verschiedene Daten abzulegen und auf diese dann gezielt einzeln zuzugreifen. Eine solche Methode haben wir in Kap. 12 kennengelernt: die Primzahlcodierung. Damit können wir beliebig viele natürliche Zahlen in einer einzigen codieren. Um mit der Primzahlcodierung in einem einzigen Speicherregister rechnen zu können, braucht die 1-RAM entsprechende Befehle: Sie muss multiplizieren und dividieren können, und sie muss testen, ob die gespeicherte Zahl noch durch die i-te Primzahl teilbar ist.

Anstatt Multiplikation und Division als Basisbefehle zu setzen, kann man auch Multiplikation und Division mit Addition und Subtraktion simulieren. In dem Fall muss man aber ein zweites Register zu Hilfe nehmen. Das führt uns dann zum Konzept der 2-RAM.

Um Programme von Ein-Registermaschinen zu beschreiben, definieren wir wieder, was ein Befehl und was ein Programm ist. Für WHILE-Programme ist eine induktive simultane Definition nötig, [1] für GOTO-Programme nicht.

Definition 14.1.1 (1-RAM$_{GOTO}$, 1-RAM$_{WHILE}$). *Eine* **Ein-Registermaschine (1-RAM)** *ist eine Maschine, die folgende Elemente besitzt:*

- *ein Register x, das eine Zahl aus N speichern kann;*
- *ein spezielles GOTO- oder WHILE-Programm.*

Eine **1-RAM$_{GOTO}$** *ist eine Ein-Registermaschine, für die* **Index**, **Befehl** *und* **Programm** *wie folgt definiert sind:*

Index: *Ein Index ist eine Zahl $j \in N_+$.*
Befehl: *Für jeden Index j und jedes $k \in N_+$ ist*
  - *mult(k),*
  - *div(k),*
  - *if $\div (k)$ then goto j*
  ein Befehl.
Programm:
  - *$j : B$ ist ein Programm, wenn B ein Befehl ist.*
  - *$P_1 ; P_2$ ist ein Programm, wenn P_1 und P_2 bereits Programme sind.*

Ein Befehl heißt auch Programmzeile. Ohne Einschränkung seien die Programmzeilen mit Indizes so durchnumeriert, dass der i-ten Programmzeile der Index i voransteht.

Eine **1-RAM$_{WHILE}$** *ist eine Ein-Registermaschine, für die* **Befehl** *und* **Programm** *wie folgt definiert sind:*

---
[1] Vergleiche Def. 11.1.2.

Induktionsanfang: Für jedes $k \in \mathrm{N}_+$ ist
- *$mult(k)$,*
- *$div(k)$*

ein Befehl und auch ein Programm.

Induktionsschritt: Sind P_1 und P_2 bereits Programme, so gilt für jedes $k \in \mathrm{N}_+$:
- *$P_1; P_2$ ist ein Programm.*
- *while $\div (k)$ do P_1 end ist sowohl ein Befehl als auch ein Programm.*

Die nächste Frage ist die nach der Semantik von GOTO- und WHILE-Programmen für Ein-Registermaschinen: Wie führt eine solche Maschine die oben angegebenen Befehle und Programme aus?

Definition 14.1.2 (Semantik von 1-RAM$_{GOTO}$ und 1-RAM$_{WHILE}$).
Sei M eine 1-RAM$_{GOTO}$ oder 1-RAM$_{WHILE}$. M führt Befehle wie folgt aus:

$mult(k)$, $k \neq 0$ *Der Inhalt des einzigen Registers wird mit k multipliziert.*

$div(k)$, $k \neq 0$ *Falls die Division des Registerinhalts durch k ohne Rest möglich ist, dann führt M die Division aus. Sonst bleibt den Registerinhalt unverändert.*

$P_1; P_2$ *M führt erst P_1, dann P_2 aus.*

$i : P_1$ *wird wie P_1 ausgeführt.*

$if \div (k)$ then goto i *Falls der Registerinhalt nicht durch k teilbar ist, arbeitet M in der Programmzeile nach diesem goto weiter. Ansonsten führt M als nächstes die Programmzeile aus, vor der der Index i steht. Existiert keine solche Programmzeile, bricht M die Ausführung ab. Der Registerinhalt bleibt bei der Ausführung dieses Befehls auf jeden Fall unverändert.*

while $\div (k)$ do P end *M führt P so lange aus, wie der Registerinhalt durch k teilbar ist.*

Programmende *Existiert keine nächste auszuführende Zeile, bricht M die Ausführung ab.*

Im folgenden soll x stets das einzige Register einer Ein-Registermaschine bezeichnen. Für Ein-Registermaschinen, die Funktionen berechnen, definieren wir das Format, in dem x zu Anfang mit Argumenten gefüllt wird, so, dass $x = 0$ ausgeschlossen ist. Der Wert 0 kann natürlich auch durch keinen *mult*- oder *div*-Befehl während der Programmausführung erreicht werden.

Definition 14.1.3 (1-RAM$_{GOTO}$-, 1-RAM$_{WHILE}$-berechenbar). *Eine (partielle) Funktion $f : \mathrm{N}^k \to \mathrm{N}$ heißt **1-RAM$_{GOTO}$-berechenbar** (**1-RAM$_{WHILE}$-berechenbar**), falls es eine Ein-Registermaschine M mit einem 1-RAM$_{GOTO}$-Programm (1-RAM$_{WHILE}$-Programm) P gibt, die wie folgt arbeitet (für alle $(n_1, \ldots, n_k) \in \mathrm{N}^k, m \in \mathrm{N}$):*

$$f(n_1, \ldots, n_k) = m \quad \Longleftrightarrow \quad M \text{ gestartet mit } \langle n_1, \ldots, n_k \rangle \text{ im einzigen}$$
$$\text{Register } x \text{ hält mit } \langle m \rangle \text{ in } x.$$

$$f(n_1, \ldots, n_k) \text{ undefiniert} \Longleftrightarrow M \text{ gestartet mit } \langle n_1, \ldots, n_k \rangle \text{ im einzigen}$$
$$\text{Register } x \text{ hält nie.}$$

$\mathbf{F}_{1-RAM-GOTO}^{(part)}$ *ist die Menge aller (partiellen) 1-RAM_{GOTO}-berechenbaren Funktionen.*

$\mathbf{F}_{1-RAM-WHILE}^{(part)}$ *ist die Menge aller (partiellen) 1-RAM_{WHILE}-berechenbaren Funktionen.*

In Def. 11.2.3 und 11.3.3 haben wir festgelegt, was es heißt, dass eine Registermaschine mit WHILE- oder GOTO-Programm eine (partielle) Funktion $f : N^k \to N$ berechnet: Wenn sie mit $n_1, \ldots, n_k$ in den Registern x_1 bis x_k (und 0 in allen anderen Registern) gestartet wird (und 0 in allen anderen Registern), dann hält sie mit $n_1, \ldots, n_k$ in $x_1, \ldots, x_k$ und m in x_{k+1}, falls $f(n_1, \ldots, n_k) = m$ ist; falls $f(n_1, \ldots, n_k) = \perp$ gilt, hält sie nie. Im folgenden verwenden wir eine leicht abgeänderte Definition. Wir nehmen an, dass eine Registermaschine eine Funktion $f : N^k \to N$ so berechnet: Wird sie mit $n_1, \ldots, n_k$ in den Registern x_1 bis x_k (und 0 sonst) gestartet, dann hält sie mit m in x_1 und 0 in allen anderen Registern, falls $f(n_1, \ldots, n_k) = m$ ist; falls $f(n_1, \ldots, n_k) = \perp$ gilt, hält sie nie. Diese Änderung macht keinen Unterschied in der Mächtigkeit des Berechnungsmodells: Wenn eine Registermaschine M eine Funktion $f : N^k \to N$ im alten Sinn berechnet, können wir nach Ende ihrer Rechnung natürlich die ersten Register x_1 bis x_k löschen und m von x_{k+1} in x_1 übertragen und erhalten damit eine Maschine M', die f im neuen Sinn berechnet.

Im nächsten Satz halten wir fest, dass Ein-Registermaschinen mit GOTO- oder WHILE-Programm exakt dieselben Funktionen berechnen können wie normale Registermaschinen.

Satz 14.1.4 (WHILE, $\mathbf{F}_{1-RAM-GOTO}$ und $\mathbf{F}_{1-RAM-WHILE}$). *Die Menge der (partiellen) 1-RAM_{GOTO}- (1-RAM_{WHILE}-) berechenbaren Funktionen ist gleich der Menge der (partiellen) WHILE-berechenbaren Funktionen:*

$$WHILE^{(part)} = F_{1-RAM-GOTO}^{(part)} = F_{1-RAM-WHILE}^{(part)}.$$

Beweis:

$WHILE^{part} \subseteq \mathbf{F}_{1-RAM-WHILE}^{part}$ und $WHILE^{part} \subseteq \mathbf{F}_{1-RAM-GOTO}^{part}$: Wir zeigen zuerst, wie man ein WHILE-Programm in ein 1-RAM_{WHILE}-Programm übersetzt. Sei $f : N^k \to N$ eine partielle WHILE-berechenbare Funktion und P_f ein WHILE-Programm, das f berechnet, und zwar eines, das mit dem minimalen Befehlssatz (Inkrementieren und Dekrementieren von Registern plus *while*-Befehl) arbeitet. Dann wird f auch von einem 1-RAM_{WHILE}-Programm $\hat{P}_f$ wie folgt berechnet: Falls P_f ℓ verschiedene Register verwendet, soll $\hat{P}_f$ diese ℓ Werte primzahlcodiert in seinem einen Register halten. Wenn P_f den Wert des i-ten Registers inkrementiert, dann multipliziert $\hat{P}_f$ den Wert seines einen Registers x mit der i-ten Primzahl $p(i)$, wodurch der i-te Primteiler im Wert von x einmal mehr vorkommt. Die anderen Befehle von P_f werden analog umgesetzt. Insgesamt ersetzt man Befehle von P_f wie folgt, um $\hat{P}_f$ zu bilden:

Befehl von P_f	Befehl von $\hat{P}_f$
$x_i := x_i + 1$	$mult(p(i))$ $//$ $p(i)$ ist die i-te Primzahl.
$x_i := x_i \dot{-} 1$	$div(p(i))$
$while\ x_i \neq 0\ do\ P\ end$	$while \div (p(i))\ do\ \hat{P}\ end$ $//\ \hat{P}$ ist die Umsetzung von P.

Wenn man so aus einem WHILE-Programm P ein 1-RAM$_{WHILE}$-Programm $\hat{P}$ macht, dann berechnet $\hat{P}_f$ dieselbe Funktion wie P_f, d.h. es gilt für alle $(n_1, \ldots, n_k) \in \mathbb{N}^k$ und $m \in \mathbb{N}$:

- P_f, gestartet mit $(n_1, \ldots, n_k, \mathbf{0})$ in den Registern, hält mit $(m, \mathbf{0})$
   $\iff$ $\hat{P}_f$, gestartet mit $\langle n_1, \ldots, n_k \rangle$ in x, hält mit $\langle m \rangle$ in x.
- P_f, gestartet mit der Eingabe $(n_1, \ldots, n_k, \mathbf{0})$, hält nie
   $\iff$ $\hat{P}_f$, gestartet mit der Eingabe $\langle n_1, \ldots, n_k \rangle$, hält nie.

Als nächstes betrachten wir die Übersetzung von GOTO- in 1-RAM$_{GOTO}$-Programme. Da nach Satz 11.3.4 WHILE^{part} = GOTO^{part} gilt, genügt es, zu zeigen, dass GOTO$^{part} \subseteq \mathrm{F}^{part}_{1-RAM-GOTO}$ ist. Sei also P'_f ein normales GOTO-Programm, das eine partielle Funktion $f : \mathbb{N}^k \to \mathbb{N}$ berechnet. P'_f arbeite mit dem minimalen Befehlssatz. Aus P'_f kann man ein 1-RAM$_{GOTO}$-Programm $\hat{P}'_f$ konstruieren, das auch f berechnet, indem man jeden einzelnen Befehl wie folgt ersetzt: Die Befehle zum Inkrementieren und Dekrementieren von Registern in P'_f werden umgesetzt wie bei WHILE-Programmen. Da der Test $if \div (p(i)) \ldots$ der Ein-Registermaschine einem Test $if\ x_i \neq 0 \ldots$ bei normalen Registermaschinen entsprechen würde, wird mit dem $goto$-Konstrukt so verfahren:

Befehl von P'_f	Befehl von $\hat{P}'_f$
$if\ x_i = 0\ then\ goto\ j$	$if \div (p(i))\ then\ goto\ k;$ $if \div (1)\ then\ goto\ j$ $//\ k$ sei der Index der $//$ Zeile nach dem $if \div (1) \ldots$-Befehl, der $//$ einem unbedingten Sprung entspricht.

Damit ist gezeigt, dass Ein-Registermaschinen alles berechnen können, was normale Registermaschinen berechnen.

$\mathbf{F}^{part}_{1-RAM-WHILE} \subseteq \mathbf{WHILE}^{part}$ **und** $\mathbf{F}^{part}_{1-RAM-GOTO} \subseteq \mathbf{WHILE}^{part}$:
Nun geht es darum, zu beweisen, dass Ein-Registermaschinen auch nicht mehr können als übliche Registermaschinen. Das ist schnell gezeigt. Ein-Registermaschinen können laut Definition folgende Befehle ausführen:

- $mult(k)$
- $div(k)$
- $while \quad \div (k) \quad do \quad P \quad end$
- $if \quad \div (k) \quad then \quad goto \quad j$

In Abschn. 14.2 zeigen wir, dass diese Funktionen von Regsitermaschinen berechnet werden können; wir zeigen sogar, dass dazu Registermaschinen mit nur zwei Registern ausreichen. Damit liegen die vier obigen Ein-Registermaschinen-Funktionen in WHILE. ∎

14.2 Zwei-Registermaschinen

Mit Zwei-Registermaschinen sehen wir uns in diesem Abschnitt eine weitere Variation über Registermaschinen an. Zwei-Registermaschinen arbeiten nach demselben Prinzip wie Ein-Registermaschinen. Sie speichern in einem einzigen Register primzahlcodiert beliebig viele natürliche Zahlen, während normale Registermaschinen ja pro Wert ein Register verwenden. Zwei-Registermaschinen verwenden aber einfachere Basisbefehle als Ein-Registermaschinen, nämlich neben dem *goto*-Konstrukt nur noch ±1-Befehle. Um mit diesem Befehlssatz mit Primzahlcodierung arbeiten zu können, brauchen Zwei-Registermaschinen ein zweites Register, mit Hilfe dessen sie die Multiplikations- und Divisions-Operationen von Ein-Registermaschinen simulieren.

Zwei-Registermaschinen sind deshalb interessant, weil man mit ihnen für einige sehr ungewöhnliche Berechnungsmodelle Berechnungsuniversalität zeigen kann.

Definition 14.2.1 (2-RAM$_{GOTO}$). *Eine* **2-RAM**$_{GOTO}$ *ist eine Maschine, die folgende Elemente besitzt:*

- *zwei Register x_1 und x_2, die jeweils eine Zahl aus N speichern können;*
- *ein GOTO-Programm.*

Das GOTO-Programm ist analog zu Def. 11.3.1 wie folgt aufgebaut:

Index: *Ein* **Index** *ist eine Zahl $j \in N_+$.*
Befehl: *Für alle Indizes j_1, j_2 und für $i \in \{1, 2\}$ ist*
  - $x_i = x_i + 1$,
  - $x_i = x_i - 1$,
  - *if $x_i = 0$ then goto j_1 else goto j_2*
  ein Befehl.
Programm:
  - *$j : B$ ist ein Programm, wenn B ein Befehl ist.*
  - *$P_1; P_2$ ist ein Programm, wenn P_1 und P_2 bereits Programme sind.*

*Ohne Einschränkung seien die Programmzeilen mit Indizes so durchnume-
riert, dass der j-ten Programmzeile der Index j voransteht.*

Was die Semantik betrifft, so sollen Addition, Subtraktion und das *if-
then-else*-Konstrukt von einer Zwei-Registermaschine genauso ausgeführt
werden, wie wir es für normale GOTO-Programme in 11.1.3 und 11.3.2 beschrieben haben.

Der nächste Punkt, der anzugehen ist, ist, zu definieren, in welcher Form
Zwei-Registermaschinen Funktionen berechnen können. Wie schon erwähnt,
sollen Zwei-Registermaschinen nach demselben Prinzip rechnen wie Ein-
Registermaschinen. Sie sollen also alle Daten primzahlcodiert in einem Register halten. Also erwarten sie, wenn sie eine Funktion berechnen, auch die
Argumente in demselben Format wie Ein-Registermaschinen, nämlich primzahlcodiert im ersten Register.

Definition 14.2.2 (2-RAM$_{GOTO}$-berechenbar). *Eine (partielle) Funktion $f : N^k \to N$ heißt* **2-RAM$_{GOTO}$-berechenbar,** *falls es eine 2-
RAM$_{GOTO}$-Maschine M gibt, die wie folgt arbeitet für alle $(n_1, \ldots, n_k) \in N^k$
und $m \in N$:*

$f(n_1, \ldots, n_k) = m$ $\Longleftrightarrow$ *M gestartet mit $\langle n_1, \ldots, n_k \rangle$ im ersten
Register und Null im zweiten Register
hält mit $\langle m \rangle$ im ersten Register und Null
im zweiten Register.*

$f(n_1, \ldots, n_k)$ *undefiniert* $\Longleftrightarrow$ *M gestartet mit $\langle n_1, \ldots, n_k \rangle$ im ersten
Register und Null im zweiten Register
hält nie.*

$\mathbf{F}_{2-RAM-GOTO}^{(part)}$ *ist die Klasse aller (partiellen) 2-RAM$_{GOTO}$-berechenbaren
Funktionen.*

Betonen wir es noch einmal: Zwei-Registermaschinen rechnen durchge-
hend auf *codierten* Daten. Auch wenn eine 2-RAM M eine einstellige Funktion $f : N \to N$ mit $f(n) = m$ berechnen soll, so bekommt M als Eingabe
nicht den Wert n in Register 1, sondern den Wert $\langle n \rangle = 2^n$. Wenn M zu
Ende gerechnet hat, so enthält Register 2, wie zu Anfang der Berechnung,
den Wert 0 und Register 1 den Wert $\langle m \rangle = 2^m$.

Nach dem bisher Gesagten dürfte es keine große Überraschung sein, dass
Zwei-Registermaschinen nicht mehr und nicht weniger berechnen können als
normale Registermaschinen.

Satz 14.2.3. *Es gilt $F_{2-RAM-GOTO}^{part} = WHILE^{(part)}$.*

Beweis:

$\mathbf{F}_{\mathbf{2-RAM-GOTO}}^{\mathbf{part}} \subseteq \mathbf{WHILE^{(part)}}$: Offensichtlich können normale GOTO-
Maschinen mit beliebig vielen Registern auch 2-RAM$_{GOTO}$ simulieren. Somit
gilt $F_{2-RAM-GOTO}^{part} \subseteq GOTO^{(part)} = WHILE^{(part)}$.

WHILE$^{(part)} \subseteq \mathbf{F}^{part}_{2-RAM-GOTO}$: Da WHILE$^{(part)} = \mathrm{F}^{(part)}_{1-RAM-GOTO}$ ist, genügt es, $\mathrm{F}^{(part)}_{1-RAM-GOTO} \subseteq \mathrm{F}^{(part)}_{2-RAM-GOTO}$ zu zeigen. Ähnlich wie im Beweis zu Satz 14.1.4 gehen wir dabei so vor, dass wir eine Übersetzungsregel angeben für jeden möglichen Befehl eines 1-RAM$_{GOTO}$-Programmes. Die Übersetzungsregel macht jeweils aus einem 1-RAM$_{GOTO}$-Befehl ein 2-RAM$_{GOTO}$-Programm, das dasselbe berechnet. Dabei verwendet sie das zweite Register x_2 als Hilfsregister, um mittels des Inkrement- und des Dekrement-Befehls Multiplikation und Division zu simulieren. Wie das geht, haben wir ähnlich schon in 11.1.7 gesehen, wo mit den LOOP-Basisbefehlen weitere Befehle simuliert wurden. Vor und nach der Ausführung jedes 2-RAM$_{GOTO}$-Programms $\hat{B}$, das die Übersetzung eines 1-RAM$_{GOTO}$-Befehls B ist, ist das Register x_2 frei, und x_1 hat denselben Inhalt wie das einzige Register der 1-RAM$_{GOTO}$.

Bevor wir die Übersetzungsregeln angeben, führen wir noch einige Schreibabkürzungen und Vereinbarungen ein.

- i : if $\mathtt{x_1} \neq 0$ then P end (wobei P aus k Befehlen $P_1, \ldots, P_k$ besteht) ist eine Abkürzung für

    i :   if $\mathtt{x_1} = 0$ then goto i + k + 1 else goto i + 1;

    i + 1 : $\mathtt{P_1}$;

    $\vdots$ $\vdots$

    i + k : $\mathtt{P_k}$;

    i + k + 1 : NOP

- i :   NOP wiederum ist eine Abkürzung für einen Befehl, der nichts bewirkt, z.B. NOP $:= \mathtt{x_1} = \mathtt{x_1} + 1; \mathtt{x_1} = \mathtt{x_1} - 1$.
- goto   k ist eine Abkürzung für
    if $\mathtt{x_1} = 0$ then goto k else goto k.
- Damit nur dividiert wird, wenn das tatsächlich ohne Rest möglich ist, soll in einem ersten Durchlauf jeder Befehl div(k) ersetzt werden durch
    if $\div$ (k) then div(k) end.
- Der Index $\hat{j}$ im Programm der 2-RAM$_{GOTO}$ ist der, der dem Index j im übersetzten Programm der 1-RAM$_{GOTO}$ entspricht.

Nun zu den Übersetzungsregeln, mit denen man aus einem 1-RAM$_{GOTO}$-Programm ein 2-RAM$_{GOTO}$-Programm machen kann, das dasselbe berechnet.

1-RAM$_{GOTO}$	2-RAM$_{GOTO}$
mult(k)	i_1 : if $\mathtt{x_1} = 0$ then goto i_3 else goto i_2;
	// x_1 nach x_2 übertragen
	i_2 : $\mathtt{x_1} := \mathtt{x_1} - 1$;

		$x_2 := x_2 + 1;$
		goto i_1;
	$i_3:$	if $x_2 = 0$ then goto i_5 else goto i_4;
		$// \ x_1 = k * x_2$ berechnen
	$i_4:$	$x_2 := x_2 - 1;$
		$\underbrace{x_1 := x_1 + 1; \ \ldots \ x_1 := x_1 + 1;}_{k-\text{mal}}$
		goto i_3;
	$i_5:$	NOP
div(k)	$i_1:$	if $x_1 = 0$ then goto i_3 else goto i_2;
		$// \ x_1$ nach x_2 übertragen
	$i_2:$	$x_1 := x_1 - 1;$
		$x_2 := x_2 + 1;$
		goto i_1;
	$i_3:$	if $x_2 = 0$ then goto i_5 else goto i_4;
		$// \ x_1 = x_2 \ / \ k$ berechnen
	$i_4:$	$\underbrace{x_2 := x_2 - 1; \ \ldots \ x_2 := x_2 - 1;}_{k-\text{mal}}$
		$x_1 := x_1 + 1;$
		goto i_3;
	$i_5:$	NOP
$i : $ if $\div (k)$ then goto j	$i:$	if $x_1 = 0$ then goto $\widehat{i+1}$ else goto i_1;
		$// \ k$ mal x_1 dekrementieren; wenn es dabei
		$//$ vorzeitig zu 0 wird, galt nicht $\div (k)$.
	$i_1:$	$x_1 := x_1 - 1;$
		$x_2 := x_2 + 1;$
		if $x_1 = 0$ then goto i_N else goto i_2;
	$i_2:$	$x_1 := x_1 - 1;$
		$x_2 := x_2 + 1;$
		if $x_1 = 0$ then goto i_N else goto i_3;
	$\vdots$	$\vdots$
	$i_k:$	$x_1 := x_1 - 1;$

```
                        x₂ := x₂ + 1;

                        if x₁ = 0 then goto i_Y else goto i₁;

// x₁ war nicht durch k teilbar. Alten Wert von
// x₁ wiederherstellen, dann Sprung zu i + 1.

i_N :      if x₂ = 0 then goto i + 1 else goto i_{N1};

i_{N1} :   x₁ := x₁ + 1;

           x₂ := x₂ - 1;

           goto i_N;

// x₁ war durch k teilbar. Alten Wert von
// x₁ wiederherstellen, dann Sprung zu ĵ.

i_Y :      if x₂ = 0 then goto ĵ else goto i_{Y1};

i_{Y1} :   x₁ := x₁ + 1;

           x₂ := x₂ - 1;

           goto i_Y
```

∎

14.3 Variationen über Zwei-Registermaschinen

Zwei-Registermaschinen sind *berechnungsuniversell* in dem Sinne, wie wir den Begriff oben informell definiert haben: Sie können jede berechenbare Funktion berechnen, wenn man die Funktions-Argumente entsprechend codiert, nämlich primzahlverschlüsselt im Register x_1. Die Mittel, die eine Zwei-Registermaschine dazu braucht, sind denkbar einfach. In diesem Abschnitt werden wir uns einige Variationen über Zwei-Registermaschinen ansehen, Berechnungsmodelle, die nach demselben Prinzip arbeiten wie Zwei-Registermaschinen und berechnungsuniversell sind wie sie. Sie können in irgendeiner Form zwei natürliche Zahlen speichern, auf die sie nur in sehr begrenzter Weise zugreifen müssen: Sie müssen imstande sein, jeweils 1 zu addieren oder zu subtrahieren und zu testen, ob eine der Zahlen gleich 0 ist.

14.3.1 Turing-Maschinen mit eingeschränktem Alphabet

Für Berechnungsuniversalität genügt es, wenn eine Turing-Maschine ein Bandalphabet von nur 2 Buchstaben hat. Überraschenderweise gilt sogar: Turing-Maschinen über dem Alphabet $\{\#, |\}$, bei denen in jeder Konfiguration genau *dreimal* das Symbol $|$ vorkommt, sind berechnungsuniversell.

Mit den drei Strichen kann eine Turing-Maschine zwei Stücke des Bandes eingrenzen. Die Anzahl der # zwischen dem ersten und zweiten Symbol | soll dem Inhalt von Register 1, die Anzahl der # zwischen dem zweiten und dritten Symbol | dem Inhalt von Register 2 einer Zwei-Registermaschine entsprechen. Eine Konfiguration einer solchen Turing-Maschine hat dann die Form

$$\#|\underbrace{\#\cdots\#}_{x_1}|\underbrace{\#\cdots\#}_{x_2}|\#\cdots$$

Addition und Subtraktion von 1 kann die Turing-Maschine durch Verschieben der Striche simulieren, und der Test auf $x_i = 0$ wird positiv entschieden, wenn die „richtigen" zwei Striche direkt nebeneinander stehen.

14.3.2 Ein System mit zwei Stapeln von leeren Blättern

Man kann den „Füllstand" der zwei Register der Zwei-Registermaschine auch darstellen durch zwei Stapel von leeren Blättern. Es ist also auch ein System berechnungsuniversell, das zwei Stapel und beliebig viele leere Blätter zur Verfügung hat und folgende Befehle ausführen kann (jeweils für $i \in \{1,2\}$):

- Lege ein Blatt auf Stapel i.
- Entferne ein Blatt von Stapel i.
- Falls Stapel i leer ist, dann *goto* Befehl j, sonst *goto* Befehl k.

14.3.3 Push-Down-Automaten mit Queue oder zwei Stapeln

Ein solches System mit zwei Stapeln von leeren Blättern ist aber nur eine vereinfachte Version eines Push-Down-Automaten mit zwei Kellern. Das heißt, dass Push-Down-Automaten mit zwei Kellern schon die volle Leistungsfähigkeit von Turing-Maschinen besitzen, sogar wenn sie das simple Kelleralphabet $\Gamma = \{A, Z\}$ benutzen: Was auf den Blättern des Stapels steht, ist irrelevant, das System, das wir eben beschrieben haben, kam ja auch mit zwei Stapeln von leeren Blättern aus. Die Anzahl der Symbole 'A' in den zwei Kellern des Push-Down-Automaten hat dieselbe Funktion wie die Anzahl der leeren Blätter im obigen System. Zusätzlich braucht der Push-Down-Automat ein zweites Symbol Z, um zu testen, ob ein Keller leer ist. Dies Symbol Z soll immer ganz unten in jedem der beiden Keller liegen.

Push-Down-Automaten mit nur einem Keller sind bekanntlich nicht berechnungsuniversell, anders ist das aber bei Push-Down-Automaten mit einem Speicher, der nicht als Stack, sondern als Queue, als Schlange organisiert ist. Elemente werden „hinten" an die Schlange angehängt, aber von „vorn" entnommen. Auch mit diesem Berechnungsmodell kann man die Vorgehensweise von Zwei-Registermaschinen simulieren, und zwar ist die Idee hier wieder dieselbe wie bei den Turing-Maschinen mit den drei |: Die Anzahl von Zeichen, die zwischen zwei bestimmten Endmarkern eingeschlossen sind, steht für den Inhalt eines Registers der Zwei-Registermaschine. Nur haben wir diesmal kein lineares Band, wie es die Turing-Maschine hat, sondern wir stellen uns das Ende der Schlange ringförmig mit ihrem Anfang verbunden vor. Wir verwenden drei verschiedene Symbole, 0, 1 und 2. Der zyklische Abstand von 1 nach 2, d.h. die Anzahl der Nullen zwischen 1 und 2, repräsentiert den Inhalt von Register 1, und die Anzahl der Nullen zwischen 2 und 1 repräsentiert den Inhalt von Register 2. Man muss sich natürlich einigen, in welcher Richtung man den (gedachten) Zyklus durchlaufen will, wie also das „zwischen 1 und 2" zu interpretieren ist. Legen wir fest, dass immer von „vorn" in der Schlange nach „hinten" gezählt wird. Um einen bestimmten Punkt in der Schlange zu erreichen, entfernt das System immer das vorderste Element aus der Schlange und hängt es sofort hinten wieder ein. Wenn es die gewünschte Stelle erreicht hat, geht es analog vor zu der oben beschriebenen Turing-Maschine. Den Zwei-Registermaschinen-Befehl $x_2 := x_2 - 1$ simuliert es z.B. durch folgende (hier nur skizzierte) Befehlssequenz:

1. Entnimm das vorderste Element e aus der Schlange und hänge es hinten wieder in die Schlange ein.
2. Falls $e \neq 2$, dann wiederhole Schritt 1.
3. Ansonsten entnimm das nächste Element e' aus der Schlange. Nur falls $e' = 1$ (Register 2 ist leer), hänge e' hinten wieder an die Schlange an.

14.3.4 Ein Stein im N^2

Diese „Variante" von Zwei-Registermaschinen ist vielleicht die überraschendste. Gegeben sind eine unendliche Tabelle der Größe N × N und ein Kieselstein, den man auf genau ein Feld dieser Zahlenebene legen kann. Ist ein System aus diesen beiden Bestandteilen berechnungsuniversell? Das ist es in der Tat, denn man kann mit *einem* Stein *zwei* natürliche Zahlen darstellen: Der Abstand des Kieselsteins vom linken Rand repräsentiert den Inhalt von Register 1, und der Abstand vom unteren Rand den Inhalt von Register 2. Zum Beispiel würde eine Konfiguration mit $x_1 = 6$ und $x_2 = 10$ repräsentiert wie in Abb. 14.1 dargestellt.

Ein System mit einem Kieselstein im N × N ist berechnungsuniversell bei folgenden 6 Befehlstypen:

- Lege den Stein um ein Feld versetzt nach oben / unten / links / rechts.
- Falls der Stein am linken / unteren Rand des N^2 liegt, gehe zu dem Befehl mit der Nummer j, sonst zu dem mit der Nummer k.

14.4 Wang-Maschinen

Die Berechnungsmodelle des letzten Abschnitts ließen sich relativ offensichtlich auf Zwei-Register-Maschinen zurückführen. In diesem und dem nächsten

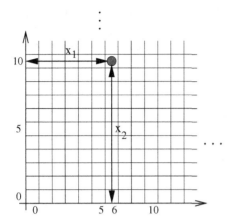

Abb. 14.1. Ein Stein im $\mathbb{N}^2$: Konfiguration mit $x_1 = 6$ und $x_2 = 10$

Abschnitt präsentieren wir zwei weitere Systeme, deren Universalität man über Simulation von Zwei-Register-Maschinen zeigen kann, bei denen der Zusammenhang aber nicht ganz so sehr ins Auge sticht. In diesem Abschnitt geht es um die *Wang-Maschine*, eine Turing-Maschine, die keine einmal geschriebenen Buchstaben wieder überschreibt. Im nächsten Abschnitt schließlich stellen wir *Tag-Systeme* vor, ein weiteres Modell aus der Gruppe derer, die mittels einer Regelmenge ein Eingabewort umformen.

Doch zunächst zur Wang-Maschine. Sie kann auf ein leeres Bandfeld ein Zeichen drucken, aber ein einmal beschriebenes Bandfeld wird nie wieder verändert. Anders ausgedrückt: Es gibt keine δ-Übergänge $\delta(q, x) = (q', y)$, in denen ein Buchstabe $x \neq \#$ durch irgendein $y \in \Sigma$ überschrieben wird.

Definition 14.4.1 (Wang-Maschine). *Eine* **nicht-löschende Turing-Maschine** *oder* **Wang-Maschine** *ist eine Turing-Maschine* $M = (K, \Sigma, \delta, s)$, *bei der für alle Zustände* $q, q' \in K \cup \{h\}$ *und für alle Buchstaben* $x, y \in \Sigma$ *gilt:*

$$\delta(q, x) = (q', y) \implies x = \# \text{ oder } x = y$$

Überraschenderweise kann man auch mit einer solchen nicht-löschenden Turing-Maschine genau soviel berechnen wie mit einer normalen:

Satz 14.4.2. *Wang-Maschinen über dem Alphabet* $\Sigma = \{\#, |\}$ *sind berechnungsuniversell.*

Beweis: Wir zeigen, wie man zu jeder 2-RAM$_{GOTO}$ P eine Wang-Maschine M_P über dem Alphabet $\{\#, |\}$ bestimmen kann, die die Arbeit von P simuliert. Dazu konstruieren wir zunächst eine Turing-Maschine $\hat{M}_P$ über dem Alphabet $\{\#, a, b, c\}$, die keine Wang-Maschine ist, die aber auch beschränkt ist darin, welches Zeichen sie über welches andere drucken darf. Danach machen wir aus $\hat{M}_P$ die gesuchte Wang-Maschine M_P, indem wir die Bandbuchstaben $\#, a, b$ und c von $\hat{M}_P$ so in Sequenzen von Blanks und Strichen codieren, dass nie ein Strich mit einem Blank überschrieben wird.

Zunächst zu der Turing-Maschine $\hat{M}_P$ mit Alphabet $\{\#, a, b, c\}$. $\hat{M}_P$ ist eingeschränkt darin, welche Buchstaben sie durch welche anderen über-schreiben darf, und zwar besteht folgende Hierarchie unter ihren Bandbuch-staben:

c darf über #, a, b, c gedruckt werden.

b darf über #, a, b gedruckt werden.

a darf über #, a gedruckt werden.

darf über # gedruckt werden.

Wir simulieren nun mit $\hat{M}_P$ die Arbeit der 2-RAM$_{GOTO}$ P entsprechend folgender Idee: Will P den Befehl Nr. i ausführen und hat aktuell den Wert x_1 in Register 1 und x_2 in Register 2, so soll $\hat{M}_P$ in einer Konfiguration

$$q_i, \underbrace{c\ldots c}_{k}\underbrace{b\ldots b}_{x_2}\underbrace{a\ldots a}_{x_1}\underline{\#} \;=\; q_i, c^k b^{x_2} a^{x_1}\underline{\#}$$

sein für irgendein $k > 1$. Die Sequenz von bs speichert den Inhalt von Regis-ter 2, die Sequenz von as rechts daneben den Inhalt von Register 1. Beide Sequenzen wachsen nur nach rechts und werden nur von links verkürzt. Die cs haben keine Bedeutung, sie dienen nur dazu, die b-Sequenz zu verkürzen. Insgesamt arbeitet $\hat{M}_P$ so:

- Um den Befehl $x_1 := x_1 + 1$ von P zu simulieren, wird ganz rechts im aktuellen Bandwort ein $\#$ mit a überschrieben.
- Um dagegen $x_1 := x_1 - 1$ zu simulieren, wird die b-Sequenz um ein Zeichen nach rechts verschoben, d.h. $\hat{M}_P$ rechnet

$$q, c\ldots c\, b\, b\ldots b\, a\, a\ldots a\,\underline{\#} \vdash^*$$
$$q', c\ldots c\, c\, b\ldots b\, b\, a\ldots a\,\underline{\#}$$

für irgendwelche Zustände q, q'.

- Analog wird $x_2 := x_2 + 1$ so simuliert:

$$q, c\ldots c\, b\ldots b\, a\, a\ldots a\,\underline{\#} \quad \vdash^*$$
$$q', c\ldots c\, b\ldots b\, b\, a\ldots a\, a\,\underline{\#}$$

- Für $x_2 := x_2 - 1$ muss nur das linkeste b mit c überschrieben werden.
- Die if-Befehle lassen sich simulieren, indem man testet, ob die a- bzw. b-Sequenz 0 Zeichen lang ist.

Jeder Befehl von P kann so in ein Unterprogramm von $\hat{M}_P$ übersetzt werden. Nachdem $\hat{M}_P$ das Unterprogramm für den i-ten Befehl ausgeführt hat, ist sie in einem Zustand, der dem Index des nächsten auszuführenden Befehls von P entspricht. Die Flussdiagramme zu den unterschiedlichen Arten von Befehlen, die P enthalten kann, sind in Abb. 14.2 zusammengefasst.

Befehl von R	Unterprogramm in $\hat{M}_R$
$x_1 := x_1 + 1$	$> aR$
$x_1 := x_1 - 1$	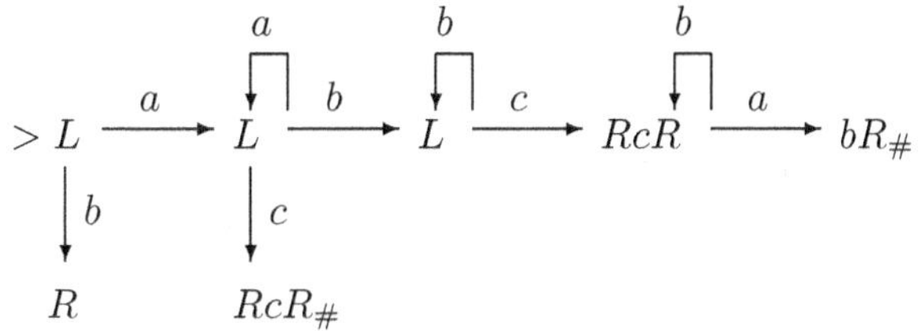 (Diagramm)
$x_2 := x_2 + 1$	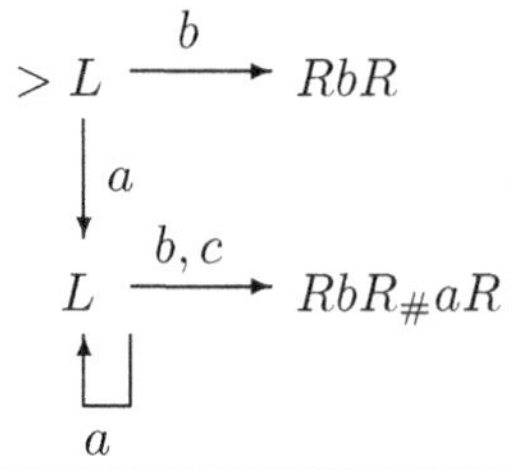 (Diagramm)
$x_2 := x_2 - 1$	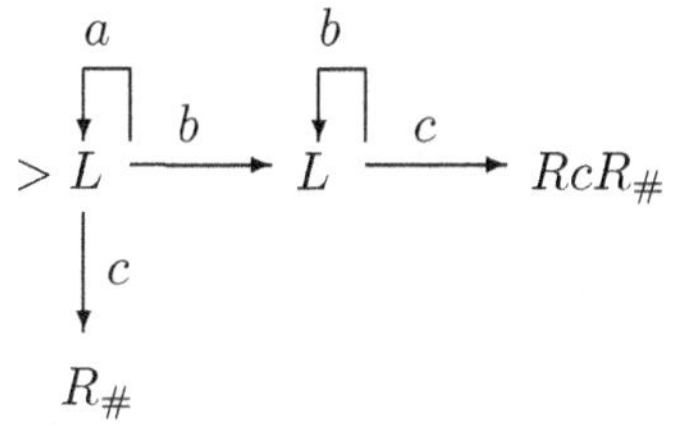 (Diagramm)
if $x_1 = 0$ *then goto* j *else goto* k	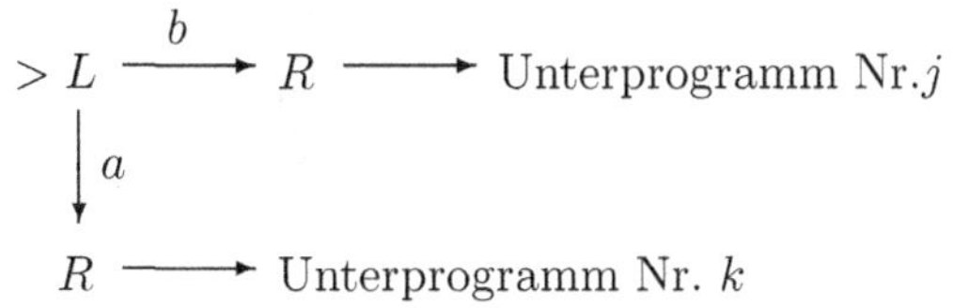 (Diagramm)
if $x_2 = 0$ *then goto* j *else goto* k	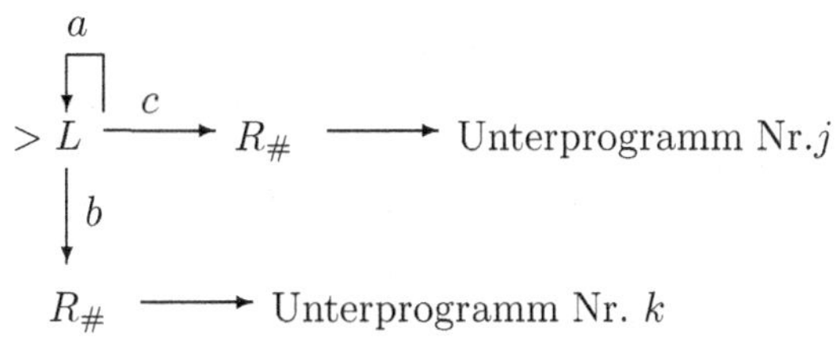 (Diagramm)

Zeile $x_1 := x_1 - 1$:

$$> L \xrightarrow{a} L \xrightarrow{b} L \xrightarrow{c} RcR \xrightarrow{a} bR_\#$$

mit Schleifen a über erstem L, b über zweitem L, b über RcR; $> L \xrightarrow{b} R$ nach unten; zweites $L \xrightarrow{c} RcR_\#$ nach unten.

Zeile $x_2 := x_2 + 1$:

$$> L \xrightarrow{b} RbR$$
$$L \xrightarrow{a} \;,\qquad L \xrightarrow{b,c} RbR_\# aR$$
mit Schleife a.

Zeile $x_2 := x_2 - 1$:

$$> L \xrightarrow{b} L \xrightarrow{c} RcR_\#$$
mit Schleifen a, b; $> L \xrightarrow{c} R_\#$ nach unten.

Zeile *if* $x_1 = 0$:

$$> L \xrightarrow{b} R \longrightarrow \text{Unterprogramm Nr.}\,j$$
$$> L \xrightarrow{a} R \longrightarrow \text{Unterprogramm Nr. } k$$

Zeile *if* $x_2 = 0$:

$$> L \xrightarrow{c} R_\# \longrightarrow \text{Unterprogramm Nr.}\,j$$
mit Schleife a;
$$> L \xrightarrow{b} R_\# \longrightarrow \text{Unterprogramm Nr. } k$$

Abb. 14.2. Die Unterprogramme von $\hat{M}_P$ zu jedem Befehl von P

In einem zweiten Schritt machen wir jetzt aus $\hat{M}_P$ die Wang-Maschine M_P, die ebenfalls die Arbeit der 2-RAM$_{GOTO}$ P simuliert. Wir codieren die Bandbuchstaben a, b und c von $\hat{M}_P$ in Wörter der Länge 3 über $\{\#, |\}$, dem Alphabet von M_P:

$$a \ \to \ |\,\#\# \qquad b \ \to \ |\,|\,\# \qquad c \ \to \ |\,|\,|$$

Da in $\hat{M}_P$ nie ein c in b, a oder $\#$ umgewandelt wird, nie ein b in a oder $\#$ und nie ein a in $\#$, werden in der Codierung ausschließlich Blanks mit Strichen überdruckt, nie umgekehrt. Das Programm von $\hat{M}_P$ muss nun noch übertragen werden in ein Programm, das mit diesen Codewörtern arbeitet. Das ist aber nicht weiter schwierig. M_P muss bis 3 zählen können, um jeweils zu wissen, wo in der Codierung eines Buchstabens sich ihr Kopf gerade befindet.

Wir können zu jeder 2-RAM$_{GOTO}$ P eine Wang-Maschine M_P angeben, die die Arbeit von P simuliert. Also sind Wang-Maschinen berechnungsuniversell. ∎

14.5 Tag-Systeme

Wir haben schon die verschiedensten Systeme gesehen, die Wörter manipulieren oder erzeugen, indem sie entsprechend einer Regelmenge Teilwörter ersetzen (durch neue Zeichenketten an derselben oder einer anderen Stelle im Wort). Grammatiken unterscheiden zwischen Variablen und Terminalen. Sie ersetzen nur Teilwörter, die Variablen enthalten, und zwar durch neue Zeichenketten an derselben Stelle. Sie erzeugen Wörter, ausgehend von einer ausgezeichneten Variablen, dem Startsymbol. Semi-Thue-Systeme dagegen unterscheiden nicht zwischen Variablen und Terminalen, aber auch sie ersetzen Teilwörter durch andere Teilwörter an derselben Stelle. Sie gehen von einem Eingabewort (statt von einem Startsymbol) aus und verändern es sukzessive durch Regelanwendungen. Post'sche Normalsysteme unterscheiden sich von Semi-Thue-Systemen nur in einem Punkt: Sie ersetzen ein Teilwort nicht an derselben Position. Sie entfernen jeweils ein Präfix des aktuellen Wortes und erzeugen dafür ein neues Suffix.

In diesem Abschnitt nun geht es um *Tag-Systeme*[2]. Tag-Systeme unterscheiden nicht zwischen Variablen und Terminalen, und wie Post'sche Normalsysteme streichen sie am jeweils aktuellen Wort anhand ihrer Regelmenge vorn Buchstaben weg und hängen hinten welche an. Ein Tag-System über einem Alphabet Σ bekommt als Eingabe ein Wort $w \in \Sigma^*$. In jedem Schritt wird nun eine feste Anzahl $p \geq 2$ von Buchstaben vorn am aktuellen Wort weggestrichen, die Regel aber, die angewendet wird, hängt nur vom ersten dieser p Buchstaben ab. Eine Regel eines Tag-Systems hat damit die Form

---

[2] engl. *to tag* = etikettieren, anhängen

$a \to v$ für einen Buchstaben $a \in \Sigma$ und ein Wort $v \in \Sigma^*$. Jeder Buchstabe $a \in \Sigma$ kommt höchstens *einmal* als linke Regelseite vor. Insgesamt sind Tag-Systeme wie folgt definiert:

Definition 14.5.1 (Tag-System). *Ein* **Tag-System** T *ist ein Tupel* $T = (\Sigma, p, R)$ *von*

- *einem Alphabet Σ,*
- *einer Zahl $p \in \mathrm{N}, p \geq 2$, und*
- *einer endlichen Menge R von Regeln der Form*

$$a \to v$$

mit $a \in \Sigma, v \in \Sigma^*$. Darin kommt jede linke Regelseite nur einmal vor: Aus $a \to v_1 \in R$ und $a \to v_2 \in R$ folgt schon $v_1 = v_2$.

Die **minimale** *und die* **maximale Länge von T** *sind*

$$l_- := min\{|v| \mid \exists a \ \ a \to v \in R\}$$
$$l_+ := max\{|v| \mid \exists a \ \ a \to v \in R\}$$

$(\boldsymbol{p}, \boldsymbol{l_-}, \boldsymbol{l_+})$ *heißt* **Typ von T**.

Ein Tag-System rechnet wie folgt:

Definition 14.5.2 (direkter Nachfolger, $\Longrightarrow_T$). *Für $w_1, w_2 \in \Sigma^*$ heißt w_2* **direkter Nachfolger** *von w_1 in einem Tag-System T, in Zeichen*

$$w_1 \Longrightarrow_T w_2$$

genau dann, wenn es Wörter $w, w' \in \Sigma^*$ und eine Regel $a \to v \in R$ gibt, so dass

$$w_1 = aww' \ und \ w_2 = w'v \ und \ |w| = p - 1 \ ist.$$

$\Longrightarrow_T^*$ *ist der reflexive und transitive Abschluss von $\Longrightarrow_T$.*
Wir sagen, dass T **bei Eingabe w die Ausgabe u liefert**, $T(w) = u$, *gdw. $w \Longrightarrow_T^* u$ gilt und u keinen direkten Nachfolger in T besitzt.*

Ein Tag-System formt ein Eingabewort um, indem es jeweils vorn Buchstaben wegstreicht und hinten welche anfügt. Das taten die Post'schen Normalsysteme auch. Jede Regel eines PNS hat die Form $u \to v$ für Wörter u und v, und es gibt dort keine Beschränkungen darüber, wie oft ein Wort als linke Seite einer Regel vorkommen darf. Wenn man die Definitionen von Tag-Systemen und Postschen Normalsystemen vergleicht, fragt man sich: Woher kommt wohl bei Tag-Systemen die Flexibilität, die für Berechnungsuniversalität notwendig ist? Wenn auf ein aktuelles Wort avw $(a \in \Sigma, |av| = p, w \in \Sigma^*)$ die Regel $a \to u$ angewendet wird, ist das Ergebnis das Wort wu. In jedem weiteren Schritt streicht das System die ersten

p Buchstaben des aktuellen Wortes weg. Nach einer Weile ist das komplette Wort w „abgearbeitet", und je nach dem Wert von $(|w| \bmod p)$ steht dann der erste, der zweite, ..., oder der p-te Buchstabe von u vorn. Und je nachdem, welchen Buchstaben von u das System „sieht", wird eine andere Regel aus der Menge R angewendet.

Wenn einem Tag-System ein Wort w eingegeben wird, gibt es zwei Möglichkeiten: Entweder rechnet das System unendlich, weil es nach jedem Schritt wieder eine anwendbare Regel gibt, oder es erreicht irgendwann ein Wort v, auf das keine Regel mehr anwendbar ist. In letzterem Fall nennt man v die Ausgabe des Systems bei Eingabe w.

Ein System T liefert eine Ausgabe u entweder dann, wenn $|u| < p$, oder wenn der erste Buchstabe von u nicht linke Seite irgendeiner Regel ist. Sehen wir uns an einem sehr einfachen Tag-System an, wie wiederholt Regeln angewendet werden, bis ein Wort erreicht wird, das keinen direkten Nachfolger hat.

Beispiel 14.5.3. Wir betrachten das Tag-System $T = (\Sigma, p, R)$ über dem Alphabet $\Sigma = \{a, b, c, d\}$, mit $p = 2$ und $R = \{a \to aac, b \to cd, c \to b\}$. Diesem System geben wir das Wort $w = aaaa$ ein. Die Rechnung ist in Abb. 14.3 abgebildet. Es ist $T(aaaa) = daacbaacb$, da es keine Regel mit linker Seite d gibt.

$$
\begin{aligned}
aaaa &\Longrightarrow_T \\
aaaac &\Longrightarrow_T \\
aacaac &\Longrightarrow_T \\
caacaac &\Longrightarrow_T \\
acaacb &\Longrightarrow_T \\
aacbaac &\Longrightarrow_T \\
cbaacaac &\Longrightarrow_T \\
aacaacb &\Longrightarrow_T \\
caacbaac &\Longrightarrow_T \\
acbaacb &\Longrightarrow_T \\
baacbaac &\Longrightarrow_T \\
acbaaccd &\Longrightarrow_T \\
baaccdaac &\Longrightarrow_T \\
accdaaccd &\Longrightarrow_T \\
cdaaccdaac &\Longrightarrow_T \\
aaccdaacb &\Longrightarrow_T \\
ccdaacbaac &\Longrightarrow_T \\
daacbaacb &
\end{aligned}
$$

Abb. 14.3. Rechnung des Tag-Systems aus Beispiel 14.5.3 mit Eingabewort $aaaa$

Im nächsten Beispiel kann das System nur dann halten, wenn es einmal ein Wort erzeugt, das höchstens 2 Zeichen lang ist. Das genaue Verhalten dieses Systems ist nicht bekannt: Es scheint, dass das System, wenn es nicht hält, immer in eine Schleife gerät, also ein Wort wieder erzeugt, das im Laufe derselben Ableitung schon einmal da war. Aber es ist nicht bewiesen, dass das System tatsächlich *immer* dies Verhalten aufweist.

Beispiel 14.5.4. Wir betrachten das Tag-System $T = (\Sigma, p, R)$ über dem Alphabet $\Sigma = \{0, 1\}$ mit $p = 3$ und $R = \{0 \to 00, 1 \to 1101\}$. Für das Eingabewort 01101 verhält sich das System so:

$$
\begin{array}{l}
01101 \Longrightarrow_T \\
\quad 0100 \Longrightarrow_T \\
\qquad 000 \Longrightarrow_T \\
\qquad\quad 00
\end{array}
$$

Für dies Wort existiert eine Ausgabe, wie für alle Wörter einer Länge ≥ 2, bei denen der 1., 4., . . . Buchstabe eine 0 ist. Abbildung 14.4 zeigt die Rechnung für 0111011. Bei diesem Eingabewort gerät die Berechnung in eine Schleife: Nachdem das System das Wort 011011101110100 generiert hat, erzeugt es wenige Ableitungsschritte später dasselbe Wort erneut. Die zwei gleichen Wörter sind mit einem * am Anfang und Ende gekennzeichnet. Die Ableitung ist an einer Stelle aus Platzgründen umgebrochen.

$$
\begin{array}{l}
0111011 \Longrightarrow_T \\
\quad 101100 \Longrightarrow_T \\
\qquad 1001101 \Longrightarrow_T \\
\qquad\quad 11011101 \Longrightarrow_T \\
\qquad\qquad 111011101 \Longrightarrow_T \\
\qquad\qquad\quad 0111011101 \Longrightarrow_T \\
\qquad\qquad\qquad 101110100 \Longrightarrow_T \\
\qquad\qquad\qquad\quad 1101001101 \Longrightarrow_T \\
\qquad\qquad\qquad\qquad 10011011101 \Longrightarrow_T \\
\qquad\qquad\qquad\qquad\quad 110111011101 \Longrightarrow_T \\
\qquad\qquad\qquad\qquad\qquad 1110111011101 \Longrightarrow_T \\
\qquad\qquad\qquad\qquad\qquad\quad 01110111011101 \Longrightarrow_T \\
\qquad\qquad\qquad\qquad\qquad\qquad 1011101110100 \Longrightarrow_T \\
\qquad\qquad\qquad\qquad\qquad\qquad\quad 11011101001101 \\
11011101001101 \Longrightarrow_T \\
\quad 111010011011101 \Longrightarrow_T \\
\qquad 0100110111011101 \Longrightarrow_T \\
\qquad\quad *011011101110100* \Longrightarrow_T \\
\qquad\qquad 01110111010000 \Longrightarrow_T \\
\qquad\qquad\quad 1011101000000 \Longrightarrow_T \\
\qquad\qquad\qquad 11010000001101 \Longrightarrow_T \\
\qquad\qquad\qquad\quad 100000011011101 \Longrightarrow_T \\
\qquad\qquad\qquad\qquad 0000110111011101 \Longrightarrow_T \\
\qquad\qquad\qquad\qquad\quad *011011101110100* \Longrightarrow_T \\
\qquad\qquad\qquad\qquad\quad \cdots
\end{array}
$$

Abb. 14.4. Rechnung des Tag-Systems aus Beispiel 14.5.4 für Eingabewort 0111011

Auch Tag-Systeme sind berechnungsuniversell: Sie können die Arbeit einer Zwei-Register-Maschine simulieren.

Satz 14.5.5. *Tag-Systeme sind berechnungsuniversell.*

Beweis: Auch hier beweisen wir die Berechnungsuniversalität, indem wir ein Verfahren angeben, wie man zu jeder 2-RAM$_{GOTO}$ ein Tag-System konstruieren kann, das die Arbeit der Registermaschine simuliert. Sei also P eine Zwei-Register-Maschine. Wir bauen nun dazu ein Tag-System T_P. T_P soll modular aufgebaut sein mit einem Teilsystem für jede Programmzeile von P. Die Idee ist folgende: Wenn P vor der Ausführung des i-ten Befehls steht, dann soll das aktuelle Wort von T_P nur aus den Buchstaben a_i und b_i bestehen. Es soll die Form

$$a_i \ldots a_i b_i \ldots b_i$$

haben. Der Index der Buchstaben von T_P codiert also den Index des jeweils auszuführenden Befehls von P. Außerdem soll die Anzahl der a_i den Inhalt von Register 1 darstellen und die Anzahl der b_i den Inhalt von Register 2. Wir codieren aber nicht einfach den Wert x in x vielen a_i oder b_i. Die Anzahl der a_i und der b_i soll jeweils eine Potenz von p sein, da sonst das Tag-System ein paar a_i oder b_i „übersehen" kann, wenn es jeweils p Buchstaben am Wortanfang wegstreicht.

Konkret konstruieren wir zu der 2-RAM$_{GOTO}$ P ein simulierendes Tag-System $T_P = (\Sigma, 2, R)$ vom Typ $(2, 1, 3)$, es soll also $p = 2$, $l_- = 1$ und $l_+ = 3$ sein. Das ist der kleinstmögliche Typ; für $p = 1$, $l_- \geq p$ oder $l_+ \leq p$ kann man zeigen, dass in solchen Systemen keine Universalität möglich ist.

Für das Tag-System T_P soll gelten: Wird die 2-RAM$_{GOTO}$ P als nächstes den Befehl mit dem Index i ausführen und hat die Registerinhalte x_1 und x_2, so lautet das aktuelle Wort des simulierenden Tag-Systems T_P

$$(a_i)^{2^{x_1+1}} (b_i)^{2^{x_2+1}}.$$

Damit ist auch dann, wenn ein Register den Wert 0 enthält, die Anzahl der a_i bzw. b_i auf jeden Fall durch 2 teilbar.

Bevor wir die Konstruktion von T_P angehen, nehmen wir an dem Befehlssatz von P eine Vereinfachung vor, die uns später die Arbeit erheblich vereinfacht: In dem Befehl $x_i := x_i \dot{-} 1$ ist implizit ein Test auf $x_i = 0$ schon enthalten, denn wenn vor Ausführung des Befehls schon $x_i = 0$ ist, dann bleibt laut Definition dieser Wert erhalten. Wir machen jetzt den Null-Test explizit und reduzieren den Befehlssatz von P auf die folgenden Befehle:

- $j : x_i := x_i + 1$ für $i \in \{1, 2\}$
- $j : if\ x_i = 0\ then\ goto\ k\ else\ do\ x_i := x_i - 1\ and\ goto\ \ell$ für $i \in \{1, 2\}$

Dies ist keine Beschränkung der Allgemeinheit. Man kann leicht eine Zwei-Register-Maschine mit dem alten Befehlssatz in den neuen Befehlssatz compilieren und umgekehrt. Wir zeigen hier nur die Umformungen vom alten in den neuen Befehlssatz. Die umgekehrte Compilierung ist ganz ähnlich.

alter Befehl	wird zu
$j : x_i := x_i \dot{-} 1$	$j : if\ x_i = 0\ then\ goto\ j + 1$ $\quad else\ do\ x_i := x_i - 1\ and\ goto\ j + 1$
$j : if\ x_i = 0\ then\ goto\ k$ $\quad else\ goto\ \ell$	$j : if\ x_i = 0\ then\ goto\ k$ $\quad else\ do\ x_i := x_i - 1\ and\ goto\ j'$ $j' : x_i = x_i + 1;\quad x_i = x_i + 1;$ $\quad if\ x_i = 0\ then\ goto\ j'$ $\quad else\ do\ x_i = x_i - 1\ and\ goto\ \ell$

Wenn das Programm von P n Zeilen umfasst, so hat das Programm die Form

$$1 : B_1$$

$$2 : B_2$$

$$\vdots\quad \vdots$$

$$n : B_n$$

wobei $j : B_j$ Befehle des neuen Befehlssatzes sind. Zur j-ten Programmzeile von P gehören in T_P zwei Buchstaben $a_j, b_j \in \Sigma$. Zu $n + 1$, der ersten „nichtexistenten" Zeilennummer, gehören a_{n+1} und $b_{n+1} \in \Sigma$. Zur Erinnerung: Wenn das Programm von P auf eine Zeilennummer $\geq n + 1$ trifft, so hält P. Der Einfachheit halber fordern wir (ohne Einschränkung), dass es im Programm von P keine Referenz auf eine Zeilennummer $\geq n + 2$ geben soll. Es wird keine Regeln $a_{n+1} \to v$ oder $b_{n+1} \to v$ in der Regelmenge R des Tag-Systems T_P geben. Das heißt, beginnt ein Wort mit a_{n+1} oder b_{n+1}, so besitzt es keinen Nachfolger in T_P. Damit brechen wir ab und simulieren so das Halten von P.

Wir gestalten T_P als ein modulares System, das zu jedem Befehl $j : B_j$ von P ein Teilsystem $T_j = (\Sigma_j, 2, R_j)$ besitzt. Es gibt zwei „Formen" von Teilsystemen T_j, eine für jede der zwei Arten von Befehlen des modifizierten 2-RAM-Befehlssatzes. Wir geben im weiteren beide Formen an und zeigen jeweils die folgende *Simulationsbehauptung*:

> P hat die Werte n_1 und n_2 in den beiden Registern und führt den Befehl $j : B_j$ aus. Danach enthalten die Register die Werte m_1 und m_2, und der nächste auszuführende Befehl ist der k-te.
>
> $\Longleftrightarrow$
>
> $$T_j(a_j^{2^{n_1+1}} b_j^{2^{n_2+1}}) = a_k^{2^{m_1+1}} b_k^{2^{m_2+1}}$$

Beweis:

Fall 1: Der Befehl $j : B_j$ hat die Form $j : x_i := x_i + 1$. Wir behandeln ohne Einschränkung nur den Fall, dass das *erste* Register inkrementiert wird. Für eine Erhöhung des zweiten Registers ist der Aufbau des simulierenden Tag-Systems ganz analog.

Wir betrachten also den Befehl $j : x_1 := x_1 + 1$. Wenn nach unserer obigen Notation der Wert von Register i vor Ausführung des j-ten Befehls den Wert n_i und nach Ausführung des Befehls den Wert m_i enthält (für $i = 1, 2$), so ist $m_1 = n_1 + 1$ und $m_2 = n_2$. Nach dem j-ten wird der $(j + 1)$-te Befehl ausgeführt, also sei im folgenden $k = j + 1$.

Das simulierende Tag-System T_j für diesen Befehl hat das Alphabet $\Sigma_j = \{a_j, a_k, b_j, b_k, a_{j_1}, a_{j_2}, b_{j_1}\}$, und seine Regelmenge ist

$$
\begin{aligned}
R_j = a_j &\rightarrow a_{j_1} a_{j_1} a_{j_2} \\
b_j &\rightarrow b_{j_1} b_{j_1} \\
a_{j_1} &\rightarrow a_k a_k a_k \\
a_{j_2} &\rightarrow a_k a_k \\
b_{j_1} &\rightarrow b_k b_k
\end{aligned}
$$

Wir zeigen jetzt, dass diese Regelmenge die Simulationsbehauptung erfüllt. Dazu unterscheiden wir zwei Fälle, je nachdem, ob der Inhalt von Register 1 vor Ausführung von $j : B_j$ den Wert $n_1 = 0$ oder einen Wert $n_1 > 0$ enthält.

Fall 1.1: $n_1 = 0$.

$$
\begin{aligned}
&\quad (a_j)^{2^{n_1+1}} (b_j)^{2^{n_2+1}} \\
&\equiv (a_j)^{2^{0+1}} (b_j)^{2^{n_2+1}} \\
&\equiv a_j a_j (b_j b_j)^{2^{n_2}} \\
&\Longrightarrow_{T_j} (b_j b_j)^{2^{n_2}} a_{j_1} a_{j_1} a_{j_2} \\
&\Longrightarrow^*_{T_j} a_{j_1} a_{j_1} a_{j_2} (b_{j_1} b_{j_1})^{2^{n_2}} \\
&\equiv a_{j_1} a_{j_1} (a_{j_2} b_{j_1}) (b_{j_1} b_{j_1})^{2^{n_2}-1} b_{j_1} \\
&\Longrightarrow_{T_j} (a_{j_2} b_{j_1}) (b_{j_1} b_{j_1})^{2^{n_2}-1} b_{j_1} a_k a_k a_k \\
&\Longrightarrow_{T_j} (b_{j_1} b_{j_1})^{2^{n_2}-1} (b_{j_1} a_k) a_k a_k a_k a_k \\
&\Longrightarrow^*_{T_j} a_k a_k a_k a_k (b_k b_k)^{2^{n_2}-1} b_k b_k \\
&\equiv (a_k a_k)^{2^1} (b_k b_k)^{2^{n_2}} \\
&\equiv (a_k)^{2^2} (b_k)^{2^{n_2+1}} \\
&\equiv (a_k)^{2^{(n_1+1)+1}} (b_k)^{2^{n_2+1}}
\end{aligned}
$$

Fall 1.2: $n_1 > 0$.

$$(a_j)^{2^{n_1+1}} (b_j)^{2^{n_2+1}}$$

$$\equiv \quad (a_j a_j)^{2^{n_1}} (b_j b_j)^{2^{n_2}}$$

$$\Longrightarrow^*_{T_j} \quad (b_j b_j)^{2^{n_2}} (a_{j_1} a_{j_1} a_{j_2})^{2^{n_1}}$$

$$\Longrightarrow^*_{T_j} \quad (a_{j_1} a_{j_1} a_{j_2})^{2^{n_1}} (b_{j_1} b_{j_1})^{2^{n_2}}$$

$$\equiv \quad \left((a_{j_1} a_{j_1})(a_{j_2} a_{j_1})(a_{j_1} a_{j_2}) \right)^{2^{n_1-1}} (b_{j_1} b_{j_1})^{2^{n_2}}$$

$$\Longrightarrow^*_{T_j} \quad (b_{j_1} b_{j_1})^{2^{n_2}} \left((a_k a_k a_k)(a_k a_k)(a_k a_k a_k) \right)^{2^{n_1-1}}$$

$$\equiv \quad (b_{j_1} b_{j_1})^{2^{n_2}} \left((a_k a_k)^{2^2} \right)^{2^{n_1-1}}$$

$$\equiv \quad (b_{j_1} b_{j_1})^{2^{n_2}} (a_k a_k)^{2^{n_1+1}}$$

$$\Longrightarrow^*_{T_j} \quad (a_k a_k)^{2^{n_1+1}} (b_k b_k)^{2^{n_2}}$$

$$\equiv \quad (a_k)^{2^{(n_1+1)+1}} (b_k)^{2^{n_2+1}}$$

Fall 2: Der Befehl $j : B_j$ hat die Form $j : if\ x_i = 0\ then\ goto\ k\ else\ do\ x_i :=$ $x_i - 1\ and\ goto\ \ell$. Wir behandeln wieder nur den Fall $i = 1$, der Fall $i = 2$ verläuft analog.

Damit hat der j-te Befehl die Form $j : if\ x_1 = 0\ then\ goto\ k\ else\ do$ $x_1 := x_1 - 1\ and\ goto\ \ell$. Falls vor Ausführung des Befehls das Register 1 den Wert $n_1 = 0$ enthält, so enthält es danach den Wert $m_1 = n_1 = 0$, und nächster auszuführender Befehl ist der mit Index k. Ansonsten enthält Register 1 nach Ausführung des j-ten Befehls den Wert $m_1 = n_1 - 1$, und als nächstes wird Befehl Nr. ℓ ausgeführt. In jedem Fall enthält Register 2 nach der Befehlsausführung denselben Wert wie davor, es ist $m_2 = n_2$.

Das simulierende Tag-System T_j für diesen Befehl hat das Alphabet $\Sigma_j = \{a_j, b_j, a_k, b_k, a_\ell, b_\ell, a_{j_1}, a_{j_2}, a_{j_3}, b_{j_1}, b_{j_2}, b_{j_3}, b_{j_4}\}$, und seine Regelmenge R_j enthält die Befehle

$$\begin{array}{lll}
a_j \rightarrow a_{j_1} & b_j \rightarrow b_{j_1} b_{j_2} & a_{j_1} \rightarrow a_{j_2} a_{j_3} \\
a_{j_2} \rightarrow a_\ell a_\ell & a_{j_3} \rightarrow a_k a_k a_k & b_{j_1} \rightarrow b_{j_4} b_{j_4} \\
b_{j_2} \rightarrow b_{j_3} b_{j_3} & b_{j_3} \rightarrow b_k b_k & b_{j_4} \rightarrow b_\ell b_\ell
\end{array}$$

Nun zeigen wir, dass dies Tag-System T_j die Simulationsbehauptung erfüllt. Wie eben schon, unterscheiden wir auch diesmal zwei Fälle.

Fall 2.1: $n_1 = 0$.

$$(a_j)^{2^1} (b_j)^{2^{n_2+1}}$$

$$\Longrightarrow_{T_j} \quad (b_j b_j)^{2^{n_2}} a_{j_1}$$

$$\Longrightarrow^*_{T_j} \quad a_{j_1}(b_{j_1}b_{j_2})^{2^{n_2}}$$

$$\equiv \quad a_{j_1}b_{j_1}(b_{j_2}b_{j_1})^{2^{n_2}-1}b_{j_2}$$

$$\Longrightarrow_{T_j} \quad (b_{j_2}b_{j_1})^{2^{n_2}-1}b_{j_2}a_{j_2}a_{j_3}$$

$$\Longrightarrow^*_{T_j} \quad (b_{j_2}a_{j_2})a_{j_3}(b_{j_3}b_{j_3})^{2^{n_2}-1}$$

$$\Longrightarrow_{T_j} \quad a_{j_3}(b_{j_3}b_{j_3})^{2^{n_2}-1}b_{j_3}b_{j_3}$$

$$\equiv \quad (a_{j_3}b_{j_3})(b_{j_3}b_{j_3})^{2^{n_2}-1}b_{j_3}$$

$$\Longrightarrow_{T_j} \quad (b_{j_3}b_{j_3})^{2^{n_2}-1}b_{j_3}a_k a_k a_k$$

$$\Longrightarrow^*_{T_j} \quad (b_{j_3}a_k)(a_k a_k)(b_k b_k)^{2^{n_2}-1}$$

$$\Longrightarrow_{T_j} \quad (a_k a_k)(b_k b_k)^{2^{n_2}-1}(b_k b_k)$$

$$\equiv \quad (a_k a_k)^{2^0}(b_k b_k)^{2^{n_2}}$$

$$\equiv \quad (a_k)^{2^{n_1+1}}(b_k)^{2^{n_2+1}}$$

Fall 2.2: $n_1 > 0$.

$$(a_j)^{2^{n_1+1}}(b_j)^{2^{n_2+1}}$$

$$\equiv \quad (a_j a_j)^{2^{n_1}}(b_j b_j)^{2^{n_2}}$$

$$\Longrightarrow^*_{T_j} \quad (b_j b_j)^{2^{n_2}}(a_{j_1})^{2^{n_1}}$$

$$\equiv \quad (b_j b_j)^{2^{n_2}}(a_{j_1}a_{j_1})^{2^{n_1-1}}$$

$$\Longrightarrow^*_{T_j} \quad (a_{j_1}a_{j_1})^{2^{n_1-1}}(b_{j_1}b_{j_2})^{2^{n_2}}$$

$$\Longrightarrow^*_{T_j} \quad (b_{j_1}b_{j_2})^{2^{n_2}}(a_{j_2}a_{j_3})^{2^{n_1-1}}$$

$$\Longrightarrow^*_{T_j} \quad (a_{j_2}a_{j_3})^{2^{n_1-1}}(b_{j_4}b_{j_4})^{2^{n_2}}$$

$$\Longrightarrow^*_{T_j} \quad (b_{j_4}b_{j_4})^{2^{n_2}}(a_\ell a_\ell)^{2^{n_1-1}}$$

$$\Longrightarrow^*_{T_j} \quad (a_\ell a_\ell)^{2^{n_1-1}}(b_\ell b_\ell)^{2^{n_2}}$$

$$\equiv \quad (a_\ell)^{2^{(n_1-1)+1}}(b_\ell)^{2^{n_2+1}}$$

Sei nun P eine beliebige 2-RAM$_{GOTO}$ mit einem Programm von n Zeilen, und sei $T_j = (\Sigma_j, 2, R_j)$ das Tag-System zum j-ten Befehl von Ps Programm (für $1 \leq j \leq n$). Das simulierende Tag-System zu P definieren wir als $T_P = (\Sigma, 2, R)$ mit $\Sigma = \bigcup_{j=1}^{n} \Sigma_j$ und $R = \bigcup_{j=1}^{n} R_j$. Damit gilt:

- P gestartet mit n_1 in Register 1 und n_2 in Register 2 hält mit m_1 in Register 1 und m_2 in Register 2

  $$\Longleftrightarrow$$
  $T_P\left((a_1)^{2^{n_1+1}}(b_1)^{2^{n_2+1}}\right) = (a_{n+1})^{2^{m_1+1}}(b_{n+1})^{2^{m_2+1}}$ für feste a_1, b_1, a_{n+1}, $b_{n+1} \in \Sigma$.

- M gestartet mit n_1 in Register 1 und n_2 in Register 2 hält nie

  $\Longleftrightarrow$

  T_P hat bei Eingabe $(a_1)^{2^{n_1+1}}(b_1)^{2^{n_2+1}}$ keine Ausgabe.

  In diesem Sinn sind Tag-Systeme berechnungsuniversell.   ∎

14.6 Rödding-Netze

Endliche Automaten reagieren auf Eingabesymbole (aus ihrem Alphabet Σ), indem sie ihren Zustand ändern. Ein System, das auf ein Signal von außen hin nicht nur seinen Zustand ändert, sondern auch seinerseits ein Signal nach außen schickt, haben wir auch schon kennengelernt, die gsm. Hier werden wir einen Spezialfall von gsm vorstellen, Automaten, die pro Inputsignal mit genau einem Outputsignal antworten müssen, nämlich *Mealy-Automaten.*

Diese Automaten kann man als eine Abstraktion von Computer-Bausteinen sehen: Ein Mealy-Automat steht dann für einen Baustein mit einer bestimmten Menge von Eingabe- und Ausgabeleitungen, und die Übergangsfunktionen des Automaten beschreiben für jedes Eingangssignal, mit welchem Ausgabesignal der Baustein jeweils reagiert, in Abhängigkeit von seinem inneren Zustand. Formal legen wir die Eingabe- und Ausgabesymbole, die ein Automat kennt, fest in einem Eingabealphabet Σ und einem Ausgabealphabet Γ. Es gibt nun mehrere mögliche „Übersetzungen" dieser Ein- und Ausgabesymbole in Ein- und Ausgangssignale eines Bausteins:

- Man kann sich vorstellen, dass der Baustein genau eine Eingangs- und eine Ausgangsleitung hat, die $|\Sigma|$ bzw. $|\Gamma|$ viele verschiedene Signale transportieren können. In Abb. 14.5 ist diese Sicht in der sogenannten *Black-Box-Notation* dargestellt.

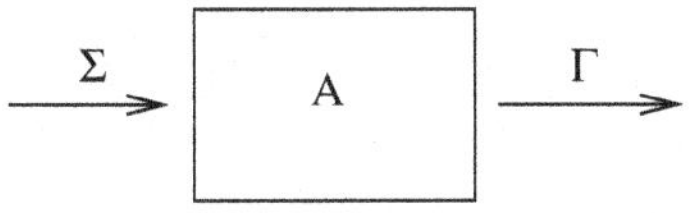

Abb. 14.5. 1. Sicht auf Mealy-Automaten: Je eine Eingangs- und Ausgangsleitung

- Oder man stellt sich einen Baustein mit $\log|\Sigma|$ Eingangs- und $\log|\Gamma|$ Ausgangsleitungen vor, die jeweils ein binäres Signal tragen. Jedes Symbol aus Σ wird dann dargestellt durch eine Binärzahl, die sich aus den aktuellen Werten der Eingabeleitungen ergibt. Dann muss das System aber getaktet sein. Abbildung 14.6 stellt diese Variante graphisch dar.
- Wir werden im Rest dieses Abschnitts einer dritten Vorstellung folgen, die zwar nicht so gebräuchlich ist wie die ersten beiden, aber den Vorteil hat, dass sie keine Taktung braucht: Jedem Symbol aus Σ entspricht eine Eingabeleitung, jedem Symbol aus Γ eine Ausgabeleitung. „Der Automat sieht das Eingabezeichen x" bedeutet in dieser Sichtweise, dass ein Eingangssignal auf der mit x bezeichneten Leitung liegt. Abbildung 14.7 verdeutlicht diese Sichtweise graphisch.

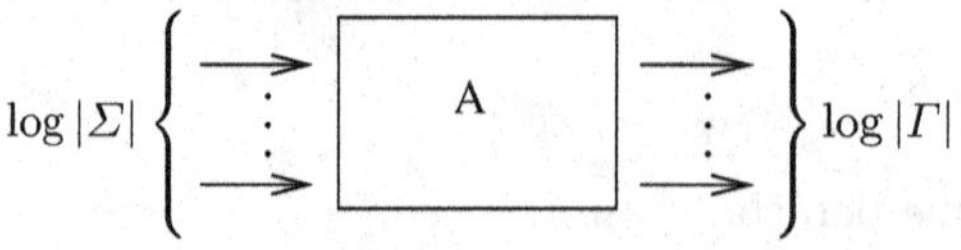

Abb. 14.6. Zweite Sicht auf Mealy-Automaten: $\log|\Sigma|$ Eingangs-, $\log|\Gamma|$ Ausgangsleitungen

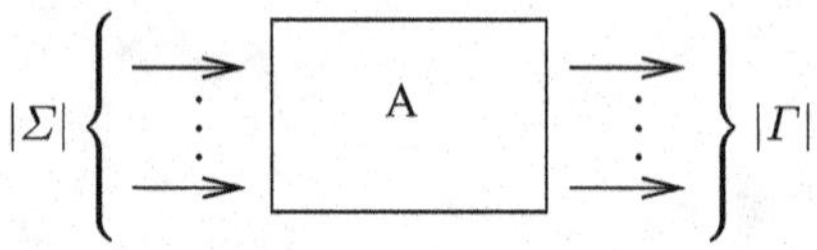

Abb. 14.7. 3. Sicht auf Mealy-Automaten: $|\Sigma|$ Eingangs-, $|\Gamma|$ Ausgangsleitungen

Der Baustein arbeitet sequentiell: Nachdem er ein Signal auf genau einer der n Eingangsleitungen empfangen hat, ändert er seinen internen Zustand und legt ein Signal auf genau eine der m Ausgangsleitungen. Danach ist er bereit, das nächste Eingangssignal entgegenzunehmen.

Wenn man nun mehrere solche Mealy-Automaten gegeben hat, so kann man sie zu einem Netzwerk zusammenfügen, das dann auch wieder ein Mealy-Automat ist, wenn auch einer mit komplexeren Fähigkeiten. Dazu sind nur zwei unterschiedliche Operationen nötig: Man muss mehrere Automaten zu einem größeren gruppieren können, indem man sie einfach nebeneinander setzt. Die einzelnen Teilautomaten des neuen Netzes beeinflussen einander in diesem Fall nicht. Und man muss Automaten mit sich selbst und mit anderen Bausteinen desselben Netzes verschalten können, indem man eine Ausgabeleitung auf eine Eingabeleitung rückkoppelt. Auf diese Weise kann man Automaten mit komplexem Verhalten modular aufbauen. Wie das geht, beschreiben wir in diesem Abschnitt.

Diese Technik nutzen wir, wenn wir beweisen, dass Mealy-Automaten berechnungsuniversell sind: Wir setzen aus verschiedenen Bausteinen, die wir im Laufe des Abschnitts kennengelernt haben, einen Automaten zusammen, der das Verhalten einer Registermaschine mit GOTO-Programm simuliert.

Definition 14.6.1 (Automat mit Ausgabe, Mealy-Automat). *Ein* **Automat mit Ausgabe** *(oder* **Mealy-Automat***)* A *ist ein Tupel* $A = (K, \Sigma, \Gamma, \delta, \lambda, s)$ *von*

- *einer Menge K von Zuständen,*
- *einem Eingabealphabet Σ,*
- *einem Ausgabealphabet Γ,*
- *einem initialen Zustand $s \in K$,*
- *einer partiellen Zustandsfunktion $\delta : K \times \Sigma \to K$ und*
- *einer partiellen Ausgabefunktion $\lambda : K \times \Sigma \to \Gamma$,*

wobei für alle Zustände $q \in K$ und Eingabesymbole $x \in \Sigma$

$$\lambda(q, x) = \perp \quad \Longleftrightarrow \quad \delta(q, x) = \perp$$

gilt.

Mit (δ, λ) bezeichnen wir auch die partielle Funktion

$$(\delta, \lambda) : K \times \Sigma \to K \times \Gamma \ mit \ (\delta, \lambda)(q, x) := \big(\delta(q, x), \lambda(q, x)\big).$$

Auf den ersten Blick ähnelt diese Definition am ehesten der der generalisierten sequentiellen Maschinen (gsm), der endlichen Automaten mit Ausgabemöglichkeit, aus Kap. 5. Bei genauerem Hinsehen fallen aber Unterschiede auf, von denen der wichtigste dieser ist: Bei generalisierten sequentiellen Maschinen handelt es sich um eine Variante *endlicher* Automaten, d.h. ihr Zustandsraum ist endlich. Bei Mealy-Automaten dagegen kann die Menge K der Zustände auch unendlich sein. Das unterscheidet sie von allen anderen Automatenmodellen, die wir bisher betrachtet haben. Diese Möglichkeit, einen Automaten mit unendlichem Zustandsraum zu definieren, werden wir später in diesem Abschnitt tatsächlich nutzen. Ein Berechnungsmodell, das zur Universalität fähig sein soll, muss ja in irgendeinem seiner Elemente eine unbegrenzte Kapazität zur Speicherung von Information haben. Bei Turing-Maschinen ist es das Band, bei Registermaschinen die Register, und bei Mealy-Automaten ist es der Zustand. Zum Beispiel kann man einen Registerbaustein, der eine unbegrenzt große natürliche Zahl zu speichern imstande ist, als Mealy-Automaten mit unendlichem Zustandsraum definieren: Man setzt einfach $K = \mathrm{N}$, der Zustand entspricht also der gespeicherten Zahl.

Neben der Zustandsmenge sollten wir noch einen weiteren Bestandteil der letzten Definition genauer betrachten, nämlich die Funktionen δ und λ, die Nachfolgezustand und Ausgabesymbol festlegen. Laut unserer Definition können beide Funktionen partiell sein[3], aber sie müssen denselben Definitionsbereich haben. Wenn sie beide definiert sind für den aktuellen Zustand q und das gerade anliegende Eingangssignal x, dann definieren sie zusammen die interne und externe Reaktion des Automaten: $(\delta, \lambda)(q, x) = (p, y)$ bedeutet, dass der Automat A in den Zustand p übergeht und ein Ausgabesignal y ausgibt. Diese Art, das Verhalten eines Automaten zu beschreiben, nämlich mit Übergangsfunktionen, kennen wir von den anderen Automatenmodellen auch. Wenn wir aber die Übergangsfunktion δ in der gewohnten Art erweitern auf δ^* und analog λ auf λ^*, so hat das eine Konsequenz, im Hinblick auf unsere Vorstellung von Mealy-Automaten als Rechnerbausteinen mit Ein- und Ausgabeleitungen: Erst nachdem der Automat A ein Ausgangssignal auf die Leitung y gelegt hat, ist er in der Lage, ein neues Eingabesignal zu verarbeiten. Das heißt, Mealy-Automaten arbeiten sequentiell. Halten wir das formal fest, indem wir (δ, λ) auf eine partielle Funktion $(\delta, \lambda)^* : K \times \Sigma^* \to K \times \Gamma^*$ erweitern.

Definition 14.6.2 (Sequentielle Arbeitsweise). *Für $A = (K, \Sigma, \Gamma, \delta, \lambda, s)$ definieren wir $\delta^* : K \times \Sigma^* \to K$ und $\lambda^* : K \times \Sigma^* \to \Gamma^*$ durch simultane Induktion wie folgt:*

---

[3] zu den Gründen mehr ab S. 359

$$\delta^*(q, \varepsilon) := q, \qquad\qquad \lambda^*(q, \varepsilon) := \varepsilon,$$
$$\delta^*(q, wx) := \delta\big(\delta^*(q, w), x\big), \qquad \lambda^*(q, wx) := \lambda^*(q, w)\lambda\big(\delta^*(q, w), x\big)$$

Dabei gilt $w \circ \bot = \bot = \bot \circ w$ *für Wörter* $w \in \Gamma^*$. *Mit* $(\delta, \lambda)^*$ *bezeichnen wir die Funktion*

$$(\delta, \lambda)^* : K \times \Sigma^* \to K \times \Gamma^* \ \textit{mit} \ (\delta, \lambda)^*(q, w) := \big(\delta^*(q, w), \lambda^*(q, w)\big).$$

Festzulegen ist noch, wie sich $(\delta, \lambda)^*$ in dem Fall verhält, dass das Ergebnis eines Schrittes undefiniert ist: Wenn für den einzelnen Schritt $\delta\big(\delta^*(q, w), x\big)$ (mit $w \in \Sigma^*$ und $x \in \Sigma$) der Wert der δ-Funktion undefiniert ist, dann ist $\delta^*(q, wx)$ insgesamt undefiniert. Ebenso ist $\delta^*(q, wxu)$ für alle Wörter wxu mit Präfix wx undefiniert, da generell $f(\bot) = \bot$ für beliebige Abbildungen gilt. Gleiches gilt auch für λ^*: $\lambda^*(q, w)\lambda\big(\delta^*(q, w), x\big)$ ist undefiniert, falls $\lambda^*(q, w)$ oder $\lambda\big(\delta^*(q, w), x\big)$ undefiniert ist. Damit haben wir erreicht, dass auch für Wörter w aus Σ^*

$$\delta^*(q, w) = \bot \quad\Longleftrightarrow\quad \lambda^*(q, w) = \bot$$

gilt. Für den Fall, dass für $q \in K$, $w = w_1 a w_2$ zwar $\delta^*(q, w_1)$ und $\lambda^*(q, w_1)$ definiert sind, aber $\delta^*(q, w_1 a) = \bot$ ist, hätte man als Ausgabe $\lambda^*(q, w_1 a w_2)$ auch den erlaubten Anfang $\lambda^*(q, w_1)$ wählen können. Wir setzen hier aber $\lambda^*(q, w_1 a w_2) = \bot$.

Es gibt mehrere Möglichkeiten, einen Mealy-Automaten zu beschreiben.

- Zum einen kann man K, Σ, Γ als Mengen angeben, s benennen und die (δ, λ)-Werte in einer Matrix auflisten.
- Zum anderen kann man den Automaten als einen Graphen darstellen, dessen Knoten mit Zuständen annotiert sind und dessen gerichtete Kanten eine Beschriftung aus $\Sigma \times \Gamma$ tragen, ähnlich wie in der Veranschaulichung der generalisierten sequentiellen Maschinen (gsm) in Kap. 5.

$$\boxed{q} \xrightarrow{\ x\ /\ y\ } \boxed{p}$$

steht zum Beispiel für einen Übergang $(\delta, \lambda)(q, x) = (p, y)$. Die Namen der Zustände lässt man in solchen Graphen aber üblicherweise weg, wie bei endlichen Automaten und gsm auch. Der Startzustand wird wie gewohnt mit einem Pfeil ($>$) gekennzeichnet.

- Die beiden gerade genannten Möglichkeiten, Automaten darzustellen, haben wir in früheren Kapiteln schon genutzt. Für Mealy-Automaten kommt noch eine dritte Darstellungsweise dazu, die an die Vorstellung von solchen Automaten als abstrahierten Rechnerbausteinen angelehnt ist: die Verbildlichung in Form einer Black Box mit eingehenden und ausgehenden Leitungen, die mit Symbolen aus Σ bzw. Γ annotiert sind.

Wir demonstrieren diese drei Möglichkeiten der Beschreibung an einigen Beispielen. Die Automaten, die wir im folgenden vorstellen, werden wir im weiteren Verlauf des Abschnitts noch oft sehen: Wir verwenden sie als Basisbausteine für den Aufbau komplexer Netze. (Wir werden später sogar zeigen können, dass die drei im folgenden beschriebenen Typen von Automaten ausreichen, um mit einem Netzwerk eine Registermaschine zu simulieren.)

Beispiel 14.6.3. Der erste Automat, den wir präsentieren, hat zwei Zustände, „oben" und „unten", zwischen denen er umschaltet, sooft er das Eingabesignal c erhält. Mit dem Eingabesignal t kann man testen, in welchem der zwei Zustände sich der Automat befindet. Ist er im Zustand „oben", so gibt er auf t hin das Signal t^o aus, im Zustand „unten" das Signal t^u. Die Zustandsübergänge (gemäß δ) und das Ausgabeverhalten (gemäß λ) dieses Automaten, den wir E nennen, lassen sich in einer Matrix so beschreiben:

$$(\text{oben},\ t)\ \rightarrow\ (\text{oben},\ t^o)$$
$$(\text{unten}, t)\ \rightarrow\ (\text{unten}, t^u)$$
$$(\text{oben},\ c)\ \rightarrow\ (\text{unten}, c')$$
$$(\text{unten}, c)\ \rightarrow\ (\text{oben},\ c')$$

Je nachdem, ob man den initialen Zustand des Automaten auf „oben" oder auf „unten" festlegt, ist E der Automat

$$E_o = (\{oben, unten\}, \{c, t\}, \{c', t^o, t^u\}, \delta, \lambda, oben) \quad \text{oder}$$
$$E_u = (\{oben, unten\}, \{c, t\}, \{c', t^o, t^u\}, \delta, \lambda, unten)$$

Wie man diesen Automaten in Graphenform darstellt, ist uns vertraut. Abbildung 14.8 zeigt den Graphen für den initialen Zustand „oben".

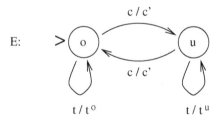

E:

c / c'

c / c'

t / t°   t / t^u

Abb. 14.8. Der Automat E in Graphenform, initialer Zustand „oben"

In der Black-Box-Darstellung verbildlichen wir, entsprechend unserer Vorstellung von Mealy-Automaten als abstrahierten Rechnerbausteinen, jedes Eingabe- und Ausgabesymbol durch eine eigene Eingabe- bzw. Ausgabeleitung. Diese Form der Darstellung lässt offen, welcher Zustand der Startzustand ist. Abbildung 14.9 zeigt den Automaten E in dieser Form.

Wir können die Box-Darstellung anschaulicher gestalten, indem wir die unterschiedliche Funktion der Leitungen andeuten. Diese Verbildlichung des Automaten E, dargestellt in Abb. 14.10, werden wir für den Rest des Abschnitts beibehalten.

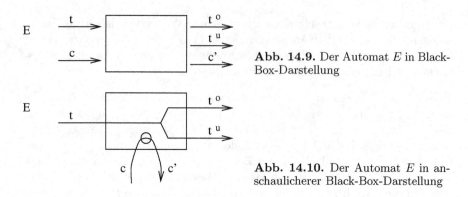

Abb. 14.9. Der Automat E in Black-Box-Darstellung

Abb. 14.10. Der Automat E in anschaulicherer Black-Box-Darstellung

Beispiel 14.6.4. Der Automat K ist eine Art „gerichtete Lötstelle". Ein Eingangssignal, egal ob es über Leitung 1 oder Leitung 2 kommt, wird immer zum Ausgang 3 durchgereicht. Der Automat ist definiert als

$$K = (\{s\}, \{1, 2\}, \{3\}, \delta, \lambda, s)$$

für einen beliebigen, immer gleichbleibenden Zustand s und für die Übergangsmatrix

$$(s,1) \rightarrow (s,3) \qquad (s,2) \rightarrow (s,3)$$

Wie er sich bildlich darstellen lässt, zeigt Abb. 14.11.

Abb. 14.11. Der Automat K

Beispiel 14.6.5. Um einen Registerbaustein zu konstruieren, kann man ausnutzen, dass Mealy-Automaten auch einen unendlichen Zustandsraum haben dürfen. Der Automat *Reg* hat die Zustandsmenge $K = \mathbb{N}$. In den Aktionen, die man auf ihm ausführen kann, entspricht er einem Register in einer Registermaschine mit GOTO-Befehlssatz. Er hat drei Eingangsleitungen:

- Ein Signal auf der Leitung a (wie „add") entspricht dem Registermaschinen–Befehl $x := x + 1$. Es erhöht den Zustand um eins. Das Signal verlässt den Automaten über den Ausgang r (für „ready") als Rückmeldung, dass die Operation ausgeführt worden ist.

- Ein Signal auf s entspricht $x := x - 1$: Der Zustand des Automaten wird um eins erniedrigt, wenn er nicht schon 0 ist. Auch in diesem Fall gibt der Automat das Ausgabesignal r ab.
- t ist der Testeingang des Automaten. Ein Signal auf dieser Leitung entspricht dem Befehl *if* $x = 0$ *then goto* k *else goto* ℓ. Wenn der Automat im Zustand 0 ist, gibt er eine Rückmeldung über den Ausgang „$= 0$“; wenn er einen Wert von mindestens eins 1 speichert, so sendet er das Signal „> 0“ aus.

Dieser Mealy-Automat ist definiert als

$$Reg = (\mathbb{N}, \{t, a, s\}, \{= 0, > 0, r\}, \delta, \lambda, 0),$$

wobei sich die Funktionen δ und λ wie folgt verhalten:

$$(n, a) \ \rightarrow \ (n + 1, r) \qquad (0, s) \ \rightarrow \ (0, r) \qquad (0, t) \ \rightarrow \ (0, \ = 0)$$
$$(n + 1, s) \ \rightarrow \ (n, r) \quad (n + 1, t) \ \rightarrow \ (n + 1, > 0)$$

Abbildung 14.12 zeigt den Automaten *Reg* als Black Box.

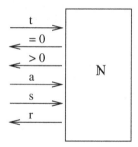

Abb. 14.12. Der Automat *Reg*

Damit kennen wir nun drei Mealy-Automaten mit sehr einfacher Funktionalität. Die nächste Frage muss sein: Wie kann man Mealy-Automaten zu Netzwerken zusammensetzen, um Automaten mit komplexeren Fähigkeiten aufzubauen? Vergewissern wir uns aber auch unseres Fernziels: Wir wollen Netzwerke konstruieren, die Registermaschinen simulieren, um so die Berechnungsuniversalität von Mealy-Automaten zu zeigen. Zumindest der dritte der drei Basisbausteine, die wir bisher kennen, ist offenbar auf diese Aufgabe zugeschnitten: Er bildet genau die Funktionalität eines Registers in einer GOTO-Registermaschine nach. Angenommen, wir haben nun eine Registermaschine R mit n Registern und einem GOTO-Programm gegeben und suchen ein Netzwerk von Mealy-Automaten, das die Rechnung dieser Maschine simuliert. Die n Register können wir nachbilden durch n Bausteine vom Typ *Reg*; dann bleibt noch das GOTO-Programm von R in ein Netzwerk zu übertragen. Das Programm hat endlich viele Zeilen, und es lässt sich realisieren durch ein Netzwerk mit endlichem Zustandsraum (genauer gesagt hält sich die Anzahl von Zuständen in der Größenordnung der Programmzeilen des Programmes von R). Dieses Netzwerk können wir aufbauen nur aus Bausteinen E und K, wie wir noch sehen werden.

Dies ist aber, wie gesagt, erst das Fernziel. Zuerst müssen wir noch präzisieren, was ein Netzwerk von Mealy-Automaten ist und wie es arbeitet. Um ein Netzwerk von Automaten aufzubauen, muss man zweierlei Operationen ausführen können:

- Wir müssen imstande sein, mehrere Automaten durch einfaches Nebeneinanderstellen zu einem zusammenzufassen.
- Und wir müssen Leitungen innerhalb eines Automaten (d.h. vor allem Leitungen zwischen den Teilautomaten) ziehen können, was auf eine Rückkopplung von Ausgabeleitungen auf Eingabeleitungen hinausläuft.

Mehr als diese zwei Operationen sind nicht nötig. Der einfacheren der beiden Aufgaben, dem Zusammenfassen mehrerer Bausteine durch schlichtes Nebeneinanderstellen, widmen wir uns zuerst. Ein solches Nebeneinanderstellen zweier Automaten A_1 und A_2, genannt das *Produkt $A_1 \times A_2$*, soll folgenden Effekt haben: Wenn man zwei unabhängige Mealy-Automaten A_1 und A_2 gegeben hat (Abb. 14.13), dann lässt sich das Produkt der beiden, der Automat $A_1 \times A_2$, graphisch durch die Black Box in Abb. 14.14 beschreiben.

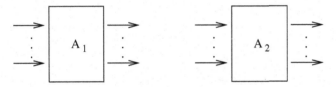

Abb. 14.13. Zwei unabhängige Mealy-Automaten A_1 und A_2

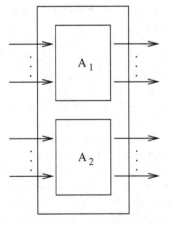

Abb. 14.14. Das Produkt $A_1 \times A_2$

Das heißt, die zwei Teilautomaten sollen unabhängig voneinander arbeiten. Daraus resultiert die Forderung, dass Ein- und Ausgabealphabete der Teilautomaten A_1 und A_2 disjunkt sein müssen; jedes Eingabesymbol bezeichnet genau eine Eingabeleitung, und zwar entweder zum Teilautomaten A_1 oder zu A_2, und ebenso steht es mit den Ausgabesymbolen.

Ein Zustand des kombinierten Automaten N setzt sich zusammen aus den Zuständen der Teilautomaten, ist also ein Tupel. Angenommen, N erhält nun ein Eingabesignal x. Dann reagiert der zuständige Automat auf das Eingabesignal: Er ändert seinen Zustand und sendet ein Ausgabesignal. Der andere Teilautomat reagiert nicht, ändert also auch insbesondere seinen Zustand nicht.

Definition 14.6.6 (Produkt von Automaten). *Seien A_1, A_2 zwei Mealy-Automaten mit $A_i = (K_i, \Sigma_i, \Gamma_i, \delta_i, \lambda_i, s_i)$ für $i = 1, 2$, und es gelte $\Sigma_1 \cap \Sigma_2 = \emptyset$ und $\Gamma_1 \cap \Gamma_2 = \emptyset$. Dann ist das* **Produkt $A_1 \times A_2$** *der beiden Automaten definiert als der Automat*

$$A_1 \times A_2 := \big(K_1 \times K_2, \Sigma_1 \cup \Sigma_2, \Gamma_1 \cup \Gamma_2, \delta, \lambda, (s_1, s_2) \big).$$

Für δ und λ gilt:

$$(\delta, \lambda)\big((q_1, q_2), x\big) := \begin{cases} \big((q_1', q_2), y\big), \textit{falls } x \in \Sigma_1 \textit{ und } (\delta_1, \lambda_1)(q_1, x) = (q_1', y) \\ \big((q_1, q_2'), z\big), \textit{falls } x \in \Sigma_2 \textit{ und } (\delta_2, \lambda_2)(q_2, x) = (q_2', z) \end{cases}$$

Die zweite Operation, die wir oben im Zusammenhang mit dem Aufbau von Netzwerken genannt haben, ist die *Rückkopplung*, also die interne Verschaltung eines Automaten. Sehen wir uns zunächst in der Black-Box-Darstellung an, welchen Effekt wir erzielen wollen. Angenommen, wir haben einen Mealy-Automaten A gegeben, der unter anderem das Eingabesignal x_0 entgegennehmen und unter anderem das Ausgabesignal y_0 ausgeben kann. Darüber hinaus machen wir keinerlei Annahmen über A. Dann kann man A als Black Box wie in Abb. 14.15 darstellen.

Wenn nun die Ausgabeleitung y_0 auf x_0 rückgekoppelt wird, dann hat man sich das bildlich so vorzustellen wie in Abb. 14.16 gezeigt.

Das heißt, wenn A das Signal y_0 ausgibt, dann führt das dazu, dass er selbst im nächsten Schritt das Eingabesignal x_0 sieht. Während dieser internen Signal-Weiterleitung wird kein Ausgabesignal nach außen gegeben. In Zeichen notieren wir diese Rückkopplung als $A_{x_0}^{y_0}$. Übrigens kann es dabei zu einer Endlosschleife kommen, zum Beispiel, wenn in der Übergangsmatrix des Automaten A ein Eintrag der Form $(q, x_0) \to (q, y_0)$ vorkommt: Angenommen, $A_{x_0}^{y_0}$ nimmt im Zustand q das Eingabesignal x_0 entgegen. Dann wird sein Ausgabesignal y_0 sofort auf eine erneute Eingabe x_0 rückgekoppelt, und da er seinen Zustand nicht geändert hat, führt er denselben (δ, λ)-Übergang noch einmal durch, und so weiter in alle Ewigkeit. So etwas kann auch dann geschehen, wenn die Funktionen δ und λ von A totale Funktionen sind.

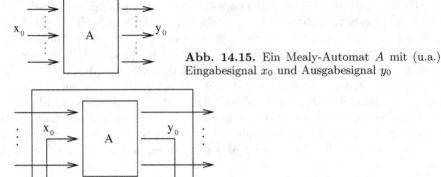

Abb. 14.15. Ein Mealy-Automat A mit (u.a.) Eingabesignal x_0 und Ausgabesignal y_0

Abb. 14.16. Rückkopplung von y_0 auf x_0 in A

Definition 14.6.7 (Rückkopplung). *Sei* $A = (K, \Sigma, \Gamma, \delta, \lambda, s)$ *ein Mealy-Automat, und sei* $x_0 \in \Sigma$ *und* $y_0 \in \Gamma$. *Dann ist die* **Rückkopplung** $A^{y_0}_{x_0}$ *definiert als der Automat*

$$A^{y_0}_{x_0} := (K, \Sigma - \{x_0\}, \Gamma - \{y_0\}, \delta', \lambda', s),$$

mit $(\delta', \lambda')(q, x) := (\delta_0, \lambda_0)(q, x)$ *für alle* $q \in K, X \in \Sigma - \{x_0\}$, *wobei die Funktionen* $\delta_0 : K \times \Sigma \to K$ *und* $\lambda_0 : K \times \Sigma \to \Gamma - \{y_0\}$ *auch für* $x = x_0$ *wie folgt rekursiv definiert sind:*

$$(\delta_0, \lambda_0)(q, x) := \begin{cases} (\delta, \lambda)(q, x), & \text{falls } \lambda(q, x) \neq y_0 \\ (\delta_0, \lambda_0)\big(\delta(q, x), x_0\big), & \text{sonst} \end{cases}$$

Die Definition von δ' und λ' sollten wir uns noch etwas genauer ansehen (bzw. die von δ_0 und λ_0, die wir nur deshalb eingeführt haben, weil δ' und λ' per Definitionem für den Eingabewert x_0 nicht definiert sind): Es ist nicht sichergestellt, dass die Rekursion, mit der $(\delta_0, \lambda_0)(q, x)$ berechnet werden soll, irgendwann endet. Die Rekursion ist also nicht immer *fundiert*. Genau deshalb kann es jetzt sein, dass $(\delta', \lambda')(q, x)$ undefiniert ist, auch wenn (δ, λ) selbst total sein sollte.

Die Arbeitsweise von δ' und λ' entspricht genau dem, was wir in der Black-Box-Skizze oben angedeutet haben. Angenommen, der Original-Automat A macht im Zustand q auf das Eingabesignal a hin den Übergang $(\delta, \lambda)(q, a) = (q', y_0)$. Dann geht der Automat $A^{y_0}_{x_0}$ ebenfalls in den Zustand q' über, aber er sendet noch kein Ausgabesignal, sondern sieht auf der rückgekoppelten Leitung das Eingabesignal x_0, führt also jetzt den Übergang $(\delta_0, \lambda_0)(q', x_0)$ durch. Wenn im Ausgangs-Automaten A $\lambda(q', x_0) \neq y_0$ ist, dann legt $A^{y_0}_{x_0}$ jetzt ein Signal auf eine seiner verbleibenden Ausgabeleitungen. Wenn aber weiterhin $\lambda(q', x_0) = y_0$ ist, so sieht der Automat wieder ein rückgekoppeltes Signal x_0, und so weiter.

Nach dem, was man sich intuitiv unter einem Produkt und einer Rückkopplung vorstellt, sollten beide Operationen reihenfolgenunabhängig sein:
Es sollte zum Beispiel keine Rolle spielen, ob man das Produkt $A_1 \times A_2$ oder
$A_2 \times A_1$ bildet; genauso wenig sollte es, wenn man mehr als eine Leitung
rückkoppelt, einen Unterschied machen, ob man zuerst y_0 auf x_0 oder y_1 auf
x_1 zurückleitet. Und tatsächlich verhalten sich beide Operationen dieser Intuition entsprechend, wie man auch formal beweisen kann, indem man die
Isomorphie $\approx$ von Automaten kanonisch auf Automaten mit Ausgabe erweitert.[4] Damit kann man dann zeigen, dass für die Produktbildung gilt

- $A_1 \times A_2 \approx A_2 \times A_1$ und
- $(A_1 \times A_2) \times A_3 \approx A_1 \times (A_2 \times A_3)$

und dass für die Rückkopplung gilt

- $\left(A_{x_0}^{y_0}\right)_{x_1}^{y_1} \approx \left(A_{x_1}^{y_1}\right)_{x_0}^{y_0}$, und
- $A_{1x}^{\ y} \times A_2 \approx (A_1 \times A_2)_x^y$, falls x und y Symbole aus Ein- und Ausgabealphabet von A_1 sind.

Die letzte Äquivalenz besagt, dass man problemlos sämtliche Rückkopplungen nach den Produktbildungen ausführen kann. Also können wir jedes
Automaten-Netzwerk N, das wir ab jetzt vorstellen, in einer Standardform
notieren, als $N = (A_1 \times \ldots \times A_n)_{x_1,\ldots,x_n}^{y_1,\ldots,y_n}$: Wir stellen zuerst alle beteiligten Teilautomaten $A_1,\ldots,A_n$ per Produktbildung in beliebiger Reihenfolge
nebeneinander und listen dann die internen Leitungen des Netzwerkes als
Rückkopplungen (y_1 auf x_1, ..., y_n auf x_n) auf.

Sehen wir uns ein Beispiel für ein Automaten-Netzwerk an, das diese
Notation nutzt.

Beispiel 14.6.8. Aus zwei Exemplaren des Automaten E (hier, um sie zu
unterscheiden, als E_1 und E_2 bezeichnet) plus einer „gerichteten Lötstelle"
K kann man unter anderem das Netzwerk $N = (E_1 \times E_2 \times K)_{1,\ 2,\ c_1,c_2}^{t_1^u,t_2^o,3,\ c_1'}$
zusammenstellen, dessen Black-Box-Darstellung Abb. 14.17 präsentiert.

Diese „kanonische" Darstellung ist allerdings wenig übersichtlich. Wenn
man sie etwas entzerrt und übersichtlicher anordnet, ergibt sich Abb. 14.18.

Wie der Automat arbeitet, wird vielleicht am besten anhand seiner Ma-
trixdarstellung deutlich. Der Zustand von N ist laut Definition eigentlich ein
Drei-Tupel aus Zuständen seiner drei Bausteine. Aber der Teilautomat K hat
ja nur einen immer gleichbleibenden inneren Zustand, den wir deshalb nicht
nennen. Wir geben nur die jeweiligen Zustände von E_1 und E_2 an.

Die Black-Box-Darstellung spezifiziert den Anfangszustand des Automaten nicht, und bei der Einführung des Automaten E haben wir den Anfangszustand auch offengelassen – E steht ja sowohl für E_o mit Anfangszustand

---

[4] Siehe Def. 5.6.5 für Isomorphie zwischen endlichen Automaten. Eine Definition
   für Isomorphie zwischen Mealy-Automaten ergibt sich, wenn man in Def. 14.6.12
   zusätzlich fordert, dass $\Sigma_1 = \Sigma_2$, $\Gamma_1 = \Gamma_2$ ist und dass f bijektiv ist.

N:

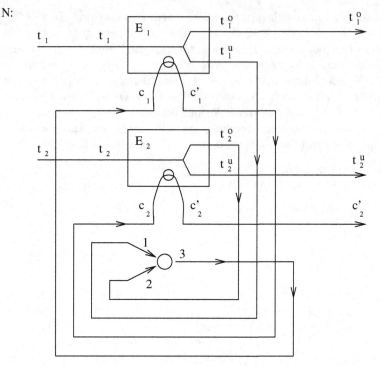

Abb. 14.17. Das Netzwerk N aus Beispiel 14.6.8

N:

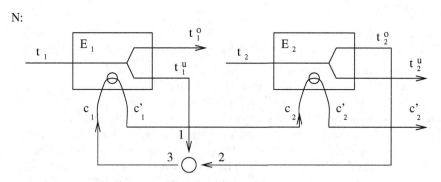

Abb. 14.18. Das Netzwerk N aus Beispiel 14.6.8, übersichtlicher dargestellt

„oben" als auch für E_u mit Anfangszustand „unten". Wenn nun E_1 und E_2 am Anfang im gleichen Zustand sind, dann werden sie es auch im weiteren immer bleiben, egal welche Eingangssignale kommen:

$$E_1 \quad E_2 \qquad\qquad E_1 \quad E_2$$

$$((\text{oben} , \text{oben}), t_1) \;\rightarrow\; ((\text{oben} , \text{oben}), t_1^o)$$

$$((\text{oben} , \text{oben}), t_2) \;\rightarrow\; ((\text{unten}, \text{unten}), c_2')$$

$$((\text{unten}, \text{unten}), t_1) \;\rightarrow\; ((\text{oben} , \text{oben}), c_2')$$

$$((\text{unten}, \text{unten}), t_2) \;\rightarrow\; ((\text{unten}, \text{unten}), t_2^u)$$

Sind E_1 und E_2 aber am Anfang in unterschiedlichen Zuständen, dann bleiben ihre Zustände immer komplementär:

$$((\text{oben} , \text{unten}), t_1) \;\rightarrow\; ((\text{oben}, \text{unten}), t_1^o)$$

$$((\text{oben} , \text{unten}), t_2) \;\rightarrow\; ((\text{oben}, \text{unten}), t_2^u)$$

$$((\text{unten}, \text{oben}), t_1) \;\rightarrow\; ((\text{oben}, \text{unten}), c_2')$$

$$((\text{unten}, \text{oben}), t_2) \;\rightarrow\; ((\text{oben}, \text{unten}), c_2')$$

Halten wir jetzt in einer formalen Definition von Automaten-Netzwerken fest, was wir oben beschrieben und im letzten Beispiel angewandt haben:

Definition 14.6.9 (Rödding-Netze). *Die Klasse aller* **Rödding-Netze über den Automaten** $A_1, \dots, A_n$ *ist die kleinste Klasse von Automaten, die* $A_1, \dots, A_n$ *enthält und abgeschlossen ist gegen* Produkt *und* Rückkopplung.

Erinnern wir uns an die Sichtweise von Mealy-Automaten als abstrahierten Rechnerbausteinen mit Ein- und Ausgabeleitungen, auf denen Signale wandern. Diese Vorstellung überträgt sich auf Rödding-Netze so: Das Netzwerk empfängt auf genau einer Eingabeleitung ein Signal, das entsprechend der Verschaltung und der Zustände durch das Netzwerk läuft. Wenn das Signal das Netzwerk irgendwann über eine Ausgabeleitung verlässt, haben wir einen definierten globalen (δ, λ)-Übergang. Andernfalls, wenn das Signal das Netz nie verlässt, sondern unendlich darin herumläuft, ist der globale $(\delta.\lambda)$-Übergang undefiniert. Bevor das Signal nicht über eine Ausgabeleitung aus dem Netzwerk hinausgeleitet worden ist, kann das gesamte Netzwerk kein weiteres Eingabesignal entgegennehmen.

Nun haben wir alles benötigte Werkzeug bereit und können darangehen, zu beweisen, dass bereits sehr einfache Rödding-Netze berechnungsuniversell sind. Wir geben an, wie man zu einer gegebenen Registermaschine R ein Netz konstruiert, das ihre Arbeit nachahmt. Dies Netz zerfällt in zwei Teile. Der eine bildet die Register nach, der andere das Programm von R.

Angenommen, R hat n Register. Dann enthält das Rödding-Netz N_R zu R n Exemplare des Automaten *Reg*. Der bietet ja, wie wir oben schon festgestellt haben, genau die Funktionalität eines Registers in einer GOTO-Registermaschine: Wenn der Automat das Eingabesignal a sieht, erhöht er seinen Zustand um eins, auf das Signal s hin setzt er seinen Zustand um eins herunter, und t testet, ob der Automat im Zustand 0 ist, analog zu den Registermaschinen-Befehlen $x = x + 1$, $x = x - 1$ und $if\ x = 0\ then\ goto\ j$.

Der Teil von N_R, der das Programm von R codiert, ist für's erste ein einzelner Baustein, P_R. Sein Zustand beschreibt, in welcher Programmzeile sich die simulierte Registermaschine R gerade befindet, und da das Programm von R endlich ist, kommt auch P_R mit einem endlichen Zustandsraum aus.

Satz 14.6.10 (Rödding-Netze und Registermaschinen). *Zu jeder Registermaschine R existiert ein Rödding-Netz über endlichen Mealy-Automaten und dem Baustein Reg, das R simuliert.*

Beweis: Sei R eine Registermaschine, o.E. mit einem GOTO-Programm. R nutze n Register. Dann wird die Arbeit von R simuliert von einem Rödding-Netz N_R, das n *Reg*-Bausteine enthält sowie einen Automaten P_R mit endlichem Zustandsraum. Die Registerbausteine bilden die n Register von R nach, und P_R codiert die Programmstruktur von R.

N_R besitzt nur eine einzige Eingabeleitung, über die dem Baustein P_R ein Signal START gesendet werden kann. Daraufhin fängt N_R an, den Programmablauf von R zu simulieren. Wenn die Berechnungen abgeschlossen sind, signalisiert P_R das auf der einzigen Ausgabeleitung von N_R mit dem Signal HALT. Das Signal, das das Netzwerk N_R über die Leitung START betreten hat, verlässt das Netz also nur dann, wenn die simulierte Registermaschine R hält.

Insgesamt ist das simulierende Rödding-Netz N_R definiert als

$$N_R = (P_R \times Reg_1 \times \ldots \times Reg_n)_{x_{i_1}, \ldots, x_{i_r}}^{y_{i_1}, \ldots, y_{i_r}}$$

(wobei die Reg_i Exemplare des Automaten Reg sind) für eine geeignete Rückkopplungsfolge $_{x_{i_1}, \ldots, x_{i_r}}^{y_{i_1}, \ldots, y_{i_r}}$, die wir später genauer beschreiben. In der Zustandsmenge des Automaten P_R sind unter anderem die Zustände s_0 und s_f, wobei s_0 Startzustand ist und s_f als „finaler" Zustand fungiert. Die anderen Bausteine haben als Registerbausteine den Zustandsraum N. Erinnern wir uns: Wenn N_R insgesamt im Zustand $(q, m_1, \ldots, m_n)$ ist, dann heißt das per Definition des Automatenproduktes, dass sich P_R im Zustand q befindet und der Registerbaustein Reg_i im Zustand m_i (für $1 \leq i \leq n$). Wir legen wie folgt fest, was „N_R simuliert die Arbeit von R" konkret heißen soll:

- R gestartet mit x_i in Register i für $1 \leq i \leq n$ hält mit x_i' in Register i für $1 \leq i \leq n$

  $$\Longleftrightarrow$$

  $$(\delta_{N_R}, \lambda_{N_R})((s_0, x_1, \ldots, x_n), START) = ((s_f, x_1', \ldots, x_n'), HALT)$$

- R gestartet mit x_i in Register i für $1 \leq i \leq n$ hält nie

  $$\Longleftrightarrow$$

  $$(\delta_{N_R}, \lambda_{N_R})((s_0, x_1, \ldots, x_n), START) = \perp.$$

Es bleibt noch zu erklären, wie P_R arbeitet. Die Automaten vom Typ *Reg* führen die Aktionen Addition, Subtraktion und Test selbständig durch, wenn man ihnen ein entsprechendes Signal sendet. Also muss P_R nur festhalten, in welcher Programmzeile sich R gerade befände, und muss jeweils dem richtigen Registerbaustein auf der richtigen Leitung ein Signal senden.

Angenommen, R hat das GOTO-Programm

$\quad 1 : B_1;$

$\quad 2 : B_2;$

$\quad\quad \dots$

$\quad t : B_t;$

Von den Sprungaddressen $\geq t + 1$, die ja dazu führen, dass R hält, soll das Programm o.E. ausschließlich die Adresse $(t+1)$ verwenden. Dann setzen wir den Zustandsraum K von P_R auf $K = \{s_0, 1, \dots, t, t + 1\}$ mit $s_f = t + 1$. Abbildung 14.19 zeigt, wie P_R mit den Registerbausteinen Reg_i verbunden ist. Auch wie seine Alphabete Σ und Γ aussehen, kann man dieser Abbildung entnehmen.

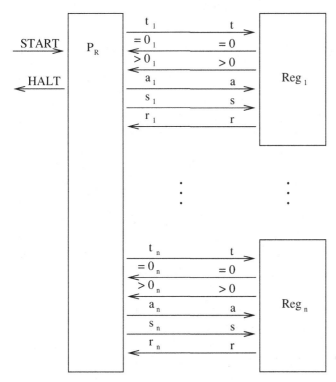

Abb. 14.19. Rückkopplungsstruktur von N_R

Jedem Befehl $j : B_j$ von R entspricht nun ein Ausgabesignal o_j von P_R, und zwar soll P_R das Signal o_j in dem Moment aussenden, in dem er in den Zustand j übergeht (der ja festhält, dass sich R gerade in der j-ten Programmzeile befindet). Wenn zum Beispiel der j-te Befehl vorsieht, das Register i zu inkrementieren, muss P_R das Signal a_i aussenden, das (entsprechend der Rückkopplungsstruktur in Abb. 14.19) an den Registerbaustein Reg_i geht und ihn veranlasst, seinen Zustand um eins zu erhöhen. Allgemein definieren wir o_j für $1 \leq j \leq t$ wie folgt:

- Falls B_j die Form $x_i := x_i + 1$ hat, setzen wir $o_j \equiv a_i$.
- Falls B_j die Form $x_i := x_i - 1$ hat, setzen wir $o_j \equiv s_i$.
- Falls B_j die Form *if* $x_i = 0$ *then goto* ℓ hat, setzen wir $o_j \equiv t_i$.
- $o_{t+1} \equiv HALT$. (Im Zustand $t + 1$ hält N_R.)

Nach dem bisher Gesagten können wir jetzt relativ einfach die Funktionen (δ, λ) von P_R definieren. Wir sollten uns nur noch einmal vergegenwärtigen, wie N_R mit Nulltests umgeht: Angenommen, der j-te Befehl hat die Form *if* $x_i = 0$ *then goto* ℓ. Zur Umsetzung dieses Befehls legt P_R ein Signal auf die Leitung t_i in dem Moment, wo er in den Zustand j übergeht. Im folgenden Schritt, wenn P_R im Zustand j ist, liegt das Ergebnis der „Anfrage" vor, also ein Eingangssignal $> 0_i$ oder $= 0_i$. Bei letzterem Ergebnis wechseln wir nicht in den Zustand $(j + 1)$, sondern in den Zustand ℓ, da ja der Nulltest positiv ausgegangen ist.

Insgesamt definieren wir (δ, λ) von P_R (für $1 \leq j \leq t$ und $1 \leq i \leq n$) wie folgt:

$$(s_0, START) \;\rightarrow\; (\quad 1, \quad o_1\;)$$
$$(\;j, \quad r_i\quad) \;\rightarrow\; (j + 1, o_{j+1})$$
$$(\;j, \quad > 0_i\;) \;\rightarrow\; (j + 1, o_{j+1})$$
$$(\;j, \quad = 0_i\;) \;\rightarrow\; (\quad \ell, \quad o_\ell\;), \quad \text{falls } B_j \equiv \textit{if } x_i = 0 \textit{ then goto } \ell$$

wobei die o_i wie oben definiert sind.   ∎

Statt des Bausteins Reg kann man auch leicht vereinfachte Versionen mit weniger Leitungen verwenden. Zwei solche Varianten, Reg^1 und Reg^2, präsentieren wir jetzt. Ausschließlich für die zweite Variante beschreiben wir, wie man das Rödding-Netz N_R aus dem letzten Beweis anpassen muss, wenn man Reg^2 anstelle des Automaten Reg verwenden will.

- Die erste Registerbaustein-Variante, Reg^1, testet den Zustand auf 0 im Rahmen der Subtraktion: Wenn der Automat einen Wert > 0 speichert, subtrahiert er eins und sendet ein Ausgabesignal über r, ansonsten bleibt er im Zustand 0 und signalisiert das durch $= 0$. Dadurch spart er die Testleitung ein. Sein Verhalten, beschrieben durch die Funktionen (δ, λ), ist

$$\left.\begin{array}{rcl}(\ 0,\ s) & \to & (\ 0,\ =0)\\(\ n,\ a) & \to & (n+1,\ r\ )\\(n+1,s) & \to & (\ n,\ r\ )\end{array}\right\}\forall n\in\mathrm{N}$$

Etwas Ähnliches haben wir für Registermaschinen schon gesehen: Als wir mit einem Tag-System eine Registermaschine simulierten (Satz 14.5.5), haben wir Registermaschinen verwendet, deren Befehlssatz statt der üblichen Subtraktions- und if-goto-Befehle den kombinierten Befehl *if $x =$ 0 then goto k else do $x := x - 1$ and goto ℓ* enthielt. Die Black-Box-Darstellung des neuen vereinfachten Registerbausteins zeigt Abb. 14.20.

Reg ^{1}

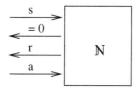

Abb. 14.20. Der vereinfachte Registerbaustein Reg^1

- Die zweite Variante, Reg^2, hat ebenfalls keine gesonderte Testleitung; dieser Automat führt den Nulltest in Kombination mit der Addition durch. Sein Verhalten wird beschrieben von der Matrix

$$\begin{array}{rcl}(n+1,s) & \to & (\ n,\ r)\\(\ 0,\ a) & \to & (\ 1,\ r)\\(n+1,a) & \to & (n+2,>0)\end{array}$$

Ist der gespeicherte Wert 0, dann ist die Subtraktion nicht definiert: Es gilt $(\delta,\lambda)(0,s) =\perp$. In Abb. 14.21 ist dieser Automat als Black Box dargestellt.

Reg ^{2}

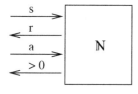

Abb. 14.21. Der vereinfachte Registerbaustein Reg^2

Im simulierenden Rödding-Netz N_R aus Satz 14.6.10 kann man unseren ursprünglichen Registerbaustein Reg entweder durch den Automatentyp Reg^1 oder den Typ Reg^2 ersetzen. Das ist naheliegend, da ja auch Registermaschinen, die einen in ähnlicher Weise eingeschränkten Befehlssatz haben, gleichmächtig sind wie ihre Varianten mit größerem Befehlsvorrat.

Satz 14.6.11. *Zu jeder Registermaschine R existiert ein Rödding-Netz, das R simuliert und das nur Automaten mit endlichem Zustandsraum und Registerbausteine umfasst. Als Registermbausteine werden ausschließlich Automaten vom Typ Reg^1 oder ausschließlich Automaten vom Typ Reg^2 verwendet.*

Beweis: Wir zeigen nur für Reg^2, wie das Rödding-Netz N_R aus Satz 14.6.10 auf den neuen Bausteintypus anzupassen ist; für Reg^1 verläuft die Konstruktion analog.

Sei wie im letzten Beweis R eine Registermaschine, deren GOTO-Programm die Form

$$1 : B_1;$$

$$2 : B_2;$$

$$\ldots$$

$$t : B_t;$$

habe, und es werden wieder ausschließlich Sprungadressen $\leq t + 1$ verwendet. Das Rödding-Netz N_R, das R simuliert, hat nun eine leicht veränderte Rückkopplungsstruktur, entsprechend den veränderten Ein- und Ausgabeleitungen beim Baustein Reg^2. Sie ist dargestellt in Abb. 14.22.

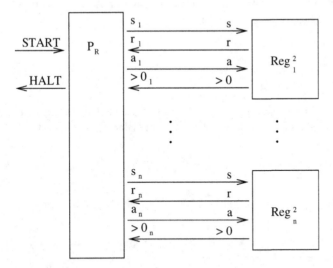

Abb. 14.22. Rückkopplungsstruktur von N_R bei Benutzung von Reg^2 statt Reg

Die innere Struktur des Bausteins P_R muss jetzt etwas komplexer sein als in Satz 14.6.10 – da der Registerbaustein einfacher ist, hat P_R mehr Arbeit zu leisten. Erinnern wir uns: Das Verhalten des Bausteins Reg^2 ist undefiniert, wenn er im Zustand 0 das Subtraktions-Signal erhält. Also muss P_R, wenn er den Wert eines Reg^2-Bausteins dekrementieren will, zuerst einen Nulltest durchführen. Und wenn ein if-Befehl der Registermaschine R zu simulieren ist, muss P_R sowieso testen, ob der entsprechende Registerbaustein den Wert 0 speichert. Ein solcher Nulltest lässt sich nur über das Aussenden eines „add"-Signals an den jeweiligen Reg^2-Baustein realisieren. Also legen wir fest:

- Der Automat soll wieder jeweils, wenn er in den Zustand j übergeht, ein Signal o_j aussenden, das zu dem Registermaschinen-Befehl $j : B_j$ gehört.
- Wir setzen wieder für $(t+1)$, den kleinsten Index, der auf keine Programmzeile referiert, $o_{t+1} := HALT$.
- Was neu ist: Jetzt ist o_j für alle R-Befehle B_j ein Add-Signal, und zwar ist jeweils $o_j = a_i$, falls B_j die Form $x_i := x_i + 1$ oder $x_i := x_i - 1$ oder $if\ x_i = 0\ then\ goto\ \ell$ hat.
- Falls B_j ein Subtraktions- oder if-Befehl ist, muss P_R nach dem Aussenden des a_i den Effekt der Addition rückgängig machen und die Aktion ausführen, die B_j entspricht.

Sehen wir uns jetzt die (δ, λ)-Funktion des Automaten P_R konkret an. Auf das Eingabesignal START hin beginnt P_R mit der Simulation des ersten Registermaschinenbefehls B_1:

$$(s_0, START) \ \rightarrow \ (1, o_1)$$

Hat der j-te R-Befehl die Form $x_i := x_i + 1$, dann hat P_R mit dem Aussenden des „add"-Signals a_i alles Nötige getan, um B_j zu simulieren. Das Ausgangssignal von Reg_i^2 kann ignoriert werden:

$$(j, \ r_i \ ) \ \rightarrow \ (j + 1, o_{j+1})$$
$$(j, > 0_i) \ \rightarrow \ (j + 1, o_{j+1})$$

Auch wenn der Befehl B_j die Form $if\ x_i = 0\ then\ goto\ \ell$ hat, ist das Signal $o_j = a_i$. In diesem Fall aber brauchen wir das Antwortsignal von Reg_i^2, das uns mitteilt, ob Reg_i^2 den Wert 0 speichert. Bevor P_R auf das Signal r_i hin entscheidet, als nächstes den Befehl B_ℓ zu simulieren (bzw., wegen des Signals $> 0_i$, B_{j+1} zu simulieren), muss er Reg_i^2 durch das Signal s_i einmal dekrementieren, um den Effekt des Additions-Nulltest-Befehls rückgängig zu machen:

$$(j, \ r_i \ ) \ \rightarrow \ (j', s_i) \qquad (j', r_i) \ \rightarrow \ (\ \ell, \ \ o_\ell \ )$$
$$(j, > 0_i) \ \rightarrow \ (j'', s_i) \qquad (j'', r_i) \ \rightarrow \ (j + 1, o_{j+1})$$

Der dritte Fall: Hat B_j die Form $x_i := x_i - 1$, dann erfährt P_R im Zustand j durch das Ausgabesignal der i-ten Registerbausteins, ob Reg_i^2 – vor Erhalt des „add"-Signals, das P_R ihm gerade gesendet hat – im Zustand 0 war oder nicht. Wenn P_R nun das Rückgabesignal $> 0_i$ sieht, dann war der gespeicherte Wert nicht 0, und die Subtraktion kann durchgeführt werden, und zwar durch zweimaliges Senden des Signals s_i, da der Zustand von Reg_i^2 durch das Signal a_i um eins heraufgesetzt worden ist. Sieht P_R dagegen das Rückgabesignal r_i, so setzt er nur den Zustand von Reg_i^2 auf den Wert 0 zurück. Es darf jetzt kein zweites s_i-Signal gesendet werden.

$$(j, \ r_i \ ) \to (j', s_i) \qquad (j', r_i) \to (j+1, o_{j+1})$$
$$(j, > 0_i) \to (j'', s_i) \qquad (j'', r_i) \to (\ j', \quad s_i \ )$$

∎

Wir haben oben schon ein berechnungsuniverselles Rödding-Netz vorgestellt. Es war ein Netz über dem Baustein Reg und einem endlichen Mealy-Automaten P_R. Im folgenden zeigen wir, dass auch schon Rödding-Netze über den Basisbausteinen E, K und Reg (bzw. Reg^1 bzw. Reg^2) berechnungsuniversell sind. Das wird etwas Zeit in Anspruch nehmen, da wir anders vorgehen müssen als bei der Ersetzung von Reg durch Reg^1 oder Reg^2: Wir ändern diesmal nicht konkret das Netzwerk N_R ab, sondern zeigen allgemein, wie man *jeden beliebigen* Mealy-Automaten mit endlichem Zustandsraum ersetzen kann durch ein Netzwerk über E und K, das dasselbe Verhalten zeigt.

Definieren wir zuerst, was „dasselbe Verhalten zeigen" genau bedeutet: Der Automat A_2 kann für A_1 substituiert werden, wenn man A_1 in A_2 *isomorph einbetten* kann.

Definition 14.6.12 (Isomorphe Einbettung). *Gegeben seien zwei Mealy-Automaten $A_i = (K_i, \Sigma_i, \Gamma_i, \delta_i, \lambda_i, s_i)$ für $i = 1, 2$. A_1 heißt* **isomorph eingebettet** *in A_2, in Zeichen $\boldsymbol{A_1 \hookrightarrow A_2}$, falls gilt:*

- $\Sigma_1 \subseteq \Sigma_2$ *und* $\Gamma_1 \subseteq \Gamma_2$
- *Es gibt eine Funktion $f : K_1 \to K_2$, so dass gilt:*
  - $f(s_1) = s_2$, *und*
  - $(f, id_{\Sigma_1})\big((\delta_1, \lambda_1)(q, x)\big) = (\delta_2, \lambda_2)(f(q), x)$ *für alle $q \in K_1$, $x \in \Sigma_1$.*

Die letzte Bedingung haben wir in ähnlicher Form schon häufiger bei der Definition von Homo- und Isomorphismen gesehen. Sie besagt, dass es keinen Unterschied macht, ob man zuerst die (δ, λ)-Funktion von Automat 1 anwendet und dann das Ergebnis abbildet oder ob man zuerst den Zustand abbildet und dann die (δ, λ)-Funktion von Automat 2 auf das Ergebnis anwendet. Diese Bedingung lässt sich graphisch in diesem Diagramm verdeutlichen:

$$
\begin{array}{ccc}
K_1 \times \Sigma_1 & \xrightarrow{\ (\delta_1, \lambda_1)\ } & K_1 \times \Gamma_1 \\[2mm]
\Big\downarrow f \quad \Big\downarrow id & & \Big\downarrow f \quad \Big\downarrow id \\[2mm]
K_2 \times \Sigma_2 & \xrightarrow{\ (\delta_2, \lambda_2)\ } & K_2 \times \Gamma_2
\end{array}
$$

Die Definition der isomorphen Einbettung besagt, dass man das Verhalten von A_1 in A_2 wiederfinden kann: Für ein Inputsignal aus Σ_1 (das also auch A_1 benutzen darf) verhält sich A_2 im Zustand $f(q)$ wie A_1 im Zustand q. Mit anderen Worten: A_2 kann das Verhalten von A_1 simulieren.

Wenn $A_1 \hookrightarrow A_2$ gilt, so kann man in jedem Rödding-Netz Vorkommen von A_1 durch A_2 ersetzen, ohne dass sich das globale (δ, λ)-Verhalten des Netzes verändert. Insofern impliziert $A_1 \hookrightarrow A_2$, dass A_2 den Automaten A_1 simuliert. Die (eventuellen) Anteile von A_2, denen nichts in A_1 entspricht, werden bei dieser Simulation von A_1 nie benutzt.

Beispiel 14.6.13. Sehen wir uns dazu ein ganz einfaches Beispiel an. Der Automat A speichert eine zweistellige Binärzahl, kann also vier Zustände annehmen. Die zwei Eingangsleitungen, b_1 und b_2 schalten jeweils das untere bzw. obere Bit des Zustandes um. Das Ausgangssignal entspricht jeweils dem aktuellen Zustand, also dem jeweils gespeicherten Dezimalwert. Insgesamt ist A definiert als $A = (\{0, \ldots, 3\}, \{b_1, b_2\}, \{d_0, \ldots, d_3\}, \delta, \lambda, 0)$ mit den (δ, λ)-Übergängen

$$(0, b_1) \rightarrow (1, d_1) \qquad (0, b_2) \rightarrow (2, d_2)$$
$$(1, b_1) \rightarrow (0, d_0) \qquad (1, b_2) \rightarrow (3, d_3)$$
$$(2, b_1) \rightarrow (3, d_3) \qquad (2, b_2) \rightarrow (0, d_0)$$
$$(3, b_1) \rightarrow (2, d_2) \qquad (3, b_2) \rightarrow (1, d_1)$$

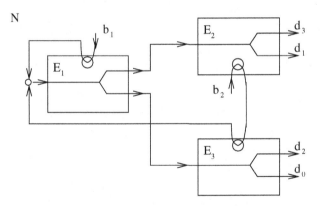

Abb. 14.23. Der Automat A aus Beispiel 14.6.13 als Netz N über E und K

A lässt sich isomorph einbetten in das Netz N über den Bausteinen E und K, das in Abb. 14.23 dargestellt ist. N ist das Netzwerk $N = (E_1 \times E_2 \times E_3 \times K)^{c_1' \, t_1^o \, t_1^u \, c_2' \, c_3' \, 3}_{1 \; t_2 t_3 \; c_3 2 \; t_1}$. Die Zustände von N sind eigentlich Viertupel, aber wie immer lassen wir den unveränderlichen Zustand des K-Bausteins weg. Dann bildet die Funktion f aus der Definition der isomorphen Einbettung (14.6.12) die Zustände von A wie folgt ab:

$$f(0) = (unten, unten, unten) \qquad f(2) = (unten, oben, oben)$$
$$f(1) = (oben, unten, unten) \qquad f(3) = (oben, oben, oben)$$

E_1 speichert den Wert des unteren Bits, und die Automaten E_2 und E_3 speichern beide den Wert des oberen Bits. Wenn nun z.B. N im Zustand $(unten, oben, oben)$ ist und das Eingangssignal b_2 empfängt, so werden E_2 und E_3 umgeschaltet, und das Signal gelangt über den K-Baustein an die Testleitung von E_1. E_1 steht auf „unten", also wird das Signal an den Testeingang von E_3 weitergeleitet (schon jetzt kann nur noch d_2 oder d_0 als Ergebnis herauskommen); da E_3 jetzt auch auf „unten" geschaltet ist, verlässt das Signal das Netzwerk über d_0. Der gespeicherte Wert ist jetzt 0.

Bei der Simulation von A entspricht der Globalzustand (oben, oben, unten) in N *keinem* Zustand von A. (oben, oben, unten) kommt in N bei der Simulation von A nur intern „kurzfristig" vor, wenn N von (oben, unten, unten) nach (oben, oben, oben) schaltet.

Weitere, komplexere isomorphe Einbettungen werden wir im Beweis des nächsten Satzes sehen: Wir zeigen, dass man jeden Mealy-Automaten mit endlichem Zustandsraum durch ein Rödding-Netz über K und E simulieren kann.

Satz 14.6.14 (Rödding-Netze über K und E). *Zu jedem Mealy-Automaten A mit endlichem Zustandsraum existiert ein Rödding-Netz N_A über K und E, so dass $A \hookrightarrow N_A$ gilt.*

Beweis: Der Beweis des Satzes gliedert sich in zwei Schritte.

- Zuerst zeigen wir, wie man einen beliebigen Mealy-Automaten mit endlichem Zustandsraum isomorph einbettet in ein Netz N_A' über K und $E^{n,m}$. $E^{n,m}$ ist eine erweiterte Variante von E, die n Test- und m Umschaltleitungen hat.
- Im zweiten Schritt dann ersetzen wir $E^{n,m}$ durch ein Netzwerk über E und K, indem wir iterativ erst die Anzahl der Testleitungen, dann die Anzahl der Umschaltleitungen reduzieren.

Schritt 1: Gegeben sei ein Mealy-Automat $A = (K_A, \Sigma_A, \Gamma_A, \delta_A, \lambda_A, s)$ mit endlicher Menge K_A. Sagen wir, $\Sigma_A = \{x_1, \dots, x_{|\Sigma_A|}\}$, $\Gamma_A = \{y_1, \dots, y_{|\Gamma_A|}\}$ und $K_A = \{q_1, \dots, q_{|K_A|}\}$ mit $s = q_1$. Gesucht ist ein Netz N_A', das den Automaten isomorph einbettet. Bei der Konstruktion dieses Netzwerks verwenden wir Bausteine vom Typ $E^{n,m}$. Ein solcher Baustein kann wie E zwei Zustände einnehmen, „oben" und „unten", hat aber n Testleitungen, die alle den Wert desselben Zustands testen, und m Umschalteingänge, die alle zum Umschalten desselben Zustands führen. Zu jedem Umschalt- und Testeingang gehören aber ein bzw. zwei eigene Ausgangsleitungen, die das Ergebnis der Operation vermelden. Man kann $E^{n,m}$ zusammenfassend als Black Box so beschreiben wie in Abb. 14.24 dargestellt.

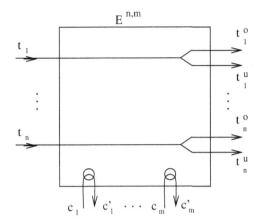

Abb. 14.24. Der Baustein $E^{n,m}$

Wir definieren $E^{n,m}$ wie E ohne vorgegebenen Startzustand, und zwar als

$$E^{n,m} := (\{oben, unten\}, \{t_1, \ldots, t_n, c_1, \ldots, c_m\}, \{t_1^o, \ldots, t_n^o,$$
$$t_1^u, \ldots, t_n^u, c_1', \ldots, c_m'\}, \delta, \lambda)$$

mit den (δ, λ)-Übergängen

$$\left. \begin{array}{ll} oben, t_i & \rightarrow\ oben, t_i^o \\ unten, t_i & \rightarrow\ unten, t_i^u \end{array} \right\} \quad 1 \le i \le n$$

$$\left. \begin{array}{ll} oben, c_j & \rightarrow\ unten, c_j' \\ unten, c_j & \rightarrow\ oben, c_j' \end{array} \right\} \quad 1 \le j \le m$$

Von diesen $E^{n,m}$-Bausteinen verwenden wir in unserem Netzwerk N_A' $|K_A|$ viele (für geeignete n und m, die wir später genau angeben). Während des Betriebs von N_A' soll jeweils *genau einer* von diesen Bausteinen im Zustand „oben" sein, und zwar soll der j-te $E^{n,m}$-Baustein auf „oben" stehen, wenn der simulierte Automat A im Zustand q_j wäre. Wir definieren eine isomorphe Einbettung von A in N_A' durch die Funktion $f : K_A \rightarrow K_{N_A'} = \underset{i=1}{\overset{|K_A|}{\mathrm{X}}} K_{E^{n,m}}$ mit

$$f(q_j) = (\underbrace{unten, \ldots, unten}_{j-1\ \text{mal}}, oben, \underbrace{unten, \ldots, unten}_{|K_A|-j\ \text{mal}})$$

(wobei wir wie immer die gleichbleibenden Zustände der K-Bausteine weglassen).

Die Struktur des Netzes N_A' ist in Abb. 14.25 angedeutet. Verfolgen wir einmal allgemein den Weg eines Signals durch das Netzwerk, um uns die Arbeitsweise der Simulation klarzumachen. Jeder der $E^{n,m}$-Bausteine hat $n = |\Sigma_A|$ Testeingänge. Die Eingänge $x_1, \ldots, x_n$ der Automaten A werden

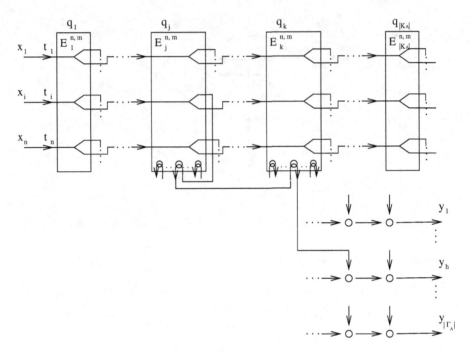

Abb. 14.25. Rückkopplungsstruktur im Automaten N'_A

zu den Testeingängen $t_1, \ldots, t_n$ des ersten $E^{n,m}$-Bausteins. Nehmen wir an, $E^{n,m}$ steht auf „oben", und ein Eingangssignal über x_i betritt das Netzwerk über den Eingang t_i von $E_1^{n,m}$. Das Signal verlässt $E_1^{n,m}$ durch den unteren i-ten Testausgang und läuft weiter zum Eingang t_i von $E_2^{n,m}$. So durchläuft es die ersten $(j-1)$ Automaten vom Typ $E^{n,m}$. $E_j^{n,m}$ steht auf „oben", das Signal tritt aus diesem Automaten also bei t_i^o aus – der aktuelle Zustand ist gefunden. t_i^o ist verschaltet mit einem Umschalteingang desselben Automaten; das Signal schaltet darüber $E_j^{n,m}$ auf „unten". Die Leitung führt weiter zu einem Umschalteingang von $E_k^{n,m}$ (mit $q_k = \delta_A(q_j, x_i)$), der nun durch das Signal auf „oben" gesetzt wird – q_j ist nicht mehr aktueller Zustand, wohl aber q_k. Von dort läuft das Signal, über eine geeignete Anzahl von K-Bausteinen, zum Ausgang y_h (mit $y_h = \lambda_A(q_j, x_i)$ und verlässt dort das Netz. Die K-Bausteine brauchen wir, weil ja mehrere (δ_A, λ_A)-Übergänge zur selben Ausgabe y_h führen können.

Wie groß die Anzahl n der Testeingänge der $E^{n,m}$-Bausteine sein muss, haben wir schon festgestellt: Wir brauchen $n = |\Sigma_A|$ Testleitungen, eine für jedes Eingabesymbol von A. Wie groß muss aber die Anzahl m von Umschalteingängen pro $E^{n,m}$-Automat sein? Wir brauchen einen gesonderten Umschalteingang in $E_j^{n,m}$ für jeden oberen Testausgang t_i^o, ansonsten würde das Netz „vergessen", dass das Eingabesignal x_i war. Während wir $E_k^{n,m}$ auf „oben" schalten, müssen wir in Erinnerung halten, welches Ausgabesignal danach auszugeben ist. Also brauchen wir einen gesonderten Umschalteingang für jedes Ausgabesignal y_h. Damit ergibt sich m als $m = |\Sigma_A| + |\Gamma_A|$. Gegebenenfalls müssen wieder K-Bausteine eingesetzt werden, wenn mehrere Leitungen mit demselben Umschalteingang eines $E^{n,m}$-Bausteins verbunden werden sollen.

N_A' hat mehr Ausgangsleitungen als A: Die Leitungen $t_1^u, \ldots, t_n^u$ des letzten Automaten $E_{|K_A|}^{n,m}$ sind nicht rückgekoppelt. Auf keiner dieser Leitungen kann aber je ein Signal liegen: Es ist *immer* genau einer der Automaten $E_1^{n,m}, \ldots, E_{|K_A|}^{n,m}$ auf „oben" geschaltet. Er fängt das Signal ab, also kann es nicht bis auf einen unteren Testausgang des letzten $E^{n,m}$-Automaten gelangen.

Insgesamt hat N_A' die Form

$$N_A' = (E_1^{n,m} \times \ldots \times E_{|K_A|}^{n,m} \times K \times \ldots \times K)_{\cdots}^{\cdots}$$

mit geeigneten Rückkopplungen für $n = |K_A|$ und $m = |\Sigma_A| + |\Gamma_A|$. Es gilt $A \hookrightarrow N_A'$, A ist isomorph eingebettet in N_A'.

Schritt 2: N_A' ist ein Netzwerk über K und $E^{n,m}$. Ziel dieses Beweises ist aber, einen Automaten A in ein Netzwerk N_A über K und E isomorph einzubetten. In diesem zweiten Schritt des Beweises geht es also darum, schrittweise erst die Anzahl der Testleitungen, dann die Anzahl der Umschaltleitungen der $E^{n,m}$-Bausteine zu reduzieren.

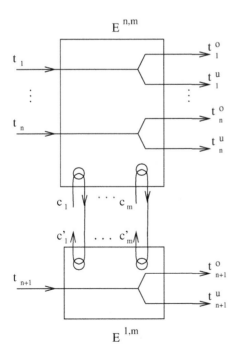

Abb. 14.26. $E^{n+1,m} \hookrightarrow N^{n,m}$, und $N^{n,m}$ verwendet nur E-Bausteine mit einer Testleitung weniger.

Zuerst zu den Testleitungen. Angenommen, wir haben einen Baustein $E^{n+1,m}$ gegeben für $n, m \geq 1$. Dann kann man ihn isomorph einbetten in ein Netzwerk $N^{n,m}$ über $E^{n,m}$ und $E^{1,m}$. $N^{n,m}$ verwendet also nur E-Bausteine, die weniger Testleitungen haben als der ursprüngliche Automat $E^{n+1,m}$. Abbildung 14.26 zeigt den Aufbau dieses Rödding-Netzes.

Um die isomorphe Einbettung formal zu beschreiben, geben wir wieder die Funktion f an, die die Zustände von $E^{n+1,m}$ abbildet auf die Zustände von $N^{n,m}$. Es ist

$$f(oben) = (oben, oben), \text{ und } f(unten) = (unten, unten).$$

Die zwei Automaten im Netz $N^{n,m}$ sollen also immer im gleichen Zustand sein.

In $N^{n,m}$ wurde eine Testleitung, die $(n+1)$-te, in einen eigenen Automaten $E^{1,m}$ abgespalten. Durch die Verkopplung der Umschalt-Leitungen der beiden E-Bausteine ist sichergestellt, dass die beiden Bausteine stets im gleichen Zustand sind.

Diese Konstruktion kann man natürlich iterieren. Damit gilt per Induktion, dass jeder Baustein $E^{n,m}$ simuliert werden kann durch ein Netzwerk ausschließlich über $E^{1,m}$-Bausteinen.

Noch verwenden wir Netzwerke mit mehreren Umschaltleitungen pro E-Baustein. Das ändern wir jetzt: Man kann $E^{1,m+1}$ isomorph einbetten in ein Rödding-Netz N^m über $E^{1,m}, E$ und K, dessen Struktur in Abb. 14.27 skizziert ist. (Sowohl E_1 als auch E_2 in dieser Abbildung sind Exemplare des Automaten E.) Es gilt $E^{1,m+1} \hookrightarrow N^m$. Die isomorphe Einbettung wird realisiert von folgender Funktion f, die die Zustände des Automaten $E^{1,m+1}$ abbildet auf Zustände von N^m:

$$f(oben) = (oben, oben, oben), \text{ und } f(unten) = (unten, oben, oben)$$

Wie man an dieser Abbildung f sehen kann, ist der Normalzustand der Automaten E_1 und E_2 „oben“. Der Zustand „unten“ kommt bei E_1 und E_2 nur dann vor, wenn die Reaktion des Netzes auf ein Eingangssignal noch nicht abgeschlossen ist, und zwar bei der Verarbeitung des Signals c_{m+1}. Dies Signal und das Signal c_m involviert neben dem $E^{1,m}$-Baustein auch E_1 und E_2:

- Ein Signal über c_m schaltet $E^{1,m}$ um; da E_1 im Zustand „oben“ ist, verlässt das Signal das Netz N^m über den Ausgang c'_m, womit das Netz dasselbe Verhalten zeigt wie $E^{1,m+1}$ bei der Verarbeitung von c_m.
- Ein Signal über c_{m+1} schaltet zunächst E_1 und E_2 in den Zustand „unten“ und markiert so die Operation als noch nicht abgeschlossen. Da E_2 jetzt auf „unten“ steht, läuft das Signal über den unteren Testausgang von E_2 weiter zum Umschalteingang c_m von $E^{1,m}$, schaltet diesen Baustein um und erreicht daraufhin den Testeingang von E_1. Da E_1 aber wie E_2 auf „unten“ geschaltet ist, schaltet das Signal erst noch sowohl E_1 also auch

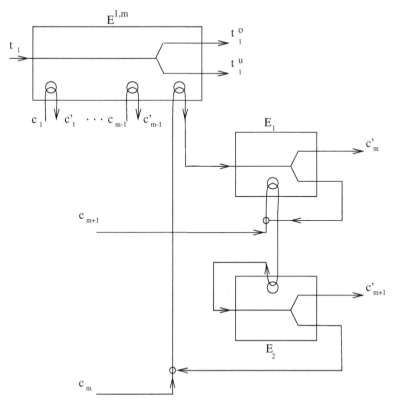

Abb. 14.27. $E^{1,m+1} \hookrightarrow N^m$, und N^m verwendet nur E-Bausteine mit einer Umschaltleitung weniger.

E_2 wieder in den Normalzustand „oben", bevor es N^m durch den Ausgang c'_{m+1} verlässt. Auch hier ahmt N^m also das Verhalten von $E^{1,m+1}$ wunschgemäß nach.

Auch in diesem Fall kann man natürlich die Anzahl der Umschalteingänge pro Automat iterativ verringern, bis man schließlich bei einem Rödding-Netz N nur über E und K angelangt ist, für das $E^{n,m} \hookrightarrow N$ gilt.

Fassen wir die zwei Schritte dieses Beweises zusammen: Zu jedem Mealy-Automaten A mit endlicher Zustandsmenge gibt es ein Rödding-Netz N_A über E und K, in das A isomorph eingebettet werden kann. N_A kann konstruiert werden, indem man erst zu A ein simulierendes Netzwerk N'_A über K und $E^{n,m}$ (für geeignete Werte von $n, m \in \mathbb{N}$) konstruiert und dann die Bausteine $E^{n,m}$ schrittweise durch Netze über E und K ersetzt.   ∎

Insbesondere können wir auch die endlichen Mealy-Automaten P_R aus den Sätzen 14.6.10 und 14.6.11 durch Rödding-Netze über K und E ersetzen. Damit haben wir insgesamt gezeigt:

Satz 14.6.15. *Rödding-Netze über K, E und Reg (oder Reg^1 oder Reg^2) sind berechnungsuniversell.*

14.7 Eine extrem kleine universelle zweidimensionale Turing-Maschine

In diesem Abschnitt werden wir sehen, dass berechnungsuniverselle Maschinen extrem einfach sein können: Aufbauend auf den Resultaten der letzten Paragraphen stellen wir eine berechnungsuniverselle determinierte Turing-Maschine U_0 vor, die nur zwei Zuständen hat und deren Alphabet nur vier Buchstaben umfasst. Das heißt, das Programm von U_0 ist nur 8 Zeilen lang. Allerdings arbeitet U_0 auf einem zweidimensionalen Band. Wie kann eine so kleine Maschine so mächtig sein?

Berechnungsuniversalität heißt ja, dass die Maschine jede TM-berechenbare Funktion berechnen kann, wenn diese Funktion *in einer geeigneten Codierung* gegeben ist. Für eine so kleine Maschine, wie es U_0 ist, muss natürlich die Codierung eine umfangreichere sein. Die Idee, die der zweidimensionalen universellen Turing-Maschine U_0 zugrundeliegt, ist folgende: U_0 erwartet als Eingabe das Layout eines Rödding-Netzes, das die gewünschte Funktion berechnet und die gewünschte Eingabe schon in seinen Registerbausteinen gespeichert hat. Erinnern wir uns: In einem Rödding-Netz bewegt sich zu einem Zeitpunkt immer nur *ein* Signal. Die Turing-Maschine U_0 verfolgt nun den Weg dieses Signals durch das Rödding-Netz und berechnet damit den gewünschten Funktionswert.

Wir legen zunächst fest, was wir unter einer zweidimensionalen Turing-Maschine verstehen.

Definition 14.7.1 (2-dim. TM, Konfiguration). *Eine* **zweidimensionale Turing-Maschine** *M ist ein Tupel $M = (K, \Sigma, \delta, \#)$ von*

- *einer endlichen Menge K von Zuständen,*
- *einem endlichen Alphabet Σ,*
- *einem ausgezeichneten Blank-Symbol $\# \in \Sigma$, und*
- *einer Übergangsfunktion $\delta : K \times \Sigma \to K \times \Sigma \times \{o, u, l, r\}$.*

Eine **Konfiguration** *C von M ist eine Funktion $C : \mathbf{N}^2 \to \Sigma \cup (K \times \Sigma)$ für die gilt:*

- *Es gibt nur endlich viele Koordinaten $(i, j) \in \mathbf{N}^2$ mit $C(i, j) \neq \#$, und*
- *es gibt genau eine Koordinate $(i, j) \in \mathbf{N}^2$ mit $C(i, j) \in K \times \Sigma$.*

Diese Definition ist speziell auf die Ziele dieses Abschnitts zugeschnitten und insofern relativ einfach gehalten. Bei der zweidimensionalen Turing-Maschine haben wir auf Start- und Haltezustand verzichtet. Stattdessen definieren wir gleich das Halten einer solchen Maschine darüber, dass ihr Kopf aus ihrem zweidimensionalen Bandbereich hinausläuft.

Die Konfigurationsfunktion C weist jeder Koordinate $(i,j) \in \mathbb{N}^2$ des Bandbereiches $\mathbb{N} \times \mathbb{N}$ das Zeichen zu, das gerade auf dem Feld (i,j) gedruckt steht. Jede Konfiguration ist endlich, d.h. es gibt nur endlich viele Felder, auf denen kein Blank steht. Das eine Feld, dem C nicht nur einen Buchstaben, sondern auch einen Zustand zuweist, ist die aktuelle Kopfposition der Turing-Maschine. $C(i,j) = (q,a)$ vermittelt also dreierlei Information: Der Kopf von M steht auf dem Feld (i,j), das mit a beschriftet ist, und M ist im Zustand q. Wenn M einen Übergang $\delta(q,a) = (p,b,d)$ durchläuft, dann heißt das: Falls M im Zustand q das Symbol a auf dem Arbeitsfeld sieht, geht sie den Zustand p über, schreibt b auf das Arbeitsfeld und bewegt sich danach um ein Feld in die Richtung d: nach „o"ben, „u"nten, „l"inks oder „r"echts. Würde M dabei den Bereich des $\mathbb{N}^2$ verlassen, dann hängt sie, analog zur normalen Halbband-Turing-Maschine. M kann beliebig weit nach rechts und nach oben gehen, aber nach links und nach unten ist ihr zweidimensionales Band begrenzt.

Wie ein Konfigurationsübergang $C \vdash_M C'$ einer zweidimensionalen Turing-Maschine aussieht, lässt sich jetzt ganz kanonisch definieren. Nehmen wir zum Beispiel an, der Kopf der Maschine M zeigt gerade auf das Feld (n,m), M ist im Zustand q und sieht das Zeichen a (d.h. $C(n,m) = (q,a)$). Wenn nun M z.B. den Übergang $\delta(q,a) = (p,b,l)$ durchläuft, also nach links geht, dann sieht die Nachfolgekonfiguration C' von C aus wie folgt:

- Ist $m = 0$, dann ist C' undefiniert, und M hängt in C.
- Ist $m > 0$, dann ist $C'(n,m) = b$, und $C'(n,m-1) = (p, C(n,m-1))$. Für alle anderen Koordinaten $(i,j) \neq (n,m) \wedge (i,j) \neq (n,m-1)$ ist $C'(i,j) = C(i,j)$.

Analog berechnet sich die Nachfolgekonfiguration, wenn M ihren Kopf nach oben, unten oder rechts bewegt. Eine **Rechnung** $C_0, C_1, \ldots$ von C_0 aus ist eine endliche oder unendliche Folge von Konfigurationen mit $C_i \vdash_M C_{i+1}$. Eine Rechnung von C_0 aus **bricht mit Resultat C ab**, falls $C_0, \ldots, C$ eine endliche Rechnung ist und M in C hängt. Eine Rechnung von M liefert genau dann ein Resultat, wenn M aus ihrem Bandbereich $\mathbb{N} \times \mathbb{N}$ herausläuft.

Wir nennen eine zweidimensionale Turing-Maschine U_0 **universell**, falls U_0 jede Rechnung einer beliebigen Registermaschine R mit GOTO-Programm simulieren kann. Um diese Aussage formal zu fassen, verwenden wir zwei Gödelisierungen: eine, die R in eine Konfiguration von U_0 überträgt, und eine, die eine Konfiguration von U_0 in ein Tupel von Zahlen „übersetzt" (nämlich ein Tupel von Registerinhalten der simulierten Maschine R).

Es sei also $\underline{RG}$ die Menge aller Registermaschinen mit GOTO-Programmen, und es sei $\mathcal{C}$ die Menge aller Konfigurationen von zweidimensionalen Turing-Maschinen. Dann nennen wir eine zweidimensionale Turing-Maschine U_0 universell, falls es Gödelisierungen

$$h : \underline{RG} \times \mathbb{N}^* \to \mathcal{C} \quad \text{und} \quad g : \mathcal{C} \to \mathbb{N}^*$$

gibt, so dass für jede n-Register-Maschine $R \in \underline{RG}$ mit Input $(x_1, \ldots, x_n) \in \mathbf{N}^*$ gilt:

- R gestartet mit $(x_1, \ldots, x_n)$ hält mit Ergebnis $(y_1, \ldots, y_n)$ in den n Registern

    $\Longleftrightarrow$

    Die Rechnung von U_0, gestartet von $C_0 = h(R, (x_1, \ldots, x_n))$, bricht ab mit einem Resultat C mit $g(C) = (y_1, \ldots, y_n)$.
- R gestartet mit $(x_1, \ldots, x_n)$ hält nie

    $\Longleftrightarrow$

    U_0 gestartet mit der Konfiguration $C_0 = h(R, (x_1, \ldots, x_n))$ hängt nie.

Eine zweidimensionale Turing-Maschine, die diesen Bedingungen genügt, ist zum Beispiel folgende:

Satz 14.7.2 (Kleine universelle Turing-Maschine). *Die zweidimensionale Turing-Maschine $U_0 = (\{rechts, links\}, \{\#, C, U, O\}, \delta, \#)$ mit*

$$
\begin{aligned}
\delta(rechts, \#) &= (links, \ C, \ o) \\
\delta(links, \ \#) &= (links, \ \#, u) \\
\delta(rechts, C) &= (rechts, C, \ r) \\
\delta(links, \ C) &= (links, \ C, \ l) \\
\delta(rechts, U) &= (links, \ U, \ u) \\
\delta(links, \ U) &= (rechts, O, u) \\
\delta(rechts, O) &= (links, \ O, \ o) \\
\delta(links, \ O) &= (rechts, U, o)
\end{aligned}
$$

ist berechnungsuniversell.

Beweis: Die Turing-Maschine U_0 lässt sich anschaulicher in einem Graphen darstellen. Allerdings verwenden wir der Übersichtlichkeit halber nicht einen Zustandsgraphen, wie wir ihn kennen, sondern wir notieren in den Knoten die gelesenen Buchstaben und annotieren die Kanten mit dem bisherigen und dem neuen Zustand nebst der Richtung der Kopfbewegung.

steht zum Beispiel für den Übergang $\delta(q, a) = (p, b, d)$. In dieser Notation lässt sich das Verhalten von U_0 so beschreiben wie in Abb. 14.28 dargestellt.

Die Zustände „rechts" und „links" symbolisieren die Hauptrichtung des Arbeitskopfes von U_0. Reihen von C durchläuft U_0 in seiner jeweiligen Hauptrichtung, und U, O und $\#$ lenken den Arbeitskopf nach oben oder nach unten ab (abgesehen davon, dass diese Zeichen, anders als C, U_0 auch dazu bringen können, das Layout abzuändern). Wir haben vor, zu zeigen, dass man jede Registermaschine R samt ihren Anfangs-Registerwerten so in ein Layout im N × N (über den vier Zeichen C, U, O und $\#$) abbilden kann, dass U_0 mit Hilfe dieses Layouts die Arbeit von R simulieren kann. Wir bilden aber nicht direkt R ab, sondern die Repräsentation von R als ein Netzwerk von Mealy-Automaten. Aus dem letzten Abschnitt wissen wir ja, dass man jede Registermaschine R durch ein Rödding-Netz über den Bausteinen K und E und Reg^2 simulieren kann.

Unser Ziel ist es also, in den N × N den „Schaltplan" eines Rödding-Netzes über E, K und Reg^2 so einzuzeichnen, dass U_0 mit seinem Arbeitskopf die Signalbewegung nachvollzieht und dabei, wo das nötig ist, die Zustände der E- und Reg^2-Bausteine abändert. Um zu zeigen, dass das möglich ist, reicht es, wenn wir beschreiben, wie Leitungen, Leitungskreuzungen und die Bausteine dargestellt werden sollen.

Das einfachste Konstrukt ist eine waagerechte Signalleitung. Die stellen wir durch eine waagerechte Zeichenreihe von C-Symbolen dar, auf der sich der Kopf von U_0 im Zustand „links" nach links bzw. im Zustand „rechts" nach rechts bewegen kann. Alle anderen Signalleitungen sind etwas komplizierter aufgebaut, und bei ihnen spielt es auch durchaus eine Rolle, von welchem Ende aus U_0 sie betritt; eine Leitung von links unten nach rechts oben hat eine andere Form als eine von rechts oben nach links unten.

Abbildung 14.29 zeigt eine Leitung von rechts oben nach links unten. Wenn die Turing-Maschine U_0 im Zustand „links" von „$\leftarrow 1$" aus das erste der abgebildeten C erreicht, so läuft sie weiter nach links bis zum ersten $\#$, über die $\#$ nach unten, bis sie wieder ein C sieht. Dann nimmt sie ihre Hauptrichtung wieder auf und bewegt sich auf der unteren C-Reihe nach links weiter nach „$2 \leftarrow$".

Bei einer Diagonalleitung von links oben nach rechts unten, wie sie Abb. 14.30 zeigt, ist U_0 im Zustand „rechts", wenn sie von „$1 \rightarrow$" kommend das erste C erreicht. Sie läuft nach rechts bis zum U und bewegt sich auf der senkrechten Reihe von U und O in „Schleifen" abwärts, jeweils abwechselnd drei Schritte nach unten und einen nach oben, bis ihr Kopf wieder auf die waagerechte C-Reihe trifft. Während U_0 sich durch eine derartige Leitung bewegt,

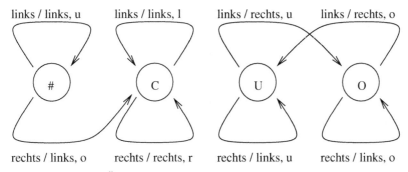

Abb. 14.28. Die Übergänge von U_0 als „Buchstaben-Graph"

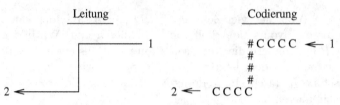

Abb. 14.29. Leitung von rechts oben nach links unten

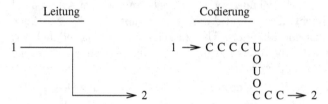

Abb. 14.30. Leitung von links oben nach rechts unten

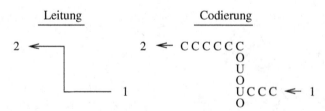

rechts   rechts   links   rechts   links   rechts

Abb. 14.31. Weg von U_0 durch eine Leitung von links oben nach rechts unten

ändert sie mehrmals Buchstaben ab, aber alle diese Änderungen werden ein oder zwei Rechenschritte später wieder rückgängig gemacht. Abbildung 14.31 zeigt in Einzelschritten, wie U_0 ein solches Muster durchläuft. Der Lesbarkeit halber verwenden wir in dieser Abbildung nicht unsere neue Notation, nach der der Zustand von U_0 mit im aktuellen Arbeitsfeld notiert sein müsste. Stattdessen ist der Zustand außerhalb der Konfiguration angegeben, und ein Pfeil zeigt auf die aktuelle Kopfposition.

Leitung	Codierung

2 ⟵ ┐
     │
     └─── 1

2 ⟵ C C C C C
          O
          U
          O
     U C C C ⟵ 1
          O

Abb. 14.32. Leitung von rechts unten nach links oben

Die Layouts für die zwei Diagonalleitungen von unten nach oben (Abb. 14.32 und 14.33) nutzen dieselbe Technik wie eben, eine senkrechte Leitung,

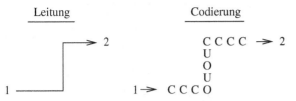

Abb. 14.33. Leitung von links unten nach rechts oben

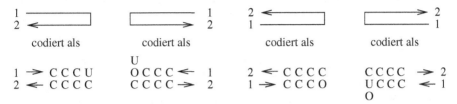

Abb. 14.34. Leitung mit Richtungsänderung

in der sich O und U abwechseln. Je nachdem , ob man von links kommend auf der „C-Leitung" zuerst in der „Senkrecht-Leitung" ein U oder O trifft, bewegt man sich in der Senkrechten nach unten bzw. nach oben.

Die Muster, die die Laufrichtung von U_0 ändern, sind allesamt relativ einfach aufgebaut. Sie sind in Abb. 14.34 zusammengefasst.

Damit fehlt uns nur noch eine Leitungsform, die der Kreuzungen. Wenn sich zwei Leitungen kreuzen, dann muss ein Signal, das auf einer der beiden Leitungen läuft, die Kreuzung ungehindert passieren, ohne von der anderen Leitung abgelenkt zu werden. Eine Kreuzung ist sowohl für zwei Diagonalleitungen von unten nach oben als auch für zwei Leitungen von oben nach unten sehr leicht zu realisieren, wie Abb. 14.35 und 14.36 zeigen: Man setzt einfach die entsprechenden Senkrecht-Leitungen nebeneinander, sie stören einander nicht. Eine Kreuzung zweier Diagonalleitungen von links nach rechts kann man etwa aus der Kreuzung aus Abb. 14.35 bilden; Abb. 14.37 stellt diese Konstruktion dar.

Damit haben wir ausreichend Leitungs-Layouts beisammen, um alle möglichen Formen der Vernetzung von Bausteinen zu zeichnen. Kommen wir nun zu den Layouts für die Bausteine selbst. Entsprechend den Sätzen 14.6.10, 14.6.11 und 14.6.14 aus dem letzten Abschnitt reicht es, die Bausteine K, E und Reg^2 darstellen zu können, wenn man berechnungsuniverselle Rödding-Netze in N^2 nachzeichnen will.

Der Baustein K ist eine gerichtete Lötstelle ohne veränderlichen Zustand und kann insofern in derselben Weise realisiert werden wie die Leitungsstücke, die wir bisher gesehen haben. Abbildung 14.38 zeigt sein Layout, das dieselbe Technik verwendet wie die Diagonalleitung in Abb. 14.29. Der Baustein E dagegen hat einen inneren Zustand, der über Eingangsleitung c verändert werden kann. In Abb. 14.39 ist zu sehen, wie man das bewerkstelligen kann: Das X in der Mitte des Musters repräsentiert den Zustand. Es ist ein O,

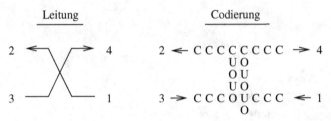

Abb. 14.35. Eine Kreuzung von Diagonalleitungen von unten nach oben – eine Kombination von Abb. 14.32 und 14.33

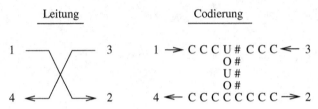

Abb. 14.36. Eine Kreuzung von Diagonalleitungen von oben nach unten

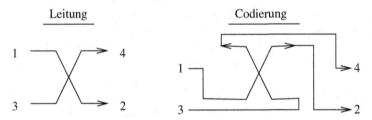

Abb. 14.37. Eine Kreuzung von Diagonalleitungen von links nach rechts

wenn der Baustein im Zustand „oben", und ein U, wenn der Baustein im Zustand „unten" ist. Zur Umschaltleitung c gibt es in dieser Codierung von E *zwei* Ausgänge c'. Durch welchen der beiden U_0 das Baustein-Layout verlässt, hängt davon ab, ob der Zustand von „oben" nach „unten" umgeschaltet wird oder umgekehrt. Diese zwei c'-Ausgänge können aber durch zusätzliche Leitungen, Kreuzungen und ein K wieder zusammengeführt werden.

Die Ein- und Ausgangsleitungen von E verlaufen in diesem Layout direkt nebeneinander. Sie können aber durch den Einsatz von Diagonalleitungen separiert werden, etwa so, wie es Abb. 14.40 zeigt.

Kommen wir schließlich zu dem Registerbaustein Reg^2. Der muss eine beliebig große natürliche Zahl speichern können. Das können wir nur erreichen mit einem Muster, das beliebig groß werden kann. In Abb. 14.41 ist zu sehen, wie wir das Problem lösen: Wir codieren die Zahl, die von einem Reg^2-Baustein gespeichert wird, in zwei nach rechts wachsenden benachbarten Reihen von Symbolen C, die von Blanks umgeben sein müssen. Den Registerinhalt repräsentiert der Längenunterschied der beiden Reihen: Ist die untere Reihe um ℓ C-Symbole länger als die obere, dann ist die gespeicherte

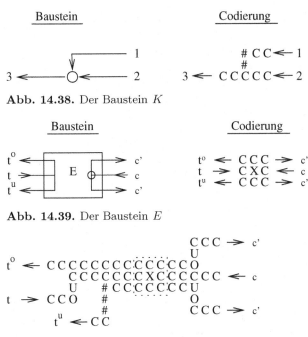

Baustein   Codierung

Abb. 14.38. Der Baustein K

Abb. 14.39. Der Baustein E

Abb. 14.40. Die Leitungen des Bausteins aus Abb. 14.39 werden separiert.

Zahl $n = \ell + 1$. Das heißt, wenn der Reg^2-Baustein sich im Zustand $n = 0$ befindet, dann ist in seiner N^2-Darstellung die obere C-Reihe um ein Zeichen länger als die untere. Die Reihen werden nie verkürzt. Wird der Registerinhalt um eins heraufgezählt, verlängert U_0 beim Durchlaufen des Musters die untere Reihe um ein C, und wird der Registerinhalt um eins verringert, dann verlängert U_0 die obere der beiden Reihe um ein Zeichen.

Abb. 14.41. Der Baustein Reg^2

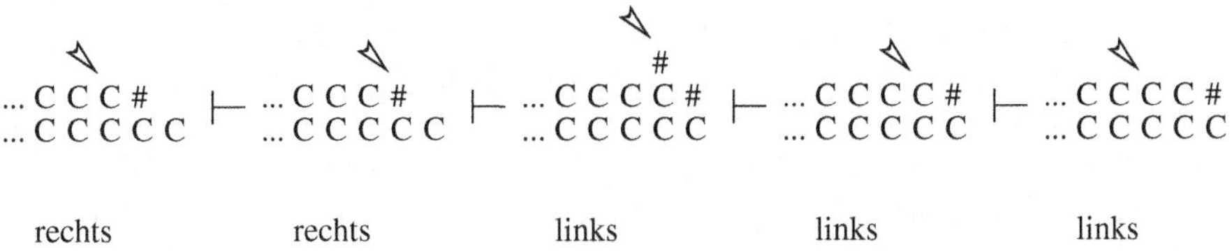

rechts   rechts   links   links   links

Abb. 14.42. U_0 verringert die in einem Reg^2-Muster gespeicherte Zahl um eins

Sehen wir uns an einem Beispiel an, wie U_0 auf diesem Muster arbeitet. Angenommen, der Kopf von U_0 kommt aus Richtung „$s \to$ " (der zu simulierende Befehl ist also eine Subtraktion). Dann läuft U_0 auf der oberen der zwei C-Reihen nach rechts und arbeitet an deren Ende so, wie es Abb. 14.42 zeigt: Sie ergänzt die obere C-Reihe um ein weiteres C, läuft auf ihr zurück und verlässt das Muster über $r \leftarrow$. Damit ist der Längenunterschied ℓ um eins gesunken, die gespeicherte Zahl also um eins dekrementiert. U_0 testet dabei nicht, ob der gespeicherte Wert echt größer null ist, sie führt die Subtraktion einfach durch. Damit kann es auch vorkommen, dass die obere Reihe um mehr als ein Zeichen länger wird als die untere. Das macht aber nichts, da ja das Verhalten des Bausteins Reg^2 sowieso undefiniert ist für den Fall, dass er im Zustand 0 ein „s"-Signal empfängt. Im letzten Abschnitt haben wir, als wir den Baustein Reg^2 verwendeten (im Beweis zu Satz 14.6.11), immer erst einen Nulltest ausgeführt, wenn eine Subtraktion vorzunehmen war. Wenn wir den Baustein hier genauso verwenden, haben wir undefinierte Operationen von vornherein vermieden.

Was U_0 tut, wenn sie das Reg^2-Muster über den Eingang $s \to$ betritt, haben wir gerade gesehen. Überlegen wir uns jetzt noch, was geschieht, wenn sie das Muster über den Eingang $a \to$ erreicht, also eine Addition simuliert. Ihr Kopf läuft dann über die untere C-Reihe nach rechts. Sobald U_0 das erste $\#$ erreicht, überdruckt sie es mit einem C, was die gespeicherte Zahl n um eins erhöht. U_0 wechselt in den Zustand „links" und macht einen Schritt nach oben. Sieht sie hier ein $\#$, so war schon vor der Addition $n > 0$. In diesem Fall geht sie wieder um eine Reihe nach unten, läuft dort nach links und verlässt das Muster bei „> 0". Sieht sie hier dagegen ein C, so war die obere Reihe länger als die untere, es war also $n = 0$. Der Kopf läuft dann über die obere C-Reihe direkt zu $r \leftarrow$.

Die Teilkonfigurationen, die wir bisher gesehen habe, setzen wir entsprechend Abb. 14.25 im letzten Abschnitt zu einer „Blaupause" eines Rödding-Netzes zusammen, das seinerseits die Funktionsweise einer Registermaschine simuliert. Auf Seite 379 haben wir gefordert, dass zwei Gödelisierungen h und g existieren müssen, damit eine zweidimensionale Turing-Maschine universell ist: Die Funktion h erzeugt aus einer gegebenen Registermaschine R samt Registerinhalten eine Eingabekonfiguration für die Turing-Maschine, die Gödelisierung g extrahiert aus der Endkonfiguration der Turing-Maschine die Registerinhalte von R. Jetzt wissen wir genau, was diese zwei Funktionen für U_0 leisten müssen: h muss die Leitungs- und Baustein-Layouts, die wir gerade vorgestellt haben, so zusammensetzen, dass eine Startkonfiguration für U_0 entsteht, die dem Rödding-Netz N_R entspricht. Dabei muss h die Registerinhalte von R in C-Reihen der Reg^2-Mustern übersetzen. Die Funktion g muss in der Haltekonfiguration von U_0 die Registerbausteine identifizieren und deren Werte (anhand der Längendifferenz der C-Reihen) ablesen.   ■

14.8 Reversible Rechnungen

In diesem Abschnitt untersuchen wir *reversible* Rechenmodelle; das sind Modelle, in denen jeder Rechenschritt sowohl vorwärts als auch rückwärts ausgeführt werden darf. Wir untersuchen zwei verschiedene Begriffe von Reversibilität: *chemische* und *physikalische Reversibilität*.

Chemisch reversible Prozesse findet man bei chemischen Reaktionen nahe dem thermodynamischen Gleichgewicht. Stoffe können miteinander reagieren, aber das Resultat der Reaktion kann auch wieder in seine Ausgangsstoffe zerfallen – oder in andere Ausgangsstoffe. Ein theoretisches Modell solcher Prozesse ist sehr stark indeterminiert: Ein Zustand kann mehrere mögliche Nachfolger und mehrere mögliche Vorgänger haben, aber jeder Schritt „vorwärts" muss auch „rückwärts" durchführbar sein.

Physikalisch reversible Prozesse dagegen sind hochgradig determiniert: Der aktuelle Zustand legt nicht nur die gesamte zukünftige Entwicklung des Systems eindeutig fest, sondern auch die Vergangenheit. Physikalisch reversible Prozesse spielen eine wichtige Rolle in der Quantenmechanik und sind essentiell zum Verständnis von Quanten-Rechnern.

Der Begriff der Reversibilität bezieht sich in der Literatur fast ausschließlich auf unseren Begriff der physikalischen Reversibilität. Da wir aber beide Begriffe studieren wollen, führen wir den Zusatz „chemisch" bzw. „physikalisch" immer mit an.

Trotz der großen Unterschiede in der Determiniertheit haben die beiden Reversibilitätsbegriffe eine Reihe überraschender Gemeinsamkeiten, wie wir im weiteren feststellen werden. Wir untersuchen in diesem Abschnitt reversible Varianten von vielen der Rechenmodelle, die wir bisher kennengelernt haben. Insbesondere ist natürlich die Frage nach berechnungsuniversellen reversiblen Systemen interessant, und zwar nach möglichst kleinen.

14.8.1 Abstrakte Rechenmodelle

Wir führen zunächst den Begriff eines *abstrakten Rechenmodells* ein, das sowohl Automaten wie auch Grammatiken subsumiert. Damit können wir dann im nächsten Schritt ganz allgemein definieren, wann ein Rechenmodell chemisch oder physikalisch reversibel ist.

Definition 14.8.1 (Abstraktes Rechenmodell). *Ein* **abstraktes Rechenmodell (ARM)** *A ist ein Tupel $A = (\mathcal{C}, \vdash)$ von einer Menge $\mathcal{C}$ von* **Konfigurationen** *und einer Relation $\vdash \subseteq \mathcal{C} \times \mathcal{C}$, der* **direkten Nachfolgerelation** *auf $\mathcal{C}$.*

- *Für Konfigurationen $C, C' \in \mathcal{C}$ heißt C' der* **direkte Nachfolger** *von C, falls $C \vdash C'$ gilt.*
- *Die* **direkte Vorgängerrelation** *$\vdash^{-1} \subseteq \mathcal{C} \times \mathcal{C}$ ist definiert durch $C \vdash^{-1} C' :\Longleftrightarrow C' \vdash C$ (für $C, C' \in \mathcal{C}$).*

- *Das* **reverse ARM** A^{-1} *von A ist* $A^{-1} = (\mathcal{C}, \vdash^{-1})$.
- *Der* **reversible Abschluss** $\overleftrightarrow{A}$ *von A ist das ARM* $\overleftrightarrow{A} = (\mathcal{C}, \vdash \cup \vdash^{-1})$.
- *A heißt* **initial**, *falls eine Menge* $\mathcal{C}^{init}$ *von* **initialen Konfigurationen** *ausgezeichnet ist.* $\mathcal{C}^{fin} = \{C \in \mathcal{C} \mid \nexists C'\ C \vdash C'\}$ *ist die Menge der* **finalen Konfigurationen** *von A.*
- *Eine* **Rechnung** *(von* C_0 *nach* C_n *der Länge n) ist eine Folge* $C_0, C_1, \ldots, C_n$ *von Konfigurationen mit* $C_i \vdash C_{i+1}$ *für* $0 \le i < n$.
- $\vdash^*$ *bezeichnet die reflexive und transitive Hülle von* $\vdash$. C' *heißt* **erreichbar** *von C aus, falls* $C \vdash^* C'$ *gilt.*

  $\mathcal{E}(C) = \{C' \in \mathcal{C} \mid C \vdash^* C'\}$ *ist die* **Erreichbarkeitsmenge** *von C. Für Mengen* $M \subseteq \mathcal{C}$ *von Konfigurationen ist die Erreichbarkeitsmenge* $\mathcal{E}(M) = \bigcup_{C \in M} \mathcal{E}(C)$.

Anstelle des Begriffs „abstraktes Rechenmodell" wird in der Literatur oft „S-System" (für *state system*) oder „Transitionssystem" benutzt.

Definition 14.8.2 (Reversibilität). *Ein ARM A heißt*

- **(vorwärts) determiniert** *gdw. gilt:*

$$\forall C, C_1, C_2 \in \mathcal{C}\ \ (C \vdash C_1 \wedge C \vdash C_2 \Longrightarrow C_1 = C_2);$$

- **rückwärts determiniert** *gdw. gilt:*

$$\forall C, C_1, C_2 \in \mathcal{C}\ \ (C_1 \vdash C \wedge C_2 \vdash C \Longrightarrow C_1 = C_2);$$

- **physikalisch reversibel** *gdw. A determiniert und rückwärts determiniert ist;*
- **chemisch reversibel** *gdw. gilt:*

$$\forall C, C' \in \mathcal{C}\ \ (C \vdash C' \Longrightarrow C' \vdash C).$$

In chemisch reversibeln ARM bildet $\vdash^*$ eine Äquivalenzrelation auf $\mathcal{C}$. $\mathcal{E}(C) = [C]_{\vdash^*}$ enthält genau die Konfigurationen, die von C aus erreichbar sind. Das *Wortproblem* für chemisch reversible ARM ist die Frage, ob in dem ARM A gilt, dass $C' \in [C]_{\vdash^*}$ ist (für Konfigurationen C, C').

Als nächstes sehen wir uns an, wie sich Reversibilität auf ein paar der bisher behandelten Rechenmodelle auswirkt.

Beispiel 14.8.3 (Turing-Maschinen). Turing-Maschinen als ARM zu beschreiben, ist nicht weiter schwer. Definition 7.1.2 legt ja schon fest, was Konfigurationen und Übergänge sind.

Nach Def. 7.1.6 und der Churchschen These (10.2) können vorwärts determinierte Turing-Maschinen alle berechenbaren Funktionen berechnen. Diese Turing-Maschinen sind allerdings meist nicht rückwärts determiniert. Sehen wir uns zum Beispiel die Additionsmaschine M^+ aus Beispiel 7.2.1 an. Sie rechnet allgemein

$$s_0, \#|^n\#|^m\underline{\#} \vdash^*_{M+} h, \#|^{n+m}\underline{\#}.$$

Einen Haltezustand mit der Zahl $|||$ auf dem Band kann man auf zwei verschiedene Weisen erreichen:

$$s, \#|\#||\underline{\#} \vdash^*_{M+} h, \#|||\underline{\#} \text{ und}$$
$$s, \#||\#|\underline{\#} \vdash^*_{M+} h, \#|||\underline{\#}.$$

Das heißt, man kann von zwei verschiedenen initialen Konfigurationen aus, einerseits $C_1 = s, \#|\#||\underline{\#}$ und andererseits $C_2 = s, \#||\#|\underline{\#}$, die gleiche finale Konfiguration $C = h, \#|||\underline{\#}$ erreichen. Um uns genau an die Definition von „rückwärts determiniert" zu halten: Es muss zwei verschiedene Konfigurationen C_1', C_2' und eine Konfiguration C' geben mit

$$C_1 \vdash^*_{M+} C_1' \vdash_{M+} C' \vdash^*_{M+} C \text{ und}$$
$$C_2 \vdash^*_{M+} C_2' \vdash_{M+} C' \vdash^*_{M+} C.$$

Das heißt aber, keine Turing-Maschine, die die Addition berechnet, kann physikalisch reversibel sein.

Nach dem Berechnungsbegriff aus Def. 7.1.6 können physikalisch reversible Turing-Maschinen nur injektive berechenbare Funktionen berechnen – nur bei ihnen kann man aus dem berechneten Wert $f(x)$ eindeutig auf x zurückschließen. Das heißt aber nicht, dass die Übergangsfunktion δ einer physikalisch reversiblen Turing-Maschine selbst injektiv sein muss. Sehen wir uns dazu eine sehr einfache Turing-Maschine an, die Maschine $L_\#$ über $\{a, b, \#\}$ mit $L_\# = (\{s_0, s\}, \{a, b, \#\}, \delta, s_0)$ und

$$\delta(s_0, \#) = (s, L) \qquad \delta(s, a) = (s, L)$$
$$\delta(s, b) = (s, L) \qquad \delta(s, \#) = (h, \#)$$

$L_\#$ läuft einfach nach links über das Eingabewort hinweg: für $w \in \{a, b\}^*$ rechnet sie $s_0, \#w\underline{\#} \vdash^* h, \underline{\#}w$. Die Maschine $L_\#$ ist reversibel: aus $C_1 \vdash C$ und $C_2 \vdash C$ folgt immer $C_1 = C_2$. Aber δ ist nicht injektiv.

Weitere Beispiele physikalisch reversible Turing-Maschinen sind die Verdopplungsmaschine $Copy$ aus Beispiel 7.2.4 mit $s, \#w\underline{\#} \vdash^*_{Copy} h, \#w\#w\underline{\#}$ für $w \in (\Sigma = \{\#\})^*$ und die Shift-Maschinen S_R und S_L aus Beispiel 7.2.5.

Der Grund, warum keine Turing-Maschine, die die Addition berechnet, physikalisch reversibel sein kann, liegt im Berechnungsbegriff aus Def. 7.1.6. Danach darf die Turing-Maschine nach Abschluss der Berechnung außer dem berechneten Wert nichts anderes mehr auf dem Band haben. In physikalisch reversiblen Systemen aber wird oft eine „Nebenrechnung" verwendet, die den gesamten bisherigen Ablauf der Berechnung aufzeichnet (und damit auch reversibel macht). Ähnlich wie die Maschine $Copy$ könnte man z.B. eine physikalisch reversible Turing-Maschine konstruieren, die

$$s, \#|^n\#|^m\underline{\#} \vdash^* h, \#|^n\#|^m\#|^{n+m}\underline{\#}$$

rechnet – bei dieser Maschine unterscheidet sich die Haltekonfigurationen für $1+2$ von der für $2+1$. Mit einem ähnlichen Trick werden wir zeigen können, dass physikalisch reversible Turing-Maschinen berechnungsuniversell sind.

Beispiel 14.8.4 (Mealy-Automaten). Einen Mealy-Automaten $A = (K, \Sigma, \Gamma, \delta, \lambda, s)$ kann man z.B. wie folgt als ein ARM auffassen: Wir setzen $\mathcal{C} = K \times \Sigma^* \times \Gamma^*$, das heißt, eine Konfiguration besteht aus dem aktuellen Zustand, dem noch zu bearbeitenden Eingabewort und dem bisher generierten Ausgabewort. Die Nachfolgerelation $(s_1, w_1, u_1) \vdash (s_2, w_2, u_2)$ gilt genau dann, wenn es Buchstaben $x \in \Sigma, y \in \Gamma$ gibt mit $s_2 = \delta(s_1, x)$, $y = \lambda(s_1, x)$ und $xw_2 = w_1$ sowie $u_2 = u_1 y$. Eine Rechnung des Mealy-Automaten E aus Bsp. 14.6.3 ist dann zum Beispiel

$$\text{unten}, tct, \varepsilon \vdash \text{unten}, ct, t^u \vdash \text{oben}, t, t^u c' \vdash \text{oben}, \varepsilon, t^u c' t^o.$$

Hier haben wir im ARM also gerade das sequentielle Verhalten eines Mealy-Automaten wiedergegeben.

Beispiel 14.8.5 (Rödding-Netze). Ein Rödding-Netz ist per Definition ein Mealy-Automat, also könnte man das ARM-Modell von Mealy-Automaten für Rödding-Netze übernehmen. Dabei ginge aber ein wichtiger Aspekt von Rödding-Netzen verloren, nämlich dass das, was nach außen wie *ein* Schritt des Mealy-Automaten aussieht, intern durch eine Folge von Rechenschritten realisiert wird. Um diesen Aspekt mitzumodellieren, beschreiben wir Rödding-Netze als ARM wie folgt: Eine Konfiguration für ein Rödding-Netz enthält zum einen die Zustände aller vorkommenden Bausteine, zum anderen die Leitung, auf der sich gerade das Signal befindet. Das kann eine innere Leitung sein oder eine Eingabe- oder Ausgabeleitung des Netzes. Wir präsentieren hier nur ein Beispiel. Eine generelle Definition eines Rödding-Netzes als ARM folgt in Def. 14.8.11.

Abb. 14.43 zeigt ein Rödding-Netz N bestehend aus vier Bausteinen K, E_1, E_2, E_3; die E_i sind Kopien des Bausteins E aus Bsp. 14.6.3, Baustein K haben wir in Bsp. 14.6.4 eingeführt. Die Leitungen von N sind mit $0-3$ (für Ein- und Ausgabeleitungen) und $a-g$ (für interne Leitungen) bezeichnet. Eine Konfiguration von N ist etwa

$$(\text{oben}, \text{oben}, \text{unten}, 3).$$

Der Baustein E_1 ist im Zustand „oben", E_2 steht auf „oben" und E_3 auf „unten", und das Signal liegt auf Leitung 3. Der Baustein K hat keinen Zustand.

Das Netz N realisiert einen Mealy-Automaten, der modulo 3 zählt, nämlich den Automaten $A = (K, I, O, \delta, \lambda)$ mit $K = \{i, ii, iii\}$, $I = \{0\}$, $O = \{1, 2, 3\}$ und den folgenden (δ, λ)-Übergängen:

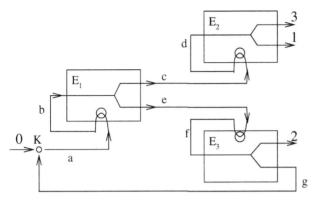

Abb. 14.43. Ein Rödding-Netz über $\{K, E\}$

$$i, \quad 0 \;\to\; ii, \; 1$$
$$ii, \quad 0 \;\to\; iii, 2$$
$$iii, 0 \;\to\; i, \quad 3$$

Um zu zeigen, dass N den Automaten A realisiert, bilden wir mit einer Funktion $\varphi : K \to \{oben, unten\}^3$ die Zustände von A auf Zustände von E_1, E_2, E_3 ab: Wir setzen

$$\varphi(i) \;=\; (oben, \; oben, \; oben)$$
$$\varphi(ii) \;=\; (oben, \; unten, \; unten)$$
$$\varphi(iii) \;=\; (unten, \; unten, \; oben)$$

Dem Übergang $ii, 0 \to iii, 2$ von A entspricht damit die folgende Rechnung in N:

$$(oben, unten, unten, 0) \quad \vdash \quad (oben, unten, unten, a)$$
$$\vdash \quad (unten, unten, unten, b) \quad \vdash \quad (unten, unten, unten, e)$$
$$\vdash \quad (unten, unten, oben, f) \quad \vdash \quad (unten, unten, oben, 2).$$

Die Bausteine von Rödding-Netzen sind Mealy-Automaten mit einer deterministischen Übergangsfunktion, insofern sind Rödding-Netze vorwärts determiniert. Sie sind aber nicht notwendigerweise rückwärts determiniert; ein Beispiel dafür ist der Baustein K mit $s, 1 \to s, 3$ und $s, 2 \to s, 3$.

Ist das obige Netz N, als ARM aufgefasst, rückwärts determiniert? Die Konfiguration $(oben, unten, unten, a)$ hat zwei Vorgänger: einerseits $(oben, unten, unten, 0)$, andererseits $(oben, unten, unten, g)$. Allerdings ist $(oben, unten, unten, g)$ nicht erreichbar von irgendeiner Konfiguration der Form $(x, y, z, 0)$ für $x, y, z \in \{oben, unten\}$. In N gilt nämlich folgende Vorgängerbeziehung:

(oben, unten, unten, g) $\vdash_N^{-1}$ (oben, unten, unten, f)

$\vdash_N^{-1}$ (oben, unten, oben, e),

und E_1 im Zustand „oben" kann kein Signal auf e legen.

Definieren wir N als ARM also so: Als Menge der initialen Konfigurationen verwenden wir $\mathcal{C}_N^{init} = \{\varphi(\alpha) \times \{0\} \mid \alpha \in \{i, ii, iii\}\}$ und setzen $N = (\mathcal{C}_N, \vdash_N)$ für die Konfigurationen-Menge $\mathcal{C}_N = \mathcal{E}(\mathcal{C}_N^{init})$, also die Menge der Konfigurationen, die von den initialen aus erreichbar sind. Dann ist N vorwärts und rückwärts determiniert, also physikalisch reversibel, obwohl N einen nicht-reversiblen Baustein, K, enthält.

In der Theorie von Quantenrechnern spricht man allerdings nur dann von einem physikalisch reversiblen Netzwerk, wenn alle Bausteine des Netzes ebenfalls physikalisch reversibel sind.

Beispiel 14.8.6 (Thue-Systeme). Ein bekanntes Beispiel für chemisch reversible ARM sind *Thue-Systeme*. Aus Kap. 13 kennen wir Semi-Thue-Systeme (Def. 13.6.2). *Thue-Systeme* sind als reversible Hüllen von Semi-Thue-Systemen definiert: hier haben alle Regeln die Form

$$w \Longleftrightarrow w'$$

für Wörter w, w': w darf durch w' ersetzt werden und umgekehrt. Damit sind Thue-Systeme offensichtlich chemisch reversibel.

Der Nachweis, dass Thue-Systeme berechnungsuniversell sind, gehört zu den frühen Resultaten aus dem Anfang des letzten Jahrhunderts. Wir werden ihre Berechnungsuniversalität zeigen, indem wir beweisen, dass chemisch reversible Grammatiken alle rekursiv aufzählbaren Sprachen generieren.

14.8.2 Asynchrone Automaten und Netze

In diesem Abschnitt führen wir *asynchrone Automaten* und *asynchrone Netze* ein. Ein asynchroner Automat kann von mehreren Signale gleichzeitig durchlaufen werden. Wie er schaltet, hängt davon ab, welche Menge von Eingangssignalen er sieht, und er setzt jeweils eine Menge von Ausgangssignalen ab. In einem asynchronen Netz können mehrere Signale gleichzeitig kreisen. Wie lang ein Signal braucht, um eine Leitung zu durchlaufen, ist dabei indeterminiert.

Beide Hauptmerkmale asynchroner Netze, das Vorhandensein mehrerer Signale und die nicht festgelegte Durchlaufzeit durch Leitungen, entspricht der Grundintuition hinter chemisch reversiblen Rechenmodellen, dem Reagenzglas mit Substanzen, die miteinander reagieren. Dabei ist nicht genau festgelegt, welche Stoffe wann reagieren, und es können auch mehrere Reaktionen gleichzeitig stattfinden.

Definition 14.8.7 (Asynchroner Automat). *Ein* **asynchroner Automat** *A ist ein Tupel* $A = (K, I, O, \vdash)$ *von*

- *einer Menge K von Zuständen,*
- *einer endlichen Menge I (wie* Input*) von Eingangsleitungen,*
- *einer endlichen Menge O (wie* Output*) von Ausgangsleitungen und*
- *einer Relation $\vdash \subseteq (K \times 2^I) \times (K \times 2^O)$ von Übergängen.*

A heißt **endlich**, *falls K endlich ist. Eine Konfiguration C von A ist ein Element aus $\mathcal{C}_A = (K \times 2^I) \cup (K \times 2^O)$.*

Ein asynchroner Automat A arbeitet also so: Gegeben eine Menge $M \subseteq I$ von Eingangssignalen und einen aktuellen Zustand $q \in K$, so schaltet er indeterminiert (denn $\vdash$ ist eine Relation) in einen neuen Zustand $q' \in K$ und gibt eine Menge $N \subseteq O$ von Ausgangssignalen aus:

$$(q, M) \vdash (q', N).$$

Statt $(q, M) \vdash (q', N)$ schreiben wir einfacher auch $q, M \vdash q', N$ und statt $q, \{x\} \vdash q', \{y\}$ auch $q, x \vdash q', y$.

Wir nehmen an, dass ein asynchroner Automat A keine überflüssigen Eingabe- oder Ausgabeleitungen besitzt, d.h. für jedes $x \in I$ soll auch ein Übergang $q, M \vdash q', N$ in A vorkommen mit $x \in M$, analog für O.

Setzen wir asynchrone Automaten zu anderen Rechenmodellen in Bezug, die wir schon kennen:

- Es gibt mehrere Möglichkeiten, asynchrone Automaten als ARM zu beschreiben. Ein asynchrone Automat $A = (K, I, O, \vdash)$ ist gleichzeitig das ARM $(\mathcal{C}_A, \vdash)$. Damit können wir den reversiblen Abschluss $\overleftrightarrow{A}$ eines asynchronen Automaten $A = (K, I, O \vdash)$ direkt angeben: Es ist $\overleftrightarrow{A} = (K, I \cup O, I \cup O, \vdash \cup \vdash^{-1})$.

  Mit dieser Definition betrachten wir aber nur jeweils *einen* Schritt des asynchronen Automaten und ignorieren sein sequentielles Verhalten. Wollen wir das mitmodellieren, dann bietet sich ein Vorgehen wie bei Mealy-Automaten an: Wir setzen $\mathcal{C} = K \times (2^I)^* \times (2^O)^*$ – ein solcher ARM arbeitet nach und nach ein Eingabewort ab und generiert dabei ein Ausgabewort; ein Eingabe-Buchstabe ist eine Menge von Eingangssignalen, ein Ausgabe-Buchstabe eine Menge von Ausgangssignalen. In diesem Modell gilt $(s_1, w_1, u_1) \vdash_1 (s_2, w_2, u_2)$ genau dann, wenn es Mengen $M \subseteq 2^I, N \subseteq 2^O$ gibt mit $(s_1, M) \vdash (s_2, N)$ und $Mw_2 = w_1, u_2 = u_1N$. Damit verhält sich $(\mathcal{C}, \vdash_1)$ zu $(\mathcal{C}, \vdash)$ wie δ^* zu δ bei endlichen Automaten. Für physikalische Reversibilität ist es gleichgültig, welches Modell wir wählen: $(\mathcal{C}, \vdash_1)$ ist genau dann physikalisch reversibel, wenn $(\mathcal{C}, \vdash)$ es ist.

- Ein Mealy-Automat (Def. 14.6.1) ist ein determinierter asynchroner Automat, der immer nur ein Signal gleichzeitig verarbeitet. Ein Mealy-Automat $A = (K, \Sigma, \Gamma, \delta, \lambda, s)$ lässt sich also als ein asynchroner Automat definieren, der einen Übergang $q, x \vdash q', y$ genau dann hat, wenn $\delta(q, x) = q'$ und $\lambda(q, x) = y$ gilt.

- Also können wir umgekehrt einen asynchronen Automaten auch formal als einen indeterminierten Mealy-Automaten $A = (K, \Sigma, \Gamma, \Delta)$ auffassen, der eine Relation $\Delta \subseteq (K \times I) \times (K \times O)$ enthält anstatt einer Funktion δ. Dazu müssen wir nur Σ als 2^I und Γ als 2^O festlegen.

Da wir aber später asynchrone Automaten zu asynchronen Netzen zusammenschließen wollen, ist die Definition asynchroner Automaten mit $\vdash \subseteq (K \times 2^I) \times (K \times 2^O)$ (also wie in Def. 14.8.7) günstiger: Wir wollen ja Leitungen aus O und I miteinander verbinden, nicht Elemente aus 2^O mit solchen aus 2^I.

Als nächstes stellen wir eine Reihe von *chemisch reversiblen* asynchronen Automaten vor, die wir später als „Grundbausteine" benutzen werden. Sie sind in Abb. 14.44 dargestellt.

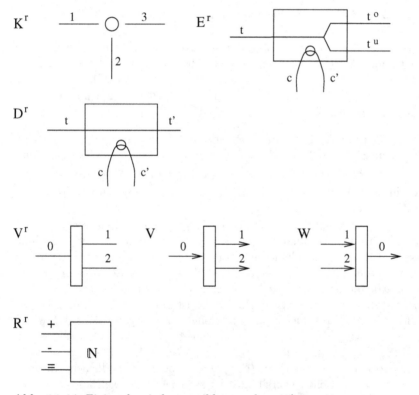

Abb. 14.44. Einige chemisch reversible asynchrone Automaten

Der chemisch reversible asynchrone Automat K^r ist der reversible Abschluss $\overleftrightarrow{K}$ des Mealy-Automaten K aus Bsp. 14.6.4. Er ist definiert als $K^r = (\{s\}, \{1, 2, 3\}, \{1, 2, 3\}, \vdash)$, wobei $\vdash$ der reversible Abschluss ist von

$$s, 1 \vdash s, 3 \quad \text{und} \quad s, 2 \vdash s, 3.$$

Der chemisch reversible asynchrone Automat E^r ist der reversible Abschluss $\overleftrightarrow{E}$ des Mealy-Automaten E aus Bsp. 14.6.3. Er ist definiert als $E^r = (\{\text{oben, unten}\}, \{t, t^o, t^u, c, c'\}, \{t, t^o, t^u, c, c'\}, \vdash)$, wobei $\vdash$ der reversible Abschluss ist von

$$\text{oben}, t \vdash \text{oben}, t^o \qquad \text{unten}, t \vdash \text{unten}, t^u$$

$$\text{oben}, c \vdash \text{unten}, c' \qquad \text{unten}, c \vdash \text{oben}, c'.$$

Der chemisch reversible asynchrone Automat D^r hat zwei Zustände, „ein" und „aus", die über c oder c' umgeschaltet werden können. Nur im Zustand „ein" lässt er ein Signal von t nach t' (oder von t' nach t) durch. Er ist definiert als $D^r = (\{\text{ein, aus}\}, \{t, t', c, c'\}, \{t, t', c, c'\}, \vdash)$, dabei ist $\vdash$ der reversible Abschluss von

$$\text{ein}, t \vdash \text{ein}, t'$$

$$\text{ein}, c \vdash \text{aus}, c'$$

$$\text{aus}, c \vdash \text{ein}, c'.$$

Der chemisch reversible asynchrone Automat V^r ist definiert als $V^r = (\{s\}, \{0, 1, 2\}, \{0, 1, 2\}, \vdash)$ mit

$$s, 0 \vdash s, \{1, 2\} \quad \text{und} \quad s, \{1, 2\} \vdash s, 0.$$

V^r ist kein Mealy-Automat: Er braucht zwei Signale, je eins auf den Leitungen 1 und 2, um ein Signal auf 0 zu erzeugen. V^r ist der reversible Abschluss $\overleftrightarrow{V}$ des (nicht chemisch reversiblen) asynchronen Automaten V in Abb. 14.44 mit $V = (\{s\}, \{0\}, \{1, 2\}, \vdash)$ mit $s, 0 \vdash s, \{1, 2\}$. V^r ist auch der reversible Abschluss $\overleftrightarrow{W}$ des asynchronen Automaten W mit $W = (\{s\}, \{1, 2\}, \{0\}, s, \vdash)$ mit $s, \{1, 2\} \vdash s, 0$.

Der chemisch reversible asynchrone Automat R^r ist ein Registerbaustein mit unendlichem Zustandsraum. Er ist definiert als $R^r = (\mathbb{N}, \{+, -, =\}, \{+, -, =\}, \vdash)$, dabei ist $\vdash$ der reversible Abschluss von

$$n, + \vdash n + 1, - \qquad \forall n \in \mathbb{N}, \text{ und}$$

$$0, - \vdash 0, = .$$

Mit $+$ wird sein Zustand um eins erhöht, mit $-$ um eins dezimiert. Ein Signal auf der Leitung $-$ testet gleichzeitig auf Null: Im Zustand 0 gibt der Automat ein Signal auf Leitung $=$ zurück, ansonsten legt er ein Signal auf die Leitung $+$.

Nun schließen wir asynchrone Automaten zu asynchronen Netzen zusammen. In einem asynchronen Netz dürfen beliebig viele Signale kreisen, und es ist indeterminiert, wie lang ein Signal braucht, um eine Leitung zu durchlaufen. Wir werden sogar erlauben, dass sich beliebig viele Signale auf einer Leitung bewegen.

Definition 14.8.8 (Asynchrones Netz). *Ein* **asynchrones Netz** *ist ein Tupel $N = (A_1, \ldots, A_n, \Psi, \vdash_N)$ mit folgenden Eigenschaften:*

- *Die $A_i = (K_i, I_i, O_i, \vdash_i)$, $1 \leq i \leq n$ sind endlich viele asynchrone Automaten mit $(I_i \cup O_i) \cap (I_j \cup O_j) = \emptyset$ für $1 \leq i < j \leq n$.*

  Es seien $I_N = \bigcup_{i=1}^n I_i$, $O_N = \bigcup_{i=1}^n O_i$, und $E_N = I_n \cup O_n$ sei die Menge der Baustein-Enden *der beteiligten Automaten.*

- *Die Abbildung $\Psi : E_N \to E_N$ mit $\Psi \circ \Psi = id$ und $\Psi(e) \in \{e\} \cup I_N$ $\forall e \in O_N$ sowie $\Psi(e) \in \{e\} \cup O_N$ $\forall e \in I_N$ verbindet Paare von Baustein-Enden aus E_N zu Leitungen.*[5]

  Mit Hilfe dieser Abbildung lässt sich eine Äquivalenzrelation $\sim$ auf Baustein-Enden definieren, mit $e \sim e'$ $:\Longleftrightarrow$ $\Psi(e) = e'$ $\vee$ $e = e'$ für alle $e, e' \in E_N$. Alle Baustein-Enden e haben als Äquivalenzklasse entweder $[e]_\sim = \{e\}$ oder $[e]_\sim = \{e, e'\}$ für ein $e' \in E_N$. Zwei Baustein-Enden $e, e' \in E_N$ mit $e \neq e'$ und $e \sim e'$ heißen **verbunden***.*

  $L_N = E_N/\sim$ ist die Menge der **Leitungen** *in N. Eine Leitung $\ell \in L_N$ heißt* **Ende** *von N, falls $\ell = \{e\}$ ist für ein $e \in E_N$, und* **Verbindungsleitung** *(zwischen e und e') in N, falls $\ell = \{e, e'\}$ ist.*

  $\mathfrak{C}_N = (\times_{i=1}^n K_i) \times \mathrm{N}^{L_N}$ ist die Menge der **Konfigurationen von N***. Eine Leitungsfunktion $M : L_N \to \mathrm{N}$ sagt, wieviele Signale sich auf welcher Leitung befinden.*

- *$\vdash_N \subseteq \mathfrak{C}_N \times \mathfrak{C}_N$ ist die Übergangsrelation von N, bei der für alle Zustandspaare $s_i, s_i' \in K_i$, $1 \leq i \leq n$, und alle Leitungsfunktionen $M, M' : L_N \to \mathrm{N}$ gilt:*

$$(s_1, \ldots, s_n, M) \vdash_N (s_1', \ldots, s_n', M') :\Longleftrightarrow$$

  es gibt einen Automaten A_i, $1 \leq i \leq n$, eine Menge $X \subseteq I_i$ von Eingangsleitungen und eine Menge $Y \subseteq O_i$ von Ausgangsleitungen von A_i, so dass
  - *$M([x]_\sim) \geq 1$ $\forall x \in X$*
  - *$(s_i, X) \vdash_{A_i} (s_i', Y)$,*
  - *$s_j' = s_j$ für alle $j \in \{1, \ldots, n\}$ mit $j \neq i$, und*
  - *$M'([x]_\sim) = M([x]_\sim) - m([x]_\sim) + p([x]_\sim)$ mit $m([x]_\sim) = 1$ für alle $x \in X$ und 0 sonst, und $p([x]_\sim) = 1$ für alle $x \in Y$ und 0 sonst.*

Die Definition von $\vdash_N$ legt fest, dass bei einem Übergang eines asynchronen Netzes jeweils genau einer der beteiligten asynchronen Automaten einmal schaltet. Ein Automat muss nicht reagieren, wenn ein Signal auf einer seiner Eingangsleitungen anliegt. Und ein Automat A_i kann $s_i, M \vdash_{A_i} s_i', M'$ schalten, auch wenn auf den Leitungsenden von A_i mehr Signale anliegen als

---

[5] D.h. für alle $e \in E_N$ ist entweder $\Psi(e) = e$, oder es gibt ein $e' \in E_N$ mit $\Psi(e) = e'$ und $\Psi(e') = e$.

in M sind. Das heißt, man weiß nicht, wo auf einer Leitung sich ein Signal befindet, ob es also noch „unterwegs" ist oder schon bei A_i angelangt. Das modelliert den Indeterminismus der Laufzeit von Signalen.

Ein asynchrones Netz $N = (A_1, \ldots, A_n, \Psi, \vdash_N)$ ist chemisch reversibel, wenn alle A_i, $1 \le i \le n$, chemisch reversible asynchrone Automaten sind.

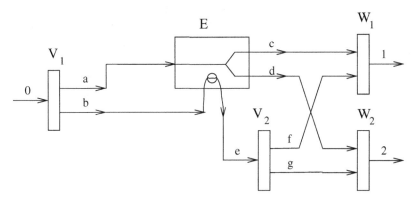

Abb. 14.45. Das Netz S

Beispiel 14.8.9. Das asynchrone Netz S in Abb. 14.45 zeigt, was es heißt, dass die Signallaufzeiten auf den Leitungen indeterminiert ist. Das Netz hat $I = \{0\}$ und $O = \{1, 2\}$ als Enden und $\{a, b, c, d, e, f, g\}$ als Verbindungsleitungen. Die Konfigurationen von S sind Paare aus der Menge $K_E \times \mathrm{N}^L$ für $L = \{0, 1, 2, a, \ldots, g\}$. (Da V_1, V_2, W_1, W_2 jeweils nur einen Zustand haben, können wir sie in den Konfigurationen vernachlässigen.)

Ein Eingangssignal auf Leitung 0 wird von V_1 dupliziert und auf die Leitungen a und b gelegt. Jetzt kommt es darauf an, welches Signal schneller läuft – das Signal auf a, das den Zustand von E testet, oder das Signal auf b, das ihn ändert. Wenn der Automat E^r z.B. anfangs im Zustand „oben" ist, kann das Netz so rechnen:

$$\text{oben}, 0 \vdash_I \text{oben}, \{a, b\} \begin{array}{l} \nearrow_S \text{oben}, \{c, b\} \vdash_S^* \text{unten}, \{c, f, g\} \vdash_S \text{unten}, \{1, g\} \\ \searrow_S \text{unten}, \{a, e\} \vdash_S^* \text{unten}, \{d, f, g\} \vdash_S \text{unten}, \{2, f\} \end{array}$$

Wenn E anfangs im Zustand „unten" ist, sind folgende Rechnungen möglich:

$$\text{unten}, 0 \vdash_S \text{unten}, \{a, b\} \begin{array}{l} \nearrow_S \text{unten}, \{b, d\} \vdash_S^* \text{oben}, \{d, f, g\} \vdash_S \text{oben}, \{2, f\} \\ \searrow_S \text{oben}, \{a, e\} \vdash_S^* \text{oben}, \{c, f, g\} \vdash_S \text{oben}, \{1, g\} \end{array}$$

Das heißt, der Zustand von E ist unerheblich. Das ist auch nicht weiter überraschend, da das Signal auf b den Zustand zu einer beliebigen Zeit umschalten kann. Damit verhält sich S auf seinen Enden wie der indeterminierte asynchrone Automat $S' = (\{s'\}, \{0\}, \{1, 2\}, \{0 \vdash 1, 0 \vdash 2\})$, der ein Eingangssignal indeterminiert entweder auf Leitung 1 oder 2 wieder ausgibt. Allerdings können sich in S beliebig viele Signale auf den Leitungen f und g häufen. Das führt zwar nicht zu falschen Rechnungen, ist aber unschön.

Interessant an S und S' ist, dass offenbar asynchrone Netze, die nur aus determinierten Bausteinen aufgebaut sind, ein indeterminiertes Verhalten aufweisen können. Dieser Indeterminismus kommt von dem „Wettrennen" der Signale auf a und b. Abbildung 14.46 zeigt ein einfacheres asynchrones Netz, das sich auf seinen Enden wie S und S' verhält. Es trägt auf Leitung a ein Signal – gekennzeichnet durch das Symbol X – das zu beliebigen Zeitpunkten den Automaten E umschaltet. In diesem Netz häufen sich keine Signale auf Leitungen.

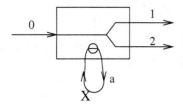

Abb. 14.46. Ein asynchrones Netz mit gleichem Verhalten wie S auf seinen Enden

Beispiel 14.8.10. Der asynchrone Automat E' in Abb. 14.47 oben ist definiert als $E' = (\{s\}, \{o, u, t, c\}, \{o', u', t^o, t^u, c'\}, \vdash)$ mit

$$s, \{o, t\} \vdash s, \{o', t^o\} \qquad s, \{u, t\} \vdash s, \{u', t^u\}$$
$$s, \{o, c\} \vdash s, \{u', c'\} \qquad s, \{u, c\} \vdash s, \{o', c'\}$$

Das asynchrone Netz N^E in Abb. 14.47 unten verwendet den Automaten E'. Wir sagen, dass N^E sich im Zustand „oben" (bzw. „unten") befindet, wenn die Verbindungsleitung a (bzw. b) ein Signal trägt. Ein zusätzliches Eingangssignal auf t testet den Zustand des Netzes (Ausgabe auf t^o für „oben" bzw. t^u für „unten"), und ein Eingabesignal auf c schaltet den Zustand des Netzes um.

Damit verhält sich N^E genau wie der Automat E aus Bsp. 14.6.3. N^E ist aber nur aus quasi zustandsfreien Komponenten aufgebaut: E' hat nur einen einzigen, immer gleichbleibenden Zustand s, also eigentlich keinen. Das heißt, dass wir in asynchronen Netzen einen Baustein mit endlich vielen Zuständen immer durch zustandsfreie Bausteine ersetzen können. Die Zustandsinformation liegt dann auf rückgekoppelten Leitungen statt im Automaten. (Für unendliche Zustandsräume funktioniert das nicht, dafür bräuchte man unendlich viele rückgekoppelte Leitungen.)

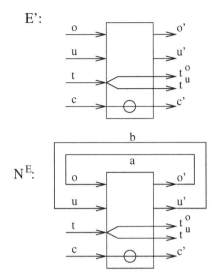

Abb. 14.47. Graphische Darstellung von E' und das Netz N^E

14.8.3 Berechnungsuniverselle chemisch reversible Netze

Welche „Grundbausteine" braucht man, um berechnungsuniverselle chemisch reversible Netze aufzubauen? Um diese Frage geht es in diesem Abschnitt. Wir gehen dabei so vor: In einem ersten Schritt übertragen wir die Aussagen über berechnungsuniverselle Rödding-Netze (Abschnitt 14.6) auf chemisch reversible Netze. In einem zweiten Schritt ersetzen wir die Mealy-Automaten, die wir in Abschnitt 14.6 für berechnungsuniverselle Rödding-Netze benutzt haben, durch immer einfachere asynchrone Automaten.

Definition 14.8.11 (Spezialfälle von asynchronen Netzen). *Einen asynchronen Automaten* $A = (K, I, O, \vdash_A)$ *mit* $q, M \vdash_A q', N \Longrightarrow |M| = 1 = |N|$ *nennen wir im folgenden auch einen* **(indeterminierten) Mealy-Automaten**.

Ein asynchrones Netz $N = (M_1, \ldots, M_n, \Psi, \vdash)$, *in dem alle* M_i, $1 \leq i \leq n$, *determinierte Mealy-Automaten sind und nur Konfigurationen* $C \in (\times_{i=1}^{n} K_i) \times L_N$ *zugelassen sind (anstatt aus* $(\times_{i=1}^{n} K_i) \times N^{L_N})$, *nennen wir auch ein* **Rödding-Netz**.

Wir können also Rödding-Netze als asynchrone Netze auffassen, in denen maximal ein Signal kreist. Außerdem sind Rödding-Netze determinierte ARM, wie wir in Bsp. 14.8.5 festgestellt haben. Um nun Berechnungsuniversalitäts-Ergebnisse von Rödding-Netzen auf *chemisch reversible* asynchrone Netze zu übertragen, zeigen wir einen allgemeinen Satz für determinierte ARM: In einem *determinierten* ARM A sind die Rechnungen *von initialen zu finalen Konfigurationen* genau dieselben wie im reversiblen Abschluss von A.

Satz 14.8.12 (Reversibler Abschluss). *Es seien* $A = (\mathcal{C}, \vdash)$ *ein deterministiertes ARM,* $\overset{\leftrightarrow}{A} = (\mathcal{C}, \vdash \cup \vdash^{-1})$ *der reversible Abschluss von* A *und* $\mathcal{C}^{init} \subseteq \mathcal{C}$ *eine Menge von initialen Konfigurationen. Dann gilt für alle* $C \in \mathcal{C}^{init}$ *und alle* $C' \in \mathcal{C}^{final}$:

$$C \vdash_A^* C' \iff C \vdash_{\overset{\leftrightarrow}{A}}^* C'.$$

Beweis: Die Richtung „$\Rightarrow$" ist offensichtlich. Zu „$\Leftarrow$": Wir wollen argumentieren, dass der letzte Schritt der Rechnung auf jeden Fall in A sein muss und ein Rückwärtsschritt in der Mitte der Rechnung wegen der Determiniertheit von A „gekürzt" werden kann.

Wenn $C' \in \mathcal{C}^{final}$ ist, dann gibt es kein $C'' \in \mathcal{C}$ mit $C' \vdash_A C''$, also auch kein $C'' \in \mathcal{C}$ mit $C'' \vdash_A^{-1} C'$. Das heißt, der letzte Schritt einer Rechnung zu einer finalen Konfiguration C' ist auf jeden Fall in A, nicht in A^{-1}.

Seien nun $C_0 \in \mathcal{C}^{init}$ und $C_n \in \mathcal{C}^{final}$, und $C_0 \vdash_{\overset{\leftrightarrow}{A}} C_1 \vdash_{\overset{\leftrightarrow}{A}} \ldots \vdash_{\overset{\leftrightarrow}{A}} C_n$ sei eine Rechnung der Länge n in $\overset{\leftrightarrow}{A}$ von C_0 nach C_n. Wir müssen zeigen, dass es auch in A eine Rechnung von C_0 nach C_n gibt. Wir argumentieren induktiv über n.

$n = 0$. Dann gilt $C_0 = C_n$ und damit auch $C_0 \vdash_A^* C_n$.

$n = 1$. Aus $C_0 \vdash_{\overset{\leftrightarrow}{A}} C_1$ folgt $C_0 \vdash_A C_1$, da der letzte Schritt der Rechnung in A sein muss, wie wir eben argumentiert haben.

$n \to n + 1$. Es sei $C_0 \vdash_{\overset{\leftrightarrow}{A}} C_1 \vdash_{\overset{\leftrightarrow}{A}} \ldots \vdash_{\overset{\leftrightarrow}{A}} C_n \vdash_{\overset{\leftrightarrow}{A}} C_{n+1}$ eine Rechnung in $\overset{\leftrightarrow}{A}$ einer Länge von $n + 1 \geq 2$ von $C_0 \in \mathcal{C}^{init}$ nach $C_{n+1} \in \mathcal{C}^{final}$. Dann gilt auf jeden Fall $C_n \vdash_A C_{n+1}$. Angenommen, es kommt in der Rechnung eine Rückwärtsableitung $C_i \vdash_A^{-1} C_{i+1}$ vor. O.B.d.A. wählen wir i so, dass $C_i \vdash_A^{-1} C_{i+1} \vdash_A C_{i+2}$ gilt. (Wir können i so wählen, weil ja zumindest $C_n \vdash_A C_{n+1}$ gilt.) Damit haben wir einerseits $C_{i+1} \vdash_A C_i$, andererseits aber auch $C_{i+1} \vdash_A C_{i+2}$. A ist determiniert, also muss $C_i = C_{i+2}$ sein. Also ist $C_0 \vdash C_1 \vdash \ldots \vdash C_i = C_{i+2} \vdash C_{i+3} \vdash \ldots \vdash C_{n+1}$ eine Rechnung in $\overset{\leftrightarrow}{A}$ von C_0 nach C_n einer Länge von $n - 1$, für die per Induktionsvoraussetzung bereits $C_0 \vdash_A^* C_{n+1}$ gilt. ∎

Die beiden Voraussetzungen des Beweises, dass A vorwärts determiniert und C' final ist, sind essentiell – ohne sie gilt der Satz nicht. Abbildung 14.48 zeigt zwei ARM als Graphen: Konfigurationen sind als Knoten dargestellt und die $\vdash$-Beziehung als gerichteter Pfeil.

In A_1 ist die Konfiguation C_4 nicht final. Hier gilt einerseits $C_1 \nvdash_{A_1}^* C_4$, andererseits aber $C_1 \vdash_{\overset{\leftrightarrow}{A_1}}^* C_4$. A_2 ist nicht vorwärts determiniert, und es gilt $C_1 \nvdash_{A_2}^* C_7$, aber $C_1 \vdash_{\overset{\leftrightarrow}{A_2}}^* C_7$.

Aus dem Faktum, dass Rödding-Netze determinierte ARM sind (Bsp. 14.8.5), der Berechnungsuniversalität von Rödding-Netzen (Satz 14.6.10) und dem eben gezeigten Satz 14.8.12 folgt nun:

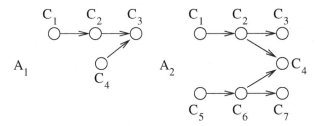

Abb. 14.48. Zwei ARM als Graphen

Korollar 14.8.13. Chemisch reversible Rödding-Netze (und damit auch chemisch reversible asynchrone Netze) sind berechnungsuniversell.

In Abschnitt 14.6 haben wir uns damit beschäftigt, welche Grundbausteine man braucht, um berechnungsuniverselle Rödding-Netze aufzubauen. Der gleichen Frage gehen wir jetzt für chemisch reversible asynchrone Netze nach. Zunächst gehen wir von den Grundbausteinen aus, die wir für berechnungsuniverselle Rödding-Netze verwendet haben (Satz 14.6.15): K, E und Reg^1.

Satz 14.8.14. *Chemisch reversible Rödding-Netze, die nur aus Vorkommen der Bausteine K^r, E^r und R^r aufgebaut sind, sind berechnungsuniversell.*

Beweis: Aus den Sätzen 14.8.12 und 14.6.15 folgt, dass chemisch reversible Rödding-Netze, die nur aus Vorkommen der chemisch reversiblen Bausteine $\overleftrightarrow{K}$, $\overleftrightarrow{E}$ und $\overleftrightarrow{Reg^1}$ aufgebaut sind, berechnungsuniversell sind. Es gilt $K^r = \overleftrightarrow{K}$ und $E^r = \overleftrightarrow{E}$. Damit bleibt nur zu zeigen, wie man $\overleftrightarrow{Reg^1}$ mit K^r, E^r und R^r nachbauen kann.

Reg^1 ist in Abb. 14.20 dargestellt. Der reversible Abschluss $\overleftrightarrow{Reg^1}$ hat die Enden $\{s, = 0, r, a\}$ und die folgenden Übergänge plus deren Inverse:

$$0, s \quad \vdash \ 0, = 0$$
$$n+1, s \vdash \ n, r \quad \forall n \in \mathbb{N}$$
$$n, a \quad \vdash \ n+1, r \ \forall n \in \mathbb{N}$$

Wir simulieren den Automaten $\overleftrightarrow{Reg^1}$ mit dem Netz N^R in Abb. 14.49. Hier, wie bei der graphischen Darstellung aller chemisch reversiblen Netze, lassen wir die Pfeilspitzen auf den Kanten weg.

Dies Netz verwendet die reversiblen Abschlüsse von $E^{1,2}$ und $E^{2,3}$. Diese Automaten haben wir in Abschnitt 14.6 eingeführt; es handelte sich dabei einfach um Variationen von E mit mehreren Test- und Umschaltleitungen. Dort haben wir auch gezeigt, dass wir $E^{1,2}$ und $E^{2,3}$ in ein Rödding-Netz über K und E (= $E^{1,1}$) isomorph einbetten können. Also können wir $\overleftrightarrow{E^{1,2}}$ und $\overleftrightarrow{E^{2,3}}$ mittels chemisch reversibler Rödding-Netze über $\overleftrightarrow{K}$ und $\overleftrightarrow{E}$ realisieren.

Das Netz N^R in Abb. 14.49 verwendet insgesamt zwei Auftreten von $\overleftrightarrow{K}$, eines von R^r und je eines von $\overrightarrow{E^{1,2}}$ und $\overrightarrow{E^{2,3}}$. Wenn man die Zustände der Bausteine $\overleftarrow{E^{1,2}}$ und $\overleftarrow{E^{2,3}}$ auf „oben" einstellt, dann realisiert das Netz N^R den Automaten $\overleftarrow{Reg^1}$. Das Netz N^R hat den Zustandsraum $(K_{E^{1,2}} \times K_{E^{2,3}} \times \mathrm{N}) \times L$, wobei $L = \{b, \ldots, j, a, s, = 0, r, +, -, t\}$ die Leitungen sind. Wir rechnen exemplarisch einen Übergang von $\overleftarrow{Reg^1}$ nach, nämlich $n + 1, s \vdash n, r$. Das Netz N^R rechnet dazu so:

$$(\text{oben}, \text{oben}, n+1),\ s\ \vdash_{N^R}\ (\text{oben}, \text{unten}, n+1),\ b\ \vdash_{N^R}$$

$$(\text{oben}, \text{unten}, n+1),\ -\ \vdash_{N^R}\ \ (\text{oben}, \text{unten}, n),\ +\ \ \vdash_{N^R}$$

$$(\text{oben}, \text{unten}, n),\ h\ \ \vdash_{N^R}\ \ (\text{oben}, \text{oben}, n),\ j\ \ \vdash_{N^R}$$

$$(\text{oben}, \text{oben}, n), r$$

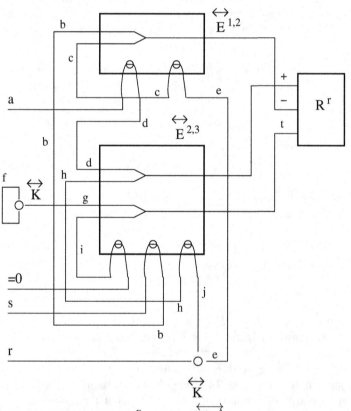

Abb. 14.49. Das Netz N^R realisiert $\overleftarrow{Reg^1}$

Im nächsten Schritt ersetzen wir E^r durch einfachere Bausteine.

Satz 14.8.15. *Chemisch reversible Rödding-Netze, die nur aus Vorkommen der Bausteine K^r, D^r und R^r aufgebaut sind, sind berechnungsuniversell.*

Beweis: Wir müssen nur noch zeigen, wie man E^r mit K^r und D^r realisieren kann.

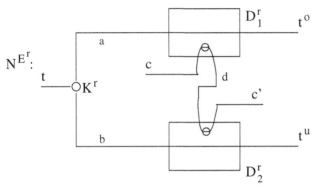

Abb. 14.50. Das Netz N^{E^r} realisiert E^r mit K^r und D^r

Abb. 14.50 zeigt das chemisch reversible Rödding-Netz N^{E^r}. Wir bilden die Zustände von E^r ab auf die Zustände von N^{E^r} mit der Funktion φ : $K_{E^r} \to K_{D_1^r} \times K_{D_2^r}$ mit

$$\varphi(\text{oben}) = (\text{ein}, \text{aus}) \text{ und } \varphi(\text{unten}) = (\text{aus}, \text{ein}).$$

Dann zeigt N^{E^r} auf den Eingangs- und Ausgangsleitungen das gleiche Verhalten wie E^r, d.h. N^{E^r} rechnet wie folgt:

$$(\text{oben}, t) = (\text{ein}, \text{aus}, t) \underset{N_{E^r}}{\overset{N^{E^r}}{\swarrow^{\nwarrow}}} \begin{array}{l} (\text{ein}, \text{aus}, a) \vdash_{N^{E^r}} (\text{ein}, \text{aus}, t^o) = (\text{oben}, t^o) \\ (\text{ein}, \text{aus}, b) \end{array}$$

$$(\text{unten}, t) = (\text{aus}, \text{ein}, t) \underset{N_{E^r}}{\overset{N^{E^r}}{\swarrow^{\nwarrow}}} \begin{array}{l} (\text{aus}, \text{ein}, a) \\ (\text{aus}, \text{ein}, b) \vdash_{N^{E^r}} (\text{aus}, \text{ein}, t^u) = (\text{unten}, t^u) \end{array}$$

$$(\text{oben}, c) = (\text{ein}, \text{aus}, c) \vdash_{N^{E^r}} (\text{aus}, \text{aus}, d) \vdash_{N^{E^r}} (\text{aus}, \text{ein}, c') = (\text{unten}, c')$$

$$(\text{unten}, c) = (\text{aus}, \text{ein}, c) \vdash_{N^{E^r}} (\text{ein}, \text{ein}, d) \vdash_{N^{E^r}} (\text{ein}, \text{aus}, c') = (\text{oben}, c')$$

Die Rechnungen, die in (ein, aus, b) bzw. (aus, ein, a) enden, sind möglich, weil K^r indeterminiert arbeitet. Sie erreichen keine Ausgangsleitung und beeinflussen insofern nicht das Verhalten des Netzes N^{E^r} nach außen. Aufgrund der chemischen Reversibilität können diese „toten Rechnungsenden" wieder rückgängig gemacht werden.   ∎

In den letzten zwei Sätzen haben wir eine der Haupteigenschaften asynchroner Netze gar nicht ausgenutzt: sie können mehrere Signale gleichzeitig enthalten. Jetzt verwenden wir ein Netz mit mehreren Signalen, um den Baustein D^r durch noch einfachere Bausteine zu ersetzen:

Satz 14.8.16. *Chemisch reversible asynchrone Netze, die nur aus den Bausteinen K^r, V^r und R^r aufgebaut sind, sind berechnungsuniversell.*

Beweis:

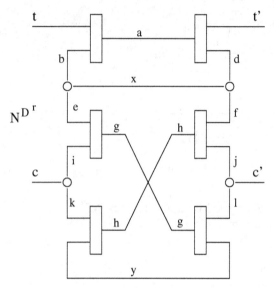

Abb. 14.51. Ein Netz über V^r und K^r, das D^r realisiert

Wir müssen nur noch zeigen, wie man D^r durch ein Netz über K^r und V^r simulieren kann. Das leistet das chemisch reversible Netz N^{D^r} in Abb. 14.51. Der Zustand „ein" von D^r wird in N^{D^r} realisiert durch ein Signal auf der Leitung x, der Zustand „aus" durch ein Signal auf der Leitung y. Wir ersetzen hier also, wie wir es oben in Bsp. 14.8.10 beschrieben haben, einen Zustand durch ein rückgekoppeltes Signal.

Wir zeigen für ein Beispiel, den Übergang (oben, c) $\vdash_{D^r}$ (unten, c) von D^r, wie N^{D^r} dazu rechnet:

$$(\text{oben}, c) = \{x, c\} \vdash^*_{N_{D^r}} \{e, i\} \vdash_{N_{D^r}} \{g\}$$
$$\vdash_{N_{D^r}} \{l, y\} \vdash_{N_{D^r}} \{y, c'\} = (\text{unten}, c').$$

Mit der Signalverteilung $\{x, c\}$ kann N^{D^r} natürlich auch anders rechnen als gerade angegeben, z.B. $\{x, c\} \vdash^* \{d, k\} \vdash \{f, k\}$. Von dort aus kann das

Netz aber nur durch eine weitere Rechnung $\vdash^* \{e, i\} \vdash^*$ (unten, c') ein Signal auf ein Ende ausgeben, hier c'. Chemisch reversible Rechnungen können also hochgradig indeterminiert sein. Aber in diesem Fall sorgen die V^r-Bausteine dafür, dass Signale, die durch K^r auf eine „falsche" Leitung geschickt wurden, keine falsche Ausgabe verursachen können. ∎

Um berechnungsuniverselle chemisch reversible Netze zu konstruieren, brauchen wir also den Registerbaustein R^r und einige sehr einfache asynchrone Automaten, bestenfalls nur K^r und V^r. Um das Ergebnis noch klarer formulieren zu können, faktorisieren wir diese weiteren Automaten heraus, die wir außer dem Registerbaustein noch brauchen: Wir nennen ein Rechenmodell *endlich berechnungsuniversell*, wenn man damit beliebige Automaten mit endlichem Zustandsraum, z.B. endliche Mealy-Automaten, simulieren kann. (Das heißt, mit einem endlich berechnungsuniversellen Rechenmodell plus Registerbausteinen mit unendlichem Zustandsraum erhält man ein berechnungsuniverselles Modell.) Dann können wir das Ergebnis aus dem vorigen Satz auch so formulieren:

Korollar 14.8.17. Chemisch reversible Netze, aufgebaut nur aus dem Bausteinen K^r und D^r, oder K^r und V^r, sind endlich berechnungsuniversell.

Satz 14.8.15 und Korollar 14.8.17 sind insofern bemerkenswert, als wir hier berechnungsuniverselle chemisch reversible Netze gefunden haben, die aus Bausteine mit jeweils nur drei Leitungen bestehen.

14.8.4 Chemisch reversible Grammatiken

Auch eine Grammatik $G = (V, T, R, S)$ kann man als abstraktes Rechenmodell auffassen: Ihre Konfigurationen sind die Zeichenketten, die sie bisher abgeleitet hat, und ein Übergang ist eine Regelanwendung. Damit ist G das ARM $G = ((V \cup T)^*, \vdash)$ mit $u \vdash v$ gdw. $u \Longrightarrow_G v$ für $u, v \in (V \cup T)^*$. Die Grammatik G ist also genau dann chemisch reversibel, wenn für jede Regel $P \to Q \in R$ auch $Q \to P$ eine Regel in R ist. In chemisch reversiblen Grammatiken schreiben wir eine Regel $P \to Q$ auch als $P = Q$. Was bedeutet es, wenn zu jeder Regel auch das Inverse in der Grammatik ist? Erstens ist das Inverse einer Typ-1-, -2- oder -3-Regel meistens eine Typ-0-Regel. Deshalb betrachten wir hier ausschließlich Typ-0-Grammatiken. Zweitens kann eine solche Grammatik keine Regel enthalten, deren rechte Seite nur aus Terminalen besteht – das Inverse einer solchen Regel wäre keine Grammatikregel im Sinn von Def. 4.1.1. Wie kann eine chemisch reversible Grammatik dann eine Sprache erzeugen? Wir müssen den Begriff der von einer Grammatik erzeugten Sprache leicht abändern. Wir sagen, dass ein Wort von einer chemisch reversiblen Grammatik erzeugt wird, wenn die Grammatik es eingerahmt von zwei speziellen Marker-Variablen erzeugen kann.

Definition 14.8.18. *Sei* $G = (V, T, R, S)$ *eine chemisch reversible Grammatik mit* $\alpha, \omega \in V$. *Dann ist* **die von G erzeugte** α, ω-**Sprache** $\mathbf{L}_{\alpha,\omega}(\mathbf{G})$ *definiert als*

$$L_{\alpha,\omega}(G) = \{w \in T^* \mid S \Longrightarrow_G^* \alpha\, w\, \omega\}.$$

Drittens sind Grammatiken, die *determinierte* ARM sind, nicht interessant zur Sprachgenerierung: Für eine determinierte Grammatik müsste ja $|L(G)| \leq 1$ gelten. Also können wir nicht wie im vorigen Abschnitt Satz 14.8.12 anwenden, um die Berechnungsuniversalität chemisch reversibler Grammatiken zu zeigen – in Satz 14.8.12 war ja gerade die Determiniertheit wichtig.

Wir zeigen stattdessen, dass es zu jeder Typ-0-Grammatik eine chemisch reversible Grammatik gibt, die dieselbe Sprache berechnet.

Satz 14.8.19. *Zu jeder Grammatik G existieren neue Symbole α, ω, die nicht unter den Variablen und Terminalen von G vorkommen, und eine chemisch reversible Grammatik G' mit $L_{\alpha,\omega}(G') = L(G)$.*

Beweis: T sei die Terminalmenge von G. Wir wählen T auch als Terminalmenge von G'. Alle weiteren in G' benötigten Symbole sind also Variable von G'. Wir gehen wie folgt vor: Nach Satz 8.2.2 gibt es zu G eine determinierte Turing-Maschine M, die gerade $L(G)$ akzeptiert. Diese Turing-Maschine simulieren wir mit der Grammatik G'.

(a) G' erzeugt zunächst den initialen Bandinhalt von M mit einem beliebigen Eingabewort $w \in T^*$.

(b) Dann simuliert sie die Berechnung von M und merkt sich dabei jeden Rechenschritt. Sie arbeitet mit Zeichenketten

$$\$\$\, Band \,\text{¢}\, Protokoll \,\text{¢}$$

Dabei ist „*Band*" der Bandinhalt von M, „*Protokoll*" ist das komplette Protokoll der bisherigen Rechnung von M, und die $ und ¢ sind Endmarker.

(c) Falls M einen Haltezustand erreicht, merkt sich G' das in einem speziellen Zeichen y, das zwischen die zwei $ gesetzt wird. Ab jetzt arbeitet G' mit Zeichenketten

$$\$y\$\, Band \,\text{¢}\, Protokoll \,\text{¢}$$

(d) Dann *rechnet G' die ganze Rechnung von M rückwärts* – hier nutzen wir die chemische Reversibilität von G' aus. Da das komplette Protokoll der Rechnung von M mit in der aktuellen Zeichenkette steht, „weiß" G' genau, welche Schritte von M sie rückwärts gehen muss.

(e) Wenn nun G' bei einer Zeichenkette $\$y\$w\text{¢¢}$ ankommt, dann ist sichergestellt, dass M das Wort w akzeptiert. In diesem Fall wandelt G' die Zeichenkette in $\alpha\, w\, \omega$ um.

Die determinierte Turing-Maschine M, die gerade $L(G)$ akzeptiert, sei $M = (K, \Sigma, \delta, s_0)$ mit $T \subseteq \Sigma$, $K \cap \Sigma = \emptyset$. Es gilt für alle $w \in T^*$:

$$S \Longrightarrow_G^* w \text{ genau dann, wenn es ein } u \in \Sigma^* \text{ gibt mit } s_0, \#w\underline{\#} \vdash_M^* h, u.$$

Wir machen zwei Annahmen über M (o.B.d.A.): Erstens nehmen wir an, dass M den Zustand s_0 nur in der Startkonfiguration benutzt. Zweitens soll M nie hängen, also nie versuchen, links vom Band zu laufen. Das heißt aber auch, dass M alles ignoriert, was links vom ersten Eingabewort steht. Es gilt also für beliebige $v \in \Sigma^*$:

$$s_0, \#w\underline{\#} \vdash_M^* q, u \text{ gdw. } s_0, v\#w\underline{\#} \vdash_M^* q, vu.$$

Nun zu den Regeln der chemisch reversiblen Grammatik G'. In Teil (a) der Ableitung soll G' aus dem Startsymbol S den initialen Bandinhalt von M für ein beliebiges Wort w erzeugen. Genauer gesagt, soll G' rechnen:

$$S \Longrightarrow_{G'}^* \$\$\#ws_0\#¢¢$$

für Endsymbole $\$, ¢ \notin \Sigma$, Wörter $w \in T^*$ und den Startzustand $s_0 \in K$ von M. Das erreicht G' mit den Regeln der Gruppe I:

$$
\begin{aligned}
S &= AQ'\#¢¢ \\
A &= Aa && \forall a \in T \\
\text{(Gruppe I)} \quad A &= \$\$Q\# \\
Qb &= bQ && \forall b \in T \cup \{\#\} \\
QQ' &= s_0
\end{aligned}
$$

In Teil (b) der Ableitung soll G' die Rechnung von M auf dem Wort w simulieren und dabei jeden Schritt von M protokollieren. Wir repräsentieren dabei eine Konfiguration $q, w\underline{a}v$ von M (mit $w, v \in \Sigma^*$, $a \in \Sigma$, $q \in K$) durch ein Wort $\$\$wqav¢X¢$ (bzw. später durch ein Wort $\$y\$wqav¢X¢$). X ist dabei das Protokoll der bisherigen Rechnung von M, ein Wort über dem Alphabet $V_1 = \{[q, a] \mid q \in K, a \in \Sigma\}$. Wenn der i-te Buchstabe im Protokoll $[q, a]$ ist, dann heißt das, dass der i-te Schritt der Rechnung von M der Übergang $\delta(q, a)$ war. Ein Rechenschritt $q, u\underline{a}v \vdash_M q', u'\underline{a'}v'$ von M wird in G' durch eine Ableitung

$$\$\$uqav¢X¢ \Longrightarrow_{G'}^* \$\$u'q'a'v'¢X[q, a]¢$$

repräsentiert.

Die Regeln der Gruppe II simulieren einen Schritt von M. Zusätzlich zu V_1 verwendet G' hier die Variablenmengen $V_2 = \{R_{q,a} \mid q \in K, a \in \Sigma\}$ und $V_3 = \{\hat{q} \mid q \in K\}$.

$$qa \;=\; \hat{q}'bR_{q,a} \qquad \text{falls } \delta(q,a) = q',b$$

$$qab \;=\; a\hat{q}'bR_{q,a} \qquad \text{falls } \delta(q,a) = q',R \qquad \forall b \in \Sigma$$

$$\text{(Gruppe II)} \qquad qa\mathrm{¢} \;=\; a\hat{q}'\#R_{q,a}\mathrm{¢} \quad \text{falls } \delta(q,a) = q',R$$

$$bqa \;=\; \hat{q}'baR_{q,a} \qquad \text{falls } \delta(q,a) = q',L \qquad \forall b \in \Sigma$$

$$aq\#\mathrm{¢} \;=\; \hat{q}'aR_{q,a}\mathrm{¢} \quad \text{falls } \delta(q,\#) = q',L$$

Das Symbol $\hat{q}'$ bleibt so lange stehen, bis im Protokoll vermerkt worden ist, dass der letzte Übergang $\delta(q,a)$ war. Danach wird es in q' umgewandelt. Um den Übergang $\delta(q,a)$ im Protokoll zu vermerken, läuft das Zeichen $R_{q,a}$ (bzw. $\hat{R}_{q,a}$) in der Zeichenkette so lange nach rechts, bis es das Ende des Protokolls erreicht. Hier erzeugt es den Eintrag $[q,a]$ und eine Linksläufer-Variable L, die aus dem $\hat{q}'$ ein q' macht. Das bewirken die Regeln der Gruppe III, unter Verwendung der Variablenmenge $V_4 = \{\hat{R}_{q,a} \mid R_{q,a} \in V_2\}$ und der Variablen L.

$$R_{q,a}b \;=\; bR_{q,a} \qquad \forall b \in \Sigma$$

$$R_{q,a}\mathrm{¢} \;=\; \mathrm{¢}\hat{R}_{q,a}$$

$$\text{(Gruppe III)} \qquad \hat{R}_{q,a}x \;=\; x\hat{R}_{q,a} \qquad \forall x \in V_1$$

$$\hat{R}_{q,a}\mathrm{¢} \;=\; L[q,a]\mathrm{¢}$$

$$xL \;=\; Lx \qquad \forall x \in V_1 \cup \{\mathrm{¢}\} \cup \Sigma$$

$$\hat{q}L \;=\; q \qquad \forall \hat{q} \in V_3$$

Wir sehen uns für ein Beispiel an, wie G' einen Rechenschritt von M simuliert: Angenommen, M rechnet $q, u\underline{b}av \vdash_M q', u\underline{b}av$ mit dem Übergang $\delta(q,a) = q',L$. Dann arbeitet G' so:

$$\$\$\, ubqav\,\mathrm{¢}X\mathrm{¢} \;\Longrightarrow_{G'}\; \$\$\, u\hat{q}'baR_{q,a}v\,\mathrm{¢}X\mathrm{¢} \;\Longrightarrow^*_{G'}$$

$$\$\$\, u\hat{q}'bavR_{q,a}\,\mathrm{¢}X\mathrm{¢} \;\Longrightarrow_{G'}\; \$\$\, u\hat{q}'bav\,\mathrm{¢}\hat{R}_{q,a}X\mathrm{¢} \;\Longrightarrow^*_{G'}$$

$$\$\$\, u\hat{q}'bav\,\mathrm{¢}X\hat{R}_{q,a}\mathrm{¢} \;\Longrightarrow_{G'}\; \$\$\, u\hat{q}'bav\,\mathrm{¢}XL[q,a]\mathrm{¢} \;\Longrightarrow^*_{G'}$$

$$\$\$\, u\hat{q}'bav\,\mathrm{¢}LX[q,a]\mathrm{¢} \;\Longrightarrow^*_{G'}\; \$\$\, u\hat{q}'Lbav\,\mathrm{¢}X[q,a]\mathrm{¢} \;\Longrightarrow_{G'}$$

$$\$\$\, uq'bav\,\mathrm{¢}X[q,a]\mathrm{¢}$$

Insbesondere gilt: Die Turing-Maschine M rechnet $s_0, \#w\underline{\#} \vdash^*_M h, u\underline{a}v$ genau dann, wenn es in G' eine Ableitung

$$\$\$\, \#ws_0\#\,\mathrm{¢}\mathrm{¢} \;\Longrightarrow^*_{G'}\; \$\$\, uhav\,\mathrm{¢}PROTOKOLL\mathrm{¢}$$

gibt. In diesem Fall gibt $PROTOKOLL \in V_1^*$ an, welche δ-Übergänge die Maschine M in welcher Reihenfolge durchgeführt hat. Wenn die aktuelle Zeichenkette, die G' bisher abgeleitet hat, den Haltezustand h von M enthält, dann tritt G' in Teil (c) der Ableitung ein: Sie setzt die Variable y zwischen die zwei \$. Dazu verwendet sie die Variablen $\overline{L}, \overline{h}$ und die Regeln der Gruppe IV:

$$
\begin{aligned}
h &= \overline{L}\overline{h} \\
(\text{Gruppe IV}) \qquad a\overline{L} &= \overline{L}a \quad \forall a \in \Sigma \\
\$\$\overline{L} &= \$y\$\overline{L}
\end{aligned}
$$

Mit diesen Regeln erreichen wir

$$
\begin{aligned}
\$\$\, uhav\, \text{¢}X\text{¢} \;&\Longrightarrow_{G'} \;\; \$\$\, u\overline{L}hav\, \text{¢}X\text{¢} \;\Longrightarrow^*_{G'} \\
\$\$\, \overline{L}u\overline{h}av\, \text{¢}X\text{¢} \;&\Longrightarrow_{G'} \;\; \$y\$\, \overline{L}u\overline{h}av\, \text{¢}X\text{¢} \;\Longrightarrow^*_{G'} \\
\$y\$\, u\overline{L}hav\, \text{¢}X\text{¢} \;&\Longrightarrow_{G'} \;\; \$y\$\, uhav\, \text{¢}X\text{¢}
\end{aligned}
$$

Für die letzte Zeile dieser Ableitung wenden wir die Regeln der Gruppe IV in der umgekehrten Richtung an. Die gleiche Idee nutzen wir für Teil (d) der Ableitung: Wir haben oben festgelegt, dass M nie versuchen soll, nach links vom Band zu laufen. Entsprechend ignorieren die Regeln der Gruppen II und III alles, was in der aktuellen Zeichenkette links vom rechten \$-Symbol steht. Das heißt, dass G' durch umgekehrte Anwendung der Regeln aus den Gruppen II und III wieder zum initialen Bandinhalt von M zurückrechnen kann, allerdings jetzt mit einem y zwischen den \$. Es gilt also mit den bisher eingeführten Grammatikregeln von G':

$$
\begin{aligned}
s_0, \#w\# &\vdash^*_M h, u\underline{a}v \;\; \text{gdw.} \\
S \Longrightarrow^*_{G'} \$\$\, \#ws_0\# \,&\text{¢¢} \Longrightarrow^*_{G'} \$\$\, uhav\, \text{¢}PROTOKOLL\text{¢} \\
\Longrightarrow^*_{G'} \$y\$\, uhav\, &\text{¢}PROTOKOLL\text{¢} \Longrightarrow^*_{G'} \$y\$\, \#ws_0\# \,\text{¢¢}
\end{aligned}
$$

Um zu sehen, dass das „genau dann, wenn" tatsächlich gilt, ist es wichtig, dass wir uns klarmachen, wieso der Indeterminismus von G' keine Fehl-Ableitungen erlaubt. Die Regeln der Gruppe I können aus \$\$ $\#ws_0\#$ ¢¢ die Zeichenkette \$\$$\#vs_0\#$¢¢ ableiten für jedes andere Wort $v \in T^*$:

$$
\begin{aligned}
\$\$\, \#ws_0\# \,\text{¢¢} &\Longrightarrow_{G'} \$\$\, \#wQQ'\#\text{¢¢} \Longrightarrow^*_{G'} \$\$\, Q\#wQ'\#\text{¢¢} \\
&\Longrightarrow_{G'} A\#wQ'\# \,\text{¢¢} \Longrightarrow^*_{G'} A\#vQ'\#\text{¢¢} \Longrightarrow^*_{G'} \$\$\, \#vs_0\# \,\text{¢¢}
\end{aligned}
$$

Das ist aber in $\$y\$\#ws_0\#$¢¢ nicht mehr möglich, wegen der Regel $A = \$\$Q\#$: Das y zwischen den beiden \$-Zeichen verhindert eine Einführung von A und damit die Generierung eines beliebigen anderen Wortes $v \in T^*$.

In Teil (e) der Ableitung übersetzen wir abschließend die Zeichenkette $\$y\$\#ws_0\#$¢¢ in die gewünscht Form $\alpha w \omega$. Dazu verwenden wir die Variablen $\hat{s}, \hat{R}$ und die Regeln der Gruppe V:

$$s_0\# = \hat{s}\#$$
$$a\hat{s} = \hat{s}a \ \forall a \in \Sigma$$
(Gruppe V) $$\$y\$\#\hat{s} = \alpha\hat{R}$$
$$\hat{R}a = a\hat{R} \ \forall a \in \Sigma$$
$$\hat{R}\#\mathrm{\c{c}\c{c}} = \omega$$

Insgesamt gilt jetzt für alle Wörter $w \in T^*$:

G' rechnet $S \Longrightarrow^*_{G'} \alpha w \omega$ gdw.

M hält bei Input w gdw.

$w \in L(G)$.   ∎

Wozu eigentlich das Symbol α benötigt wird, ist schon schwieriger zu sehen. Nehmen wir also an, wir hätten generell auf α verzichtet. $S \Longrightarrow^*_{G'} w\omega$ bedeute nun, dass w in $L(G)$ liegt. Nehmen wir ferner dazu an, dass Wörter u, v, w, z existieren mit $w, v, z \in L(G)$, $uz \notin L(G)$, und $w = uv$. Dann könnte man ohne α ableiten

$$S \Longrightarrow^*_{G'} \$y\$ \#uvs_0\# \mathrm{\c{c}\c{c}} \Longrightarrow^*_{G'} \hat{R}uv\#\mathrm{\c{c}\c{c}} \Longrightarrow^*_{G'} u\hat{R}v\#\mathrm{\c{c}\c{c}}$$
$$\Longrightarrow^*_{G'} u\$y\$\#vs_0\#\mathrm{\c{c}\c{c}} \Longrightarrow^*_{G'} u\$\$\#vs_0\#\mathrm{\c{c}\c{c}} \Longrightarrow^*_{G'} u\$\$\#zs_0\#\mathrm{\c{c}\c{c}}$$
$$\Longrightarrow^*_{G'} u\$y\$\#zs_0\#\mathrm{\c{c}\c{c}} \Longrightarrow^*_{G'} uz\omega,$$

mit der dann falschen Bedeutung, dass uz auch in $L(G)$ liegt.

Im letzten Beweis haben wir gesehen, wie chemisch reversible Grammatiken jede determinierte Turing-Maschine simulieren können. Das gleiche Verfahren kann man aber auch für indeterminierte Turing-Maschinen verwenden: Hier muss dann die simulierende Grammatik einen Δ-Übergang raten und ihn sich im *PROTOKOLL* merken.

Da chemisch reversible Grammatiken mit Hilfe zweier Endmarker alle Typ-0-Sprachen erzeugen können, ist die Frage, ob in einer chemisch reversiblen Grammatik $S \Longrightarrow^* \alpha w \omega$ gilt, unentscheidbar.

Jede chemisch reversible Grammatik ist auch ein Thue-System (siehe Beispiel 14.8.6). Das heißt:

Korollar 14.8.20. Chemisch reversible Grammatiken und Thue-Systeme sind berechnungsuniversell. Insbesondere ist ihr Wortproblem unentscheidbar.

Die neuen Symbole α, ω sind hier auch inhaltlich notwendig, nicht nur aus dem formalen Grund, dass die Prämisse jeder Grammatikregel mindestens eine Variable besitzen muss (und somit chemisch reversible Grammatiken keine terminalen Wörter erzeugen können). Thue-Systeme kennen keine Unterscheidung von Terminalen und Variablen. Trotzdem kann hier auf α, ω nicht verzichtet werden. Eine Regel $\omega \rightarrow \varepsilon$ würde in einer reversiblen Grammatik etwa zu $\omega = \varepsilon$ mit der zerstörerischen Möglichkeit, überall ein ω einzufügen. Damit ist ω der nichtlöschbare Rest des Protokolls. Analog für α.

14.8.5 Zweidimensionale Thue-Systeme

In diesem Abschnitt werden wir Thue-Systeme auf zweidimensionale Zeichenreihen verallgemeinern. Genauso wie wir für den zweidimensionalen Fall eine extrem einfache universelle Turing-Maschine angeben konnten, werden wir für zwei Dimensionen extrem einfache universelle Thue-Systeme finden. Aufbauend auf den Resultaten der letzten Paragraphen stellen wir ein berechnungsuniverselles chemisch reversibles zweidimensionales Thue-System vor, das aus nur vier symmetrischen Regeln besteht. Dabei werden wir sehen, dass der kombinatorische Prozess „Herausnehmen gewisser linearer Wörter aus zweidimensionalen Zeichenreihen, Drehen um 180° und Wiedereinfügen an den alten Stellen" berechnungsuniversell ist. Leider brauchen wir eine Reihe neuer Begriffe wie zweidimensionales Wort und Teilwort, Bewegung, Substitution etc. Ein zweidimensionales Wort wird eine Belegung der Ebene mit Buchstaben eines Alphabets Σ sein, wobei fast überall ein ausgezeichneter Buchstabe, der sogenannte Blank-Buchstabe, stehen muss. Fast überall bedeutet überall, bis auf endlich viele Ausnahmen. In einem zweidimensionalen Wort W wird eine Thue-Regel $p = q$ angewendet, indem ein Vorkommen von p in W durch q ersetzt wird oder ein Vorkommen von q durch p. Dazu müssen p und q eine gleiche Form besitzen. Die Vorkommen dürfen in W beliebig gelegen und auch gedreht sein. Damit werden zweidimensionale Thue-Systeme automatisch chemisch reversible Ersetzungskalküle.

Definition 14.8.21 (2-dim. Word und 2-dim. Thue-System). *Ein* **zweidimensionales Word** W *über einem Alphabet Σ mit einem ausgezeichneten Blank-Buchstaben $o \in \Sigma$ ist eine Funktion $W : \mathbb{Z}^2 \rightarrow \Sigma$ mit endlichem Träger $Tr(W) := \{z \in \mathbb{Z}^2 \mid W(z) \neq o\}$, und ein* **zweidimensionales Teilwort** w *über Σ ist eine partielle Funktion $w : \mathbb{Z}^2 \rightarrow \Sigma$ mit endlichem Definitionsbereich $Def(w) := \{z \in \mathbb{Z}^2 \mid w(z) \text{ ist definiert}\}$.*

Zwei Teilwörter w_1, w_2 heißen **deckungsgleich***, wenn sie den gleichen Definitionsbereich $Def(w_1) = Def(w_2)$ besitzen. Eine* **Regel** *über Σ ist hier ein Paar (p, q) von deckungsgleichen Teilwörtern p, q über Σ, geschrieben als $p = q$.*

Eine **Bewegung** *im $\mathbb{Z}^2$ ist induktiv erklärt: Die Verschiebung v und Drehung d mit $v, d : \mathbb{Z}^2 \rightarrow \mathbb{Z}^2$, $v(i, j) := (i + 1, j)$ und $d(i, j) := (-j, i)$ sind Bewegungen; sind f, g bereits Bewegungen, so ist auch $f \circ g$ eine Bewegung.*

Für zwei deckungsgleiche Teilwörter p, q und zwei zweidimensionale Wörter W, W' entsteht W' aus W durch Substitution von p durch q, in Zeichen $\boldsymbol{W' \in W^p/_q}$, falls eine Bewegung b im $\mathbb{Z}^2$ existiert, so dass

- $W'(b(z)) = q(z)$ *und* $W(b(z)) = p(z)$ *für alle* $z \in Def(p)$, *und*

- $W'(b(z)) = W(b(z))$ *für alle* $z \notin Def(p)$ *gilt.*

Ein **zweidimensionales Thue-System** $T = (\Sigma, o, R)$ *besteht aus*

- *einem Alphabet* Σ *mit einem*
- *Blank-Buchstaben* o *aus* Σ, *und*
- *einer endlichen Menge* R *von Regeln über* Σ.

Die **Übergangsrelation** $\vdash$ *für* T *ist auf Wörtern über* Σ *mit Blank-Buchstaben* o *definiert als:* $W \vdash W'$ *falls eine Regel* $p = q$ *in* R *existiert mit* $W' \in W^p/_q$ *oder* $W' \in W^q/_p$.

Aus $W' \in W^p/_q$ folgt stets $W \in W'^p/_q$, also gilt $\vdash^{-1} = \vdash$. Kommt ein Teilwort p in irgendeiner Lage, verschoben und/oder um Vielfache von 90° gedreht, in W vor, so kann man mittels einer Bewegung b den Definitionsbereich von p in diese Lage verschieben: $W(b(z)) = p(z)$ gilt für alle $z \in \text{Def}(p)$. Bei einer Substitution wird dort p durch q ersetzt. Es kann für verschiedene Wörter W_1, W_2 gelten, dass sowohl $W_1 \in W^q/_p$ als auch $W_2 \in W^q/_p$ korrekt ist, da p in W an verschiedenen Stellen als Teilwort vorkommen darf und $W^q/_p$ nicht sagt, an welcher Stelle die Ersetzung stattfindet. $\vdash$ nennen wir hier auch Übergangsrelation statt direkte Nachfolgerelation, da direkte Nachfolgerelation und direkte Vorgängerrelation $\vdash^{-1}$ identisch sind. Die Ableitungsrelation $\vdash^*$ ist also eine Äquivalenzrelation, ein zweidimensionales Thue-System ist chemisch reversibel und das Wortproblem ist die Frage, ob Wörter zur gleichen Äquivalenzklasse von $\vdash^*$ gehören. Zweidimensionale Wörter sind endliche Objekte, da zur deren Spezifikation die Angabe genügt, wo sich die endlich vielen Buchstaben ungleich dem Blank-Buchstaben befinden.

Wir haben Teilwörter als endliche partielle Funktionen definiert, die damit endliche zweidimensionale Muster bilden. Über deren Definitionsbereich kann man leicht den Begriff „deckungsgleich" erklären. Für eine Regelanwendung $p = q$ dürfen wir p und q überall mittels Bewegungen auf ein Wort W legen. Daher kann man den Definitionsbereich $\text{Def}(p)$ (= $\text{Def}(q)$) auch simultan durch $b(\text{Def}(p))$ in p und q für jede Bewegung b ersetzen und die genaue Lage des Definitionsbereich ist irrelevant. Interessant sind die zweidimensionalen Muster, die p und q bilden. Bei einer expliziten Angabe von Regeln eines Thue-Systems werden wir diese daher einfach als Muster ohne Nennung eines Definitionsbereichs angeben. Ebenso werden wir zweidimensionale Wörter einfach als zweidimensionale Muster ohne Koordinaten angeben. Wir werden uns in diesem Abschnitt über zweidimensionale Thue-Systeme nur mit zweidimensionalen Wörtern beschäftigen und den Zusatz „zweidimensional" meistens weglassen.

Wir untersuchen zuerst das zweidimensionale Thue-System T_0 mit

- dem Alphabet $\Sigma_0 = \{\bigcirc, \otimes, \circledcirc, \blacksquare\}$,
- dem Blank-Buchstaben $o_0 = \blacksquare$, und
- den drei Regeln in R_0:
  1. $\otimes\bigcirc\bigcirc\bigcirc\bigcirc = \bigcirc\bigcirc\bigcirc\bigcirc\otimes$,

2. ◉⊗◯◯ = ◯◯⊗◉, und
3. ◯⊗◯◉ = ◉◯⊗◯.

Ein Alphabet ist per Definition einfach nur eine endliche Menge, deren Elemente wir auch Buchstaben nennen. Hier haben wir als Buchstaben Symbole gewählt. Damit lassen sich die Regeln kaum noch laut lesen, aber die zweidimensionalen Wörter über diesen Symbolen sind leichter erkennbar und die Abbildungen leichter skalierbar. Diese Regeln sind äußerst einfach. Obwohl Regeln zweidimensionale Teilwörter enthalten dürfen, sind die hier verwendeten Regelwörter nur lineare eindimensionale Standardwörter. Darüber hinaus sind die Regelkonklusionen stets das Gespiegelte der Regelprämissen. Diese linearen Regelwörter dürfen aber auch in gedrehten Versionen, etwa senkrecht statt waagerecht, verwendet werden. In T_0 untersuchen wir also bereits eine Variante des kombinatorischen Prozesses „Herausnehmen gewisser Wörter, Umdrehen und Wiedereinfügen an gleicher Stelle".

Satz 14.8.22. *Das zweidimensionale Thue-System T_0 ist endlich berechnungsuniversell und sein Wortproblem ist entscheidbar.*

Beweis:
Der Beweisaufbau ist ähnlich wie der Beweis der kleinen universellen zweidimensionalen Turing-Maschine. Dort hatten wir Leitungen, Kreuzungen und Bausteine K und E und Registerbausteine mittels Muster auf dem zweidimensionalen Band der Turing-Maschine nachgespielt. Da wir hier zuerst nur endliche Berechnungsuniversalität zeigen wollen, brauchen wir einen Registerbaustein noch nicht. Wir werden Leitungen, Kreuzungen und die chemisch reversiblen Bausteine K^r und D^r aus Abbildung 14.44 gemäß Korollar 14.8.17 simulieren.

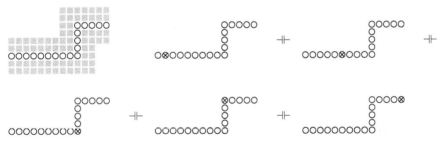

Abb. 14.52. Eine Leitung mit zwei Ecken

Abbildung 14.52 zeigt links oben eine Leitung mit zwei Ecken, die auf jeder Seite von je zwei Blank-Buchstaben ▨ umgeben ist. Die Blank-Buchstaben sind auf den restlichen fünf Leitungen weggelassen. Wir definieren hier eine Phase als eine Äquivalenzklasse von $\mathbb{Z}^2/\sim$ mit $(i,j) \sim (i',j')$ genau dann, wenn $i-i' = 0 \mod 4$ und $j-j' = 0 \mod 4$ gilt. Auf diesen Leitungen befindet sich zusätzlich ein Signal $\otimes$ an fünf verschiedenen Stellen, aber jeweils in

der gleichen Phase und zusätzlich in genau der Phase, in der auch die Ecken
der Leitung liegen. Mit der Regel $\otimes\bigcirc\bigcirc\bigcirc\bigcirc = \bigcirc\bigcirc\bigcirc\bigcirc\otimes$ kann sich das Signal
entlang dieser Phase auf der Leitung horizontal oder vertikal bewegen und
auch phasengleiche Ecken passieren. Alle fünf Leitungen mit einem Signal $\otimes$
liegen in der gleichen Äquivalenzklasse von $\vdash^*$. $\dashv$ in der Abbildung ist eigentlich doppelt gemoppelt, da $\dashv := \vdash^{-1}$ wegen der chemischen Reversibilität
bereits gleich $\vdash$ ist.

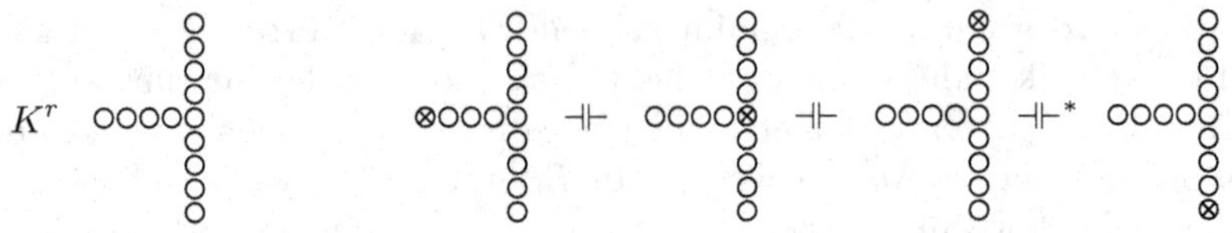

Abb. 14.53. Der Baustein K^r

Abbildung 14.53 zeigt den Baustein K^r. Die Phase des Signal $\otimes$ und
des Treffpunkts der horizontalen und vertikalen $\bigcirc$-Linien müssen übereinstimmen. Dann kann $\otimes$, wie in K^r gefordert, alle drei Enden des Bausteins
verbinden.

Für eine Kreuzung lässt man einfach eine horizontale und eine vertikale $\bigcirc$-Linie sich schneiden und sorgt dafür, dass die Phasen eines horizontal
laufenden und vertikal laufenden Signals $\otimes$ nicht mit dem Schnittpunkt der
beiden Linien übereinstimmen. Dann kann ein horizontal laufendes Signal
nicht auf die vertikale Leitung laufen und umgekehrt. Abbildung 14.54 visualisiert die Situation für ein horizontal laufendes Signal $\otimes$.

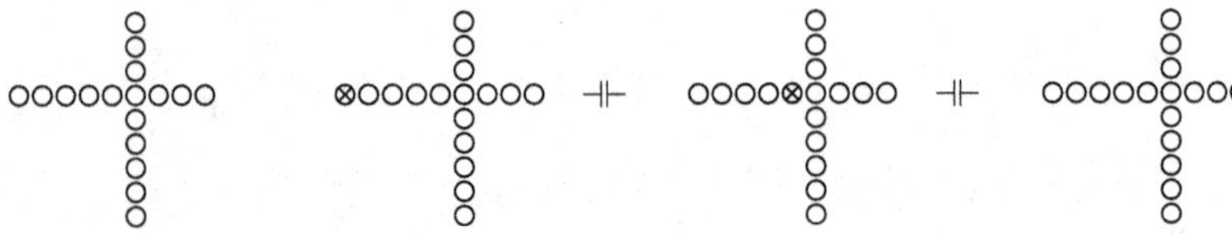

Abb. 14.54. Eine Kreuzung

Wir brauchen natürlich auch die Fähigkeit, eine Phase des Signals zu
verändern. Dazu werden die beiden Regeln 2 und 3 von T_0 benötigt.

Abbildung 14.55 zeigt einen Phasenkonverter mit zwei Zuständen: Einmal
mit dem Buchstaben $\circleddash$ oben und einmal unten. Ein Signal $\otimes$ passiert den
Phasenkonverter horizontal und verändert dabei seine Phase vertikal um 1
sowie den Phasenkonverter vom Zustand *oben* in den Zustand *unten*, bzw,
von *unten* nach *oben*. D.h. der Zustand des Phasenkonverters ist für seine
Benutzung unerheblich; sie wechselt bei jeder Benutzung. Mittels einer Kombination von eventuell gedrehten Phasenkonvertern kann ein Signal von jeder
Phase in jede andere wechseln.

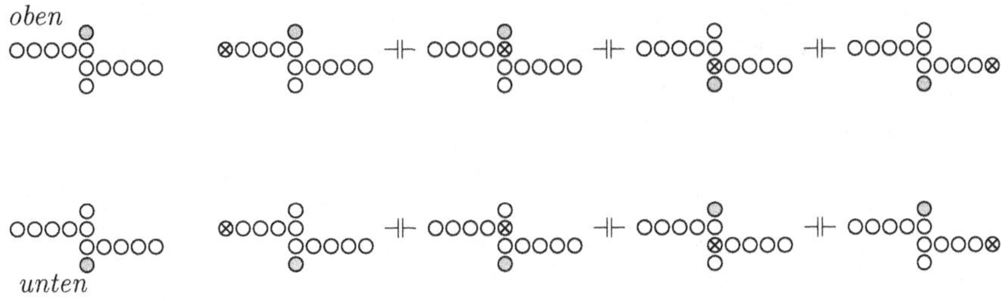

oben

○○○○○○○○○○   ⊗○○○○○○○○○○   ⊣⊢ ○○○○⊗○○○○○   ⊣⊢ ○○○○○○⊗○○○   ⊣⊢ ○○○○○○○○○⊗

unten

Abb. 14.55. Zwei Zustände *oben, unten* des Phasenkonverters

Wir nutzen eine Variante des Phasenkonverters auch für den reversiblen Baustein D^r mit den beiden Zuständen *ein* und *aus*. Dazu legen wir eine zusätzliche Test-Leitung auf den Phasenkonverter, die den Buchstaben ○, der mit t gekennzeichnet ist, mit dem mit t' gekennzeichneten verbindet. Im Zustand *aus* liegt ein Buchstaben ◎ auf dieser Test-Leitung, im Zustand *ein* aber nicht. Im Zustand *ein* mit dem ◎ unten ist diese Test-Leitung für eine Passage frei, im Zustand *aus* mit dem Buchstaben ◎ oben aber gesperrt. Abbildung 14.56 zeigt diese Konstruktion. Die Schaltleitung, mit der der Zustand von D^r von *aus* auf *ein* und umgekehrt geschaltet wird, geht vom Ende c nach c' und funktioniert genauso, wie es in Abbildung 14.55 bereits gezeigt wurde. Die zusätzliche Test-Leitung stört die Schaltfunktion nicht.

Abb. 14.56. Dr-Baustein im Zustand *aus* (oben) und *ein* (unten)

Damit ist die endliche Berechnungsuniversalität von T_0 bereits gezeigt. Da sich die Position eines Blank-Buchstaben ▨ in T_0 durch keine Regelanwendung ändern kann, und jedes Wort für T_0 nur endliche viele Vorkommen von Buchstaben ungleich ▨ besitzen darf, liegen in jeder Äquivalenzklasse von ⊢* nur endlich viele Wörter und das Wortproblem von T_0 ist entscheidbar.   ■

Die einzelnen Buchstaben haben klare Funktionen. Keine Regel beeinflusst einen Buchstaben ▨ und ▨ kann in einem Wort seine Position nicht verändern oder irgendwo neu entstehen. Die Buchstaben ▨ bilden das unveränderliche Gerüst eines Wortes. Aus dem Buchstaben ○ werden Signalleitungen gebildet, auf denen sich ein Signal ⊗ in einer festen Phase gemäß

Regel 1 bewegt. Die Phasen können in speziellen Bausteinen verändert werden, wobei ein weiterer Zustand-Buchstabe ◉ verwendet wird, der auch als Zustandsmarkierung im Dr-Baustein vorkommt.

Wir betrachten als nächstes das zweidimensionale Thue-System T_1 mit dem gleichen Alphabet und Regeln wie in T_0, aber mit dem Leitung-Buchstaben ○ anstelle des Gerüst-Buchstabens ▧ als Blank-Buchstaben. Damit ändert sich auch das Konzept der zweidimensionalen Wörter: Die zweidimensionalen Wörter von T_0 müssen fast überall den Blank-Buchstaben ▧ besitzen, die von T_1 hingegen fast überall den Blank-Buchstaben ○. T_1 ist also $T_1 = (\Sigma_1, ○, R_1)$ mit

- dem Alphabet $\Sigma_1 = \Sigma_0 = \{\otimes, ○, ◉, ▧\}$,
- dem Blank-Buchstaben ○ und
- den drei Regeln in $R_1 = R_0$:
  1. $\otimes○○○○ = ○○○○\otimes$,
  2. $◉\otimes○○ = ○○\otimes◉$ und
  3. $○\otimes○◉ = ◉○\otimes○$.

Korollar 14.8.23. Das zweidimensionale Thue-System T_1 ist ebenfalls endlich berechnungsuniversell.

Beweis: Da T_0 endlich berechnungsuniversell ist, können wir jeden endlichen Mealy-Automaten A durch ein zweidimensionales Wort W_A in T_0 simulieren. Da W_A nur endlich viele Vorkommen der Buchstaben ○, $\otimes$, ◉ besitzt, finden wir ein minimales Rechteck $R = [i_1, i_2] \times [j_1, j_2]$, außerhalb dessen in W_A nur der Blank-Buchstabe ▧ von T_0 vorkommt. W_A° sei das Innere von W_A im Rechteck $R' = [i_1 - 2, i_2 + 2] \times [j_1 - 2, j_2 + 2]$. W_A° besitzt also an allen seinen Rändern zwei Reihen des Blank-Buchstaben ▧. T_0 und T_1 arbeiten auf W_A° identisch. Wir wandeln das zweidimensionale Wort W_A von T_0 in ein zweidimensionales Wort W_A' von T_1 um, indem wir setzen:

$$W_A'(z) := \begin{cases} W_A(z) & \text{, für } z \in R', \text{ und} \\ ○ & \text{, für } z \notin R'. \end{cases}$$

Außerhalb des Rechtecks R' kommt nur der Leitung-Buchstabe ○ als Blank-Buchstabe vor, am Rand im Rechteck R' nur der Gerüst-Buchstabe ▧, auf den keine Regel anwendbar ist. Also kann kein Signal R' verlassen und T_1 verändert das Äußere von R' nicht; T_1 arbeitet also auf W_A' genauso wie T_0 auf W_A.   ∎

In allen Mustern in T_1 zur Simulation von Leitungen, Kreuzungen, Bausteinen etc. kommt außerhalb von R' nie ein Signal-Buchstabe $\otimes$ vor. Was würde geschehen, falls außerhalb von R' ein Signal $\otimes$ auftritt, das dann nur vom Blank-Buchstaben, der hier mit dem Leitung-Buchstaben ○ übereinstimmt, umgeben wäre? Nun, $\otimes$ könnte sich frei im ○-Raum in stets der gleichen Phase bewegen und jeden Ort dieser Phase erreichen. Diese Fähigkeit werden wir für berechnungsuniverselle zweidimensionale Thue-Systeme nun ausnutzen.

Wir ergänzen das endlich berechnungsuniverselle System T_1 zu einem berechnungsuniversellen zweidimensionalen Thue-System T_2 durch Hinzunahme eines weiteren Buchstaben und einer weiteren Regel, die zusätzlich die Simulation von Registerbausteinen erlauben wird. T_2 besteht aus

- dem Alphabet $\Sigma_2 = \{\otimes, \bigcirc, \odot, \blacksquare, \blacksquare\}$,
- dem Blank-Buchstaben $\bigcirc$ und
- den vier Regeln in R_2:
  1. $\otimes\bigcirc\bigcirc\bigcirc\bigcirc = \bigcirc\bigcirc\bigcirc\bigcirc\otimes$,
  2. $\odot\otimes\bigcirc\bigcirc = \bigcirc\bigcirc\otimes\odot$,
  3. $\bigcirc\otimes\bigcirc\odot = \odot\bigcirc\otimes\bigcirc$ und
  4. $\otimes\blacksquare = \blacksquare\otimes$.

Satz 14.8.24. *T_2 ist berechnungsuniversell und besitzt ein unentscheidbares Wortproblem.*

Beweis: Wir zeigen, wie eine beliebige berechenbare Funktion $f : \mathbb{N}^k \to \mathbb{N}$ in T_2 berechnet werden kann. Zu f existiert eine Register-Maschine R_f mit zwei Registern, die f berechnet. R_f können wir durch ein chemisch reversibles Rödding-Netz N_f über den Bausteinen K^r und D^r und genau zwei Vorkommen eines Registerbausteines R^r oder $\overleftrightarrow{Reg}^1$ oder ähnlich simulieren. N_f besteht aus einer endlichen Logik L_f (ein endlicher Mealy-Automat realisiert als Rödding-Netz) mit zwei angeschlossenen Registerleitungen Reg_1 und Reg_2, wie in Abbildung 14.57 gezeigt ist.

Außerhalb des von einer Doppelreihe von Buchstaben $\blacksquare$ umgrenzten Rechtecks steht fast überall der Blank-Buchstabe $\bigcirc$ von T_2, innerhalb dieses Rechtecks befindet sich das Layout der Logik L_f. Hier überwiegt der alte Blank-Buchstabe $\blacksquare$ von T_0. Die relativ dünnen $\bigcirc$-Linien im Inneren stellen die Leitungen dar. Wichtig werden nun die beiden Registerleitungen. Die eingezeichnete obere $\bigcirc$-Linie, von der mit N gekennzeichneten Stelle bis zum oberen Vorkommen des Buchstaben $\blacksquare$, stellt die Register-1-Leitung dar; die untere, von der Stelle N' zum unteren $\blacksquare$-Buchstaben, ist die Register-2-Leitung. Der senkrechte Abstand der beiden Registerleitungen muss 2 modulo 4 betragen. Die beiden Registerleitungen sind eigentlich nur virtuelle $\bigcirc$-Leitungen, da außen bis auf die beiden Buchstaben $\blacksquare$ und ein eventuelles Signal $\otimes$ der Buchstabe $\bigcirc$ ja überall vorkommt. Der obere Buchstabe $\blacksquare$ verschlüsselt durch seine Entfernung zur Stelle N (für Nullpunkt) den Inhalt von Register 1; das untere $\blacksquare$ analog mit der Entfernung zur Stelle N' den Inhalt von Register 2. $\blacksquare$ ist also ein Registerinhalt-Buchstabe. Wir erläutern die Benutzung von Register 1 durch die Logik von N_f; die von Register 2 ist völlig analog. Die Phase von dem oberen $\blacksquare$-Buchstaben der Register-1-Leitung ist die Entfernung zu N modulo 4. L_f kennt diese Phase (endliche Automaten können bis vier zählen) und sendet für eine Subtraktion

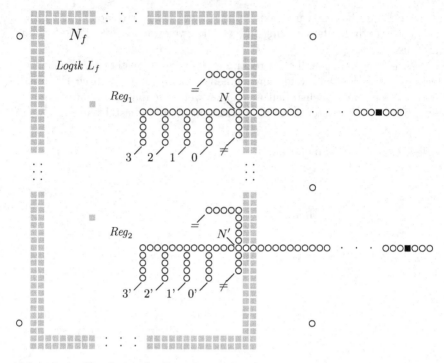

Abb. 14.57. Simulation der Registermaschine R_f

im Register 1 ein Signal über einen geeigneten Phasenanschluss $i, 0 \leq i \leq 3$ auf die Register-1-Leitung, so dass das Signal $\otimes$ den Buchstaben $\blacksquare$ in der Form $\bigcirc\bigcirc\bigcirc\otimes\blacksquare\bigcirc\bigcirc\bigcirc$ erreicht. Die Anwendung der Regel $\otimes\blacksquare = \blacksquare\otimes$ ist nun möglich mit dem Resultat $\bigcirc\bigcirc\bigcirc\blacksquare\otimes\bigcirc\bigcirc\bigcirc$. Damit ist der Registerinhalt um 1 verringert ($\blacksquare$ ist eine Stelle näher an N) und das Signal $\otimes$ ist in einer Phase $j + 1$. Damit kann $\otimes$ durch freie Bewegung modulo 4 außen wieder auf die Register-1-Leitung gelangen und den Phasenanschluss $i + 1 \mod 4$ erreichen. Durch das Eintreffen auf dem neuen Phasenanschluss erkennt die Logik L_f die erfolgreiche Ausführung des Subtraktionsbefehls. Für einen Additionsbefehl wird das Signal so auf die Register-1-Leitung gelegt, dass es $\blacksquare$ in der Form $\bigcirc\bigcirc\bigcirc\blacksquare\otimes\bigcirc\bigcirc\bigcirc$ erreichen kann. Eine Regelanwendung führt zu $\bigcirc\bigcirc\bigcirc\otimes\blacksquare\bigcirc\bigcirc\bigcirc$ mit $\blacksquare$ in der Phase um 1 erhöht (Registerinhalt 1 erhöht) und $\otimes$ in eine neue Phase versetzt, um der Logik L_f die erfolgreiche Ausführung des Additionsbefehls zu melden. Ein auf der Register-1-Leitung ausgesandtes Signal $\otimes$ kann den Registerinhalt-Buchstaben $\blacksquare$ auf der Register-2-Leitung nicht in der Form $\otimes\blacksquare$ oder $\blacksquare\otimes$, waagerecht oder senkrecht, erreichen, da der senkrechte Abstand der Register-1- und Register-2-Leitungen $2 \mod 4$ betragen soll. Dies ist wichtig: Ein Signal-Buchstabe $\otimes$ auf der Register-1-Leitung kann einen Buchstaben $\blacksquare$ nur auf der Waagerechten berühren, nie auf der Senkrechten, und das auch nur, wenn es der $\blacksquare$-Buchstabe von der

Register-1-Leitung ist. Den ■-Buchstaben auf der Register-2-Leitung kann es sich nur senkrecht in einen Abstand von zwei (!) Zellen des Z^2 nähern. Das gleiche gilt entsprechend für das Signal auf der Register-2-Leitung. Damit ist eine Interaktion zwischen dem Signal ⊗ und dem „falschen" Registerinhalt-Buchstaben ■ unmöglich. Jedes auf der Register-i-Leitung ausgesandte Signal ⊗ kann nur den ■-Buchstaben auf der gleichen Register-i-Leitung für $i = 1, 2$ in horizontaler Richtung modifizieren und auf der gleichen Register-i-Leitung die erfolgreiche Ausführung melden. Kein Register-Buchstabe ■ kann seine Register-i-Leitung in der Senkrechten verlassen. Insofern haben die nur virtuell vorhandenen Registerleitungen die Wirkung echter Leitungen.

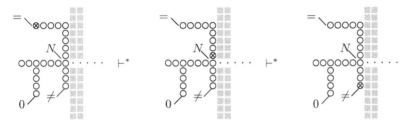

Abb. 14.58. Nulltest bei Registerinhalt ungleich Null

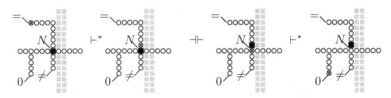

Abb. 14.59. Nulltest bei Registerinhalt Null

Ein Nulltest für Register 1 arbeitet wie folgt. Bei Registerinhalt größer Null steht an der Stelle N ein Buchstabe ○ und kein ■. Ein über den Anschluss = ausgesandtes Signal ⊗ erreicht unbehindert den Anschluss ≠, siehe Abbildung 14.58. Bei Registerinhalt 0 steht hingegen an der Stelle N der Buchstabe ■ und wir erreichen die Situation von Abbildung 14.59. Das Signal ⊗ kann jetzt nicht den Anschluss ≠ erreichen, sondern den Phasenanschluss 0. Auf jeden Fall erkennt die Logik L_f, ob der Registerinhalt gleich Null oder größer als Null ist, und speichert diese Information. Bei gespeicherter Information „Inhalt gleich Null" wurde aber die korrekte Position von ■ auf N verändert: ■ steht jetzt eine Stelle über N. Durch ein erneutes Aussenden eines Signals über den Phasenanschluss 0 und Erwarten der Ankunft dieses Signals auf dem Anschluss = wird die unerwünschte Positionsänderung von ■ wieder rückgängig gemacht. Da die Information „Inhalt gleich Null" aber in der Logik gespeichert wurde, ist zwar die unerwünschte Auswirkung des Nulltests (Veränderung der Lage von ■) wieder rückgängig gemacht, ohne aber die Information des Nulltests zerstört zu haben.

Mit dieser Funktionalität der beiden Registerleitungen kann man mit der Logik L_f zwei zur Berechnungsuniversalität hinreichende Bausteine des Typs R^r, $\overleftrightarrow{Reg}^1$ und ähnlich simulieren. ■

Wir wollen noch ein sehr einfaches berechnungsuniverselles zweidimensionales Thue-System untersuchen, das mit nur zwei Regeln und drei Buchstaben auskommt. Diese Thue-Sytem T_3 besteht aus:

- dem Alphabet $\Sigma_3 = \{\otimes, \bigcirc, \blacksquare\}$,
- dem Blank-Buchstaben $\bigcirc$ und
- den beiden Regeln in R_3:
  1. $\otimes\bigcirc\bigcirc\bigcirc\bigcirc\bigcirc = \bigcirc\bigcirc\bigcirc\bigcirc\bigcirc\otimes$, und
  2. $\otimes\blacksquare\bigcirc\bigcirc\bigcirc\bigcirc = \bigcirc\otimes\bigcirc\bigcirc\bigcirc\blacksquare\bigcirc$.

Satz 14.8.25. *T_3 ist berechnungsuniversell und besitzt ein unentscheidbares Wortproblem.*

Beweis: T_3 arbeitet ganz ähnlich wie T_2. $\bigcirc$ spielt die Rollen des Blank-Buchstabens und des Leitung-Buchstabens, $\otimes$ ist wieder der Signal-Buchstabe. ■ hat gleiche mehrere Rollen, die eines Gerüst-Buchstabens ▨ (Vorsicht: ■ kann aber verändert werden und besitzt nicht die Stabilität des alten ▨-Buchstabens), eines Zustand-Buchstabens ◉ und eines Registerinhalt-Buchstabens ■.

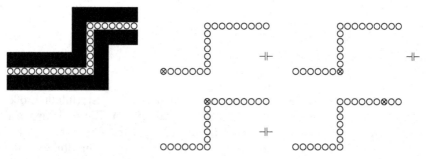

Abb. 14.60. Eine Leitung mit zwei Ecken in T_3

Abbildung 14.60 zeigt eine Leitung mit zwei Ecken für das System T_3, wobei hier ■ in den Abbildungen als Gerüst-Buchstabe oft weggelassen wird. Die Phase wird jetzt modulo 6 und nicht mehr modulo 4 gezählt. Pro Schritt bewegt sich das Signal $\otimes$ mit Regel 1 sechs Felder weiter.

Der Phasenkonverter wird komplizierter. Wir benötigen zuerst einen Halbkonverter. Abbildung 14.61 zeigt einen solchen Halbkonverter mit zwei

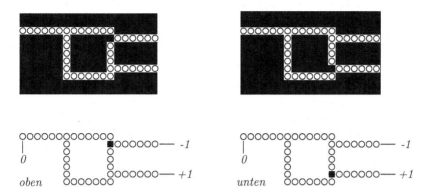

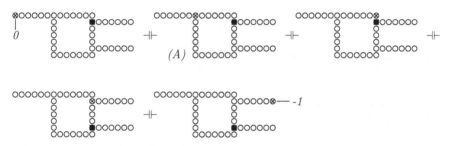

Abb. 14.61. Ein Halbkonverter mit zwei Zuständen *oben* und *unten*

Zuständen, wobei in der oberen Darstellung auch alle ■-Buchstaben mit der Gerüstfunktion aufgeführt sind. Unten sind diese der besseren Übersichtlichkeit halber weggelassen und nur ein Buchstabe ■ mit der Funktion des Zustands ist belassen. Der Halbkonverter besitzt den Zustand *oben*, falls sich der belassene ■-Buchstabe oben, und den Zustand *unten*, falls er sich unten befindet. 0, +1 und −1 kennzeichnen die Stellen, an denen ein Signal ⊗ den Halbkonverter betreten oder verlassen kann.

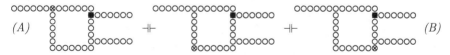

Abb. 14.62. Ein Phasendurchgang mit Zustandswechsel

Abb. 14.63. Weitere Zwischenschritte beim Phasendurchgang

Abbildung 14.62 zeigt, dass ein Signal auf dem Ende 0 des Halbkonverters im Zustand *oben* zu einem Signal auf dem Ende −1 im Zustand *unten* äquivalent ist. Die Abbildungen 14.62 und 14.63 zeigen insgesant 7 verschiedene äquivalente Muster dieses Phasenübergangs. Dabei wird ein Zwischenergebnis (A) erreicht, zu dem ebenfalls das Muster (B) äquivalent ist. (B) ist dabei ein „Endergebnis", von dem kein weiterer $\vdash$-Übergang möglich ist. Endpunkte in reversiblen Ableitungsbäumen sind aber nur unkritische Sackgassen, die wieder verlassen werden können.

Ebenso gilt, dass der Halbkonverter im Zustand *unten* und einem Signal auf dem Ende 0 äquivalent ist zum Halbkonverter im Zustand *oben* und einem Signal auf dem Ende +1. Dies ist nicht extra in einer Abbildung visualisiert, da die Zustände *oben* und *unten* symmetrisch sind und der Halbkonverter – bis auf die uninteressante Lage des Endes 0 oben statt unten – spiegelsymmetrisch ist. Ein Signal auf dem Ende -1 kann aber im Zustand *oben* nicht das Ende 0 erreichen. Ein Signal kann also in jedem Zustand den Halbkonverter von 0 nach abwechselnd +1 oder -1 unter einem Zustandswechsel passieren, aber nicht in jedem Zustand von jedem Ende +1 und -1 nach 0 passieren. Die Bezeichnung 0,+1,-1 der Enden deutet auf verschiedene Phasen in der Senkrechten: Liegt das Ende 0 in der Phase 0, dann liegt das Ende -1 ein Feld tiefer, also in der Phase -1, und das Ende +1 fünf Felder tiefer, also in der Phase -5 = +1 modulo 6.

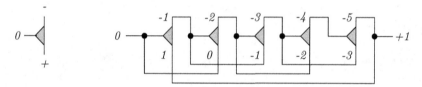

Abb. 14.64. Phasenkonverter für T_3

Abbildung 14.64 zeigt links ein Diagramm für den Halbkonverter und rechts einen Phasenkonverter für T_3, der aus fünf Knotenbausteinen K^r und fünf Halbkonvertern aufgebaut ist. Die Werte $\pm i$ geben die Phasenverschiebungen in der Senkrechten an. Der ausgezeichnete Zustand des Phasenkonverters sei, dass alle Halbkonverter im Zustand *oben* stehen. Bei einem Durchlauf eines Signals vom Ende 0 zum Ende +1 werden alle Halbkonverter auf *unten* geschaltet, bei einem nächsten Durchlauf werden die Halbkonverter von links nach rechts alle auf *oben* geschaltet. Tabelle 14.8 zeigt die Reihenfolge der Zustandsänderungen pro Signaldurchlauf von 0 nach +1.

Die Kreuzungen im Phasenkonverter sind unkritisch, da Signale auf sich kreuzenden Leitungen im Phasenkonverter nie in der gleichen Phase sind. Nach sechs Durchgängen eines Signals von 0 nach +1 wird der ausgezeichnete Zustand wieder erreicht. Im ausgezeichneten Zustand hätten also bereits beliebige viele Signale durch den Phasenkonverter von 0 nach +1 laufen können, also können wegen der Reversibilität auch beliebig viele von +1 nach 0 „zurück" laufen, wenn zu Beginn alle Phasenkonverter im ausgezeichneten Zustand stehen.

Aktuelle Zustandsfolge im Phasenkonverter:

oben	oben	oben	oben	oben	, 1. Durchlauf ergibt:
unten	unten	unten	unten	unten	, 2. Durchlauf ergibt:
oben	unten	unten	unten	unten	, 3. Durchlauf ergibt:
oben	oben	unten	unten	unten	, 4. Durchlauf ergibt:
oben	oben	oben	unten	unten	, 5. Durchlauf ergibt:
oben	oben	oben	oben	unten	, 6. Durchlauf ergibt:
oben	oben	oben	oben	oben	

Tabelle 14.8. Schaltdurchläufe im Phasenkonverter

Mit einer Kombination von eventuell gedrehten Phasenkonvertern kann ein Signal von jeder Phase in jede andere Phase gelangen. Damit sind Kreuzungen wieder einfache sich kreuzende Leitungen, deren Signale so in geeigneten Phasen verlaufen, dass sie den Leitungsschnittpunkt nicht treffen.

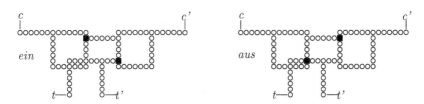

Abb. 14.65. Der Dr-Baustein für T_3

Abbildung 14.65 zeigt den Dr-Baustein in T_3. Ein Signal kann stets vom Ende c zum Ende c' passieren unter Änderung des Zustands. Die Benutzung des Endes c ist wie die des Endes 0 im Halbkonverter, nur dass hier ein zweiter gespiegelter Halbkonverter angehängt ist. Die Leitung von t nach t' ist im Zustand *ein* frei und kann von einem Signal passiert werden. Im Zustand *aus* blockiert der Buchstabe ■ allerdings die Leitung und die Passage zwischen t und t' ist gesperrt: In der Position ○○⊗○○■○○ können das Signal ⊗ und der Buchstabe ■ nicht miteinander reagieren.

Eine Registermaschine mit genau zwei Registern kann für T_3 völlig analog zur Konstruktion in Abbildung 14.57 realisiert werden; man muss natürlich die neue Phase modulo 6 in T_3 berücksichtigen. Damit sehen die Anschlüsse der verschiedenen Phasen zu den Register-i-Leitungen für $i = 1, 2$ anders aus und die beiden Registerleitungen unterscheiden sich jetzt um 3 modulo 6 in der Senkrechten. Damit ist eine Interaktion eines Signals ⊗ für eine Registerleitung mit dem Registerinhalt-Buchstaben ■ der anderen Registerleitung ausgeschlossen. Die Gerüst-Buchstaben ■ in Abbildung 14.57 werden durch den Buchstaben ■ für T_3 ersetzt. Zur Addition auf der Register-1-Leitung wird ein Signal so auf diese Leitung geschickt, dass der Registerinhalt-

Buchstabe ■ auf dieser Leitung in der Situation ⊗■○○○○○○ erreicht wird. Regel 2 ändert dieses Teilwort in ○⊗○○○■○○ ab, womit die Phase von dem Signal ⊗ geändert ist und der Registerinhalt-Buchstabe ■ um vier Felder nach rechts versetzt ist. Der Registerinhalt ist also jetzt die Entfernung vom Nullpunkt N oder N' zum korrekten Registerinhalt-Buchstaben ■ dividiert durch 4. Der Nulltest funktioniert entsprechend wie in T_2. Die notwendigen Änderungen sind marginal und offensichtlich.   ■

Wir können also mit nur zwei Regeln auskommen. Die Regeln sind aber minimal länger als in T_2 und arbeiten mit der Phase sechs statt vier. Wir benötigen verschieden Annäherungen eines Signals ⊗ an den ■-Buchstaben, um unterschiedliche Funktionalitäten von ■ zu erhalten. Eine Reaktion zwischen dem Signal-Buchstaben ⊗ und dem Buchstaben ■ ist also bei folgenden Abständen möglich:

- Abstand 1, zur Addition auf einer Registerleitung oder zum Zustandswechsel,
- Abstand 4, zur Subtraktion auf einer Registerleitung oder zum Zustandswechsel.

Im Abstand 2 oder 3 interagieren beide nicht und ein Signal kann daher nicht mit dem Registerinhalt-Buchstaben des falschen Registers interagieren. Ebenso ist keine Interaktion in den folgenden Situationen möglich

$$\otimes\blacksquare\blacksquare,\ \otimes\bigcirc\blacksquare\blacksquare,\ \otimes\bigcirc\bigcirc\blacksquare\blacksquare,\ \otimes\bigcirc\bigcirc\bigcirc\blacksquare\blacksquare,\ \otimes\bigcirc\bigcirc\bigcirc\bigcirc\blacksquare\blacksquare,\ \otimes\bigcirc\bigcirc\bigcirc\bigcirc\bigcirc\blacksquare\blacksquare,$$

und ■■ spielt hier die Rolle des Gerüst-Buchstaben.

Eindimensionale Thue-Systeme wurden bereits anfangs des 20. Jahrhunderts ausführlich untersucht. Ob unentscheidbare eindimensionale Thue-Systeme mit nur zwei Regeln existieren, ist eine bekannte aber noch immer offene Frage. Bekannt ist ein unentscheidbares System mit nur zwei Buchstaben und drei Regeln, wobei eine Regel aber etwa tausend Vorkommen der Buchstaben besitzt.

14.8.6 Physikalisch reversible Schaltwerke

In diesem Abschnitt geht es um *Schaltelemente* wie NICHT oder UND, die zu *Schaltwerken* verbunden sind. Wir beschreiben physikalisch reversible Schaltelemente, bei denen man aus der Ausgabe immer eindeutig auf die Eingabe zurückschließen kann, und verbinden sie zu physikalisch reversiblen Schaltwerken, die endlich berechnungsuniversell sind – das heißt, man kann mit ihnen beliebige Mealy-Automaten mit endlichem Zustandsraum simulieren (oder, anders ausgedrückt: kombiniert man ein solches Schaltwerk mit Registerbausteinen, so hat man ein berechnungsuniverselles System).

Wir betrachten ein *Schaltelement* mit m Eingängen und n Ausgängen als eine Funktion $f : \{0,1\}^m \to \{0,1\}^n$ für $m, n \in \mathbb{N}$. Gilt $n = 1$, dann sprechen wir auch von einer *Boole'schen Funktion*. Beispiele von Boole'schen Funktionen sind etwa

$$\text{NICHT} : \{0,1\} \to \{0,1\} \ \text{ mit } \text{NICHT}(x) = \overline{x} = 1 - x$$

$$\text{UND} : \{0,1\}^2 \to \{0,1\} \ \text{ mit } \text{UND}(x,y) = x \cdot y$$

$$\text{ODER} : \{0,1\}^2 \to \{0,1\} \ \text{ mit } \text{ODER}(x,y) = \overline{\overline{x} \cdot \overline{y}} = 1 - (1-x)(1-y)$$

$$\text{NAND} : \{0,1\}^2 \to \{0,1\} \ \text{ mit } \text{NAND}(x,y) = 1 - x \cdot y$$

jeweils für $x \in \{0,1\}$. Wir schreiben $\overline{x}$ für $1 - x$. Ein *Schaltwerk* ist ein Netzwerk aus Schaltelementen, wie etwa in Bild 14.66 unten. Ein *kombinatorisches Schaltwerk* ist ein rückkopplungsfreies Netzwerk mit Boole'schen Funktion oder „Lötstellen" als Knoten. Auf jeder Leitung liegt ein Signal 0 oder 1 an. Die Signale auf der Eingabeseite der Boole'schen Funktionen werden entweder verzögerungsfrei weitergeleitet – d.h. in dem Moment, wo die Eingabe am Schaltwerk anliegt, liegt auch schon das Ausgabesignal auf dem einzigen Ausgang – oder synchron getaktet mit einer Einheitsverzögerung – d.h. alle Schaltwerke des Netzes schalten jeweils gleichzeitig, für die Eingabe im Takt t liegt im Takt $t+1$ die Ausgabe vor.

Es ist bekannt, dass jedes beliebige Schaltelement als ein Schaltwerk ausschließlich über den beiden Boole'schen Funktionen NICHT und UND (oder über NICHT und ODER oder über NAND allein) realisiert werden kann.

Abb. 14.66 zeigt das Schaltelement CN : $\{0,1\}^2 \to \{0,1\}^2$ mit CN$(c,x) = (c, \overline{c}x + c\overline{x})$ und ein kombinatorisches Schaltwerk über NICHT, UND und ODER, das CN realisiert. In diesem Schaltwerk sollen die Boole'schen Funktionen verzögerungsfrei arbeiten.

Wenn wir stattdessen in einem Modell arbeiten, in dem alle Schaltelemente eine Einheitsverzögerung haben, kann das Netz aus Abb. 14.66 nicht mehr CN realisieren, da die Ausgabe auf c sofort, die bei $c\overline{x} + \overline{c}x$ erst nach drei Verzögerungsschritten anliegt. In diesem Fall braucht man Verzögerungselemente, zum Beispiel DELAY : $\{0,1\} \to \{0,1\}$ mit DELAY$(x) = x$. Allerdings gibt es von dem Modell mit Einheitsverzögerung zwei Varianten: Entweder die „Lötstellen" von Leitungen sind Schaltelemente und unterliegen der Einheitsverzögerung, oder sie arbeiten verzögerungsfrei. In der ersten Variante wird eine Lötstelle als ein Schaltelement FAN−OUT : $\{0,1\} \to \{0,1\}^2$ mit FAN OUT$(x) = (x,x)$ modelliert. In diesem Modell kombinatorischer Schaltwerke lassen sich dann alle Schaltelemente durch Schaltwerke aus den atomaren Schaltelementen NICHT, UND, DELAY und FAN-OUT realisieren. Abb. 14.67 zeigt ein Schaltwerk mit Einheitsverzögerung, die das Schaltelement CN realisiert, unter Verwendung von FAN-OUT und DELAY. Dieses Schaltwerk hat eine Gesamtverzögerung von 5 Takten von der Eingabe in CN bis zur Reaktion auf der Ausgabeseite.

Es ist nicht schwer zu zeigen, dass man ein beliebiges Schaltelement durch ein kombinatorisches Schaltwerk über NICHT und UND (bzw. zusätzlich DELAY und FAN-OUT, je nach Verzögerungsmodell) realisieren kann: Das Ausgabe-

CN:

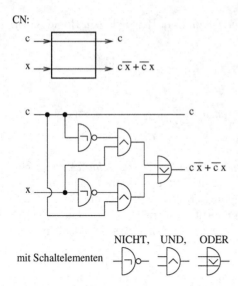

NICHT, UND, ODER

mit Schaltelementen

Abb. 14.66. Beispiel eines verzögerungsfreien kombinatorischen Schaltwerkes

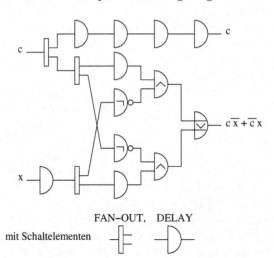

FAN–OUT, DELAY

mit Schaltelementen

Abb. 14.67. Das Schaltelement CN aus Abb. 14.66, realisiert durch ein getaktetes kombinatorisches Schaltwerk mit Einheitsverzögerung auf allen Schaltelementen

Verhalten jedes einzelnen Ausgangs lässt sich durch eine aussagenlogischen Formel über alle Eingangsleitungen beschreiben. Und jede AL-Formel besitzt eine äquivalente disjunktive Normalform (DNF), in der man dann $x \vee y$ durch $\neg(\neg x \wedge \neg y)$ weiter ersetzen kann. Das kombinatorische Schaltwerk in Abb. 14.67 folgt genau diesem Konstruktionsprinzip.

Der wichtigste Unterschied zwischen Schaltelementen und Mealy-Automaten ist, dass Schaltelemente keinen Zustand, also kein „Gedächtnis" besitzen. Sie reagieren als Abbildungen $\{0,1\}^m \to \{0,1\}^n$ nur auf die aktuell anliegenden m Signale, während Mealy-Automaten mit ihren internen Zuständen auch frühere Situationen mit berücksichtigen können. Wenn wir aber kombinatorische Schaltwerke zu beliebigen Schaltwerken verallgemeinern, in denen auch rückgekoppelte Leitungen erlaubt sind, dann können wir beliebige Mealy-Automaten mit endlichem Zustandsraum simulieren. Die Idee hier ist die gleiche wie in Bsp. 14.8.10: Wir legen die Zustandsinformation auf rückgekoppelte Leitungen.

Es sei $A = (K, I, O, \delta, \lambda)$ ein Mealy-Automat mit $K = \{s_1, \ldots, s_t\}$, $I = \{x_1, \ldots, x_m\}$, $O = \{y_1, \ldots, y_n\}$. Wir simulieren A durch ein Schaltwerk wie folgt: Um uns von einem Schalt-Takt zum nächsten einen Zustand s_i von A zu merken, legen wir i als Binärzahl auf $\log_2 t$ rückgekoppelte Leitungen mit je einem DELAY-Element.

Nun zu den Details: Zu A sei A^s das Schaltelement $A^s : \{0,1\}^{i+k} \to \{0,1\}^{o+k}$ mit $i = \log_2(m)$, $o = \log_2(n)$ und $k = \log_2(t)$, und

$$A^s(x_1, \ldots, x_i, x_{i+1}, \ldots, x_{i+k}) = (y_1, \ldots, y_o, y_{o+1}, \ldots, y_{o+k})$$

$$:\Longleftrightarrow$$

$$\delta(s_a, x_b) = s_c, \quad \lambda(s_a, x_b) = y_d \text{ mit}$$

$$a = x_1 \ldots x_i, \quad b = x_{i+1} \ldots x_{i+k},$$

$$c = y_{o+1} \ldots y_{o+k}, \quad d = y_1 \ldots y_o \text{ als Binärzahlen.}$$

Das heißt, jede Eingabe x_b wird als Binärzahl auf den Eingängen x_1 bis x_i eingegeben, die Ausgabe steht als Binärzahl in den Ausgängen y_1 bis y_o, und der Zustand s_a wird durch eine Binärzahl a auf den Eingängen x_{i+1} bis x_{i+k} oder den Ausgängen y_{o+1} bis y_{o+k} dargestellt. Koppeln wir jetzt jeden Ausgang y_{o+j} auf den Eingang x_{i+j} zurück (für $1 \leq j \leq k$) mit einem DELAY-Element in jeder rückgekoppelten Leitung, so realisiert dieses Schaltwerk gerade A. Abb. 14.68 visualisiert die Situation, wobei wir für A die Black-Box-Sicht aus Abb. 14.6 gewählt haben.

Damit können wir das folgende bekannte Ergebnis aus der klassischen Schaltwerktheorie festhalten:

Satz 14.8.26. *Schaltwerke (mit Rückkopplungen) über den Schaltelementen* NICHT, UND, DELAY *und* FAN-OUT *sind endlich berechnungsuniversell.*

Dabei ist es gleichgültig, ob die Schaltelemente mit einer Einheitsverzögerung schalten oder unverzögert. Meistens wird auf FAN-OUT als Schaltelement verzichtet, die „Lötstelle" wird dann als Sonderoperation auf Leitungen aufgefasst.

Wenn wir Schaltelemente als ARM beschreiben wollen, haben wir wieder mehrere Möglichkeiten. Entweder wir modellieren ein Schaltelement $f : \{0,1\}^m \to \{0,1\}^n$ als das ARM $(\mathcal{C}, \vdash)$ mit $\mathcal{C} = \{0,1\}^m \cup \{0,1\}^n$ und $C \vdash C' :\Longleftrightarrow C \in \{0,1\}^m \wedge C' \in \{0,1\}^n \wedge f(C) = C'$. Damit beschreiben

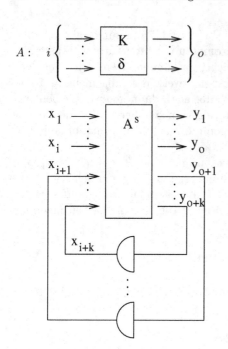

Abb. 14.68. Ein Mealy-Automat, realisiert durch ein Schaltelement mit Rück-kopplungen

wir das Verhalten des Schaltelements in *einem* Rechenschritt. Oder wir modellieren f durch das ARM $(\mathcal{C}_1, \vdash_1)$ mit $\mathcal{C}_1 = (\{0,1\}^m)^* \times (\{0,1\}^n)^*$ und $(w_1, u_1) \vdash_1 (w_2, u_2)$ genau dann, wenn es $x \in \{0,1\}^m, y \in \{0,1\}^n$ gibt mit $f(x) = y$, $w_1 = x w_2$ und $u_2 = u_1 y$. Mit dieser ARM-Variante stellen wir ein sequentielles Verhalten von f dar.

Der Begriff der physikalischen Reversibilität überträgt sich kanonisch auf Schaltelemente. Sie sind als Funktionen grundsätzlich vorwärts determiniert. Rückwärts determiniert sind sie genau dann, wenn sie injektiv sind. Von den Schaltelementen aus Satz 14.8.26 sind also NICHT, DELAY und FAN-OUT physikalisch reversibel, aber UND ist es nicht.

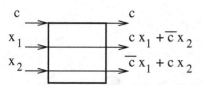

Abb. 14.69. Ein Fredkin-Gate

Um endlich berechnungsuniverselle physikalisch reversible Schaltwerke aufbauen zu können, führen wir ein neues physikalisch reversibles Schaltelement ein, das **Fredkin-Gate** FG aus Abb. 14.69. Es ist definiert als FG : $\{0,1\}^3 \rightarrow \{0,1\}^3$ mit

$$FG(c, x_1, x_2) = (c, cx_1 + \overline{c}x_2, \overline{c}x_1 + cx_2) \text{ für } c, x_1, x_2 \in \{0,1\}.$$

Wie alle Schaltwerke ist das Fredkin-Gate per Definition vorwärts determiniert. Und es ist auch rückwärts determiniert: Wenn man die Ausgabesignale eines Fredkin-Gates noch einmal in ein Fredkin-Gate eingibt, erhält man

$$FG(c, \quad cx_1 + \overline{c}x_2, \quad \overline{c}x_1 + cx_2) =$$
$$(c, \quad c(cx_1 + \overline{c}x_2) + \overline{c}(\overline{c}x_1 + cx_2), \quad \overline{c}(cx_1 + \overline{c}x_2) + c(\overline{c}x_1 + cx_2)) =$$
$$(c, \quad cx_1 + \overline{c}x_1, \quad cx_2 + \overline{c}x_2) = (c, x_1, x_2)$$

Also ist $FG^2 = id$. Das heißt, ein Fredkin-Gate FG ist gleich seinem Inversen. Damit ist es rückwärts determiniert und somit auch physikalisch reversibel.

Mit nur einem Fredkin-Gate kann man ein UND-, NICHT-, DELAY- oder FAN-OUT-Element realisieren, wie Abb. 14.70 zeigt. Damit haben wir insgesamt bewiesen:

Satz 14.8.27. *Physikalisch reversible Schaltwerke aus Fredkin-Gates sind endlich berechnungsuniversell.*

Satz 14.8.27 gilt für beide Varianten von Schaltwerken, sowohl für das Modell, in dem alle Schaltelemente bis auf DELAY verzögerungsfrei schalten, als auch für das Modell mit Einheitsverzögerung in allen Schaltelementen. Um UND-, NICHT-, DELAY- und FAN-OUT-Elemente zu simulieren, braucht das Fredkin-Gate zusätzlich 0- und 1-Signale als Eingabe. Es liefert zusätzliche Ausgaben, die für die physikalische Reversibilität sorgen: Sie spiegeln wider, welche Eingangssignalverteilung die Ausgangssignalverteilung bewirkt hat. Man könnte auch sagen, die zusätzlichen Ausgaben liefern ein PROTOKOLL der Schaltung. Die zusätzlichen Eingaben können wir als ENERGIE auffassen, die für die Rechnung gebraucht wird. Für einen endlichen Mealy-Automaten $A = (K, \Sigma, \Gamma, \delta, s)$, der durch ein Schaltwerk aus Fredkin-Gates realisiert wird, ergibt sich damit die Situation in Abb. 14.71.

Im Rest dieses Abschnitts zeigen wir, dass man nicht nur mit Fredkin-Gates, sondern auch mit einer anderen Basis von Grund-Schaltelementen endlich berechnungsuniverselle physikalisch reversible Schaltwerke aufbauen kann. Wir setzen am Baustein E an und transformieren ihn in ein physikalisch reversibles Schaltwerk $\hat{E}$, dargestellt in Abb. 14.72. Dieses Schaltwerk ist definiert als $\hat{E} : \{0,1\}^2 \rightarrow \{0,1\}^3$ mit $\hat{E}(s,t) = (s, st, \overline{s}t)$ für $s, t \in \{0,1\}$. Damit haben wir

$$\hat{E}(0,0)=(0,0,0) \quad \hat{E}(0,1)=(0,0,1)$$
$$\hat{E}(1,0)=(1,0,0) \quad \hat{E}(1,1)=(1,1,0)$$

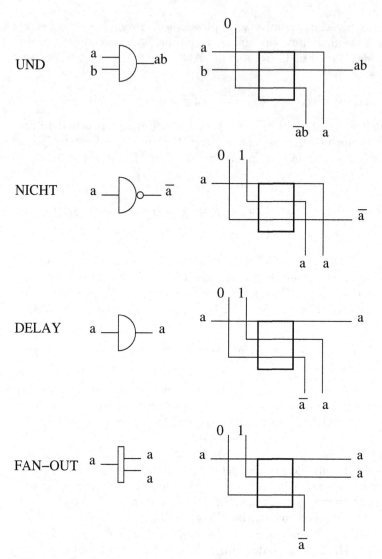

Abb. 14.70. Schaltelemente und ihre Simulation durch ein Fredkin-Gate

Also ist $\hat{E}$ injektiv mit Wertebereich $\{(0,0,0),(0,0,1),(1,0,0),(1,1,0)\}$, also vorwärts und rückwärts determiniert und somit auch physikalisch reversibel. Das inverse Schaltelement zu $\hat{E}$ ist $\hat{E}^{-1}$, ein Element mit partieller Übergangsfunktion. Es ist die Umkehrfunktion $\hat{E}^{-1}: W(\hat{E}) \rightarrow \{0,1\}^2$ von $\hat{E}$, die nur auf dem Wertebereich $W(\hat{E})$ von $\hat{E}$ definiert ist. Mit $\hat{E}$ ist natürlich auch $\hat{E}^{-1}$ ein physikalisch reversibles Schaltelement, wenn es nur mit Eingabesignalverteilungen aus $W(\hat{E})$ benutzt wird.

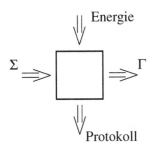

Abb. 14.71. Realisierung eines Mealy-Automaten durch ein physikalisch reversibles Schaltwerk

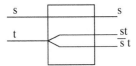

Abb. 14.72. Das Schaltelement $\hat{E}$.

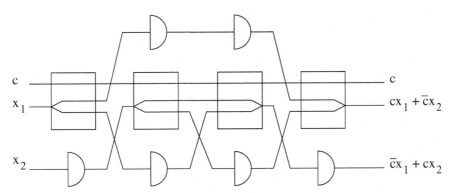

Abb. 14.73. Realisierung eines Fredkin-Gates mit $\hat{E}$, $\hat{E}^{-1}$, und DELAY-Elementen.

Interessanterweise kann man mit nur zwei Vorkommen von $\hat{E}$, zwei Vorkommen von $\hat{E}^{-1}$ und sechs Vorkommen von DELAY-Elementen ein Fredkin-Gate realisieren: Abb. 14.73 zeigt das Schaltwerk, in der Variante mit Einheitsverzögerung in allen Schaltelementen. (In dem anderen Schaltwerk-Modell, wo alle Elemente verzögerungsfrei arbeiten, werden die DELAY-Elemente natürlich nicht gebraucht.) Da sich das DELAY-Element aus $\hat{E}$- und $\hat{E}^{-1}$-Elementen realisieren lässt, gilt:

Satz 14.8.28. *Physikalisch reversible Schaltwerke aus $\hat{E}$- und $\hat{E}^{-1}$-Elementen sind endlich berechnungsuniversell.*

14.8.7 Physikalisch reversible Turing-Maschinen

Im vorigen Abschnitt haben wir uns mit *endlich* berechnungsuniversellen physikalisch reversiblen Modellen beschäftigt. In diesem Abschnitt stellen wir ein physikalisch reversibles Rechenmodell vor, das berechnungsuniversell ist: Wir zeigen, dass physikalisch reversible Turing-Maschinen die Rechnung jeder normalen Turing-Maschine nachspielen können. Das heißt, dass jede berechenbare Funktion $f : \Sigma^* \to \Sigma^*$ von einer physikalisch reversiblen Turing-Maschine berechnet wird. Allerdings müssen wir dazu den Begriff einer TM-berechenbaren Funktion leicht abändern. Die Idee dazu haben wir in Bsp. 14.8.3 schon angesprochen: Anders als bisher müssen wir jetzt zulassen, dass eine Turing-Maschine am Ende der Berechnung sowohl die Eingabe w als auch den berechneten Wert $f(w)$ auf dem Band hat. Das ist deshalb nötig, weil physikalisch reversible Turing-Maschinen immer vom aktuellen Bandinhalt zur Ausgangskonfiguration zurückrechnen können müssen. Bei nicht injektiven berechenbaren Funktionen mit $f(w_1) = f(w_2)$ und $w_1 \neq w_2$ wäre es aber unmöglich von $h, \#f(w_1)\#$ zur initialen Startkonfiguration zurückzurechnen.

Definition 14.8.29. *Eine determinierte Turing-Maschine* $M = (K, \Sigma, \delta, s)$ *heißt* **physikalisch reversibel**, *wenn sie als ARM* $(\mathcal{C}_M, \vdash_M)$ *auf dem Raum* $\mathcal{C}_M$ *aller möglicher Konfigurationen für* M *physikalisch reversibel ist.*
Sie **berechnet** *eine (partielle) Funktion* $f : \Sigma_0^* \to \Sigma_0^*$ *mit* $\# \notin \Sigma_0 \subseteq \Sigma$, *falls für alle* $w \in \Sigma_0^*$ *gilt:*

$f(w)$ *undefiniert* $\iff$ M *gestartet mit Input* w *hält nicht,*

$f(w)$ *definiert* $\iff$ $s, \#\underline{w}\# \vdash_M^* h, \#w\#\underline{f(w)}\#$.

Die Situation ist ähnlich wie bei chemisch reversiblen Grammatiken. Dort mussten wir den Begriff der erzeugten Sprache abändern, wir konnten nur Wörter $\alpha w \omega$ erzeugen, keine terminalen Wörter w. Physikalisch reversible Turing-Maschinen nun können statt $s, \#\underline{w}\# \vdash^* h, \#\underline{f(w)}\#$ „nur" $s, \#\underline{w}\# \vdash^* h, \#w\#\underline{f(w)}\#$ rechnen.

Ein physikalisch reversibles ARM $(\mathcal{C}, \vdash)$ muss auf all seinen Konfigurationen vorwärts und rückwärts determiniert sein, Da wir $\mathcal{C}$ als Raum $\mathcal{C}_M$ aller möglichen Konfigurationen von M gewählt haben, muss eine physikalisch reversible Turing-Maschine auf allen ihren Konfigurationen vorwärts und rückwärts determiniert sein. Insbesondere darf eine solche Turing-Maschine keine Information vergessen. Jede Konfiguration besitzt eine eindeutige Zukunft und eine eindeutige Vergangenheit. Die Physik geht heute im Allgemeinen von einem physikalisch determinierten Universum aus, in dem keine Information verloren gehen kann. Das führte u. a. zu längeren Diskussionen, wie Materie ohne Informationsverlust in einem Schwarzen Loch unwiederbringlich verschwinden kann.

Es berechne eine determinierte Turing-Maschine $M = (K, \Sigma, \delta, s)$ eine Funktion $f : \Sigma_0 \to \Sigma_0$ mit $\# \notin \Sigma_0 \subset \Sigma$ mit den initialen Konfigurationen

$$\mathcal{C}_{M,f}^{init} = \{s, \#w\underline{\#} \mid w \in \Sigma_0\}.$$

$\mathcal{E}(\mathcal{C}_{M,f}^{init})$ ist die Menge aller von M von $\mathcal{C}_{M,f}^{init}$ aus erreichbaren Konfigurationen. Das ARM $M_f^{rest} = (\mathcal{E}(\mathcal{C}_{M,f}^{init}), \vdash_M)$ der Turing-Maschine M mit dem restrikten Konfigurationsraum $\mathcal{E}(\mathcal{C}_{M,f}^{init})$ ist für physikalisch reversible Überlegungen uninteressant, wie das folgende Lemma zeigt.

Lemma 14.8.30. *Berechnet eine determinierte Turing-Maschine M eine totale Funktion f, dann ist das ARM M_f^{rest} stets physikalisch reversibel.*

Beweis: Wir betrachten drei Konfigurationen C_1, C_2, C aus $\mathcal{E}(\mathcal{C}_{M,f}^{init})$ mit $C_1 \vdash C$ und $C_2 \vdash C$. Da alle drei Konfigurationen in $\mathcal{E}(\mathcal{C}_{M,f}^{init})$ liegen, existieren zwei initiale Konfiguratuinen $C_1^{init} = s, \#w_1\underline{\#}$, $C_2^{init} = s, \#w_2\underline{\#}$ mit $C_1^{init} \vdash^* C_1$ und $C_2^{init} \vdash^* C_2$, und eine Haltekonfiguration $C^{fin} = h, \#w\#f(w)\underline{\#}$ mit $C \vdash^* C^{fin}$. Aslo folgt $w_1 = w$ und $w_2 = w$, also auch $C_1^{init} = C_2^{init}$ und daher auch $C_1 = C_2$. ∎

Dies ist jedoch nur ein definitorischer Trick. M_f^{rest} kann natürlich immer noch Information vergessen, eine Konfiguration in $\mathcal{E}(\mathcal{C}_{M,f}^{init})$ kann natürlich mehrere Vorgängerkonfigurationen besitzen, von denen aber nur eine in dem „künstlichen" Konfigurationenraum $\mathcal{E}(\mathcal{C}_{M,f}^{init})$ liegen kann. Eine Reversibilität im Sinn der Physik ist hier nicht gegeben. Daher haben wir für physikalisch reversible Turing-Maschinen als Konfigurationsraum auch den Raum aller(!) Konfigurationen $\mathcal{C}_M$ gefordert.

Wir skizzieren im folgenden Beweis eine physikalisch reversible Turing-Maschine, die eine beliebige determinierte Turing-Maschine simuliert, indem sie die Rechnung der simulierten Maschine in einem Protokoll auf dem Band notiert und dies Protokoll am Ende der Rechnung wieder „löscht". Dies „Löschen" muss dabei physikalisch reversibel geschehen, also ohne Informationsverlust. Dies gelingt mit dem Trick, das Wort $f(w)$ im Endergebnis $h, \#f(w)\#\text{PROTOKOLL}\underline{\#}$ zu verdoppeln (Verdoppeln ist natürlich leicht ohne Informationsverlust zu bewerkstelligen) und mit Hilfe des Protokolls ein Wort $f(w)$ unter Löschen des Protokolls in w zurückzurechnen.

Satz 14.8.31. *Jede berechenbare Funktion $f : \Sigma_0^* \to \Sigma_0^*$ wird von einer physikalisch reversiblen Turing-Maschine berechnet.*

Beweis: Da die Funktion $f : \Sigma_0^* \to \Sigma_0^*$ berechenbar ist, gibt es eine determinierte Turing-Maschine M, die sie berechnet. Sei $M = (K, \Sigma', \delta, s)$ mit $\# \notin \Sigma_0 \subseteq \Sigma'$ und

$s, \#w\underline{\#} \vdash_M^* h, \#f(w)\underline{\#} \iff f(w)$ ist definiert

M hält bei Input w nicht $\iff f(w)$ ist undefiniert

Wir beschreiben nun eine Reihe von physikalisch reversiblen Turing-Maschinen, die hintereinander angewendet M simulieren. Wir geben diese Maschinen nicht im Einzelnen an. Aber sie sind anderen Turing-Maschine, die wir weiter vorn im Buch konstruiert haben (insbesondere in Abschnitt 7.5), sehr ähnlich. Insofern sollte es nicht zu schwer zu sehen sein, dass man diese Maschinen als vorwärts und rückwärts determinierte Turing-Maschinen konstruieren kann.

Wir werden auf Bandinhalten rechnen, die den Zeichenketten der chemisch reversiblen Grammatik aus Satz 14.8.19 ähneln. Wenn die simulierte Turing-Maschine M ein Wort $u\underline{a}v$ auf dem Band stehen hat, dann soll die simulierende Maschine zu dem Zeitpunkt mit einem Bandinhalt

$$u\underline{a}v \; ¢ \, PROTOKOLL \, ¢$$

rechnen. $PROTOKOLL$ ist dabei ein Wort, das die ganze bisherige Rechnung von M beschreibt, und die $¢$ sind Endmarker für das Protokoll.

Die erste physikalisch reversible Turing-Maschine, M_0, soll den initialen Bandinhalt in die Form umschreiben, die die nachfolgenden Maschinen brauchen. Sie soll rechnen:

$$s, \#w\underline{\#} \vdash^*_{M_0} h, \#w\underline{\#} \, ¢¢$$

Die zweite physikalisch reversible Turing-Maschine, M_1, soll die Arbeit von M simulieren. Gilt in M $s, \#w\underline{\#} \vdash^*_M q, u\underline{a}v \vdash_M q', u'\underline{a'}v'$, dann soll M_1 rechnen:

$$s, \#w\underline{\#}¢¢ \vdash^*_{M_1} q, u\underline{a}v¢PROTOKOLL¢ \vdash^*_{M_1} q', u'\underline{a'}v'¢PROTOKOLL[q,a]¢$$

M_1 arbeitet also wie M, speichert aber hinter der Konfiguraton von M zwischen den zwei Endmarkern $¢$ das Protokoll der Rechnung von M. Dies Protokoll ist ein Wort über $\Sigma_1 = \{[q,a] \mid q \in K \cup \{h\}, a \in \Sigma\}$. Wie schon im Beweis zu Satz 14.8.19 heißt ein Buchstabe $[q,a]$ an i-ter Stelle des Protokolls, dass M im i-ten Schritt ihrer Rechnung den Übergang $\delta(q,a)$ durchgeführt hat.

Die dritte physikalisch reversible Turing-Maschine, M_2, soll einfach den Bandinhalt vor den $¢$-Markern verdoppeln, sie soll also

$$s, \#u\underline{\#} \, ¢v¢ \vdash^*_{M_2} h, \#u\#u\underline{\#} \, ¢v¢$$

rechnen für $u \in \Sigma^*$ und $v \in \sigma_1^*$. Damit erreichen wir bisher mit $M_0M_1M_2$:

$f(w)$ ist definiert $\Longleftrightarrow$

$s, \#w\underline{\#} \vdash^*_M h, \#f(w)\underline{\#} \Longleftrightarrow$

$s, \#w\underline{\#} \vdash^*_{M_0M_1M_2} h, \#f(w)\#f(w)\underline{\#} \, ¢ \, PROTOKOLL \, ¢$

Eine weitere physikalisch reversible Turing-Maschine M_4 soll nun die Rechnung von M_1 von w nach $f(w)$ wieder rückgängig machen, und zwar genau anhand des gespeicherten Protokolls. Für beliebige Wörter $w, x \in \Sigma^*$ soll sie rechnen:

$$s, \#f(w)\#x\underline{\#} \, ¢ \, PROTOKOLL \, ¢ \vdash^*_{M_3} h, \#w\underline{\#}x$$

Das heißt, M_3 ignoriert das verdoppelte Wort $f(w)$ zwischen dem ersten $f(w)$ und dem Protokoll.

Schließlich brauchen wir noch eine Turing-Maschine, die über das rechte der beiden Wörter auf dem Band hinwegläuft, damit am Ende der Rechnung der Kopf der Maschine an der richtigen Stelle steht. Wir verwenden $M_4 = > R_\#$ und erreichen damit

$$s, \#w\underline{\#}x \vdash_{R_\#}^* h, \#w\#x\underline{\#}$$

für alle $x \in \Sigma^*$. Insgesamt ist $M_0 M_1 M_2 M_3 M_4$ eine physikalisch reversible Turing-Maschine, die gerade f berechnet.   ∎

14.9 Splicing

Verbindungen zwischen Biologie und Informatik sind seit Jahrzehnten fester Bestandteil der Theoretischen Informatik. Noch bevor sich der Name Informatik für diese neue Disziplin etablierte, wurden theoretische Probleme der Selbstreproduktion mit Turing-Maschinen, Zellularen Automaten und ganz abstrakt in der Rekursionstheorie modelliert. Biologisch motivierte Methoden wie Genetische Algorithmen und Neuronale Netze sind mittlerweile feste Bestandteile der Praktischen Informatik. In der Theoretischen Informatik wurden seit den späten 60er Jahren Lindenmayer-Systeme untersucht. Mit ihnen kann man das Wachstum verzweigter Organismen in der Biologie modellieren. Es sind synchronisierte Grammatiken, in denen an allen Stellen gleichzeitig Ersetzungsregeln angewendet werden. In der Theoretischen Informatik führten Lindenmayer-Systeme zu einer reichen Klasse unterschiedlicher Sprachkonzepte. Sei einigen Jahrzehnten ist DNA-Computing ein aktuelles Forschungsgebiet, das Brücken zwischen Chemie, molekularer Biologie und der Informatik schlägt. Wir wollen hier aus diesem Gebiet formales Splicing als ein alternatives Berechnungsmodell vorstellen und zeigen, wie man damit die Arbeit von endlichen Automaten und Turing-Maschinen simulieren kann.

14.9.1 H-Systeme

Die Idee ist eine „Rechenmaschine" aus Enzymen und Molekülen zu betrachten. Die Moleküle (die Daten) werden von Enzymen (den Rechenregeln) gespalten und neu zusammengesetzt. Konkret modellieren wir Moleküle als Wörter einer Sprache und Enzyme als Regeln (sogenannte Splicing-Regeln), die zwei Wörter aufspalten und neu zusammensetzen. Das Resultat ist ein formales System, in dem eine Sprache (die Moleküle, die vor der „Reaktion" in einem Reagenzglas oder Reaktor schwimmen) umgeformt wird in eine neue Sprache (die Moleküle, die nach der Reaktion im Reagenzglas schwimmen). Eine Splicing-Regel ist formal ein Quadrupel (u, u', v, v') von vier Wörtern.

Damit eine solche Regel auf zwei Moleküle (Wörter) m_1 und m_2 angewendet werden kann, müssen m_1 und m_2 Sollbruchstellen uu' bzw. vv' besitzen, an denen das durch diese Regel beschriebene Enzym ansetzt, m_1 zwischen u und u' aufbricht, m_2 zwischen v und v', und die so erhaltenen Bruchstücke neu zusammensetzt. Eine Splicing-Regel wird in der Literatur häufig in der Form $\dfrac{u|u'}{v|v'}$ geschrieben. Formal müssen sich also m_1 als $m_1 = w_1 uu'w_1'$ und m_2 als $m_2 = w_2 vv'w_2'$ schreiben lassen, und die Splicing-Regel erzeugt daraus die beiden neuen Moleküle $w_1 uv'w_2'$ und $w_2 vu'w_1'$. uu' ist der Kontext, den m_1 besitzen muss, damit die Splicing-Regel m_1 zwischen u und u' aufbrechen kann. Analog kann eine Splicing-Regel $\dfrac{\varepsilon|u'}{v|v'}$ jedes Molekül m, das u' als Teilwort enthält, unmittelbar vor u' aufbrechen, egal was in m vor u' steht.

Die katalytische Reaktion der Enzyme auf einer Menge von Molekülen wird nun formal eine indeterminierte Rechnung dieser Splicing-Regeln auf einer Menge von Wörtern. Wir werden Splicing-Regeln also nicht auf Wörter oder Wortpaare anwenden, sondern auf Sprachen, und erzeugen damit eine neuen Sprache, quasi der Inhalt des Reagenzglases nach der Reaktion. Head hat Ende der 80er Jahre eine elegante Brücke zwischen Untersuchungen an DNA und Theoretischer Informatik geschlagen. Wir stellen seinen Ansatz, allerdings in einer unwesentlichen Modifikation, jetzt vor. Ein H-System wird aus einer Ausgangssprache M von Molekülen und aus Splicing-Regeln bestehen. Die Ergebnissprache $L(H)$ wird aus allen Molekülen bestehen, die man generieren kann, wenn man mit beliebig vielen Kopien von Molekülen aus M startet und die Splicing-Regeln iterativ auf die Ausgangsmoleküle oder bereits generierten Moleküle anwendet.

Definition 14.9.1 (H-System). *Eine* **Splicing-Regel** *r über einem Alphabet Σ ist ein Quadrupel $r=(u,u',v,v')$ von Wörtern $u, u', v, v' \in \Sigma^*$. Ein* **H-System** *$H$ ist ein Tupel $H = (\Sigma, M, E)$ von*

- *einem Alphabet Σ,*
- *einer Menge M (wie* Moleküle*) von Wörtern über Σ,*
- *einer Menge E (wie* Enzyme*) von Splicing-Regeln über Σ.*

Für eine Splicing-Regel $r = (u, u', v, v')$ und Wörter $m_1, m_2, m_1', m_2' \in \Sigma^*$ schreiben wir $\{m_1, m_2\} \vdash_r \{m_1', m_2'\}$, falls Wörter w_1, w_2, w_1', w_2' existieren mit

$$m_1 = w_1 uu'w_1', \ m_2 = w_2 vv'w_2', \ m_1' = w_1 uv'w_2', \ m_2' = w_2 vu'w_1'.$$

H heißt **endlich**, *falls M und E endlich sind. Für eine Sprache $L \subseteq \Sigma^*$ ist*

$$\sigma_H(L) := \{m \in \Sigma^* | \exists m_1, m_2 \in L\, \exists m' \in \Sigma^*\, \exists r \in E\ \{m_1, m_2\} \vdash_r \{m, m'\}\}.$$

σ_H^i ist induktiv definiert durch

- *$\sigma_H^0(L) := L$,*

- $\sigma_H^{i+1}(L) := \sigma_H^i(L) \cup \sigma_H(\sigma_H^i(L))$.

Es ist $\sigma_H^*(L) := \bigcup_{i \geq 0} \sigma_H^i(L)$, *und die von* H **erzeugte Sprache** $L(H)$ *ist* $L(H) := \sigma_H^*(M)$.

Für eine Splicing-Regel (u, u', v, v') schreiben wir meist $\frac{u|u'}{v|v'}$ und statt $\{m_1, m_2\} \vdash \{m_1', m_2'\}$ meist $m_1, m_2 \vdash m_1', m_2'$. Gilt $w_1 uu' w_1', w_2 vv' w_2' \vdash w_1 uv' w_2', w_2 vu' w_1'$ so schreiben wir auch

$$w_1 u | u' w_1', w_1' v | v' w_2' \vdash w_1 uv' w_2', w_2 vu' w_1',$$

um mit | zur verdeutlichen, wo die Wörtern aufgebrochen werden.

Als erstes Beispiel zeigen wir, wie sich mit endlichen H-Systemen bereits alle regulären Sprachen generieren lassen.

Satz 14.9.2 (Generierung regulärer Sprachen durch H-Systeme).
Zu jeder regulären Sprache L *über einem Alphabet* Σ *existiert ein Symbol* $\omega \notin \Sigma$ *und ein endliches H-System* H, *so dass für jedes Wort* w *in* Σ^* *gilt*

$$w \in L \text{ gdw. } w\omega \in L(H).$$

Beweis: Zu L existiert eine rechtslineare Grammatik $G' = (V', \Sigma, R', S)$, die L generiert. Die Regeln von G' haben die Form $X \to xY$ oder $X \to y$ mit $X, Y \in V'$, $x \in \Sigma^+$, $y \in \Sigma^*$. Es sei ω ein neues Symbol, $\omega \notin V' \cup \Sigma$. Wir ändern G' zu der rechtslinearen Grammatik $G = (V, \Sigma, R, S)$ ab, indem wir ω als neue Variable hinzunehmen, $V := V' \cup \{\omega\}$, und die Regeln der Form $X \to y$ mit $X \in V'$, $y \in \Sigma^*$ in R' durch $X \to y\omega$ ersetzen. Damit haben alle Regeln in G die Form $X \to xY$ für Variable $X, Y \in V$ und Wörter $x \in \Sigma^*$. Es gilt offensichtlich für alle Wörter $w \in \Sigma^*$

$$S \Longrightarrow_{G'}^* w \text{ gdw. } S \Longrightarrow_G^* w\omega,$$

und in jeder Ableitung $S = w_0 \Longrightarrow_G w_1 \Longrightarrow_G ... \Longrightarrow_G w_n$ gilt für alle beteiligten Wörter w_i, dass sie die Form $w_i = u_i X_i$ besitzen müssen mit $u_i \in \Sigma^*$ und $X_i \in V$. Zu G konstruieren wir das H-System $H = (\Gamma, M, E)$ mit

- $\Gamma := V \cup \Sigma \cup \{Z\}$ für ein Sondersymbol $Z \notin V \cup \Sigma$,
- $M := \{S, Z\} \cup \{ZxY | \exists X \; X \to xY \in R\}$,
- $E := \{\frac{\varepsilon | X}{Z | xY} \mid X \to xY \in R\}$.

Wir benötigen eine Reihe von Hilfsbehauptungen.
Behauptung 1: Gilt $S \Longrightarrow_G^* wU$ für $w \in \Sigma^*, U \in V$, so liegt wU in $\sigma_H^*(M)$. Dies lässt sich leicht über Induktion über die Länge l der Ableitung $\Longrightarrow^*$ beweisen:

$l = 0$: Dann gilt $wU = S$ und $S \in M \subseteq \sigma_H^*(M)$.

$l \to l + 1$: Es gilt also $S \Longrightarrow_G^* uX \Longrightarrow_G wU$ und uX liegt nach Induktions-voraussetzung bereits in $\sigma_H^*(M)$. Dann existiert eine Regel $X \to u'U$ in

R mit $wU = uu'U$ und wir können die Splicing-Regel $\dfrac{\varepsilon \,|\, X}{Z \,|\, u'U}$ aus E auf

uX und $Zu'U \in M$ mit dem Ergebnis $uu'U$ $(= wU)$ und ZX anwenden. Also liegt auch wU in $\sigma_H^*(M)$.

Behauptung 2: Jedes Wort m in $\sigma_H^*(M)$ hat die Form $m = uX$ mit $u \in \Sigma^*$ oder $u \in Z\Sigma^*$ und $X \in V$.

Dies zeigen wir über eine strukturelle Induktion.

Induktionsbeginn: Alle Wörter in M haben die genannte Form.

Induktionsschritt: Auf zwei Wörter $m_i = u_i X_i$ mit $u_i \in \Sigma^* \cup Z\Sigma^*, X_i \in V$

für $i = 1, 2$ sei eine Regel $r = \dfrac{\varepsilon \,|\, X}{Z \,|\, xY}$ anwendbar. Dann muss o.E. gelten,

dass $X_1 = X$ und $u_2 X_2 = ZxY$ ist mit $x \in \Sigma^*, Y \in V$. Also folgt $\{m_1, m_2\} \vdash_r \{m_1', m_2'\}$ mit $m_1' = u_1 xY$, $m_2' = ZX$, und m_1' und m_2' haben die gewünschte Form.

Behauptung 3: Für Wörter in $\sigma_H^*(M)$ der Form wU mit $w \in \Sigma^*$ und $U \in V$ gilt bereits $S \Longrightarrow_G^* wU$.

Das beweisen wir mittels einer Induktion über den Aufbau von $\sigma_H^*(M) = \bigcup_{i \geq 0} \sigma_H^i(M)$.

$i = 0$: Es ist $\sigma_H^0(M) = M$, und das einzig Wort in M, das nicht mit dem Sonderzeichen Z beginnt, ist S. Also ist $wU = S$ und es gilt $S \Longrightarrow_G^* S$.

$i \to i + 1$: $wU \in \Sigma^* V$ sei in $\sigma_H^{i+1}(M) - \sigma_H^i(M)$. Dann existieren Wörter $m_1 = w_1 u u' w_1'$ und $m_2 = w_2 v v' w_2'$ in $\sigma_H^i(M)$ und eine Splicing-Regel $r = \dfrac{\varepsilon \,|\, X}{Z \,|\, xY}$, so dass wU durch Anwendung von r auf m_1, m_2 entsteht, dass also

$$w_1 u | u' w_1',\ w_2 v | v' w_2' \vdash_r w_1 u u' w_2',\ w_2 v u' w_1'$$

gilt mit $w_1 u u' w_2' = wU$. Hierbei ist $u = \varepsilon, u' = X, v = Z, v' = xY$. Also gilt $m_2 = w_2 v v' w_2' = w_2 ZxY w_2' \in \sigma_H^i(M)$. Mit Behauptung 2 muss $w_2 = w_2' = \varepsilon$ sein und $m_2 = ZxY$. Mit Behauptung 2 folgt ebenfalls aus $m_1 = w_1 u' w_1' = w_1 X w_1' \in \sigma_H^i(M)$, dass $w_1' = \varepsilon$ ist und $m_1 = w_1 X$. Aus $wU = w_1 v' w_2' = w_1 xY$ folgt, dass w_1 nicht mit Z beginnt und w_1 in Σ^* liegt. Mit $w_1 X \in \sigma_H^i(M)$ folgt aus der Induktionsvoraussetzung damit $S \Longrightarrow_G^* w_1 X$. Ferner ist $X \to xY$ ist eine Regel aus G. Damit haben wir

$$S \Longrightarrow_G^* w_1 X \Longrightarrow_G w_1 xY = wU.$$

Insgesamt folgt mit Behauptungen 1 und 3 für alle Wörter $w \in \Sigma^*$:

$$w \in L \text{ gdw. } S \Longrightarrow_{G'}^* w \text{ gdw. } S \Longrightarrow_G^* w\omega \text{ gdw. } w\omega \in \sigma_H^*(M). \qquad \blacksquare$$

Folgende Eigenart eines H-Systems H ist auffällig. Ist $r = \dfrac{u\,|\,u'}{v\,|\,v'}$ eine Splicing-Regel in H, dann indirekt auch die gespiegelte Regel $\overleftarrow{r} := \dfrac{v\,|\,v'}{u\,|\,u'}$. Dies liegt daran, dass wir Regeln auf eine Menge von zwei Wörtern anwenden und als Ergebnis auch zwei neue Wörter erhalten. Mit $\{m_1, m_2\} \vdash_r \{m_1', m_2'\}$ gilt stets auch $\{m_1, m_2\} \vdash_{\overleftarrow{r}} \{m_1', m_2'\}$. In der Literatur werden auch H-Systeme mit einer Variante der Regelanwendung verwendet, bei denen mit den Bezeichnungen aus Definition 14.9.1 statt $\{m_1, m_2\} \vdash_r \{m_1', m_2'\}$ nur $\{m_1, m_2\} \vdash_r \{m_1'\}$ gilt. Das zweite erzeugte Wort $m_2' = w_2 v u' w_1'$, das meist Beiprodukt ist, wird einfach per Definition aus $\sigma_H^*(M)$ entfernt. Damit hat man den Vorteil, sich um die bei uns erzeugten Beiprodukte nicht kümmern zu müssen. Auch ist dann mit r nicht automatisch auch $\overleftarrow{r}$ eine Regel. Wir folgen aber dem hier vorgestellten Modell, da es enger an der Motivation aus dem DNA-Computing angelehnt ist. Man kann einfach unser Modell als einen Spezialfall der genannten Variante auffassen, in der mit jeder Regel r auch explizit $\overleftarrow{r}$ in die Liste der Splicing-Regeln aufgenommen wird.

Was ist eigentlich der Nutzen des Sonderzeichens Z? Stellen wir uns vor, im letzten Beweis würde überall des Symbol Z durch ε ersetzt. Dann entstünde folgende Situation:
Es seien $X_1, X_2, Y \in V, a \in \Sigma, u, v \in \Sigma^*$, $X_1 \to aY$ und $X_2 \to aY$ seien Regeln in R mit gleicher Konklusion und es gelte $S \Longrightarrow_G^* uX_1$ und $S \Longrightarrow_G^* vX_2$. Dann sind $r_1 = \dfrac{\varepsilon\,|\,X_1}{\varepsilon\,|\,aY}$ und $r_2 = \dfrac{\varepsilon\,|\,X_2}{\varepsilon\,|\,aY}$ Splicing-Regeln in E, aY liegt in M und uX_1, uaY, vX_2, vaY in $\sigma_H^*(M)$. Mit

$$u|X_1\,,\ |aY\ \vdash_{r_1}\ uaY\,,\ X_1$$

erhalten wir auch X_1 als Beiprodukt und können weiter schließen

$$|X_1\,,\ v|aY\ \vdash_{r_1}\ aY\,,\ vX_1\,,$$

ohne dass $S \Longrightarrow_G^* vX_1$ gelten muss.
Die erzeugten Beiprodukte können also partielle Rückwärtsrechnungen erlauben, die durch geeignete Vorsichtsmaßnahmen (wie das Sonderzeichen Z) zu verhindern sind.
Dies ist auch der Grund für ω. Der letzte Beweis wird falsch wenn man überall ω durch ε ersetzt:
Es seien $X_1, X_2, Y \in V, a \in \Sigma, u \in \Sigma^*$ mit $X_1 \to a$ und $X_2 \to aY$ in R und $S \Longrightarrow_G^* uX_1$. Dann liegen ohne ω die Splicing-Regeln $r_1 = \dfrac{\varepsilon\,|\,X_1}{Z\,|\,a}$ und $r_2 = \dfrac{\varepsilon\,|\,X_2}{Z\,|\,aY}$ in E und die Wörter Za und ZaY in M sowie uX_1 in $\sigma_H^*(M)$. Man kann nun unerwünscht r_1 auf uX_1 und ZaY anwenden mit

$$u|X_1\,,\ Z|aY\ \vdash_{r_1}\ uaY\,,\ ZX_1\,,$$

ohne dass $S \Longrightarrow_G^* uaY$ gelten muss.

Kann man mit H-Systemen über das Reguläre hinaus weitere komplexere Sprachen generieren? Nun, mit endlichen H-Systemen nicht, wie der folgende Satz zeigt:

Satz 14.9.3 (Regularität endlicher H-Systeme). *Eine von einem endlichen H-System erzeugte Sprache ist stets regulär.*

Beweis: Wir werden zu jedem endlichen H-System H einen indeterminierten endlichen Automaten A_H mit ε-Kanten konstruieren mit $L(H) = L(A_H)$. Zu einem Wort $w \in L(A_H)$ können mehrere Wege mit der gleichen Beschriftung w von einem initialen Zustand zu einem finalen führen. In diesem Beweis kommen wir nicht umhin, über unterschiedliche Wege zu argumentieren, und nicht nur über deren Beschriftungen. In den vorherigen Kapiteln nutzten wir die Begriffe Weg und Beschriftung ohne formale Definition nur zur Veranschaulichung. Jetzt brauchen wir aber einen exakteren Zugang. Dazu werden wir einen Weg als eine Sequenz von alternierend Zuständen und Buchstaben definieren, der mit einem Zustand beginnt und endet, so dass sas für Zustände s, s' und einen Buchstaben a ein Infix des Weges ist, falls der Automat $(s, a)\Delta s'$ rechnet. Rechnet A_H mit einem ε-Übergang $(s, \varepsilon)\Delta s'$, so wird das im Weg mit $s\overline{\varepsilon}s'$ notiert. Die Folge aller Buchstaben, die ein Weg durchläuft, wird dann dessen Beschriftung genannt. Formal gilt also:

Ein *Weg* W in einem ε-nd e.a. $A = (K, \Sigma, \Delta, I, F)$ ist ein Wort aus $(K\Sigma')^*K$ mit $\Sigma' := \Sigma \cup \{\overline{\varepsilon}\}$, für welches für jedes Infix $s\,as'$ mit $s, s' \in K$, $a \in \Sigma$ auch $(s, a)\Delta s'$ und für jedes Infix $s\,\overline{\varepsilon}\,s'$ auch $(s, \varepsilon)\Delta s'$ gelten müssen. W heißt *erfolgreich* falls W mit einem Zustand aus I beginnt und mit einem Zustand aus F endet. $\lambda : (K \cup \Sigma')^* \to \Sigma^*$ ist der Homomorphismus mit $\lambda(q) = \varepsilon$ für $q \in K \cup \{\overline{\varepsilon}\}$ und $\lambda(x) = x$ für $x \in \Sigma$. $\lambda(W)$ ist die *Beschriftung* von W. In einem Weg W schreiben wir also $\overline{\varepsilon}$ explizit hin, wenn ein ε-Übergang gewählt wird. In der Beschriftung $\lambda(W)$ wird dieses $\overline{\varepsilon}$ wieder unsichtbar. Ein *Teilweg* in diesem Beweis ist ein Infix eines erfolgreichen Weges, das mit K oder Σ beginnen und enden darf. Damit ist natürlich

$$L(A) = \{w \in \Sigma^* | \exists \text{ erfolgreicher Weg } W \text{ in } A \text{ mit } w = \lambda(W)\}.$$

Es sei $H = (\Sigma, M, E)$ ein endliches H-System. O.E. gehöre mit jeder Splicing-Regel r in E auch $\overleftarrow{r}$ zu E. Es sei $E = \{r_i | 1 \le i \le k\}$ mit $r_i = \dfrac{u_i | u_i'}{v_i | v_i'}$. $A = (K, \Sigma, \Delta, I, F)$ sei ein trimmer nd e.a. (d.h. einer ohne nutzlose Zustände), der die endliche Initialsprache M von H erzeugt, $L(A) = M$. Wir erweitern A zu einem ε-nd e.a. $A_H = (K_H, \Sigma, \Delta_H, I, F)$ mit $L(A_H) = L(H)$, indem wir die Splicing-Regeln durch Hinzunahme weitere Zustände und Zustandsüberführungen nachspielen. Für jede Regel r_i seien a_i, e_i zwei neue Zustände nicht aus K und wir setzen $K' := \{a_i, e_i | 1 \le i \le k\}$.

In einem ersten Schritt bilden wir den ε-nd e.a.

$$A' := (K \cup K', \Sigma, \Delta \cup \Delta', I, F)$$

mit den zusätzlichen Regeln

$$(a_i, u_i v'_i)\Delta' e_i \text{ für } 1 \leq i \leq k.$$

In einem zweiten Schritt konstruieren wir eine Folge von Automaten

$$A_\rho = (K_H, \Sigma, \Delta_\rho, I, F):$$

$\rho = 0$: A' besitzt keine ε-Übergänge, aber solche der Form $(a_i, u_i v'_i)\Delta_{A'} e_i$ mit $|u_i v'_i| > 1$, die in einem nd e.a. nicht erlaubt sind. Ein solcher Übergang kann in eine Folge von Einzelübergängen durch Hinzunahme neuer Zustände zerlegt werden, siehe Satz 5.1.21. Es sei A_0 der so erhaltene nd e.a. mit $L(A_0) = L(A') = M$. In der graphischen Darstellung von Automaten kommt also ein neuer Weg von a_i nach e_i für jede Splicing-Regel r_i hinzu, die sogenannte i-*Brücke* B_i mit Anfang a_i und Ende e_i, wobei verschiedene Brücken disjunkt sind. K_H sei der Zustandsraum dieses neuen Automaten A_0, Δ_0 dessen Übergangsmenge. A_0 ist nicht mehr trimm, da die Zustände in $K_H - K$ weder erreichbar noch co-erreichbar sind.

$\rho \to \rho + 1$: Es sei also Δ_ρ bereits definiert. Wir definieren Δ'_ρ indem wir folgende ε-Übergänge in Δ'_ρ aufnehmen:

1. Für jede Regel $r_i = \dfrac{u_i}{v_i}\bigg|\dfrac{u'_i}{v'_i}$ und jeden in A_ρ erreichbaren Zustand s mit

- $a_i \notin \Delta_\rho(s, \varepsilon)$, und
- es existiert ein in A_ρ co-erreichbarer Zustand q mit $q \in \Delta_\rho(s, u_i u'_i)$,

den ε-Übergang

$$(s, \varepsilon)\Delta'_\rho a_i,$$

der i-*Eintrittsübergang auf Stufe* $\rho + 1$ genannt wird.

2. Für jede Regel $r_i = \dfrac{u_i}{v_i}\bigg|\dfrac{u'_i}{v'_i}$ und jeden in A_ρ co-erreichbaren Zustand s' mit

- $s' \notin \Delta_\rho(e_i, \varepsilon)$, und
- es existiert ein in A_ρ erreichbarer Zustand q mit $s' \in \Delta_\rho(q, v_i v'_i)$,

den ε-Übergang

$$(e_i, \varepsilon)\Delta'_\rho s',$$

der i-*Austrittsübergang auf Stufe* $\rho + 1$ genannt wird.
Damit setzen wir $\Delta_{\rho+1} := \Delta_\rho \cup \Delta'_\rho$.

Da nur neue ε-Übergänge hinzugenommen werden, wovon es maximal $2|K_H|$ geben kann, bricht das Verfahren nach l Stufen mit einem l ab für das $A_{l-1} \neq A_l = A_{l+1}$ gilt. Es sei $A_H := A_l$.

Offensichtlich tritt Fall 1 genau dann ein, wenn es einen erfolgreichen Weg W in A_ρ mit Teilwegen U, U', U_i, U_i' gibt mit

$$W = Us\,U_iU_i'U', \lambda(U_i) = u_i, \lambda(U_i') = u_i' \text{ und } a_i \notin \Delta_\rho(s, \varepsilon).$$

Abb. 14.74 visualisiert einen Eintrittsübergang.

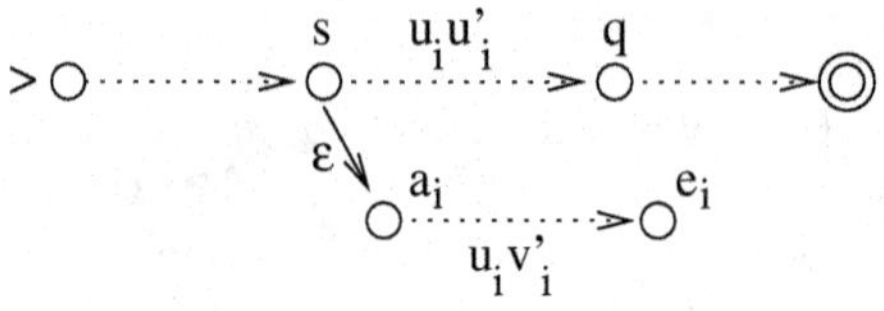

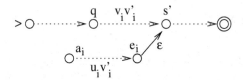

Abb. 14.74. Ein Eintrittsübergang

Analog tritt Fall 2 genau dann ein, wenn es einen erfolgreichen Weg W in A_ρ mit Teilwegen V, V', V_i, V_i' gibt mit

$$W = VV_iV_i's'V', \lambda(V_i) = v_i, \lambda(V_i') = v_i' \text{ und } s' \notin \Delta_\rho(e_i, \varepsilon).$$

Abb. 14.75 visualisiert einen Austrittsübergang, wobei hier q ein anderer Zustand als in Abb. 14.74 sein kann.

Abb. 14.75. Ein Austrittsübergang

Wir zeigen nun $L(H) = L(A_H)$.

$\subseteq$: Es ist $L(H) = \sigma_H^*(M)$ und $M = L(A_0) \subseteq L(A_H)$. Zu zeigen bleibt, dass $L(A_H)$ abgeschlossen ist gegen Anwendung von Splicing-Regeln aus E. Dazu wählen wir zwei Wörter $m_1, m_2 \in L(A_H)$ auf die eine Splicing-Regel r_i anwendbar ist. m_1, m_2 lassen sich zerlegen als

$$m_1 = uu_iu_i'u', \ m_2 = vv_iv_i'v'$$

und es gilt $m_1, m_2 \vdash_{r_i} m_1', m_2'$ mit $m_1' = uu_iv_i'v', m_2' = vv_iu_i'u'$. Zu m_1, m_2 existieren zwei erfolgreiche Wege W_1, W_2 in A_H mit $\lambda(W_i) = m_i$, die sich zerlegen lassen in

$$W_1 = Us\,U_iU_i'U', \ W_2 = VV_iV_i's'V',$$

mit den passenden Beschriftungen $\lambda(U) = u$, $\lambda(U_i) = u_i$, $\lambda(U_i') = u_i'$, $\lambda(U') = u'$, $\lambda(V) = v$, $\lambda(V_i) = v_i$, $\lambda(V_i') = v_i'$, $\lambda(V') = v'$. Es wurde in der Konstruktion auf irgendeiner Stufe ρ der i-Eintrittsübergang $(s, \varepsilon)\Delta_\rho a_i$ und auf einer eventuell anderen Stufe ρ' der i-Austrittsübergang $(e_i, \varepsilon)\Delta_{\rho'} s'$ aufgenommen. Insgesamt ist also auch

$$W_1' := U s \overline{\varepsilon} \, B_i \overline{\varepsilon} \, s' V'$$

ein erfolgreicher Weg in A_H über die i-Brücke B_i mit Beschriftung $\lambda(W_1') = u u_i v_i' v' = m_1'$. Damit ist $m_1' \in L(A_H)$ nachgewiesen. Da mit r_i auch $\overleftarrow{r_i}$ in E vorkommt, liegt auch m_2' in $L(A_H)$.

$\supseteq$: Diese Richtung ist schwieriger. Jedem Weg W in A_H wird eine Vektor $\overrightarrow{W} = (n_1, ..., n_l) \in \mathbb{N}^l$ von l natürlichen Zahlen n_ρ zugeordnet, wobei n_ρ gerade die Anzahl der Eintritts- und Austrittsübergange auf der Stufe ρ, $1 \leq \rho \leq l$, in W zählt. l war der Index des letzten der konstruierten Automaten der Folge A_ρ, also die Anzahl der Stufen in dieser Konstruktion. $\mathbb{N}^l$ wird durch $\prec$ (rückwärts) lexikographisch geordnet, indem wir $(n_1, ..., n_l) \prec (n_1', ..., n_l')$ genau dann setzen, wenn ein ρ, $1 \leq \rho \leq l$, existiert mit $n_\rho < n_\rho'$ und $n_j = n_j'$ für alle j mit $\rho < j \leq l$. Wir zeigen nun durch Induktion über $\prec$, dass die Beschriftung eines jeden erfolgreichen Wegs in A_H bereits in $L(H)$ liegt .

Induktionsanfang: Es sei W ein erfolgreicher Weg in A_H mit $\overrightarrow{W} = (0, ..., 0)$. Dann ist W bereits ein erfolgreicher Weg in A_0. Also gilt $\lambda(W) \in L(A_0) = M \subseteq L(H)$.

Induktionsschritt: Es sei W ein erfolgreicher Weg in A_H mit $\overrightarrow{0} \prec \overrightarrow{W}$ und für jeden erfolgreichen Weg W' in A_H mit $\overrightarrow{W'} \prec \overrightarrow{W}$ gelte nach Induktionsvoraussetzung bereits $\lambda(W') \in L(H)$. Dann zeigen wir $\lambda(W) \in L(H)$ wie folgt:
Wegen $\overrightarrow{0} \prec \overrightarrow{W}$ existiert in W mindestens ein Eintritts- oder Austrittsübergang. Da eine Brücke nicht verlassen werden kann, ohne sie vorher betreten zu haben, existiert mindestens ein Eintrittsübergang. W hat also eine Form

$$W = W_1 s \overline{\varepsilon} \, a_i W',$$

wobei W' keinen Eintrittsübergang mehr besitzt. Insbesondere kann die in W' betretene i-Brücke B_i über keinen Eintrittsübergang in eine andere Brücke verlassen werden und muss in W' bis zu Ende gegangen werden. Damit hat W die Form

$$W = W_1 s \overline{\varepsilon} \, a_i W_2 e_i \overline{\varepsilon} \, s' W_3 \text{ mit } B_i = a_i W_2 e_i \text{ und } \lambda(W_2) = \lambda(B_i) = u_i v_i'.$$

Es sei $(s, \varepsilon)\Delta_\rho a_i$ ein i-Eintrittsübergang auf einer Stufe ρ. Dann gibt es nach der Konstruktion von Δ_ρ in $A_{\rho-1}$ einen erfolgreichen Weg

$$P s \hat{U}_i \hat{U}_i' Q \text{ mit } \lambda(\hat{U}_i) = u_i, \lambda(\hat{U}') = u_i'.$$

Es sei $(e_i, \varepsilon)\Delta_\rho s'$ ein i-Austrittsübergang auf einer Stufe ρ'. Dann gibt es nach der Konstruktion von $\Delta'_{\rho'}$ in $A_{\rho'-1}$ einen erfolgreichen Weg

$$P'\hat{V}_i\hat{V}'_i s'Q' \text{ mit } \lambda(\hat{V}_i) = v_i, \lambda(\hat{V}') = v'_i.$$

Damit sind

$$W_1 s\hat{U}_i\hat{U}'_i Q \text{ und } P'\hat{V}_i\hat{V}'_i s'W_3$$

erfolgreiche Wege in A_H mit Beschriftungen

$$\lambda(W_1)u_i u'_i\lambda(Q) \text{ und } \lambda(P')v_i v'_i\lambda(W_3),$$

die unter Anwendung der Splicing-Regel r_i zu dem Wort $\lambda(W_1)u_i v'_i\lambda(W_3) = \lambda(W)$ führen. Es bleibt nur noch zu zeigen, dass bereits $\lambda(W_1)u_i u'_i\lambda(Q)$ und $\lambda(P')v_i v'_i\lambda(W_3)$ in $L(H)$ liegen. Dazu genügt es mit der Induktionsvoraussetzung zu zeigen, dass

$$\overrightarrow{W_1 s\hat{U}_i\hat{U}'_i Q} \prec \overrightarrow{W} \text{ und } \overrightarrow{P'\hat{V}_i\hat{V}'_i s'W_3} \prec \overrightarrow{W}$$

gilt. Das ist aber offensichtlich, da $\hat{U}_i\hat{U}'_i Q$ ein Teilweg in $A_{\rho-1}$ ist, in dem keine k-Eintritts- und k-Austrittsübergänge für $k \geq \rho$ vorkommen können. Damit ist $\hat{U}_i\hat{U}'_i Q$ an allen Koordinaten $k \geq \rho$ gleich 0. Ferner besitzt $W_1 s$ einen Eintrittsübergang der Stufe ρ weniger als W, also gilt $\overrightarrow{W_1 s\hat{U}_i\hat{U}'_i Q} \prec \overrightarrow{W}$. Analog ist $P'\hat{V}_i\hat{V}'_i s'W_3$ ein Teilweg in $A_{\rho'-1}$, in dem keine k-Eintritts- und k-Austrittsübergänge für $k \geq \rho'$ vorkommen können. Damit ist $\overrightarrow{P'\hat{V}_i\hat{V}'_i}$ an allen Koordinaten $k \geq \rho'$ gleich 0 und $s'W_3$ besitzt einen Austrittsübergang der Stufe ρ' weniger als W, also gilt $\overrightarrow{P'\hat{V}_i\hat{V}'_i s'W_3} \prec \overrightarrow{W}$.   ∎

14.9.2 Test-tube-Systeme

Ein H-System ist eine mathematischen Formalisierung eines Reaktors oder Reagenzglases (test tube), in dem Enzyme auf Molekülen agieren und neue Moleküle generieren. Nun werden häufig in einem Reaktor erzeugte Substanzen gefiltert und in andere Reaktoren zur Weiterverarbeitung gegeben. Ein solches kommunizierende System von n H-Systemen wird durch n-Test-tube-Syteme (n-tt) formal erfasst. Befinden sich zu einem Zeitpunkt die Sprachen $L_1, ..., L_n$ in den n Reaktoren, so soll in einem Makroschritt folgendes geschehen: In jedem Reaktor j wird aus L_j mittels der Enzyme dieses Rektors die Sprache $\sigma_j^*(L_j)$ erzeugt. Anschließend werden die Ergebnisse aller Reaktoren gesammelt und durch die jeweiligen Filter in die Reaktoren zurückgegeben, wo dann ein weiterer Makroschritt gestartet wird.

Definition 14.9.4 (Test-Tube-System). *Ein n-Test-tube-System (n-tt) $\mathcal{T}$ ist ein Tupel $\mathcal{T} = (\Sigma, H_1, F_1, ..., H_n, F_n)$ von*

- *einem Alphabet Σ,*
- *n endlichen H-Systemen $H_i = (\Sigma, M_i, E_i), 1 \le i \le n$,*
- *n Filter genannte Teilmengen $F_i, 1 \le i \le n$, von Σ.*

$\vdash_{\mathcal{T}}$ *ist eine Relation (von* Makroschritten*) auf n-Tupel von Sprachen über Σ, definiert für $L_i, L_i' \subseteq \Sigma^*, 1 \le i \le n$ durch*

$$(L_1, ..., L_n) \vdash_{\mathcal{T}} (L_1', ..., L_n') \text{ gdw. für alle } i, 1 \le i \le n, \text{ gilt}$$

$$L_i' = (\bigcup_{1 \le j \le n} \sigma_{H_j}^*(L_j) \cap F_i^*) \cup (\sigma_{H_i}^*(L_i) \cap (\Sigma - F)^*), \text{ mit } F := \bigcup_{1 \le j \le n} F_j.$$

$\vdash_{\mathcal{T}}^*$ *ist der reflexive und transitive Abschluss von $\vdash_{\mathcal{T}}$.*
Die von $\mathcal{T}$ in H_i erzeugte Sprache $L_i(\mathcal{T})$ ist

$$L_i(\mathcal{T}) := \{w \in L_i | \exists L_1, ..., L_n \ (M_1, ..., M_n) \vdash_{\mathcal{T}}^* (L_1, ..., L_n)\}.$$

*Die **von $\mathcal{T}$ erzeugte Sprache** $L(\mathcal{T})$ ist $L_1(\mathcal{T})$.*

In einem Makroschritt $(L_1, ..., L_n) \vdash (L_1', ..., L_n')$ entstehen die Sprachen L_i', indem die Ergebnisse aller Reaktoren ($\bigcup_{1 \le j \le n} \sigma_{H_j}^*(L_j)$), die F_i passieren können, sowie alle Ergebnisse aus H_i selbst, die keinen der Filter passieren können, in L_i' aufgenommen werden. Alles, was in allen Makroschritten im ersten H-System erzeugt werden kann, bildet die von $\mathcal{T}$ erzeugte Sprache.

Für ein 1-tt $\mathcal{T} = (\Sigma, H, F)$, $H = (\Sigma, M, E)$ liefert die Definition natürlich nicht mehr als die von H-Systemen, denn es gilt

$$M \vdash_{\mathcal{T}} \sigma_H^*(M) \vdash_{\mathcal{T}} \sigma_H^*(M) = L(H)$$

und nach einem Makroschritt ist die Sprache $L(\mathcal{T}) = L(H)$ bereits erreicht. Der Filter F spielt gar keine Rolle.

Bereits mit 2-Test-tube-Systemen lassen sich nichtreguläre Sprachen erzeugen. So lassen sich recht leicht Splicing-Regeln für ein 2-tt $\mathcal{T}$ über einem Alphabet $\Sigma = \{a, b, c, \alpha, \beta, \delta, \gamma, \omega\}$ angeben, damit in H_1 mit Filter $F_1 = \{a, b, c\}$ folgende Reaktionen

$$\{c|a^i b^i c, \alpha a|\beta\} \vdash_{H_1} \{\alpha a^{i+1} b^i c, c\beta\}, \{\alpha a^{i+1} b^i|c, \gamma|b\omega\} \vdash_{H_1} \{\alpha a^{i+1} b^{i+1} \omega, \gamma c\}$$

möglich sind, in H_2 mit Filter $F_2 = \{a, b, \alpha, \omega\}$ hingegen

$$\{\alpha|a^j b^j \omega, c|\delta\} \vdash_{H_2} \{ca^j bj\omega, \alpha\delta\}, \{ca^j b^j|\omega, \delta|c\} \vdash_{H_2} \{ca^j b^j c, \delta\omega\}.$$

Damit erreicht man $L(\mathcal{T}) \cap \{a, b, c\}^* = \{ca^i b^i c | i \in \mathbb{N}\}$ und $L(\mathcal{T})$ kann nicht regulär sein.

Mit 3-Test-tube-Systemen erhält man bereits die volle Berechnungsuniversalität und kann beliebige Turing-Maschinen simulieren. Das gilt sogar, wenn man nur reversible Splicing-Regeln zulässt.

Definition 14.9.5 (Reversibles Test-tube-System). *Eine Splicing-Regel* $r = \dfrac{u|u'}{v|v'}$ *heißt* **reversibel**, *falls* $u = v = \varepsilon$ *oder* $u' = v' = \varepsilon$ *gilt. Ein reversibles H-System oder reversibles n-tt darf ausschließlich reversible Splicing-Regeln benutzen.*

Der Name *reversibel* ist natürlich dadurch gerechtfertigt, dass für eine reversible Splicing-Regel r mit $\{m_1, m_2\} \vdash_r \{m_1', m_2'\}$ stets auch $\{m_1', m_2'\} \vdash_r \{m_1, m_2\}$ gilt. Jede Reaktion in einem reversiblen H-System kann wieder rückgängig gemacht werden, sogar mit der gleichen Regel. Insbesondere sind reversible H- und Test-tube-Systeme chemisch reversible Rechenmodelle.

Satz 14.9.6 (Berechnungsuniversalität von 3-tt). *Zu jeder rekursiv aufzählbaren Sprache L über einem Alphabet Σ existieren Symbole α, ω und ein reversibles 3-tt $\mathcal{T}_L$, so dass für jedes Wort $w \in \Sigma^*$ gilt*

$$w \in L \iff \alpha\, w\, \omega \in L(\mathcal{T}_L).$$

Beweis: L werde von einer Grammatik $G' = (V', \Sigma, R', S')$ erzeugt. Zu G' finden wir mit Satz 14.8.19 eine chemisch reversible Grammatik $G = (V, T, R, S)$ mit $\Sigma = T$ und $L = L_{\hat{\alpha}, \hat{\omega}}(G') = \{w \in T^* | S \Longrightarrow_G^* \hat{\alpha}w\hat{\omega}\}$. Hierbei sind $\hat{\alpha}, \hat{\omega} \in V \cup T - (V' \cup \Sigma)$ zwei neue Symbole für G. Es seien $\alpha, \omega, \beta, \delta, B, X, X', Y, Y_\beta, Y_\delta \notin V \cup T$. Ferner gelte $V \cup T \cup \{B\} = \{a_1, ..., a_n\} =: \Gamma$. Etwas Vorsicht ist hier geboten, da wir mit drei Alphabeten arbeiten:

- Σ, das Alphabet der rekursiv aufzählbaren Sprache L,
- Γ, die Variablen und Terminale der reversiblen Grammatik G plus das Zeichen B,
- sowie das Alphabet Ψ des zu konstruierenden 3-tt $\mathcal{T}_L$,

mit $\Sigma = T \subset V \cup T \subset \Gamma \subset \Psi$, $\hat{\alpha}, \hat{\omega} \in V$, $\alpha, \omega \in \Psi - \Gamma$.

Wir definieren den Homomorphismus $g : \Gamma^* \to \{\beta, \gamma\}^*$ als $g(a_i) := \beta\delta^i\beta$ für $1 \leq i \leq n$. Für Wörter $u_1, u_2 \in (\Gamma \cup g(\Gamma))^*$ setzen wir $h(u_1 u_2) := h(u_1)h(u_2)$, $h(a_i) := a_i$, $h(g(a_i)) := a_i$ und erhalten so eine Abbildung

$$h : (\Gamma \cup g(\Gamma))^* \to \Gamma^*.$$

So ist z.B. $h(a_3\beta\delta\delta\beta a_2\beta\delta\beta) = h(\beta\delta^3\beta a_2 a_2 a_1) = a_3 a_2 a_2 a_1$.

Eine *rotierte Version* eines Wortes $w \in (V \cup T)^*$ ist ein jedes Wort der Form $Xw_2 Bw_1 Y$ mit $w = w_1 w_2$. B kennzeichnet den Beginn von $w = w_1 w_2$. X und Y sind Anfangs- bzw. Endmarker, die nicht rotiert werden. $XBwY$ und $XwBY$ sind spezielle rotierte Versionen von w. Wir werden das 3-tt $\mathcal{T}_L$ gemäß folgender Idee konstruieren:

Für jedes Wort $w \in (V \cup T)^*$ mit $S \Longrightarrow_G^* w$ kann jede rotierte Version von w im ersten H-System H_1 gebildet werden. Um eine Regelanwendung $S \Longrightarrow_G^* w = w_1 u w_2 \Longrightarrow_G w_1 v w_2 = w'$ mit $u \to v \in R$ zu simulieren, wird die in $L_1(\mathcal{T})$ schon vorhandene rotierte Version Xw_2Bw_1uY mittels einer Splicing-Regel $\dfrac{\varepsilon\,|\,uY}{\varepsilon\,|\,vY}$ und einem Wort vY in Xw_2Bw_1uY und vY umgeformt. Damit nutzen wir wieder die Tatsache, dass Splicing-Regeln zwar nicht im Inneren von Wörtern aber an deren Enden eine Ersetzung ausführen können. Damit liegt auch w' in der rotierten Version Xw_2Bw_1vY in $L_1(\mathcal{T}_L)$. Um alle rotierten Versionen von w' in $L_1(\mathcal{T})$ zu erhalten, wird Xw_2Bw_1vY Buchstabe für Buchstabe mit Hilfe der beiden weiteren H-Systeme H_2, H_3 und aller Filter F_1, F_2, F_3 rotiert. Dazu wird der letzte Buchstabe a_i vor Y mittels g in das Wort $\beta\delta^i\beta$ mit einer Splicing-Regel $\dfrac{\varepsilon\,|\,a_iY}{\varepsilon\,|\,g(a_i)Y}$ verschlüsselt. Mit $v = v'a_i$ erhält man so $Xw_2Bw_iv'\beta\delta^i\beta Y$. H_2 transportiert einen Buchstaben β unmittelbar vor Y am Ende nach vorn unmittelbar hinter X. H_3 macht das mit einem Buchstaben δ, bis man in $L_1(\mathcal{T})$ das Wort $X\beta\delta^i\beta w_2Bw_iv'Y$ erhält und in H_1 $Xg(a_i)$ wieder in Xa_i transformiert. Damit werden wir für $w \in \Sigma^*$ erreichen:

$$w \in L \quad \text{gdw.} \quad S \Longrightarrow_G^* \hat{\alpha}\,w\,\hat{\omega} \quad \text{gdw.} \quad XB\hat{\alpha}\,w\,\hat{\omega}Y \in L_1(\mathcal{T}_L).$$

Zu den Details:

Wir setzen $\mathcal{T}_L = (\Psi, H_1, F_1, H_2, F_2, H_3, F_3)$ mit

- $\Psi = \Gamma \cup \{\alpha, \omega, X, X', Y, Y_\beta, Y_\delta, \beta, \delta\}$,
- $H_1 = (\Psi, M_1, E_1)$ und M_1 besteht aus den Wörtern
  $\alpha, \omega, XBSY, Y_\beta, Y_\delta, X'$, sowie $\beta\delta^i\beta Y$ und Xa_i für $1 \le i \le n$, und
  uY, vY für $u \to v \in R$,
  und E_1 besteht aus den Regeln

$$\frac{\varepsilon\,|\,\beta Y}{\varepsilon\,|\,Y_\beta}, \quad \frac{\varepsilon\,|\,\delta Y}{\varepsilon\,|\,Y_\delta}, \quad \frac{X\,|\,\varepsilon}{X'\,|\,\varepsilon}, \quad \frac{XB\hat{\alpha}\,|\,\varepsilon}{\alpha\,|\,\varepsilon}, \quad \frac{\varepsilon\,|\,\hat{\omega}Y}{\varepsilon\,|\,\omega}, \quad \text{sowie}$$

$$\frac{\varepsilon\,|\,a_iY}{\varepsilon\,|\,\beta\delta^i\beta Y}, \quad \frac{X\,\beta\delta^i\beta\,|\,\varepsilon}{Xa_i\,|\,\varepsilon} \quad \text{für } 1 \le i \le n \text{ und } \frac{\varepsilon\,|\,uY}{\varepsilon\,|\,vY} \text{ für } u \to v \in R.$$

- $F_1 = \Gamma \cup \{X, Y, \beta, \delta\}$,
- $H_2 = (\Psi, M_2, E_2)$ mit $M_2 = \{Y, X\beta\}$ und E besteht aus den beiden Regeln

$$\frac{X'\,|\,\varepsilon}{X\,\beta\,|\,\varepsilon}, \quad \frac{\varepsilon\,|\,Y}{\varepsilon\,|\,Y'},$$

- $F_2 = \Gamma \cup \{\beta, \delta, X', Y_\beta\}$,
- $H_3 = (\Psi, M_3, E_3)$ mit $M_3 = \{Y, X\delta\}$ und E_3 besteht aus den beiden Regeln

$$\frac{X'\,|\,\varepsilon}{X\,\delta\,|\,\varepsilon}, \quad \frac{\varepsilon\,|\,Y}{\varepsilon\,|\,Y'},$$

- $F_3 = \Gamma \cup \{\beta, \delta, X', Y_\delta\}$.

Behauptung 1: Liegt ein Wort $w \in (V \cup T)^*$ in einer rotierten Version in $L_1(\mathcal{T}_L)$, so auch in jeder rotierten Form.

Hierzu genügt es zeigen, dass für $u \in \Gamma^*$, $a_i \in \Gamma$ mit $Xua_iY \in L_1(\mathcal{T}_L)$ auch Xa_iuY in $L_1(\mathcal{T}_L)$ liegt. Dazu betrachten wir folgende Reaktionskette in H_1:

$$Xu|a_iY, \ |\beta\delta^i\beta \, Y \vdash Xu\,\beta\delta^i\beta \, Y, a_iY$$

$$Xu\,\beta\delta^i|\beta\,Y, \ |Y_\beta \vdash Xu\,\beta\delta^i\,Y_\beta, \ \beta\,Y$$

$$X|u\,\beta\delta^i\,Y_\beta, \ X'| \vdash X'u\,\beta\delta^i\,Y_\beta, \ X$$

$X'u\,\beta\delta^i\,Y_\beta$ passiert in einem Makroschritt den Filter F_2 nach H_2, wo folgende Reaktionen möglich sind:

$$X'u\,\beta\delta^i\,|Y_\beta, \ Y \vdash X'u\,\beta\delta^i\,Y, \ Y_\beta$$

$$X'|u\,\beta\delta^i\,Y, \ X\,\beta| \vdash X\,\beta\,u\,\beta\delta^i\,Y, \ X'$$

Das ist der entscheidende Trick: Nach H_2 gelangt kein Wort mit X am Anfang oder Y am Ende, wohl aber mit X' und Y_β. Um Y_β zu erhalten, musste in H_1 das letzte β vor Y entfernt werden. In H_1 kann am Anfang X mit X' beliebig ausgetauscht werden. Somit ist sichergestellt, dass in H_1 ein β am Ende entfernt wurde, bevor das Wort durch F_2 in H_2 gelangt. In H_2 kann am Ende Y_β beliebig mit Y ausgetauscht werde. Am Anfang hingegen wird X' zu $X\,\beta$ mit einem am Anfang eingefügten β. Da X' nicht F_1 passieren kann, muss dieses Hinzufügen von β am Anfang auch geschehen sein, um wieder in H_1 zu gelangen. Also gelangt im nächsten Makroschritt $X\beta\,u\,\beta\delta^i\,Y$ durch F_1 zurück nach H_1 mit hier weiteren möglichen Reaktionen:

$$X\,\beta\,u\,\beta\delta^{i-1}|\delta\,Y, \ |Y_\delta \vdash X\,\beta\,u\,\delta^{i-1}\,Y_\delta, \ \delta\,Y$$

$$X|\,\beta\,u\,\beta\delta^{i-1}\,Y_\delta, \ X'| \vdash X'\,\beta\,u\,\beta\delta^{i-1}\,Y_\delta, \ X$$

$X'\,\beta\,u\,\beta\delta^{i-1}\,Y_\delta$ passiert F_3 nach H_3 mit hier möglichen Reaktionen

$$X'\,\beta\,u\,\beta\delta^{i-1}\,|Y_\delta, \ Y \vdash X'\,\beta\,u\,\beta\delta^{i-1}\,Y, \ Y_\delta$$

$$X'|\beta\,u\,\beta\delta^{i-1}\,Y, \ X\,\delta| \vdash X\,\delta\beta\,u\,\beta\delta^i\,Y, \ X'$$

Nach $2(i+2)$ Makroschritten wird so $\beta\delta^i\beta$ nach vorne rotiert und wir erhalten $X\,\beta\delta^i\beta\,uY$ in $L_1(\mathcal{T})$ mit der weiteren Reaktion

$$X|\,\beta\delta^i\beta\,uY, \ Xa_i| \vdash Xa_iuY, \ X\,\beta\delta^i\beta$$

Also $Xa_iuY \in L_1(\mathcal{T}_L)$ und Behauptung 1 ist gezeigt.

Behauptung 2: Gilt $S \Longrightarrow_G^* w$, dann liegt $XBwY$ in $L_1(\mathcal{T}_L)$.

Dies sieht man sofort mittels Induktion über die Länge l der Rechnung in G.

$l = 0$: Dann ist $w = S$ und $XBSY \in M_1 \subseteq L_1(\mathcal{T}_L)$.

$l \to l+1$: Es gelte $S \Longrightarrow_G^* w_1uw_2 \Longrightarrow_G w_1vw_2$ unter Verwendung einer Regel $u \to v$ aus R im letzten Schritt. Per Induktionsvoraussetzung liegt XBw_1uw_2Y in $L_1(\mathcal{T}_L)$. Mit Behauptung 1 gilt auch $Xw_2Bw_1uY \in L_1(\mathcal{T}_L)$ und H_1 erlaubt die Reaktion

$Xw_2Bw_1|uY, |vY \vdash Xw_2Bw_1vY, uY.$

Mit Xw_2Bw_1vY liegt auch XBw_1vw_2Y in $L_1(\mathcal{T}_L)$.

Behauptung 3: Für $w \in L$ liegt $\alpha\,w\,\omega$ in $L(\mathcal{T}_L)$.
Mit $w \in L$ gilt $S \Longrightarrow_G^* \hat{\alpha}\,w\,\hat{\omega}$. Damit liegt $XB\,\hat{\alpha}\,w\,\hat{\omega}\,Y$ in $L_1(\mathcal{T}_L)$ und H_1 erlaubt die die Reaktionen

$XB\,\hat{\alpha}|w\,\hat{\omega}\,Y,\ \alpha \vdash \alpha\,w\,\hat{\omega}\,Y,\ XB\,\hat{\alpha}$

$\alpha\,w|\hat{\omega}\,Y,\ \omega \vdash \alpha\,w\,\omega,\ \hat{\omega}\,Y$

mit $\alpha\,w\,\omega \in L_1(\mathcal{T}_L) = L(\mathcal{T}_L)$.

Es fehlt noch die Rückrichtung, dass mit $w \in \Sigma^*$ und $\alpha\,w\,\omega \in L(\mathcal{T}_L)$ bereits $w \in L$ gilt. Dazu analysieren wir, welche Wörter in den Makroschritten in den drei H-Systemen gebildet werden. Da in H_1 am Anfang beliebig X mit X' und Xa_i mit $X\beta\delta^i\beta$ getauscht werden dürfen und mittels H_2 und H_3 rotiert werden darf, erhalten wir mit jedem Wort XuY in $L_1(\mathcal{T}_L)$ mit $u \in \Gamma^*$ auch $ZvY \in L_1(\mathcal{T}_L)$ für $Z \in \{X, X'\}$ und alle $v \in (\Gamma \cup g(\Gamma))^*$ mit $h(v) = u$. Natürlich liegt M_1 in $L_1(\mathcal{T}_L)$. Mit den Reaktionsketten in den Beweisen der Behauptungen 1 bis 3 erhalten wir $K_i \subseteq L_i(\mathcal{T})$ für folgende Mengen K_1:
In K_1 liegen für $Z \in \{X, X'\}$:

1. $\alpha, ZB\,\hat{\alpha}, \omega, \hat{\omega}\,Y, Z, ZBSY, Y_\beta, Y_\delta, \beta\,Y, \delta\,Y,$
2. $a_iY, \beta\delta^i\beta\,Y, Z\beta\delta^i\beta, Za_i$, für $1 \le i \le n$,
3. uY, vY, für alle u, v mit $u \to v \in R$,
4. ZvY, für alle v für die ein w existiert mit $S \Longrightarrow_G^* w$ und $Xh(v)Y$ ist eine rotierte Version von w,
5. ZvY_β, für alle v für die ein w existiert mit $S \Longrightarrow_G^* w$ und $Xh(v\beta)Y$ ist eine rotierte Version von w,
6. $Z\,\delta^k\beta\,v_2v_1\,\beta\delta^l Y$, für alle v_1, v_2 und $k, l \in \mathbb{N}$ für die ein w existiert mit $S \Longrightarrow_G^* w$ und $Xh(v_1\,\beta\delta^{k+l}\beta\,v_2)Y$ ist eine rotierte Version von w,
7. $Z\,\delta^k\beta\,v_2v_1\,\beta\delta^l Y_\delta$, für alle v_1, v_2 und $k, l \in \mathbb{N}$ für die ein w existiert mit $S \Longrightarrow_G^* w$ und $Xh(v_1\,\beta\delta^{k+l+1}\beta\,v_2)Y$ ist eine rotierte Version von w,
8. $\alpha\,v\,\omega$, für alle v für die ein w existiert mit $S \Longrightarrow_G^* \hat{\alpha}\,w\,\hat{\omega}$ und $h(v) = w$.

In K_2 liegen für $Z \in \{Y, Y_\beta\}$:

- $X', X\,\beta, Z,$
- $X'uZ, X\,\beta\,uZ$, für alle u für die $X'uY_\beta$ in K_1 liegt.

In K_3 liegen für $Z \in \{Y, Y_\delta\}$

- $X', X\,\delta, Z,$
- $X'uZ, X\,\delta\,uZ$, für alle u für die $X'uY_\delta$ in K_1 liegt.

Da in H_2 (und H_3) nur Y mit Y_β (bzw. Y_δ) und X' mit $X\,\beta$ (bzw. $X\,\delta$) vertauscht werden, sieht man unmittelbar

$$\sigma_{H_2}^*(K_2) = K_2 \text{ und } \sigma_{H_3}^*(K_3) = K_3.$$

In H_1 kann man eine Regel $u \to v \in R$ simulieren und wegen der Reversibilität von $\mathcal{T}_L$ dann auch die reversible Regel $v \to u$. Diese liegt jedoch eh in R, da G selbst chemisch reversibel ist. Alle anderen Splicing-Regeln vertauschen nur $a_i Y$ mit $\beta\delta^i\beta Y$, $X\beta\delta^i\beta$ mit Xa_i, X mit X', βY mit Y_β, $Y\delta$ mit Y_δ, α mit $XB\hat{\alpha}$ und ω mit $\hat{\omega}Y$. Mit einem Wort u in K_1 liegen aber bereits alle Wörter u', die man aus u durch eine der genannten Vertauschungen bilden kann, in K_1. Also gilt

$$\sigma^*_{H_i}(K_i) = K_i \text{ und } (K_1 \cup K_2 \cup K_3) \cap F_i \subseteq K_i \text{ für } 1 \le i \le 3,$$

und kein Makroschritt in $\mathcal{T}_L$ kann noch neue Wörter erzeugen. Also ist $L(\mathcal{T}_L) = K_1$ und für alle Wörter der Form $\alpha w \omega$ in K_1 mit $w \in \Sigma^*$ ohne Vorkommen von β und δ gilt bereits $S \Longrightarrow^*_G \hat{\alpha} w \hat{\omega}$, also $w \in L$.

∎

14.10 Zusammenfassung

- Ein-Registermaschinen halten die Information, die eine normale Registermaschine in vielen Registern speichert, gödelisiert in einem Register. Um mit der Gödelzahl arbeiten zu können, besitzen sie Multiplikation und Division (und einen Sprungbefehl) als Elementarbefehle.
- Zwei-Registermaschinen arbeiten auf derselben Gödelisierung, haben als Elementarbefehle neben einem Sprungbefehl nur Addition und Subtraktion. Sie brauchen das zweite Register, um die Operationen einer Ein-Registermaschine simulieren zu können.

Dasselbe Verfahrensprinzip wie Zwei-Registermaschinen, aber eine völlig andere äußere Form haben folgende berechnungsuniverselle Systeme:

- eine Turing-Maschine mit nur zweielementigem Bandalphabet $\{\#, |\}$, in der in jeder Konfiguration nur 3 Vorkommen des Buchstaben $|$ erlaubt sind,
- ein System mit zwei Stapeln von leeren Blättern,
- ein Push-Down-Automat mit einer Queue anstelle eines Stapels,
- ein Push-Down-Automat mit zwei Stapeln, und
- ein System, das ausschließlich einen Stein im $\mathbb{N}^2$ als Speicher hat.

Außerdem wurden noch folgende Berechnungsmodelle behandelt:

- Eine Wang-Maschine ist eine Turing-Maschine, die nie ein einmal geschriebenes Zeichen löscht oder anderweitig überschreibt. Auch ein solches System kann durch essentiell dasselbe Verfahren, das Zwei-Registermaschinen verwenden, alles Turing-Berechenbare berechnen.

- Ein Tag-System ist ein Termersetzungssystem, das jeweils Wortpräfixe entfernt und dafür neue Suffixe anfügt. Es wird jeweils ein mehrbuchstabiges Präfix einer konstanten Länge p entfernt, die Ersetzung geschieht aber nur anhand des ersten Buchstabens dieses Präfixes. Zu jeder Regelprämisse kann es nur eine Regel geben.

- Ein Mealy-Automat ist ein Automat mit Ausgaben, dessen Zustandsmenge unendlich sein kann. Man kann ihn als abstrakten Rechnerbaustein betrachten. Wir haben definiert, wie man mehrere Bausteine zu *Rödding-Netzen* zusammenschließt, und haben gezeigt: Mit einem Bausteintypus, der einem Register entspricht, und den zwei weiteren einfachen Bausteintypen K und E kann man Netzwerke konstruieren, die beliebige Registermaschinen nachahmen.

- Wir haben eine Turing-Maschinen mit zweidimensionalem Band und extrem einfacher Regelmenge vorgestellt, die berechnungsuniversell ist. Das haben wir nachgewiesen, indem wir auf dem zweidimensionalen Band das Layout eines Rödding-Netzes so gezeichnet haben, dass die Turing-Maschine eine Rechnung dieses Netzwerks simulieren konnte.

- Wir haben H-Systeme und Test-tube-Systeme vorgestellt, die eine mathematische Präzisierung des im DNA-Computing bekannten Splicing sind und eine Brücke von der Bioinformatik zur Theorie Formaler Sprachen schlagen. Endliche H-Systeme können Regularität nicht verlassen, Test-tube-Systeme hingegen sind berechnungsuniversell.

- Wir haben Rödding-Netze vorgestellt und gezeigt, mit welchen einfachen Bausteinen man in Rödding-Netzen alle endlichen Mealy-Automaten bzw. alle Registermaschinen simulieren kann.

Wir haben zwei verschiedene Formen reversibler Rechenmodelle betrachtet: chemisch reversible Modelle sind vorwärts und rückwärts indeterminiert, aber jeder Schritt muss rückgängig gemacht werden können; physikalisch reversible Modelle dagegen sind vorwärts und rückwärts determiniert.

- Zur chemischen Reversibilität haben wir zunächst asynchrone Automaten betrachtet, deren Übergänge mehrere Eingangssignale gleichzeitig berücksichtigen können, und asynchrone Netze, in denen mehrere Signale kreisen können und die Durchlaufzeit von Signalen durch Leitungen indeterminiert ist. Unter Verwendung unserer Ergebnisse für Rödding-Netze haben wir gezeigt: Asynchrone Netze aus Registerbausteinen, einer reversiblen Variante K^r von K sowie einem sehr einfachen Bausteintypus V^r sind berechnungsuniversell.

- Anschließend haben wir die Berechnungsuniversalität chemisch reversibler Grammatiken nachgewiesen, indem wir eine beliebige Turing-Maschinen simuliert haben. Wir haben die Arbeit der simulierten TM in der Ableitung mitprotokolliert und anschließend durch inverse Regelanwendung wieder rückgängig gemacht.

- Mit dieser chemisch reversiblen Grammatik konnten wir auch zeigen, dass bereits 3-Test-tube-Systeme ein berechnungsuniverselles chemisch reversibles Rechenmodell bilden.
- Mittels reversibler Rödding-Netze konnten wir extrem einfache berechnungsuniverselle zweidimensionale Thue-System nachweisen, sogar mit nur zwei Regeln. Überraschenderweise ist der kombinatorische Prozess „Herausnehmen ausgezeichneter kleiner Wörter, Umdrehen und Wiedereinfügen an den alten Stelle" bereits berechnungsuniversell.
- Zur physikalischen Reversibilität haben wir zunächst endlich berechnungsuniverselle Modelle betrachtet, also solche, die Automaten mit endlichem Zustandsraum simulieren können. Wir haben gezeigt, dass physikalisch reversible Schaltwerke endlich berechnungsuniversell sind. Dazu haben wir Fredkin-Gates eingesetzt, bei denen die Ausgabe Rückschlüsse auf alle Eingaben erlaubt (anders als etwa bei UND-Elementen).
- Anschließend haben wir ein berechnungsuniverselles physikalisch reversibles Rechenmodell vorgestellt, die physikalisch reversible Turing-Maschine. Wir haben gezeigt, dass man damit eine beliebige determinierte Turing-Maschine simulieren kann, indem man wieder die Rechnung der simulierten Maschine mitprotokolliert und anschließend rückgängig macht.

15. Komplexität

In der Komplexitätstheorie stellt man sich die Frage nach Zeit- und Platzbedarf von Algorithmen. Gesucht sind mehr oder weniger genaue Abschätzungen, die in Abhängigkeit von der Größe der Eingabe vorhersagen, wieviel Ressourcen die Berechnung verbrauchen wird. Man kann Algorithmen mit ähnlichem Aufwand zu Klassen gruppieren, die sich bezüglich Laufzeit oder Platzbedarf ähnlich verhalten. Dabei kann man natürlich „ähnlich" enger oder weiter fassen. Es gibt viele verschiedene Hierarchien von Aufwandsklassen. Zwei davon stellen wir in diesem Kapitel vor, zuerst die O-Notation, die eine recht engmaschige Einteilung von Algorithmen in Klassen liefert, und dann die Klassen P und NP, die weiter gefasst sind. P und NP sind keine komplette Hierarchie, es gibt Algorithmen, die in keine der beiden Klassen fallen. Aber diese zwei sind besonders interessant: In P sind Algorithmen, die sich vom Zeitbedarf her „gutartig" verhalten, und in NP sind Algorithmen, von denen man vermutet, dass sie sich nicht gutartig verhalten können – genau bewiesen ist es bis heute nicht. Aber in vielen Fällen kann man auch für Algorithmen in NP einigermaßen brauchbare Näherungsverfahren angeben.

15.1 Abschätzung mit dem O-Kalkül

Der O-Kalkül wird in der Informatik benutzt, um abzuschätzen, wieviel Zeit ein Algorithmus *schlimmstenfalls* braucht. Man gibt diese Zeit an in Abhängigkeit von der Größe des Eingabewerts für den Algorithmus. Einfach die Laufzeit auf einem bestimmten Rechner zu messen, ist nicht sehr aufschlussreich: Ein anderer Rechner kann viel länger oder kürzer brauchen. Um eine rechnerunabhängige Messzahl zu haben, betrachtet man die Anzahl der *Schritte*, die ein Algorithmus ausführt.

Wenn n die Größe der Eingabe ist, so lässt sich die Schrittzahl des Algorithmus beschreiben als $f(n)$ für irgendeine Funktion f. Es interessiert uns aber nicht die genaue Schrittzahl, sondern eine ungefähre Abschätzung, mit der wir Algorithmen in Schwierigkeitsklassen einteilen können. Wir suchen also eine einfache Funktion $g(n)$, so dass $f(n)$ höchstens so schnell wächst wie $g(n)$. Typische Funktionen $g(n)$ sind zum Beispiel $g(n) = 1$, $g(n) = n$, $g(n) = n^2$, $g(n) = 2^n$ und $g(n) = \log n$. Allgemein sagen wir, $f = O(g)$, falls f höchstens so schnell wächst wie die Funktion g.

© Springer-Verlag GmbH Deutschland, ein Teil von Springer Nature 2018
L. Priese und K. Erk, *Theoretische Informatik*,
https://doi.org/10.1007/978-3-662-57409-6_15

Definition 15.1.1 (O-Kalkül). *Seien* $h, f : N \rightarrow R$ *Funktionen.*

$$h = O(f) :\Longleftrightarrow \exists c \in R_+ \; \exists n_0 \in N \; \forall n \geq n_0 \; |h(n)| \leq c|f(n)|$$

$h = O(f)$ ist nur eine Abkürzung für „h ist in der Klasse $O(f)$." Es ist keine Gleichung.

Beispiel 15.1.2.

- $5n + 4 = O(n)$
- $5n + n^2 \neq O(n)$
- $\binom{n}{2} = \dfrac{n!}{2! \cdot (n-2)!} = \dfrac{n \cdot (n-1)}{2} = \dfrac{n^2 - n}{2} = O(n^2)$

Satz 15.1.3 (Komplexität von Polynomen). *Sei* p *ein Polynom vom Grad* m. *Dann gilt* $p = O(n^m)$.

Beweis:

$$|p(n)| = |a_0 + a_1 n + a_2 n^2 + \ldots + a_m n^m|$$

$$\leq (\sum_{i=0}^{m} \frac{|a_i|}{n^{m-i}}) n^m \leq \underbrace{(\sum_{i=0}^{m} |a_i|)}_{=:c} n^m.$$

Also gilt $p = O(n^m)$.   ∎

Beispiel 15.1.4. In Kap. 6 hatten wir den CYK-Algorithmus vorgestellt (Punkt 6.8.1). Er bekommt als Eingabe eine cf-Grammatik G in Chomsky-Normalform und ein Wort w und entscheidet, ob $w \in L(G)$ gilt. Nun schätzen wir den Aufwand des CYK-Algorithmus gemäß dem O-Kalkül ab.

Der Aufwand hängt ab von $n = |w|$. G wird als Konstante betrachtet, denn bei Anwendungen dieses Algorithmus wird gewöhnlich mit einer feststehenden Grammatik G für viele Wörter $w \in \Sigma^*$ geprüft, ob $w \in L(G)$ gilt. Insofern setzen wir den Aufwand für die Berechnung eines einzelnen $V_{i,i}$ – ein einmaliges Scannen durch R – als konstant, genauso die Berechnung eines $*$-Produkts.

Damit lässt sich der Aufwand wie folgt aufschlüsseln:

Berechnung aller $V_{i,i}$		$\leq n$
Berechnung aller $V_{i,i+h}$	äußere Schleife	$\leq n$
	innere Schleife	$\leq n$
	Berechnung von $\bigcup\limits_{j=i}^{i+h-1} V_{i,j} * V_{j+1,i+h}$	$\leq n$
Ausgabe des Ergebnisses		konstant

Das ist ein Aufwand von n für die Berechnung der $V_{i,i}$ und n^3 für die Hauptschleife, also ist der CYK-Algorithmus in $O(n^3)$.

Satz 15.1.5 (Rechenregeln für O). *Es gelten die folgenden Rechenregeln:*

- $f = O(f)$
- $c \cdot O(f) = O(f)$
- $O(O(f)) = O(f)$
- $O(f) \cdot O(g) = O(f \cdot g)$ (*)
- $O(f \cdot g) = |f| \cdot O(g)$
- $|f| \leq |g| \Longrightarrow O(f) \subseteq O(g)$

Beweis: Exemplarisch beweisen wir (*), die restlichen Beweise laufen analog. Zu zeigen ist: Wenn $h_1 = O(f)$ und $h_2 = O(g)$, dann ist $h_1 \cdot h_2 = O(f \cdot g)$. Wenden wir zunächst die Definition der O-Notation an. Es sei

$$|h_1(n)| \leq c_1|f(n)| \qquad \forall n \geq n_1, \text{ und}$$

$$|h_2(n)| \leq c_2|g(n)| \qquad \forall n \geq n_2$$

Dann gilt

$$|(h_1 \cdot h_2)(n)| = |h_1(n)| \cdot |h_2(n)|$$

$$\leq c_1|f(n)| \cdot c_2|g(n)| \quad \forall n \geq \max\{n_1, n_2\}$$

Setzen wir jetzt $c_3 := c_1 c_2$ und $n_3 := \max\{n_1, n_2\}$, dann erhalten wir

$$|(h_1 \cdot h_2)(n)| \leq c_3|(f \cdot g)(n)| \quad \forall n \geq n_3$$

∎

In welche Aufwand-Klasse ein Algorithmus ist, macht einen sehr großen Unterschied. Besonders bei exponentiell aufwendigen Verfahren gerät man schnell in so lange Rechenzeiten, dass es sich bei der üblichen menschlichen Lebensdauer nicht lohnt, auf ein Ergebnis zu warten. Nehmen wir zum Beispiel an, ein Prozessor leistet 1 Million Instruktionen pro Sekunde. Die folgende Tabelle zeigt für einige Werte n und einige Aufwand-Klassen f, wie lange er braucht, um $f(n)$ Instruktionen auszuführen.

$f \backslash n$	10	20	30	40	50
n	0.01 ms	0.02 ms	0.03 ms	0.04 ms	0.05 ms
n^2	0.1 ms	0.4 ms	0.9 ms	1.6 ms	2.5 ms
n^3	1 ms	8 ms	27 ms	64 ms	125 ms
n^5	100 ms	3.2 s	24.3 s	1.7 min	5.2 min
2^n	1 ms	1 s	17.9 min	12.7 Tage	37.5 Jahre
3^n	59 ms	58 min	6.5 Jahre	3855 Jhdt.	$2 \cdot 10^8$ Jhdt.

An dieser Tabelle sieht man, dass offenbar ein Unterschied besteht zwischen einer Laufzeit von n^2 und n^3, und man kann auch erahnen, dass eine exponentielle Komplexität erheblich schlechter ist als eine beliebige polynomiale. Man kann aber auch allgemein zeigen, dass das Polynom n^{d+1} in einer höheren Komplexitätsklasse ist als das Polynom n^d, und außerdem, dass exponentielle Funktionen r^n in einer höheren Komplexitätsklasse sind als alle Polynome n^d:

Lemma 15.1.6. *Es gilt:*

1. $\forall d > 0 \ n^{d+1} \neq O(n^d)$
2. $\forall r > 1 \ \forall d \ (r^n \neq O(n^d), \ aber \ n^d = O(r^n))$

Beweis:

1. Angenommen, es gilt $n^{d+1} = O(n^d)$. Dann gilt nach Definition der O-Notation: $\exists c \ \forall n \geq n_0 \ n^{d+1} \leq c \cdot n^d$. Sei nun $n_1 > \max\{n_0, c\}$, dann gilt aber: $n_1^{d+1} = n_1 n_1^d > c n_1^d$.

2. Wir zeigen zuerst, dass $n^d = O(r^n)$ gilt.

   Es ist $\frac{(n+1)^d}{n^d} = \left(\frac{n+1}{n}\right)^d = \left(1 + \frac{1}{n}\right)^d$. Der Term $\left(1 + \frac{1}{n}\right)^d$ wird kleiner mit wachsendem n. Sei $r > 1$ beliebig gewählt. Für $n_0 := \frac{1}{r^{\frac{1}{d}} - 1}$ ist der Term gerade r. Also gilt: $\left(1 + \frac{1}{n}\right)^d \leq r \quad \forall n \geq n_0$

   Sei nun $c := \frac{n_0^d}{r^{n_0}}$. Wir wollen zeigen, dass $\forall n \geq n_0 \ n^d \leq c r^n$ gilt. Das ist aber gleichwertig zu $(n_0 + k)^d \leq c r^{n_0 + k} \quad \forall k \geq 0$.

   $$(n_0 + k)^d = n_0^d \left(\frac{n_0+1}{n_0}\right)^d \left(\frac{n_0+2}{n_0+1}\right)^d \cdots \left(\frac{n_0+k}{n_0+k-1}\right)^d \quad \text{(ausmultiplizierbar)}$$
   $$= n_0^d \left(1 + \frac{1}{n_0}\right)^d \left(1 + \frac{1}{n_0+1}\right)^d \cdots \left(1 + \frac{1}{n_0+k-1}\right)^d$$
   $$\leq n_0^d \cdot r^k \qquad \text{da } \left(1 + \frac{1}{n}\right)^d \leq r \quad \forall n \geq n_0$$
   $$= c r^{n_0} r^k$$
   $$= c r^{n_0 + k}$$

   Wir haben gezeigt, dass $\forall k \geq 0 \ (n_0 + k)^d \leq c r^{n_0 + k}$ ist, also gilt auch $n^d \leq c r^n \ \forall n \geq n_0$. Und das heißt, dass $n^d = O(r^n)$ ist.

   Nun können wir zeigen, dass $r^n \neq O(n^d)$ gilt. Angenommen, es gebe $r, d > 1$, so dass $r^n = O(n^d)$ wäre. Es gilt $n^{d'} = O(r^n)$ für alle d', also insbesondere auch für $d' = d + 1$. Damit haben wir $n^{d+1} = O(r^n) = O(O(n^d)) = O(n^d)$. Das ist aber ein Widerspruch zu Teil 1 dieses Lemmas. ∎

15.2 Aufwandberechnung und Turing-Maschinen

In Kap. 7 haben wir mit den Turing-Maschinen ein sehr einfaches Modell eines Rechners kennengelernt, das aber (zumindest nach der Church'schen These) nicht weniger mächtig ist als ein beliebiger Computer. Gerade wegen ihrer Einfachheit werden Turing-Maschinen gern zu Aufwandberechnungen herangezogen. In diesem Abschnitt werden wir zunächst definieren, was Zeit- und Platz-Aufwand für Turing-Maschinen und das Akzeptieren von Sprachen bedeutet. Danach werden wir uns damit beschäftigen, wie der Aufwand der verschiedenen Turing-Maschinen-Varianten im Vergleich aussieht.

Definition 15.2.1 (Schrittzahlfunktion, Platzbedarfsfunktion). *Sei M eine determinierte oder indeterminierte k-Band-Turing-Maschine. Sei $f : N \to N$ eine totale Funktion. Sei $L \subseteq \Sigma^*$ eine Sprache. Wir sagen:*

- *M akzeptiert L mit **Schrittzahlfunktion** $f :\Longleftrightarrow$*
  M akzeptiert L und $\forall w \in \Sigma^*$ ($w \in L \Longrightarrow M$ akzeptiert w in $\leq f(|w|)$ Schritten).
- *M akzeptiert L mit **Platzbedarfsfunktion** $f :\Longleftrightarrow$*
  M akzeptiert L und $\forall w \in \Sigma^*$ ($w \in L \Longrightarrow M$ akzeptiert w und benutzt dabei $\leq f(|w|)$ Bandfelder).

Zu Schrittzahl- und Platzbedarfsfunktion bei indeterminierten Turing-Maschinen sollten wir noch ein paar Worte verlieren. Erinnern wir uns daran, dass eine Konfiguration einer indeterminierten Turing-Maschine mehrere Nachfolgekonfigurationen besitzen kann. Eine Rechnung einer indeterminierten Turing-Maschine ist eine Folge $C_0, C_1, \ldots, C_n$ von Konfigurationen mit $C_i \vdash C_{i+1}$ für $0 \leq i < n$. Das heißt, dass C_{i+1} eine *mögliche* Nachfolgekonfiguration von C_i ist. Eine indeterminierte Turing-Maschine kann also mehrere Rechnungen von C_0 aus besitzen. Entsprechend haben wir in 7.4.8 definiert, was es heißt, dass eine NTM $M = (K, \Sigma, \Delta, s_0)$ ein Wort w akzeptiert: M akzeptiert w, falls es *eine mögliche* Rechnung von $C_0 = s_0, \#w\#$ aus gibt, die in einer Haltekonfiguration endet. Und entsprechend sind auch Schrittzahl- und Platzbedarfsfunktion über *eine mögliche* Rechnung von M definiert:

- Für eine Funktion $f : N \to N$ sagen wir, M akzeptiert w in $\leq |f(w)|$ Schritten genau dann, wenn in der Menge der Rechnungen von M von $C_0 = s_0, \#w\#$ aus eine Rechnung $C_0, C_1, \ldots, C_i$ enthalten ist, so dass C_i eine Haltekonfiguration ist und $i \leq f(|w|)$ gilt.
- M akzeptiert w und benutzt dabei $\leq f(|w|)$ viele Bandfelder genau dann, wenn eine Rechnung von M von $s_0, \#w\#$ aus existiert, die zu einer Haltekonfiguration führt und in der keine Konfiguration mehr als $f(|w|)$ viele Bandfelder benutzt.

Mit anderen Worten, M akzeptiert w in $\leq f(|w|)$ vielen Schritten bzw. mit $\leq f(|w|)$ viel Band, falls es *eine mögliche Rechnung* von M gibt, mit der w in höchstens so vielen Schritten oder mit höchstens so viel Bandbedarf akzeptiert wird.

Überlegen wir uns jetzt einmal, was es uns bringt, wenn wir zu einer Turing-Maschine M und einer Sprache L eine Schrittzahl- oder Platzbedarfsfunktion f angeben können.

Angenommen, M akzeptiert L mit Schrittzahlfunktion f und bekommt nun den Input w. Dann wissen wir, dass M entweder innerhalb $f(|w|)$ Schritten feststellen kann, dass $w \in L$ ist, oder es gilt auf jeden Fall $w \notin L$.

Nehmen wir nun an, M akzeptiert die Sprache L mit Platzbedarfsfunktion f und bekommt den Input w. Falls $w \in L$ ist, dann kann M mit $f(|w|)$ Bandfeldern w akzeptieren. Damit können wir aber auch berechnen, wieviele Berechnungsschritte M höchstens macht, falls w akzeptiert wird:

- M hat $|K|$ normale Zustände und den Haltezustand.
- M kann $|\Sigma|^{f(|w|)}$ viele verschiedene Wörter über Σ auf $f(|w|)$ Bandfelder schreiben, und
- M kann dabei den Schreib-/Lesekopf auf $f(|w|)$ Felder platzieren.

Danach sind die Möglichkeiten erschöpft, und M gerät in eine Konfiguration, in der sie schon war, also in eine Schleife. Man muss also nur diese

$$(|K| + 1) \cdot |\Sigma|^{f(|w|)} \cdot f(|w|)$$

vielen Konfigurationen daraufhin testen, ob eine Haltekonfiguration darunter ist. Falls ja, so gilt $w \in L$, ansonsten ist $w \notin L$. Also ist L entscheidbar. Damit haben wir bereits gezeigt:

Satz 15.2.2 (Schrittzahl-/Platzbedarfsfunktion und Entscheidbarkeit). *Es sei $f : \mathbb{N} \to \mathbb{N}$ total und TM-berechenbar. Ferner werde $L \subseteq \Sigma^*$ von einer determinierten oder indeterminierten k-Band TM mit Schrittzahlfunktion f oder mit Platzbedarfsfunktion f akzeptiert. Dann ist (das Wortproblem für) L entscheidbar.*

Als nächstes sehen wir uns an, wie sich die Laufzeiten der verschiedenen Turing-Maschinen-Varianten zueinander verhalten. Leider können wir nicht sagen: Wenn eine indeterminierte Turing-Maschine den Algorithmus in einer Zeit von $O(f)$ ausführen kann, dann braucht eine determinierte *definitiv* so und so viel länger für dieselbe Berechnung. Wir können nur untersuchen, wie der Aufwand aussieht, wenn wir mit einer Standard-Turing-Maschine die Schrittfolge einer anderen TM-Variante simulieren wollen. Dabei werden wir feststellen, dass es zwischen Halbband-Turing-Maschinen und Maschinen mit beidseitig unbegrenztem Band keine großen Effizienzunterschiede gibt, dass aber k-Band- und indeterminierte Turing-Maschinen von Standard-TM nur unter Zeitverlust simuliert werden können.

Lemma 15.2.3.

1. *Wird L von einer k-Band-TM M_1 mit Schrittzahlfunktion f akzeptiert, so dass $\forall n \ f(n) \geq n$ ist, so wird L auch von einer Standard-TM M_2 mit Schrittzahlfunktion $g = O(f^2)$ akzeptiert.*
2. *Wird L von einer zw-TM M_3 mit Schrittzahlfunktion f akzeptiert, so dass $\forall n \ f(n) \geq n$ ist, so wird L auch von einer Standard-TM M_4 mit einer Schrittzahlfunktion $g = O(f)$ akzeptiert.*

Beweis: Die Konstruktion von M_2 aus M_1 und M_4 aus M_3 wurden in Kap. 7 vorgestellt.

1. Die k-Band TM M_1 wird in eine gewöhnliche TM M_2 mit $2k$ Spuren über-setzt. Ein Band wird dabei umgesetzt in zwei Spuren, eine mit dem Band-inhalt und eine, die die Kopfposition von M_1 auf diesem Band festhält.
   Sei w Input mit $n = |w|$.
   Die Codierung der Eingabe vom Format von M_1 auf M_2 ist in $O(n)$: w wird einmal durchgegangen, die Spuren werden codiert, dann wird der Kopf zurückbewegt zur anfänglichen Kopfposition.
   Die Simulierung eines Schrittes von M_1 ist in $O\big(f(n)\big)$: M_2 läuft ein-mal durch das bisher benutzte Band, um die Konfiguration von M_1 aus-zulesen, und einmal zurück, um die Nachfolgekonfiguration einzustellen. Der Aufwand dafür ist $2 \cdot [\text{bisherige Bandlänge}] \leq 2 \cdot \big(n + f(n)\big)$, da M_1 pro Schritt jedes Band maximal um 1 Feld verlängern kann, in $f(n)$ Schritten also um $f(n)$ Felder.
   Die Simulierung aller $f(n)$ Schritte von M_1 erfolgt also in $f(n) \cdot O\big(f(n)\big) = O\big(f^2(n)\big)$ Schritten.

2. Die zw-TM M_3 wird umgesetzt in eine gewöhnliche TM M_4 mit 2 Spuren, wobei die linke Hälfte des zweiseitig unendlichen Bandes von M_3 in eine zweite Spur von M_4 hochgeklappt wird. Die Codierung erfolgt in $O(n)$ Schritten, danach arbeitet M_4 mit derselben Schrittanzahl wie M_3.   ∎

Satz 15.2.4 (Simulation von NTM in $2^{O(f)}$). *Wird L von einer indeter-minierten k-Band-TM M_1 mit polynomialer Schrittzahlfunktion f akzeptiert, so wird L auch von einer determinierten k'-Band-TM M_2 mit Schrittzahl-funktion $g = 2^{O(f)}$ akzeptiert.*

Beweis: $g = 2^{O(f)}$ soll bedeuten, dass $g = O(2^h)$ gilt für ein geeignetes h mit $h = O(f)$.
   Sei $w \in \Sigma^*$, $|w| = n$, und $C_0 = (s_0, \#w\#, \#, \ldots, \#)$ die Startkonfigurati-on von M_1. Im Beweis zu Satz 7.4.11 haben wir gesehen, wie eine Halbband-TM M_2 eine NTM M_1 simuliert: Es kann zu einer Konfiguration C_i von M_1 durch den Nichtdeterminismus mehrere Nachfolgekonfigurationen geben, ma-ximal aber r viele. Diese maximale Anzahl r von Nachfolgekonfigurationen ist eine feste Zahl, die nur von Δ_{M_1} abhängt. Damit kann man den Rech-nungsbaum $\mathcal{R}(C_0)$ aufspannen, also den Baum aller möglichen Rechnungen von M_1 ausgehend von C_0. C_0 ist die Wurzel des Baumes, die Söhne von C_0 sind alle möglichen Nachfolgekonfigurationen von C_0, etc. Jeder Knoten in $\mathcal{R}(C_0)$ hat höchstens r Nachfolger. Falls nun M_1 das Wort w in $\leq f(n)$ Schritten akzeptiert, dann gibt es einen Ast in $\mathcal{R}(C_0)$, der in einer Tiefe von $\leq f(n)$ eine Haltekonfiguration C_h als Blatt hat.
   Eine determinierte k'-Band TM M_2 (mit geeigneter Bandzahl k') kann den Baum $\mathcal{R}(C_0)$ per *iterative deepening* durchsuchen. Wenn jeder Knoten r

Nachfolger hat, dann findet M_2 die Konfiguration C_h in $O(r^f)$ vielen Schritten. M_2 akzeptiert L also mit einer Schrittzahlfunktion $g = O(r^f)$. Nun müssen wir noch zeigen, dass dann auch $g = 2^{O(f)}$ gilt. Sei also r fest und $x \in \mathrm{N}$ eine Variable. Dann ist $r^x = 2^{\log_2 r^x} = 2^{x \log_2 r} = 2^{cx}$ mit $c = \log_2 r$, konstant. Damit gilt $r^f = 2^{O(f)}$, also $g = O(r^f) = O(2^{O(f)}) = 2^{O(f)}$. ∎

15.3 Abschätzung für determinierte und indeterminierte Maschinen

Wir haben bisher eine Hierarchie von Komplexitätsklassen kennengelernt, die O-Notation. Für manche Zwecke ist die Einordnung durch die O-Notation aber zu fein: Durch kleine Änderungen (oder auch durch Wahl einer anderen Turing-Maschinen-Art, s.o.) kann ein Algorithmus schon in eine andere Klasse rutschen. Im Rest dieses Kapitels geht es um eine andere Klasseneinteilung, die sehr viel weiter gefasst ist als die O-Notation, also mehr Algorithmen in einer Klasse zusammenfasst. Die zwei Klassen, die wir definieren, sind für die Praxis besonders interessant. Sie bilden aber keine komplette Hierarchie; es gibt Algorithmen, die in keine der beiden Klassen fallen. Um folgende zwei Gruppen von Algorithmen wird es gehen:

- Wenn man sich die Tabelle auf Seite 455 mit den Rechenzeiten für verschiedene Aufwandklassen ansieht, fällt auf, dass die Zeiten für n, n^2, n^3 und selbst für n^5 noch vertretbar sind. Erst ab 2^n werden sie untragbar lang. Algorithmen, die einen Aufwand $O(n^d)$ ($d \in \mathrm{N}$) haben, heißen *polynomial*. Sie sind gutartig insofern, als die Rechenzeit mit steigender Eingabegröße nicht zu schnell anwächst.
- Angenommen, man will den Weg aus einem Labyrinth finden. Natürlich kann man an jeder Kreuzung jede mögliche Abzweigung systematisch durchprobieren, und falls es einen Ausgang gibt, wird man den irgendwann finden. Das kann aber lang dauern. Nehmen wir aber für einen Moment an, wir haben ein Orakel, das wir einmal befragen können und das uns einen Weg nennt. Dann können wir sehr schnell testen, ob dieser Weg auch tatsächlich zum Ausgang führt.

  Die wichtigen Aspekte an diesem Beispiel sind: Es gibt viele mögliche Lösungen, und man kann sie mit trial-and-error alle durchgehen. Wenn man aber einmal eine Lösung rät, dann kann man schnell (sprich: in polynomialer Zeit) überprüfen, ob das tatsächlich eine Lösung ist. Wie wir feststellen können, gibt es viele interessante Probleme, die diese Struktur haben.

  Eine indeterminierte Turing-Maschine kann mit einem solchen Problem gut umgehen: Sie rät einmal und testet dann, ob ihre Mutmaßung richtig war.

Definition 15.3.1 (Komplexitätsklassen DTIME, NTIME, DSPACE, NSPACE). *Es ist*

DTIME(f) *die Menge aller Sprachen, die von einer determinierten k-Band-TM akzeptiert werden mit Schrittzahlfunktion f;*

NTIME(f) *die Menge aller Sprachen, die von einer indeterminierten k-Band-TM akzeptiert werden mit Schrittzahlfunktion f;*

DSPACE(f) *die Menge aller Sprachen, die von einer determinierten k-Band-TM akzeptiert werden mit Platzfunktion f;*

NSPACE(f) *die Menge aller Sprachen, die von einer indeterminierten k-Band-TM akzeptiert werden mit Platzfunktion f.*

Dazu definieren wir $DTIME(O(f)) := \bigcup\limits_{g=O(f)} DTIME(g)$, *analog für NTIME, DSPACE, NSPACE.*

Besonders interessant sind, wie gesagt, die Klassen der Probleme, die (determiniert oder indeterminiert) in *polynomialer* Zeit zu lösen sind. Wir beschreiben sie in den folgenden zwei Definitionen.

Definition 15.3.2. poly $:= \{f : \mathrm{N} \to \mathrm{N} \mid \exists k, a_0, \ldots, a_k \in \mathrm{N} \ \forall n \in \mathrm{N} \ f(n) = a_0 + a_1 n + a_2 n^2 + \ldots + a_k n^k\}$ *ist die Menge der Polynome über* N.

Definition 15.3.3 (P, NP). P *ist die Menge der Probleme, die von einer determinierten TM in polynomialer Zeit lösbar sind.*

$$P := \bigcup\limits_{p \in poly} DTIME(p)$$

NP *ist die Menge der Probleme, die von einer indeterminierten TM in polynomialer Zeit lösbar sind.*

$$NP := \bigcup\limits_{p \in poly} NTIME(p)$$

Da ein Polynom des Grades d in $O(n^d)$ ist, kann man P und NP alternativ auch definieren als

$$\mathrm{P} := \bigcup\limits_{d>0} \mathrm{DTIME}(O(n^d))$$

$$\mathrm{NP} := \bigcup\limits_{d>0} \mathrm{NTIME}(O(n^d))$$

Wegen Lemma 15.2.3 ist es für die Definition von P und NP gleichgültig, ob man hier nur „normale" determinierte bzw. indeterminierte TM zulässt oder auch solche mit k Bändern oder zweiseitig unbeschränktem Band.

Wie groß ist der Aufwand eines Problems in NTIME($O(f)$) im Vergleich zu dem eines Problems in DTIME($O(f)$)? In Satz 15.2.4 haben wir gesehen, dass man die Rechnung einer indeterminierten TM in exponentieller Zeit mit einer determinierten TM simulieren kann. Also kann man ein Problem, das indeterminiert in polynomialer Zeit berechenbar ist, determiniert in exponentieller Zeit lösen – aber geht es vielleicht auch mit geringerem Aufwand? Die Frage „P=NP?" gilt als die wichtigste Frage der theoretischen Informatik. Die Antwort ist nicht bekannt.

Lemma 15.3.4. *Es gilt NP $\subseteq \bigcup_{d>0} DTIME(2^{O(n^d)})$.*

Beweis: Dies Ergebnis folgt aus Satz 15.2.4.   ∎

Wie sieht ein typisches NP-Problem aus? Es hat exponentiell viele potentielle Lösungen, wenn man aber die richtige Lösung errät, dann kann man schnell (in polynomialer Zeit) verifizieren, dass man tatsächlich die richtige Lösung gefunden hat. Es sind inzwischen sehr viele NP-Probleme bekannt. Einige der typischsten sind die folgenden:

- Gegeben eine aussagenlogische Formel, ist die Formel erfüllbar? *(SAT)*
- Gegeben ein Graph, gibt es einen Rundweg durch den Graphen, bei dem jeder Knoten genau einmal betreten wird? *(Hamilton-Kreis)*
- Gegeben eine Karte mit n Städten und den Distanzen zwischen den Städten sowie eine Entfernung k, gibt es einen Weg durch alle n Städte mit einer Gesamtdistanz $\leq k$? *(Traveling Salesman)*

Zur Lösung solcher Probleme in der Praxis verwendet man typischerweise eine Kombination von Backtracking (Durchprobieren von Möglichkeiten) und Heuristiken (Faustregeln, deren Wirksamkeit man erhoffen oder bestenfalls empirisch zeigen, aber nicht exakt beweisen kann).

Die Frage, ob P = NP ist, ist zwar noch nicht geklärt, aber es gibt viele Sätze der Art „Wenn diese Bedingung gilt, dann ist P = NP (oder P ≠ NP)." Es gibt sogar NP-Probleme, von denen man weiß: Wenn diese sogenannten „NP-vollständigen" Probleme in P wären, dann wäre P = NP. Für einige dieser Probleme beweisen wir im folgenden, dass sie diese Eigenschaft haben.

Um das zu tun, müssen wir zeigen können, dass ein Problem mindestens so schwierig (bezüglich seines Aufwands) ist wie ein anderes. Das Instrument, das wir dabei verwenden, ist das der *polynomialen Reduzierbarkeit*. Grob gesagt, ist die Idee folgende: Wenn eine Lösung von Problem 2 gleichzeitig Problem 1 löst, dann muss Problem 2 mindestens so schwierig sein wie Problem 1.

Definition 15.3.5 (polynomial reduzierbar). $L_1, L_2 \subseteq \Sigma^*$ *seien Sprachen.* L_1 *heißt* **polynomial auf L_2 reduzierbar** *($L_1 \leq_p L_2$) falls es eine Funktion $f : \Sigma^* \to \Sigma^*$ gibt, für die gilt:*

- *f ist von polynomialer TM-Komplexität, d.h. es gibt eine determinierte TM M und eine Schrittzahlfunktion $p \in$ poly, so dass M für alle $w \in \Sigma^*$ den Funktionswert $f(w)$ berechnet in $\leq p(|w|)$ vielen Schritten, und*
- $\forall x \in \Sigma^* \ \big(x \in L_1 \iff f(x) \in L_2 \big)$

Indem man zeigt, dass $L_1 \leq_p L_2$ gilt, zeigt man gleichzeitig, dass das Problem L_2 mindestens so schwer ist wie das Problem L_1: Gegeben sei ein Wort w_1, für das zu testen ist, ob $w_1 \in L_1$ liegt, und eine TM M_2, die L_2 akzeptiert. Dann kann man aus w_1 mit der Funktion f einen Input für M_2 machen, nämlich $f(w_1)$. Wenn nun die Frage, ob $f(w)$ in L_2 liegt, beantwortet wird, dann ist damit auch die Ausgangsfrage "Gilt $w \in L_1$?" gelöst.

Offenbar gilt:

Lemma 15.3.6 (Transitivität von $\leq_p$). *$\leq_p$ ist transitiv, d.h. $L_1 \leq_p L_2$ und $L_2 \leq_p L_3 \Longrightarrow L_1 \leq_p L_3$*

Satz 15.3.7 (Reduktion). *Gilt $L_1 \leq_p L_2$ und $L_2 \in P$ (bzw NP), so auch $L_1 \in P$ (bzw. NP).*

Beweis: Sei $L_2 \in P$. Dann wird L_2 von einer determinierten TM M_2 akzeptiert mit einer polynomialen Schrittzahlfunktion p_2.

Da $L_1 \leq_p L_2$, gibt es eine polynomial TM-berechenbare Funktion $f : \Sigma^* \to \Sigma^*$, so dass $\forall x \in \Sigma^* \ \big(x \in L_1 \iff f(x) \in L_2 \big)$ gilt. Zu dieser Funktion f gibt es eine determinierte TM M_f und eine Schrittzahlfunktion $p_f \in$ poly, so dass gilt: M_f berechnet $f(w)$ in $\leq p_f(|w|)$ vielen Schritten.

Wenn man nun M_f und M_2 kombiniert, erhält man $M_1 := M_f M_2$, eine Maschine, die L_1 akzeptiert. Mit welcher Schrittzahlfunktion aber? Um zu entscheiden, ob $x \in L_1$ ist, berechnet zunächst M_f das Wort $f(x)$ in $\leq p_f(|x|)$ Schritten. Anschließend testet M_2, ob $f(x)$ in L_2 ist, und zwar in $p_2(|f(x)|)$ vielen Schritten. Wie groß kann nun $|f(x)|$ werden? M_f ist determiniert und berechnet $f(x)$ aus x in $\leq p_f(|x|)$ vielen Schritten. Zu Anfang sind $|x|$ Bandfelder benutzt, und pro Schritt kann M_f maximal ein Feld mehr benutzen. Also muss auch $|f(x)| \leq |x| + p_f(|x|)$ gelten. Setzen wir diesen Wert ein: M_2 testet $f(x)$ auf Zugehörigkeit zu L_2 in $\leq p_2(|x| + p_f(|x|))$ Schritten, und $M_1 = M_f M_2$ braucht insgesamt $\leq p_f(|x|) + p_2(p_f(|x|) + |x|)$ viele Schritte. Dieser Ausdruck ist durch Einsetzung und Summenbildungen von Polynomen gebildet, also selbst durch ein Polynom abschätzbar.

Damit gilt: M_1 akzeptiert L_1 mit polynomialer Schrittzahlfunktion, also ist $L_1 \in P$.

Für $L_2 \in NP$ folgt mit der gleichen Argumentationskette auch aus $L_1 \leq_p L_2$, dass L_1 ebenfalls in NP liegt. ∎

Nehmen wir an, es gäbe eine Sprache $U \in NP$, auf die sich *jede* NP-Sprache polynomial reduzieren ließe. Das heißt, dass man jedes NP-Problem lösen könnte, indem man U löst. Wir nennen eine solche Sprache *NP-vollständig*. Mit dem letzten Satz gilt aber: Wenn man für U zeigen könnte, dass $U \in P$ ist, dann wäre $P = NP$ bewiesen.

Definition 15.3.8 (NP-hart, NP-vollständig). *Eine Sprache U heißt*

- **NP-hart** gdw. $\forall L \in NP\ L \leq_p U$,
- **NP-vollständig** gdw. *U NP-hart und U $\in$ NP ist.*

Satz 15.3.9. *Ist U NP-vollständig, so gilt: $U \in P \iff P = NP$.*

Beweis:

„$\Rightarrow$": Sei $L \in$ NP. Da U NP-vollständig ist, gilt $L \leq_p U$.

Sei nun $U \in$ P. Nach Satz 15.3.7 folgt daraus $L \in$ P.

Da das für beliebige $L \in$ NP gilt, folgt NP $\subseteq$ P. Außerdem gilt P $\subseteq$ NP (determinierte TM sind ja ein Spezialfall von NTM), also P=NP.

„$\Leftarrow$": trivial. ∎

15.4 NP-vollständige Probleme

Gibt es solche Probleme, die selbst in NP sind und auf die sich alle anderen NP-Probleme polynomial reduzieren lassen? Ja, und zwar gibt es sogar ziemlich viele davon. Eine Liste von über 300 NP-vollständigen Problemen findet sich in [GJ78]. Wie beweist man aber, dass ein Problem NP-vollständig ist? Man muss nur für ein einziges Problem U allgemein zeigen, dass man jedes NP-Problem darauf reduzieren kann. Für weitere Probleme V muss man dann nur noch zeigen, dass $V \in$ NP und dass $U \leq_p V$ gilt, um zu wissen, dass auch V NP-vollständig ist.

Wie findet man nun ein solches „erstes" NP-vollständiges Problem? Die Idee ist folgende: Ein Problem ist in NP, wenn es eine indeterminierte Turing-Maschine gibt, die das Problem in polynomialer Zeit löst. Wir werden zeigen, dass man die Arbeitsweise einer indeterminierten Turing-Maschine mit einer aussagenlogischen Formel genau beschreiben kann, und zwar so, dass die Formel erfüllbar ist genau dann, wenn die Turing-Maschine hält. Genauer gesagt, gilt folgendes: Gegeben ein beliebiges NP-Problem L und eine Turing-Maschine M, die dies Problem löst, dann kann man in polynomialer Zeit zu der Turing-Maschine eine aussagenlogische Formel bauen, die erfüllbar ist *gdw. M* hält. Also kann man jede Sprache L in NP polynomial reduzieren auf das Problem SAT, die Erfüllbarkeit von aussagenlogischen Formeln. Damit ist SAT selbst NP-hart.

In Kap. 3 haben wir die Menge $\mathcal{F}_{AL}$ der AL-Formeln über einer Menge von Atomen (Variablen) $\mathcal{V}ar$ definiert (Def. 3.1.1). Von $\mathcal{V}ar$ war nur gefordert, dass es eine nichtleere, abzählbare Menge sein sollte, es konnten aber Atome mit beliebigen Namen enthalten sein. Im folgenden ist es aber praktischer, wenn wir, wie in Bsp. 6.1.3, nur Atome mit normierten Namen $x_0, x_1, x_2 \ldots$ verwenden. Da der exakte Name der Atome keine Rolle spielt, können wir die Aussagenlogik wie zuvor als Sprache über einem endlichen Alphabet ausdrücken (im Gegensatz zu Bsp. 6.1.3 soll hier x selbst kein Atom sein, nur xi):

Definition 15.4.1 (Σ_{AL}, $\mathcal{F}$). *Es sei*

> *Ziffer* := 1 | 2 | ... | 9 | *Ziffer*0 | *Ziffer*1 | ... | *Ziffer*9
>
> *Variable* := *xZiffer*
>
> $\mathcal{V}ar_0$:= $\{xi \mid i \in \textit{Ziffer}\}$
>
> Σ_{AL} := $\{\neg, \wedge, \vee, (,), x, 1, 2, \ldots, 9, 0\}$

$\mathcal{F}$ *sei die Menge aller aussagenlogischen Formeln über* $\mathcal{V}ar_0$, *vgl. Def. 3.1.1.*

Es ist jede Formel $F \in \mathcal{F}_{\mathrm{AL}}$ (nach Def. 3.1.1) isomorph auf eine Formel aus unserer neudefinierten Menge $\mathcal{F}$ abbildbar, und Formeln in $\mathcal{F}$ sind spezielle Wörter über dem Alphabet Σ_{AL}.

Ein Beispiel für eine aussagenlogische Formel über dem Alphabet Σ_{AL} wäre z.B. $(x351 \vee \neg(x2 \wedge \neg x9340))$. Um zu testen, ob eine Formel F erfüllbar ist, belegt man die Atome (die x_i) mit den Werten *false* oder *true*. Aus den Wahrheitswerten der Atome ergibt sich der Wahrheitswert der gesamten Formel wie in Kap. 3 beschrieben. F heißt erfüllbar, falls es eine Belegung der Atome von F gibt, so dass F insgesamt den Wert *true* hat.

Definition 15.4.2 (SAT). *Das* **Erfüllbarkeitsproblem (SAT)** *ist die Sprache*

> **SAT** := $\{\mathbf{F} \in \mathcal{F} \mid \mathbf{F} \text{ ist erfüllbar}\}$.

Satz 15.4.3 (Cook 1971). *SAT ist NP-vollständig.*

Beweis: Nach der Definition von NP-Vollständigkeit sind 2 Dinge zu beweisen:

1. SAT $\in$ NP.
2. $\forall L \in$ NP $L \leq_p$ SAT.

Zunächst zum ersten Punkt: Zu zeigen ist, dass eine indeterminierte Turing-Maschine SAT in polynomialer Zeit akzeptieren kann.

Man kann eine indeterminierte k-Band TM M konstruieren, die für eine Eingabe $w \in \Sigma_{\mathrm{AL}}^*$ nie hält, falls $w \notin$ SAT ist, und, falls $w \in$ SAT ist, in polynomialer Zeit eine Belegung findet, die w wahrmacht:

- M scannt w und stellt fest, ob w eine syntaktisch korrekte Formel der Aussagenlogik ist. Dabei sammelt M auf einem Extraband alle Atome x_i von F.

  Zeit: $O(|w|^2)$.

- Falls w keine syntaktisch korrekte Formel ist, gerät M in eine Endlosschleife und hält nie. Ansonsten rät M jetzt eine Belegung B für die Atome in w. Hier kommt der Indeterminismus von M ins Spiel: Wenn in w k verschiedene Atome vorkommen, dann gibt es 2^k verschiedene Belegungen für w. Davon wählt M zufällig eine aus.

  Zeit: $O(|w|)$.

- M prüft, ob die Formel w unter der geratenen Belegung B wahr wird.
  Zeit: $O(p(|w|))$ für ein $p \in$ poly
- Wenn w unter der Belegung B den Wert *false* hat, dann gerät M in eine Endlosschleife und hält nie. Ansonsten hält M.

Es gilt also: M kann bei Input w halten $\iff$ es gibt eine Belegung B, so dass w wahr wird $\iff$ $w \in$ SAT.

M akzeptiert also SAT, und wenn M hält, dann hält M in polynomialer Zeit. Also ist SAT $\in$ NP.

Im zweiten Teil des Beweises (SAT ist NP-hart) werden wir zeigen, wie man die Arbeitsweise einer indeterminierten Turing-Maschine mit einer aussagenlogischen Formel beschreibt. Dabei brauchen wir mehrmals eine Teilformel $G(x_1, \ldots, x_k)$, die ausdrückt, dass von den Atomen $x_1, \ldots, x_k$ *genau eines* den Wert *true* haben soll. $G(x_1, \ldots, x_k)$ ist die folgende AL-Formel:

$$G(x_1, \ldots, x_k) :=$$

$$(x_1 \lor x_2 \lor \ldots \lor x_k) \land$$

$$\neg(x_1 \land x_2) \land \neg(x_1 \land x_3) \land \ldots \land \neg(x_1 \land x_{k-1}) \quad \land \neg(x_1 \land x_k) \quad \land$$

$$\neg(x_2 \land x_3) \land \ldots \land \neg(x_2 \land x_{k-1}) \quad \land \neg(x_2 \land x_k) \quad \land$$

$$\vdots \qquad\qquad \vdots$$

$$\neg(x_{k-2} \land x_{k-1}) \land \neg(x_{k-2} \land x_k) \land$$

$$\neg(x_{k-1} \land x_k)$$

$G(x_1, \ldots, x_k)$ ist erfüllbar, und zwar von jeder Belegung, die genau ein x_i mit *true* belegt und alle anderen mit *false*. Wir werden auch den Zusammenhang der Länge $|G(x_1, \ldots, x_k)|$ der Formel mit der Anzahl k der darin vorkommenden Atome noch brauchen. Es ist $|G(x_1, \ldots, x_k)| \in O(k^2)$.

Nun kommen wir zum interessantesten Teil des Beweises: Wir zeigen, dass $\forall L \in$ NP gilt: $L \leq_p$ SAT. Sei also $L \in$ NP. Dann gibt es eine indeterminierte TM M mit zugehörigem Polynom p, so dass M die Sprache L mit Schrittzahlfunktion p akzeptiert. Außerdem gelte o.B.d.A., dass M nur ein Band besitzt und nie hängt. Dabei seien $L \subseteq \Sigma_1^*$ und $M = (K, \Sigma, \Delta, s_0)$, mit $\Sigma_1 \subseteq \Sigma - \{\#\}$, und ohne Einschränkung gelte: $K = \{q_1, \ldots, q_k\}$, $s_0 = q_1$, $\Sigma = \{a_1, \ldots, a_m\}$, $\# = a_1$, $h = q_{k+1}$. Sei $w \in \Sigma_1^*$ Input von M mit $n := |w|$.

Überlegen wir uns für die folgende Konstruktion noch einmal, was $w \in L$ bedeutet. Ein Wort w ist in L genau dann, wenn M w in $\leq p(|w|)$ Schritten akzeptiert. Wann akzeptiert M ein Wort w? Wenn es eine Rechnung $C_0 \vdash C_1 \vdash \ldots \vdash C_m$ von M gibt, so dass

1. die Startkonfiguration die Form $C_0 = s_0, \#w\#$ hat,
2. C_{i+1} jeweils aus C_i entsteht durch einen indeterminierten Übergang entsprechend Δ,

3. C_m eine Haltekonfiguration ist, und

4. $m \leq p(|w|)$ gilt.

Man kann also eine Reihe von Bedingungen angeben, so dass M das Wort w akzeptiert *gdw.* alle diese Bedingungen wahr sind. Diese Bedingungen drücken wir in einer aussagenlogischen Formel $F_{M,p,w}$ aus, so dass M das Wort w mit Schrittzahlfunktion p akzeptiert *gdw.* $F_{M,p,w}$ erfüllbar ist.

$F_{M,p,w}$ soll Atome enthalten, die Zustand, Kopfposition und Bandinhalte von M zu verschiedenen Zeitpunkten der Rechnung beschreiben. Da p Schrittzahlfunktion von M ist, wissen wir, dass M zum Input w mit $n = |w|$ eine Rechnung besitzt, die nach höchstens $p(n)$ vielen Schritten endet, falls M überhaupt noch hält. Also betrachten wir nur Rechnungen bis zu einer Länge $\leq p(n)$. Dazu nummerieren wir die Atome jeweils durch von 0 bis $p(n)$ durch, um die verschiedenen Zeitpunkte der Rechnung zu beschreiben. Außerdem kann man angeben, wieviel Bandplatz M maximal benutzt: In der Startkonfiguration ist das benutzte Bandstück $\#w\#$ gerade $n+2$ Felder lang. M kann in jedem Schritt höchstens ein Feld rechts zusätzlich benutzen, also benutzt M insgesamt höchstens $n + 2 + p(n)$ Felder. Im einzelnen verwenden wir folgende Atome:

$z_{t,q}$
- $z_{t,q} = true \iff M$ gestartet mit Input w ist nach t Schritten im Zustand q.
- Dabei ist $t \in \{0, \ldots, p(n)\}$, $q \in K \cup \{h\}$
- Es gilt $\forall t \; \exists q \; \forall p \neq q \; \left(z_{t,q} = true \;\wedge\; z_{t,p} = false\right)$

$p_{t,i}$
- $p_{t,i} = true \iff M$ gestartet mit Input w hat nach t Schritten den Arbeitskopf auf dem i-ten Bandfeld.
- Dabei ist $t \in \{0, \ldots, p(n)\}$, $1 \leq i \leq n + 2 + p(n)$
- Es gilt $\forall t \; \exists i \; \forall j \neq i \; \left(p_{t,i} = true \;\wedge\; p_{t,j} = false\right)$.

$b_{t,i,a}$
- $b_{t,i,a} = true \iff M$ gestartet mit Input w hat nach t Schritten auf dem i-ten Bandfeld den Buchstaben a.
- Dabei ist $t \in \{0, \ldots, p(n)\}$, $1 \leq i \leq n + 2 + p(n)$, $a \in \Sigma$
- Es gilt $\forall t \; \forall i \; \exists a \in \Sigma \; \forall b \neq a \; \left(b_{t,i,a} = true \;\wedge\; b_{t,i,b} = false\right)$.

Insgesamt wird $F_{M,p,w}$ eine Konjunktion verschiedener Bedingungen sein: $F_{M,p,w} = R \wedge A \wedge \ddot{U}_1 \wedge \ddot{U}_2 \wedge E$. Dabei beschreibt

$R,$ dass zu jedem Zeitpunkt der Rechnung M in genau einem Zustand ist, der Arbeitskopf auf genau einem Bandfeld steht und auf jedem Bandfeld genau ein $a \in \Sigma$ steht;

A die Startkonfiguration;

$\ddot{U}_1$ die Auswirkungen des Zustandsübergangs abhängig von Δ;

$\ddot{U}_2$,   dass dort, wo der Arbeitskopf nicht steht, der Bandinhalt beim Zustandsübergang unverändert bleibt;

E,   dass M nach $\leq p(n)$ Schritten hält.

Wir brauchen Abkürzungen für Konjunktionen und Disjunktionen, damit die folgenden Formeln lesbar bleiben. Sei H irgendeine Formel mit Parameter $p \in \{p_1, \ldots, p_t\}$, so ist

$$\bigwedge_p H(p) \quad := \quad H(p_1) \wedge \ldots \wedge H(p_t) \quad = \quad \bigwedge_{j=1}^t H(p_j),$$

$$\bigvee_p H(p) \quad := \quad H(p_1) \vee \ldots \vee H(p_t) \quad = \quad \bigvee_{j=1}^t H(p_j).$$

Eine Konjunktion H, die über alle Zustände in K laufen soll, hat in dieser Schreibweise die Gestalt $\bigwedge_{q \in K} H(q)$. Die Formel $G(x_1, \ldots, x_k)$ aus dem letzten Beispiel hat in dieser Schreibweise die Form

$$G(x_1, \ldots, x_k) \quad = \quad \left(\bigvee_{i=1}^k x_i \right) \wedge \left(\bigwedge_{j=1}^{k-1} \bigwedge_{h=j+1}^k \neg(x_j \wedge x_h) \right).$$

Als nächstes sehen wir uns an, wie die Bedingungen R bis E in Formelschreibweise lauten. R enthält die Bedingungen, dass für alle $t \in \{0, \ldots, p(n)\}$

- es genau einen aktuellen Zustand q gibt (mit $z_{t,q} = true$),
- es genau ein Bandfeld i gibt, auf dem der Kopf steht (mit $p_{t,i} = true$),
- jedes Bandfeld j mit genau einem a beschriftet ist (mit $b_{t,j,a} = true$).

$$R \quad := \quad \bigwedge_{t=0}^{p(n)} \left(G\big(z_{t,q_1}, \ldots, z_{t,q_{k+1}}\big) \wedge G\big(p_{t,1}, \ldots, p_{t,n+2+p(n)}\big) \quad \wedge \right.$$
$$\left. \bigwedge_{i=1}^{n+2+p(n)} \left(G\big(b_{t,i,a_1}, \ldots, b_{t,i,a_m}\big) \right) \right)$$

A beschreibt die Startkonfiguration $C_0 \ = \ (q_1, \# \underbrace{a_{i_1} \ldots a_{i_n}}_{= \ w} \#)$:

- Der Zustand ist q_1,
- der Kopf steht auf dem $(n+2)$-ten Zeichen,
- das erste Bandfeld enthält $a_1 = \#$,
- die Bandfelder 2 bis $n+1$ enthalten die a_i mit $w = a_{i_1} a_{i_2} \ldots a_{i_n}$, und
- die Bandfelder $n+2$ bis $n+2+p(n)$ enthalten $a_1 = \#$.

$$A \quad := \quad z_{0,q_1} \ \wedge \ p_{0,n+2} \ \wedge \ b_{0,1,a_1} \ \wedge \ \bigwedge_{j=1}^n b_{0,j+1,a_{i_j}} \ \wedge \ \bigwedge_{j=n+2}^{n+p(n)+2} b_{0,j,a_1}$$

$\ddot{U}_1$ beschreibt den Konfigurationsübergang abhängig von Δ. Angenommen, M ist zum Zeitpunkt t im Zustand q mit Kopfposition i und Bandinhalt a unter dem Kopf.

- Wenn $(q, a)\ \Delta\ (q', a')$ gilt, dann kann a durch a' überschrieben werden, und q' kann der Zustand zum Zeitpunkt $(t + 1)$ sein.
- Wenn $(q, a)\ \Delta\ (q', L)$, dann kann der Kopf zum Zeitpunkt $t+1$ auf Position $i - 1$ stehen, und q' kann der Zustand zum Zeitpunkt $(t + 1)$ sein.
- Wenn $(q, a)\ \Delta\ (q', R)$, dann kann der Kopf zum Zeitpunkt $t+1$ auf Position $i + 1$ stehen, und q' kann der Zustand zum Zeitpunkt $(t + 1)$ sein.

Es kann natürlich mehrere mögliche Δ-Übergänge zu einer Konfiguration geben; M ist ja indeterminiert.

$$
\ddot{U}_1 \;\; := \;\; \bigwedge_{t,q,i,a} \Bigg(\big(z_{t,q} \wedge p_{t,i} \wedge b_{t,i,a}\big) \rightarrow
$$

$$
\Bigg(\bigvee_{\substack{(q',a') \\ \mathrm{mit}\,(q,a)\Delta_M(q',a')}} (z_{t+1,q'} \wedge p_{t+1,i} \wedge b_{t+1,i,a'})
$$

$$
\vee \bigvee_{\substack{q' \\ \mathrm{mit}\ (q,a)\Delta_M(q',L)}} (z_{t+1,q'} \wedge p_{t+1,i-1} \wedge b_{t+1,i,a})
$$

$$
\vee \bigvee_{\substack{q' \\ \mathrm{mit}\ (q,a)\Delta_M(q',R)}} (z_{t+1,q'} \wedge p_{t+1,i+1} \wedge b_{t+1,i,a})\Bigg)\Bigg)
$$

für $0 \le t \le p(n)$, $1 \le q \le k + 1$, $1 \le i \le n + 2 + p(n)$, $a \in \{a_1, \ldots, a_m\}$.

$\ddot{U}_2$ sagt aus: Wenn zur Zeit t der Kopf nicht auf Position i steht, und der Bandinhalt auf Feld i ist a, dann ist auch zur Zeit $t + 1$ der Bandinhalt auf Feld i a.

$$
\ddot{U}_2 \;\; := \;\; \bigwedge_{t,i,a} \Big(\big(\neg p_{t,i} \wedge b_{t,i,a}\big) \rightarrow b_{t+1,i,a} \Big)
$$

für $0 \le t \le p(n)$, $1 \le q \le k + 1$, $1 \le i \le n + 2 + p(n)$, $a \in \{a_1, \ldots, a_m\}$.

E besagt, dass eine der ersten $p(n)$ Konfigurationen eine Haltekonfiguration ist.

$$
E := \bigvee_{t} z_{t,h}
$$

für $0 \le t \le p(n)$.

Nun müssen wir noch zeigen, dass diese Umformungen in polynomieller Zeit berechnet werden können. Da die Sprache L und die TM M, und damit auch p, fest gewählt sind, ist $F_{M,p,w}$ nur noch abhängig von w. Wir betrachten also (für festes L) die Abbildung

$$
f : \Sigma^* \rightarrow \Sigma_{AL}^* \text{ mit } f(w) := F_{M,p,w}
$$

und beweisen, dass gilt:

1. f ist von polynomialer TM-Komplexität
2. $\forall w \in \Sigma^* \; \big(w \in L \iff f(w) \in SAT\big)$

Damit haben wir dann L auf SAT polynomial reduziert. Da L eine beliebige Sprache aus NP ist, ist damit bewiesen, dass SAT NP-hart (und da SAT selbst in NP liegt, sogar NP-vollständig) ist.

Zu 1.: Eine determinierte TM kann w in $\leq O(|F_{M,p,w}|)$ Schritten nach $F_{M,p,w}$ überführen. Wir müssen also $|F_{M,p,w}|$ bestimmen. Da M fest ist, sind K und Σ konstant. Nur w ist variabel. Sei wieder $n = |w|$. Für die Bestandteile R bis E von $F_{M,p,w}$ ergibt sich:

$$|R| \;=\; O(p(n)^3), \quad \text{da der mittlere } G\text{-Term bei } O\big(p(n)\big) \text{ Variablen}$$
$$O\big(p(n)\big)^2 \text{ lang wird und } p(n) \text{ mal vorkommt,}$$

$$|A| \;=\; O(p(n)),$$

$$|\ddot{U}_1| \;=\; O(p(n)^2), \quad \text{da sowohl } t \text{ als } i \ O\big(p(n)\big) \text{ Werte annehmen,}$$

$$|\ddot{U}_2| \;=\; O(p(n)^2), \quad \text{aus demselben Grund,}$$

$$|E| \;=\; O(p(n)), \quad \text{da } t \ O\big(p(n)\big) \text{ Werte annimmt.}$$

Damit ist $|F_{M,p,w}| = O(q(n))$ für ein Polynom q, also ist f mit polynomialer Schrittzahlfunktion von einer determinierten TM berechenbar.

Zu 2: Zu zeigen ist, dass gilt:

$$\forall w \in \Sigma^* \;\big(w \in L \iff f(w) \in SAT\big).$$

"$\Leftarrow$" Sei $f(w)$ erfüllbar mit einer Belegung $\mathcal{A}: Var\big(f(w)\big) \to \{true, false\}$. Durch Induktion über t kann man einfach zeigen, dass für alle t gilt:

(1) $\exists! q \ \mathcal{A}(z_{t,q}) = true \ \wedge \ \exists! i \ \mathcal{A}(p_{t,i}) = true \ \wedge \ \forall i \exists! a \ \mathcal{A}(b_{t,i,a}) = true$.

(2) Wenn $\mathcal{A}(z_{t,q}) = true \ \wedge \ \mathcal{A}(p_{t,i}) = true \ \wedge \ \mathcal{A}(b_{t,i,a}) = true$ ist, dann existiert eine Rechnung von M, die mit dem Wort w startet und nach t Schritten eine Konfiguration C erreicht, so dass in C der Zustand von M q ist, der Arbeitskopf auf Bandfeld i steht und auf Bandfeld i der Buchstabe a steht.

Da $\mathcal{A}\big(f(w)\big) = true$ ist und $f(w) = R \ \wedge \ A \ \wedge \ \ddot{U}_1 \ \wedge \ \ddot{U}_2 \ \wedge \ E$ ist, muss auch $\mathcal{A}(E) = true$ sein, d.h. es gibt ein t_0 mit $\mathcal{A}(z_{t_0,h}) = true$. Nach (2) heißt das, dass M, gestartet mit dem Wort w, nach t_0 Schritten eine Haltekonfiguration erreichen kann. Damit akzeptiert M w, also ist $w \in L$.

"$\Rightarrow$" Sei $w \in L$. Dann gilt für die Turing-Maschine M und das Polynom p: Es gibt eine Schrittzahl $t_0 \leq p(|w|)$, so dass M, gestartet mit w, nach t_0 Schritten eine Haltekonfiguration erreichen kann. Sei $C_0 \vdash_M C_1 \vdash_M \dots \vdash_M C_{t_0}$ eine solche Rechnung von M. Wir definieren nun eine Belegung $\mathcal{A}$ zu $f(w)$ für alle Schrittzahlen $t \leq t_0$ so:

$$\mathcal{A}(z_{t,q}) = true \quad \iff \quad \text{Der Zustand von } M \text{ in } C_t \text{ ist } q.$$

$$\mathcal{A}(p_{t,i}) = true \quad \iff \quad \text{In der Konfiguration } C_t \text{ steht der Arbeitskopf auf Bandfeld } i.$$

$$\mathcal{A}(b_{t,i,a}) = true \quad \iff \quad \text{In } C_t \text{ steht auf Bandfeld } i \text{ der Buchstabe } a.$$

Für Schrittzahlen $t_0 < t \leq p(|w|)$ setzen wir

$$\mathcal{A}(z_{t,q}) = \mathcal{A}(z_{t_0,q})$$
$$\mathcal{A}(p_{t,i}) = \mathcal{A}(p_{t_0,i})$$
$$\mathcal{A}(b_{t,i,a}) = \mathcal{A}(b_{t_0,i,a})$$

für alle Zustände $q \in K$, Bandfelder $1 \leq i \leq n + 2 + p(n)$ und Bandinhalte $a \in \Sigma$. Man kann leicht nachprüfen, dass für diese Belegung $\mathcal{A}(R) = \mathcal{A}(A) = \mathcal{A}(E) = true$ ist. Wie sieht man, dass auch $\mathcal{A}(\ddot{U}_1) = \mathcal{A}(\ddot{U}_2) = true$ ist? Wir haben $\mathcal{A}$ so definiert, dass für $t \leq t_0$ die Atome zur Schrittzahl t (der Form $z_{t,q}, p_{t,i}, b_{t,i,a}$) gerade die Konfiguration C_t beschreiben, für $t \geq t_0$ die Konfiguration C_{t_0}. Die Formeln $\ddot{U}_1$ und $\ddot{U}_2$ besagen gerade: Falls mit den Atomen zu t eine Konfiguration C_t beschrieben ist, dann müssen die Atome zu $t + 1$ eine erlaubte Nachfolgekonfiguration von C_t beschreiben. Das ist für $\mathcal{A}$ gegeben, denn wir haben die Belegung entsprechend einer erlaubten Rechnung $C_0 \vdash_M C_1 \vdash_M \ldots \vdash_M C_{t_0}$ aufgebaut. $\mathcal{A}$ macht also auch $\ddot{U}_1$ und $\ddot{U}_2$ wahr.

Das heißt, für die Belegung $\mathcal{A}$, die wir hier konstruiert haben, gilt $\mathcal{A}\big(f(w)\big) = true$.

∎

Damit haben wir für ein erstes Problem, nämlich SAT, gezeigt, dass es NP-vollständig ist. Für weitere Probleme können wir die NP-Vollständigkeit nun einfacher zeigen: Wir beweisen erst, dass sie in NP sind, und dann, dass man SAT (oder ein anderes NP-vollständiges Problem) auf sie reduzieren kann. Für die folgenden Probleme zeigen wir im folgenden, dass sie NP-vollständig sind:

3SAT: die Beschränkung von SAT-Formeln auf eine Normalform mit Klauseln einer Länge ≤ 3

Clique: Eine *Clique* der Größe k in einem Graphen G ist ein vollständiger Teilgraph der Größe k

Rucksack: Gegeben ein Behälter fester Größe und n Gegenstände verschiedener Größe, kann man den Behälter mit einigen der Gegenstände exakt füllen?

Gerichteter und ungerichteter Hamilton-Kreis: Gegeben ein Graph, gibt es einen Kreis durch alle Knoten ohne wiederholte Knoten?

Traveling Salesman: Gegeben eine Karte mit Städten, was ist der kürzeste Rundweg durch alle Städte?

Das Problem 3SAT ist auch die Frage nach der Erfüllbarkeit aussagenlogischer Formeln, allerdings betrachtet man hier nur Formeln in einer Normalform.

Definition 15.4.4 (3$\mathcal{F}$, 3SAT).

> 3$\mathcal{F}$:= $\{F \mid F$ *ist Formel der Aussagenlogik in* KNF^1, *und jede*
> *Klausel* $K = (l_1 \vee \ldots \vee l_n)$ *besteht aus* ≤ 3 *vielen Literalen*$\}$

> *3SAT* := $\{F \in 3\mathcal{F} \mid F$ *ist erfüllbar* $\}$ *heißt 3-satisfiability Problem.*

SAT auf 3SAT zu reduzieren heißt zu zeigen, dass man jede aussagenlogische Formel in eine erfüllbarkeitsäquivalente 3$\mathcal{F}$-Normalform bringen kann, und zwar in polynomialer Zeit.

Satz 15.4.5. *3SAT ist NP-vollständig.*

Beweis: 3SAT ist in NP, denn 3SAT ist ein Spezialfall von SAT, und SAT liegt in NP. Um zu beweisen, dass 3SAT NP-hart ist, zeigen wir, wie sich eine beliebige aussagenlogische Formel in polynomialer Zeit in eine Formel aus 3$\mathcal{F}$ übersetzen lässt. Damit gilt dann SAT $\leq_p$ 3SAT, und aus der NP-Vollständigkeit von SAT folgt somit die von 3SAT.

Wir konstruieren also eine Funktion $f : \mathcal{F} \to 3\mathcal{F}$, die von einer determinierten TM in polynomialer Zeit berechnet werden kann und für die gilt $\forall F \in \mathcal{F} \left(F \in \text{SAT} \iff f(F) \in 3\text{SAT} \right)$. Die Funktion f soll eine Formel $F \in \mathcal{F}$ in einigen Schritten umformen, die wir an einem Beispiel vorführen. Sei

$$F = \left(x_1 \vee x_3 \vee \neg \left(\neg x_4 \wedge x_2 \right) \right) \wedge \neg \left(\neg \left(x_3 \wedge \neg x_1 \right) \right)$$

1. Schritt: Wir ziehen die „$\neg$" ganz nach innen. Damit wird F zu F_1:

$$F_1 = (x_1 \vee x_3 \vee x_4 \vee \neg x_2) \wedge x_3 \wedge \neg x_1$$

Zeit: $O(|F|^2)$

2. Schritt: $\wedge$ und $\vee$ sollen jeweils nur noch
- zwei Literale: $\left(q_1 \overset{\wedge}{\vee} q_2 \right)$,
- ein Literal und eine Formel: $\left(q_1 \overset{\wedge}{\vee} (F_2) \right)$, $\left((F_1) \overset{\wedge}{\vee} q_2 \right)$ oder
- zwei Formeln verbinden: $\left((F_1) \overset{\wedge}{\vee} (F_2) \right)$.

Wichtig ist, dass jeweils nur *zwei* Elemente verbunden werden. Zu diesem Zweck führen wir zusätzliche Klammern ein. Damit wird F_1 zu F_2:

$$F_2 = \left(\left(\left((x_1 \vee x_3) \vee x_4 \right) \vee \neg x_2 \right) \wedge (x_3 \wedge \neg x_1) \right)$$

Zeit: $O(|F_1|^2)$

3. Schritt: Wir ordnen jedem Klammerausdruck „$A \overset{\wedge}{\vee} B$" ein neues Atom y_i zu. y_i ist wahr *gdw.* $(A \overset{\wedge}{\vee} B)$ den Wahrheitswert *true* hat.

Für die Beispielformel F_2 erhalten wir die neuen Atome y_0 bis y_5:

$$F_2 = \left(\left(\left(\underbrace{(x_1 \vee x_3) \vee x_4) \vee \neg x_2}_{\substack{y_1 \\ y_2}} \right) \wedge \underbrace{(x_3 \wedge \neg x_1)}_{y_4} \right) \right)$$

Dass y_i denselben Wahrheitswert erhält wie $A \Diamond B$, erzwingen wir durch eine Formel $F^i := y_i \longleftrightarrow (A \Diamond B)$. Damit können wir F_2 ersetzen durch $F_3 = y_0 \wedge F^0 \wedge F^1 \wedge \ldots \wedge F^5$: F_2 ist wahr genau dann,

- wenn der äußerste Klammerausdruck y_0 wahr ist
- und wenn jedes F^i wahr wird, d.h. wenn jedes y_i genau dann wahr wird, wenn die Bestandteile des i-ten Klammerausdrucks wahr sind.

Damit wird F_2 zu F_3:

$$\begin{aligned} F_3 = \quad & y_0 \wedge (y_0 \leftrightarrow y_3 \wedge y_4) \wedge (y_1 \leftrightarrow x_1 \vee x_3) \wedge (y_2 \leftrightarrow y_1 \vee x_4) \wedge \\ & (y_3 \leftrightarrow y_2 \vee \neg x_2) \wedge (y_4 \leftrightarrow x_3 \wedge \neg x_1) \end{aligned}$$

Zeit: $O(|F_2|^2)$

4. Schritt: Wir wollen von der Darstellung mit $\leftrightarrow$ zu einer Darstellung nur mit $\neg$, $\wedge$ und $\vee$ gelangen, und zwar so, dass wir eine Konjunktion von Disjunktionen erhalten. Wir ersetzen

- $y_i \leftrightarrow A \wedge B$ durch die äquivalente Formel $(\neg y_i \vee A) \wedge (\neg y_i \vee B) \wedge (\neg A \vee \neg B \vee y_i)$, und
- $y_i \leftrightarrow A \vee B$ durch die äquivalente Formel $(\neg y_i \vee A \vee B) \wedge (\neg A \vee y_i) \wedge (\neg B \vee y_i)$.

Damit wird F_3 zu F_4:

$$\begin{aligned} F_4 = \quad y_0 \wedge \quad & (\neg y_0 \vee y_3) && \wedge (\neg y_0 \vee y_4) && \wedge (\neg y_3 \vee \neg y_4 \vee y_0) \wedge \\ & (\neg y_1 \vee x_1 \vee x_3) && \wedge (\neg x_1 \vee y_1) && \wedge (\neg x_3 \vee y_1) && \wedge \\ & (\neg y_2 \vee y_1 \vee x_4) && \wedge (\neg y_1 \vee y_2) && \wedge (\neg x_4 \vee y_2) && \wedge \\ & (\neg y_3 \vee y_2 \vee \neg x_2) && \wedge (\neg y_2 \vee y_3) && \wedge (x_2 \vee y_3) && \wedge \\ & (\neg y_4 \vee x_3) && \wedge (\neg y_4 \vee \neg x_1) && \wedge (\neg x_3 \vee x_1 \vee y_4) \end{aligned}$$

Zeit: $O(|F_3|)$

Insgesamt ist $F_4 = f(F) \in 3\mathcal{F}$, und es gilt: $F \in \text{SAT} \iff f(F) \in 3\text{SAT}$. Die Transformation f ist TM-berechenbar in polynomialer Zeit. ∎

Das nächste Problem, mit dem wir uns beschäftigen, ist *Clique*, ein Graphenproblem. Innerhalb eines Graphen ist eine Clique ein Teilgraph, in dem jeder Knoten direkt mit jedem anderen verbunden ist.

Definition 15.4.6 (Clique). *Gegeben sei ein ungerichteter Graph $G = (V, E)$. Dann ist eine **Clique** der Größe k in G eine Teilmenge der Knoten, $V' \subseteq V$, für die gilt:*

- $|V'| = k$, und
- $\forall u, v \in V'\ (u, v) \in E$

Wir definieren das Clique-Problem als Clique $= \{(G, k) \mid G$ ist ein unge-richteter Graph, der eine Clique der Größe k besitzt $\}$.

Satz 15.4.7. Clique ist NP-vollständig.

Beweis: Clique ist in NP, denn man kann eine indeterminierte TM M bauen, die Clique in polynomialer Zeit akzeptiert:

- M bildet V', indem sie aus den Knoten von G zufällig k auswählt;
- M prüft für jeden der k Knoten, ob eine Kante zu jedem der $k - 1$ anderen Knoten existiert.

Zeit: $O(k^2)$, also liegt Clique in NP.

Nun ist noch zu zeigen, dass Clique NP-hart ist. Dafür genügt es zu zeigen, dass 3SAT $\leq_p$ Clique gilt. Sei $\mathcal{G}$ die Menge aller ungerichteten Graphen, dann suchen wir eine Funktion $f : 3\mathcal{F} \to \mathcal{G} \times \mathbb{N}$, die von einer determinierten TM in polynomialer Zeit berechenbar ist, so dass für $f(F) = (G_F, k_F)$ gilt:

$$F \in \text{3SAT} \iff G_F \text{ besitzt eine Clique der Größe } k_F$$

Betrachten wir eine $3\mathcal{F}$-Formel F. Sie ist in KNF und hat höchstens 3 Literale pro Klausel (Disjunktion). O.E. können wir sogar sagen: F habe *genau* 3 Literale pro Klausel – wenn es weniger sind, verwenden wir Literale doppelt oder dreifach. F habe also die Form $F = (q_{11} \vee q_{12} \vee q_{13}) \wedge \ldots \wedge (q_{m1} \vee q_{m2} \vee q_{m3})$ mit m Klauseln.

F ist erfüllbar, wenn es eine Belegung gibt, so dass

1. in jeder Klausel mindestens ein Literal den Wahrheitswert *true* hat und dabei
2. für kein Literal q sowohl q als auch $\neg q$ den Wert *true* bekommen müsste.

Aus der Formel F konstruieren wir nun einen Graphen G_F. Die Idee ist dabei folgende: Als Knoten verwenden wir alle in F vorkommenden Literale. Wir verbinden zwei Literale mit einer Kante, wenn sie in ein und derselben Belegung gemeinsam wahr werden können. Dann bilden solche Literale eine Clique, die alle in derselben Belegung den Wert *true* haben können. Das heißt:

1. Wir verbinden ein Literal nur mit den Literalen, die in *anderen* Klauseln vorkommen – wir brauchen nur ein Literal mit Wahrheitswert *true* pro Klausel;
2. dabei sollen auf keinen Fall q und $\neg q$ verbunden werden.

Als k_F, die Größe der Clique in G_F, verwenden wir m, die Anzahl der Klauseln: Wir brauchen für jede Klausel ein Literal mit Wert *true*.

Formal definieren wir $G_f = (V, E)$ wie folgt:

$V := \{q_{ih} \mid 1 \le h \le 3,\ 1 \le i \le m\}$

$E := \{(q_{ih}, q_{kj}) \mid 1 \le i,\ k \le m,\ 1 \le h,\ j \le 3,\ i \ne k \text{ und } q_{hi} \ne \neg q_{jk}\}.$

Der Funktionswert $f(F) = (G_F, k_F)$ ist in polynomialer Zeit berechenbar, und

$\qquad G_F$ hat eine Clique der Größe $k_F = m$

$\Longleftrightarrow$ Es gibt eine Menge $q_{1i_1}, q_{2i_2}, \ldots, q_{mi_m}$ von Knoten in G_F, in der kein Paar von komplementären Literalen $q, \neg q$ enthalten ist.

$\Longleftrightarrow$ Es gibt eine Belegung für F, so dass jede der m Klauseln den Wert *true* erhält.

$\Longleftrightarrow$ F ist erfüllbar.   ∎

Beispiel 15.4.8. Betrachten wir die $3\mathcal{F}$-Formel

$$F := (x_1 \lor x_2 \lor x_3) \land (\neg x_1 \lor x_2 \lor x_3) \land (\neg x_1 \lor \neg x_2 \lor \neg x_3)$$

Eine Belegung $\mathcal{A}$, die F wahrmacht, ist z.B. $\mathcal{A}(x_1) = false, \mathcal{A}(x_2) = false, \mathcal{A}(x_3) = true$. Wenn wir diese Formel in eine Eingabe für das *Clique*-Problem übersetzen, wie sehen dazu Graph und Cliquegröße aus? Da wir drei Literale haben, ist die Größe der gesuchten Clique $k = 3$. Der Graph zur Formel ist in Abb. 15.1 dargestellt. Eine mögliche Clique der Größe $k = 3$, die der oben angegebenen Belegung entspricht, besteht aus den eingefärbten Knoten.

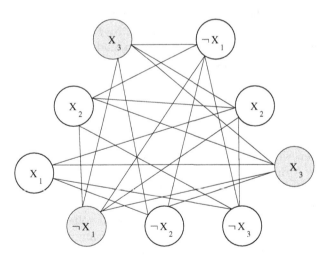

Abb. 15.1. Clique-Graph zur Formel F aus Beispiel 15.4.8

Soviel zur *Clique*. Wir wenden uns jetzt einem weiteren NP-vollständigen Problem zu, dem *Rucksack*. Angenommen, man hat einen Rucksack von fester Größe und eine Anzahl von Objekten. Ist es möglich, eine Teilmenge der Objekte zu finden, mit denen man den Rucksack exakt füllen kann?

Definition 15.4.9 (Rucksack). **Rucksack** *ist die folgende Sprache:*

$$\text{Rucksack} := \{ (b, a_1, \ldots, a_k) \in \mathbb{N}^{k+1} \mid es\ existiert$$

$$ein\ I \subseteq \{1, \ldots, k\}\ mit\ \sum_{i \in I} a_i = b\}.$$

Diese Definition entspricht der informellen Beschreibung des Rucksack-Problems, die wir oben gegeben haben. b ist also das Volumen des Rucksacks, und die a_i sind die Objekte, aus denen wir einige auswählen. Das Rucksack-Problem begegenet einem in der Praxis in verschiedenen Varianten. Vielleicht will man den Behälter nicht exakt füllen, sondern man sucht die optimale erreichbare Bepackung, auch wenn dabei noch Leerraum bleibt. Oder die Objekte a_i sind unterschiedlich nützlich, das heißt: Gegeben die obige Problemkonstellation und zusätzlich einen Nutzwert – oder Mindest-bepackungswert – c, gibt es eine Auswahl aus den a_i, die mindestens den Nutzwert c und höchstens den Maximalfüllgrad b erreicht? All diese Varianten sind ebenfalls NP-vollständig.

Satz 15.4.10. Rucksack *ist NP-vollständig.*

Beweis: Erstens: *Rucksack* ist in NP. Man rät I und prüft nach, ob $\sum_{i \in I} a_i = b$ gilt.

Zweitens: *Rucksack* ist NP-hart. Um das zu beweisen, zeigen wir, dass 3SAT $\leq_p$ *Rucksack* gilt. Wir transformieren eine $3\mathcal{F}$-Formel in polynomialer Zeit in eine Eingabe für das *Rucksack*-Problem. Formal gesehen suchen wir eine Funktion $f : 3\mathcal{F} \to \mathbb{N}^*$, die eine $3\mathcal{F}$-Formel abbildet auf ein Tupel von Zahlen, nämlich auf $(b, a_1, \ldots, a_k)$ für irgendein $k \in \mathbb{N}$. f soll von einer determinierten TM in polynomialer Zeit berechenbar sein, und es soll für alle $F \in 3\mathcal{F}$ mit $f(F) = (b, a_1, \ldots, a_k)$ gelten:

$$F \in 3\text{SAT} \iff \exists I \subseteq \{1, \ldots, k\}\ \sum_{i \in I} a_i = b$$

Sei F eine $3\mathcal{F}$-Formel. Dann hat F o.E. die Form $F = (q_{11} \lor q_{12} \lor q_{13}) \land \ldots \land (q_{m1} \lor q_{m2} \lor q_{m3})$ für ein $m \in \mathbb{N}$. Wenn eine Klausel weniger als 3 Literale enthält, schreiben wir auch hier wieder Literale doppelt oder dreifach. Die vorkommenden Atome seien $\{x_1, \ldots, x_n\}$. F habe also m Klauseln und n verschiedene vorkommende Atome. Aus F müssen wir jetzt die Zahlen b und $a_1, \ldots, a_k$ erzeugen. Die Idee ist folgende: In den a_i soll codiert werden, welches Atom in welcher Klausel vorkommt, und zwar sollen sich die a_i aus vier verschiedenen Mengen von natürlichen Zahlen zusammensetzen: $p_1, \ldots, p_n$ für positive (nicht-negierte) Vorkommen und $n_1, \ldots, n_n$ für negative (negierte) Vorkommen von Atomen, dazu $c_1, \ldots, c_m$ und $d_1, \ldots, d_m$ – zu diesen Mengen von Zahlen später mehr.

Sowohl die Zahlen p_i als auch die n_i definieren wir als $m + n$-stellige Zahlen, in denen nur die Ziffern $0, 1, 2$ und 3 vorkommen. Es gilt damit für $1 \leq i \leq n$

$$p_i = p_{i_1} p_{i_2} \ldots p_{i_{m+n}},$$
$$n_i = n_{i_1} n_{i_2} \ldots n_{i_{m+n}},$$

und $p_{i_j}, n_{i_j} \in \{0, 1, 2, 3\}$ für $1 \le j \le m + n$.

Die ersten m Dezimalstellen von p_i bzw. n_i sollen codieren, wie oft das i-te Atom in der j-ten Klausel (für $1 \le j \le m$) positiv bzw. negiert vorkommt:

- $p_{i_j} := \ell \iff x_i$ kommt in der j-ten Klausel von F genau ℓ mal positiv vor.
- $n_{i_j} := \ell \iff x_i$ kommt in der j-ten Klausel von F genau ℓ mal negiert vor.

Die letzten n Dezimalstellen von p_i bzw. n_i zeigen an, auf welches Atom diese Zahl referiert: p_i und n_i enthalten genau an der Stelle $m + i$ eine 1 und an den Stellen $m + j$ für $j \ne i, 1 \le j \le n$, Nullen.

$$p_{i_j} := n_{i_j} := 1 \quad :\iff \quad j - m = i$$

für alle j mit $m \le j \le m + n$.

Die Menge $\{a_1, \ldots, a_k\}$ von Objekten, mit denen der „Rucksack" b gefüllt werden kann, enthält außer den p_i und n_i noch weitere Zahlen, wie oben schon angedeutet. Aber bevor wir sie beschreiben, sehen wir uns an einem Beispiel an, wie sich Zahlen p_i und n_i aufaddieren, wenn eine Formel F eine wahrmachende Belegung hat.

Sei F die Formel $F = (x_1 \vee \neg x_2 \vee x_4) \wedge (x_2 \vee x_2 \vee \neg x_5) \wedge (\neg x_3 \vee \neg x_1 \vee x_4)$. Die p_i und n_i zu dieser Formel sind

$p_1 = 100\ 10000$	$n_1 = 001\ 10000$
$p_2 = 020\ 01000$	$n_2 = 100\ 01000$
$p_3 = 000\ 00100$	$n_3 = 001\ 00100$
$p_4 = 101\ 00010$	$n_4 = 000\ 00010$
$p_5 = 000\ 00001$	$n_5 = 010\ 00001$

Ein Modell für F ist zum Beispiel die Belegung $\mathcal{A}$, die x_1, x_2 und x_5 mit *true* und x_3 und x_4 mit *false* belegt. Welche der p_i und n_i wählen wir nun aus für die Menge I, also die Objekte, die in den Rucksack gepackt werden sollen? Wir nehmen für jedes mit *true* belegte x_i die Zahl p_i und für jedes mit *false* belegte x_j die Zahl n_j. In diesem konkreten Fall addieren wir $p_1 + p_2 + p_5 + n_3 + n_4 = 121\ 11111$.

Wenn man, wie wir es eben getan haben, für jedes wahre Literal x_i die Zahl p_i und für jedes falsche Literal x_j die Zahl n_j in die Addition aufnimmt, dann gilt für die Summe

- für die ersten **m** Stellen: Die i-te Stelle ist > 0 genau dann, wenn die i-te Klausel mindestens ein Literal mit dem Wahrheitswert *true* enthält.

- für die letzten **n** Stellen: Die $m + i$-te Stelle ist 1 genau dann, wenn für das Atom x_i genau eine der beiden Zahlen p_i und n_i gewählt wurde - also wenn dem Atom x_i genau ein Wahrheitswert zugewiesen wurde.

Wenn man die p_i und n_i entsprechend einer erfüllenden Belegung so auswählt wie in diesem Beispiel, dann hat die Summe die Form

$$\underbrace{XXXXX}_{\text{m-mal}}\underbrace{1\ldots1}_{\text{n-mal}} \text{ mit } X \in \{1,2,3\}$$

Jetzt definieren wir die Größe des Behälters b, und zwar als

$$b := \underbrace{44\ldots4}_{\text{m-mal}}\underbrace{11\ldots1}_{\text{n-mal}}$$

Nach der Definition des Rucksack-Problems muss die Behältergröße b von einer Auswahl der a_i *genau* erreicht werden. Deshalb verwenden wir für die ersten m Stellen der Summe noch zusätzlich „Auffüllzahlen" $c_1, \ldots, c_m$ und $d_1, \ldots, d_m$ mit jeweils $m + n$ Stellen. c_i hat eine 1 an der i-ten Stelle, sonst nur Nullen, und d_j hat eine 2 an der j-ten Stelle (mit $i, j \leq m$) und sonst nur Nullen.

$$c_{i,j} := \begin{cases} 1 & \iff i = j \\ 0 & \text{sonst} \end{cases} \quad \forall 1 \leq i \leq m, 1 \leq j \leq m + n$$

$$d_{i,j} := \begin{cases} 2 & \iff i = j \\ 0 & \text{sonst} \end{cases} \quad \forall 1 \leq i \leq m, 1 \leq j \leq m + n$$

Für die ersten m Stellen der Summe aus den p_i und n_i gilt damit: Mit den c_i und d_i lassen sich Stellen, an denen eine 1, 2 oder 3 steht, auf 4 auffüllen, nicht aber Dezimalstellen, an denen eine 0 steht. Die n hinteren Stellen der Summe lassen sich nicht auffüllen – man muss also für jedes Literal x_i entweder p_i oder n_i in die Summe aufnehmen, d.h. man muss x_i mit einem Wahrheitswert versehen.

Insgesamt bildet die gesuchte Funktion f eine $3\mathcal{F}$-Formel F ab auf

$$b := 44\ldots4\ 11\ldots1$$
$$\{a_1, \ldots, a_k\} := \{p_1, \ldots, p_n\} \cup \{n_1, \ldots, n_n\} \cup \{c_1, \ldots, c_m\}$$
$$\cup \{d_1, \ldots, d_m\}$$

f kann von einer determinierten TM in polynomialer Zeit berechnet werden. Es gilt für $f(F) = (b, p_1, \ldots, p_n, n_1, \ldots, n_n, c_1, \ldots, c_m, d_1, \ldots, d_m)$:

$$f(F) \in Rucksack$$
$\iff$ Eine Teilmenge der Zahlen p_i, n_i, c_i, d_i lässt sich genau auf $b = 4\ldots4\ 1\ldots1$ aufsummieren.

$\Longleftrightarrow$ Eine Teilmenge der Zahlen p_i, n_i lässt sich auf $\overbrace{XXXX}^{m}\overbrace{1\ldots1}^{n}$ aufsummieren mit $X \in \{1,2,3\}$.

$\Longleftrightarrow$ $\forall i \leq n \; \exists w_i \in \{p_i, n_i\} \sum_{i \leq n} w_i = XXXX\overbrace{1\ldots1}^{n}$, so dass für jede Klauselnummer j, $1 \leq j \leq m$, eine Literalnummer i, $1 \leq i \leq n$, existiert mit $w_{i,j} \geq 1$.

$\Longleftrightarrow$ Die Belegung $\mathcal{A} : \{x_1, \ldots, x_n\} \to \{0,1\}$ mit

$$\mathcal{A}(x_i) = \begin{cases} true \Longleftrightarrow w_i = p_i \\ false \Longleftrightarrow w_i = n_i \end{cases}$$

macht jede der m Klauseln wahr.

$\Longleftrightarrow$ F ist erfüllbar. ∎

Für das obige Beispiel F besteht $f(F)$ also aus den folgenden Zahlen b und $a_1, \ldots, a_k$:

$b = 444\ 11111$

$p_1 = 100\ 10000$	$n_1 = 001\ 10000$	$c_1 = 100\ 00000$	$d_1 = 200\ 00000$
$p_2 = 020\ 01000$	$n_2 = 100\ 01000$	$c_2 = 010\ 00000$	$d_2 = 020\ 00000$
$p_3 = 000\ 00100$	$n_3 = 001\ 00100$	$c_3 = 001\ 00000$	$d_3 = 002\ 00000$
$p_4 = 101\ 00010$	$n_4 = 000\ 00010$		
$p_5 = 000\ 00001$	$n_5 = 010\ 00001$		

Entsprechend dem Modell $\mathcal{A}$ von F, mit dem wir oben schon gearbeitet haben – x_1, x_2, x_5 wahr, und x_3 und x_4 falsch – kann man das zugehörige Rucksack-Problem so lösen:

$$b = p_1 + p_2 + n_3 + n_4 + p_5 + c_1 + d_1 + d_2 + c_3 + d_3 =$$
$$121\ 11111 + c_1 + d_1 + d_2 + c_3 + d_3$$

Das nächste NP-vollständige Problem, mit dem wir uns beschäftigen, ist wieder ein Graphenproblem: Der Hamilton-Kreis. Ein minimaler Kreis in einem Graphen ist ein geschlossener Weg, bei dem jeder beteiligte Knoten genau einmal durchlaufen wird (bis auf den Anfangs- und Endknoten). Ist der Graph gerichtet, so muss der Weg der Kantenrichtung folgen. Ein Hamilton-Kreis ist ein minimaler Kreis, der alle Knoten des Graphen einschließt. Das Problem *Hamilton-Kreis* ist also: Gegeben ein (gerichteter oder ungerichteter) Graph, kann man darin einen Weg beschreiben, der alle Knoten genau einmal berührt und wieder zum Ausgangspunkt zurückkehrt? Wir zeigen die NP-Vollständigkeit dieses Problems zuerst für gerichtete Graphen und bauen dann die Lösung leicht um, um zu beweisen, dass das Problem auch für ungerichtete Graphen NP-vollständig ist.

Definition 15.4.11 (minimaler, Hamilton-Kreis). *Sei* $G = (V, E)$ *ein (gerichteter oder ungerichteter) Graph. Ein Kreis* $K = v_1, \ldots, v_n$ *in* G *heißt* **minimal,** *falls* $v_i \neq v_j$ *gilt für alle* i, j *mit* $1 \leq i, j < n$ *und* $i \neq j$. K *heißt* **Hamilton-Kreis,** *falls* K *minimal ist und* $\{v_i \mid 1 \leq i \leq n\} = V$ *gilt.*

Als Sprache formuliert ist

> gerichteter Hamilton-Kreis := $\{G$ *gerichteter Graph* $\mid G$ *besitzt einen Hamilton-Kreis* $\}$.

Satz 15.4.12. *Das Problem* gerichteter Hamilton-Kreis *ist NP-vollständig.*

Beweis: Eine indeterminierte Turing-Maschine kann die Sprache aller gerichteten Graphen mit Hamilton-Kreis in polynomialer Zeit akzeptieren, indem sie für einen gerichteten Graphen, den sie als Input erhalten hat, eine Permutation der Knoten rät und dann testet, ob die Knoten in dieser Reihenfolge einen Kreis bilden. Also ist das Problem *gerichteter Hamilton-Kreis* in NP.

Nun zeigen wir, dass das Problem, in einem gerichteten Graphen einen Hamilton-Kreis zu finden, NP-hart ist. Dazu verwenden wir wieder einmal eine polynomiale Reduktion von 3SAT. Sei also wieder eine Formel $F \in 3\mathcal{F}$ gegeben mit $F = (q_{11} \vee q_{12} \vee q_{13}) \wedge \ldots \wedge (q_{m1} \vee q_{m2} \vee q_{m3})$. Die vorkommenden Atome seien aus der Menge $\{x_1, \ldots, x_n\}$. F habe also m Klauseln und n verschiedene vorkommende Atome. Jede Klausel enthalte wieder *genau* 3 Literale. Die m Klauseln bezeichnen wir im weiteren auch mit $K_1, \ldots, K_m$.

Zu F konstruieren wir einen gerichteten Graphen G_F, so dass es in G_F einen Hamilton-Kreis gibt genau dann, wenn F erfüllbar ist. Dieser Graph G_F soll einen Knoten für jedes Atom x_i und zusätzlich einen Teilgraphen für jede Klausel besitzen. Für jedes der n Atome x_i erhält der Graph G_F einen Knoten mit zwei ausgehenden und zwei ankommenden Kanten. Die beiden oberen Kanten denkt man sich dabei mit „+" annotiert, die beiden unteren mit „-", vergleiche Abb. 15.2.

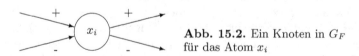

Abb. 15.2. Ein Knoten in G_F für das Atom x_i

Wir werden später die ausgehende „+"-Kante verwenden, falls das Atom x_i den Wahrheitswert *true* hat, und die „-"-Kante, falls x_i den Wert *false* hat. Da bei einem Hamilton-Kreis jeder Knoten genau einmal betreten wird, ist mit dieser Codierung schon sichergestellt, dass jedes Atom genau einen Wahrheitswert bekommt.

Für jede der m Klauseln K_j erhält der Graph G_F einen Teilgraphen G_j mit 6 Knoten und drei ein- und drei ausgehenden Kanten, wie Abb. 15.3 zeigt.

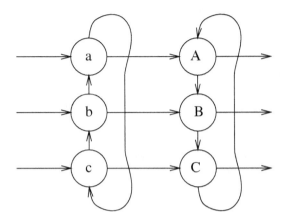

Abb. 15.3. Ein Teilgraph G_j für eine Klausel K_j

G_j hat eine interessante Eigenschaft: Wenn G_j vom Gesamtgraphen k mal durchlaufen werden soll für $1 \leq k \leq 3$, dann kann man dabei auf jeden Fall alle Knoten von G_j einmal betreten. Wird G_j über a (b,c) betreten, dann muss der Teilgraph über A (B,C) wieder verlassen werden. Sehen wir uns dazu zwei Beispiele an.

Beispiel 1: G_j soll in G nur einmal durchlaufen werden und wird über den Knoten b betreten. Damit alle Knoten in G_j genau einmal benutzt werden, müssen wir den Weg $b \to a \to c \to C \to A \to B$ mit „Ausgang" B wählen.

Beispiel 2: G_j wird in G zweimal betreten, einmal über a, einmal über c. Damit alle Knoten in G_j genau einmal benutzt werden, müssen wir die zwei Wege $a \to A$ und $c \to b \to B \to C$ wählen.

Wir schreiben den Teilgraphen G_j abkürzend wie in Abb. 15.4 dargestellt.

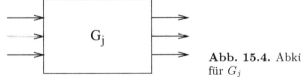

Abb. 15.4. Abkürzende Schreibweise für G_j

Den Graphen G_F erhalten wir nun, indem wir die Knoten x_i $(1 \leq i \leq n)$, vergleiche Abb. 15.2, und die Teilgraphen G_j $(1 \leq j \leq m)$ wie folgt verbinden:

- O.E. komme x_i in keiner Klausel positiv *und* negativ vor (sonst ersetzen wir die Klausel durch *true*, da sie für $\mathcal{A}(x_i) = true$ und für $\mathcal{A}(x_i) = false$ wahr wird).

- Seien $K_{i1}^+, \ldots, K_{is}^+$ die Klauseln, in denen x_i positiv vorkommt, und $G_{i1}^+, \ldots, G_{is}^+$ die zugehörigen Teilgraphen. Dann verbinden wir den „+"-Ausgang des Knotens x_i mit einem der Eingänge a, b oder c von G_{i1}^+. Den entsprechenden G_{i1}^+-Ausgang A, B oder C verbinden wir mit G_{i2}^+ und so weiter, bis G_{is}^+ über a, b oder c erreicht ist. Den entsprechenden Ausgang A, B oder C von G_{is}^+ verbinden wir mit dem „+"-Eingang von x_{i+1} (bzw. von x_1 für $i = n$).

  Wir müssen noch festlegen, welchen der Eingänge a, b, c eines Teilgraphen $G_{ij}^+, 1 \leq j \leq s$, wir jeweils benutzen: K_{ij}^+ ist eine Klausel aus drei nicht notwendigerweise verschiedenen Literalen. Entsprechend benutzen wir a, wenn x_i in K_{ij}^+ an erster Stelle steht, b, wenn x_i in K_{ij}^+ nicht an erster, aber an zweiter Stelle steht, und ansonsten c.

- Seien $K_{i1}^-, \ldots, K_{it}^-$ die Klauseln, in denen x_i negativ vorkommt, und $G_{i1}^-, \ldots, G_{it}^-$ die zugehörigen Teilgraphen. Analog zum obigen Fall verbinden wir den „-"-Ausgang des Knotens x_i mit G_{i1}^- über a, b oder c, den entsprechenden Ausgang von G_{i1}^- mit G_{i2}^- etc. und einen Ausgang von G_{it}^- mit dem „-"-Eingang von x_{i+1} (bzw. x_1 für $i = n$).

  Wie im positiven Fall benutzen wir in G_{ij}^- ($1 \leq j \leq t$) den Eingang a, falls $\neg x_i$ in K_{ij}^- an erster Stelle vorkommt, b, falls $\neg x_i$ in K_{ij}^- an zweiter, aber nicht erster Stelle vorkommt, und c sonst.

- Wenn x_i in keiner Klausel positiv (negativ) vorkommt, verbinden wir den „+"-Ausgang (den „-"-Ausgang) von x_i direkt mit dem „+"-Eingang (dem „-"-Eingang) von x_{i+1} (bzw. x_1 für $i = n$).

Abbildung 15.5 verdeutlicht die Konstruktion.

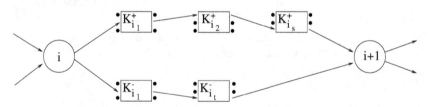

Abb. 15.5. Ein Ausschnitt aus G_F

Wenn wir G_F so konstruiert haben, dann ist jeder Klausel-Teilgraph durch 1 bis 3 Verbindungen mit dem Restgraphen verbunden – weniger als 3 sind es, wenn ein Atom in einer Klausel mehrfach vorkommt. Aber so wie die Klausel-Teilgraphen gebaut sind, können sie Teil eines Hamilton-Kreises sein, auch wenn sie durch nur ein oder zwei Verbindungen mit dem Restgraphen verbunden sind, wie wir oben schon festgestellt haben.

Offenbar ist die Funktion f, die eine $3\mathcal{F}$-Formel F in den gerichteten Graphen G_F abbildet, von einer determinierten TM in polynomialer Zeit berechenbar. Nun müssen wir noch zeigen, dass gilt: F ist erfüllbar $\iff$ $f(F) = G_F$ hat einen Hamilton-Kreis.

Angenommen, die Formel F sei erfüllbar. Dann gibt es eine Belegung $\mathcal{A} : \{x_1, \ldots, x_n\} \to \{false, true\}$, so dass F insgesamt den Wert $true$ erhält. Dann definieren wir den Hamilton-Kreis in G_F wie folgt:

Verlasse den Knoten i über den „+"-Ausgang $\iff$ $\mathcal{A}(x_i) = true$,

über den „-"-Ausgang $\iff$ $\mathcal{A}(x_i) = false$.

Wenn $\mathcal{A}$ eine Belegung ist, die F erfüllt, dann wird jedem Atom von F ein Wahrheitswert zugewiesen, und in jeder Klausel K_j für $1 \leq j \leq m$ hat mindestens ein Literal den Wert $true$. Also definiert dies Verfahren einen Kreis in G_F, der jeden Knoten x_i genau einmal und jeden Teilgraphen $G_j, 1 \leq j \leq m$, mindestens einmal und höchstens dreimal berührt. Innerhalb von G_j kann man dabei so laufen, dass alle lokalen G_j-Knoten ebenfalls genau einmal berührt werden. Also gibt es einen gerichteten Hamilton-Kreis in G_F.

Nehmen wir umgekehrt an, es gibt einen Hamilton-Kreis in G_F. Dann wird jeder Knoten von G_F genau einmal betreten; insbesondere wird jeder Knoten x_i genau einmal betreten, und jeder Teilgraph G_j wird mindestens einmal betreten und jeweils durch den gegenüberliegenden Ausgang wieder verlassen (sonst ist, wie gesagt, kein Hamilton-Kreis möglich). Also können wir in diesem Fall eine Belegung $\mathcal{A}$ für F definieren durch

$$\mathcal{A}(x_i) := \begin{cases} true & \text{falls der Hamilton-Kreis den Knoten } x_i \text{ durch den} \\ & \text{„+"-Ausgang verlässt;} \\ false & \text{sonst} \end{cases}$$

$\mathcal{A}$ erfüllt F: Jeder Teilgraph G_j wird im Hamilton-Kreis von G_F mindestens einmal betreten, sagen wir von x_i aus. Wenn der Hamilton-Kreis x_i durch den „+"-Ausgang verlässt, kommt x_i in K_j positiv vor, und wegen $\mathcal{A}(x_i) = true$ ist auch $\mathcal{A}(K_j) = true$. Wenn der Hamilton-Kreis durch x_i^- verläuft, kommt x_i in K_j negiert vor, und wegen $\mathcal{A}(x_i) = false$ ist auch in diesem Fall $\mathcal{A}(K_j) = true$.

Also gilt insgesamt: $F \in$ 3SAT $\iff$ G_F besitzt einen Hamilton-Kreis. ∎

Beispiel 15.4.13. Nehmen wir eine unerfüllbare Formel

$$F = \underbrace{(p \vee q)}_{K_1} \wedge \underbrace{(\neg p \vee \neg q)}_{K_2} \wedge \underbrace{(p \vee \neg q)}_{K_3} \wedge \underbrace{(\neg p \vee q)}_{K_4}.$$

Der Graph dazu ist in Abb. 15.6 dargestellt.

Wenn man beachtet, dass die Klausel-Kästen immer durch den Ausgang gegenüber dem benutzten Eingang verlassen werden müssen, stellt man fest, dass es keinen Rundweg durch den Graphen gibt, der jedes der K_i berührt und dabei weder den Knoten p noch den Knoten q zweimal enthält.

Analog zum gerichteten Fall definieren wir auch das Problem *ungerichteter Hamilton-Kreis* als Sprache:

ungerichteter Hamilton-Kreis := { G ungerichteter Graph | G besitzt

einen Hamilton-Kreis}.

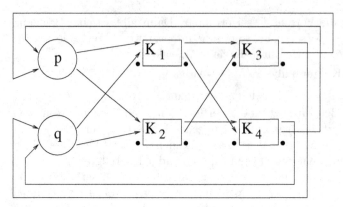

Abb. 15.6. Graph ohne Hamilton-Kreis entsprechend Satz 15.4.12 zur unerfüllbaren Formel aus Bsp. 15.4.13

Satz 15.4.14. *Das Problem* ungerichteter Hamilton-Kreis *ist NP-vollständig.*

Beweis: Eine indeterminierte Turing-Maschine kann die Sprache aller ungerichteten Graphen mit Hamilton-Kreis auf dieselbe Art akzeptieren wie die der gerichteten Graphen mit dieser Eigenschaft: Sie rät, bei Eingabe eines ungerichteten Graphen $G = (V, E)$, wieder eine Permutation aller Knoten von G und prüft, ob sich dadurch ein Hamilton-Kreis ergibt.

Um nun zu zeigen, dass das Problem *ungerichteter Hamilton-Kreis* NP-hart ist, reduzieren wir das Problem *gerichteter Hamilton-Kreis* darauf. Sei G ein gerichteter Graph. Um *gerichteter Hamilton-Kreis* $\leq_p$ *ungerichteter Hamilton-Kreis* zu beweisen, bilden wir aus G einen ungerichteten Graphen $f(G)$, so dass G einen Hamilton-Kreis enthält genau dann, wenn $f(G)$ einen enthält. f bildet jeden Knoten i aus G auf einen Teilgraphen $f(i)$ ab, wie in Abb. 15.7 gezeigt. Offensichtlich ist f determiniert in polynomialer Zeit ausführbar.

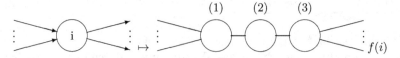

Abb. 15.7. Reduktion des Problems *gerichteter* auf *ungerichteter Hamilton-Kreis*

Sei H ein ungerichteter Hamilton-Kreis in $f(G)$. Nehmen wir an, H erreicht in $f(i)$ zuerst den Knoten (1) „von links kommend". Dann darf H (1) nicht wieder „nach links verlassen". Denn ansonsten kann er (2) nur über (3) erreichen, kann (2) aber nicht wieder verlassen, ohne einen Knoten doppelt zu benutzen. Das heißt, ein ungerichteter Hamilton-Kreis in $f(G)$ durchläuft entweder alle Teilgraphen $f(i)$ von (1) über (2) nach (3), oder er durchläuft alle Teilgraphen $f(i)$ von (3) über (2) nach (1). Damit definiert H einen entsprechenden Hamilton-Kreis H' in G. Umgekehrt definiert jeder Hamilton-Kreis H in G einen entsprechenden Hamilton-Kreis H' in $f(G)$. Also gilt:

$$G \in \text{gerichteter Hamilton-Kreis} \iff f(G) \in \text{ungerichteter Hamilton-Kreis.}$$

∎

Das letzte NP-vollständige Problem, das wir vorstellen, ist *Traveling Salesman*, das Problem des Handlungsreisenden: Er hat eine bestimmte Menge von Städten zu bereisen, die Wege zwischen den Städten sind unterschiedlich lang. Außerdem sei eine maximale Distanz gegeben, die der Handlungsreisende bereit ist zurückzulegen. Gesucht ist ein Rundweg durch alle Städte, der kürzer ist als diese vorgegebene Distanz.

Wir nehmen an, dass man jede Stadt von jeder anderen direkt erreichen kann. Das Graphen-Gegenstück zu so einem Straßennetz ist ein *vollständiger bewerteter Graph*:

Definition 15.4.15 (vollständiger bewerteter Graph). *Ein ungerichteter Graph* $G = (V, E)$ *heißt* **vollständig**, *falls jeder Knoten mit jedem anderen durch eine Kante verbunden ist.*

Ein vollständiger, bewerteter Graph ist ein Paar (G, g), *so dass* $G = (V, E)$ *ein vollständiger Graph und* $g : E \to \mathbb{N}$ *eine Kantengewichtsfunktion für* G *ist.*

Definition 15.4.16 (Traveling Salesman). **Traveling Salesman** *ist das folgende Problem, als Sprache formuliert:*

$$\text{Traveling Salesman} := \{(G, g, k) \mid k \in \mathbb{N}, (G, g) \text{ ist ein vollständiger,}$$
$$\text{bewerteter Graph mit } G = (V, E), \text{ und es}$$
$$\text{existiert ein Hamilton-Kreis } H = (v_0, \dots, v_n)$$
$$\text{in } G \text{ mit } \sum_{i=0}^{n-1} g\big((v_i, v_{i+1})\big) \leq k\}$$

Als Hamilton-Kreis benutzt H jeden Knoten in V genau einmal, bis auf $v_0 = v_n$. (v_i, v_{i+1}) ist die Kante von v_i nach v_{i+1}. Insgesamt muss also eine „Rundreise" mit Gesamtkosten $\leq k$ gefunden werden.

Satz 15.4.17 (Traveling Salesman NP-vollständig). *Das Problem* Traveling Salesman *ist NP-vollständig.*

Beweis: Offensichtlich ist *Traveling Salesman* in NP. Um zu zeigen, dass *Traveling Salesman* NP-hart ist, beweisen wir: *Ungerichteter Hamilton-Kreis* $\leq_p$ *Traveling Salesman*. Gegeben sei ein ungerichteter Graph $G = (V, E)$. Wir bilden diesen Graphen ab auf $f(G) = (G', g, k)$ wie folgt:

- G' entsteht aus G durch Hinzufügen aller noch fehlenden Kanten zum vollständigen Graphen.

- Für alle Kanten $e \in E_{G'}$ sei die Kostenfunktion definiert als

$$g(e) := \begin{cases} 1, & \text{falls } e \in E \\ 2, & \text{sonst} \end{cases}$$

- $k := |V|$

Damit gibt es offensichtlich in G' eine Rundreise mit Kosten $\leq |V|$ genau dann, wenn es in G einen Hamilton-Kreis gibt. Die Abbildung f ist von einer determinierten TM in polynomialer Zeit berechenbar.   ∎

15.5 Zusammenfassung

Die *O-Notation* ermöglicht es, den Aufwand beliebiger Algorithmen nach oben abzuschätzen. Speziell bei Turing-Maschinen kann man den Aufwand einer Berechnung mittels einer *Schrittzahl- bzw. Platzbedarfsfunktion* angeben. Man kontrastiert hier determinierte und indeterminierte Turing-Maschinen. Eine determinierte Turing-Maschine kann eine indeterminierte allgemein mit exponentiell höherem Schrittzahlbedarf simulieren (in Einzelfällen aber durchaus auch mit geringerem Aufwand). Darauf aufbauend haben wir die Klassen $DTIME(f)$, $DSPACE(f)$, $NTIME(f)$, $NSPACE(f)$ definiert, die Mengen von Sprachen, die von determinierten bzw. indeterminierten Turing-Maschinen mit Schrittzahl- bzw. Platzbedarfsfunktion f akzeptiert werden. P und NP sind die Mengen von Sprachen, die von determinierten bzw. indeterminierten Turing-Maschinen mit polynomialer Schrittzahlfunktion entschieden werden können.

Wir haben schließlich die wichtige Klasse der *NP-vollständigen* Probleme kennengelernt, Probleme, die in NP liegen und *NP-hart* sind, d.h. man kann jedes NP-Problem *polynomial* auf sie *reduzieren.* Der *Satz von Cook* zeigt die NP-Vollständigkeit von *SAT*, dem Problem der Erfüllbarkeit aussagenlogischer Formeln. Durch polynomiale Reduktion haben wir des weiteren gezeigt, dass *3SAT, Clique, Rucksack, gerichteter* und *ungerichtete Hamilton-Kreis* und *Traveling Salesman* NP-vollständig sind.

Bibliographische Hinweise

Dieses Buch ist aus mehreren Vorlesungen des zweiten Autors hervorgegangen. Viel Wissen stammt aus Mathematik- und Logikvorlesungen und bekannten Standardwerken zur Theoretischen Informatik. Insbesondere sind hier Vorlesungsskripte von Rödding [Röd69] sowie die Bücher von Börger [Bör85], Hermes [Her71], Hopcroft und Ullman [HU79], Lewis und Papadimitriou [LP81], Rogers [Rog67], Salomaa [Sal73] und Wegener [Weg93] zu nennen. Einige Zuordnungen von verwendeten Begriffen und Sätzen zur Originalliteratur sollen dennoch versucht werden – ohne jeglichen Anspruch auf Vollständigkeit.

Zu Kapitel 4 und 5

Der Begriff der Grammatik mit ersten Resultaten ist von Chomsky, etwa Chomsky [Cho56], [Cho59]. Vorläufer von endlichen Automaten sind die Neuronennetze von McCulloch und Pitts [MP43]. Erste Verbindungen solcher Nervennetze zu endlichen Automaten und regulären Ausdrücken finden sich in Kleene [Kle56]. Frühe Arbeiten über endliche Automaten sind in Huffman [Huf54], Mealy [Mea55] und Moore [Moo56]. Nichtdeterminierte endliche Automaten und deren Äquivalenz zu determinierten sind von Rabin und Scott [RS59]. Der Satz von Myhill-Nerode ist von Nerode [Ner58].

Zu Kapitel 6

Die Chomsky-Normalform ist, natürlich, von Chomsky [Cho59], die Greibach-Normalform von Greibach [Gre65]. Pushdown-Automaten und ihre Äquivalenz zu cf-Sprachen gehen zurück auf Arbeiten von Chomsky [CS63], Evey [Eve63], Oettinger [Oet61] und Schützenberger [Sch63]. Das Pumping-Lemma für cf-Sprachen findet sich in Bar-Hillel, Perles und Shamir [BPS61]. Determinierte Push-Down-Automaten und deren Abschlusseigenschaften wurden zuerst in Arbeiten von Fischer [Fis63], Ginsburg und Greibach [GG66], Haines [Hai65] und Schützenberger [Sch63] entwickelt.

© Springer-Verlag GmbH Deutschland, ein Teil von Springer Nature 2018
L. Priese und K. Erk, *Theoretische Informatik*,
https://doi.org/10.1007/978-3-662-57409-6

Zu Kapitel 7

Turing-Maschinen wurden von Turing [Tur36] entwickelt und sofort zu Untersuchungen von Unentscheidbarkeitsfragen verwendet. Die TM-Flußdiagrammsprache geht zurück auf Hermes [Her71].

Zu Kapitel 8

Linear beschränkte Automaten wurden in Myhill [Myh60] eingeführt. Ihre Äquivalenz zu Typ-1-Sprachen ist von Kuroda [Kur64]. Der Abschluss von cs-Sprachen gegen Komplementbildung war eine jahrzehntelang offene Frage. Sie wurde unabhängig von Immerman [Imm88] und Szelepcsényi [Sze88] positiv beantwortet.

Zu Kapitel 9

Abschlusseigenschaften aller Sprachklassen finden sich in zahlreichen Publikationen. Erwähnt seien Bar-Hillel, Perles und Shamir [BPS61], Ginsburg und Greibach [GG69], Ginsburg und Rose [GR63], Ginsburg und Rose [GR66], Ginsburg und Spanier [GS63] und Scheinberg [Sch60] sowie die zu Kapitel 6 und 8 genannten Schriften.

Zu Kapitel 10

Die Church'sche These ist das Resultat zahlreicher, höchst unterschiedlicher Versuche, den Begriff des "Berechenbaren" formal zu fassen. Alle diese Versuche führten stets zur gleichen Klasse der "berechenbaren Funktionen". Solche Ansätze stammen von Church [Chu36], [Chu41] (λ-Kalkül), Gödel [Goe34] (Rekursive Funktionen), Kleene [Kle36] (Rekursive Funktionen), Markov [Mar54] (Ersetzungskalküle), Post [Pos36] (kombinatorischer Kalkül) und [Pos46] (Ersetzungskalküle) sowie Turing [Tur36] (Maschinen).

Zu Kapitel 11

Register-Maschinen wurden von Minsky [Min61] und Sheperdson und Sturgis [SS63] eingeführt.

Zu Kapitel 12

Rekursive Funktionen wurden in den unterschiedlichsten Ausprägungen Anfang dieses Jahrhunderts intensiv untersucht. Zu nennen sind hier Ackermann [Ack28], Gödel [Goe34] und Kleene [Kle36]. Ackermann [Ack28] gelang der Nachweis einer konkreten μ-rekursiven Funktion, die nicht primitiv rekursiv ist. Unsere Beweise zu $F_\mu = TM$ folgen im wesentlichen Ideen aus einem Skript von Rödding [Röd69].

Zu Kapitel 13

Zu Fragen der Unentscheidbarkeit existieren zahlreiche schöne Bücher. Rogers [Rog67] ist immer noch das Standardwerk zur Theorie des Unentscheidbaren. Der Satz von Rice ist von Rice [Ric53]. Die unentscheidbaren Fragen im Zusammenhang mit cf-Sprachen finden sich bei Bar-Hillel, Perles und Shamir [BPS61], Cantor [Can62], Chomsky und Schützenberger [CS63], Floyd [Flo62] und [Flo64] sowie Ginsburg und Rose [GR63]. Die Unentscheidbarkeit des PCP ist von Post [Pos46].

Zu Kapitel 14

Die Berechenbarkeitsuniversalität von 2-Register-Maschinen ist von Sheperdson und Sturgis [SS63]. Wang-Maschinen wurden zuerst von Wang [Wan57] eingeführt. Unser Beweis folgt Arbib [Arb70]. Die Universalität von Tag-Systemen ist von Minsky [Min61]. Unser Beweis folgt Priese [Pri71]. Rödding-Netze stammen von Ottmann und Rödding, siehe etwa Ottmann [Ott78] und Rödding [Röd83]. Mealy-Automaten gehen zurück auf Mealy [Mea55]. Die kleine universelle 2-dimensionale Turing-Maschine ist aus Priese [Pri79]. Die verschiedenen Variationen über 2-Register-Maschinen sind Folklore. Physikalisch reversible Rechnungen wurden ausführlich von Bennett studiert, siehe etwa [Ben73]. Von Bennett ist auch eine Konstruktion einer physikalisch reversiblen Turing-Maschine zur Simulation beliebiger determinierter Turing-Maschinen mit Hilfe des PROTOKOLLs. Die physikalisch reversiblen Schaltelemente sind aus [FT82]. Die chemisch reversiblen berechenbarkeitsuniversellen Modelle aus 14.8.3 sind aus [Pri76]; die reversible Grammatik aus 14.8.4 und das reversible 3-tt aus 14.9.2 sind aus [Pri99]; die kleinen zweidimensionalen Thue-Systeme sind aus [Pri79b]. H-Systeme gehen zurück auf Head [Hea87] und wurden in [CKP96] auf Test-tube-Systeme verallgemeinert. Satz 14.9.3 zur Regularität endlicher H-Systeme ist von Culik und Harju [CH73], unser Beweis folgt [Pix96].

Zu Kapitel 15

Das erste NP-vollständige Problem, SAT, wurde von Cook [Coo71] gefunden. Bereits 1972 stellte Karp [Kar72] eine Vielzahl von NP-vollständigen Problemen vor, und im Buch von Garey und Johnson [GJ78] finden sich über 300 NP-vollständige Probleme. Die Frage, ob $P = NP$ ist, hat zahlreiche Forscher inspiriert und das Gebiet der Komplexitätstheorie in eine ungeahnte Breite gelenkt. Dennoch ist diese Frage auch heute noch offen.

Literaturverzeichnis

[Ack28] Ackermann, W., „Zum Hilbertschen Aufbau der reellen Zahlen", *Math. Ann.* **99**, pp. 118-133, 1928.

[Arb70] Arbib, M. A., *Theories of Abstract Automata,* Prentice Hall, Englewood Cliffs, N.J., 1970.

[Ben73] Bennett, C. H., „Logical reversibility of computation", *IBM Journal of Research and Development* **17**, pp. 525-532, 1973.

[BPS61] Bar-Hillel, Y., Perles, M., und Shamir, E., „On formal properties of simple phrase structure grammars", *Z. Phonetik. Sprachwiss. Kommunikationsforsch.* **14**, pp. 143-172, 1961.

[Bör85] Börger, E., *Berechenbarkeit, Komplexität, Logik*, Vieweg, Braunschweig, 1985.

[Can62] Cantor, D. C., „On the ambiguity problem of Backus systems", *J. ACM* **9**: 4, pp. 477-479, 1962.

[Cho56] Chomsky, N., „Three models for the description of language", *IRE Trans. on Information Theory* **2**: 3, pp. 113-124, 1956.

[Cho59] Chomsky, N., „On certain formal properties of grammars", *Information and Control* **2**: 2, pp. 137-167, 1959.

[CS63] Chomsky, N., Schützenberger, M. P., „The algebraic theory of context free languages", *Computer Programming and Formal Systems,* pp. 118-161, North Holland, Amsterdam, 1963.

[Chu36] Church, A., „An unsolvable problem of elementary number theory", *Amer. J. Math.* **58**, pp. 345-363, 1936.

[Chu41] Church, A., „The Calculi of Lambda-Conversion", *Annals of Mathematics Studies* **6**, Princeton Univ. Press, Princeton, N.J., 1941.

[CKP96] Csuhaj-Varju, E., Kari, L., Păun, Gh., „Test tube distributed systems based on splicing", *Computers and AI* **15**, pp. 211-232, 1996.

[CH73] CulikII, K., Harju, T., „Splicing semigroups of dominoes and DNA", *Discrete Appl. Math.* **31**, pp. 261-277, 1991.

[Coo71] Cook, S. A., „The complexity of theorem proving procedures", *Proc. Third Annual ACM Symposium on the Theory of Computing,* pp. 151-158, 1971.

[Eve63] Evey, J., „Application of pushdown store machines", *Proc. 1963 Fall Joint Computer Conference,* pp. 215-227, AFIPS Press, Montvale, N.J., 1963.

[Fis63] Fischer, P. C., „On computability by certain classes of restricted Turing machines", *Proc. Fourth Annual IEEE Symp. on Switching Circuit Theory and Logical Design,* pp. 23-32, 1963.

[Flo62] Floyd, R. W., „On ambiguity in phrase structure languages", *Commun. ACM* **5**: 10, pp. 526-534, 1962.

[Flo64] Floyd, R. W., „New proofs and old theorems in logic and formal linguistics", Computer Associates Inc., Wakefield, Mass., 1964.

[FT82] Fredkin, E., Toffoli, T., „Conservative Logic", *Int. Journal of Theoretical Physics* **21**, 1982.

© Springer-Verlag GmbH Deutschland, ein Teil von Springer Nature 2018
L. Priese und K. Erk, *Theoretische Informatik*,
https://doi.org/10.1007/978-3-662-57409-6

[GJ78] Garey, M. R., Johnson, D. S., *Computers and Intractability: A Guide to the Theory of NP-Completeness*, H. Freeman, San Francisco, 1978.

[GG66] Ginsburg, S., Greibach, S. A., „Mappings which preserve context-sensitive languages", *Information and Control* **9**: 6, pp. 563-582, 1966.

[GG69] Ginsburg, S., Greibach, S. A., „Abstract families of languages", *Studies in Abstract Families of Languages*, pp. 1-32, Memoir No. 87, American Mathematical Society, Providence, R.I., 1969.

[GR63] Ginsburg, S., Rose, G. F., „Some recursively unsolvable problems in ALGOL-like languages", *J. ACM* **10**: 1, pp. 29-47, 1963.

[GR66] Ginsburg, S., Rose, G. F., „Preservation of languages by transducers", *Information and Control* **9**: 2, pp. 153-176, 1966.

[GS63] Ginsburg, S., Spanier, E. H. „Quotients of context free languages", *J. ACM* **10**: 4, pp. 487-492, 1963.

[Goe34] Gödel, K., „On Undecidable Propositions of Formal Mathematical Systems", Mimeographiert, Institute of Advanced Studies, Princeton, 30 S., 1934.

[Gre65] Greibach, S. A., „A new normal form theorem for context-free phrase structure grammars", *J. ACM* **12**: 1, pp. 42-52, 1965.

[Hai65] Haines, L., „Generation and recognition or formal languages", Ph.D. thesis, MIT, Cambridge, Mass., 1965.

[Hea87] Head, T., „Formal lanuage theory and DNA: An analysis of the generative capacity of specific recombinant behaviors", *Bulletin of Mathematical Biology* **49**, pp. 737-759, 1987.

[Her71] Hermes, H., *Aufzählbarkeit, Entscheidbarkeit, Berechenbarkeit*, Heidelberger Taschenbücher, Springer-Verlag, Berlin, 1971.

[HU79] Hopcroft, J., Ullman, J., *Introduction to Automata Theory, Languages, and Computation*, Addison-Wesley, Reading, 1979.

[Huf54] Huffman, D. A., „The synthesis of sequential switching circuits", *J. Franklin Institute* **257**: 3-4, pp. 161-190, 275-303, 1954.

[Imm88] Immerman, N., „NSPACE is closed under complement", *SIAM Journal on Computing* **17**, pp. 935-938, 1988.

[Kar72] Karp, R. M., „Reducibility among combinatorial problems", *Complexity of Computer Computations*, pp. 85-104, Plenum Press, N.Y., 1972.

[Kle36] Kleene, S. C., „General recursive functions of natural numbers", *Mathematische Annalen* **112**, pp. 727-742, 1936.

[Kle56] Kleene, S. C., „Representation of events in nerve nets and finite automata", *Automata Studies*, pp. 3-42, Princeton Univ. Press, Princeton, N.J., 1956.

[Kur64] Kuroda, S. Y., „Classes of languages and linear bounded automata", *Information and Control* **7**: 2, pp. 207-223, 1964.

[LP81] Lewis, H. R., Papadimitriou, C. H., *Elements of the Theory of Computation*, Prentice Hall, Englewood Cliffs, 1981.

[Mar54] Markov, A. A., *Theory of Algorithms*, Englische Übersetzung: Israel Program of Scientific Translations, Jerusalem, 1961.

[MP43] McCulloch, W. S., Pitts, W., „A logical calculus of the ideas immanent in nervous activity", *Bull. Math. Biophysics* **5**, pp. 115-133, 1943.

[Mea55] Mealy, G. H., „A method for synthesizing sequential circuits", *Bell System Technical J.* **34**: 5, pp. 1045-1079, 1955.

[Min61] Minsky, M. L., „Recursive unsolvability of Post's problem of 'tag' and other topics in the theory of Turing machines", *Annals of Math.* **74**: 3, pp. 437-455, 1961.

[Moo56] Moore, E. F., „Gedanken experiments on sequential machines", *Automata Studies*, pp. 129-153, Princeton Univ. Press, Princeton, N.J., 1956.

[Myh60] Myhill, J., „Linear bounded automata", WADD TR-60-165, pp. 60-165, Wright Patterson AFB, Ohio, 1960.

[Ner58] Nerode, A., „Linear automaton transformations", *Proc. AMS* **9**, pp. 541-544, 1958.

[Oet61] Oettinger, A. G., „Automatic syntactic analysis and the pushdown store", *Proc. Symposia in Applied Math.* **12**, American Mathematical Society, Providence, R.I., 1961.

[Ott78] Ottmann, T., „Eine einfache universelle Menge endlicher Automaten", *Zeitschr. f. math. Logik und Grundlagen d. Math.* **24**, pp. 55-81, 1978.

[Pix96] Pixton, D., „Regularity of splicing languages", *Discrete Appl. Math.* **69**, pp. 101-124, 1996.

[Pos36] Post, E., „Finite combinatory processes-formulation, I", *J. Symbolic Logic* **1**, pp. 103-105, 1936.

[Pos46] Post, E., „A variant of a recursively unsolvable problem", *Bull. AMS* **52**, pp. 264-268, 1946.

[Pri71] Priese, L., *Normalformen von Markov'schen und Post'schen Algorithmen*, TR, Institut für mathematische Logik und Grundlagenforschung, Univ. Münster, 1971.

[Pri76] Priese, L., „Reversible Automaten und einfache universelle 2-dimensionale Thue-Systeme", *Zeitschr. f. math. Logik und Grundlagen d. Math.* **22**, pp. 353-384, 1976.

[Pri79] Priese, L., „Towards a Precise Characterization of the Complexity of Universal and Nonuniversal Turing Machines", *SIAM Journal on Computing* **931**, pp. 308-523, 1979.

[Pri79b] Priese, L., „Über ein 2-dimensionales Thue-System mit zwei Regeln und unentscheidbarem Wortproblem", *Zeitschr. f. math. Logik und Grundlagen d. Math.* **25**, pp. 179-192, 1979.

[Pri99] Priese, L., „On reversible grammars and distributed splicing systems", in G. Păun, A. Salomaa (Eds.): *Grammatical Models of Multi-Agent Systems*, Gordon and Breach Science Publishers, pp. 334-342, 1999.

[RS59] Rabin, M. O., Scott, D., „Finite automata and their decision problems", *IBM J. Res.* **3**: 2, pp. 115-125, 1959.

[Ric53] Rice, H. G., „Classes of recursively enumerable sets and their decision problems", *Trans. AMS* **89**, pp. 25-59, 1953.

[Röd69] Rödding, D., *Einführung in die Theorie berechenbarer Funktionen*, Vorlesungsskript, Institut für Mathematische Logik und Grundlagenforschung, Münster, 1969.

[Röd83] Rödding, D., „Modular Decomposition of Automata (Survey)", in M. Kapinsky (Ed.): *Foundations of Computation Theory*, Lecture Notes in Computer Science **158**, Springer-Verlag, Berlin, pp. 394-412, 1983.

[Rog67] Rogers, H., Jr., *The Theory of Recursive Functions and Effective Computability*, McGraw-Hill, New York, 1967.

[Sal73] Salomaa, A., *Formal Languages*, Academic Press, New York, 1973.

[Sch60] Scheinberg, S., „Note on the Boolean properties of context-free languages", *Information and Control* **3**: 4, pp. 372-375, 1960.

[Sch63] Schützenberger, M. P., „On context-free languages and pushdown automata", *Information and Control* **6**: 3, pp. 246-264, 1963.

[SS63] Sheperdson, J., Sturgis, H. E., „Computability of Recursive Functions", *J. ACM* **10**, pp. 217-255, 1963.

[Sze88] Szelepcsényi, R., „The method of forced enumeration for nondeterministic automata", *Acta Informatica* **26**, pp. 279-284, 1988.

[Tur36] Turing, A. M., „On computable numbers with an application to the Entscheidungsproblem", *Proc. London Math. Soc.*, **2**: 42, pp. 230-265. A correction, *ibid.*, **43**, pp. 544-546, 1936.

[Wan57] Wang, H., „A variant to Turing's theory of computing machines", *J. ACM* **4**: 1, pp. 63-92, 1957.

[Weg93] Wegener, I., *„Theoretische Informatik"*, Teubner Verlag, Stuttgart, 1993.

Sachverzeichnis

Printed in the United States
By Bookmasters